现代煤化工技术与应用

主　编　戈　军
副主编　张先松　谢舜敏　高　岷

石油工业出版社

内 容 提 要

本书介绍了煤炭基本性质与清洁转化、合成气加工技术、甲醇利用新技术、现代煤化工技术关键设备、现代煤化工技术关键仪表等方面内容，分析了我国现代煤化工产业现状并进行了展望。

本书可供国内从事煤炭转化和石油化工领域的工程技术人员、煤化工生产企业的专业技术人员与技术工人阅读，也可供国内大专院校和职业学院的化工、设备、仪表及相关专业的师生参考学习。

图书在版编目(CIP)数据

现代煤化工技术与应用／戈军主编.—北京：石油工业出版社，2023.1
ISBN 978-7-5183-5712-3

Ⅰ.①现… Ⅱ.①戈… Ⅲ.①煤化工-工艺学 Ⅳ.①TQ53

中国版本图书馆 CIP 数据核字(2022)第 198967 号

出版发行：石油工业出版社
　　　　　(北京安定门外安华里2区1号　100011)
　　　　　网　址：www.petropub.com
　　　　　编辑部：(010)64523825　图书营销中心：(010)64523633
经　　销：全国新华书店
印　　刷：北京中石油彩色印刷有限责任公司

2023年1月第1版　2023年1月第1次印刷
787×1092毫米　开本：1/16　印张：24.25
字数：580千字

定价：200.00元
(如出现印装质量问题，我社图书营销中心负责调换)
版权所有，翻印必究

《现代煤化工技术与应用》编写组

主　　编：戈　军
副 主 编：张先松　谢舜敏　高　岷
编写人员：（按姓氏笔画排序）

王玉龙	王立志	王克敬	尹　甜	卢　炜	叶智刚
田　华	田丹霖	冯　申	乔　元	任海君	刘子云
刘永刚	刘利妍	刘明鑫	闫　辉	祁　俊	许朝阳
李　发	李衡哲	杨姗姗	吴　勇	吴传勇	吴金华
宋全祝	张士佳	张艳红	周　洋	孟　强	赵代胜
赵鹏飞	郝　毅	南海明	钟　原	姚　涛	夏春江
夏婷婷	徐春华	唐　飞	黄守林	梁杰灿	韩　科
谢　君	雷明华	蔡丽娟	潘静萍	薛　飞	冀　晓

序

煤炭在人类文明发展历史进程中发挥着重要作用。第一次工业革命与煤炭的大规模开采和利用密切相关，以煤炭燃烧供能为基础的火力发电至今仍然是许多国家的主要电力来源。煤炭不仅是能源资源，同时也是重要的物质资源。随着社会低碳化发展需求增加，煤炭作为原料利用越来越得到重视。采用现代新型煤化工技术生产多种清洁燃料和基础化工原料，是充分发挥我国煤炭资源优势，实现煤炭清洁高效利用，推进产业结构调整和经济高质量发展的重要途径，对于弥补我国石油资源不足、保障能源安全和社会经济健康发展等方面具有特别重要的意义。

在国家政策大力支持和推动下，自20世纪末以来，我国在现代煤化工的核心技术、专用催化剂、关键设备及技术装备成套化等方面实现了重大突破，一批煤制油、煤化工示范项目应运而生，技术水平已居世界领先地位。其中，神华集团(后经重组为国家能源集团)中国神华煤制油有限公司(后更名为中国神华煤制油化工有限公司)承担的拥有自主知识产权神华煤直接液化项目一期先期工程(108×10^4t/a煤直接液化生产线)、神华包头60×10^4t/a煤制烯烃项目，以及由神华宁夏煤业集团有限责任公司承担的神华宁煤400×10^4t/a煤炭间接液化示范项目，先后完成项目建设并投产运行，标志着我国在煤制油、煤制烯烃等领域技术创新的重大突破，对发展我国清洁煤化工产业，奠定我国在煤直接液化、煤基烯烃工业化生产领域的国际领先地位，具有里程碑意义。

中国神华煤制油化工有限公司在上述煤直接液化、煤制烯烃等现代煤化工项目建设中审时度势，抢占了先机并取得了良好的业绩、积累了成功的经验。作为上述现代煤化工示范项目前期组织管理及中后期建设的具体承担单位，神华工程技术有限公司(前身为中国神华煤制油化工有限公司北京工程分公司)参加了多项特大型煤制油、煤制烯烃等示范项目的全过程项目管理与组织建设，拥有超过800亿元现代煤化工项目的投资管理实施经验和超过2500亿元现代煤化工前期咨询项目的组织管理经验。在近 20 年的现代煤化工项目管理实践工作中，神华工程技术有限公司的广大管理、技术人员，不断钻研学习、总结提炼，形成了与现代煤化工技术相关的工艺、设备、仪表等方面的经验与积淀。在此基础上，神华工程技术有限公司组织参加煤制油、煤化工项目管理实施工作相关专业的广大技术人员，经过全面系统的梳理和总结，完成了《现代煤化工技术与应用》的编写。

该书涵盖现代煤化工技术相关的工艺、设备、仪表等方面内容，技术内容全面，兼具基础性、专业性和科普性。该书内容既可作为现代煤化工生产企业技术与操作人员进行系统、全面的现代煤化工工艺技术、关键设备、关键仪表等方面技术培训的教材，也可作为从事煤炭转化和石油化工领域的工程技术人员、高等院校化工及相关专业师生等读者的专业拓展读物。此外，该书对于专业技术人员全面了解现代煤化工进展也是非常有益的。相信这样一本来自工业生产一线的科技与管理人员的力作，一定会对推动我国现代煤化工产业发展起到积极的促进作用。

中国工程院院士
中国科学院大连化学物理研究所所长

前　言

现代煤化工是指以煤为主要原料，采用新型煤制油、煤化工技术生产多种清洁燃料和基础化工原料的煤炭加工转化产业。现代煤化工技术是充分发挥我国煤炭能源相对资源优势，保障国家能源安全的必要措施和现实手段，也是实现煤炭清洁高效利用，推进煤炭产业结构调整和发展地方经济的重要途径。

截至 2019 年，我国现代煤化工产业形成的原料煤转化能力已达 $1.76×10^8$ t 标准煤/a，原料煤转化量约为 $1.55×10^8$ t 标准煤/a，原料煤转化量约占煤炭消费量的 5.6%。建成投产煤制油产能 $921×10^4$ t/a、煤制天然气产能 $51×10^8$ m³/a、煤（甲醇）制烯烃产能 $1582×10^4$ t/a、煤制乙二醇产能 $488×10^4$ t/a、煤制甲醇产能 $6779×10^4$ t/a。煤（甲醇）制烯烃产量在国内乙烯、丙烯产量中占比达到 21.5%；煤制乙二醇产量在国内乙二醇总产量中的占比达到 41%；煤制甲醇产量在国内甲醇总产量中的占比达到 83.3%。现代煤化工已成为我国石化路线的重要补充，为我国能源化工和国民经济的发展起到了积极的推动作用。

"十三五"期间建成的现代煤化工项目执行了最严格的大气污染物排放标准，部分项目率先执行了超低排放。经过 10 余年技术攻关，我国现已形成较为完备的现代煤化工工程体系，关键装备能够全部实现国产化，总体技术装备达到国际领先水平。

近年来，国内现代煤化工事业发展迅猛，随之也出现了一些与之相关的技术类书籍，对现代煤化工科研、技术方面的发展进行了介绍，对推进现代煤化工的发展起到了积极作用。总体来说，已出版的现代煤化工方面的书籍涉及科研开发以及技术理论方面的内容较多，但针对满足国内煤制油、煤化工领域内的广大基层工程技术人员、现场生产技术人员和操作技术工人，以及大专院校、职业院校的化工类及相关专业高年级学生生产实习等方面需求的现代煤制油、煤化工科普类的技术书籍较少，尤其是将现代煤制油、煤化工技术资料系统性地汇编成册，以满足现代煤化工技术领域上述目标群体需求的技术类书籍就更加鲜见。因此，神华工程技术有限公司组织编写了本书，以期在一定程度上弥补上述空白，满足目标读者在现代煤化工技术的学习、培训等方面需求。

本书共七章，包括现代煤化工技术概述、煤炭基本性质与清洁转化、合成气加工技术、甲醇利用新技术、现代煤化工技术关键设备与仪表、我国现代煤化工产业现状及展望等方面内容。

本书的编写工作得到了中国神华煤制油化工有限公司及中国神华煤制油化工有限公司鄂尔多斯煤制油分公司的大力支持，中国工程院刘中民院士拨冗为本书作序，在此一并表示衷心感谢！

参加本书编写的人员均为神华工程技术有限公司工作在工程技术一线的专业工程技术和管理人员，由于本书编写时间紧，以及参编人员水平所限，书中内容难免存在疏漏和不足之处，恳请各位读者朋友批评指正。

目　　录

第一章　现代煤化工技术概述 ………………………………………………………（ 1 ）
　　第一节　现代煤化工的概念及发展现状 …………………………………………（ 1 ）
　　第二节　现代煤化工主要工艺过程 ………………………………………………（ 8 ）
第二章　煤炭基本性质与清洁转化 …………………………………………………（ 15 ）
　　第一节　煤炭基本性质与分类 ……………………………………………………（ 15 ）
　　第二节　煤炭直接液化 ……………………………………………………………（ 20 ）
　　第三节　煤炭气化 …………………………………………………………………（ 37 ）
　　第四节　一氧化碳变换 ……………………………………………………………（ 52 ）
　　第五节　酸性气体脱除 ……………………………………………………………（ 61 ）
　　第六节　煤制氢 ……………………………………………………………………（ 68 ）
　　第七节　硫回收 ……………………………………………………………………（ 74 ）
第三章　合成气加工技术 ……………………………………………………………（ 82 ）
　　第一节　合成气制乙二醇 …………………………………………………………（ 82 ）
　　第二节　合成气制甲醇 ……………………………………………………………（ 93 ）
　　第三节　F-T合成制油品 …………………………………………………………（103）
　　第四节　合成气制天然气 …………………………………………………………（127）
　　第五节　合成气制低碳混合醇 ……………………………………………………（136）
　　第六节　合成气制丁辛醇 …………………………………………………………（159）
　　第七节　合成气制正丙醇 …………………………………………………………（168）
第四章　甲醇利用新技术 ……………………………………………………………（177）
　　第一节　甲醇制烯烃 ………………………………………………………………（177）
　　第二节　甲醇制芳烃 ………………………………………………………………（194）
　　第三节　甲醇制汽油 ………………………………………………………………（206）
　　第四节　甲醇制丙烯 ………………………………………………………………（217）
　　第五节　甲醇制烯烃分离技术 ……………………………………………………（224）
　　第六节　甲醇制二甲醚 ……………………………………………………………（236）
　　第七节　混合碳四组分利用技术 …………………………………………………（251）
第五章　现代煤化工技术关键设备 …………………………………………………（260）
　　第一节　煤直接液化反应器 ………………………………………………………（260）

第二节 煤间接液化反应器	(265)
第三节 气化炉	(270)
第四节 变换炉	(280)
第五节 大型绕管式换热器	(287)
第六节 甲醇合成塔	(294)
第七节 甲醇制烯烃及甲醇制丙烯反应器	(297)
第八节 乙二醇反应器	(302)

第六章 现代煤化工技术关键仪表 (310)

第一节 煤化工行业仪表及控制系统选择	(310)
第二节 煤化工行业关键仪表及控制	(312)
第三节 合成气制甲醇和甲醇制烯烃装置的控制系统与仪表选型	(320)

第七章 我国现代煤化工产业特点、政策与展望 (330)

| 第一节 我国现代煤化工产业特点及相关政策 | (330) |
| 第二节 我国现代煤化工发展展望 | (340) |

参考文献 (349)

第一章　现代煤化工技术概述

第一节　现代煤化工的概念及发展现状

一、现代煤化工的概念

煤作为一种固体燃料被人类所应用已经有1000多年的历史，但是煤作为化学工业的原料被加以利用并逐步形成工业体系，则是起源于近代的工业革命。经过200多年的发展，传统煤化工形成了"煤制焦炭""煤制合成氨"和"煤经电石制聚氯乙烯"等产业路线（图1-1-1）。虽然技术已相对成熟，但传统煤化工属于高耗能、高排放产业，煤炭的能源转换效率不高，且污染相对严重。

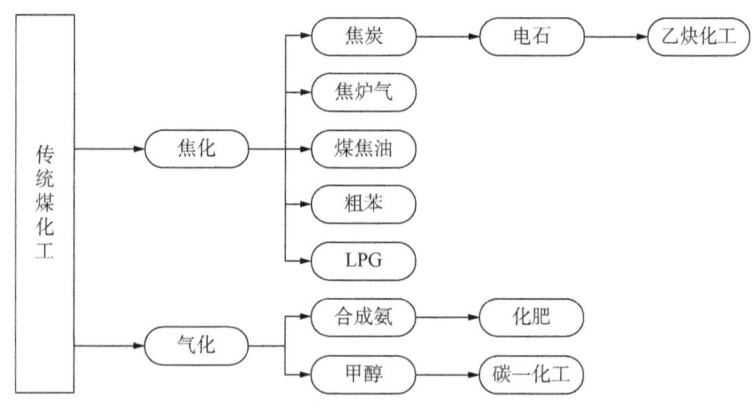

图1-1-1　传统煤化工产业链示意图

现代煤化工是指以煤为原料，采用先进技术和加工手段生产替代石化产品和清洁燃料的产业，主要包括煤制油、煤制烯烃、煤制天然气、煤制芳烃、煤制乙二醇等（图1-1-2）。

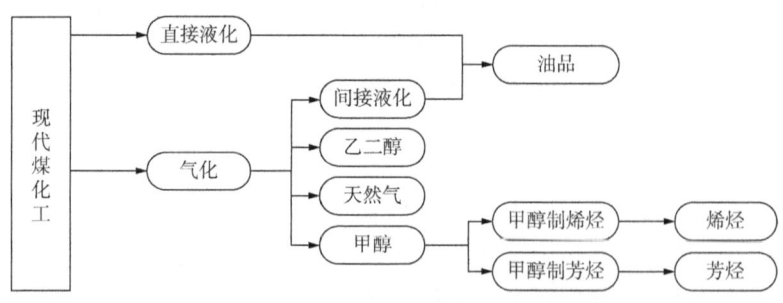

图1-1-2　现代煤化工产业链示意图

相对于传统煤化工，现代煤化工充分利用了煤炭的原料属性，以生产洁净能源和替代石油原料生产化工产品为目标，具有以下特点：

(1) 装置大型化，工厂基地化。现代煤化工项目大多采用大型反应器，建设规模化的现代化工厂，如百万吨级以上的煤直接液化、间接液化装置，$180×10^4$t/a 合成气制甲醇装置，$60×10^4$t/a 甲醇制烯烃装置等。在建设大型的煤化工工厂基础上，逐渐形成了现代煤化工工业园区和产业基地及基地群。

(2) 上下游一体化。现代煤化工工厂集成了上下游多个单项技术，产业链更长，产品结构更加丰富。以煤制烯烃工厂为例，既包括了煤气化、合成气变换、净化、甲醇合成、甲醇制烯烃、烯烃分离和聚烯烃等工艺生产装置，还包括动力中心、空气分离装置、硫黄回收等辅助设施、公用工程和副产品单元。

(3) 节能环保设施齐全。现代煤化工注重煤的洁净、高效利用，根据不同的煤种、煤质特点及目标产品，采用不同煤转化技术，实现煤炭资源的合理有效利用，同时强化对副产物和余能的回收利用。对污染物进行集中处理，力争做到资源节约和利用最大化（尤其是水资源），污染排放最低化，实现环境友好。

(4) 经济效益较好。现代煤化工以生产石油化工替代产品为主，通过建设规模化、技术集成化、产业链一体化等方式，降低生产成本，提高综合经济效益。

二、现代煤化工的发展现状

20 世纪 70 年代石油危机的出现，使得煤化工再次受到人们的关注，很多国家纷纷把发展现代煤化工技术作为石油替代战略重新提上议事日程。进入 21 世纪后，油价不断攀升，石油原料紧缺且成本居高不下，促使现代煤化工进入新一轮的发展时期，大规模煤气化技术、大型甲醇合成技术、甲醇制烯烃、合成油等石油替代技术的开发和工业化进程不断加快，世界煤化工产业发展进入全新的阶段。但由于受到资源、技术、环境、油价和投资等因素的制约，大多数国家的现代煤化工技术开发以技术储备为主，工业化进展比较缓慢。世界现代煤化工产业发展主要集中在南非（煤制油）、美国（煤制合成天然气）和中国。

1. 国外现代煤化工的发展现状

南非是世界上现代煤化工发展最具代表性的国家，掌握着成熟的煤化工技术并进行工业化生产。萨索（SASOL）公司是世界上少数拥有煤炭液化工厂的公司，拥有商业化费托合成技术。截至 2011 年，该公司的 3 个煤基液化厂，主要产品为汽油、柴油、蜡、燃气、氨、乙烯、丙烯、聚合物、醇、醛、酮等 113 种，总产能达 $760×10^4$t/a（萨索尔堡和塞库有生产装置），其中油品占 60%左右，保证了南非 28%的汽油、柴油供给量。经过 70 多年的发展，南非煤炭液化技术已日臻成熟，由煤炭液化技术而衍生出来的产品已遍布整个化学工业领域。南非不仅可以从煤炭中提炼汽油、柴油、煤油等普通石油制品，而且还可以大规模提炼出航空燃油和润滑油等高品质石油制品。

美国大平原合成燃料厂是一座大规模煤制甲烷气商业化工厂，始建于第一、二次石油危机之间，目标是协助美国实现国家能源独立计划，其间经历了多次能源价格波动和所有者更替带来的冲击，仍保持稳定运行，还积极开拓下游新产品，并首次将 CO_2 用于油田提高采收率，取得了很好的经济效益。

2. 我国发展现代煤化工的意义

1）发展现代煤化工是煤炭工业调整产业结构、高效清洁利用的战略方向

我国是一个"富煤、贫油、少气"的国家,是全球最大的煤炭生产国和消费国。2018年,我国煤炭产量为 $36.8×10^8 t$,煤炭在我国一次能源消费结构中的主体地位在相当长的一段时间内难以改变。目前,煤炭的主要利用方式是直接燃烧发电和工业供热,总体上效率较低、污染较重,这不仅造成了巨大的资源浪费,而且导致严重的环境污染和温室气体 CO_2 的大量排放。

煤炭简单低效的利用方式严重制约着我国环境和社会的发展。因此,煤炭行业升级转型,依靠新技术,实现煤炭的高效清洁开发利用已成为全社会的共识。2014年习近平总书记在中央财经领导小组第六次会议上明确提出,要立足国内多元供应保安全,大力推进煤炭清洁高效利用,着力发展非煤能源,形成煤、油、气、核、新能源、可再生能源多轮驱动的能源供应体系,同步加强能源输配网络和储备设施建设。国家发布一系列产业政策文件,如《能源技术创新"十三五"规划》《煤炭深加工产业示范"十三五"规划》《煤炭清洁高效利用行动计划(2015—2020年)》《能源技术革命创新行动计划(2016—2030年)》等,将煤炭高效清洁利用提升为我国当前能源发展的基本战略。现代煤化工正是煤炭清洁利用的重要组成部分之一。

2）发展现代煤化工是我国优化能源结构,缓解石油和天然气供需矛盾,保障能源安全的重要途径之一

化工产品是国民经济发展的重要基础原料,市场需求巨大,但长期以来化工产品的生产绝大多数是基于石油和天然气。我国国内油气资源不足,对外依存度逐年上升。2018年,我国原油产量为 $1.89×10^8 t$,进口量为 $4.62×10^8 t$,对外依存度高达70%;天然气产量为 $1610×10^8 m^3$,进口量为 $1254×10^8 m^3$,进口依存度达45.3%。资源禀赋的结构性缺陷,凸显了我国能源安全的保障问题。

经过多年努力,我国现代煤化工技术已取得全面突破,关键技术已居世界领先地位,煤制油、煤制天然气、煤制烯烃、煤制乙二醇基本实现产业化,煤制芳烃工业试验取得进展,成功搭建了煤炭向石油化工产品转化的桥梁。

立足于我国相对丰富的煤炭资源,采用创新技术适度发展现代煤化工产业,使煤变成高效洁净能源,实施以煤替代油气的战略,可以充分发挥我国的资源禀赋特点,提高煤的附加值,促进石化原料多元化,缓解日益升高的油气对外依存度,是保障国家能源安全的重要途径之一。

3. 我国现代煤化工产业的发展历程

我国现代煤化工产业发展始于20世纪末,经过"九五"至"十三五"共5个五年计划,经过20多年的投入与发展,我国现代煤化工在核心技术工程化、关键设备国产化以及大型示范项目建设等方面取得了举世瞩目的成就。

1)"九五"期间,梳理实验室成果,开始试验验证

1996年1月19日,江泽民总书记视察煤炭科学研究总院直接液化技术研发实验室并作出重要指示,拉开了中国现代煤化工快速发展的序幕。

"九五"期间,煤直接液化、煤气化、费托合成等一批现代煤化工单项技术开始加快实验室研发,国家和企业逐渐加大科研开发经费投入,梳理后取得了一批实验室研发成果,为进入 21 世纪后中国现代煤化工的快速发展奠定了坚实的技术基础。

2)"十五"期间,转入工程化开发,开始中间试验

"十五"期间,国家开始高度重视现代煤化工新技术的中试研究,在相关政策上大力支持企业作为主体发展现代煤化工,掀起了煤化工新技术中试项目建设的热潮,先后完成了 6t/d 煤直接液化制油中试装置、750t/d 多喷嘴水煤浆气流床加压气化中试装置、5000t/a 煤间接液化中试装置、50t/d 甲醇制烯烃中试装置等一大批现代煤化工单项技术的中试验证研究。

至"十五"末期,形成了一批具有自主知识产权的现代煤化工高新技术,为下一步中国现代煤化工的工业化示范项目建设提供了多途径的技术选择。

3)"十一五"期间,转入产业化开发,开始工业示范

"十一五"期间,在国家相关政策的引导、鼓励及调控下,先后建设了多个现代煤化工工业化示范项目,包括煤直接液化制油、合成气费托合成、甲醇制烯烃、甲醇制汽油、合成气制天然气、合成气制乙二醇等。

其中,神华鄂尔多斯 $108×10^4$ t/a 煤直接液化制油和神华包头 $60×10^4$ t/a 煤经甲醇制烯烃这两个世界首套工业化示范项目,首次实现了长时间稳定运行。

4)"十二五"期间,转入商业化开发,开始升级示范

"十二五"期间,在煤间接液化、煤制烯烃、煤制乙二醇、煤制天然气等方面形成了可观的现代煤化工产业规模,并开始打造宁夏宁东煤化工基地、内蒙古鄂尔多斯煤化工园区、陕西榆林煤化工园区等现代煤化工园区和基地,现代煤化工行业雏形已基本形成。一批现代煤化工工业化示范项目相继建成投运,取得了很好的经济效益、环境效益及社会效益。

5)"十三五"期间,转入企业化运营,继续升级示范

"十三五"期间,相继建成投运了一批现代煤化工工业化升级示范项目。其中,有的项目强化了最严格的环保设施配套,实现了烟气的超低排放和煤化工废水的近零排放;有的项目在煤化工生产过程智能化控制方面取得了良好的进展。其中,世界上单厂生产规模最大的神华宁煤 $400×10^4$ t/a 煤间接液化工业化示范项目和中天合创鄂尔多斯现代煤化工项目在"十三五"期间建成投产。

2016 年 7 月 19 日,习近平总书记视察了神华宁煤 $400×10^4$ t/a 煤间接液化项目现场并发表重要讲话,对我国现代煤化工持续快速发展提出了新的目标和要求。

4. 我国发展现代煤化工的产业政策

为了使现代煤化工产业健康有序发展,我国出台了一系列政策引导调控现代煤化工产业发展,大致可以分为 5 个阶段。

1)第一阶段(2004—2006 年)

第一阶段的主要特点是倡导现代煤化工发展。

2004 年出台《能源中长期发展规划纲要(2004—2020 年)》(草案),重点领域和重点工程中都涉及煤制油领域,产业迎来发展机遇期。

2005年《国务院关于促进煤炭工业健康发展的若干意见》指出,要稳步实施煤炭液化、气化工程。

2006年《国家发改委关于加强煤化工项目建设管理促进产业健康发展的通知》提出,在有条件的地区适当加快以石油替代产品为重点的煤化工产业的发展,稳步推进工业化试验和示范工程的建设,加快煤制油品和烯烃产业化步伐,适时启动大型煤制油品和烯烃工程的建设。同年底的《煤化工产业中长期发展规划征求意见稿》规划了煤制油、二甲醚、煤制烯烃以及煤制甲醇在未来5年、10年、15年的发展规模,规划增速均很大。

2) 第二阶段(2007—2011年)

第二阶段的主要特点是严格控制煤化工产业的发展,明确限制煤化工项目建设的类型和规模。

2007年初颁布的《煤炭工业发展"十一五"规划》提出,调控煤化工建设规模,防止低水平、小规模盲目建设。同年4月出台《能源发展"十一五"规划》明确,要有序建设石油替代重点示范工程。当年底的《煤炭产业政策》提出,在水资源充足、煤炭资源富集地区适度发展煤化工,限制在煤炭调入区和水资源匮乏地区发展煤化工,禁止在环境容量不足地区发展煤化工。

2008年《关于加强煤制油项目管理有关问题的通知》叫停了除神华集团两个项目外其余所有的煤制油项目。

2009年5月《石化产业调整和振兴规划》和9月《国务院批转发展改革委等部门关于抑制部分行业产能过剩和重复建设 引导产业健康发展若干意见的通知》(国发〔2009〕38号)均提出,今后三年停止审批单纯扩大产能的焦炭、电石等煤化工项目,不再安排新的煤化工试点项目。

2011年3月出台《关于规范煤化工产业有序发展的通知》,明确煤化工禁建项目:年产$50×10^4$t及以下煤经甲醇制烯烃项目,年产$100×10^4$t及以下煤制甲醇项目,年产$100×10^4$t及以下煤制二甲醚项目,年产$100×10^4$t及以下煤制油项目,年产$20×10^8m^3$以下煤制天然气项目,年产$20×10^4$t及以下煤制乙二醇项目,上述标准以上的项目,须报经国家发改委核准。当年12月的《石化和化学工业"十二五"发展规划》,在生产力布局方面要求现代煤化工项目要综合考虑煤炭、水资源、生态环境等多种因素,在重点产煤省区,适度布局;其余省区严格限制现代煤化工的发展。

3) 第三阶段(2012—2014年上半年)

第三阶段的主要特点是对发展煤化工继续持谨慎态度,在重点推进煤制油和煤制气示范工程的同时,更加强调环保标准和水资源保障。

2012年1月编制完成《煤炭深加工示范项目规划》,15个煤炭深加工项目获得核准。3月颁布的《煤炭工业发展"十二五"规划》,重点任务包括稳步推进煤炭深加工示范项目建设,在内蒙古等六省份选择煤种适宜、水资源相对丰富的地区,重点支持大型企业开展升级示范工程建设。

2013年印发了《能源发展"十二五"规划》和《煤炭产业政策》,指出要稳步开展煤炭深加工升级示范,能源加工转化建设重点为大规模工程示范项目。限制在煤炭供给不足和水资源匮乏地区发展煤炭深加工,禁止在环境容量不足地区发展煤炭深加工。重点开发中西部煤炭净调出省区中水资源相对丰富、配套基础条件好的地区。"十二五"时期，新开工煤制天然气、煤炭间接液化、煤制烯烃项目能源转化效率预期分别达到56%、42%、40%以上。

2014年1月发布《2014年能源工作指导意见》，指出要按照最严格的能效和环保标准，积极稳妥推进煤制气、煤制油产业化示范，鼓励煤炭分质利用，促进自主技术研发应用和装备国产化。3月发布《能源行业加强大气污染防治工作方案》，指出要发挥煤制油超低硫优势，推进陕西榆林、内蒙古鄂尔多斯、山西长治等煤炭液化项目；在坚持最严格的环保标准和水资源有保障的前提下，推进煤制气示范工程建设。

4）第四阶段（2014年下半年—2015年）

第四阶段的主要特点是重申禁建规模，明确提出煤制油（气）处于产业化示范阶段，不宜过热发展。

2014年6月《能源发展战略行动计划（2014-2020年）》发布，要求在重点地区稳妥推进煤制油、煤制气技术研发和产业化升级示范工程，掌握核心技术，严格控制能耗、水耗和污染物排放，形成适度规模的煤基燃料替代能力。7月发布《关于规范煤制油、煤制天然气产业科学有序发展的通知》，再度明确禁建规模，提出不宜过热发展，指出煤制油（气）处于产业化示范阶段，要适度发展。

2015年5月发布《关于做好〈石化产业规划布局方案〉贯彻落实工作的通知》，将煤制烯烃项目委托省级发展改革部门核准，规定新建煤经甲醇制烯烃升级示范项目指标要求：单系列甲醇制烯烃装置产能在$50×10^4$ t/a及以上，整体能效高于44%，吨烯烃耗标准煤低于4t，吨标准煤转化耗新鲜水低于3t，废水实现近零排放，固体废物实现资源化利用。12月发布《现代煤化工建设项目环境准入条件（试行）》，要求现代煤化工项目优先选择在水资源丰富、环境容量好的地区布局，并符合环境保护规划。已无环境容量的地区必须先腾出环境容量。京津冀、长三角、珠三角和缺水地区严格控制新建项目。

5）第五阶段（2016年至今）

第五阶段的主要特点是明确煤炭深加工定位为国家能源战略技术储备和产能储备示范工程，指出目前处于升级示范阶段，进一步细化产业政策并提出未来发展目标。

2016年4月发布的《现代煤化工"十三五"发展指南》提出规模、技术和节能减排三方面目标。预计到2020年，将形成煤制油产能$1200×10^4$ t/a、煤制天然气产能$200×10^8$ m^3/a、煤制烯烃产能$1600×10^4$ t/a、煤制芳烃产能$100×10^4$ t/a、煤制乙二醇产能$(600\sim800)×10^4$ t/a。突破10项重大关键共性技术，完成5~8项重大技术成果的产业化，项目设备国产化率不低于85%。在2015年基础上，到2020年实现单位工业增加值水耗降低10%，能效提高5%，碳排放降低5%。

2016年7月发布的《关于石化产业调结构促转型增效益的指导意见》和9月发布的《石化和化学工业发展规划（2016—2020年）》指出，在中西部符合资源环境条件的地区，结合大型煤炭基地开发，按照环境准入条件要求，有序发展现代煤化工产业。开展煤制烯烃升级示范，积极促进煤制芳烃技术产业化。12月发布《煤炭工业发展"十三五"规划》，内容包括推进煤炭深加工产业示范，提出以国家能源战略技术储备和产能储备为重点，在水资源有保障、生态环境可承受的地区，开展5种模式和技术装备的升级示范，加强先进技术攻关和产业化。12月发布的《能源发展"十三五"规划》提出，煤炭深加工的定位是国家能源战略技术储备和产能储备示范工程，要合理控制发展节奏，强化技术创新和市场风险评估，严格落实环保准入条件，有序发展，稳妥推进煤制燃料、煤制烯烃等升级示范。"十三五"期间，煤制油、煤制天然气产能达到 $1300×10^4$ t/a 和 $170×10^8$ m³/a 左右。

2017年2月，国家能源局编制《煤炭深加工产业示范"十三五"规划》，指出主要任务是要重点开展5种模式和技术装备的升级示范。3月发布《现代煤化工产业创新发展布局方案》，明确指出我国煤化工产业整体仍处于升级示范阶段。重点任务包括重点开展煤制烯烃、煤制油升级示范；有序开展煤制天然气、煤制乙二醇产业化示范；稳步开展煤制芳烃工程化示范。

5. 我国现代煤化工产业的发展现状

截至2019年，我国现代煤化工产业形成的原料煤转化能力达 $1.76×10^8$ t 标准煤/a，原料煤转化量约 $1.55×10^8$ t 标准煤/a，原料煤转化量约占煤炭消费量的5.6%。建成投产煤制油（直接液化和间接液化）产能 $878×10^4$ t/a，煤制天然气产能 $51.05×10^8$ m³/a，煤制烯烃产能 $879×10^4$ t/a，甲醇制烯烃产能 $742×10^4$ t/a，煤制乙二醇产能 $433×10^4$ t/a，煤制甲醇产能 $6779×10^4$ t/a，"十三五"期间年均增长率分别为35.8%、13.2%、21.5%、12.4%、19.5%和6.6%，呈现稳步增长态势。

截至2019年，煤（甲醇）制烯烃产量占比已达到21.5%[按双烯（乙烯、丙烯）计，下同]，消费量占比已达到19.7%，成为我国石化路线的重要补充。

截至2019年，煤制乙二醇产量占比达到41%，消费量占比达到17.8%；产品质量逐渐向好，下游应用逐步扩展到纤维级聚酯和瓶级聚酯领域，其中，部分长纤聚酯掺混煤制乙二醇比例达到10%~30%，短纤聚酯掺混煤制乙二醇比例达到30%~70%，个别领先企业的瓶级聚酯可以全部使用煤制乙二醇。

截至2019年，煤制甲醇产量占比达到83.3%，成为我国甲醇的最主要生产方式。采用先进煤气化技术的煤制甲醇产能占比达到61.9%，产量占比达到75.5%，产业质量不断提高。2015—2019年共退出甲醇生产企业135家，淘汰落后产能 $745×10^4$ t/a，产业结构更加优化。甲醇下游用于生产烯烃的比例达到45%，作为清洁能源使用的比例达到15%左右。

"十三五"期间建成的现代煤化工项目执行了最严格的大气污染物排放标准，部分项目率先执行了超低排放。西部地区项目执行污水"近零排放"，废渣综合利用率逐步提高。已投产的现代煤化工项目不断完善工艺系统，优化工厂操作，加强工厂管理，提高运行稳定性，多数项目已具备"安稳长高"运行能力，产能利用率稳步提高。投产项目的资源利用水平不断提高，原料煤耗、综合能耗、工业水耗持续下降，能效持续提升，满足相关指标要求。经过10余年技术攻关，我国现已形成较为完备的现代煤化工工程体系，关键装备能够全部实现国产化，总体技术装备达到国际领先水平。

现代煤化工产业作为资源驱动型产业，重大项目建设均以煤炭为出发点，现已形成以宁夏和甘肃"三西"地区（西海固、河西、定西）为核心，以新疆、青海为补充，以东部沿海为外延的产业布局。煤制油气和煤制烯烃因大量转化煤炭而全部位于煤炭资源地，甲醇制烯烃和煤制乙二醇则相对靠近市场，并呈向西部资源地转移趋势，相对集约发展格局初步形成。

6. 国家能源集团在现代煤化工领域的探索

国家能源集团(原神华集团)是我国规模最大、现代化程度最高的煤炭企业。多年来，国家能源集团一直致力于现代煤化工领域的实践探索，是我国现代煤化工行业的领路者，在煤制油和煤化工产业发展方面取得了许多宝贵的成果。截至2020年底，共生产运营煤制油化工项目28个，已建成运营的煤制油产能$526×10^4$t/a，煤制烯烃产能$393×10^4$t/a，是全球唯一同时掌握百万吨级煤炭直接液化和间接液化两种煤制油技术的企业集团，在煤化工主要技术领域拥有自主技术，煤化工产业规模和技术水平处于世界领先地位，煤制油品在国防、航天等领域具有巨大应用价值。2019年全年实现化工品产量$1593×10^4$t，化工品销量$1580×10^4$t。

2008年，国家能源集团在内蒙古鄂尔多斯建成世界首套具有自主知识产权的百万吨级煤直接液化工业示范装置，同年12月首次投料试车成功。2011年进入商业化运行，经过多年的示范运营，已经实现长周期稳定运行。项目包括煤液化、煤制氢、溶剂加氢、液化产物加氢改质、催化剂制备等14套主要生产装置，工程总投资123亿元，年产油品和石油化工产品$108×10^4$t。此外，作为煤液化工业化示范项目，同时还建有一套年产$18×10^4$t油品的间接液化工业化示范装置。

2010年，国家能源集团包头煤制烯烃工业化示范工厂建成投产。这是世界首套、全球最大、以煤为原料，通过煤气化制甲醇、甲醇转化制烯烃、烯烃聚合工艺路线生产聚烯烃的特大煤化工项目。该项目中采用的关键技术为DMTO技术[中国科学院大连化学物理研究所(简称中科院大连化物所)开发的甲醇制烯烃技术]，标志着具有我国自主知识产权的甲醇制烯烃技术在工业化道路上又迈出了关键一步，奠定了中国在煤基烯烃工业化生产领域的国际领先地位。2011年，国家能源集团包头煤制烯烃项目正式转为商业化运营。

2016年，国家能源集团宁煤$400×10^4$t/a煤制油项目建成投产，并于2017年12月实现油品双线满负荷运行。该项目采用中科合成油间接液化技术，是目前世界上单厂投资规模最大、大型装置最多、拥有中国自主知识产权的煤间接液化工业化升级示范项目，建设有动力、空气分离、气化、煤气净化、油品合成与加工的工艺生产装置以及配套的公用工程。项目每年转化煤炭$2046×10^4$t，年产清洁油品等产品总量高达$405×10^4$t。其中，主产品柴油$273×10^4$t、石脑油$98×10^4$t、液化气$34×10^4$t，副产品硫黄$20×10^4$t、混醇$7.5×10^4$t、硫酸铵$14.5×10^4$t。

此外，国家能源集团非常重视CO_2的减排、捕集和封存。基于煤化工项目CO_2排放量大、部分项目排放的CO_2浓度高、可以降低捕集成本的特点，国家能源集团于2010年底建成了我国第一套全流程CO_2捕集与封存示范项目，该项目于2011年正式运营，封存CO_2的能力为$10×10^4$t/a。

第二节　现代煤化工主要工艺过程

煤化工是指经化学方法将煤炭转换为气体、液体和固体产品或半产品，而后进一步加工成化工、能源产品的工业。现代煤化工的主要工艺过程由煤炭清洁转化、合成气加工技术和甲醇利用新技术3个环节组成(图1-2-1)。

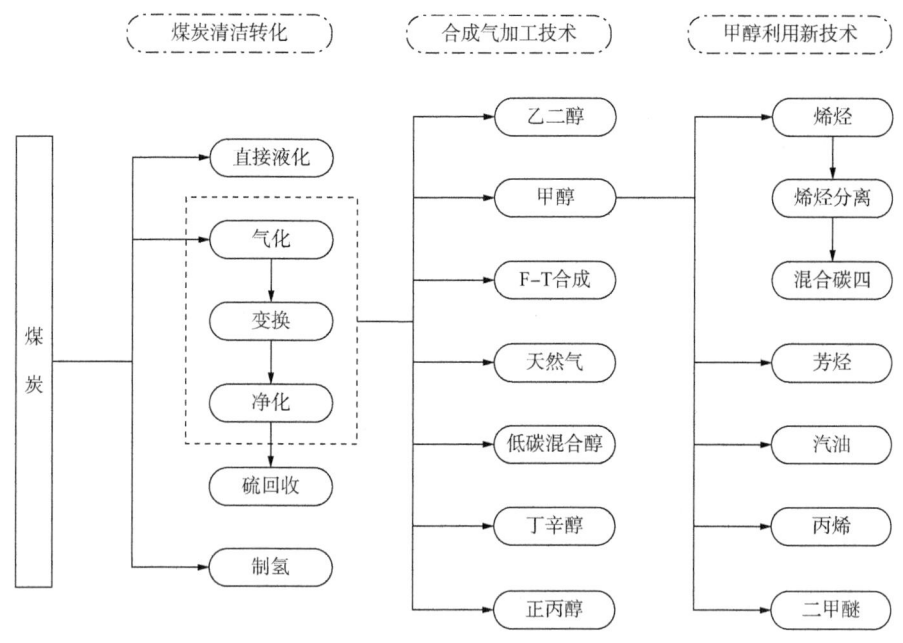

图 1-2-1　现代煤化工主要工艺过程示意图

一、煤炭清洁转化

1. 煤炭直接液化

煤炭直接液化是指煤与氢气在高温、高压和催化剂作用下，发生加氢裂化反应，直接转化成液态油品的工艺过程。

由于煤炭结构的复杂性，煤炭直接液化的机理目前也没有统一的说法。一般认为，随着温度升高，煤炭分子中键能较小的化学键首先发生断裂，生成低分子量的自由基碎片，然后利用活性氢来稳定自由基，即可得到分子量较小的液体产品。煤炭中的 S、N 等杂原子也从煤分子中断裂，与氢形成稳定的小分子脱离系统，所以液体产品是比较洁净的燃料。

煤炭直接液化得到的油产品可以作为飞机、火箭以及装甲车辆的油品，满足我国日益增加的特种油品需求。

2. 煤炭气化

煤炭气化是指将煤中的 C、H 元素在高温、欠氧条件下转化为清洁燃料气或合成气（$CO+H_2$）的工艺过程。

煤炭气化一般包括干燥、热解、气化和燃烧 4 个阶段。干燥属于物理变化，随着温度的升高，煤中的水分受热蒸发。随着温度的进一步升高，煤炭分子发生热解反应，生成大量挥发性物质（干馏煤气、焦油和热解水等），同时煤炭黏结成半焦。半焦在更高的温度下与通入气化炉的气化剂发生化学反应，生成以 CO、H_2、CH_4 及 CO_2、NH_3、H_2S 等为主要成分的气态产物，即粗煤气。气化过程包括很多化学反应，主要是 C、H_2O、O_2、H_2、CO、CO_2 之间的反应，其中 C 与 O_2 的反应又称燃烧反应，提供气化过程需要的热量。

煤炭气化是煤炭高效、清洁利用的核心技术之一，也是现代煤化工的龙头工艺过程，无论是以生产油品为主的煤炭间接液化，还是以生产化工产品如合成氨、甲醇、烯烃等为主的煤化工，选择合适的煤炭气化技术都是决定项目全流程生产装置连续稳定运行和煤化工生产企业经济效益的关键。

3. 一氧化碳变换

一氧化碳变换是指将合成气中的 CO 和水蒸气在催化剂的作用下，转化为 CO_2 和 H_2 的工艺过程。变换工艺可调整合成气中 CO 和 H_2 的比例，以满足下游的 F-T 合成、甲醇合成、乙二醇合成等不同工艺对气体组分的要求。

变换反应是一个等分子、放热的可逆反应，影响反应平衡的主要因素包括温度和水气比。反应平衡常数随温度的升高而减小，平衡转化率则随温度的降低而增大，因此从平衡的角度考虑，在低温下进行变换反应有利于降低出口气体中 CO 含量；提高水气比也可使反应向生成 H_2 的方向进行，但当水气比过大时，以干气为基础的变换率反而下降，且能耗增大。因此通常情况下，采用提高水气比来提高 CO 变换率并不是最经济的方法，应综合各方面的因素选择合适的水气比。

4. 酸性气体脱除（合成气净化）

酸性气体脱除（合成气净化）是指脱除合成气中 CO_2、H_2S、COS 等酸性气体组分的工艺过程，主要采用溶剂吸收法。根据吸收原理的不同，又可分为化学吸收法、物理吸收法、物理化学吸收法。其中，应用最为广泛的是物理吸收法中的低温甲醇洗技术。

低温甲醇洗技术是以甲醇为吸收剂，利用气体混合物中不同组分在甲醇中溶解度的不同，同时或分段脱除原料气中酸性气体的一种净化方法。温度和压力是影响净化效果的重要因素。随着温度降低，酸性气体在甲醇溶剂中的溶解度显著增大，而 H_2、N_2、CO 等组分变化不大，因此低温条件更有利于酸性气体的吸收。甲醇吸收 CO_2、H_2S、COS 等酸性气体的气液平衡关系遵循亨利定律，气体分压越大，其在溶液中的溶解度也越大。因此，增加压力也有利于酸性气体的吸收。

5. 硫回收

硫回收是指通过化学方法吸收处理排放尾气中的 H_2S 或 SO_2 等含硫物质，并生产硫黄或硫酸，使尾气能够达标排放的工艺过程。目前，煤化工装置的硫回收技术以克劳斯法为主，此外还有碱吸收法制硫、WSA 制硫酸工艺等。

常规的克劳斯法硫回收工艺由酸性气燃烧、制硫和尾气处理等过程组成。在燃烧炉内，一部分 H_2S 进行不完全燃烧生成 SO_2，然后剩余的 H_2S 与生成的 SO_2 在催化剂的作用下，进行克劳斯反应生成硫黄，达到回收硫元素的目的。

6. 煤制氢

煤制氢是指煤炭经过气化、变化、净化等过程，再进行分离、提纯处理后获得一定纯度的 H_2 产品的工艺过程。分离提纯 H_2 常用的方法主要包括变压吸附、膜分离和深冷分离等，目前煤化工装置应用最广泛的是变压吸附法。

变压吸附法分离提纯 H_2 的基本原理是利用吸附剂对吸附质在不同分压下有不同的吸附容量，并且在一定的吸附压力下，对被分离的气体混合物的各组分有选择吸附的特性来提纯 H_2。杂质在高压下被吸附剂吸附，使得吸附容量极小的 H_2 得以提纯；然后杂质在低压下脱附，使吸附剂获得再生。

变压吸附工艺为循环操作，由多个吸附塔来达到原料、产品和尾气流量的恒定，每个吸附塔都要经过吸附、降压、脱附、升压、再吸附的工艺过程。

二、合成气加工技术

1. 合成气制乙二醇

合成气制乙二醇的方法包括直接合成法、甲醛法和草酸酯法，其中只有草酸酯法已进入大规模工业化应用阶段。

草酸酯法又称氧化偶联法，主要包括酯化、羰化、加氢、精制等工艺过程。酯化阶段，甲醇与 NO、O_2 反应生成亚硝酸甲酯（MN）；羰化阶段，CO 与 MN 发生偶联反应生成草酸二甲酯（DMO）；加氢阶段，DMO 与 H_2 发生加氢反应生成粗乙二醇；精制阶段，提纯生成符合国家标准要求的乙二醇产品。

2. 合成气制甲醇

甲醇合成反应是指合成气（主要包括 CO、H_2 和 CO_2）在催化剂和一定温度、压力的条件下，在反应器中进行的放热、体积减小的可逆反应。由于 CO_2 的存在，产物还会有水生成，同时还包括少量的烃、醇、醛、醚、酮和酯等副产物。因此，甲醇合成产物是含有杂质的粗甲醇，必须经过精馏后才能得到精甲醇产品。

甲醇合成工艺有多种流程，但基本步骤是相同的，主要包括合成气压缩、甲醇合成、热量回收、甲醇精馏等工艺过程。

3. F-T 合成制油品

F-T 合成（费托合成）又称煤炭间接液化，是指在催化剂的作用下，CO 和 H_2 发生化学反应，生成以烃类为主的复杂反应系统，是 CO 加氢和碳链增长的过程。

按照反应温度的不同，费托合成可分为低温费托合成和高温费托合成两种工艺路线。低温费托合成主要使用钴系和铁系催化剂，反应温度为 200~280℃，产品以汽油、柴油、石蜡等烃类为主；高温费托合成主要使用铁系催化剂，反应温度为 300~350℃，除生产油品外，还副产大量的含氧有机物和烯烃等化工品。

4. 合成气制天然气

合成气制天然气是指以合成气为原料，制取以 CH_4 为主要成分、符合天然气热值标准的气体的工艺过程。其中，主要反应包括 CO 甲烷化反应、CO_2 甲烷化反应和 CO 变换反应。

CO 甲烷化反应和 CO_2 甲烷化反应均是强放热反应，通常情况下，每转化 1% 的 CO 可产生 74℃ 的温升，每转化 1% 的 CO_2 可产生 60℃ 的温升，并且反应温度越高，CO 转化率越低，对催化剂的要求也就越高。如何控制反应温度在合理范围内并充分利用甲烷化反应热是甲烷化工艺过程的关键所在。

按照反应器类型，合成气甲烷化工艺可以分为绝热固定床、等温固定床、流化床和浆态床等，其中绝热固定床甲烷化工艺已广泛应用于煤制天然气项目。

5. 合成气制低碳混合醇

由合成气生成低碳混合醇的反应包括：由合成气生成醇、烯烃和烷烃；CO 经变换反应生成 CO_2 和 H_2；由 CO_2 和 H_2 反应生成醇、烯烃和烷烃等。

目前，合成气制低碳混合醇技术主要包括 MAS 技术、Octamix 技术、IFP 技术和 Sygmol 技术。4 种技术均采用固定床反应器，产物为包括醇类、烃类、未反应合成气和水的混合物，经过冷却、分离得到混合醇，未反应的合成气经过换热升温、压缩循环参加反应。4 种技术的最主要的区别是催化剂不同，因而原料气的 H_2/CO 值、反应条件存在差异：MAS 技术反应温度、压力都很高，粗醇中水含量高；Octamix 技术、IFP 技术和 Sygmol 技术的反应条件比较接近，相比 MAS 技术明显要缓和得多，Octamix 技术的 Cu 基催化剂易中毒失活；MAS 技术与 Octamix 技术的 C_{2+} 醇选择性都偏低，但是对于 IFP 技术，水气变换反应较弱，粗醇中水的含量较高；Sygmol 技术采用的 MoS_2 催化剂具有抗硫、不易结炭、寿命长等特点，比较适合煤基合成气的转化过程。

6. 合成气制丁辛醇

目前，全球丁辛醇的主要生产方法为丙烯羰基合成法，也称为氢甲酰化合成法。丙烯和合成气发生羰基化(氢甲酰化)反应得到混合醛产物，混合醛通过精制后分别得到正/异丁醛；正/异丁醛进一步加氢得到正/异丁醇。若需生产辛醇时，则通过正丁醛的缩合和加氢反应制取。

丙烯羰基合成法通常包括低压法、中压法和高压法三类。其中，低压法具备反应压力低、反应温度低、催化剂可回收且活性周期长、设备要求低、规模较小等优势，因而成为目前工业合成丁辛醇的核心方法。

7. 合成气制正丙醇

乙烯、CO 和 H_2 在一定温度、压力及催化剂作用下可直接合成丙醛，丙醛经催化加氢得到粗丙醇，再经精馏过程分离得到正丙醇产品。

从乙烯羰基化合成丙醛使用的催化剂类型来看，主要经历了简单羰基钴体系、膦改性羰基钴体系和膦改性羰基铑体系。由于羰基铑催化剂对线性异构物的选择性较高，反应条件温和，已成为目前乙烯羰基化合成丙醛的主要催化剂。该催化体系最大的缺点是催化剂与反应产物分离、回收困难，部分体系催化剂失活较快，原料气纯度要求高，导致工业生产成本较高。因此，目前乙烯羰基化反应合成丙醛的研究主要集中在催化剂的改进和反应工艺的选择上。

三、甲醇利用新技术

1. 甲醇制烯烃

甲醇制烯烃(MTO)技术是指将甲醇转化为低碳烯烃的工艺过程，产物主要是乙烯和丙烯的混合物，还包括少量丁烯等。

甲醇制烯烃的基本反应过程是甲醇首先脱水生成二甲醚(DME)，二甲醚再脱水生成低碳烯烃(乙烯、丙烯、丁烯等)，少量低碳烯烃以缩聚、环化、烷基化、氢转移等反应生成饱和烃、芳烃及高级烯烃等。

MTO 装置在煤制烯烃工厂承担着承上启下的重要角色。典型的 MTO 装置由原料甲醇换热和汽化系统、反应—再生系统、急冷/水洗系统、污水汽提系统、主风机系统及再生烟气余热回收系统等部分组成。

2. 甲醇制芳烃

甲醇制芳烃(MTA)技术是指甲醇在酸性分子筛催化剂、一定温度和压力条件下，转化为以芳烃为主要成分的混合烃类的工艺过程，关键技术为甲醇芳构化。

甲醇制芳烃的反应机理主要包括脱水、低聚、环化和氢转移等。甲醇先脱水生成二甲醚(DME)，二甲醚进一步脱水生成低碳烯烃，低碳烯烃再通过低聚生成长碳链烯烃，然后长碳链烯烃发生环化反应生成环烯烃，最后环烯烃进一步脱氢生成芳烃。甲醇制芳烃的产品以苯、甲苯、二甲苯为主，副产品为液化石油气。

甲醇制芳烃的工艺路线主要包括固定床一段法、固定床二段法和流化床法等。

3. 甲醇制汽油

甲醇制汽油(MTG)技术是指甲醇在一定温度、压力和空速下通过催化剂发生脱水、低聚、异构等步骤转化为汽油(C_{11}以下的烃类混合物)的工艺过程。

甲醇制汽油的反应机理与甲醇制芳烃非常相似。首先，甲醇脱水生成二甲醚(DME)，然后进一步脱水得到低碳烯烃(C_2—C_5)，低碳烯烃通过聚合、烷基化、异构化、氢转移等多步反应，最终生成高级烯烃、正/异构烷烃、芳烃和环烷烃的混合物。

甲醇制汽油的工艺路线主要包括固定床反应器法、流化床反应器法、列管式反应器法和一步法等。

4. 甲醇制丙烯

甲醇制丙烯(MTP)技术是指将甲醇主要转化成丙烯的工艺，除了生成丙烯，还有乙烯、液化石油气(LPG)、石脑油等产物。甲醇制丙烯与甲醇制烯烃(MTO)的反应机理相近，首先甲醇经脱水反应生成二甲醚，然后甲醇和二甲醚在催化剂上反应得到低碳烯烃(乙烯、丙烯、丁烯等)。

典型的甲醇制丙烯工艺主要包括甲醇制二甲醚的反应单元、甲醇制丙烯反应及再生单元、粗分离单元和精制单元4部分。

5. 烯烃分离

甲醇制烯烃的分离技术(简称烯烃分离)主要是从甲醇制烯烃来的原料气经压缩机增压、净化、分离精制后，分别得到聚合级乙烯、聚合级丙烯、混合碳四、混合碳五、丙烷和燃料气等产品的工艺过程。

甲醇制烯烃单元混合产物中的乙烯、丙烯等低碳烯烃，以经济、低能耗、最大回收率的方式分离出能够满足下游加工装置进料规格的烯烃产品，其核心就是杂质脱除以及分离流程的开发和设计。近年来，烯烃分离流程呈现快速发展，从早期深冷分离流程演变为中冷油吸收分离流程，体现了流程简单化、能耗降低、运行周期增长的趋势。

6. 甲醇制二甲醚

二甲醚制备方法主要有合成气一步法和甲醇脱水法两种。其中，甲醇脱水法是目前国内外主要的生产方法，又分为气相脱水法、液相脱水法以及催化蒸馏法。

甲醇制二甲醚的工艺生产过程包括甲醇加热、蒸发，甲醇脱水，二甲醚冷却、冷凝及粗醚精馏等。

7. 混合碳四组分的利用

煤制烯烃工艺过程中的主要产物是乙烯和丙烯，副产的混合碳四主要包括异丁烷、正丁烷、异丁烯、1-丁烯、2-丁烯等组分。混合碳四组分利用的关键即1-丁烯和2-丁烯的合理利用。

目前，混合碳四组分的利用技术主要包括：MTBE/1-丁烯联合生产技术、碳四烯烃转化技术、丁烯氧化制丁二烯技术、丁烯二聚技术、丁烯烷基化技术、正丁烯生产戊醛和2-甲基丁醛、正丁烯生产1,2-环氧丁烷、正丁烯生产仲丁醇和甲乙酮、丁烯生产癸醇[如2-丙基庚醇(2-PH)]、正丁烯异构生产异丁烯等。

第二章 煤炭基本性质与清洁转化

第一节 煤炭基本性质与分类

煤与石油、天然气一样，都属于化石能源，同时也是世界上储量最多、分布最广的化石能源。煤是古代植物遗体经过复杂的生物、物理化学以及地球化学等作用转化而成的。从植物死亡、堆积到转变为煤的过程经过了一系列的演变，这一过程称为成煤作用。成煤作用大致可划分成泥炭化阶段和煤化阶段两个阶段。在泥炭化阶段，植物遗体在微生物作用下，经过不断分解、化合、聚集等过程形成泥炭。当由于地壳下沉等原因，泥炭和腐泥被沉积物掩埋时，就转入煤化阶段。在煤化阶段，泥炭、腐泥在以温度和压力起主导作用下转变为煤。煤化阶段又可分为成岩和变质两个分阶段。在成岩阶段，泥炭转变为褐煤；在变质阶段，褐煤逐渐转变为烟煤、无烟煤。

影响煤质的因素有很多，其中成煤原始物质是重要影响因素之一。成煤原始物质的化学组成不同，煤性质会存在差异。例如，成煤植物是木质纤维组织为主的植物的根、茎等，则煤的氢含量就比较低；如果是以角质膜、木栓层、树脂等含脂类化合物所形成的煤，则其氢含量比较高。按成煤植物的成分来划分，可把煤分为腐殖煤和腐泥煤，腐殖煤是由高等植物生成的煤，而腐泥煤是由低等植物生成的煤。我国乃至世界上储量大、分布广的煤主要是腐殖煤，一般所说的煤主要也是指腐殖煤。

已形成共识的成煤理论认为：成煤植物死亡后经过一系列生物、化学、物理过程先变成泥炭，泥炭再依次转变为褐煤、不同煤级的烟煤直到无烟煤、超级无烟煤。温度、压力和时间是促使煤变化的因素，在这些因素中起主要作用的是温度，压力是促进煤的物理结构发生变化的次要因素。通常，煤在较高温度下持续的时间越长，其煤化程度也越高。

由褐煤开始，煤的变质程度也称为煤化程度。煤的分子结构、化学组成、物理性质以及工艺性质在煤化作用过程中都会发生一系列具有规律性的变化。

一、煤炭的基本性质

为了对煤的性质进行评价，便于对煤进行分类和利用，必须对煤的物理、化学、工艺性质进行检测。通过对煤进行工业分析和元素分析，可以了解煤的主要化学成分和基本使用性质特点。

煤的工业分析是对煤的水分、灰分、挥发分和固定碳四个分析项目的总称。煤的水分、灰分、挥发分和固定碳是了解煤质特征的基础指标，也是评价煤质的基本依据。根据工业分析的各项测定结果，可以初步判断煤的性质、种类及其工业利用途径。

煤的元素分析仅针对煤中有机质，包含碳、氢、氧、氮和硫共5种元素，一些含量很少的元素(如磷、氯和砷等)不列入元素分析之内。

1. 元素组成

煤的组成主体为有机质，同时包括一些伴生的无机矿物质。决定煤的工艺用途的主要因素是煤中有机质的性质。因此，了解煤中有机质的组成对掌握煤的性质，找到最优的利用途径很重要。现有的分析方法还无法直接测定出煤中有机质的基本结构单元的组成及其性质，主要通过元素分析、有机化合物分离及官能团测定等分析手段来研究煤中的有机质。

碳、氢、氧、氮、硫是构成煤有机质的最主要的5种元素。5种元素中又以碳、氢、氧为主，这3种元素的质量总和占有机质的95%以上。煤的成因类型、煤岩组成及煤化程度等因素都对煤的有机质的元素组成有影响。因此，煤中的有机质是煤质研究的重要内容。

碳是煤中最重要的组成元素，也是煤有机质中含量最多的元素，并且也是由碳原子组成了煤的大分子骨架。同时，碳也是煤在燃烧过程中产生热量的最主要元素。分析表明，煤中的碳含量随煤化程度的加深而增加，如褐煤中碳含量为60%~77%，烟煤中碳含量为74%~92%，而无烟煤中碳含量为90%~98%。

氢是煤中的第二个重要组成元素。成煤原始物质元素组成是影响煤中氢含量的重要因素。除此之外，随着煤化程度逐渐加深，通常煤中氢元素含量会逐渐减少。氢也是煤中可燃部分，其燃烧时可放出大量的热。

氧也是组成煤有机质的一个十分重要的元素。煤中氧含量变化很大，并随着煤化程度加深而降低。煤的变质程度越低，氧元素含量就越高。氧元素在煤的燃烧过程中不产生热量，但能与产生热量的氢反应生成水。同时，氧是煤中反应活性较高的元素，对煤的热加工影响较大。需要指出的是，煤中氧元素含量一般采用差减法获得而不是直接测定。

氮在煤有机质中含量比较少，煤中的氮元素主要来自成煤植物中的蛋白质，含量多在0.8%~1.8%的范围内变化，与煤化程度变化不存在明显的规律性。在煤的高温热转化利用过程中，煤中的氮一部分会转化成氮气、氨、氢氰酸及其他含氮化合物。

硫通常被列为煤中的有害杂质。原因是在煤燃烧时，硫与氧气反应生成二氧化硫，它不仅会污染环境，而且能腐蚀设备，还会导致一些催化剂中毒。当煤作为生产冶金焦用原料时，硫元素还影响钢铁质量。因此，各项工业用煤对硫含量都有相应的要求。按赋存状态分类，煤中硫分可分为有机硫和无机硫。煤中各种硫分的总和称为全硫含量，以 S_t 表示。

2. 水分

由于煤是多孔性固体，因此其内部都含有或多或少的水分。煤的水分含量和存在状态与外界条件和煤的内部结构有关。根据煤中水分的存在状态，将其分为外在水分、内在水分以及同煤中矿物质结合而成的结晶水、化合水等。

附着在煤的表面和被煤表面大毛细管吸附的水称为外在水分。当煤在空气中存放时，煤中的外在水分很容易蒸发，一直蒸发到煤表面的蒸气压和空气的相对湿度平衡时为止。煤失去外在水分时称为空气干燥煤，这种煤制成分析用的试样时，就称为分析煤样。用空气干燥状态煤样化验所得的各种含量结果，就是空气干燥基的化验结果。

煤的内在水分是指吸附和凝聚在煤颗粒内部毛细管中的水，在常温下这部分水不易失去，通常要在高于水正常沸点的温度下才能将内在水分完全除去。煤的内在水分与煤化程度之间存在一定联系。通常，变质程度高的无烟煤内在水分含量较低，变质程度较低的褐煤内在水分含量较高。

结晶水和化合水是指煤中矿物质里以分子形式和离子形式参加矿物晶格构造的水分。分子结构中的结晶水和化合水通常要在200℃以上才能分解析出。结晶水和化合水在煤的工业分析中不考虑(GB/T 211—2017《煤中全水分的测定方法》)。

3. 灰分

煤完全燃烧后剩下来的残渣，一般被称为灰分。灰分几乎全部来自煤中的无机矿物质。成煤植物的原生矿物质、成煤过程中的次生矿物质、开采及处理过程中混入的外来矿物质是煤中矿物质的主要来源。煤灰的化学成分主要是SiO_2、Al_2O_3、Fe_2O_3、CaO、MgO、TiO_2、K_2O、Na_2O、SO_3等。

在煤质特性和利用研究中，煤的灰分含量是起重要作用的一项指标。由于矿物质不能燃烧产生热量，一般来说，煤中矿物质不利于煤的加工利用，因此灰分含量越低越好。

4. 灰熔点

煤灰熔融性是动力用煤和气化用煤的重要性能指标，是煤灰在高温条件下软化、熔融、流动时的温度特性。煤灰在高温下达到熔融状态的温度，习惯上称为灰熔点。由于煤灰是一种多组分的混合物，因此其熔点没有一个准确的固定值，而是一个熔融的温度范围。当在规定条件下加热煤灰试样时，随着温度的升高，煤灰试样会从局部熔融到全部熔融并伴随产生一定的特征物理状态，包括变形、软化、半球和流动。通常以这4个特征物理状态相对应的温度来表征煤灰熔融性。

测定煤灰熔融性的方法，根据测定结果表示方法的不同，可分为熔点法和熔融曲线法；根据所用试验原料形状(煤灰成型)的不同，又可分为角锥法和柱状法。

目前，国内外大多采用角锥法进行煤灰熔点的测定，我国现行的国家标准(GB/T 219—2008)也是采用该方法。角锥法主要是将煤灰制成一定尺寸的三角锥，在一定的气体介质(还原性或氧化性气氛)中，以一定的升温速度进行升温，观察灰在受热过程中的形态变化，观测并记录其4个熔融特征所对应的温度(图2-1-1)：灰锥尖端或棱开始变圆和弯曲时的温度称为变形温度(DT)；灰锥弯曲至触及锥尖托板和灰锥呈球形时的温度称为软化温度(ST)；半球温度(HT)是指灰锥形变至近似半球形(高约等于底长的1/2时)的温度；灰锥熔化展开成高度在1.5mm以下的薄层的温度记为流动温度(FT)。通常采用软化温度作为在锅炉设计中参考的灰分熔点；而在气化炉设计中，固定床和流化床气化炉一般以煤灰的软化温度作为衡量其熔融的主要指标；在液态排渣的气流床气化炉设计中，多采用流动温度作为参考依据。

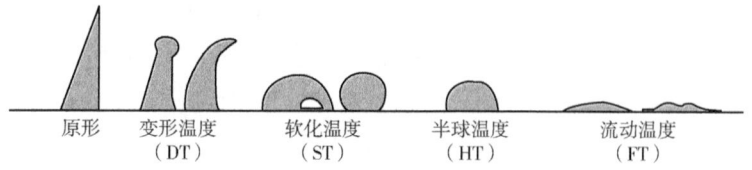

图2-1-1 煤灰锥熔融特征示意图

煤灰熔融性主要取决于其化学组成。一般认为，灰分中Fe_2O_3、CaO、MgO含量越高，灰熔点越低；SiO_2、Al_2O_3含量越高，灰熔点越高。但当CaO含量大于30%时，则其含量增加反而会提高灰熔点。

灰分不是以单独的物理混合物形式存在，而是结晶成不同结构的混合物，结晶结构不同，灰熔点差异很大。国内外经过大量研究，提出了很多基于煤灰成分预测煤灰熔点的方法。我国常用的计算公式为煤炭科学研究总院总结的经验公式：

$$FT(T_3) = 200 + 21C(Al_2O_3) + 10C(SiO_2) + 5b \quad (2-1-1)$$

$$b = C(CaO) + C(MgO) + C(Fe_2O_3) + C(KNaO) \quad (2-1-2)$$

式中 $C(Al_2O_3)$，$C(SiO_2)$，$C(CaO)$，$C(MgO)$，$C(Fe_2O_3)$，$C(KNaO)$——分别代表对应成分在煤灰中的含量，%。

当煤灰成分中 b 小于30%时，采用式(2-1-1)预测精度一般在±50℃范围内；当煤灰成分中 b 大于30%时，煤灰熔点可用式(2-1-3)预测。

$$FT(T_3) = 200 + [2.5b + 20C(Al_2O_3)] + [10C(SiO_2) + 3.3b] \quad (2-1-3)$$

当 $2.5b + 20C(Al_2O_3) < 332$ 时：

$$FT(T_3) = 200 + [2.5b + 20C(Al_2O_3)] + [10C(SiO_2) + 3.3b] + 2\{332 - [2.5b + 20C(Al_2O_3)]\} \quad (2-1-4)$$

当 $C(SiO_2) + 3.3b < 475$ 时：

$$FT(T_3) = 200 + [2.5b + 20C(Al_2O_3)] + [10C(SiO_2) + 3.3b] + 2\{475 - [10C(SiO_2) + 3.3b]\} \quad (2-1-5)$$

此外，试验气氛是氧化性还是还原性对煤灰熔点来说也是一个极为重要的影响因素，特别是对含铁较高的煤灰熔融性有较大的影响。一般测定灰熔点时采用何种气氛条件，主要取决于煤是应用于燃烧还是气化工艺。

5. 其他性质

在煤的加工利用过程中，煤的性质决定了煤的工艺用途及利用方式，其中一些性质也是重要的评价或工程设计指标，如煤的发热量、热稳定性、黏结性、结焦性、可磨性、成浆性、反应活性、结渣性、煤灰黏度等。这些性质都有相应的分析方法或测试标准。在项目规划及设计过程中，需要依据原料煤的性质选择相适应的工艺技术路线，或者依据既定的技术路线寻找合适的煤源。

二、煤炭的分类

一般按照同一类别煤基本性质相近的科学原则对煤进行分类。在我国，根据应用、商业和科学研究的需要，对煤提出了不同分类方法，主要由技术分类、商业编码和煤层煤分类3个国家标准组成。前两者属于实用分类，后者属于科学成因分类。

我国现行的煤炭分类首先是根据煤化程度，将所有煤分为无烟煤、烟煤和褐煤三大类。再按煤化程度的深浅及工业利用的要求，将烟煤分为长焰煤、气煤、肥煤、焦煤、瘦煤和贫煤等几个小类（GB/T 5751—2009），详见表2-1-1。

（1）无烟煤的特点是固定碳含量高、挥发分含量低、无黏结性、燃烧时不冒烟。无烟煤主要供民用和常压固定床造气制合成氨的原料，也用于高炉喷吹和制造各种碳素材料。

（2）贫煤是烟煤中变质程度最高的一小类煤，不黏结或呈微弱黏结，燃烧时火焰短、耐烧，主要用作电厂燃料。

表 2-1-1　中国煤炭分类简表

类别	符号	包括数码	分类指标					
			$V_{daf}/\%$	黏结指数 G	胶质层最大厚度 Y/mm	b/mm	透光率 P_M②/%	发热量 Q③/(MJ/kg)
无烟煤	WY	01	≤3.5					
		02	3.5~6.5					
		03	6.5~10.0					
贫煤	PM	11	>10.0~20.0	≤5				
贫瘦煤	PS	12	>10.0~20.0	>5~20				
瘦煤	SM	13, 14	>10.0~20.0	>20~65				
焦煤	JM	24	>20.0~28.0	>50~65	≤25.0	≤150		
		15, 25	>10.0~28.0	>65①				
肥煤	FM	16, 26, 36	10.0~37.0	(>85)①	>25.0			
1/3焦煤	1/3JM	35	>28.0~37.0	>65①	≤25.0	≤150		
气肥煤	QF	46	>37.0	(>85)①	>25.0	>220		
气煤	QM	34	>28.0~37.0	>50~60	≤25.0	≤220		
		43, 44, 45	>37.0	>35				
1/2中黏煤	1/2ZN	23, 33	>20.0~37.0	>30~50				
弱黏煤	RN	22, 33	>20.0~37.0	>5~30				
不黏煤	BN	21, 31	>20.0~37.0	≤5				
长焰煤	CY	41, 42	>37.0	≤35			>50	
褐煤	HM	51	>37.0				≤30	≤24
		52	37.0				>30~50	

① 当 G>85 时，再用 Y 值（或 b 值）来区分肥煤、气煤与其他煤类的界限。当 Y>25.0mm 时，如 V_{daf}≤37.0%，则划分为肥煤；如 V_{daf}>37.0%，则划分为气煤。如 Y<25.0mm，则根据其 V_{daf} 的大小而划分为相应的其他煤类。当用 b 值来划分肥煤、气肥煤与其他煤类的界限时，如 V_{daf}≤28.0%，暂定 b>150% 的为肥煤；如 V_{daf}>28.0%，则暂定 b>220% 的为肥煤或气肥煤。当按 b 值划分的类别与 Y 值划分的类别有矛盾时，以后者为准。

② 如用 V_{daf} 和 H_{daf}（干燥无灰基氢含量）划分出的小类有矛盾，则以 H_{daf} 划分的小类为准。

③ 对 V_{daf}>37.0%，G≤5 的煤，再以透光率 P_M 来确定其为长焰煤或褐煤。如 P_M>30%~50%，再测发热量 Q，当其值大于 24MJ/kg 时，则应划分为长焰煤。

（3）贫瘦煤是炼焦煤中变质程度最高的一种，其特点是挥发分含量较低，单独炼焦时生成的焦粉多，可用作炼焦配煤和动力煤。

（4）瘦煤是具有中等黏结性的低挥发分炼焦煤。单独炼焦时能得到块度大、裂纹少、抗碎强度较好的焦炭，但其耐磨强度较差，用于配煤炼焦。

（5）焦煤是一种结焦性较强的炼焦煤，单独炼焦时能得到块度大、裂纹少、抗碎强度和耐磨强度都很高的焦炭，用于配煤炼焦。

（6）肥煤是中等挥发分及中高挥发分的强黏结性炼焦煤，单独炼焦时能生成熔融性好、强度高的焦炭，是配煤炼焦中的基础煤。

（7）1/3焦煤是中等偏高挥发分的较强黏结性炼焦煤，是一种介于焦煤、肥煤和气煤之间的过渡煤。

（8）气肥煤是一种挥发分和胶质体厚度都很高的强黏结性炼焦煤，适合于高温干馏制造城市煤气，也可用于配煤炼焦。

（9）气煤是一种变质程度较低、挥发分含量较高的炼焦煤。

（10）1/2中黏煤也是一种过渡性煤，主要用作动力煤和气化用煤。

（11）弱黏煤是一种黏结性较弱的从低变质到中等变质程度的非炼焦用烟煤，主要用作动力煤和气化用煤。

（12）不黏煤是一种成煤初期已经受到相当程度氧化作用的低变质到中等变质程度的非炼焦用烟煤，主要用作动力煤和气化用煤。

（13）长焰煤是变质程度最低的高挥发分烟煤，其煤化程度稍高于褐煤而低于其他各类烟煤，主要用作动力煤和气化用煤。

（14）褐煤是煤化程度最低的矿产煤，其特点是水分大、孔隙度大、挥发分含量高、不黏结、热值低，氧含量高，化学反应性强，热稳定性差，贮存在空气中易风化变质，主要用作动力煤和气化用煤。

第二节　煤炭直接液化

煤炭直接液化是指将煤经过磨粉、干燥后与溶剂油混合制备成油煤浆，在高温、高压以及催化剂的作用下与氢反应直接生成液体燃料的过程。煤直接液化技术发展至今已有近百年的历史，从第二次世界大战到1973年石油危机，德国、美国和日本等诸多发达国家已相继开发出适合本国国情的煤直接液化技术。中国于20世纪70年代末开始对煤直接液化技术的研究，通过几十年的努力，已开发了百万吨级煤直接液化工艺以及成套技术，并成功在神华煤直接液化项目上得到应用，使中国成为世界上唯一拥有百万吨级煤直接液化核心技术的国家。

一、煤炭直接液化机理

煤和石油都是以碳、氢、氧为主要元素组成的天然有机矿物质燃料。两者主要的区别在于煤中氢含量较低、氧含量高、氢碳原子比低、氧碳原子比高。要将煤炭直接转变为液体燃料，必须在高温、高压、溶剂油和催化剂的作用下，将煤炭大分子首先裂解为较小的分子，经过加氢稳定，提高氢碳原子比，降低氧碳原子比，最终得到液体产物。

一般认为，煤在加氢液化过程中，氢不能直接与煤反应使其裂解，而是煤本身随着反应温度的升高进行受热分解，造成其分子结构中的化学键断裂，生成大量低分子量的自由基碎片。此时若有足够的氢存在，自由基就能加氢饱和而稳定下来，进一步生成小分子量的馏分油、大分子量的沥青烯和分子量更大的前沥青烯。前沥青烯可进一步分解为沥青烯、馏分油和烃类气体，同样沥青烯也可进一步加氢生成馏分油和烃类气体。因此，在煤初级液化阶段，煤热解和自由基稳定是主要的两个反应过程。图2-2-1显示了煤直接液化反应过程。

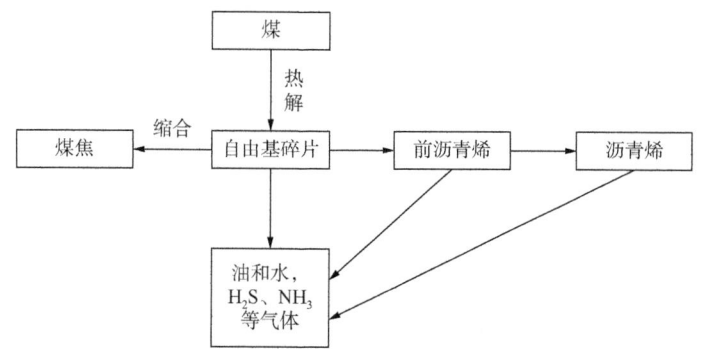

图 2-2-1 煤直接液化反应过程图

若自由基得不到足够的氢并且其浓度又很高,自由基碎片之间会发生缩聚反应或高温脱氢反应,转变为半焦或焦炭,使煤液化油收率降低,这是煤加氢液化不希望发生的反应。因此,随着煤热解反应不断加剧,应提供足够的氢相,否则就有结焦的可能。

此外,煤中的氧、硫、氮等杂原子在加氢液化过程中生成 H_2O(或 CO_2、CO)、H_2S 和 NH_3 气体而被脱除。煤中杂原子脱除的难易程度与其存在形式有关,一般侧链上的杂原子较芳环上的杂原子容易脱除。

二、煤种对直接液化工艺的适用性

自然界中煤的种类繁杂,不同的性质决定了不同的用途,并不是每一种煤都适合作为直接液化原料煤。要选择适宜的直接液化原料煤,应考虑以下原则:(1)原料煤具备良好的液化特性,转化率和油产率高;(2)煤有机质大分子转化为小分子速率快,即较易实现转化;(3)耗氢量少。

研究表明,除无烟煤不能液化以外,其他煤种均可不同程度地进行液化,液化难度随煤变质程度的增加而增加,即泥炭<年轻褐煤<褐煤<高挥发烟煤<低挥发烟煤。挥发分是煤化程度的一个表征指标,也是考察煤液化原料煤的重要指标。挥发分含量越高的煤,液化程度越高,通常考虑选择挥发分含量在35%以上的煤种作为直接液化原料煤。

煤中氢碳原子比高的煤种,有利于煤有机质大分子向小分子转化,其油产率也高。但当氢碳原子比高到一定程度时,油产率将减少。这是因为氢碳原子比高的煤种,氧碳原子比也随之增加,加氢液化反应中将氧元素转化为水或其他烃类气体,使水生成量增加,耗氢量也会增加。

惰性组分在加氢液化条件下很难被液化,而镜质组分和壳质组分较容易加氢液化,因此直接液化选择的煤种应尽可能选择惰性组分含量低的煤,一般要低于20%。

煤中矿物质容易结垢、沉积,影响反应设备的传热和正常操作。因此,一般选择灰分低于10%的煤作为加氢液化原料用煤。

综上所述,选择适宜直接液化的煤种一般应考虑下列条件:

(1)年轻烟煤和年老褐煤,褐煤比烟煤活性高,但因其氧含量高,液化过程中氢耗量多。

(2)挥发分含量(无水无灰基)大于35%。

(3) 氢含量(无水无灰基)大于5%,碳含量(无水无灰基)为82%~85%,氢碳原子比越高越好,同时氧含量越低越好。

(4) 芳香度小于0.7。

(5) 活性组分大于80%。

(6) 灰分含量小于10%(干燥基),矿物质中最好富含硫铁矿。

选择适宜的直接液化煤种不仅可以得到高的转化率和油产率,还可以使反应在较温和的条件下进行,从而降低操作费用,即降低生产成本。

三、煤直接液化技术发展历程

1. 国外煤直接液化技术发展历程

国外煤直接液化技术的研究开发和应用可分为以下三个阶段。

(1) 第一阶段:从开发至1945年(第二次世界大战结束)。

对煤进行加氢液化的研究始于20世纪初。1913年,德国的柏吉乌斯(Bergius)进行了从煤或煤焦油通过高温、高压加氢生产液体燃料的研究,从而为煤的直接液化奠定了基础。从1913年至1945年第二次世界大战结束的一段时期是煤直接液化技术研究的鼎盛时期。许多国家都在开发和研究煤直接液化制油技术,尤其以德国表现最为突出。1939年第二次世界大战爆发后,德国一共有12套煤直接液化装置建成投产,油品生产能力达到$423 \times 10^4 t/a$,在第二次世界大战期间为德国提供了2/3的航空燃料和50%的汽车及装甲车用燃料油。

(2) 第二阶段:1945—1973年(石油危机)。

第二次世界大战结束后,由于煤液化油收率低、投资大等问题,以及战争的破坏和大量廉价石油的开发,使煤直接液化失去了竞争力和继续存在的必要。

美国在德国I. G. Farbenindustrie公司的煤直接液化技术的基础上,于1949年建设了规模为50t/d(产油200~300bbl/d)的煤直接液化试验装置,并运转到1952年。美国的C. C. C. 公司(Carbide and Carbon Chemicals Co.)认为从煤生产汽油需要苛刻的加氢分解条件,如用煤生产芳香族化工原料,可以将煤在较缓和的条件下进行加氢,并于1952年建造了煤处理量为300t/d、反应压力为30~40MPa、反应温度为430~450℃、反应时间为3~5min的直接液化试验装置。美国政府于1960年开始出资援助有关公司、大学进行煤直接液化新工艺的研究开发工作。与此同时,苏联、民主德国采用Bergius法进行了煤液体燃料的生产研究。波兰、捷克斯洛伐克等东欧国家也进行了煤直接液化技术的研究。

1945—1973年(石油危机)这一时期,除美国等少数国家做了一些基础性研究工作以外,其他国家(包括德国、日本、英国、法国等工业发达国家)基本上处于研究开发的中止状态。

(3) 第三阶段:1973年至今。

随着1973年石油危机爆发,煤直接液化技术又重新得到了各国的关注。美国、日本、德国、英国、苏联等发达国家纷纷组织开展了大规模的研究开发工作,相继开发出多种煤液化新工艺。

美国从1975年先后出资支持海湾石油公司成功开发了溶剂精炼煤工艺(SRC);支持埃

克森(Exxon)石油公司成功开发了供氢溶剂工艺(EDS);支持HRI(Hydrocarbon Research Inc.)等公司成功开发了氢—煤法工艺(H-Coal)。

日本在1974年出台了解决能源问题的阳光计划,组建了半官方性质的日本新能源产业技术综合开发机构(NEDO),经过近20年的努力,开发出了针对褐煤的BCL工艺和针对烟煤的NEDOL工艺。

欧洲方面也取得较大进展,德国鲁尔煤炭公司和菲巴石油公司开发了新的德国工艺——IGOR工艺。英国不列颠煤炭公司在政府和欧盟的支持下开发了溶剂萃取液化工艺(LSE)。苏联的国家固体燃料研究院在莫斯科附近的图拉市建立了5t/d的煤液化试验装置。

到20世纪80年代中期,各国开发的煤直接液化工艺均已日趋成熟,研究重点大多是在如何缓和反应条件,即降低反应压力从而达到降低煤液化油的生产成本的目的,并且完成了中试装置的建设,为建立大规模工业生产装置奠定了基础。

2. 国内煤直接液化技术发展历程

中国于20世纪70年代末,由煤炭科学研究总院牵头开展煤直接液化研究。由于起步较晚、基础较差,为了开发具有自主知识产权的煤直接液化工艺,采用了技术攻关和国际合作相结合的形式,对世界煤直接液化技术进行了跟踪。20世纪80年代已建成煤炭直接液化、液化油品提质加工和分析检验实验室,并针对直接液化工艺及催化剂、加氢改质技术等开展了大量研发工作,初步形成了中国煤直接液化技术。1997—2000年,煤炭科学研究总院分别同德国、日本、美国有关政府部门和公司合作,完成了神华煤、云南先锋煤和黑龙江依兰煤在国外已有中试装置上的放大试验以及这3种煤的直接液化示范厂可行性研究。

神华煤直接液化项目正式立项以后,国家能源集团(原神华集团)组建专家技术团队,在煤炭科学研究总院已有工作的基础上,综合借鉴国内外专家的意见和建议,改造建设了一套0.1t/d神华煤直接液化工艺BSU(Bench Scale Unit)装置和0.2t/d新催化剂PDU(Process Development Unit)生产装置。通过多次试验和研究,开发了具有自主知识产权的神华煤直接液化工艺。

从2002年开始,由煤炭科学研究总院和国家能源集团(原神华集团)共同承担了国家高技术研究发展计划("863"计划)能源技术领域洁净煤技术主题煤炭液化专题"煤直接液化高效催化剂"课题,开发了活性高、成本低、操作简单、重复性好的煤直接液化高效催化剂的生产工艺,并建成了"863"催化剂中试连续生产装置。这些"863"计划课题的研究成果在神华煤直接液化示范工程中得到应用,为神华煤直接液化示范装置的建设和成功运转提供了必要的理论依据和技术支撑,推动了我国煤直接液化技术的发展。

2008年,神华煤直接液化百万吨级示范装置第一次投煤试运转取得圆满成功,标志着神华煤直接液化工艺成为全世界第一个经历从实验室小试(BSU)到中试(PDU)再到百万吨级工业示范的煤直接液化工艺,使我国成为世界上唯一掌握百万吨级煤直接液化关键技术的国家。

四、煤直接液化工艺

从1913年德国的柏吉乌斯(Bergius)获得世界上第一个煤直接液化专利以来,煤直接液化工艺在不断进步、发展,尤其是20世纪70年代初石油危机后,煤直接液化工艺的开发更受到了各国的巨大关注,研究开发了多种煤直接液化工艺。煤直接液化工艺的目标是打破煤的有机结构,并进行加氢,使其成为液体产物。虽然开发了多种不同种类的煤直接液化工艺,但其化学原理基本相同,都是在高温高压下使煤浆中的煤发生热解,在催化剂作用下进行加氢和进一步分解,最终成为稳定的液体产物。

根据原料煤的转化过程,又可将煤直接液化工艺分为单段和两段两种。单段煤直接液化工艺是指通过一个主反应器或一系列反应器生产液体产品,反应同时包含热解和加氢两个过程。两段煤直接液化工艺通过两个反应器或两系列反应器,在第一段主要实现煤的热解,其中不加催化剂或仅加入低活性催化剂;热解反应产物在二段反应器中通过高活性催化剂加氢生产液体产品。

1. 煤直接液化一般工艺

煤直接液化工艺的主要过程是通过磨煤系统将煤制成煤粉,再与循环溶剂制备成油煤浆,在高温和高压下进行加氢,从而转化成液体产品。整个过程可分成三个主要工艺单元:(1)煤浆制备单元。将煤粉与供氢溶剂、催化剂一起制成油煤浆。(2)反应单元。在高温高压下进行加氢反应,生成液体产物。(3)分离单元。对反应生成的液化油、反应气和残渣进行分离,重油作为循环溶剂用于配制油煤浆。

图 2-2-2 为煤直接液化一般工艺流程示意图。

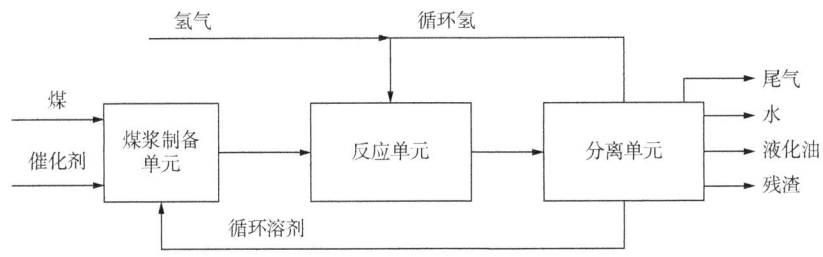

图 2-2-2 煤直接液化一般工艺流程示意图

1) 煤的热解

要将煤转化为液体,首先要破坏煤的大分子结构,使其分解为适合进一步加工的尺寸。煤的大分子结构中连接基本结构单元的化学键强度较弱,当温度升高时,由于外力的作用,连接基本结构单元的化学键会发生断裂,分解为自由基碎片,称为煤的热解。煤热解的程度受很多因素影响,如煤的产地、品质及岩相组成等。大多数工艺可使液化原料煤 90% 以上发生转化。

热解过程中煤通过与循环溶剂制成煤浆后进行反应,有的工艺也同时加氢,有的还使用催化剂。反应温度为 370~470℃,压力在 15~30MPa 之间变动。在热解过程中加入供氢溶剂可以阻止煤热解产生的自由基发生聚合反应,表现在两个方面:第一,物理上溶剂将反应产生的自由基碎片隔开。因此,选择一种对重质芳香物溶解性好的溶剂非常重要。第二,提供氢给自由基,稳定其分子结构。溶剂中部分加氢的芳烃向反应性高的自由基碎片转移和提供氢。氢化溶剂中提供的氢的反应活性比气态氢要高很多。一般认为在高压催化体系中,气相氢是通过与溶剂反应再转移至煤的。工艺不同,对溶剂加氢的要求相差很大。

2) 加氢裂化

经过热解后的产物中仍含有大分子结构成分。要想得到最终产品，必须继续加氢进行加氢裂化来降低分子尺寸。同时，加氢裂化还可以脱除一部分的硫和氮。

加氢裂化可以与煤的热解反应在同一反应器中进行，也可以分步进行。在第一种情况下，可以使用价廉的一次性铁系催化剂或载体金属催化剂。第二种情况使用活性更高的氧化铝载体催化剂。这种类型的载体催化剂通常与石油工业中对重油加氢脱硫使用的催化剂相似或相同。催化剂通常含镍、钼，但操作条件更加苛刻，温度为370~450℃，压力为14~25MPa，会引起催化剂寿命缩短，因此一些工艺用流化床或沸腾床替代传统固定催化床，这样可以在线更换催化剂。

即便是通过加氢裂化，其产物远未达到均质，会有重组分或没有转化的原料积累。因此，所有的工艺都要考虑脱除高沸点沥青类物质。煤的反应性和热解反应、加氢裂化反应条件极大影响这些残渣的形成。研究表明，如果把加氢裂化放在一个独立反应器，调节反应条件的灵活性较大，使用的煤种范围较宽。

3) 固液分离

对于煤液化反应产物的气体和轻油分离，各种工艺相同，基本上都是采用常规炼油化工的气液闪蒸分离和常压塔分离技术。

一般的煤直接液化工艺为了使装置能长期稳定运转，都有脱除高沸点沥青和煤中矿物质的步骤，一般情况下这两个步骤在同一装置上进行。

固液分离的方法主要有加压过滤、离心分离、溶剂萃取、减压蒸馏等。

加压过滤、离心分离是传统煤直接液化工艺的固液分离方法。这两种分离方法分离出的液相都会含有部分固体物和高沸点且没有反应的沥青类物质，工业化运行实践表明，沥青不仅难液化，而且在循环系统中会不断富集积累从而影响液化效率和处理能力。第二次世界大战时期，德国的煤直接液化工厂使用的就是离心分离的方法。当时，由于离心分离不能完全脱除难于反应的沥青类物质，为了减少这类物质在循环过程中积累，采用了反应压力为70MPa、反应温度为470℃这样十分苛刻的反应条件。现在的煤直接液化工艺基本已不采用上述两种固液分离方法。

现代煤直接液化工艺的一个标志性改进就是将原来的机械分离溶剂改为减压蒸馏分离溶剂。减压蒸馏是根据物质的沸点不同，借助真空系统来进行分离，理论上可完全脱除固体物和重质沥青物。由于减压蒸馏溶剂不含沥青，为进一步提高溶剂的质量打下了基础，最后发展成采用供氢溶剂的第三代煤直接液化工艺。

2. 单段煤直接液化典型工艺技术

1) 溶剂精炼煤法（SRC-Ⅰ和SRC-Ⅱ工艺）

美国的SRC(Solvent Refined Coal)煤直接液化工艺全称为溶剂精炼煤法煤液化工艺。SRC工艺的最初目的是从煤生产一种可以环境友好的洁净固体燃料，即SRC-Ⅰ。后来在SRC-Ⅰ的基础上进行了改进，以生产全馏分低硫燃料油为目的，改进后的SRC工艺被称为SRC-Ⅱ工艺。

SRC-Ⅱ工艺流程如图2-2-3所示。煤经过磨细干燥后与装置循环回的液化粗油混合制成煤浆，用高压泵将煤浆加压至14MPa左右，与装置循环氢和补充氢混合后一起预热到

371~399℃，进入反应器进行反应。由于反应放热，通过注入冷氢的方法将反应温度控制在 438~466℃的范围内。反应产物经高温气液分离器分成气相和液相两部分。液化油进入蒸馏单元，气体经净化、压缩分离出燃料以及氢气，氢气循环与补充氢一起进入反应系统。分离出的含固体液相产物一部分返回系统作为循环溶剂用于煤浆制备，另一部分也进入蒸馏单元回收液化油。蒸馏单元减压塔底残渣含有未转化的固体煤和灰，可进入制氢单元作为气化原料使用。

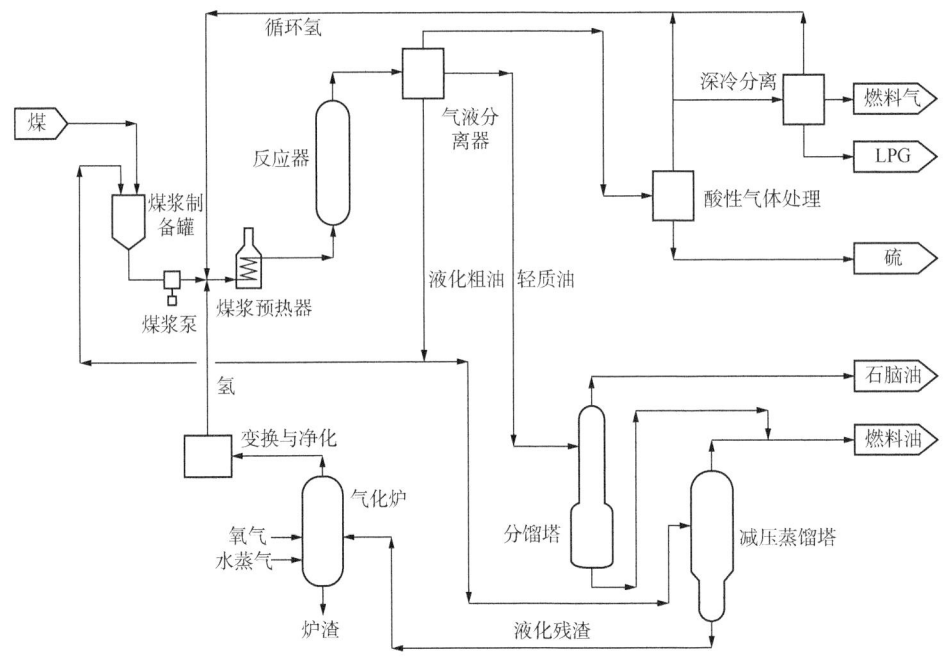

图 2-2-3　SRC-Ⅱ煤液化工艺流程图

SRC-Ⅱ工艺的显著特点是将高温分离器底部的部分含灰重质馏分作为循环溶剂使用，以煤中矿物质作为催化剂。存在的问题是由于含灰重质馏分的循环，试验中发现在反应器中矿物质会发生积聚现象，使反应器中固体的浓度增加。并且，由于不同的煤种所含的矿物质组分有所不同，这使得 SRC-Ⅱ工艺在煤种选择上受到局限，也为工艺操作带来较大困难。

2）氢—煤法（H-Coal 工艺）

H-Coal 工艺始于 1963 年，由美国 HRI 公司开发。H-Coal 工艺的开发基于 HRI 公司的用于重油提质加工的 H-Oil 工艺，区别于其他液化工艺的显著特征是采用沸腾床（Ebullated）催化反应器。

H-Coal 工艺流程如图 2-2-4 所示。煤与含有固体的液化粗油和循环溶剂配成煤浆，与氢气混合经预热后加入沸腾床反应器，反应温度为 425~455℃，反应压力为 20MPa。反应采用镍-钼或钴-钼氧化铝载体加氢催化剂，循环物流进口位于反应器的液相区，并处于催化剂沸腾区的上部，循环油中含未反应的固体煤。反应产物经冷却、分离后，富氢的气相组分经净化后循环使用。不含固体的液相送至常压蒸馏塔，经分馏获得石脑油和燃料油产品。含固体的液相进入旋液分离器，分离出的低固体液化粗油返回煤浆制备罐作为煤浆制备的溶剂；同时，由于液化粗油返回反应器，可以使粗油中的重质油进一步分解为低沸点产物，以提高油收率。高固体液化粗油送至减压蒸馏装置，分馏为重质油和液化残渣。部分常压蒸馏塔底油和减压蒸馏塔顶油返回煤浆制备罐作为循环溶剂使用。

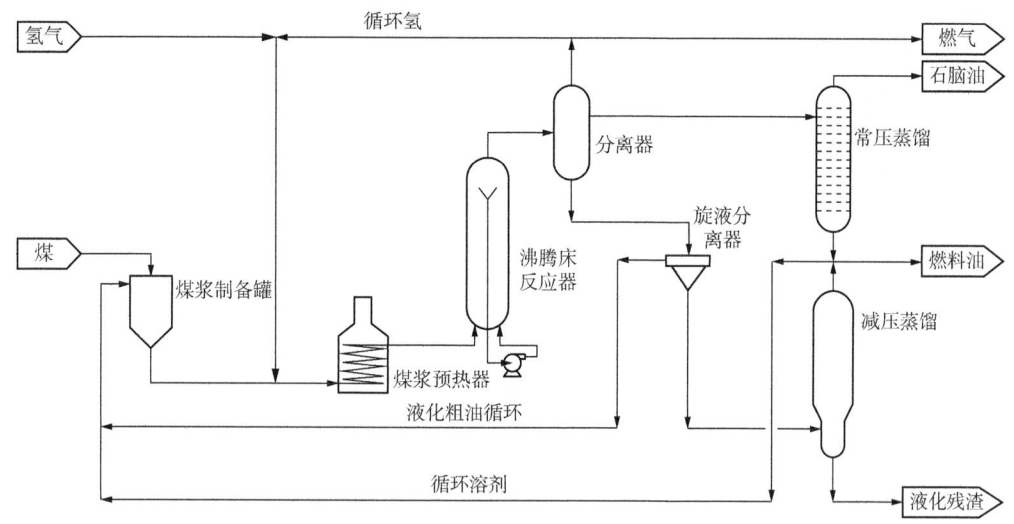

图 2-2-4　H-Coal 工艺流程图

H-Coal 工艺的液化油产率也与煤种有较大关系。采用适宜的煤种，总转化率可达 95% 以上，液体收率可达 50%（无水无灰煤）。H-Coal 工艺采用沸腾床催化反应器，物料混合和反应得较为充分，在温度调控和产品性质的稳定性上具有较大的优势。

3) 德国 IGOR$^+$ 工艺

德国 I. G. Farbenindustrie 公司在 1927 年采用柏吉乌斯(Bergius)于 1913 年发明的柏吉乌斯法(也称 IG 工艺)建成了世界第一套煤直接液化工业化生产装置。1927 年，德国人 A. Pott 和 H. Broche 开发了溶剂萃取(Pott-Broche)工艺。目前，世界上大多数煤直接液化工艺都是在这两个工艺的基础上开发而来的。

IGOR$^+$(Integrated Gross Oil Refining)工艺由联邦德国煤矿研究院、萨尔煤矿公司和菲巴石油公司基于 IG 工艺开发而成，其工艺流程如图 2-2-5 所示。煤、循环溶剂及可弃性铁系催化剂配制成油煤浆，与氢气混合后经预热进入煤液化反应器，反应温度约为 470℃，反应压力约为 30.0 MPa，空速为 0.5t/(m^3·h)。反应产物经高温分离器分离，底部液化粗油进入减压蒸馏塔，顶部分离气与减压塔顶闪蒸油气一起进入第一固定床加氢反应器，反应温度为 350~420℃，反应压力与液化反应器相同，液时空速(LHSV)为 0.5h^{-1}。第一固定床反应器产物进入中温分离器，底部重油返回煤浆制备罐作为循环溶剂，顶部产物进入第二固定床加氢反应器，反应温度为 350~420℃，压力与液化反应器相同，液时空速为 0.5h^{-1}。两个加氢反应器内均装填 Mo-Ni 型载体催化剂。第二固定床反应器产物进入低温分离器分离，顶部富氢气循环使用，底部产物进入常压蒸馏塔分馏为汽油和柴油产品。

IGOR$^+$ 工艺的操作条件较为苛刻，适用于烟煤的液化，可得到大于 90% 的转化率，液体收率可达 50%~60%（以无水无灰煤计）。液化油经加氢精制后，产品中的硫、氮含量可降到 10^{-5} 数量级。

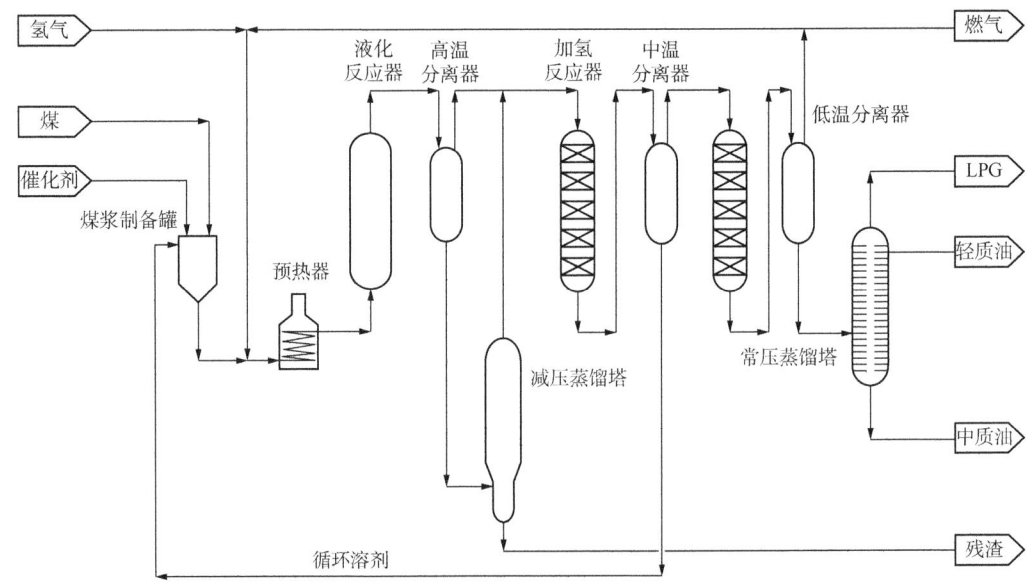

图 2-2-5 IGOR⁺煤液化工艺流程图

4) NEDOL 工艺

日本从事煤炭直接液化研究有较长的历史。从第二次世界大战到 20 世纪 70 年代中东石油危机，几十年间向着将煤炭直接液化技术工业化的目标不断推进。1973 年，通产省实施阳光计划并成立了新能源产业技术综合开发机构(NEDO)，主要从事煤液化技术的开发研究。其间，日本钢管、住友金属和三菱重工等多家公司也在开展煤炭直接液化工艺的研究。1983 年，NEDO 开发形成了 NEDOL 工艺，以次烟煤和低品质烟煤为煤液化原料。NEDOL 工艺确立后，NEDO 委托日本煤油有限公司进行工艺开发，建设了 0.1t/d 的 BSU 装置并进行试验运转。1988 年完成 NEDOL 工艺 1t/d 的工艺支持装置(Process Support Unit, PSU)，以验证 NEDOL 工艺的稳定可靠性和液化装置的综合运转性能，同时进行 NEDOL 工艺的最佳工艺条件研究和煤种适应性研究，为进一步建设煤液化大型工业化试验装置和将来建立大型商业化工厂而获取工程技术数据。1991 年，在日本鹿岛开工建设了 150t/d 的 NEDOL 工艺工业性试验装置(Pilot Plant, PP)，至 1999 年 PP 装置完成预定的试验计划后拆除。

NEDOL 工艺由煤前处理单元、液化反应单元、液化油蒸馏单元以及溶剂加氢单元 4 个主要单元组成，工艺流程如图 2-2-6 所示。煤、催化剂与循环溶剂配成煤浆，煤浆与氢气混合，预热后进入液化反应器。操作温度为 430~465℃，操作压力为 17~19MPa。煤浆的表观平均停留时间约为 1h，实际的液相停留时间为 90~150min。反应产物经冷却、分离后至常压蒸馏塔，蒸馏出轻质产品。

高温分离器塔底物进入减压蒸馏塔，脱除中质和重质组分。大部分中质油和全部重质油经加氢处理后作为循环溶剂。减压蒸馏塔底物主要为未反应的煤、矿物质和催化剂，可作为制氢原料。从减压蒸馏塔来的中质油和重油混合后，进入溶剂加氢反应器。反应器为下流式固定床催化加氢反应器，操作温度为 320~400℃，压力为 10.0MPa。所用催化剂是在传统炼油工业中馏分油加氢脱硫催化剂的基础上改进而成，平均停留时间约为 1h。反应产物在一定温度下减压至闪蒸器，在此取出加氢后的石脑油产品。闪蒸得到的液体产品作为循环溶剂至煤浆制备单元。

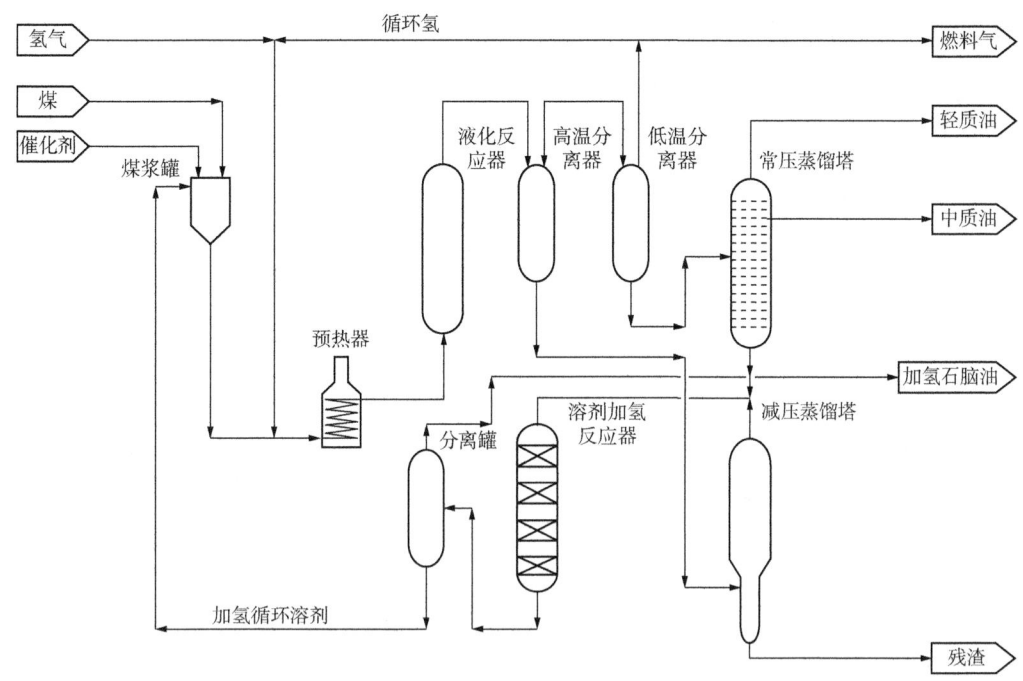

图 2-2-6　日本 NEDOL 煤液化工艺流程图

3. 两段煤直接液化工艺

大部分两段直接液化工艺是以单段工艺为基础发展而来的，仅少数工艺超过试验室规模，并且大部分基本相似。

1) 两段催化液化工艺(HTI)

HTI 工艺是在 H-Coal 工艺和 CTSL(Catalytic Two-Stage Liquefaction)工艺的基础上，利用悬浮床反应器和铁基催化剂改进而成的煤液化新工艺，其主要特点如下：(1)反应条件比较缓和，反应温度为 440~450℃，反应压力为 17MPa；(2)采用内循环沸腾床(悬浮床)反应器，达到全返混反应模式；(3)催化剂采用 HTI 专利技术制备的铁系胶状高活性催化剂(GelCat™)，用量少；(4)在高温分离器后串联固定床加氢反应器，对液化油进行加氢精制；(5)固液分离采用 Kerr-McGee 溶剂抽提工艺，即临界溶剂萃取方法，从液化残渣中最大限度地回收重质油，提高了液化油收率。HTI 工艺目前开发到 PDU 规模，工艺流程如图 2-2-7 所示。

煤、催化剂与循环溶剂配成煤浆，预热后与氢气混合加入沸腾床反应器的底部。第一反应器操作压力为 17MPa，温度为 400~420℃。反应产物直接进入第二反应器，操作压力与第一反应器相同，但温度稍高，通常达 420~440℃。

第二反应器的产物进入高温分离器，底部含固物料(循环粗油)减压后部分循环至煤浆制备单元，其余物料进入减压蒸馏塔，减压蒸馏塔底物料进入临界溶剂萃取单元，进一步回收重质馏分油。临界溶剂萃取单元回收的重质油与减压蒸馏高温分离器气相部分直接进入加氢反应器进行加氢提质，加氢产物经分离，富氢气体作为循环氢使用。液相产品减压后进入常压蒸馏塔,切割出产品油馏分。常压蒸馏塔底物部分作为溶剂循环至煤浆制备单元。临界溶剂萃取单元的萃余物料为液化残渣。

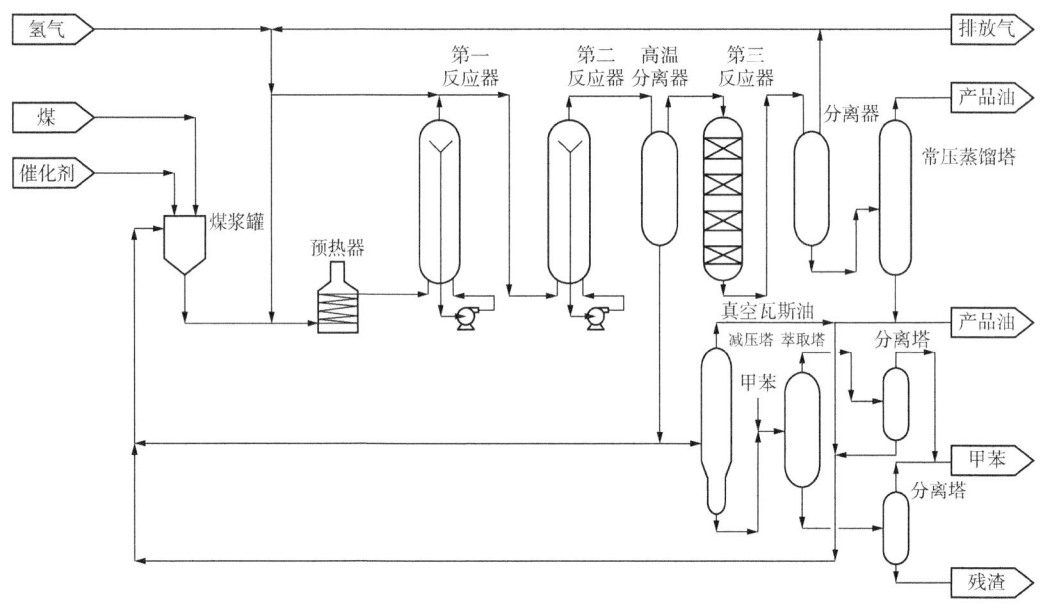

图 2-2-7　HTI 工艺流程图

2) 日本褐煤液化工艺(BCL)

日本褐煤液化工艺(BCL)也由日本的 NEDO 开发。1980 年 11 月,日本政府与澳大利亚政府签订了协议,在澳大利亚实施褐煤直接液化项目,将项目委托给日本褐煤液化公司(NBCL),并于 1985 年在澳大利亚的 Victoria Morwell 建成 50t/d 规模的褐煤液化工业性试验装置。1985—1990 年,共处理了约 60000t 澳大利亚褐煤。

由于褐煤中含水量大,如澳大利亚 Victoria Morwell 褐煤含水量达 60%,煤浆进入液化反应系统前必须进行脱水。BCL 工艺主要由煤浆制备和脱水、一段加氢反应、溶剂脱灰和二段加氢反应 4 部分组成,工艺流程如图 2-2-8 所示。

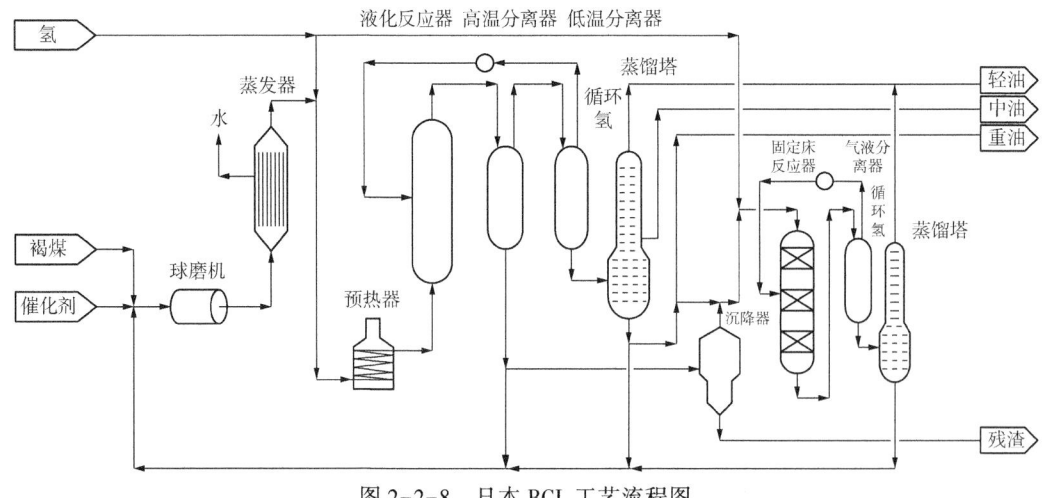

图 2-2-8　日本 BCL 工艺流程图

原料煤、循环溶剂及催化剂一起进行湿式粉碎至200目后进入换热器,加热使煤浆中褐煤的含水量降至5%(干基)。蒸发后的水蒸气经换热器回收热量,并脱除水中的酚和氨后,作为装置的工业用水回用。

脱除水分的煤浆与氢气混合,预热后进入一段液化反应器,操作温度为430~450℃,压力为15.0~20.0MPa,停留时间约为1h。一段反应产物经高温分离器和低温分离器进行气液分离。低温分离产物进入常压蒸馏塔被切割为轻油和中油,常压蒸馏塔底部产物一部分用于制备煤浆,其余进入二段加氢反应器。低温分离器顶部的富氢气至一段液化反应器循环使用。高温分离器底部产物一部分用于煤浆制备,其余进入溶剂脱灰单元。

高温分离器底部产物与来自装置本身的轻油[脱灰溶剂DAS(De-Ashing Solvent)]混合,进入沉降器,沉降器操作温度为270℃,压力为3.5MPa。在沉降器中,高沸点沥青、未反应煤、灰及其他固体物由于重力沉降而被脱除。沉降器中的轻质液体进入蒸发器,被分离为脱灰溶剂和脱灰油(De-Ashed Oil,DAO),脱灰溶剂与高温分离器底部产物混合循环使用,脱灰油与常压蒸馏塔釜底物一起进入二段反应器。

二段反应器为固定床加氢反应器,催化剂为氧化铝载体的镍-钼催化剂,操作温度为360~400℃,操作压力为15.0~20.0MPa,空速为0.5~0.8h^{-1}。反应产物进入常压蒸馏塔,进一步回收石脑油馏分。塔底油循环至煤浆制备单元。

日本褐煤液化公司(NBCL)在50t/d工业性试验装置成功运转的基础上,对BCL工艺进行了技术改进。与原BCL工艺相比,改进的BCL工艺在煤浆脱水后增加了煤浆热处理工序。煤浆制备所用的溶剂由轻质组分和重质组分两部分组成。脱水后的煤浆在300~350℃温度下进行加热,使其中的轻质组分挥发,煤浆浓缩,成为高浓度煤浆,更有利于加氢液化。同时,热处理使褐煤中的羧基分解,脱除CO_x化合物。

改进的BCL工艺采用"多级液化反应"的方法。一段液化反应器由底部进料,反应温度为430~450℃,反应压力为15MPa,催化剂采用人工合成的γ-FeOOH。反应产物经高温分离器分离后,气相产物进入二段固定床加氢反应器,固相产物一部分直接返回一段反应器,以减少冷却氢的用量和煤浆预热器的负荷。剩余固相产物进行溶剂脱灰,溶剂脱灰油与二段加氢后的重质油一起作为循环溶剂去制备煤浆。改进的BCL工艺在BSU装置的运转表明,油收率有明显的提高。

3) 神华煤直接液化技术(DCL)

神华煤直接液化技术英文简称DCL,是国家能源集团(原神华集团)以百万吨级神华煤炭直接液化示范项目建设为契机,集成国内外科技研究成果和工程设备等大型企业的资源,自主研发的现代煤化工工艺技术。神华煤直接液化技术采用全部供氢性循环溶剂制备煤浆、强制循环悬浮床反应器、减压蒸馏分离沥青和固体、强制悬浮床加氢反应器等成熟单元组合。与传统煤直接液化技术相比,反应条件更加缓和,在高效催化剂的作用下油收率高,整体系统稳定性好。煤直接液化反应温度为455℃,反应压力为18.6MPa,煤转化率可达到90.4%,蒸馏油收率达到56%,氢耗为5.3%。

神华煤直接液化技术主要包括煤浆制备系统、反应系统、分离系统和液化油改质系统等,工艺流程如图2-2-9所示。经过干燥和破碎的煤粉,含水量小于4%,粒度小于200目,在油煤浆制备罐中与来自溶剂加氢稳定的供氢溶剂和催化剂制备单元的催化剂混合,配制成反应单元的油煤浆原料。油煤浆经泵加压，在预热炉之前与氢气混合后进入煤浆预热炉，加热至反应所需要的温度后，进入煤液化反应器。油煤浆在高温高压（455℃、19MPa）的反应条件下，经过煤热解、加氢反应后，生成液态反应产物及气体和水。反应产物进入固液分离单元，目的是将液化油、未反应的煤、灰分和催化剂等进行分离，分离出来的液化油进入加氢稳定单元，充分加氢后形成3种主要产物：一部分是塔顶油气和轻石脑油馏分，后续进入轻烃回收装置；另一部分是液化油稳定加氢后形成的加氢改质原料，在加氢改质单元油品被提质加工，得到符合市场规格的石脑油和柴油等产品；第三部分是满足煤液化单元的合格的供氢溶剂，将在煤液化单元和加氢稳定单元间循环使用。

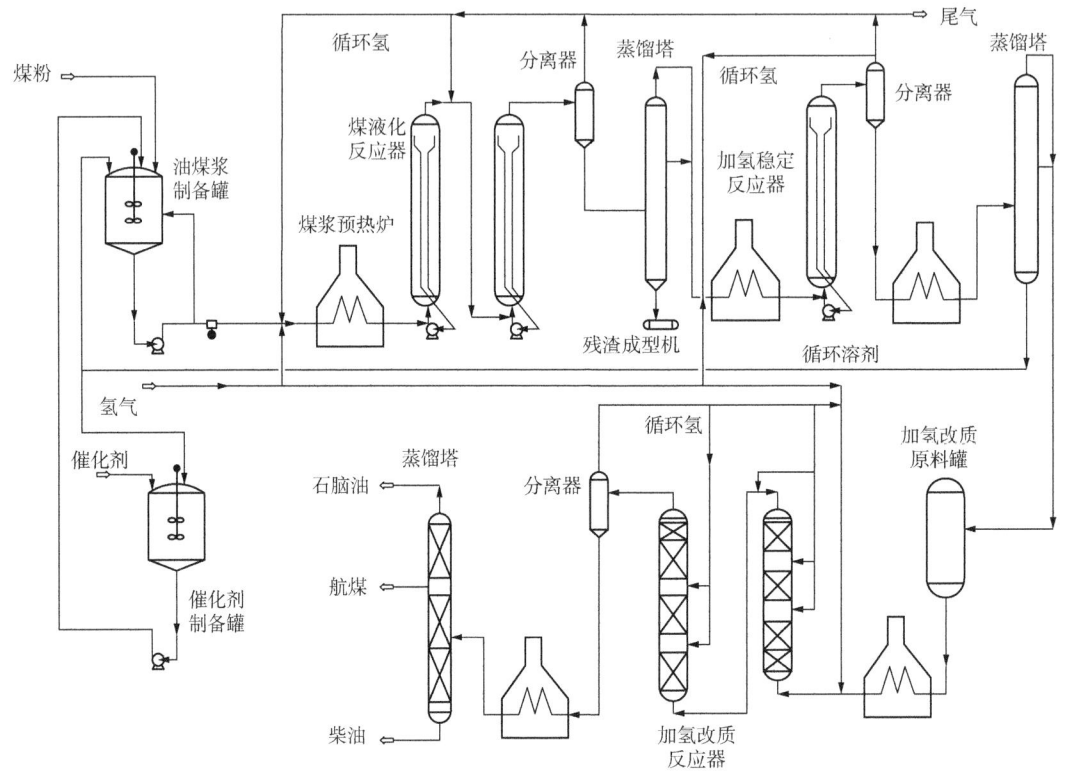

图 2-2-9 神华煤直接液化技术流程图

神华煤直接液化技术的主要特点如下：

（1）采用超细水合氧化铁（FeOOH）作为液化催化剂。以 Fe^{2+} 为原料、以部分液化原料煤为载体制成的超细水合氧化铁，粒径小、催化活性高。

（2）循环溶剂采用催化预加氢的供氢溶剂。煤液化过程溶剂采用催化预加氢，可以制备45%~50%流动性好的高浓度油煤浆；较强供氢性能的循环溶剂防止煤浆在预热器加热过程中结焦，还可以提高煤液化过程的转化率和油收率。

（3）强制循环悬浮床反应器。反应器轴向温度分布均匀，反应温度控制容易；由于强制循环使反应器内气体滞留系数低，液相利用率较高；煤液化物料在反应器中有较高的液速，可以有效阻止煤中矿物质和外加催化剂在反应器内沉积。

（4）减压蒸馏固液分离。减压蒸馏是一种成熟有效的脱除沥青和固体的分离方法，减压蒸馏的馏出物中几乎不含沥青,是循环溶剂催化加氢的合格原料,减压蒸馏的残渣含固体在50%左右。

(5)循环溶剂和煤液化初级产品采用强制循环悬浮床加氢。经稳定加氢的煤液化初级产品性质稳定,便于加工;与固定床相比,悬浮床操作性更加稳定、操作周期更长、避免了固定床反应由于催化剂积炭压差增大的风险,同时原料适应性更广。

五、神华煤直接液化工艺示范工程

2002年,国家发展和改革委员会(简称国家发改委)批复神华集团百万吨级煤直接液化示范项目第一条生产线建设,建设地点在内蒙古鄂尔多斯市马家塔,以神华集团所属的神府东胜矿区上湾煤矿生产的煤炭为原料,生产能力为$108×10^4$t/a,处理煤量为6000t/d,主要产品为柴油、石脑油和液化气,采用了神华集团自主知识产权的煤直接液化技术以及神华集团和煤炭科学研究总院共同开发的"863"合成催化剂。第一条生产线于2008年12月首次投料试车成功,连续投煤运转303h,生产出合格的产品。

1. 工艺流程

示范工程的主要单元包括煤粉制备、催化剂制备、煤液化、加氢稳定、煤气化制氢、加氢改质、空气分离、轻烃回收、含硫污水汽提、硫黄回收、脱硫、酚回收、油渣成型等装置,全厂总装置流程如图2-2-10所示。

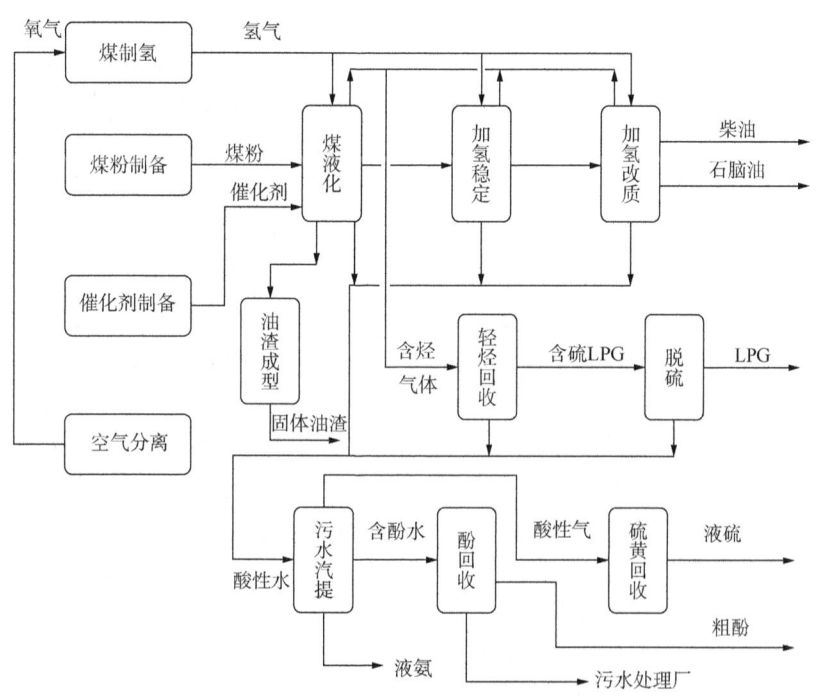

图2-2-10 神华煤直接液化示范装置流程图

经洗选后的精煤从厂外经皮带机输送进入煤粉制备装置,一部分加工成煤液化装置所需的干煤粉;一部分精煤在催化剂制备单元与催化剂混合,制备成含有催化剂的干煤粉;煤粉、催化剂以及供氢溶剂送至煤液化装置,在高温、高压、临氢的条件下和催化剂的作用下发生加氢反应生成煤液化油并送至加氢稳定装置。

煤液化油经加氢稳定(溶剂加氢)装置处理生产满足煤直接液化要求的供氢溶剂,同时脱除部分硫、氮、氧等杂质从而达到预精制的目的。石脑油、柴油馏分送至加氢改质装置进一步提高油品质量;溶剂返回煤液化装置作为供氢溶剂循环使用。

煤制氢装置生产并提供各加氢装置所需的氢气,产生的含硫富气均经轻烃回收装置以回收气体中的液化气、轻烃,干气经脱硫装置处理后回收氢气。同时,加氢稳定产物分馏切割出的石脑油至轻烃回收装置作为吸收剂,解吸石脑油进一步送至加氢改质装置处理。

各装置产生的酸性水经含硫污水汽提装置脱除水中的 H_2S、NH_3、挥发酚和油等污染物,净化水去生化处理并回用。煤直接液化装置产生的含酚酸性水脱除 H_2S 和 NH_3 后,送至酚回收装置回收其中的粗酚,污水经生化处理后回用。煤液化、煤制氢、轻烃回收及脱硫和含硫污水汽提等装置脱出的 H_2S,经硫黄回收装置制取硫黄供煤直接液化装置使用,不足的硫黄部分外购。

2. 主要产品及特点

神华煤直接液化项目的产品主要包括柴油、石脑油和液化气。

煤直接液化所生产的液化油(即初级产品)含有大量的氮、氧、硫等杂原子,芳烃含量高,色相和储存稳定性差,需进一步加氢提质后得到满足要求的液化燃料。神华煤直接液化项目采用了国内成熟加氢提质工艺,可生产大量的优质低凝轻柴油及柴油产品,其硫、氮含量均很低(小于 $1\mu g/g$),柴油十六烷值大于 45;同时生产部分芳烃潜含量高的重石脑油,其硫、氮含量均低于 $0.5\mu g/g$,是非常好的重整原料。加氢改质装置的分馏部分设置了航煤馏分侧线,可以通过切割生产部分航煤馏分,来尽量提高塔底柴油产品的十六烷值。液化气由煤直接液化装置的常顶气、膜分离尾气、加氢稳定装置的塔顶气、石脑油以及加氢改质装置酸性气等通过轻烃回收再净化获得,各项指标满足国家标准。据中国环境科学研究院完成的整车运行和台架实验,煤制清洁柴油与国V标准柴油相比,可使尾气中排放的一氧化碳、细颗粒物、氮氧化物和碳氢化合物等分别降低24%、49%、12%和34%。

煤直接液化成品油与传统石油基油品相比,具有稀缺性和特殊性。油品组成以环烷烃为主,环烷烃含量在85%以上,链烷烃含量为10%,芳烃含量在5%以下;油品组成决定了油品的性质,性质决定了油品的用途。富含环烷烃的组成特点使煤直接液化油品具有高密度、高热安定性、高热容的特征,高密度燃料具有更大的质量密度和体积热值,在发动机燃料箱容积受限的情况下,能有效增加所携带的能量,降低发动机油耗比,满足高航速、大载荷和远射程的要求;或在保持性能不变的情况下,减小发动机燃料箱容积,实现飞行器小型化,提高其机动性和突防能力。同时,富含环烷烃的组成特点使煤直接液化油品具有低凝点特征,适合极寒地区和高空使用。

2015 年 4 月,煤基煤油的火箭发动机整机热试车成功,标志着国家能源集团和中国航天科技集团共同研制的液氧煤基航天煤油已成功应用于航天领域,这是世界首次将煤基煤油应用于航天领域,为稀缺的航天燃料增添了一个难得的战略性供给选项。

3. "三废"治理

神华煤直接液化示范工程一直很重视环境保护工作,坚持"零污染,建立绿色煤制油产业"的项目环保目标，项目建设多套环保设施，使项目产生的污水回用，废气排放满足排放标准，废渣得到妥善处理。

1）污水处理

（1）含硫污水汽提。

直接液化、加氢稳定、加氢改质等单元所产生的含硫污水全部密闭排入含硫污水汽提装置，采用双塔加压汽提工艺脱除含硫污水中的 H_2S 和 NH_3。通过氨精制+氨吸收+氨蒸馏的氨回收工艺副产液氨。

（2）酚回收装置。

由于煤液化及加氢稳定装置产生的含硫污水中酚含量较高，为2230~6000mg/L，经汽提脱硫后，酚含量仍很高，因此设置酚回收装置以脱除并回收粗酚，脱酚废水送至污水处理场。

（3）污水处理场。

污水处理场采用4套处理流程，分别处理低浓度含油污水、经汽提脱酚处理后的高浓度污水、含盐污水及催化剂废水，经处理后全部回用，不外排。

2）废气处理

（1）脱硫装置。

装置采用甲基二乙醇胺（MDEA）作为溶剂，处理全厂产生的酸性气，为生产装置提供清洁的燃料气并消除酸性气对设备的腐蚀，脱硫后燃料气的硫含量小于100μg/g。

（2）硫黄回收装置。

硫黄回收装置回收处理气体脱硫装置及污水汽提装置脱除的含硫气体，并副产硫黄产品，装置采用无在线炉硫回收工艺，回收率可达99.8%以上。

（3）火炬及放空回收设施。

该示范工程在开停工及不正常操作和事故状态时，由安全阀排出的可燃气体密闭送入火炬系统，火炬系统设置一座干式气柜用来回收放空油气，并配有压缩机，将气柜中的油气升压，再送全厂燃料气管网作燃料气用。

为保证事故状态下酸性气的有效处理，硫黄回收装置事故状态紧急放空及开停工时期临时排放的酸性气设专线排至火炬系统，保证事故状态下酸性气的燃烧处理，减少对周围环境及人员的危害。

3）环保监测及废渣填埋

项目环保监测站以满足煤液化厂环保管理为目的，主要功能为样品采集和污染物的快速测定。为妥善处置项目排放的各类废渣，建设两座废渣堆埋场，渣场一用来处置锅炉废渣及煤制氢装置产生的气化废渣；渣场二由两部分组成，一部分用来处置各装置排放的废催化剂及污水处理场先期排放的脱水污泥，另一部分用于蒸发消耗工程排放的废水。

4. 关键设备

煤直接液化是煤在高温高压下的加氢反应过程，由于煤直接液化的反应物料含有煤粉及催化剂等固体颗粒，固体物含量最高达50%，甚至局部浓度更高，并且在反应过程中还产生腐蚀性物质（如 H_2S、Cl^-）等，这些物料对煤液化过程使用的多种设备寿命有较大影响。而且，煤液化中反应器多为大型设备，如神华煤直接液化反应器吨位达到2100t，直径为5.5m，壁厚为334mm，全长57.8m，内容积为688m³，整个反应器由13个筒节、2个封头及裙筒、裙座组成。大吨位反应器且工作在高温、高压和临氢高硫的环境，因此提高设备装置运行可靠性和安全性对保证项目安全稳定运行尤为重要。

煤液化装置的核心设备是底部带有强制循环泵的循环悬浮床反应器，是一种处理煤粉、催化剂、氢气和供氢溶剂的固液气三相并存的反应器。反应器带有强制循环泵，使内部物料处于全返混状态，液相速度高，气体滞留少，不容易形成大颗粒物沉积，反应器生产能力大。神华煤直接液化示范装置在使用这种反应器之前，国内外没有成熟的产品及相关业绩，因此神华集团联合国内设备制造企业和研究机构在BSU装置和PDU装置上首先设计和制造了这种反应器，并在神华煤直接液化示范项目上得到成功应用。运行过程中反应器操作平稳，没有发生物料偏流现象，内部的反应温度和轴、径向温度均匀，使煤加氢液化反应过程处于最佳状态，达到了设计要求。

煤直接液化厂另一个关键设备为高压差减压阀，其作用是控制液化反应产物排放流量，保持高温高压分离器内的液位稳定，减压阀的阀前压力为18.9MPa，阀后压力为2.9MPa，压差为16MPa，介质为固体含量为30%的热高压分离器底部物料，温度高达380~400℃，高温高压差调节阀门的可靠性是影响煤液化厂稳定运行的关键因素之一。世界各国对于如何延长减压阀的使用寿命做了大量的研究，神华煤直接液化示范装置上的高压差减压阀采用一路进、四路出的结构，其中四路出为一开三备。工程技术人员通过对阀芯、阀座的结构设计、材料选择，一路减压阀的使用寿命已经达到2100h，四路总和的使用寿命完全满足示范厂长周期稳定运行的要求。

六、煤直接液化技术展望

我国"富煤、贫油、少气"的资源条件决定了我国以煤炭为主的能源结构。基于一次能源的基本国情以及国际能源形势日趋复杂的现实，有序发展煤炭液化技术，将储量丰富的煤炭资源清洁高效地转化为汽油、柴油等液体燃料，是发挥我国煤炭资源优势、解决石油短缺可能造成能源安全问题的重要途径。

纵观煤直接液化技术发展史，从1913年德国的柏吉乌斯(Bergius)开发获得世界上第一个煤直接液化专利到第二次世界大战结束后，由于煤直接液化技术存在油收率低、投资大等问题以及大量廉价石油的开发，除少数国家外，煤直接液化技术的研发基本处于停滞阶段。直至1973年石油危机爆发，进入煤直接液化发展迅速的活跃期，突破了诸多技术瓶颈，相继发展出溶剂精炼煤(SRC)工艺、供氢溶剂(EDS)工艺、氢—煤法工艺(H-Coal)和NEDO工艺等。

我国对煤直接液化的研究工作起始于20世纪70年代末，虽晚于美国等发达国家，但经过几十年的消化引进、试验研究和自我开发，目前已拥有自主知识产权的神华煤直接液化工艺及成套技术，并在神华鄂尔多斯煤直接液化示范项目上得到成功应用。但同时暴露出来的工艺技术和系统配置等问题应认真总结，并继续在基础理论研究、工艺开发和优化、工程和设备制造、煤液化高效催化剂、煤种适应性等方面进行深入研究，同时寻求跨领域跨行业的创新发展机会。未来煤直接液化技术可以从以下方面进行探索和实践：

(1) 煤直接液化产品产业链延伸。充分发挥煤直接液化油品高热容、高热安定性、高热值、低凝点等优异品质，开展煤基军用及航空航天领域特种燃料的研究与应用，如军用柴油、高密度航空煤油、高闪点喷气燃料、高吸热碳氢燃料、导弹燃料等，有良好的应用前景，有利于提升我国军用油品供应保障能力。

（2）煤直接液化与煤间接液化技术融合。两种技术的主要产品都是液化燃料，共同特点是这些煤液化液体燃料都是超低硫的洁净燃料，随着环境保护与排放要求日益严格，洁净燃料将会有更好的市场需求。而且煤直接液化和煤间接液化合成油品在十六烷值和凝点指标上又具有明显的互补性，所以根据资源特性共同建设煤直接液化和煤间接液化技术为一体的煤液化制油产业有利于产品品质提升，具有较好的发展前景。

（3）煤液化残渣综合利用。煤液化残渣主要由煤液化沥青、未转化煤、催化剂和灰分等组成，具有高热值、高硫和高灰等特点，直接利用将对效率和环境造成一定影响。国家能源集团（原神华集团）上海研究院在残渣萃取分离和高效利用方面开展了基础和工程放大研究，以煤液化残渣为原料经过溶剂萃取得到煤液化沥青，2020年7月成功建成了第一套自主知识产权的煤制油油渣萃取装置。开发各种以煤液化沥青为原料的碳材料制品，不仅可以延长煤液化产业链和产品链，进一步提升煤直接液化技术的经济性，还可以在煤资源化利用过程中最大限度地节约资源，保护环境。

（4）环保技术开发和应用。煤直接液化生产过程中会产生废气、废水、废渣，为保证清洁生产、污染物达标排放，需针对各类污染物组成及特点，采用相应的环保处理措施。其中，煤直接液化装置污水种类多、污染物复杂、处理难度大，开发和集成有针对性的处理工艺以达到污水100%处理，提高废水回用率，使煤直接液化过程污水达到近零排放。

（5）将煤直接液化生产中产生的CO_2捕集压缩注入封存到地下1500~2500m之间的咸水层，首次实现了煤制油化工CO_2捕集、咸水层封存、监测预警评价体系为一体的CCS技术集成。充分利用CO_2排放浓度高、集中度高、易于低成本捕集的特点，积极布局大型CO_2封存和驱油等项目，扩大示范效应，为今后捕集技术的大规模应用奠定基础。

第三节　煤炭气化

煤炭气化是指将煤中的碳、氢在高温、欠氧条件下转化为清洁燃料气或合成气（$CO+H_2$）的过程。与石油和天然气相比，煤炭是一种难于清洁转化利用的化石能源，而煤炭气化是实现煤炭清洁、高效利用的重要途径，煤炭气化技术也是现代煤化工行业不可或缺的龙头技术。

一、煤炭气化基本原理

煤炭在气化炉中气化是一个热化学过程，这一过程包含煤炭的热解、煤炭的燃烧、气化等多个反应。煤炭气化过程的反应变化主要取决于煤的成分，同时受气化剂、反应温度、压力、加热速率、气化炉形式等的影响。

煤炭的热解，简单来说就是煤炭"大分子"受热分解，分解产物随煤种、热解温度、升温速率不同而不同，其总体表现为逸出煤种的挥发分并残存半焦或焦炭。

煤炭气化反应是包含了碳原料与气化剂（空气、水蒸气、二氧化碳、氧气、富氧空气及相应混合物)之间的反应,以及反应产物与原料、反应产物之间的化学反应。煤炭气化反应过程是十分复杂的体系,由于煤炭的元素组成包括碳、氢、氧、氮、硫以及其他元素,通常在讨论气化反应时以如下假定为基础:一是仅考虑煤炭中的主要元素碳;二是在气化反应前已发生过煤炭的热解。

煤炭气化反应主要包括:

(1) 碳与氧气反应(燃烧反应)。碳与氧气的反应也称为碳的氧化反应或燃烧反应,该反应为强放热反应,为气化炉中其他吸热反应提供热量。

$$C+O_2 \longrightarrow CO_2$$
$$CO+O_2 \longrightarrow CO_2$$

(2) 碳与水蒸气反应。碳与水蒸气反应为吸热反应,该反应也是制造水煤气的主要反应,包括:

$$C+H_2O \longrightarrow CO+H_2$$
$$C+H_2O \longrightarrow CO_2+H_2$$

(3) 碳与二氧化碳反应:

$$C+CO_2 \longrightarrow CO$$

(4) 甲烷生成反应。煤气中的甲烷,一部分来自煤炭的热分解,另一部分则是气化炉内的碳与煤气中的氢气反应以及气体产物之间反应等共同作用的结果。

$$C+H_2 \longrightarrow CH_4$$
$$CO+H_2 \longrightarrow CH_4+H_2O$$
$$CO+H_2 \longrightarrow CH_4+CO_2$$
$$CO_2+H_2 \longrightarrow CH_4+H_2O$$

(5) 水煤气变换反应。水煤气变换反应就是一氧化碳与水蒸气发生变换反应生成氢气和二氧化碳的过程,该反应为放热反应。在有关工艺过程中,往往在气化装置下游单元利用这个反应调节氢气与一氧化碳的比例。

$$CO+H_2O \longrightarrow CO_2+H_2$$

(6) 其他反应。煤炭中还含有少量氮元素和硫元素,它们与气化剂以及反应中生成的气态反应产物之间可能进行的反应如下:

$$N_2+H_2 \longrightarrow NH_3$$
$$S+H_2 \longrightarrow H_2S$$
$$CO+H_2S \longrightarrow COS+H_2$$
$$CO+H_2O \longrightarrow HCOOH$$
$$CO+H_2O+N_2 \longrightarrow HCN+O_2$$

上面所列反应为煤炭气化的基本化学反应。不同气化过程可由上述反应或其中部分反应以串联或平行的方式组合而成。上述反应方程式指出了反应的初终状态,可以用来进行物料平衡和能量平衡的计算。

二、煤炭气化技术发展历程

煤炭气化技术研发历史悠久。1882年,第一台常压固定床煤气发生炉在德国投产,自此以来煤炭气化工艺流程持续地发展，尤其在20世纪70年代石油危机出现后，世界各国广泛开展了煤炭气化技术的研究。截至2020年底，已开发及处于研究发展中的气化方法有近百种。尽管煤炭气化工艺多种多样，但它们都有3个基本的单元，即原料(煤)的预处理与输送、煤炭气化过程、煤气热量的回收与初步净化。煤炭气化技术的发展历程，究其细节，就是对上述3个基本部分进行不断升级完善的过程。

常压固定床气化工艺最早实现了商业应用，经过上百年的发展，由于该技术成熟可靠，投资少，目前在国内外仍有使用。但由于常压固定床气化工艺对原料要求严格，能耗高，单炉生产能力小，随着企业生产规模化、装置大型化，以及新的工艺技术不断涌现，常压固定床气化工艺已处于逐渐被淘汰的趋势。

早期的常压固定床气化炉只适用于焦炭或黏结性比较低的无烟煤。20世纪30年代，德国鲁奇公司开发了碎煤加压固定床气化炉，即鲁奇炉。该工艺可用碎煤进料，气化剂采用水蒸气与纯氧，随着气化压力的提高，气化强度也大幅提高。碎煤加压气化有以下特点：(1)原料适应范围广。除黏结性较强的烟煤外，从褐煤到无烟煤均可气化，此外，水分、灰分含量较高的劣质煤也可使用。(2)气化压力高。单炉生产能力大，设备和管道尺寸比常压气化显著缩小。(3)煤气中因富含甲烷热值较高，同时气化过程中可以得到焦油、轻质油及粗酚等多种有价值的副产品。目前，碎煤加压气化在中国城市煤气生产和制取合成气方面仍受到重视。

为了提高气化过程的生产强度，并利用高活性的褐煤资源，德国在20世纪20年代开始开发常压温克勒(Winkler)流化床气化炉，该气化炉首次在工业过程中利用了流态化技术。与常压固定床气化技术相比，流化床气化技术的发展进一步拓展了煤种的适应范围，使一些难以在固定床气化炉中气化的煤也可以成为气化原料。尽管流化床相对于固定床是一种进步，但其难以实现高压操作，单炉的处理能力受到限制，无法满足现代过程工业对大型煤炭气化技术的需求。

科技和工业界一直在为开发连续加压操作的大型煤炭气化技术进行不懈的努力，并最终使气流床气化技术得以实现。最早实现工业化的气流床气化技术是Koppers-Totzek炉(简称K-T炉)。K-T炉工艺于1936年由德国柯柏斯(Koppers)公司的工程师托切克(Totzek)提出，1948年在美国进行中试，首次工业规模应用于1952年实现。其工艺特点是，煤以粉末形式进入反应炉，在接近常压下进行气化，炉内反应温度高，停留时间短，生成的煤气中无焦油等副产品。它主要用于生产合成氨的原料气和燃料气。采用K-T炉气化工艺所制取的合成氨在世界上(除中国)曾一度占煤炭制合成氨总产量的90%。

在K-T炉的基础上，荷兰Shell公司和联邦德国Krupp-Koppers公司(Krupp-Uhde公司的前身)合作，联合开发了Shell-Koppers气化工艺，并于1976年在荷兰阿姆斯特丹建成了投煤量6t/d的小试装置，先后完成了21个煤种的气化试验。Shell-Koppers气化工艺实际上是K-T炉工艺的加压形式，其主要工艺优势包括：(1)采用锁斗加煤装置和粉煤密相输送；(2)气化炉采用水冷壁结构。Shell-Koppers气化工艺累计操作超过6000h，1983年结束运转。后来两家合作单位又分别开发了各自的气化新工艺。Shell公司开发的煤气化工艺为Shell Coal Gasification Process(简称SCGP)，Krupp-Uhde公司开发的加压气流床气化工艺为Pressurized Entrained Flow Gasification(简称Prenflo)。

1987年在美国休斯敦，Shell公司建成了投煤量为250~400t/d的工业装置，气化压力达到2~4MPa；在荷兰，Shell公司于1994年建成了投煤量为2500t/d的商业示范装置，该装置为250MW的IGCC发电项目置提供配套服务。而Krupp-Koppers公司于1986年在西班牙建成了投煤量为48t/d的中试装置，气化压力为3.0MPa。1997年，投煤量为2600t/d的Prenflo气化装置在西班牙Puertollano 300MW的IGCC电站成功运行。此后开发完成商业化示范的干粉气流床煤炭气化技术还有民主德国国家燃料研究所开发的GSP技术。

另一种气流床气化技术为采用湿法进料的水煤浆气化技术。德士古（Texaco）公司于20世纪50年代早期成功实现了气流床渣油气化技术的工业应用，并在加利福尼亚的Montebello建设了进煤量为6.5t/d的气化中试装置。由于当时石油价格非常低廉，与渣油汽化技术相比，气流床煤炭气化技术在经济上没有优势可言。因此，在此后近20年的时间内，Texaco气流床煤炭气化技术的发展基本处于停滞的阶段，直到20世纪70年代的石油危机发生，促使人们重新关注该煤炭气化技术的研究与开发。1978年，Texaco公司在德国建设了处理煤量为150t/d的水煤浆气化工业示范装置，并成功运转。截至2020年底，全世界有30余套Texaco气化装置（100余台气化炉）在运转，其中75%在中国。在中国，由华东理工大学开发的多喷嘴对置式水煤浆气化炉于2004年在山东华鲁恒升公司首次实现商业化运营，此外，清华大学开发的水冷壁水煤浆气化技术于2011年在山西阳煤丰喜化肥项目上投运。

三、煤炭气化技术分类

对于煤炭气化技术，常见的分类方法有按煤气用途分类、按气化剂分类、按供热方式分类、按生产装置的化学工程特征分类等。

煤炭气化制得的煤气主要用途如下：(1)作为燃料气用于工业燃气和城市煤气；(2)作为合成氨、甲醇合成、F-T合成等化工产品或液体燃料的原料气；(3)生产氢气，作为石油化工的原料气；(4)作为铁矿石直接还原生产海绵铁所需要的还原气；(5)联合循环发电（IGCC）。

按使用的气化剂的不同，煤炭气化可分类如下：(1)空气—蒸汽气化，以空气（或富氧空气）—蒸汽作为气化剂；(2)氧气—蒸汽气化，以工业氧和水蒸气作为气化剂，近代煤炭气化技术几乎都是此形式；(3)加氢气化，煤炭气化过程中用氢气或富含氢的气体作为气化剂可生成富含甲烷的煤气。

煤炭的气化反应是吸热的，因此必须有热量供给。气化方法按供热方式的不同分类如下：(1)自热式气化法。该气化过程中，煤炭气化反应所需要的热量通过部分煤炭与氧气发生燃烧反应生成的热来提供，而不需要外界供热。这是目前各种工业气化炉中最常见的方式。(2)间接供热气化法。该方法使煤炭仅与水蒸气进行气化反应，所需的反应热从气化炉外部通过管壁供给，外热可采用电加热或核反应热。(3)热载体供热。该方法用煤炭或焦炭和空气燃烧加热热载体供热，热载体可以是固体（如石灰石）、液体熔盐或熔渣。

煤炭气化技术分类虽有多种方法，但行业内最常采用的是按生产装置的化学工程特征分类方法进行分类，即按反应器的形式、按气化炉中的煤的流动形式以及按气固两相间相互接触的方式分类。按生产装置的化学工程特征分类，气化技术可分为固定床气化、流化床气化和气流床气化。

1. 固定床气化

固定床气化一般以块煤、煤焦或成型煤为原料,原料煤由气化炉顶部加入,气化剂由炉底部进入,煤与气化剂逆流接触,含有残炭的灰渣从气化炉底排出。在气化炉中,气化剂及反应生成煤气的上升力不至于使固体颗粒的相对位置发生变化,即固体颗粒处于相对固定状态,床层高度也基本上维持不变。此外,从宏观角度看,由于煤从气化炉顶加入,气化过程中煤粒在气化炉内逐渐缓慢往下移动,因而固定床气化也称移动床气化。

固定床气化包括常压固定床气化和加压固定床气化。常压固定床气化炉目前在中国仍是使用较多的炉型,主要用于中小化肥厂的生产。常压固定床气化工艺以美国联合气体改进公司开发的 UGI 气化技术为代表。常压固定床气化工艺及设备比较简单,原料通常采用无烟煤或焦炭。UGI 炉以空气或以富氧空气生产水煤气时,可采用连续操作方式;以空气、水蒸气为气化剂制取半水煤气时,一般采用间歇式操作。常压固定床气化技术的优点是工艺设备简单、投资低、建设周期短,但与目前新型的煤炭气化工艺相比技术落后,单炉生产能力小、对原料煤要求严格、原料利用率低、能耗高,已无法适应现代煤化工对气化装置的要求,新建煤化工项目已很少使用该技术。

加压固定床气化以鲁奇炉为代表。该煤炭气化工艺以纯氧—水蒸气为气化剂,可以在加压(3.0MPa)下连续操作。鲁奇碎煤加压气化炉自 1936 年形成以来,经过几十年不断改进发展,已从最初的第一代直径 2.6m 的气化炉发展到第四代直径 5m 的气化炉。随着气化炉直径的扩大,单炉生产能力大幅提高,并且随着气化炉内部结构的改进,煤种适应性变宽,鲁奇碎煤机加压气化炉可气化除强黏结的烟煤外的所有煤种。

为提高煤炭在气化过程中的转化率,在鲁奇碎煤机加压气化炉的基础上开发了液态排渣的 British Gas-Lurgi(简称 BGL)气化工艺,BGL 炉与鲁奇炉相比提高了气化操作温度,从而改进了传统鲁奇炉的操作性能,提高了碳转化率及生产能力,降低了蒸汽消耗并减少了废水排放。气化煤种也扩展到了低灰熔点及气化反应活性差的煤。

固定床气化过程中,煤在气化炉内与上升的气化剂和反应气体逆流接触,经过一系列的物理化学变化,温度为 230~700℃ 的含尘煤气与床层上部的热解产物从气化炉上部离开,固态灰渣或液态渣(BGL 炉)从气化炉下部排出。根据煤在固定床内不同高度床层中进行的主要反应,将其自上而下分为干燥层、干馏层、气化层、燃烧层、灰渣层。同时由于气化剂与煤逆流接触,气化过程进行得比较完全,且使热量能得到合理利用,因而具有较高的热效率。此外,由于煤气出口温度较低,煤气中富含甲烷,同时气化过程中有大量焦油产生。

2. 流化床气化

流化床气化是以小颗粒煤为气化原料,利用流态化的原理和技术,使这些细粒煤在气化炉中随着气化介质的推动作用,保持连续不断和无秩序的沸腾和悬浮状态运动,快速进行气固混合和热交换。与固定床气化相比,流化床床层中气固两相的混合接近于理想混合反应器,其床层固体颗粒分布和温度分布比较均匀,气固间的传热、传质速率高。

流化床中煤的气化过程与固定床有很多相似之处,流化床层内同样存在氧化层和还原层。当煤的灰熔点过低或床层流化不均匀时,产生局部高温,会导致局部结渣,影响流化床的稳定操作。为了避免结渣,一般流化床的气化温度控制在 950℃ 左右。

流化床气化可以直接使用小颗粒碎煤为原料，适应机械采煤技术发展的趋势，避开了块煤供求矛盾；对煤种煤质的适应性强，可利用如褐煤等高灰分劣质煤作原料；产品气中不含焦油和酚类，生产强度较固定床大。基于以上特点，流化床气化技术受到人们的关注，世界上许多国家都积极开展流化床气化技术的研发工作。

温克勒（Winkler）炉是最早实现工业化的流化床气化炉，截至2020年底，先后有70余台在世界各地运行。莱茵褐煤公司对常规温克勒气化炉做了优化改进后形成新流化床气化工艺——高温温克勒炉，其特点是提高了气化压力，最高达到3.0MPa，同时也进一步提高了气化温度，并用强旋风分离器分离细灰循环进入气化炉，从而提高了碳转化率。

由于在流化床中固体颗粒接近于全混流状态，气化炉排出的灰渣与气化炉中的固体颗粒成分一样具有较高的碳含量。为解决这一问题，科研人员提出了灰熔聚气化技术。灰熔聚气化的本质是气化过程中进行选择性排灰，其原理是允许气化炉中熔融的灰分进行有限度的团聚，结成含碳量较低的球状灰渣，当团聚后颗粒体积增大到一定值后，由于重力原因自动掉出气化炉底部。因此，灰熔聚气化技术与传统流化床气化相比具有较高的碳转化率。美国IGT（Institute of Gas Technology）和Westing house Electric先后开发了U-Gas技术和KRW工艺。在国内，中国科学院山西煤炭化学研究所（简称中科院山西煤化所）从20世纪80年代开始进行了一系列的灰熔聚流化床气化技术研究和开发工作，并先后完成了常压及加压气化的技术开发，相应技术已先后在晋煤MTG项目及云南文山铝业制燃料气项目中运行。

3. 气流床气化

气流床又称射流携带床（Jet Entrained Bed），是利用流体力学中射流卷吸的原理，将煤浆或细煤粉颗粒与气化介质通过喷嘴高速喷入气化炉，迅速完成雾化或弥散，该过程强化了气化炉内的气固混合及传质、传热，有利于气化反应的充分进行。气流床气化都在高温、加压下操作，采用液态排渣的形式。气流床气化炉的高温、高压、气固混合较好的特点决定了具有大幅度提高生产能力的潜能，符合现代煤化工项目大型化的发展趋势，代表了煤炭气化技术发展的主流方向。国内近几年建设的大型煤化工项目除个别SNG项目选用固定床碎煤机加压气化技术外，几乎全部采用气流床气化技术。

气流床煤气化炉从进料方式来划分，可分为水煤浆气化和干煤粉气化。按煤气是否有热回收方式来划分，可分为废锅流程和激冷流程。从喷嘴设置看，有顶部进料的单喷嘴气化炉、上部进料的多喷嘴气化炉以及下部进料的多喷嘴气化炉等多种形式。目前，已完成干煤粉气流床气化炉工业开发及应用的气化工艺有K-T、Shell、Prenflo、GSP、科林炉等国外气化工艺，国内的粉煤气化技术有航天炉、东方炉、神宁炉等。水煤浆气化工艺有美国的Texaco、E-Gas气化技术以及中国华东理工大学开发的多喷嘴对置式气化炉、西北化工研究院的多原料浆炉、清华炉（或晋华炉）等。

气流床气化通常以纯氧、纯氧—水蒸气/二氧化碳为气化剂，在高压（最高已达8.7MPa）及高温（1300~1500℃）下将煤一步转化成合成气，残渣以熔融状态排出气化炉。在气化炉内，煤炭细粉粒与气化剂经特殊烧嘴混合喷入反应室，瞬间发生燃烧，其热解、燃烧以及吸热的气化反应，几乎是同时发生的。随着气流的运动，未反应的气化剂、热解挥发物及燃烧产物裹挟着煤焦粒子高速运动，运动过程中进行煤焦颗粒的气化反应。

气流床气化炉煤种适应性广，除了采用耐火砖形式的水煤浆气化炉受煤的成浆性和灰熔点不宜过高的限制，几乎可以气化所有煤种。与固定床和流化床相比，气流床气化碳转化率高，合成气中不含焦油等产物。当然，由于其操作温度高，相对而言，其比氧耗要高于固定床和流化床。

4. 催化气化

煤的催化气化是在煤气化过程中加入催化剂以达到提高反应速率、改善气化反应条件、调节煤气成分目的的一种气化方法。目前，已实现工业化应用的煤炭气化技术尽管各有优势，但也有明显的不足之处，如反应温度高导致能耗高，得到的粗煤气不能直接用于下游装置，需要进行相应的变换和净化处理，这也直接促进了对煤的催化气化技术的研究。煤的催化气化是煤颗粒与催化剂按照一定的比例均匀地混合在一起，煤表面分布的催化剂通过侵蚀开孔等作用，使煤与气化剂更好地接触，从而加快气化反应进行。

与传统的煤炭气化相比，煤的催化气化可以明显降低反应温度，提高反应速率，改善煤气组成，增加煤气产率。通过催化剂作用下生成的煤气可在气化炉进行许多合成过程，如合成甲烷、甲醇、氨等，在催化作用下有利于缩短工艺流程，提高工业生产的经济性。

煤催化气化的众多优点引起了国内外研究者的密切关注。早在1867年就出现了有关催化气化的报道。100多年来，有关碱金属、碱土金属、过渡金属或稀有金属等盐类或矿物质及工业废料的气化催化作用及催化气化机理、催化气化动力学及工艺实验装置的基础信息已有大量报道。但有关半工业化中试装置，基本上仍停留在外部加热炉工艺或气化炉采用电加热来满足气化所需的反应热，而且装置规模都不大。

1979年，美国埃克森研究所在得克萨斯州贝城建成了处理煤量为42kg/h的水蒸气催化气化制取甲烷工艺的中试装置，该工艺流程包括原料煤的预处理、流化床催化气化、催化剂补充和回收以及产品分离和热回收4个单元。试验原料煤种采用美国的烟煤及次烟煤，以钾盐为催化剂，在气化温度约为700℃、压力为3.5MPa的条件下得到了甲烷含量在20%~25%之间的煤气组分。由于钾盐的催化作用，在较低的温度下可以促进以下三个反应的进行。

（1）气化反应：

$$2C+2H_2O \longrightarrow 2CO+2H_2+267.52kJ/mol$$

（2）CO变换反应：

$$CO+H_2O \longrightarrow CO_2+H_2-33.44kJ/mol$$

（3）甲烷化反应：

$$CO+3H_2 \longrightarrow CH_4+H_2O-225.72kJ/mol$$

上述三个反应总反应为

$$2C+2H_2O \longrightarrow CH_4+CO_2+8.36kJ/mol$$

气化炉供热采用的方式是将循环煤气和水蒸气气化剂预先加热到800℃左右再送入气化炉。催化剂回收采用水洗方式。

除美国以外，加拿大不列颠哥伦比亚大学也进行了流化床催化气化制取中热值煤气的报道。在国内，中科院山西煤化所、新奥燃气公司、福州大学等也开展了煤催化气化的相关研究开发工作。2016年4月，新奥燃气公司年投煤量$50×10^4$t的工业催化气化装置在内蒙古达拉特旗开工建设，2018年9月催化气化主装置投料成功，打通工艺全流程，成功产出合格 LNG 产品。

四、煤种的气化适应性

煤的种类按照煤化程度依次可分为泥煤、褐煤、烟煤和无烟煤等。不同煤炭气化工艺对煤炭品质的要求也不尽相同。总体来说，煤炭热值高、反应活性好对气化反应有利。

1. 褐煤气化适应性

褐煤是煤化程度最低的矿产煤，其水分含量高（15%~60%），挥发分含量高（通常大于40%），化学反应性好，在空气中容易风化，在储存和长距离运输过程中容易自燃。我国的褐煤资源主要分布在华北地区，其中又以内蒙古东部储存最多，西南地区也有分布，主要在云南省的东部。

从理论上分析，现有的固定床、流化床及气流床等煤炭气化技术都可应用于褐煤气化，根据目前我国实际利用褐煤情况来看，也确实如此。云天化在呼伦贝尔的合成氨项目采用了 BGL 固定床气化技术；云南解化公司以褐煤为原料采用鲁奇加压固定床气化技术生产合成氨及甲醇；黑化集团、吉林长山化肥厂等均采用恩德炉流化床气化褐煤生产合成氨；云南文山铝业采用灰熔聚流化床气化技术生产燃料气；呼伦贝尔化肥公司年产 $18×10^4$ t 合成氨、$30×10^4$ t 尿素项目为全国首套采用褐煤水煤浆加压气化技术的项目；此外，大唐多伦煤化工公司采用了单台炉可处理干燥原煤 2870t/d 的六烧嘴壳牌粉煤气化装置。

虽然理论上褐煤可适用于目前所有的主流煤炭气化技术，但由于受成煤条件、地质、年代等的影响，不同矿区褐煤的性质存在一定的差异，在选择气化技术时还应全面考虑分析。例如，选用固定床气化技术时要考虑煤的机械强度、灰熔点是否满足要求；选用流化床时要考虑入炉煤的水分、灰熔点能否满足工艺要求；选用水煤浆气化技术时要考虑褐煤成浆性差带来的不利影响；选用干粉气流床时要考虑建设褐煤预干燥成本等。

2. 烟煤气化适应性

烟煤是煤化程度介于褐煤和无烟煤之间的一种煤，其挥发分含量在 10%~40%之间，一般随煤化程度增高而降低。进一步细分，烟煤包括长焰煤、气煤、肥煤、焦煤、瘦煤、贫煤等。烟煤水分含量较褐煤低，发热量较高，化学反应活性较好，大部分烟煤具有黏结性。烟煤储量丰富，用途广泛，可作为炼焦、动力、气化用煤。

烟煤发热量较高、化学反应活性较好，是气化工艺的首选煤种。除部分黏结性较强的烟煤不适用于固定床气化炉型外，通常烟煤可以满足流化床、干粉气流床、水煤浆气化技术的要求。当然，与褐煤一样，需要根据具体煤质特点，在气化技术选取和设计过程中采取具体措施。

3. 无烟煤气化适应性

无烟煤是煤化程度最高的煤种。无烟煤固定碳含量高，挥发分含量低（小于10%），气化反应性较差。此外，其硬度大、燃点高，由于挥发分含量低，燃烧时火焰短而少烟。无烟煤可适用于固定床气化工艺，也是间歇法气化、富氧连续气化等常压固定床气化工艺的主要原料。对于碎煤加压固定床气化技术，无烟煤同样适用。虽然流化床气化技术可以气化包括无烟煤在内的各种煤,但气化无烟煤时需要提高气化温度并增加煤粒在气化炉中的停留时间以满足碳转化率的要求。气流床气化工艺采用液态排渣,气化温度较高,理论上也可以气化无烟煤,但由于煤粉/煤浆在气化炉中停留时间较短,能否达到较高的碳转化率还需根据具体煤质综合考虑。综合考虑无烟煤的较差的气化反应活性以及较高的价格,无烟煤已不是现代煤炭气化技术的首选煤种。

从褐煤到无烟煤,所有的煤种都可充当气化原料,但黏结性较强的烟煤多用作炼焦工业的原料。受市场因素、资源条件以及气化工艺技术对煤种适应性等的限制,气化煤种多为褐煤、长焰煤、弱黏煤、贫瘦煤和无烟煤。煤质的差异及煤炭的市场供应状况,包括价格因素及粒度等级,是造成气化技术差异化发展的重要原因。

五、典型气流床气化技术

1. Texaco 气化工艺

1948 年,美国德士古(Texaco)公司受重油汽化的启发,首先开发了德士古水煤浆气化工艺(Texaco Coal Gasification Process),并建成了一套投煤量为 15t/d 的中试装置。1978 年,Texaco 公司与联邦德国鲁尔公司合作,在联邦德国建成了一套水煤浆气化工业试验装置,通过试验获得了大量数据,掌握了全套工程放大技术,为以后工业化设计奠定了基础。

1993 年,山东鲁南化肥厂引进 Texaco 公司专利技术,建成我国第一套水煤浆气化装置并为配套的合成氨项目提供合成气原料。该气化装置采用激冷流程,气化炉单炉投煤量为 318t/d(干煤),操作压力为 2.6MPa,$CO+H_2$ 产量为 21900m^3/h,一开一备配置。

2004 年美国通用电气公司(GE)正式收购了 Texaco 公司的气化业务,德士古水煤浆气化改名为 GE 水煤浆气化。之后上海焦化、陕西渭河、安徽淮南相继引进该技术建成不同规模的煤炭气化装置。2010 年,神华包头煤化工有限公司 180×10^4t/a 甲醇制烯烃项目建成并投用当时中国最大的 GE 水煤浆气化装置,气化炉 5 开 2 备,单炉投煤量为 1500t/d(干煤),操作压力为 6.5MPa,满负荷 $CO+H_2$ 产量为 53×$10^4 m^3$/h。

Texaco 气化工艺流程如图 2-3-1 所示,其工艺系统包括煤浆制备、气化及洗涤、粗渣处理、黑水闪蒸、黑水沉降、黑水细渣循环及黑水过滤等单元。

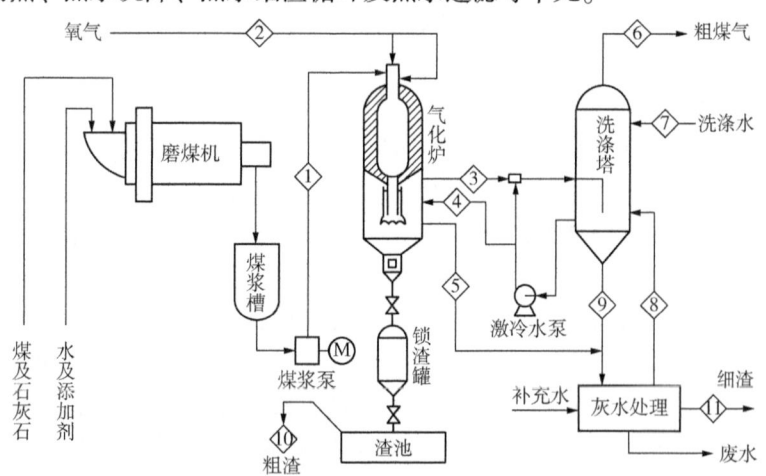

图 2-3-1 Texaco 气化工艺流程简图

煤浆制备系统是将煤制成水煤浆作为气化炉的进料。在该单元中，煤连续送入称重给料机，给料机可对进入磨煤机的原料进行调节和称重。在该系统单元中还可以在原煤中可加入助熔剂，如石灰石、二氧化硅等，以调整原料灰熔点及黏温特性。系统可加入氨或碱液，调节煤浆的pH值。制浆用水与煤一同混合制成水煤浆。为了控制水煤浆黏度以制备合适浓度的水煤浆，该单元中还包含一个添加剂加入系统，制浆用水和添加剂一起进入磨煤机。水煤浆自磨煤机流出后，通过滚筒筛过滤后进入煤浆出料槽，随后被泵送至煤浆槽中。煤浆进料泵负责将煤浆槽中的煤浆送至气化炉，且能够稳定、流量可控地为气化炉烧嘴提供煤浆。

Texaco气化炉是一个带有耐火衬里的耐高温高压的装置。从煤浆槽来的煤浆与来自空气分离装置的氧气进入气化炉，在高温（约1300℃）、高压（最高可达8.7MPa）、还原气氛下发生煤气化反应，生成合成气和炉渣。粗合成气的主要成分为氢气、一氧化碳、二氧化碳、水蒸气，还有少量的硫化氢、甲烷和氮气以及微量羰基硫（COS）和氨。原料中的灰和气化炉中未完全转换的碳形成熔融物——炉渣。

高温合成气与炉渣一同经激冷环流出的水激冷后进入下降管，下降管出口位于激冷室液面下。在下降管的底部，合成气与炉渣迅速与激冷水混合并被冷却。气化室产生的液态炉渣接触水后被固化并脆裂。粗颗粒的炉渣经破渣机破碎后进入灰渣锁斗系统并被排出。在激冷室中合成气与水进一步接触并在合成气离开气化炉前将其分离。为了控制液位，有一股水流从激冷室排出，其中含有细灰和未转化的碳，也被称为黑水。

合成气出激冷室后进入文丘里洗涤器，然后进入碳洗塔中洗涤脱除合成气夹带的固体颗粒，合成气从碳洗塔顶部出来送入下游单元。

渣水处理系统用来脱除气化炉激冷室中的固体，其中包括煤灰、未转化的碳等以固体形式离开气化炉的物质。气化灰渣在重力下从气化炉下部激冷室流至锁斗中。锁斗循环泵将锁斗顶部的水送回至气化炉激冷室中，使渣顺利流入锁斗。固体进入锁斗后，颗粒物沉降在锁斗的底部，从而实现固体颗粒与水的分离。

黑水闪蒸系统的目的是分离气化黑水中的溶解气体并回收热量，根据闪蒸压力可分为高压闪蒸、低压闪蒸、真空闪蒸三个等级。经过闪蒸后的黑水进入沉降槽。在沉降槽加入少量的絮凝剂使黑水中的大部分固体颗粒沉降在底部。沉降槽底部的浓缩物由沉降槽底流泵输送到黑水过滤单元进行过滤。沉降槽溢流口出来的灰水，部分返回气化系统回用，部分送往下游水处理单元进行净化处理。

2. Shell气化工艺

Shell气化工艺属于加压气流床粉煤气化技术，由荷兰Shell公司在K-T炉的基础上开发而成。Shell公司从1972年开始开发该技术，先后进行了6t/d的小试、150t/d的中试试验，并于1986年建成了一套处理能力为250～400t/d的粉煤气化工业示范装置，该装置位于美国休斯敦郊区Shell公司的Deer Park总厂。1993年，气化规模为2000t/d的大型工业化Shell煤炭气化装置在荷兰建成，用于整体煤炭气化燃气—蒸汽联合循环发电项目。从2006年Shell气化工艺进入我国至2020年底，我国已经建成了20多套Shell煤炭气化装置。

Shell气化工艺以干煤粉进料，纯氧作气化剂，液态排渣，废热锅炉回收煤气热量。Shell气化工艺流程如图2-3-2所示，包括磨煤制粉系统、煤粉输送系统、气化炉、废热锅炉、煤气除尘系统。

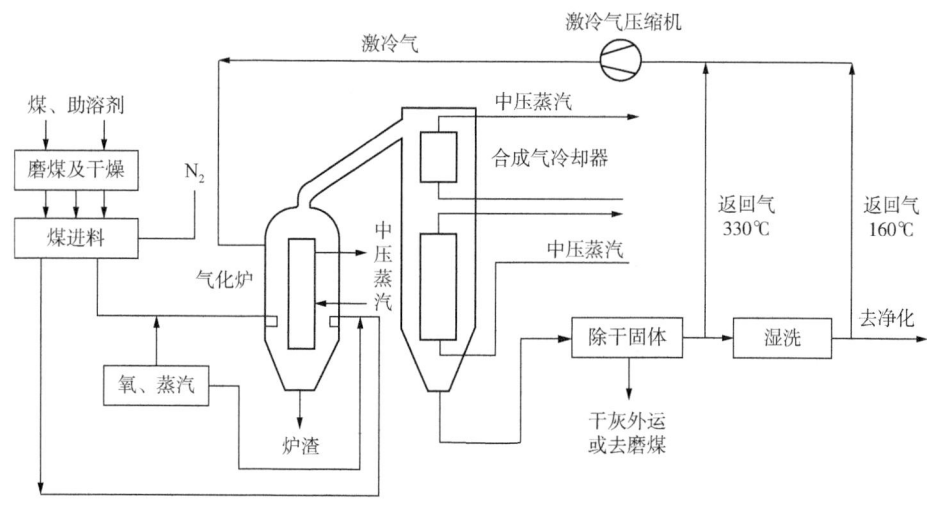

图 2-3-2 Shell 气化工艺流程图

首先原料煤在磨煤制粉系统经过破碎、研磨干燥后，90%的煤粉粒度小于 200 目，水分含量小于 2%。干燥粉煤由氮气或二氧化碳输送至炉前煤粉储仓及煤锁斗，再经由加压氮气（或二氧化碳）将粉煤送入气化烧嘴，并与氧气、过热蒸汽一起喷入气化炉。

通过控制氧煤比，使气化炉温度可以在 1400~1700℃ 范围内运行。在气化炉内，煤粉迅速完成气化反应，煤中的灰分以熔渣形式排出，绝大部分熔渣从炉底离开气化炉，再经破渣机进入渣锁系统，最终泄压排出系统。与 Texaco 气化工艺采用耐火砖内衬结构不同，Shell 工艺气化炉内部采用水冷壁结构，熔融的灰渣在水冷壁上得到冷却并形成固定的渣层，"以渣抗渣"保护水冷壁。

挟带着灰渣粒子的粗煤气在气化炉顶部被循环冷却煤气激冷降温，确保灰渣固化而不致粘在合成气冷却器壁上。合成气冷却器采用废热锅炉，在废热锅炉中，粗合成气被冷却至 350℃ 左右，同时可产生中压饱和蒸汽或过热蒸汽。

冷却后的粗煤气再经过滤器除去细灰，过滤后的煤气一部分加压循环用于出炉煤气的激冷，其余煤气再经过湿法洗涤装置进一步净化除尘。在洗涤塔中也可以脱除部分煤气中的可溶碱盐、卤化氢及氨等其他微量杂质。洗涤系统的排放水经处理后循环使用。

3. GSP 气化工艺

GSP 干粉煤加压气化工艺起源于 20 世纪 70 年代的民主德国燃料研究所，该研究所在德国弗莱堡先后建成热负荷为 3MW、5MW 的中试装置，对多种不同煤种进行了气化试验。1984 年在黑水泵气化厂建成了进煤量为 720t/d 的示范装置。该示范装置一直运行到 1991 年。德国统一后，由于各种原因将黑水泵气化厂改造成为综合物料处理中心，其粉煤气化装置改为浆体进料，用于液态工业废物的处理。

1989 年，德国统一之后，德国诺尔公司（Noell）收购了原民主德国燃料研究所气化工艺部门，成为 GSP 气化技术的拥有者。1999 年诺尔公司被德国巴伯高克电力公司收购。2002 年瑞士可持续技术控股公司收购了该气化技术部门并成立了德国未来能源有限责任公司。2006 年西门子发电集团收购 GSP 煤气化技术，成立了西门子燃料气化技术公司。2010 年 5

台投煤量为 2000t/d 的 GSP 气化炉在神华宁煤煤制烯烃项目上建成投产，2016 年投产的神华宁煤 400×10^{4}t/a 间接液化项目有 24 台采用了 GSP 气化炉。

GSP 气化技术与 Shell 气化工艺类似，属于干煤粉气流床气化技术，与 Shell 气化工艺不同的是，其煤气冷却系统采用激冷流程。GSP 气化工艺流程如图 2-3-3 所示，主要工艺单元包括煤粉输送系统、气化炉、粗煤气激冷洗涤、灰渣处理、黑水处理等。

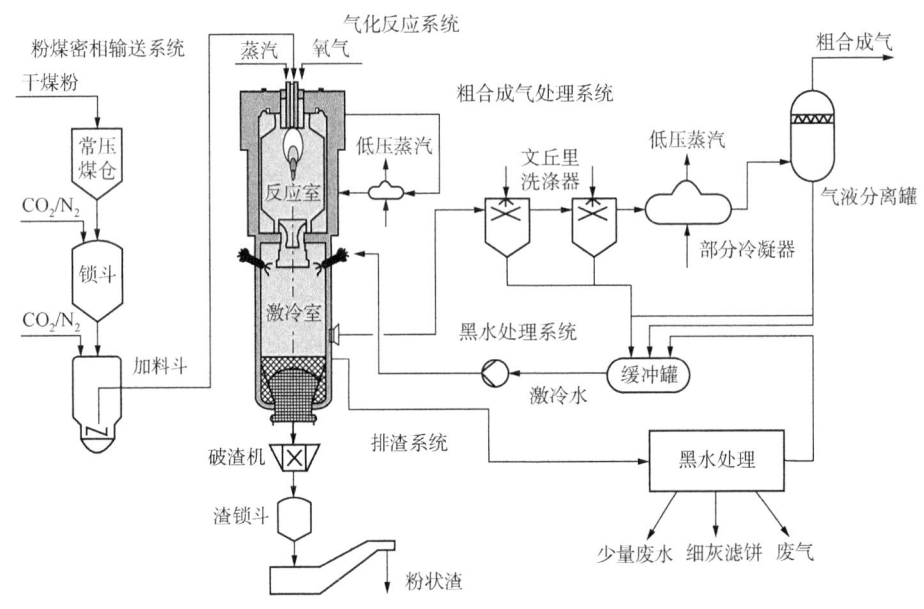

图 2-3-3　GSP 气化工艺流程图

原料煤经过破碎、研磨、干燥后，送至常压煤仓。低压煤粉通过锁斗加压进入高压煤粉给料罐。然后煤粉以密相气力输送形式通过煤粉管线经主烧嘴进入气化炉反应室。在气化炉内，煤粉与氧气、水蒸气一起，在高温、高压下快速反应。

GSP 气化炉内衬采用盘管式水冷壁结构，煤中灰渣经高温熔融后形成稳定遮蔽层保护水冷壁。粗合成气携带熔渣进入气化炉下部的激冷室，进行洗涤冷却。在激冷室中，循环激冷水与高温合成气和熔渣混合，熔渣迅速固化并向下进入激冷室水浴，大部分粗渣通过破渣机排至除渣系统。

高温合成气在激冷室内得到初步的降温和洗涤，出激冷室的粗合成气去洗涤塔进行进一步的洗涤，以满足后续工段对合成气灰分含量的要求。气化炉激冷室的黑水送至闪蒸系统脱除酸性气并回收热量。

经过闪蒸后的黑水、来自捞渣机的渣水和来自真空过滤机的滤液送至黑水处理系统。在将黑水中的固体进行分离后，大部分澄清水作为系统的回用水，小部分灰水作为废水送至污水处理单元进一步处理。

4. 多喷嘴对置式气化工艺

多喷嘴对置式水煤浆加压气化技术是最先进的水煤浆气化技术之一。1988 年，华东理工大学开始进行多喷嘴对置式水煤浆气化工艺的基础研究，1996—2000 年成功完成了多喷嘴对置式水煤浆气化技术的中试研究。在 2005 年，多喷嘴对置式水煤浆气化技术分别于山东国泰、华鲁恒升公司建设了工业示范装置并投入运行，从 2006 年开始进行大型化技术开发工作，截至 2020 年，多喷嘴对置式水煤浆气化技术已有超过 170 台气化炉被国内 59 个项目采用。

多喷嘴对置式水煤浆气化技术涉及以纯氧和水煤浆为原料制合成气的过程，包括磨煤单元、气化及初步净化单元及含渣水处理单元，工艺流程如图 2-3-4 所示。

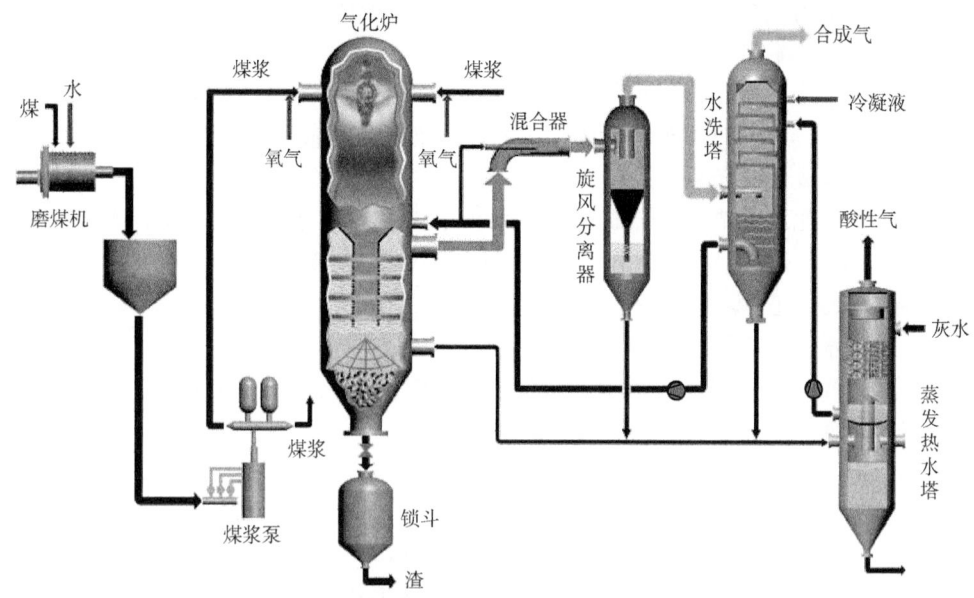

图 2-3-4　多喷嘴对置式水煤浆气化工艺流程图

多喷嘴对置式水煤浆气化工艺与单喷嘴水煤浆气化工艺相比，通过处于同一平面且相互垂直的对置喷嘴将煤浆与氧气喷入气化炉，在炉内形成撞击流，以强化混合和热量、质量传递过程，并形成炉内合理的流场结构，优化了炉体结构及尺寸，从而达到良好的工艺与工程效果，如有效气成分高、碳转化率高、耐火砖寿命长。

煤气初步净化单元由混合器、旋风分离器、水洗塔组成，较好地解决了煤气带水、带灰的问题，并且煤气压降损失小。

在黑水热量回收流程中核心设备是蒸发热水塔，采用蒸汽与返回灰水直接接触换热工艺，具有节能、可长周期运行的功能。

5. 神宁炉气化工艺

神宁炉气化工艺是神华宁煤集团与中国五环工程公司等在 GSP 气化技术基础上联合开发的粉煤气流床加压气化技术。该技术主要包括备煤（磨煤干燥、煤粉输送、辅助系统）和气化（煤粉加压输送、气化、除渣、合成气洗涤、黑水闪蒸、黑水处理、气化介质供应、公用系统）两个部分。该技术具有自主知识产权，安全可靠；对煤种适应性强；气化压力高，生产能力大，碳转化率高；包括气化炉和组合烧嘴在内的全部设备实现国产化，可有效节约投资。

神宁炉干煤粉加压气化技术除具有干煤粉气化技术氧耗低、煤耗低、煤种适应性广等一系列优点外，其技术先进性主要体现在以下方面：

(1) 煤种适应性强、气化炉生产能力大、操作压力高。

气化炉操作压力可达到 4.5MPa，与其他低操作压力的气化炉相比，单位体积的生产强度高，合成气出界区压力可达到 4.1MPa，更适应下游各种产品要求。

(2) 采用新型组合烧嘴。

神宁炉干煤粉加压气化技术采用新型组合烧嘴，解决了点火烧嘴点火不稳定、可靠性低的技术难题。采用该烧嘴能够有效收缩火焰，使气化炉热损失始终控制在合理范围内，保护膜式水冷壁不发生烧损。

新型三合一火焰检测（火焰视频、火焰温度、火检信号）系统，具有对气化炉反应室进行火焰检测、测温、成像的功能，为气化炉实时操作提供可靠的视频化检测手段。

(3) 高效的合成气洗涤系统。

针对干煤粉气化顶置单喷嘴合成气夹带细灰量较多的特点，在气化炉激冷室内设置下降管，高温合成气和熔渣经下降管进入水浴。合成气经水浴冷却除尘之后进入后续一级文丘里+分液罐+二级文丘里+洗涤塔进行分级洗涤。

(4) 反应室水冷壁系统。

反应室水冷壁系统采用闭式循环，冷却水在反应室膜式壁管内无相变，易于控制。水冷壁管在每个单独的通道上监测热负荷，从而可以反映气化炉竖向温度场，为操作提供有效依据。

(5) 采用先进成熟的 DCS 和 SIS 仪表控制系统。

气化炉的启停和投料实现一键启动。系统顺控、联锁、仪表保护功能可靠完善。

神华集团宁煤 400×10^4 t/a 煤炭间接液化示范项目采用的 4 台投煤量 2200t/d 神宁炉已于 2016 年投产。

六、典型气流床气化技术的比较

气流床气化技术具有原料适应性广、气化温度高、碳转化率高、单炉生产能力大、煤气易于净化等特点，是大型煤化工项目上选择的主流气化技术。气流床气化技术多种多样，从进料方式来划分，可将其分为水煤浆进料和干煤粉进料；从烧嘴数量上来划分，有顶置单喷嘴和对置多喷嘴；从煤气热回收方式上来划分，可分为废锅流程和激冷流程；从气化炉内衬结构上来划分，可分为耐火砖结构和水冷壁结构。

1. 水煤浆气化与干煤粉气化比较

从原料煤适应性上看，干煤粉气化适应的煤种更宽，从无烟煤、烟煤、褐煤到石油焦均可气化。而水煤浆气化由于受原料煤成浆浓度的限制，对于成浆浓度较低的褐煤一般不适用。对于反应活性很差的无烟煤，由于在研磨过程中制粉比制浆煤颗粒度更细，通常采用干煤粉气化时碳转化率更高。

由于水煤浆气化在进料中含有约 40% 的水分，生产单位体积的合成气，水煤浆气化的煤耗、氧耗要比干煤粉气化高。干煤粉气化的冷煤气效率可比水煤浆气化提高约 10 个百分点。干煤粉气化粗煤气中有效气成分可达 90% 以上，也比水煤浆气化高约 10%。

水煤浆气化由于采用水煤浆进料的方式，可以很容易提高气化炉的压力，目前已投入工业运行的水煤浆气化压力为 8.7MPa。而干煤粉气化受加压进料的影响，气化压力不容易提高，粉煤气化通常压力在 4.0MPa 左右。更高的气化压力对于煤制合成氨、煤制甲醇等需要高压合成的项目更为有利，不仅可以降低煤气在后续净化系统中的能量消耗，还可以降低高压合成系统中的压缩功耗。

干煤粉气化粉煤制备及输送系统投资高、能耗高，且没有水煤浆制备环境好。粉煤制备对原料煤含水量要求比较严格，需进行干燥，能量消耗高，对于水分含量高的褐煤还需提前进行预干燥。

2. 废锅流程与激冷流程比较

无论是粉煤气化还是水煤浆气化，都可以采用激冷流程或者废锅流程。早期的 Shell 气化炉采用废锅流程进行煤气余热回收，近几年也进行了激冷技术开发，并于 2012 年与惠生工程公司合作在南京建设了投煤量为 1000t/d 的下行水激冷流程示范装置。GSP 粉煤气化采用激冷流程。Texaco 气化拥有废锅和激冷两种流程，在中国的煤化工项目上几乎都采用激冷流程，在美国坦帕及杜克电厂采用废锅流程。

采用废锅流程可以以高品位的高压蒸汽形式回收煤气显热。与激冷流程相比，提高了整个气化系统的热效率，总的热效率可达 98% 左右。但如煤气用在化工合成系统时，采用废锅流程通常还需要在下游水煤气变换单元加入蒸汽。此外，目前废锅结构复杂，制造成本高，大幅增加了投资。

在设备方面，激冷工艺流程的设备结构远比废锅流程简单，设备外形尺寸小，装置投资低。投煤量相同的气化炉，激冷流程气化框架通常只有废锅流程气化框架的约一半高度，投资只有其 50%~60%。

3. 单喷嘴与多喷嘴比较

典型的干煤粉气流床气化工艺中，Shell 炉采用水平布置多喷嘴方案，根据投煤能力通常采用 4~6 个烧嘴，航天炉、GSP 炉及宁煤炉一般采用顶置单喷嘴方案。在水煤浆气化工艺中，Texaco 气化炉采用顶置单喷嘴方案，多喷嘴对置式气化炉采用水平布置四喷嘴方案。

多喷嘴方案与单喷嘴方案相比，要求的投煤及氧气管路等配套系统更多，系统操作的协调难度及装置复杂性增加，投资也相应增加，同时对操作和维修要求更高。但多喷嘴方案与单喷嘴方案相比也有不可比拟的优势，以华东理工大学的多喷嘴对置式气化炉和 Texaco 气化炉进行比较，具有以下优点：

（1）多喷嘴对置式水煤浆气化炉采用撞击流技术来强化并促进气化介质与煤浆的混合，传质、传热效果好。4 个工艺喷嘴位于气化炉直筒段上部并相互垂直处于同一水平面上，通过 4 股射流的撞击可以使反应更充分，从而显著提高碳转化率。采用该技术有效气成分和碳转化率均比单喷嘴气化均有所提高，相应的氧耗和煤耗都有所降低。

（2）多喷嘴气化技术方案的操作负荷调节余地比单喷嘴方案大，而且容易放大。2000t/d 以上投煤量的气化炉采用多喷嘴方案更容易解决，目前投煤量为 4000t/d 的多喷嘴对置式水煤浆气化技术已在内蒙古荣信化工投产。

4. 耐火砖与水冷壁比较

典型的干煤粉气流床气化工艺全部采用水冷壁结构，水煤浆气化工艺除清华炉外都是采用耐火砖结构。在气化炉中，水冷壁与耐火砖相比有以下优点：

（1）水冷壁寿命长，检维修工作量少。水冷壁设计寿命通常在 20 年以上，每半年检修一次。如果是采用耐火砖结构，炉体砖则需每8000~12000h更换，锥底砖和渣口砖的寿命更短。

（2）气化炉采用水冷壁结构开车所需时间更短。由于在开停车时不存在耐火砖的烘炉问题，从冷态开车到满负荷仅需要2~4h。

（3）气化反应的温度可以提高，对高灰熔点的煤适应性更宽。对于耐火砖结构的热壁炉，则需要考虑气化温度对耐火材料的影响，水冷壁是"以渣抗渣"的形式，不存在上述问题。因此，水冷壁气化炉可以气化灰熔点较高的煤种，进一步提高了煤种的适应性。

（4）通过监控水冷壁的进出水温差，判断炉壁的挂渣状况，有利于气化炉稳定操作及延长设备的寿命。

但是采用水冷壁形式的气化炉，为保证水冷壁的顺利挂渣，需要冷却水带走一部分气化炉内的热量，相比耐火砖形式的气化炉，其冷煤气效率要低一些。

第四节 一氧化碳变换

在催化剂的作用下，合成气中的一氧化碳和水蒸气通过化学反应生成氢气与二氧化碳，这个过程被称为一氧化碳变换。20世纪早期，合成氨工业就开始应用一氧化碳变换原理。通过变换反应，可调整合成气中氢气与一氧化碳的组成，因此变换反应还可应用于现代煤化工中的甲醇合成、费托合成、煤制天然气过程，从而实现各个工艺过程对气体组分的要求。通过提高一氧化碳变换率，可降低制氢的生产成本。近年来，随着变换催化剂的性能不断改进提高，经变换后的合成气中一氧化碳含量可降低至0.5%（体积分数）。

合成气组分中的一氧化碳含量可以根据生产需要、工艺流程的差异而发生改变。当原料选用块煤或焦炭时，通常选用常压间歇的固定床气化工艺，生产的原料气体组分中一氧化碳含量小于31%（体积分数）；当原料选用天然气时，采用天然气蒸汽转化工艺时，生产的原料气体组分中一氧化碳含量小于22%（体积分数）；当原料选用重油或水煤浆时，生产的原料气体组分中一氧化碳含量为46%（体积分数）；当选择干煤粉气化工艺时，生产的原料气体组分中一氧化碳含量则可达到66%（体积分数）。

此外，采用不同原料和生产方法，对应的一氧化碳变换工艺流程也不相同。20世纪上半叶，在常压下进行一氧化碳变换，目的是在常压下制取合成氨原料气；20世纪60年代以后，由于原料可采用天然气，大多工艺方法采用加压蒸汽法，相应在加压（操作压力通常在4.0MPa以下）下进行一氧化碳变换；以煤为原料的生产方法，为了降低能耗也改用加压变换。采用粉煤气流床加压气化技术，一氧化碳变换的操作压力通常在5.5MPa以下；此外，以渣油为原料的部分氧化法加压气化的压力最高可达到8.5MPa。

一、一氧化碳变换基本原理

一氧化碳变换的基本原理如下：在一定压力和温度下，水蒸气和一氧化碳在催化剂存在的情况下发生化学变换反应，转化为二氧化碳和氢气。反应式如下：

$$CO+H_2O \longrightarrow H_2+CO_2 \quad \Delta H=-41.4kJ/mol$$

通过该反应式可以看出，一氧化碳转化为二氧化碳，同时制得与一氧化碳相同物质的量的氢气。这个过程仅消耗了水煤气中的蒸汽，改变了水煤气的组成。

变换反应属于可逆放热反应。在化工生产中，可以利用变换反应热维持生产过程的连续进行。通过控制温度、压力等方式确保反应生成的氢气和一氧化碳在一个合理范围内，满足后续工段氢碳比例要求。由于变换反应为等体积的过程，提高过程压力，能够加快反应速率，同时可缩小设备体积，降低建设投资，提高生产能力。析炭反应、甲烷化反应是一氧化碳变换过程的主要副反应。

当温度低、压力高时，容易发生析炭反应，一般多发生在变换反应器的上段。炭覆盖在催化剂表面，减少了活性表面，床层阻力增大。反应式如下：

$$CO \longrightarrow C + CO_2$$
$$CO + H_2 \longrightarrow H_2O + C$$

甲烷化反应属于强放热化学反应，极易造成催化剂床层的"飞温"，进而造成催化剂损坏。反应式如下：

$$CO + H_2 \longrightarrow CH_4 + CO_2$$
$$CO + H_2 \longrightarrow CH_4 + H_2O$$
$$CO_2 + H_2 \longrightarrow CH_4 + H_2O$$

二、一氧化碳变换工艺技术

一氧化碳变换工艺根据原料和上下游采用的工艺技术而具有不同的流程，不同的原料所制工艺气中硫的含量也有明显的差异，需要选用不同的变换催化剂和变换工艺技术。

1. 国外一氧化碳变换工艺

国外的一氧化碳变换装置规模较大，与我国的中小型变换装置存在一定差异，主要体现在原料、操作压力的选择上，以及工艺过程中催化剂的不同选用方式。特别是变换工艺现已采用宽温钴钼基耐硫催化剂替代了传统的铁铬系中温变换催化剂。

1）德国 Linde（林德）变换工艺

Linde 公司采用压力为 8.24MPa 的耐硫三段变换工艺。粗合成气用水蒸气饱和后直接送入变换单元，与低温甲醇洗单元循环回来的酸性气体混合进入冷凝分离器，其中冷凝液经过分离后送至汽化装置。气体经换热后可以达到变换催化剂要求的操作温度进入一段变换炉，反应后出口气温度为 430℃，同时，此过程可以将热量回收副产高压蒸汽。出锅炉的变换气预热入口变换气后进入二段变换炉，出口合成气的反应热副产中压蒸汽将变换气温度降至 260℃后进入三段变换炉，最终出口变换气中一氧化碳的含量为 0.8%（摩尔分数），温度为 260℃。通过换热器可以最大限度地回收合成气中的热量。变换气冷却到 4℃后，用锅炉给水洗涤变换气中的微量氨，然后在低温甲醇洗单元脱除二氧化碳。

2）法国 tP 变换工艺

tP 公司采用压力为 8.23MPa 的耐硫二段变换工艺。该变换工艺流程与德国 Linde 公司的外部换热变换炉基本相同。一段炉出口变换气温度为 449℃，一氧化碳含量为 7%（摩尔分数）；二段炉最终出口变换气温度为 290℃，一氧化碳含量为 1.3%（摩尔分数）。其热回收系统设有高压和低压废热锅炉副产蒸汽，余热用于加热冷凝液和锅炉给水。变换气最后冷却至 40℃后，送往低温甲醇洗装置脱除二氧化碳。

3) 德国 Uhde(伍德)变换工艺

Uhde 公司采用压力为 6.45MPa 的耐硫二段变换工艺，通常一段变换炉采用外部换热方式。为了降低变换炉外壳壁温，入炉的温度为 295℃的气体先经环隙由下而上进入催化剂床层，避免外壳体变换反应气 464℃的高温，壳体可采用低合金钢。一段炉出口气中一氧化碳含量约为 6%(摩尔分数)，热量用以副产高压蒸汽，与入口气换热，副产中压蒸汽，使气体温度降至 260℃进入二段变换炉。最终出口变换气一氧化碳含量为 1.3%(摩尔分数)，温度为 289℃，热量副产的低压蒸汽用作预热冷凝液、锅炉给水，然后冷却后送往低温甲醇洗装置。

4) 德国 Lurgi(鲁奇)变换工艺

Lurgi 公司采用压力为 5.25MPa 的不耐硫二段变换流程。粗合成气需进行脱硫，变换过程采用饱和热水塔回收热量。由于粗合成气不含硫化物，设备及管道可采用碳钢，并用价廉的铁铬系高温变换催化剂。脱硫后温度为 35℃的气体进入饱和塔，使用热水饱和，且加热到 225℃，再补充蒸汽至饱和，粗合成气先进入带有内套换热器的第一变换炉，在内换热器被加热到 235℃进入催化剂床层，由上而下进行一氧化碳变换，出口温度为 450~520℃，一氧化碳含量约为 7%(摩尔分数)。流经内部换热器后出炉气温度为 390℃，再经循环水加热器冷却到 360℃，进入第二变换炉。最终出口变换气温度为 385℃，一氧化碳含量为 3.2%(摩尔分数)，随后采用加压热水冷却至 60℃，再经水冷却至 35℃后去低温甲醇洗脱除二氧化碳。

2. 国内一氧化碳变换工艺

我国大型合成氨装置(以煤、渣油为原料)多使用引进技术，为了实现变换催化剂国产化，并满足国内的中小型合成氨项目节能改造的需求，我国研究人员开展了变换催化剂的研究工作。对于不同的原料要求及气化工艺，水煤气中一氧化碳的浓度不同。例如，间歇式固定床气化炉制合成气中一氧化碳含量为 25%~30%(摩尔分数)；大型渣油合成气装置经部分氧化制得的合成气中一氧化碳含量为 45%~50%(摩尔分数)；以天然气蒸气转化法制合成气中一氧化碳含量为 13%~18%(摩尔分数)；由水煤浓浆气化粗煤气中一氧化碳含量为 40%~45%(摩尔分数)；而粉煤加压气化制水煤气中一氧化碳含量为 60%(摩尔分数)。

1) 大型装置一氧化碳变换工艺

我国大型合成氨装置变换工艺的进展主要体现在以煤为原料的制氨技术上。20 世纪 90 年代以来，因煤炭资源丰富及制氨成本相对较低，国内引进了可以气化高灰熔点、高灰分粉煤的气化技术。经过多年的摸索研究，国内先后开发出高水气比、低水气比及中低水气比三种变换工艺，并均已成功实现了工业化。

2) 中小型装置一氧化碳变换工艺

国内中小型合成氨装置多数采用以煤为原料的制气工艺，而主要采用的净化工艺有铜氨洗和甲烷化，主要变换工艺如下：(1)铁系变换催化剂+钴钼耐硫低温变换催化剂的低深度变换工艺；(2)铁系变换催化剂+铜系变换催化剂的中低温变换工艺；(3)全部使用钴钼耐硫低温变换催化剂的深度变换工艺。

3. 一氧化碳变换工艺比较

随着煤制甲醇工艺的大规模应用，合成气中含有大量的硫、氯等有毒物质，甲醇合成装置通常使用铜系催化剂，如果不能有效脱除有毒物质，其长期积累容易造成催化剂失效。目前，一氧化碳变换主要有高水气比变换工艺、低水气比变换工艺、中低水气比变换工艺、等温变换工艺等多种工艺流程，不仅有效脱除了合成气中的酸性杂质，还增加采用废锅等方法实现了热量回收利用。

在变换反应过程中，当变换反应器进口粗合成气中水与一氧化碳比值在 0.42~1.8 之间，为了控制反应热，避免甲烷化风险，可采用的工艺方式如下：

(1) 高水气比变换工艺：水与一氧化碳比值增加至 1.8 以上。

(2) 低水气比变换工艺：水与一氧化碳比值降低至 0.4 以下。

(3) 中低水气比变换工艺：保持水与一氧化碳比值为 1.0，以优化设计催化剂性能、改变催化剂的装填方案，来控制一氧化碳变换率，实现反应温度的可控。

(4) 等温变换工艺：突破传统绝热式反应器，采用一氧化碳等温变换反应器，通过控制汽包压力，操控反应全过程，控制反应温度。

1) 高水气比变换工艺

该工艺设置预变换炉，通过在预变换炉一次补足水蒸气以满足各变换炉入口水气比和变换反应深度要求。流程通常设置为一段预变换+二段中温变换+一段低温变换，即在高水气比条件下，利用预变换炉将煤气中的一氧化碳进行少量变换，然后再按照水煤气变换工艺流程进行设置，避免发生甲烷化副反应。对于高水气比变换工艺，变换反应产生的反应热可通过副产饱和蒸汽方式进行移热，由变换工艺气可逐级副产 2.6MPa 蒸汽、1.7MPa 蒸汽和 0.6MPa 蒸汽。

2) 中低水气比变换工艺

中低水气比变换是将水气比约为 1.0 的粗合成气，不加入过热蒸汽，所有气体直接进入第一变换反应器反应，水气比经反应后进一步降低，第二变换反应器则在低水气比环境下进行，参与变换反应时，若需要补充水分，则用除盐水或工艺水汽化后加入反应器，基本不需添加蒸汽。反应的深度和温度控制可通过调整第一变换反应器中催化剂装填量的方式来满足要求。为了确保催化剂床层各段均不出现超温，反应器进气流量、水气比、气体组分之间的匹配，以及催化剂的装填方案和装填量，需要比较合理的设计。如果催化剂装填量超过设计值，转化率会明显增加，从而引起超温。

3) 低水气比变换工艺

低水气比变换是通过调整变换反应器入口气体的水气比（维持在小于 0.5），避免甲烷化副反应产生为界限，实现反应深度和床层"热点"温度的有效控制。在此过程中，原料气中高含量的一氧化碳混合气经过逐级变换后，达到后续工艺要求的气体组分。在低水气比变换工艺中，首先通过副产 0.5MPa 低压蒸汽，使进口变换气中大部分水蒸气冷凝，变换反应放出的反应热可副产饱和蒸汽方式进行移热，由变换工艺气可逐级副产 1.7MPa 蒸汽和 0.6MPa 蒸汽。

4) 等温变换工艺

等温变换是通过变换反应器将反应热移出并转化为饱和蒸汽维持床层温度。其特点是水汽化焓较大，所有反应热都能被吸收，只需要控制汽包的压力，即可保证床层温度恒定。对于一氧化碳含量达到 80% 以上的原料气，也可将一氧化碳含量调整至 0.4%。对于水气比

1.1~1.6，用一个反应器实现了高温变换、高水气比的复杂变换过程。

高水气比变换工艺、低水气比变换工艺、中低水气比变换工艺、等温变换工艺的优缺点总结见表2-4-1。

表2-4-1　一氧化碳变换工艺优缺点

项目	优　点	缺　点
高水气比变换工艺	1. 有效防止甲烷化副反应发生的方式是利用气体组分中的水蒸气过量； 2. 水气比增大，一氧化碳变换率增加，出变换反应器气体中一氧化碳组分减少； 3. 在高水气比合成中，充分过量的水蒸气，从而有效控制反应温升，实现了避免超温的目标	1. 高水气比、高一氧化碳组分，反应推动力变大，从而变得调节困难； 2. 预变催化剂的使用寿命短，非常容易出现泡水失活； 3. 变换工段的蒸汽消耗大，生产成本高
低水气比变换工艺	1. 用低成本的锅炉水替代高品位的蒸汽，降低了过热蒸汽的使用量和成本； 2. 在转化率不变的基准下，催化剂"热点"温度随入口温度的降低而相应降低，从而有效防止发生甲烷化反应； 3. 原料气中低的硫化氢含量，可有效防止低硫高水环境下发生的反硫化	1. 相对高水气比流程多设置一台反应器，降低反应器"热点"温度； 2. 催化剂在性能方面须选择性更好，能抑制甲烷化反应
中低水气比变换工艺	1. 变换反应的超温风险无须通过高水气比控制，不通过增加水气比实现； 2. 充分利用了体系内的水分参与变换反应，减少蒸汽消耗的作用显著； 3. 变换后的后续变换流程在低水气比环境下完成，反应温度较低	1. 原料气处理量、水气比的变化及催化剂的装填方案之间相互关联和影响； 2. 操作控制系统设计较复杂
等温变换工艺	1. 在一台等温变换反应器内实现一氧化碳的深度变换，节省设备投资； 2. 等温变换反应"热点"温度容易控制和调节； 3. 副产更多价值更高的中压蒸汽	1. 等温变换反应器的结构复杂，单台反应器投资较高； 2. 催化剂需要装填在反应器管束外侧； 3. 副产的低压饱和蒸汽量较少

三、一氧化碳变换影响因素

变换反应过程的影响因素包括压力、温度、空速、反应物组成以及催化剂等。工业上通常采用分段变换法，为了加快反应速率，第一段变换反应在320~450℃下进行；为使反应完全，第二段变换反应在200~250℃下进行。此外，合理的反应温度选择还应当考虑催化剂的最佳活性温区。在生产过程中，一般要求变换反应器出口气体组成应接近热力学平衡组成，即变换反应器出口一氧化碳浓度主要受热力学因素即变换温度控制。水蒸气的增加，有利于反应平衡向产物方向移动，从而提高一氧化碳的转化率，工业上采用这一措施以便提高一氧化碳的转化率。虽然在较低的温度下可以选择较低的水碳比，进一步增加蒸汽量可以获得较高的一氧化碳转化率，但是经济上不合理，且在实际应用上也有困难。

1. 温度

一氧化碳变换反应平衡常数通常随温度升高而减小，平衡转化率则随温度降低而增大。

此过程在较高温度下进行，而在变换反应的后一阶段，提高温度影响反应速率和化学平衡，为使反应进行完全，就需要反应温度进一步降低。从平衡的角度考虑，在低温条件下进行一氧化碳变换反应有利于降低出口气体中一氧化碳含量，这为开发适用于低温或宽温变换催化剂提供了工艺流程的主要理论根据。

2. 压力

一氧化碳变换反应为同物质的量反应，若为理想气体，压力不影响反应平衡。当变换压力达到 6.0MPa 时，各种气体与理想气体有一定的偏差，因此压力对平衡是有一定影响的，特别是在高压下进行一氧化碳变换，压力对反应速率有较大影响。当变换操作压力由 1atm❶ 升高到 30atm，催化剂性能增加 7 倍。操作压力和高温变换系统蒸汽冷凝液温度也相应升高，有利于回收高位热能。对于后系统，高压操作可以节约相当数量的压缩功。

3. 水气比

水气比是指变换原料气中水蒸气与粗煤气的物质的量比。水气比是影响一氧化碳变换反应的主要因素之一。一氧化碳变换反应为可逆反应，提高水气比可使反应向生成氢气和二氧化碳的方向进行。采用高水气比的方法可提高一氧化碳变换率，但水气比大于某一数值时，以干气为基础的变换率反而下降。在工业生产中，不仅需要最终干气中一氧化碳浓度低，同时需要消耗能量尽可能低。此外，过量的水蒸气还起到热载体的作用，抑制催化剂床层的温升。但是，提高水气比也有一定的限度，这是因为水气比再提高，效果越来越小，床层阻力增加，余热回收设备负荷加重。增加水蒸气用量后，能耗增大。因此，通常情况下，采用提高水气比来提高一氧化碳变换率并不是最经济的方法，而是要通过综合考虑热力学、反应动力学、能量消耗等各方面因素，选择合适的水气比。近年来，从节能角度考虑，中、低温变换多在低水气比和低温条件下操作。

4. 催化剂装填量和空速

催化剂不参加反应时，一氧化碳变换反应的反应速率慢，因此在变换反应器中通常装有催化剂。在催化剂型号确定后，催化剂用量也随空速而确定。空速即单位时间单位催化剂处理的工艺气量。空速小，反应时间长，有利于变换率的提高；但空速小，催化剂用量大，催化剂的生产能力降低。空速的选择与催化剂活性以及操作压力有关，催化剂活性高，操作压力高，可以适当提高空速；反之，空速则小一些。在保证变换率的前提下，应尽可能提高空速，以增加气体处理量，即提高生产能力。

四、变换反应催化剂

工业上使用广泛的一氧化碳变换催化剂有以四氧化三铁为主的铁系催化剂、以氧化铜为主的铜系催化剂，以及以硫化钼为主的钼系催化剂。

1. 铁基高温变换催化剂

Bosch 和 Wild 于 1912 年发现了铁基催化剂在高温下具有变换催化性能。在 20 世纪 30 年代，许多国家开始运用铁基催化剂，变换催化剂的活性主体是氧化铁还原得到的四氧化三铁。传统的铁铬系高温变换催化剂的使用温度为 300~450℃，活性组分为四氧化三铁的

---

❶1atm=101325Pa。

尖晶石结构。而在实际使用过程中，由于高温烧结导致四氧化三铁固体颗粒表面积下降，引起催化剂活性的急剧下降，使得纯四氧化三铁耐高热性能变差。为了改善催化剂的性能，通常会引入助催化剂。为了防止烧结导致的催化剂的活性下降，助催化剂中最为常用的是氧化铬，实验已证明含量为14%氧化铬的铁基高温变换催化剂的抗烧结性能和耐热性能最为优良，但同时含量为8%的氧化铬的变换催化剂的催化活性最高。因此，一般的铁基高温变换催化剂的氧化铬含量在7%~9%之间。在20世纪末，对铁铬系高温变换催化剂的主要研究为采用碱性金属氧化物、过渡金属及其氧化物。上述金属对铁铬系高温变换催化剂的活性和耐热性有一定的正面作用，但是并不能改变铁铬系高温变换催化剂的基本性能。后期，科研人员在催化剂中添加一定量的过渡金属及稀土元素进入氧化铁晶格形成固溶体，使催化剂比表面积增大，催化性能得到改善。此外，添加一定量的铜盐能阻止积炭的产生，可以减少费托反应，其中二价铜性能最好。在过渡金属及碱金属中，发现铯元素促进变换反应的作用最强。但是，人们普遍认为已工业化多年的铁铬系高温变换催化剂性能已趋于成熟，其催化性能改进的余地不大。

有关研究报道了负载在氧化铁上的纳米金具有一氧化碳变换反应的能力。该催化剂采用共沉淀法制备，pH值为8.0。经老化、过滤和洗涤，再在真空干燥下焙烧2h。所得的催化剂在温度为200℃、空速为4000h^{-1}条件下参与反应，结果表明其一氧化碳的转化率超过了80%，在低温下具有很强的活性。Basińska采用沉积法制备了氧化铁/钌催化剂。首先，研究不同氧化铁载体，以不同钌前驱物引入钌前后的比表面积的变化情况。结果发现，氧化铁沉积钌后，催化剂比表面积会发生变化，但催化变化方向不取决于钌前驱物溶剂的种类。采用沉积法制备的催化剂活性比浸渍法制备的高。

2. 铜基低温变换催化剂

低温变换催化剂(190~250℃)是由金属氧化物组成的，可根据所含金属价态分为双金属氧化物低温变换催化剂、三金属氧化物低温变换催化剂和四金属氧化物低温变换催化剂，当前工业运用最为广泛的低温变换催化剂为三金属氧化物低温变换催化剂，一般由氧化铜、氧化锌和氧化铝组成。20世纪60年代，美国在工业生产过程中率先采用了铜锌系低温变换催化剂。低温变换工艺出口的一氧化碳变换率是评价生产工艺性能高低的关键指标。

铜锌系低温变换催化剂为了提高活性，制备方法为共沉淀法。共沉淀法制备催化剂铜结晶细，铜晶粒与氧化锌和氧化铝晶粒混合，可提高铜的催化自由比表面积。由于比表面积的提高，催化剂活性显著增大。此外，在催化剂制备过程中孔结构的改变，或通过最大限度提高氧化锌游离态程度等途径，催化剂的抗中毒能力也会显著提高。

我国在20世纪60年代将低温变换工艺用于以煤为原料的合成氨厂，并将低温变换、氧化锌脱硫以及甲烷化三种工艺相结合。由于变换后出口气体中仍含有3%~4%的一氧化碳，铜系催化剂在180~260℃的条件下可使一氧化碳浓度进一步降至0.2%~0.4%，从而提高氢气的生成率，残留一氧化碳经甲烷化反应后，一氧化碳和二氧化碳含量在10×10^{-6}以下，可不使用铜洗或氨洗工艺，进一步简化了工艺流程，已成为经典的制氨工艺。

英国ICI(帝国化学)公司在20世纪中期开发出了ICI52-1和ICI52-8两种催化剂，使用温度为180~250℃。20世纪80年代又开发了ICI53-1低温变换催化剂，在活性和抗毒能力上都有明显提升，催化剂使用寿命也显著变长。第四代产品 ICI83 系列含有较高含量的铜，催化剂的低温活性提高、吸收毒物能力增强，同时减少了胺类及甲醇副反应的生成，低温变换工艺冷凝液中甲醇含量低于 400×10^{-6}。与传统催化剂比较，可多产合成气约 1%。美国 UCI 公司在 20 世纪 60 年代开发完成了 C18-1 和 C18HC 两种催化剂。20 世纪 80 年代开发成功的 C18HCS 提高了催化剂抗毒能力，继而又开发出 C18-7 及 C18-5，由于上述两种催化剂提高了催化剂的表面利用率，催化活性优于其他催化剂产品，还可在水碳比 2.5 以下使用。丹麦托普索公司早在 1984 年就开发出不含铁的铜基高温变换催化剂，该催化剂能在 200~300℃ 和低水气比下操作，能避免烃类副产物的生成。1988 年，该公司又推出了 SK-201 和 KK-142 两种可以在低水气比下操作的催化剂。其中，SK-201 是在铁基高温变换催化剂加入少量的氧化铜，这对费托合成反应具有一定的抑制作用；而 KK-142 则是一种不含铁的铜基高温变换催化剂，可完全消除费托副反应。

3. 钴钼基耐硫宽温变换催化剂

20 世纪 60 年代，开发了一种钴钼基耐硫宽温变换催化剂，主要是为了满足以煤、渣油、重油或高含硫汽油为原料制取原料气的需要，具有高的低温活性。其活化温度与铜基变换催化剂相当，比铁基高温变换催化剂低 100~150℃，但其耐热性能与铁铬基变换催化剂相当，因此具有较宽的活性温区，覆盖了铁基变换催化剂和铜基变换催化剂上的整个活性温区。此类催化剂的主要优点是具有高的低温活性、宽的活性温区及突出的耐硫与抗毒性能，寿命长、可再生、不发生费托反应；其主要缺点是只用于含硫的原料气中，而多数工业原料气中不含硫或含硫量较低，需要外加硫组分，而且只有充分硫化才能有高活性。目前，工业上用的 Co-Mo 催化剂活性组分为 CoO 和 MoO_3，起变换反应作用时需将 CoO 和 MoO_3 硫化成 CoS 和 MoS_2。作为硫化态和氧化态的 Mo^{6+}，主要以八面体和四面体两种形式存在，前者较后者易还原或硫化。当硫化后，氧化态催化剂中的八面体 Mo 形成 MoS_2 片状结构。

钴钼基耐硫宽温变换催化剂的载体可分为 $\gamma-Al_2O_3$ 和镁铝尖晶石两大类。两种载体都会使活性组分 Co 和 Mo 的还原硫化温度大大降低，表明活性组分 Co 和 Mo 与载体之间相互作用，形成了易于还原硫化的活性中心。$\gamma-Al_2O_3$ 具有比表面积大、堆密度低、孔分布适宜和价廉易得等优点。以 $\gamma-Al_2O_3$ 为载体的耐硫变换催化剂强度和稳定性差、易粉化、耐低硫能力差、易反硫化而失活等。加入稀土氧化物进行改性，可以防止其转变为 $\alpha-Al_2O_3$，保持催化剂活性表面和强度。镁铝尖晶石是一种很好的耐硫变换催化剂载体，与 $\gamma-Al_2O_3$ 相比，不仅能提高催化剂的强度，还能使载体具有碱性，提高催化剂的变换活性，而且载体的抗水合性远高于 $\gamma-Al_2O_3$，能在高压、高水气比的大型装置中使用。

五、一氧化碳变换催化剂中毒现状研究

使一氧化碳变换催化剂中毒的硫化物主要有 H_2S、COS、SO_2 等，与变换催化剂进行反应生成 CuS、FeS 和 $FeSO_4$ 等破坏催化剂活性中心的化合物；而单质硫的中毒方式为覆盖在催化剂表面影响其活性，硫对催化剂的毒害是累积的、永久性的，即如果原料气中存在硫杂质，将使反应器中的所有催化剂中毒。

1. 硫化氢中毒

硫化氢是导致催化剂中毒的原因之一，变换催化剂的中毒方式不仅造成硫化氢大量地吸附在催化剂表面，而且被吸附在表面的硫化氢会进一步改变和阻碍催化剂对反应物质的吸附进而影响反应。在硫化氢存在的条件下，随着催化剂反应时间增加，其相对催化活性会下降。随着反应温度升高，受颗粒的内扩散影响，催化效率变弱。催化剂表面硫化氢含量增加，后期微量的硫单质会使得催化剂暂时中毒，其反应式如下：

$$Fe_3O_4 + 3H_2S + H_2 \rightleftharpoons 3FeS + 4H_2O \quad \Delta H = -75 kJ/mol$$

由于化学吸附是单分子层的吸附，硫化氢浓度增大，其在催化剂表面的覆盖率增大。硫化氢浓度较高且原料中氧含量也较大时，生成的硫化亚铁与氧气反应生成硫酸铁。如果氧含量下降，硫酸铁又还原生成催化剂活性相四氧化三铁，由于硫化亚铁和四氧化三铁的晶体结构差异较大，两者相变将使催化剂损坏。

$$FeS + H_2S + H_2 + O_2 \longrightarrow Fe_2(SO_4)_3 + Fe_2O_3 + H_2O$$

在铜基催化剂用于工业生产中时，发现原料气中的硫含量高使变换催化剂中毒，进一步降低甲醇产率，其催化剂中毒的主要原因为进入变换脱硫塔的原料气中硫化氢的含量偏高。原料气中的杂质硫通常是以有机硫或硫化氢的形式存在，有机硫易于转化为硫化氢，如硫化氢与催化剂上的单质铂反应，生成铂的硫化物，该硫化物并没有脱氢或脱氢环化活性，能抑制芳烃的活性。硫化氢或部分硫化物可与表面含氧物发生化学吸附或共吸附进而影响化学吸附氧的结构形态，加速了硫吸附的不规则到规则的转变。

2. 硫酸盐引起的中毒

单质硫遇氧后易于氧化成二氧化硫，进而在床层内部氧化成三氧化硫，最后在变换催化剂的表面形成硫酸盐，致使催化剂的活性降低。此外，硫酸盐沉积在催化剂表面破坏了载体表面结构，沉积到一定程度可使催化剂表面形成盐垢层，使活性中心无法与原料接触反应影响催化剂的活性和选择性。二氧化硫是致使非贵金属氧化物的催化剂失活的一个普遍因素。通常情况下燃煤烟气为贫燃烧尾气，其中的三氧化硫将严重破坏非贵金属及其他的氧化物作为活性中心的变换催化剂，主要原因是非贵金属氧化物表面易吸附并生成稳定的硫酸盐层，其结果是催化剂中毒失活。当前采用液相吸收法脱除二氧化硫，以此避免催化剂中毒失活，即使微量硫也同样会使 Fe—O、Co—O 键与二氧化硫反应生成硫酸盐。

3. 有机硫引起的中毒

有机硫主要有二硫化碳、硫氧化碳和硫醇等。有机硫往往与原料气中的氢气反应生成无机硫。催化剂会吸附无机硫中毒失活。

$$CS_2 + H_2 \longrightarrow CH_4 + H_2S$$
$$COS + H_2 \longrightarrow CH_4 + H_2O + H_2S$$

铜锌系低温变换催化剂活性高，但对污染物相当敏感。其中，硫化物可导致铜锌系催化剂的中毒。当含有硫的反应气体通过催化剂床层时，硫化物可被变换催化剂吸收，吸附在催化剂的活性位表面或生成金属硫化物使催化剂活性大幅度下降。通常工业上采用在低温变换催化剂之前放置脱硫剂用来吸收硫或其他硫化物以保护催化剂，但是实际上很难彻底脱除硫及其他硫化物。

第五节 酸性气体脱除

一、概述

酸性气体脱除是现代煤化工工艺中的重要环节之一，主要是脱除煤气化合成气中的 CO_2、H_2S、COS 等酸性气体。在现代煤化工生产中，酸性气体的脱除主要采用溶剂吸收法。溶剂吸收法主要是利用某种溶剂具有化学或物理吸收酸性气体的特性，在一定工艺条件下，溶剂在吸收塔中吸收混合气体中的 CO_2、H_2S、COS 等酸性气体成为富液，然后在一定工艺条件下，富液在解析塔经闪蒸、气体解析之后，分离出 CO_2、H_2S 等成为贫液，回到吸收塔中再次吸收合成气中的酸性气体。溶剂吸收法通常分为物理吸收法、化学吸收法和物理化学吸收法。

1. 物理吸收法

物理吸收法主要是依据溶剂分子中的官能团和被吸附分子对象之间存在不同的聚合力实现选择性吸收的一种方法。其中，吸收溶剂的吸收性能受到吸收对象的分压的影响，即与被吸收的气体分压成正比，通过惰性气气提或减压闪蒸的方式可以实现溶剂的再生利用。依据所吸收的不同溶剂性质，物理吸收法包括水洗法、N-甲基吡咯烷酮法、聚乙二醇二甲醚法（Selexol 法、NHD 法等）、低温甲醇洗、碳酸丙烯酯法（PC 法）等。对于水洗法，其在该行业中最早使用，但是存在吸收能力差、H_2 和 N_2 损失大、电耗高等问题，现在基本不使用。PC 法是典型的物理吸收法，具有再生能耗低的优点，促进了该技术的广泛使用，但该技术具有溶剂损失大、循环量大、溶剂析硫导致堵塞、CO_2 回收率低等缺点。而 NHD 法和低温甲醇洗作为典型的物理吸收法，近些年受到行业的极大关注并得到广泛应用，以下就这两种技术进行介绍。

1）NHD 法

20 世纪 60 年代，美国 Allied 公司研究通过聚乙二醇二甲醚溶剂吸收气体中的 H_2S、CO_2 等酸性气体的试验并取得成功，随后该技术被美国 UOP 公司购买专利权，并称作 Selexol 法。Selexol 法自 20 世纪 80 年代初应用于合成气中脱除 CO_2，随后不断发展成为一种具有选择性脱除酸性气体的工艺技术。

国内南化集团研究院从 20 世纪 80 年代开始使用以聚乙二醇二甲醚为主要组分的溶剂（命名为 NHD）进行脱硫脱碳试验并取得成功，于 20 世纪 90 年代联合中国天辰工程有限公司完成工业化装置设计，建成我国首套 NHD 脱硫脱碳净化装置，合成气经变换后通过 NHD 脱硫脱碳后，净化气中 CO_2 含量小于 0.2%，总硫含量小于 $5×10^{-6}$，进而实现了 NHD 技术工业化。目前，我国仍有几十套 NHD 法在役运行装置，主要分布在中小型合成氨和甲醇工厂中。NHD 法的主要优点如下：总能耗低，气体洁净度高，溶剂损失少，H_2 和 N_2 溶解损失少；具有脱除 CO_2 和硫化物的双重功能；溶剂热稳定性和化学稳定性好，无毒不发泡，不污染环境，对钢设备无腐蚀性。NHD 法主要流程包括：(1) NHD 脱除 CO_2 的一塔流程，主要用于处理原料气中的 CO_2 含量高（CO_2 含量≥1%）且脱除率低的工况，具有流程简单、投资低等特点，但是也存在不能脱除同时含有 CO_2 和 H_2S 的原料气的弊端；(2) NHD 脱硫脱碳的多塔流程，适用于处理同时含有 CO_2 和 H_2S 的原料气工况，如三塔流程应用在 IGCC 联合循环发电的煤气化净化装置，四塔流程应用在原料气中硫含量低的工况，五塔流程应用在原料气中硫含量高的工况，其排出的高浓度 H_2S 送至克劳斯硫黄回收装置。

2）低温甲醇洗

低温甲醇洗（Rectisol）主要是采用冷甲醇溶剂，通过甲醇在低温工况下进行 H_2S、CO_2 等酸性气体的选择性吸收的特点，依据实际情况采用同时或者分段吸收来自上游气化工段产生的合成气中的酸性气体，该技术在煤制油化工、炼油化工、城市煤气工业、化肥等领域实现了广泛的推广应用。早在 20 世纪 50 年代，鲁奇（Lurgi）公司、林德（Linde）公司就开始了低温甲醇洗技术的试验研究工作，鲁奇公司进行南非萨索公司低温甲醇洗工业示范装置的建设，主要用于净化鲁奇固定床气化炉产生的合成气，这也是世界首套低温甲醇洗工业示范装置；而林德公司则首次在化肥厂净化含硫变换合成气领域中引入了低温甲醇洗技术，也极大地推动了低温甲醇洗技术在世界范围内的推广和应用。我国科研院所从 20 世纪 70 年代末开始进行低温甲醇洗技术的相关研究，历经几十年的攻关和努力，产生了一批科技成果。兰州设计院在 20 世纪 70 年代末成功开发了基于甲醇吸收剂系统的气液平衡的计算模型。上海化工研究院以及浙江大学在此基础上进一步对甲醇对不同酸性气体在低温工况下的吸收性能以及含有一定量 H_2S、CO_2 等酸性气体的甲醇的理化性质，完成系统的吸收平衡试验和相平衡常数的标定，为后续进行低温甲醇洗系统的工艺计算提供了理论依据。大连理工大学在 20 世纪 80 年代主要优化低温甲醇洗工艺，开发了低温甲醇洗装置模拟系统（Rectisol Process Simulator，简称 RPS），并形成了新疆乌鲁木齐化肥厂低温甲醇洗装置扩产 10%工艺包和低温甲醇洗专利技术工艺包等科技转化成果，在国内低温甲醇洗技术工业化方面走在了前列。此外，我国一些设计院也进行低温甲醇洗工程技术开发工作，中国寰球工程有限公司在 20 世纪 80 年代通过对林德低温甲醇洗工艺的研究和消化，结合现场实际操作过程中出现的问题和解决方式，形成了自己的专利技术，其工艺与林德公司 20 世纪末合成氨的流程类似。上海国际化建工程咨询有限公司的低温甲醇洗工艺是在鲁奇公司 20 世纪 80 年代的低温甲醇洗工艺基础上发展起来的，由于在国内外新建项目运行业绩较少，该技术一直以来发展缓慢，与其他低温甲醇洗技术相比优势不明显。

近年来，在煤化工行业中，国外的林德公司和鲁奇公司低温甲醇洗工艺及国内的大连理工大学低温甲醇洗技术都获得广泛应用，但是国内低温甲醇洗技术仍需提高设备大型化水平，特别是在大型设备和自控系统国产化、节能降耗等方面狠下功夫，推动我国大型低温甲醇洗技术高质量发展。

3）NHD 法和低温甲醇洗技术对比

（1）甲醇溶剂循环量与吸收能力的对比分析。

对于 NHD 法，其溶液的吸收温度通常为 $-5 \sim 0\ ℃$；而低温甲醇洗技术具有相对更低的吸收温度，一般为 $-60 \sim -20\ ℃$。与 NHD 法相比，低温甲醇洗技术中的原料气中 H_2S、CO_2 等酸性气体在甲醇中的溶解度相对更高。由此可知，吸收相同量的酸性气体，低温甲醇洗技术的甲醇循环量相对较小，而 NHD 法的甲醇循环量相对较大；当然，低温甲醇洗的低温也对装置的设备材料提出更为苛刻的要求，导致了装置投资相对增加。在现代煤化工项目中，通常采用煤为原料通过气化产生粗煤气，其经过变换进入低温甲醇洗的原料气中含有

的 H_2S、COS、CO_2 等酸性气体含量较高，考虑到处理气量大，进一步造成这两种工艺溶剂循环量的明显差距。

（2）有效气体损失和脱硫脱碳性能比较。

NHD 法和低温甲醇洗技术由于酸性气体选择性、甲醇溶剂循环量和操作工况的不同，在有效气体损失方面也存在不同。经初步分析，NHD 法的 H_2 损失约占总 H_2 量的 0.39%，低温甲醇洗技术的 H_2 损失约占总 H_2 量的 0.12%。NHD 法净化后产生的气体规格为 H_2S 含量<5μL/L、CO_2 含量<0.2%，由于酸性气体含量较高，NHD 法工业装置后面通常增加精脱硫装置以满足环保排放要求；低温甲醇洗技术具有相对较高的脱硫脱碳性能，净化后产生的产品气规格为 CO_2 含量<20μL/L、H_2S 含量<0.1μL/L。

（3）再生温度比较。

与低温甲醇洗相比，使用 NHD 法进行原料气的脱硫时，由于甲醇溶剂再生过程的温度和甲醇溶剂的循环量均相对偏高，这样就造成需要温度较高的再生蒸汽，且其消耗量也较大。鉴于此，NHD 法在溶剂再生过程中，经常将 3%~5% 的蒸汽或水通入吸收剂，以便降低该工段的蒸汽消耗。同时，NHD 法在较高温度的条件下进行脱碳，在较高温度的条件下进行制冷，可减少冰机的能耗。

（4）溶剂热稳定性及化学稳定性比较。

NHD 溶剂具有较好的化学稳定性和热稳定性，但是考虑到该溶剂是多组分的混合物，高温工况不利于其稳定性能；而低温甲醇洗技术的低温甲醇吸收剂的化学稳定性和热稳定性相对更好，其理化性质在工业装置的长期使用中不会发生任何改变。

（5）溶剂起泡情况比较。

NHD 和甲醇溶剂都不会起泡，但是在酸性气体脱除装置的长期操作过程中，由于系统中富集杂质等原因，吸收溶剂的起泡情况就会发生改变。大量的工业装置运行经验表明，低温甲醇洗装置的甲醇溶剂没有发生起泡现象；但是 NHD 装置的溶剂会出现起泡问题，工业上通常是在 NHD 中增加消泡剂，进而防止起泡。

（6）溶剂传热和传质性能比较。

与低温甲醇相比，NHD 溶剂具有更高的黏度，特别是在操作温度为-5℃时，NHD 溶剂与原料气之间的传质性能较差，为了提高吸收效果，工业上通常采用增加吸收塔填料高度的措施。同时由于 NHD 具有较高的黏度，传热效果相对较差，导致脱硫工段中的溶液换热器面积相对较大，占地面积较多。而甲醇溶剂在相同温度下具有更小的黏度，有利于其在低温条件下更容易实现物理吸收平衡，同时也便于系统传热，在换热网络优化方面更具有优势。

（7）工艺技术的成熟可靠性。

NHD 法主要在中小型合成氨或制备合成气的工业装置中应用，应用规模相对较小，最大的应用业绩是配套年产 $45×10^4$t 合成氨的 NHD 装置。低温甲醇洗技术具有很多的工业应用业绩，特别是在煤化工领域，其应用规模也相对较大，最大是配套 $200×10^4$t/a 甲醇的低温甲醇洗装置。总之，上述两种技术均成熟可靠。

2. 化学吸收法

化学吸收法是依据碱性吸收剂与原料气中酸性气体发生反应生成不稳定的化合物的原理，实现酸性气体脱除的一种方法。同时通过提高富液温度和降低压力，致使所生成的化合物解析酸性气体，实现溶剂再生。常用的化学吸收法主要有热钾碱法和醇胺类溶液吸收法。

1) 热钾碱法

20世纪50年代，Benson等研究发明了热钾碱法，该技术主要是以碳酸钾溶液为吸收溶剂，并将缓蚀剂钒(KVO_3)、液相催化剂二乙烯三胺(DETA)等加入吸收塔，与原料气中的酸性气体(含量为26%～30%)进行逆流接触，吸收气体中的CO_2；而吸收CO_2的碳酸钾溶液，经减压后进入再生塔，通过加热蒸汽汽提实现再生，之后循环使用。为了增强吸收原料气中CO_2的性能，工业上通常将一些活化剂增加到碳酸钾溶液中，进而形成各自的专利技术，其中活化剂通常有氨基乙酸(RH)、二乙醇胺(DEA)等。由于碳酸钾属于弱碱盐，可以按照酸碱当量反应而快速吸收CO_2，该技术可以用于合成氨、氢气、天然气等领域中多种气体中CO_2的脱除；但热钾碱法在煤化工中很少使用，主要是由于煤化工项目不仅要脱除CO_2，也要脱除H_2S、COS等酸性气体，而该技术存在脱硫脱碳选择性差、溶剂发泡和强腐蚀等问题。

2) 醇胺类溶液吸收法

醇胺法是通过弱碱性醇胺溶液与CO_2发生化学反应，脱除原料气中的CO_2。原料气中H_2S会降低醇胺溶液脱除CO_2的能力，且随着H_2S含量的增加，降低原料气脱碳程度越发明显。醇胺法自20世纪20年代始就在烟气净化、合成氨、天然气脱碳等领域实现了广泛应用。工业上采用的醇胺溶剂主要包括二异丙醇胺(DIPA)、乙醇胺(MEA)、二乙醇胺(DEA)、位阻胺、甲基二乙醇胺(MDEA)等。

3. 物理化学吸收法

物理化学吸收法是采用一种同时具有物理吸收和化学吸收功能的溶剂进行合成气中的酸性气体脱除。由于该溶剂是由两种及以上的物质混配形成，同时发生物理吸收和化学吸收作用，其再生热耗介于物理吸收法和化学吸收法之间，如改良的甲基二乙醇胺(MDEA)法。

二、低温甲醇洗

1. 低温甲醇洗工艺概况

目前，国外的低温甲醇洗技术主要有林德公司技术和鲁奇公司技术。林德公司和鲁奇公司利用其在低温甲醇洗领域扎实的基础和丰富的经验，不断进行低温甲醇洗技术优化和设备改进，拥有较多的工业应用业绩。国内大型煤化工项目大多数引进国外低温甲醇洗工艺包，对国外技术的依赖导致成本费用高、技术服务不及时等问题。国内低温甲醇洗技术以大连理工大学研发技术最具有代表性，随着近些年的技术攻关和产业化，低温甲醇洗技术水平不断提高，装置运行能耗不断下降，陆续在国内煤化工项目中完成的投产或在建装置超过70套。表2-5-1中列出了针对国内外低温甲醇洗技术的主要工业应用业绩情况。

表2-5-1 国内外低温甲醇洗技术的主要工业应用业绩

序号	建设单位	技术来源	产品及产能	建设地点	运转年份
1	陕西煤业化工有限责任公司	大连理工大学	$1.8×10^6$ t/a 乙二醇	中国榆林	建设中
2	神华榆林能源化工有限公司	鲁奇公司	$2.0×10^6$ t/a 甲醇和 $4.0×10^5$ t/a 乙二醇	中国榆林	2020
3	中天合创能源有限公司	林德公司	$3.6×10^6$ t/a 甲醇	中国内蒙古	2015
4	榆林榆天化公司	大连理工大学	$6.0×10^5$ t/a 甲醇	中国榆林	2013

续表

序号	建设单位	技术来源	产品及产能	建设地点	运转年份
5	神华新疆煤化工有限公司	鲁奇公司	2.0×10^6 t/a 甲醇	中国新疆	2013
6	久泰能源内蒙古有限公司	大连理工大学	9×10^5 t/a 甲醇	中国内蒙古	2010
7	神华包头煤化工有限公司	林德公司	1.8×10^6 t/a 甲醇	中国内蒙古	2010
8	河南煤业化工集团有限公司	鲁奇公司	2×10^5 t/a 乙二醇	中国河南	2010
9	久泰能源内蒙古有限公司	大连理工大学	9×10^5 t/a 甲醇	中国内蒙古	2010
10	新奥集团股份有限公司	大连理工大学	6×10^5 t/a 甲醇	中国内蒙古	2009
11	云天化集团有限公司	鲁奇公司	5×10^5 t/a 合成氨	中国云南	2008
12	鹤壁煤业有限责任公司	鲁奇公司	6×10^5 t/a 甲醇	中国河南	2008
13	中石化齐鲁石化公司	林德公司	3×10^5 t/a 合成氨, 5×10^5 t/a 尿素	中国山东	2008
14	陕西神木化学工业有限公司	大连理工大学	4×10^5 t/a 甲醇	中国陕西	2008
15	中原大化集团公司	鲁奇公司	5×10^5 t/a 甲醇	中国河南	2008
16	惠生化学有限责任公司	林德公司	3×10^5 t/a 合成气, 2×10^5 t/a 甲醇	中国江苏	2007
17	上海焦化公司	林德公司	4.5×10^5 t/a 甲醇	中国上海	2007
18	神华宁夏煤业集团有限公司	鲁奇公司	6×10^5 t/a 甲醇	中国宁夏	2006
19	Conoco Phillips	鲁奇公司	3.32×10^9 m³/a 氢气	美国	2006
20	湖北双环科技有限公司	林德公司	2×10^5 t/a 合成氨	中国湖北	2005
21	大唐能源化工有限公司	鲁奇公司	4×10^9 m³/a 天然气	中国内蒙古	2005
22	德州化肥厂	大连理工大学	3×10^5 t/a 合成氨	中国山东	2004

2. 低温甲醇洗技术原理

甲醇溶剂在低温条件下对原料气中的 CO_2、H_2S、COS 等酸性气体具有良好的吸收性能，从而达到合成气中酸性气体的脱除和净化的目的，基本原理主要是通过甲醇溶剂对气体混合物中的不同气体组分的溶解性能和传质能力存在明显差别，进而实现甲醇对不同酸性气体的吸收。低温甲醇洗就是在 $-64 \sim -9$ ℃ 和高压的条件下，甲醇对合成气中 CO_2、H_2S 等具有较高的溶解性能，对合成气中的 H_2、CO 等有效气组成具有很低的溶解性能，进而实现合成气中酸性气体的选择性吸收和脱除。

合成气中的 H_2S、CO_2、COS、H_2、CO、CH_4 等气体在低温甲醇中的相对溶解度见表 2-5-2。

表 2-5-2　-40℃下甲醇中不同气体的相对溶解度

气体	气体溶解度/H_2溶解度	气体溶解度/CO_2溶解度	气体	气体溶解度/H_2溶解度	气体溶解度/CO_2溶解度
H_2S	2540	5.9	CO	5	
COS	1555	3.6	CH_4	12	
CO_2	430	1	H_2	1	
N_2	2.5				

从表中可以看出，不同气体在甲醇中的溶解度由小到大为 $H_2 < N_2 < CO < CH_4 < CO_2 < COS < H_2S$。此外，温度和压力也对甲醇吸收酸性气体的性能产生影响：（1）合成气中的组分（如

CO、CH_4、CO_2、COS、H_2S 等)在甲醇中的溶解度随着温度的降低而提高,合成气中的 H_2、N_2 组分在甲醇中的溶解性能则呈现相反的现象;(2)随着压力的升高,合成气中的各组分在甲醇中的溶解度不断增大。

3. 低温甲醇洗技术特点

低温甲醇洗技术属于物理吸收法,遵守亨利定律。由此可知,在甲醇、合成气及其含有的 CO_2、H_2S、COS 等酸性气体的气液平衡系统中,酸性气体分压越大,其在甲醇溶液中的溶解度也越大。因此,为了增加原料气中酸性气体的吸收性能,必然要增加酸性气体组分的分压。同时由于甲醇对酸性气体的溶解度随着系统温度的下降而明显增加,并且原料气中的酸性气体组分在甲醇中的溶解度随着温度的进一步降低而明显增加,合成气中 CO 等组分的溶解度变化不大,因此该方法在低温下操作更好。

低温甲醇洗技术具有以下优点:(1)甲醇吸收剂对原料气中酸性气体组分具有更高的选择性,可以在两个或同一个吸收塔内分段完成原料气的脱硫和脱碳,并且回收高纯度的 CO_2,满足尿素工业生产要求,还可以实现 H_2S 尾气富集,满足克劳斯法直接回收硫黄要求;(2)甲醇溶剂具有很好的化学稳定性和热稳定性,在吸收操作中不发生起泡,有利于装置长周期稳定运行;(3)甲醇溶液在低温操作条件下具有再生能耗小、溶剂循环量小等优点,可降低装置操作费用;(4)吸收能力强,原料气净化度高,净化产品气中总硫含量可低于 $0.1\mu L/L$,CO_2 含量可低于 $10\mu L/L$;(5)采用的溶剂为甲醇,具有腐蚀性小、来源广泛、价廉易得等特点,可节省设备投资和运行成本。但低温甲醇洗技术也存在一些不足之处,如甲醇再生工艺过程相对复杂,系统工艺流程较长,这在一定程度上会给装置操作和维修带来困难。

4. 低温甲醇洗技术指标和消耗指标

国内外低温甲醇洗技术指标和消耗指标见表 2-5-3 至表 2-5-5。

表 2-5-3 净化产品气规格

项 目	国外技术指标	国内技术指标	备 注
$H_2S+COS/(\mu L/L)$	≤0.1	≤0.1	根据工业实际应用设定指标
$CO_2/\%$(摩尔分数)	1.5~3.0	1.5~3.0	
压降/MPa	≤0.25	≤0.25	

表 2-5-4 低温甲醇洗主要消耗指标对比

项 目	国外技术($10^5 m^3/h$ 有效气)	国内技术($10^5 m^3/h$ 有效气)
电耗(轴功率)/kW	658.5	904.8
循环冷却水量/(t/h)	215.4	244.4
低压蒸汽量/(t/h)	1.91	2.44
低低压蒸汽量/(t/h)	3.6	3.97
低压氮气量/(m^3/h)	4923	3937
冷量(含冷损)/kW	1502	1619
甲醇消耗量/(kg/h)	19	23
有效气回收率/%	>99.6	>99.6

表 2-5-5　低温甲醇洗废气和废水排放指标对比

项　目		国外技术($10^5 m^3/h$ 有效气)	国内技术($10^5 m^3/h$ 有效气)	备注
废气	甲醇含量/(mg/m^3)	<50	<50	GB 31571—2015
	总硫(H_2S+COS)/(μL/L)	<10	<10	GB 14554—1993
废水	甲醇含量/%(质量分数)	<0.01	≤0.01	

5. 低温甲醇洗技术的工业应用及存在问题

低温甲醇洗是现代煤化工中必不可少的工艺流程之一，在国内外各行业中均有多套装置投产运行，期间也产生了一些工业生产运行问题，对下游工段的运行造成一定的影响，从而制约了整个项目运营成本。在此背景下，需重点关注和研究低温甲醇洗技术的工业应用情况。

在现代煤化工工业过程中，气化产生的粗煤气中硫含量较高，致使后续工艺中催化剂中毒以及相关设备腐蚀，进行原料气中硫含量的控制是低温甲醇洗技术的重要操作因素。河南煤业中原大化公司采用鲁奇公司低温甲醇洗技术，上游的原料气经低温富硫甲醇、富碳甲醇、贫甲醇进行喷淋吸收酸性气体，但是在装置开车期间产生了尾气中 H_2S 含量过高的问题（超过 7.2μL/L），制约了低温甲醇洗的吸收效果。河南开祥煤制甲醇配套的低温甲醇洗技术，在开车期间的尾气 H_2S 含量控制难度大，带来低温甲醇洗装置中洗涤甲醇循环量不够、甲醇再生纯度低等问题，造成了原料气中 COS 等有机硫不能完全消除、洗涤甲醇操作温度不能满足设计要求等。这也使得原料气中酸性气体组分在甲醇溶剂中的溶解度性能大幅下降，进而使装置尾气中 H_2S 含量无法满足环保要求。国内的低温甲醇洗装置运行经验发现，采用低压氮气确保系统气提氮气的使用量、增加再生甲醇的温度和纯度等措施，可确保净化产品气的总硫含量满足工艺指标，低于 0.1μL/L。

在合成氨工业过程中，低温甲醇洗装置的冷量也对原料气脱硫脱碳效果产生重要影响。大化集团有限公司合成氨厂配套的低温甲醇洗装置，采用林德公司六塔流程吸收原料气中的酸性气体组分。该装置开车运行后发生冷量不足等问题，尤其是在夏季更加突出。经分析，主要原因是系统中的氨吸收制冷装置运行异常，导致贫液吸收液量不足且温度偏高，稀氨水吸收性能下降，吸收压力相对较高，造成氨压缩机运行负荷较小，也就造成了低温甲醇洗的冷量不足，甲醇吸收酸性气体的效果变差。同时也需注意的是，低温甲醇洗装置保冷效果不好，系统中换热器运行不正常等也会影响低温甲醇洗的冷量，上述因素都会制约低温甲醇洗吸收酸性气体的效果。湖北双环公司的壳牌粉煤气化替代重油汽化生产合成氨项目，配套低温甲醇洗装置在试车期间也发生冷量不足问题。经过大量低温甲醇洗工业装置运行经验可以发现，通过增设氨冷器排油储罐、避免液氨带油现象、解决换热器结垢问题、提高设备保冷材料质量等措施，可实现低温甲醇洗的工艺冷量满足设计要求。

在煤制甲醇过程中，低温甲醇洗技术的甲醇循环量及其消耗量对原料气脱硫脱碳效果也有重要影响。河南龙宇煤制甲醇项目配套的低温甲醇洗装置采用鲁奇公司技术，在装置试车期间存在甲醇消耗高的问题，经分析可知，主要问题是系统塔器存在气体夹带现象、再生系统排放不合格等问题，造成甲醇损失较多，主要进入废水中并造成废水甲醇偏高。经过工艺优化和技术改造，低温甲醇洗装置排放气中夹带的甲醇含量降低，尤其是对合成气和酸性气体中甲醇夹带量的控制,进而解决了系统甲醇消耗相对偏高的弊病。兖矿国宏 5×10^5 t/a 甲醇项目低温甲醇洗装置采用鲁奇公司技术,原料气的脱硫脱碳性能受到系统中甲醇循环量的极大影响,如果甲醇循环量过高,造成系统中的循环甲醇温度升高,甲醇消耗也升高;反之会造成产品气中总硫和 CO_2 含量超标。

此外,低温甲醇洗的净化效果也受到甲醇再生塔积垢情况的影响。云南解化公司合成氨项目中低温甲醇洗装置原料气中的焦油、粉尘等杂质在甲醇溶剂中不断累积,在甲醇再生塔产生积垢现象,造成再生塔运行效率下降。该公司通过注入清洗剂(含有表面活性剂、碱性物、络合剂的水溶液)的方法实现了甲醇再生塔的除垢且效果良好。山东华鲁恒升公司低温甲醇洗装置在运行期间也产生结垢问题,经分析主要是由于装置的公用工程介质污染将杂质引入甲醇溶剂造成的。该公司研究清洗工艺,通过水压试验、碱煮转化、多次冲洗、酸洗、漂洗、钝化、氮气置换、封包等操作流程,完成设备清垢,进而提高了低温甲醇洗净化效果。

第六节 煤 制 氢

目前,国内大型炼化一体化项目遍地开花,加氢能力和加氢深度的双重因素导致氢气需求日益升高,氢能基础设施发展路线图的提出预示着氢能产业未来的巨大发展。工业制氢原料和技术选择主要考虑原料可获得性和成本高低。制氢原料主要集中在煤和天然气。炼厂干气、石脑油、重质油制氢由于没有充分利用原料,经济效益差而纷纷停产。中等规模下,天然气制氢因投资低而具备一定的经济效益;对于大规模工业制氢,煤制氢具有明显经济优势。

对于产能为 20×10^4 m^3/h 的制氢项目,天然气价格在 2.0~3.0 元/m^3 范围内变化时,天然气制氢成本与煤制氢成本基本相当。煤价为 800 元/t,制氢成本约为 12492 元/t;天然气价格为 3.0 元/m^3,制氢成本约为 13061 元/t。国际市场天然气价格已达到 3.0 元/m^3,长久来看,国内天然气价格正在与国际接轨。我国东部沿海地区天然气已维持在 3.0~3.5 元/m^3 之间,而国内市场和国际市场煤价长期在 850 元/t 以下。目前国内正在投产和规划中的大型炼厂,基本全部采用煤制氢技术。

一、煤制氢基本原理

煤制氢是指煤气化制氢,先将煤炭气化得到以 H_2 和 CO 为主要成分的气态产品,然后经过 CO 变换、净化以及分离、提纯等处理而获得一定纯度的产品氢。煤制氢工艺流程如图 2-6-1 所示。

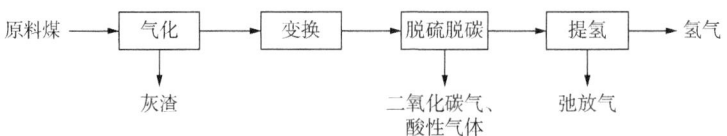

图 2-6-1 煤制氢工艺流程示意图

煤气化制氢工艺过程主要包括：

(1) 煤气化。

煤气化是指以煤炭为原料，在高温高压下使煤炭中的有机物质和气化剂(如空气、O_2、水蒸气等)发生一系列的化学反应，将固体煤炭转化为含有 CO、H_2、CO_2 等的混合气的过程。

发生的化学反应主要包括：

① 碳的氧化燃烧反应。煤炭中的部分碳和氢经氧化燃烧产生 CO_2 和水蒸气。反应方程式如下：

$$C+O_2 \longrightarrow CO_2$$
$$H_2+O_2 \longrightarrow H_2O$$

② 气化反应。这是气化炉中最重要的还原反应，碳与 CO_2 反应生成 CO，还与水蒸气反应生成 H_2 和 CO_2。反应方程式如下：

$$CO_2+C \longrightarrow CO$$
$$C+H_2O \longrightarrow CO+H_2$$

(2) 变换。变换的原理主要是将煤气化工段来的 CO 和水蒸气在催化剂的作用下，经过变换反应生产 H_2 和 CO_2。反应方程式如下：

$$CO+H_2O \longrightarrow CO_2+H_2$$

在变换过程中，合成气中的 COS 等有机硫也会在变换催化剂的作用下水解或氢解为 H_2S。反应方程式如下：

$$COS+H_2O \longrightarrow H_2S+CO_2$$
$$COS+H_2 \longrightarrow H_2S+CO$$

(3) 酸性气体脱除。变换单元产生的合成气中含有 H_2S、COS、HCN 等酸性气体，会影响 H_2 提纯，需要脱除。目前，脱除合成气中酸性气体的方法有低温甲醇洗、胺液法(MDEA)、NHD 法，均为物理吸附法。

目前，煤化工装置应用最广泛的酸性气体脱除工艺是低温甲醇洗工艺。低温甲醇洗属于物理吸收，以甲醇为吸收剂，甲醇对 H_2、CO 的溶解度很小，但在低温(-60～-50℃)下对 H_2S、CO_2 等溶解度大，利用溶解度差异的特性来脱除合成气中的酸性气体。

(4) H_2 提纯。H_2 提纯常用的方法主要有变温吸附(TSA)、变压吸附(PSA)、膜分离、深冷分离等，目前煤化工装置应用最广泛的为变压吸附(PSA)。

变压吸附的基本原理如下：利用吸附剂对气体吸附选择性的差异，即不同的气体在吸附剂上的吸附量有差异和一种特定的气体在吸附剂上的吸附量随压力变化而变化的特性，实现气体混合物的分离和吸附剂的再生。变压吸附提纯 H_2 技术就是根据变压吸附的原理，在吸附剂选择吸附的条件下，加压吸附原料气中的 Ar、CO、N_2、CH_4 等杂质组分，而 H_2 则通过吸附床层由吸附塔顶部排出，从而实现气体混合物的分离。通过降低吸附床的压力使被吸附的 N_2、CO 等组分脱附解吸，使吸附剂得到再生。

二、煤制氢技术发展历程

煤气化制氢技术作为工业大规模制氢的首选方式之一，自发展至今已有约 100 年的发展历史。煤制氢的第一发展拐点发生于德国的"第一代"煤气化工艺，当时主要通过以 O_2 为气化剂进行连续操作,使得气化强度和冷煤气效率得到了极大的提高。

20世纪70年代,由于石油危机的影响,煤气化技术掀起了新一波的研究高潮,美国、德国、英国等国家开始进行第二代煤气化技术的研究,其中最具代表性的研究主要为Texaco水煤浆纯氧加压气化技术、Shell气流床加压气化技术、GSP粉煤气化技术等,其主要技术进步在于加压技术和温度控制,实现了更精细的技术指标控制。

第三代煤气化制氢技术仍然处于实验室研究阶段,主要包括催化气化、等离子体气化、太阳能气化等。

三、煤制氢工艺技术比较与选择

1. 气化工艺

煤气化工艺有多种,按气化炉内煤料与气化剂的接触方式分为固定床气化、流化床气化和气流床气化,目前工业上应用最普遍的为气流床气化技术。固定床气化所产粗煤气中CH_4含量高达6%左右,常用于IGCC发电和合成氨技术。煤制氢中气化技术一般采用气流床,气流床技术分为水煤浆气化和粉煤气化两种。气流床技术典型参数见表2-6-1。

表2-6-1 气流床技术典型参数表

项目	操作压力/MPa	冷却方式	水气比/(m^3/m^3)	典型炉型
水煤浆气化	2.7~8.5	激冷型	1.3~1.5	Texaco
粉煤气化	3.8	激冷型	0.7~1.0	Shell
		废锅型	0.2	Shell、GSP、航天炉

煤制氢的发展趋势为大型化,大规模煤气化炉已实现单系列化,单台造气能力最高可达$20×10^4 m^3/h$,气化炉尺寸变大受制于制造、安装、运输等条件,必须提高炉子处理能力和效率。气化应该在更高的温度和压力下进行,据报道,6.5MPa气化压力在投资、消耗、在线率、可靠性、操作及维修的复杂性以及生产成本等方面均优于4.0MPa气化压力。

2. 变换工艺

CO变换反应是CO与水蒸气作用生成CO_2和H_2的可逆放热反应过程,在催化剂作用下加快反应速率。变换是煤化工装置的重要工序,在合成氨、甲醇、制氢等有广泛应用。上述应用的区别主要在于变换深度不同,即变换气中CO含量不同。生产甲醇时要求变换气中CO含量为20%(体积分数)左右,生产合成氨时要求变换气中CO含量在3%(体积分数)以下,而制氢要求变换气中CO含量为0.2%~0.5%(体积分数)。影响变换反应的因素主要有温度、压力和催化剂。压力影响反应速率,压力越高,反应速率越大。高温可加快反应速率,但会降低CO变换率,提高变换气中CO含量。变换催化剂按成分可分为铜锌系低温变换催化剂、铁铬系高温变换催化剂及钴钼系宽温耐硫变换催化剂三大类,铜锌系及铁铬系催化剂对硫化物等毒物耐受度低,对原料气中毒物含量要求较高;钴钼系催化剂以其宽温耐硫特性在煤化工领域中得到广泛应用。

气化所产粗煤气中CO浓度很高,因此变换工艺的技术关键在于控制反应超温。按变换反应平衡式($CO+H_2O \longrightarrow CO_2+H_2$),如果不考虑反应平衡推动力、抑制甲烷化副反应和控制反应"热点"温度等因素，1kmol CO 需要配 1kmol 水蒸气与其反应。水蒸气不仅为反应物，同时可利用其高热容作为控制反应超温的手段。自低水气比开始，逐渐增加水蒸气含量，变换反应深度增加，反应温升增高。达到最高反应温度后再增加水蒸气，水蒸气开始表现为吸热介质的作用，反应温度反而降低。

按粗煤气中水气比不同，变换工艺一般分为以下三种：

(1) 低水气比变换：变换炉入口水气比为 0.15~0.50。通过维持低水气比实现较低反应温度，操作简单、设备使用工况缓和，有利于延长催化剂寿命。不足之处在于更容易发生甲烷化副反应。此工艺一般采用四段耐硫变换，第一变换炉不添加水蒸气，其他各段均需添加少量水蒸气或水。逐级变换最终达到所需变换深度的要求。

(2) 高水气比变换：变换炉入口水气比大于 1.4。高水气比可提高 CO 平衡转化率，有利于降低出口气体中 CO 含量，还可以抑制反应温升，抑制甲烷化副反应。不足之处在于高反应推动力下，反应深度难以控制，催化剂寿命低、蒸汽消耗大、能耗高。为减少蒸汽消耗，国内出现改进型高水气比变换技术——分股变换技术。粗煤气合理分为两股，一股配水蒸气为高水气比进入第一变换炉反应，反应产物经冷却后与第二股合并，要求合并后的 CO 浓度接近水煤浆气化粗合成气中 CO 浓度，再进行后续变换反应。分股入炉不仅降低了蒸汽消耗，同时入炉量调节灵活方便、抗上游波动能力强，而且可减小第一变换炉体积，减少第一变换炉高设计温度、高材质的投资。第二变换炉入口 CO 浓度已经降低，避免了第二变换炉的超温风险。

(3) 中低水气比变换：变换炉入口水气比为 0.7~1.0。制氢要求变换深度深，粗煤气中水气比不足，需补加水。采用低水气比变换工艺，则需先将水气比降至 0.2 左右，后续变换反应又需补加蒸汽及水，先减水后加水，经济上不合理；采用高水气比变换工艺，由于粗煤气中 CO 浓度高，为了控制第一变换炉温度，须将粗煤气水气比配至 1.6 以上进第一变换炉，蒸汽消耗过高。针对以上问题，国内开发出控制催化剂装填量的方法来控制变换深度。中低水气比的粗煤气全部进入第一变换炉，不再另外补充水蒸气。后续变换炉采用低水气比反应，需补充的水分用淬水代替水蒸气。通过在第一变换炉内少装催化剂的方法，使反应远离平衡，达到控制反应深度和超温的目的。这种办法需要准确计量催化剂装填量，因为催化剂余量大容易造成反应超温，导致操作比较困难。为了解决这个问题，国内开发了分层装填、分段进气的技术。催化剂层间设置原料气冷激线，根据负荷变化开关冷激线，达到控制反应温度的目的。该技术没有补充水蒸气，只有第二变换炉增加的淬水，节能效果明显。由于反应温度受催化剂装填量、原料气负荷、水气比的变化等影响较大，该技术对操作要求较高。

3. 净化工艺

通过净化工艺脱除变换气中 H_2S、HCN、NH_3 及 CO_2 等杂质。硫化物的脱除有多种办法，按脱硫剂的形态可分为干法和湿法两大类。湿法脱硫又可分为化学吸收法、物理吸收法和物理化学吸收法；干法脱硫按脱硫剂可分为氧化铁法、氧化锌法、氧化锰法、复合金属氧化物法、分子筛法、加氢转化法、水解转化法、氧化转化法及活性炭法等。二氧化碳的脱除可分为溶剂吸收法、变压吸附法、联合生产产品脱碳法。以上脱硫和脱碳方法中，低温甲醇洗利用甲醇在-60℃左右的低温下对酸性气体溶解度极大的物理特性，同时分段选择性地吸收原料气中的 H_2S、CO_2 及各种有机硫等杂质，在工业化中得到广泛应用。

4. 提氢工艺

工业上常用的提氢技术为变压吸附。变压吸附制氢是利用吸附剂在不同压力下对不同物质的吸附容量不同从而达到气体分离的目的。高压下吸附剂将气体中的杂质吸附，低压下被吸附的杂质气解析出来。吸附剂是一种多孔固体物质，其内部表面对气体分子的物理吸附有两个作用：(1)不同组分吸附能力不同，可使 H_2 中的杂质组分优先吸附达到 H_2 提纯；(2)吸附质在吸附剂的吸附容量随吸附质的分压上升而增加，可使吸附质在高压下吸附、低压下再生，吸附剂吸附再生循环，达到连续分离的目的。

在大型化煤制氢的发展趋势下，大型变压吸附提氢的规模和操作压力也在不断提高。变压吸附提氢装置操作压力可达 5.5MPa，H_2 纯度可达 99.999%。变压吸附提氢存在三种工艺路线(图 2-6-2)。

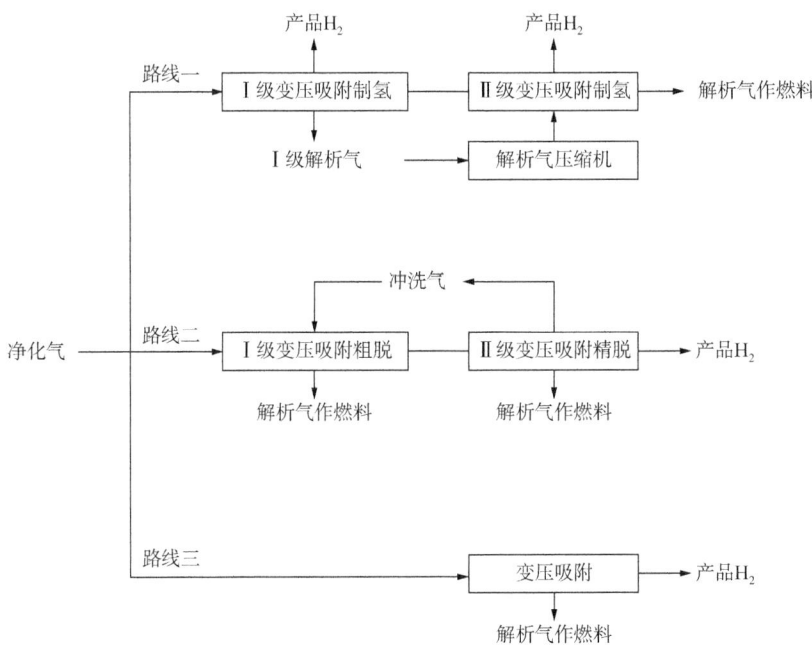

图 2-6-2　变压吸附提氢三种路线图

(1) 路线 1：首先采用 I 级变压吸附制氢提取 H_2，采用 10 塔流程。然后将解析气加压至 3.2MPa 后进入 II 级变压吸附制氢，进一步回收解析气中纯度为 75%(体积分数)的 H_2。II 级同样采用 10 塔流程。I 级和 II 级变压吸附制氢制取的产品 H_2 混合送界区。

(2) 路线 2：首先采用 I 级变压吸附制氢粗脱杂质，得到 H_2 纯度为 98.5%~99%(体积分数)。I 级变压吸附采用 16~18 塔流程。然后通过 II 级变压吸附制氢精脱杂质，得到纯度为 99.9%(体积分数)的产品 H_2。II 级变压吸附部分顺放气作为 I 级变压吸附再生气，对 I 级变压吸附进行再生冲洗。II 级变压吸附采用 14~16 塔流程。

(3) 路线 3：采用传统 10 塔流程，一次净化得到纯度为 99.9%(体积分数)的产品 H_2。

三种路线相比，路线 1 增加了压缩机，能耗较高，但与路线 2 相比，总投资、产品收率、占地、生产成本均有优势；路线3虽然投资低，但H_2收率低、生产成本和装置单位能耗较高。大型煤制氢装置中，净化煤气H_2含量为97%~98%，制氢采用路线1的"两段法变压吸附"最为合理。

5. 与气化工艺配套变换工艺的选择

煤制氢装置中，变换工艺通过调节气化装置所产粗煤气中CO和H_2的比例，达到满足下游产品H_2的要求，其工艺技术的选择要充分考虑不同气化工艺产出粗煤气的特点。

1) 与水煤浆气化配套变换工艺技术的选择

水煤浆气化所得粗合成气水气比一般在1.4左右，用于制氢的变换气中CO含量大约为0.45%（摩尔分数），变换深度高。变换工艺一般采取两段中温+一段低温变换炉。此外，变换炉入口粗煤气不设置蒸汽发生器，用于确保各段变换炉变换反应具有足够的推动力。图2-6-3为水煤浆制氢配套的CO变换工艺流程简图。

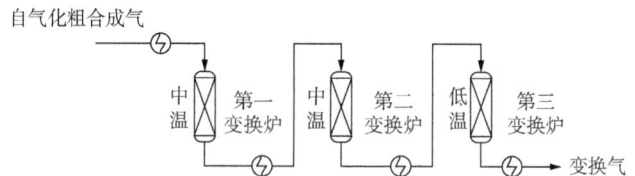

图2-6-3 水煤浆制氢配套的CO变换工艺流程简图

2) 与废锅型粉煤气化配套变换工艺技术的选择

废锅型粉煤气化所得粗合成气水气比一般在0.2左右，用低水气比变换工艺较合理。一般采用四段耐硫变换，粗合成气直接进入第一变换炉，出炉后每进一级后续变换炉时均需增加少量蒸汽或水。逐级变换后最终达到所需变换深度的要求。

图2-6-4为废锅型粉煤气化制氢配套的CO变换工艺流程简图。

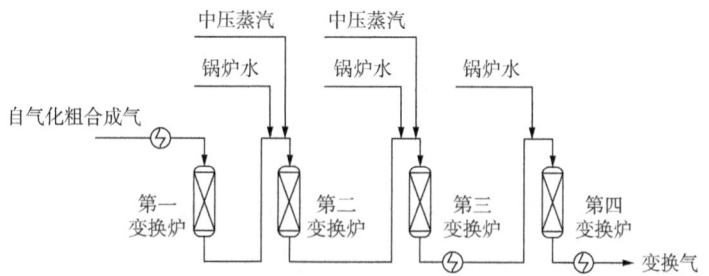

图2-6-4 废锅型粉煤气化制氢配套的CO变换工艺流程简图

3) 与激冷型粉煤气化配套变换工艺技术的选择

激冷型粉煤气化所得粗合成气水气比一般为0.7~1.0，属中低水气比变换工艺。与之配套的CO变换工艺可采用中低水气比变换工艺和高水气比分股变换工艺两种。

(1) 中低水气比变换工艺。

控制第一变换炉催化剂装填量，采用"分层装填，分段进气"技术，粗煤气直接进入第一变换炉，不再补充蒸汽。根据催化剂装填量设置分层进气的冷激线，根据负荷变化开关冷激线，达到控制反应温度和深度的目的。自第一变换炉出来的变换气在顺序进入第二变换炉和第三变换炉前分别采用淬水的办法增加蒸汽,达到最终出口 CO 含量小于 0.4% 的目的(图 2-6-5)。

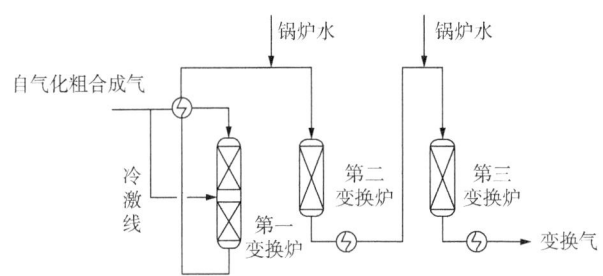

图 2-6-5　激冷型粉煤气化制氢配套的 CO 中低水气比变换工艺流程简图

(2) 高水气比分股变换工艺。

粗煤气合理分为两股,一股按高水气比配水蒸气进入第一变换炉反应,反应产物经冷却后与第二股合并,要求合并后的 CO 浓度接近水煤浆气化粗合成气中 CO 浓度,再进行后续变换反应。设置 4 台变换炉,最终变换气中 CO 含量在 0.45%(摩尔分数)左右(图 2-6-6)。

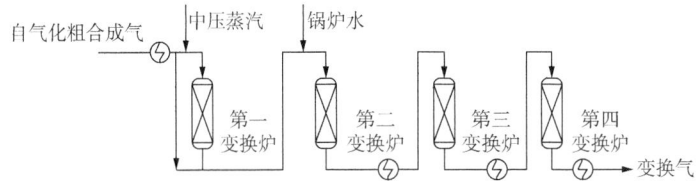

图 2-6-6　激冷型粉煤气化制氢配套的 CO 高水气比分股变换工艺流程简图

中低水气比变换工艺为动力学控制反应温度,变换出口气体温度不高;高水气比分股变换工艺为热力学控制反应温度,反应体系接近化学平衡,反应温度高,依靠过量水蒸气取走反应热达到控制反应温度的目的。

两种工艺经比较,中低水气比变换工艺的主要指标(如总水气比、催化剂消耗量等)略优于高水气比分股变换工艺,从节能角度来看,中低水气比变换工艺更优。但中低水气比变换工艺需精确计算催化剂装填量,会受到上游气量波动影响,对操作要求更高。

第七节　硫　回　收

近几年来,随着国家环保要求的提高,从含 H_2S 酸性气体中回收单质硫同时尾气能够达标排放的硫回收及尾气处理工艺日益受到关注,国内有多套硫黄回收装置用于处理炼油、天然气化工和煤化工行业的含 H_2S 酸性气体。

一、硫黄回收基本原理

工业上一般采用克劳斯法回收硫黄,常规的克劳斯硫黄回收方法包括热反应部分和多级催化反应部分。首先,通过严格控制鼓入系统的空气量使得含 H_2S 酸性气体在热反应(燃烧炉)部分发生不完全燃烧,在此过程中一部分 H_2S 反应生成 SO_2,与剩余的 H_2S 发生克劳斯反应,生成硫,H_2S 和 SO_2 的物质的量比接近 2∶1。受热力学平衡的限制,转化率为

50%~75%，还有一部分未反应的 H_2S 和 SO_2 送入催化反应部分，在催化剂的作用下，继续发生克劳斯反应，生成硫。生成的硫通常以硫蒸气的形式存在，经换热冷凝收集等工序，达到回收硫黄的目的。

热反应段发生的反应中，主反应的化学方程式如下：

$$H_2S+\frac{3}{2}O_2 \longrightarrow SO_2+H_2O$$

$$2H_2S+SO_2 \longrightarrow \frac{3}{2}S_2+2H_2O$$

同时，发生的主要副反应的化学方程式如下：

$$C_nH_{2n+2}+\frac{3n+1}{2}O_2 \longrightarrow (n+1)H_2O+nCO_2$$

$$H_2S+CO_2 \longrightarrow COS+H_2O$$

$$CH_4+2S_2 \longrightarrow CS_2+2H_2S$$

$$2NH_3+\frac{3}{2}O_2 \longrightarrow 3H_2O+N_2$$

$$CO_2+\frac{3}{2}S_2 \longrightarrow CS_2+SO_2$$

在催化反应段发生的反应中，主反应的化学方程式如下：

$$2H_2S+SO_2 \longrightarrow \frac{3}{x}S_x+2H_2O$$

同时，发生的主要副反应的化学方程式如下：

$$COS+H_2O \longrightarrow CO_2+H_2S$$

$$CS_2+2H_2O \longrightarrow CO_2+2H_2S$$

为了保证克劳斯系统稳定安全运转，提高硫的回收率，需要尽可能提高酸性气体中 H_2S 浓度以及提高热反应炉温度，热反应炉温度越高，硫转化率越高，并且随着温度的升高，将抑制 CS_2 的生成。

二、硫黄回收技术发展历程

1. 原始的克劳斯工艺

1883 年，英国科学家克劳斯开发出 H_2S 制硫黄的工艺方法。该工艺分为两步，第一步是将 CO_2 通入 CaS 浆液中得到 H_2S（$CaS+H_2O+CO_2 \longrightarrow CaCO_3+H_2S$）；第二步是将 H_2S 和空气混合后通入催化转化反应器，催化剂床层需预热至反应温度，主要反应为 $H_2S+\frac{1}{2}O_2 \longrightarrow \frac{1}{x}S_x+H_2O$。

固定床层的反应温度是通过调节 H_2S 和空气的流量来控制的，受此条件限制，该工艺只能在空速很低的条件下进行，并且无法回收利用反应热。原始的克劳斯工艺流程如图 2-7-1 所示。

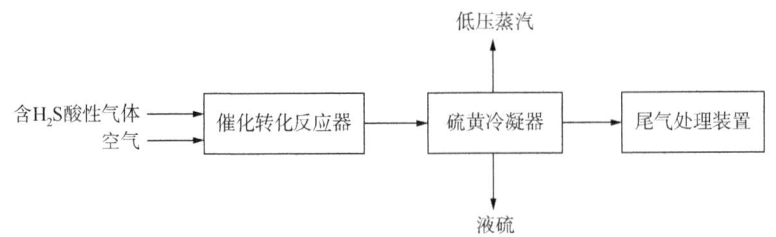

图 2-7-1 原始的克劳斯工艺流程简图

2. 改良克劳斯工艺

1983 年,德国法本公司对原始的克劳斯工艺进行了改良,增加了热反应段,即一部分 H_2S 先通入燃烧炉,同时配以一定量的空气,H_2S 燃烧成 SO_2,该部分 H_2S 约占总体积流量的 1/3,反应过程中将释放出大量反应热,该反应热通过废热锅炉回收利用;第二步为催化转化反应段,即 H_2S 在催化剂上与生成的 SO_2 继续反应而且生成单质硫,该部分 H_2S 约占总体积流量的 2/3。改良克劳斯工艺流程如图 2-7-2 所示。

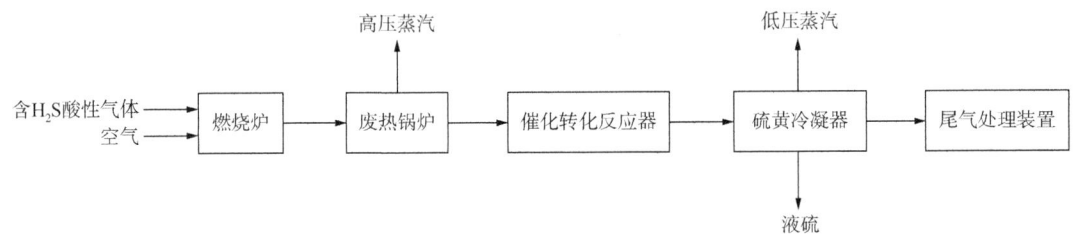

图 2-7-2 改良克劳斯工艺流程简图

改良克劳斯工艺催化转化反应温度可以通过控制过程气的温度来调节,简化了反应器的温度控制,提高了装置的处理能力。

三、硫回收及尾气处理工艺

近年来,基于改良克劳斯工艺,国内外又开发了多种硫回收工艺技术,这些技术主要分为两类:一类是对硫黄回收工艺进行改进,包括新型催化剂的开发、非常规酸性气体(H_2S 浓度低、含 NH_3 等)硫回收技术的开发,以及富氧硫回收技术的开发等;另一类是尾气处理技术的开发,主要包括低温克劳斯工艺技术、催化氧化吸收工艺技术和加氢还原吸收工艺技术。

1. 硫回收工艺

1)常规克劳斯工艺

常规克劳斯工艺是硫黄回收最基本的工艺技术,也是世界上工业化数量最多的工艺技术。随着石油和天然气的开采和加工,常规克劳斯工艺迅速发展。经过近一个世纪的发展,克劳斯工艺在催化剂、自动控制、防腐技术等方面均得到了很大的提升,但就工艺技术本身而言变化不大,普遍采用的仍然是直流式或分流式工艺。

(1)直流式工艺。

直流式工艺流程为含 H_2S 酸性气性全部进入制硫燃烧炉,通过控制向燃烧炉中鼓入的空气量，使 1/3 的 H_2S 氧化成 SO_2，与剩下 2/3 的 H_2S 反应生成单质硫，同时还要确保酸性气体中的烃类能够完全分解。从燃烧炉出来的含硫过程气通过废热锅炉回收利用热量，然后进入一级冷凝器分离出液态硫后经过加热升温至反应温度，进入一级催化转化反应器，剩余 H_2S 与 SO_2 继续反应生成单质硫，反应后的过程气进入二级冷凝器分离出液态硫，冷凝器出口过程气再加热至反应温度后，进入二级催化转化反应器，过程气继续反应生成单质硫后，进入三级冷凝器，再次分离出液态硫。从三级冷凝器出来的过程气送至尾气处理装置。

直流式工艺中大约有总回收量 2/3 的硫黄在废热锅炉后面的硫冷凝器中冷凝出来，大大减轻了催化转化反应段的负荷，提高了硫回收率，因此直流式工艺的总硫回收率最高。

（2）分流式工艺。

分流式工艺流程是将含 H_2S 酸性气体分为两股：一股直接进制硫燃烧炉（总量的 1/3），通入配比的空气，使 H_2S 完全燃烧生成 SO_2。燃烧炉的温度通常在 920～1200℃ 的范围内。从燃烧炉出来的高温过程气，经废热锅炉回收利用热量，与另一股酸性气体（总量的 2/3）混合，使达到一级反应器所要求的温度，进入一级催化转化反应器，之后的流程与直流式工艺相同。一般情况下分流式工艺的硫回收率稍低于直流式工艺。

2）富氧克劳斯

富氧克劳斯就是将鼓入燃烧炉的空气氧浓度（含氧量大于 21%）提高或直接使用纯氧代替空气，这种方式可以减少惰性气体（主要是 N_2）进入系统，反应器尺寸相应减小，在降低建设投资的同时还能够降低装置能耗，促进硫回收率进一步提高。目前已取得工业应用的富氧克劳斯技术主要有 SURE 工艺、COPE 工艺、OxyClaus 工艺和 P-Combustion 工艺。

（1）SURE 工艺。

SURE 工艺由英国 Parsons 公司和 BOC 公司共同开发。该工艺使用双路燃烧设计，通过二级或多级燃烧，提高装置处理能力和总硫转化率。该工艺只需增加少量的新设备即可实现对常规克劳斯装置的改造。SURE 工艺按照进入系统的空气氧含量可分为三类，即低富氧含量工艺、中富氧含量工艺和高富氧含量工艺。

（2）COPE 工艺。

COPE 工艺由美国 Air Products 公司开发，在 20 世纪 80 年代进行了工业化应用。该工艺的特点是开发了一种特殊设计的燃烧器，火焰较为平稳，此外，设置循环鼓风机将一级冷凝器排出的部分过程气返回制硫燃烧炉以调节炉温。

（3）OxyClaus 工艺。

OxyClaus 工艺由德国鲁奇公司开发，其特点是采用纯氧燃烧，为此专门设计了制硫燃烧炉，O_2 利用率可以达到 80%～90%。该工艺较常规克劳斯工艺的建设投资节约 160 万～250 万美元。

（4）P-Combustion 工艺。

P-Combustion 工艺由德国 Messeer 公司推出，其特点是在热反应炉的中部设置了多个

O_2 喷嘴，O_2 在反应炉中后部形成一个新的燃烧区，使离开烧嘴尚未完全燃烧的酸性气体再次燃烧，达到完全燃烧的目的；此外，相对于常规克劳斯工艺，该工艺新增设备投资较低且硫转化率较高。

2. 尾气处理工艺

1）低温克劳斯

低温克劳斯工艺是指克劳斯反应在低于硫露点条件下进行，又称亚露点工艺，主要包括 Sulfreen 系列工艺、CBA 工艺、Clauspol 系列工艺和 MCRC 工艺。

（1）Sulfreen 系列工艺。

Sulfreen 系列工艺是由德国鲁奇公司和法国 Elf 公司共同开发的，主要分为 Sulfreen、HydroSulfreen 和 DoxoSulfreen 三种形式。Sulfreen 工艺处理能力在 25~2000t/d 之间，总硫收率可达到 99.0%~99.5%，但是该工艺的缺点是对硫回收尾气中的有机硫处理能力较差，导致净化尾气中总硫含量较高。针对 Sulfreen 工艺缺点，鲁奇公司又开发出 HydroSulfreen 工艺，设置了水解反应器，对硫回收尾气中的有机硫进行预处理。而 Doxosulfreen 工艺是将两个 HydroSulfreen 反应器串接在 Sulfreen 工艺后，采用氧化铝基催化剂。正常运行时，两个反应器中一个处于吸附态，另一个处于再生态，其总硫收率提高至 99.7%~99.9%。

（2）CBA 工艺。

CBA(Cold Bed Adsorption)即冷床吸收工艺，由美国 Amoco 公司开发。该工艺分前后两部分：第一部分(含制硫燃烧炉、废热锅炉和一级催化转化反应器)与常规克劳斯工艺相同；第二部分由两台或四台 CBA 催化转化反应器组成，正常操作时，一台或两台反应器处于反应态，反应生成的硫被吸附在催化剂上，而另外一台或两台反应器处于催化剂再生态，再生所需的介质为一级反应器出口过程气。

（3）Clauspol 系列工艺。

Clauspol 工艺由法国石油研究所(IFP)开发。该工艺的特点是将硫回收尾气与催化剂溶液逆流接触，尾气中的 H_2S 和 SO_2 发生克劳斯反应生成硫颗粒，经沉降分离后，获得单质硫，而催化剂溶液循环使用。最早工业化的 Clauspol 系列工艺是 Clauspol-1500 工艺，为提高总硫收率，IFP 又开发了 Clauspol-1300 和 Clauspol-99.9 等系列工艺，其改进内容主要如下：①直接冷却改为间接冷却，提高了平衡转化率；②采用了更可靠、更精确的 H_2S 与 SO_2 比例在线分析仪，使该比例尽可能接近理论值，将总硫收率提高至 99.8%~99.9%。

（4）MCRC 工艺。

MCRC 工艺由加拿大矿物和化学资源公司提出。该工艺由两部分组成：第一部分与常规克劳斯工艺相同；第二部分为两级吸附、再生 MCRC 反应器，以第一部分克劳斯反应过程气作为再生热源。该工艺过程气的再热方式为高温掺混和气气换热。

2）直接氧化法

直接氧化法包括气相直接氧化法和液相直接氧化法两种。气相直接氧化法主要是指 Clinsulf-Do 工艺，液相直接氧化法包括 Lo-Cat 工艺、Stretford 工艺和 PDS 工艺。

（1）Lo-Cat 工艺。

Lo-Cat 工艺由美国 ARI 技术公司开发。该工艺利用 Fe^{3+} 螯合技术将液相中的 H_2S 直接氧化成单质硫，其工艺原理是 Fe^{3+} 被 HS^- 还原为 Fe^{2+}，通过向反应器中鼓入空气，将 Fe^{2+} 再氧化为 Fe^{3+} 循环使用。Lo-Cat 工艺的特点在于脱硫效率较高、装置投资较低。

(2) Stretford 工艺。

Stretford 工艺由英国西北煤气公司和克兰顿-苯胺公司共同开发。该工艺和 Lo-Cat 工艺近似，只是单质硫的分离方法存在差异，Lo-Cat 工艺采用沉降分离，硫从反应器底部分出；而 Stretford 工艺采用空气鼓泡，由气泡携带单质硫从容器上部逸出，然后经挤压过滤得到硫饼，滤液返回系统循环使用。Stretford 工艺的总硫收率在 99.9% 以上。

(3) PDS 工艺。

PDS 工艺由我国东北师范大学精细化工公司开发。该技术的核心是高活性催化剂 PDS 的制备，所用原料为 ADA 和对苯二酚等。该工艺运行成本比 ADA 低 50% 以上，生成的单质硫易分离，H_2S 脱除率可达 99.8%。

3）选择性氧化法

(1) SuperClaus 工艺。

Superclaus 工艺由荷兰 Comprimo 公司开发。该工艺将常规克劳斯工艺的最后一个催化转化反应器改为选择性氧化反应器，用特殊设计的催化剂将 H_2S 直接氧化为单质硫。Superclaus 工艺的局限性在于反应器床层温度需低于 350℃，当床层超温或克劳斯尾气中 H_2S、O_2 浓度过高时，就需要走旁路，以保护反应器。Superclaus 工艺的优点在于：①催化剂稳定性好，使用寿命较长；②制硫燃烧炉所需空气量进行严格控制，确保第二级克劳斯反应器出口的 H_2S 和 SO_2 的物质的量比为 2:1，使进入选择性氧化反应器的过程气中 H_2S 的浓度达到最佳反应浓度。

(2) Selectox 系列工艺。

Selectox 工艺由 UOP 公司和 Parsons 公司联合开发。其技术特点是设计了 Selectox 固定床反应器，该反应器分为上、下两部分，上部装填选择性氧化催化剂，下部装填氧化铝基催化剂。过程气从反应器上部进入，部分 H_2S 先发生氧化反应，氧化为 SO_2 后进入反应器下部，在氧化铝基催化剂作用下与剩余的 H_2S 发生克劳斯反应生成单质硫。Selectox 工艺只是将 Selectox 固定床反应器取代了常规克劳斯反应用的燃烧炉和反应器，其他换热设备与常规克劳斯工艺类似。

(3) Modop 工艺。

Modop 工艺由联邦德国 Mobill AG 公司开发。该工艺主要包括尾气加氢部分、脱水部分和直接氧化部分三部分。自硫黄回收来的克劳斯尾气先进入加氢部分，将 SO_2、羰基硫、CS_2 等硫化物全部还原为 H_2S，再对加氢后的过程气进行脱水，最后进入直接氧化部分，发生氧化反应生成单质硫。

4）还原吸收工艺

(1) 常规 SCOT 工艺。

常规 SCOT 工艺由荷兰 Shell 公司开发。该工艺是将硫回收尾气中的硫及硫化物通过钴钼加氢的方式还原成 H_2S，经醇胺溶剂吸收后排放，净化气中的总硫含量可降低至 300μL/L 以下，总硫收率可达 99.8%~99.9%。但该工艺流程复杂，设备投资及操作费较高，适用于大规模硫回收尾气处理且环保要求严格的地区。

（2）串级SCOT工艺。

串级SCOT工艺由荷兰Comprimo公司开发，该工艺与常规SCOT工艺的区别在于将吸收塔底的富液循环回吸收塔的中部，以进一步吸收H_2S，提高富液中的H_2S含量，这样可以使吸收塔的溶剂循环总量降低，再生塔蒸汽消耗也相应降低；此外，该工艺操作灵活，可与一个或多个吸收、再生系统相连接。

（3）LS-SCOT工艺。

LS-SCOT工艺是在醇胺吸收剂中加入一种助剂，用于改善富液再生效果。该工艺可将净化气中总硫含量降低至50μL/L，总硫收率可达99.95%。LS-SCOT工艺设备投资相对较高，主要原因在于吸收塔和再生塔的塔板数较多。

5）尾气深度脱硫工艺

2015年发布的GB 31570—2015《石油炼制工业污染物排放标准》，对于硫黄回收装置尾气中SO_2的排放限值要求达到400mg/m³以下，特别排放限值要求达到100mg/m³以下。在此基础上，催生了硫回收尾气深度脱硫工艺，主要包括氢氧化钠吸收工艺、氨法脱硫工艺、离子液吸收工艺以及低温甲醇洗工艺。

（1）氢氧化钠吸收工艺。

该工艺是将SCOT工艺排放的净化气焚烧后再通过NaOH溶液吸收净化气中的SO_2，达到深度净化的效果，经深度净化后的尾气总硫含量可达50mg/m³以下。氢氧化钠吸收工艺的原理是酸碱中和反应，尾气中的SO_2与碱性的NaOH溶液反应，生成Na_2SO_3，利用Na_2SO_3作为循环吸收剂，吸收尾气中的SO_2。Na_2SO_3经空气氧化生成Na_2SO_4送至污水处理。

（2）氨法脱硫工艺。

氨法脱硫工艺本质上也是酸碱中和反应，是以碱性液氨（或氨水）作为吸收剂，吸收烟气中的SO_2，生成$(NH_4)_2SO_3$，利用$(NH_4)_2SO_3$作为循环吸收剂继续吸收尾气中的SO_2。$(NH_4)_2SO_3$经空气氧化生成$(NH_4)_2SO_4$，通过旋流干燥等方式制备$(NH_4)_2SO_4$化肥。

（3）离子液吸收工艺。

离子液吸收工艺的核心在于其特殊设计的吸收剂，该吸收剂的阳离子为有机阳离子，阴离子为无机阴离子，吸收剂还包括活化剂、抗氧化剂等成分。该吸收剂对SO_2具有良好的选择性吸收性能，且被该吸收剂吸收的SO_2也易于解吸，其吸收和解吸原理如下：

$$SO_2 + H_2O + R \rightleftharpoons RH^+ + HSO_3^-$$

该反应是可逆反应，其中R代表离子液吸收剂，温度低时反应从左向右进行，温度高时反应从右向左进行。

3. 典型硫回收及尾气处理工艺比较

硫黄回收工艺选择需要同时考虑建设投资、操作费用以及装置所在地环保要求等内容，满足当地环保要求应作为首要考虑因素，其次再考虑装置投资和操作费用等因素。目前，国内满足环保要求的典型硫回收及尾气处理工艺主要有克劳斯+还原吸收（SCOT）+深度脱硫、低温克劳斯+深度脱硫、克劳斯+催化氧化+深度脱硫、克劳斯+尾气氧化吸收（离子液）。其技术特点比较情况见表2-7-1。

表 2-7-1 典型硫回收及尾气处理工艺比较表

项　目	克劳斯+还原吸收（SCOT）+深度脱硫	低温克劳斯+深度脱硫	克劳斯+催化氧化+深度脱硫	克劳斯+尾气氧化吸收(离子液)
是否需要制硫燃烧炉	需要	无制硫燃烧炉	需要	需要
尾气焚烧炉	需要	需要	需要	需要
催化反应器	国产	专利设备，需要进口	国产	国产
催化剂来源	国产	国产	进口	进口
公用工程消耗	大	小	较大	大
操作灵活性	高	低	较高	高
装置可靠性	高	低	较高	高
运行业绩	多	少	较多	少
总硫回收率/%	99.8	99.0	99.0	99.9
适用规模	中大型	中小型，受关键专利设备限制	中型	中大型
相对投资/%	100	80	70	115
相对运行费用/%	100	60	80	105
能否满足环保要求	能	能	能	能
是否国产化	是	否	否	是

第三章 合成气加工技术

第一节 合成气制乙二醇

一、乙二醇概述

1. 乙二醇简介及用途

乙二醇(Ethylene Glycol，EG)又称甘醇或1,2-亚乙基二醇，是最简单和最重要的脂肪族二元醇，也是重要的有机化工原料。生产乙二醇的基础原料包括石脑油、油田伴生气、页岩气、煤等，乙二醇的下游应用领域主要是聚酯(聚对苯二甲酸乙二醇酯，简称PET)和防冻液，终端领域包括纺织服装、表面活性剂、包装材料、建筑、电子电器、汽车防冻和印刷等(图3-1-1)。

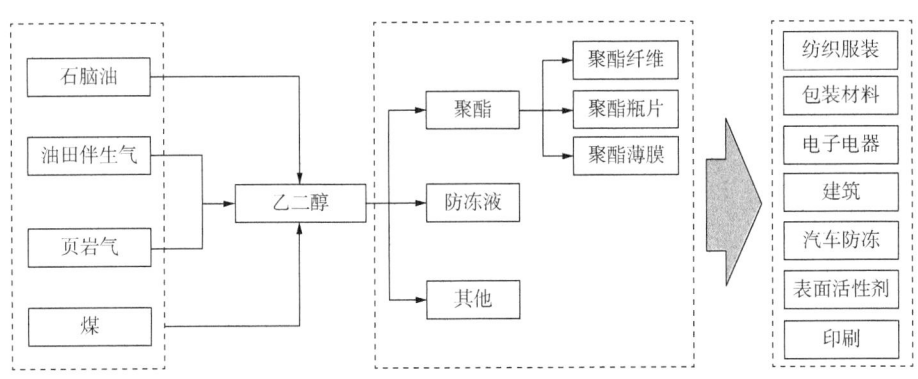

图3-1-1 乙二醇产业链简图

截至2020年底，我国乙二醇产能为$1551.5×10^4$t/a，表观消费量为$1911.7×10^4$t。聚酯工业是乙二醇的主要应用领域，2020年，我国92.7%的乙二醇被用于聚酯生产；此外，防冻液领域乙二醇消费占比约为4%，表面活性剂、印刷等其他领域乙二醇消费占比约为2%。乙二醇属于我国对外依赖度高的基础化工原料，2020年，我国乙二醇产量为$863×10^4$t，出口量为$6.1×10^4$t，进口量高达$1054.8×10^4$t。

2. 乙二醇主要生产工艺

成熟的乙二醇生产工艺包括乙烯经环氧乙烷制乙二醇工艺(即通常所称的EOEG路线)和以合成气为基础原料经草酸酯制乙二醇工艺(也称氧化偶联法)。EOEG路线工业化时间长、工艺成熟、产品质量可靠，是世界范围内主流的乙二醇生产工艺。近年来，以合成气为基础原料经草酸酯制乙二醇路线已逐步发展成熟，产品质量能够满足聚酯行业要求。2020年，我国合成气制乙二醇装置产能已达到$529×10^4$t/a，占乙二醇总产能的38%。

1) EOEG 路线

EOEG 路线可简述为原料乙烯发生环氧基化反应生成环氧乙烷，环氧乙烷再发生水合反应生成乙二醇，该路线一般副产二乙二醇和三乙二醇。EOEG 路线最关键的一步是乙烯经环氧基化生成环氧乙烷，该反应一般采用气相氧化的方式，催化剂为银基催化剂(银含量通常介于15%～20%)，反应器为固定床列管式反应器，反应温度一般介于180～240℃。EOEG 工艺的主要专利商有 Shell 公司、Dow 公司和 SD 公司。

2) 合成气制乙二醇(SEG)路线

较为准确地说，合成气制乙二醇主要工艺目前有直接合成法、甲醛羰化法和草酸酯法三种。

直接合成法是由 CO 和 H_2 在催化剂的作用下直接合成乙二醇，从反应形式上看，直接合成法符合原子反应经济型原则，是最为简单和有效的合成乙二醇方法。直接合成法最早由杜邦公司于1947年提出，一般采用铑和钌作为催化剂，但即使在很严苛的反应条件(如压力为50MPa，温度为230℃)下转化率和选择性仍然很低。直接合成法的关键是改进催化剂的活性和产品选择性。四烷基膦和胺改性的铑催化剂和咪唑改性的钌催化剂表现出较高的催化性能。虽然直接合成法尚未实现规模生产化，但只要在催化剂方面有所突破，使反应能在温和条件下进行，该方法将非常具有竞争力。

甲醛羰化法首先由甲醇合成甲醛，甲醛和 CO 发生羰化反应生成乙醇酸，乙醇酸再与甲醇发生酯化反应生成乙醇酸甲酯，最后乙醇酸甲酯进一步加氢生成乙二醇。甲醛羰化法最早由杜邦公司提出，后经雪佛龙公司改进。2006年，伊斯曼公司和庄信万丰戴维公司合作开发乙二醇工艺，解决了杜邦公司技术中无机酸腐蚀、难以分离的问题。2013年，伊斯曼公司和庄信万丰戴维公司完成了甲醛羰化法制乙二醇中试试验。2017年，内蒙古久泰新材料有限公司引进该技术在呼和浩特和鄂尔多斯分别建设 $100×10^4$t/a 和 $50×10^4$t/a 乙二醇装置，其中 $100×10^4$t/a 乙二醇装置已于2022年10月建成投产。甲醛羰化法尚未完成工业验证。

合成气制乙二醇工艺中比较成熟的是草酸酯法。合成气经中间产物草酸二甲酯制乙二醇路线近年来发展迅速，国内新建乙二醇装置大部分采用草酸酯法。草酸酯法是指净化后的合成气首先经深度脱氢环节实现 CO 和 H_2 的分离(CO 和 H_2 纯度要求均比较高)。之后反应分为酯化、羰化和加氢3个阶段，酯化是指 O_2、NO 和甲醇反应生成亚硝酸甲酯(MN)，NO 一般由硝酸还原制得，也可以采用甲醇之外的其他醇类生成相应的亚硝酸酯；羰化是指脱除 H_2 的 CO 与亚硝酸甲酯发生偶联反应产生草酸二甲酯(DMO)；加氢是指草酸二甲酯经进一步的加氢反应生成乙二醇。草酸酯法制乙二醇简要工艺流程如图3-1-2所示。

美国 Union Oil 公司于1968年首先申请了液相合成草酸酯的专利。日本宇部兴产公司和美国 UCC 公司合作开发了在亚硝酸酯存在条件下，采用以活性炭为载体的钯催化剂，正丁醇、O_2 和 CO 反应生成草酸二丁酯的新工艺。1978年，日本宇部兴产公司建成了一套6000t/a 草酸二丁酯生产装置，初步实现了工业化。日本宇部兴产公司于1977年开发了常压气相合成草酸酯技术，该技术将钯附着在氧化铝上作为催化剂，在温度为80～150℃、压力为0.5MPa 的条件下合成草酸二甲酯，产品收率可达98%。气相法 CO 偶联反应的核心是以亚硝酸酯取代液相法中的 O_2 作为氧化剂，避免了 O_2 直接氧化产生的水导致的催化剂失

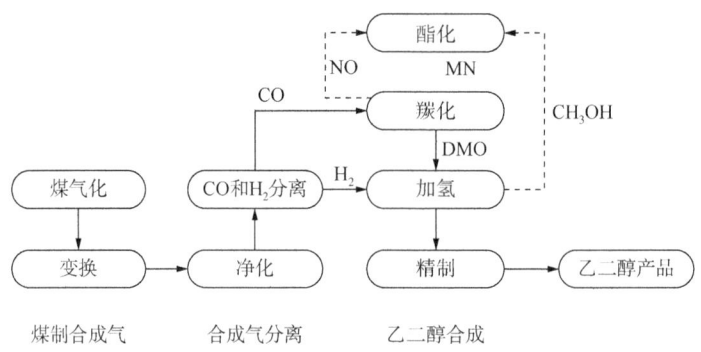

图 3-1-2 草酸酯法制乙二醇简要工艺流程图

活、副反应选择性增加和设备腐蚀等问题的出现。亚硝酸酯生成反应属气液反应，反应速率快。目前，研究最多的是采用甲醇或乙醇制备亚硝酸甲酯或亚硝酸乙酯。与亚硝酸乙酯相比，亚硝酸甲酯热稳定性较高，因而偶联反应的操作弹性和效率较高，同时反应产生的草酸二甲酯在常温下是固体，有利于储存与运输。在该技术的基础上，日本宇部兴产公司以 Cu-Cr 为催化剂，开发出草酸二甲酯加氢还原制备乙二醇技术，乙二醇收率可达 95%。美国 ARCO 公司于 1986 年申请了采用 Cu-Cr 催化剂，在 3.0MPa 压力下草酸酯加氢生产乙二醇的专利，乙二醇的收率可达 95%。同年，美国 UCC 公司和日本宇部兴产公司合作开发了以 Cu/SiO_2 为催化剂的草酸酯加氢制乙二醇工艺，乙二醇的收率可达 97.2%。

20 世纪 70 年代末期，我国科研机构开始了 CO 催化制备草酸酯及衍生物技术研究，主要包括中科院福建物质结构研究所、华烁科技股份有限公司、华东理工大学、天津大学、上海戊正工程技术有限公司、上海华谊集团等。2009 年，中科院福建物质结构研究所与通辽金煤化工有限公司合作建成了世界首套 $20×10^4$ t/a 合成气制乙二醇装置。至 2020 年底，我国合成气制乙二醇装置产能合计已达 $529×10^4$ t/a。

目前，掌握合成气制乙二醇技术的单位有日本宇部兴产公司-日本高化学公司-东华科技工程股份有限公司、中科院福建物质结构研究所、上海戊正工程技术有限公司、上海浦景化工技术股份有限公司-华东理工大学、中国五环工程有限公司-华烁科技股份有限公司等。

二、草酸酯法制乙二醇

1. 草酸酯法制乙二醇基本流程

草酸酯法制乙二醇的主要流程是净化后的合成气首先经深度脱氢实现 CO 和 H_2 的分离，一般使用催化氧化技术去除合成气中的氢和氧，再使用分子筛去除合成气中的水，一般使用铂、钯或其合金作为催化剂。也有的技术通过使用深冷分离将 CO 原料气进行提纯，提纯后的 CO 原料气中硫化物含量 ≤ 1.15μL/L、NH_3 含量 ≤ 200μL/L、H_2 含量 ≤ 100μL/L、O_2 含量 ≤ 100μL/L、水含量 ≤ 100μL/L，之后再经酯化、羰化、加氢、精制工段得到乙二醇。虽然理论上草酸酯法制乙二醇不消耗甲醇和 NO，但是实际的生产操作中会有消耗和损失，需要及时补充。NO 的补充方式通常有硝酸还原法和氨氧化法。以下对酯化、羰化、加氢、精制工段的简要流程进行说明。

1）酯化工段

酯化工段通过将 NO、O_2 和甲醇反应制备亚硝酸甲酯（MN），该反应不需要催化剂。主要流程是界区外来的 O_2 和 NO 气体经充分混合后从底部进入亚硝酸甲酯反应精馏塔，甲醇自精馏塔顶通入，甲醇与氮氧化物在反应精馏塔内生成亚硝酸甲酯和水。反应温度控制在 118~120℃，反应压力控制在 0.45~0.50MPa。亚硝酸甲酯经塔顶冷凝器降温后进入羰化工段。反应精馏塔底得到的含少量硝酸的甲醇水溶液进入甲醇回收塔，回收塔的工作温度为 68~108℃，压力为常压。回收得到的甲醇一部分补充原料，一部分送至羰化工段碳酸二甲酯（DMC）/甲醇分离塔。出回收塔的废水去废水处理（图 3-1-3）。

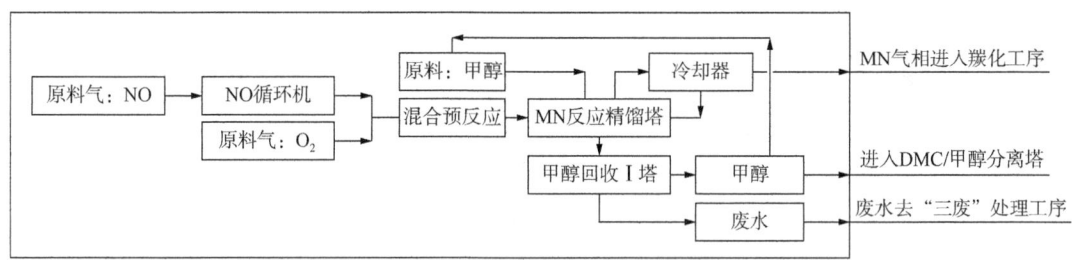

图 3-1-3　草酸酯法制乙二醇典型工艺酯化工段流程简图

2）羰化工段

羰化工段中，酯化工段来的亚硝酸甲酯与 CO 反应生成草酸二甲酯（DMO）和 NO。反应采用装有钯系催化剂（一般为 Pd/Al_2O_3）的列管式反应器。羰化反应的反应温度为 140℃，反应压力为 0.35MPa，生成的草酸二甲酯和 NO 经气液分离后，气相进入洗气塔，洗气塔操作温度为 25~60℃，压力为 0.32MPa。洗气塔顶得到的 NO 送往酯化工段循环使用。洗气塔釜物料（粗草酸二甲酯）与气液分离得到的液相混合，混合后的物料送至草酸二甲酯产品塔，该塔工作温度为 55~80℃，压力为 -0.08MPa。草酸二甲酯产品塔顶物料进碳酸二甲酯/甲醇分离塔暂存罐，产品塔釜采出的草酸二甲酯暂存。碳酸二甲酯/甲醇分离塔暂存罐中的物料与酯化工段输送过来的甲醇送至碳酸二甲酯/甲醇分离塔，分离塔的工作温度为 65~70℃，压力为常压。分离塔底的甲醇返回洗气塔，塔顶的碳酸二甲酯共沸物送往碳酸二甲酯回收塔，回收塔釜得到副产品碳酸二甲酯，塔顶共沸物进碳酸二甲酯/甲醇分离塔暂存罐。羰化工段的简要流程如图 3-1-4 所示。

3）加氢工段

在加氢工段，草酸二甲酯与甲醇通过离心泵送入原料汽化器，该汽化器工作温度为 160℃、压力为 3.0MPa。汽化后的草酸二甲酯和甲醇与预热后的 H_2 混合并进入原料加热器，在原料加热器被升温至 230℃。升温后的混合气体进入加氢反应器。一般采用列管式加氢反应器，催化剂一般采用 Cu/SiO_2。在反应器内发生加氢反应生成乙二醇粗液，乙二醇粗液进气液分离器。气液分离器分离出的 H_2 循环使用，液相去精制工段（图 3-1-5）。

4）精制工段

加氢工段中产出的乙二醇粗液中含有甲醇、丁二醇等杂质，需要在精制工段分离和脱除。加氢产物首先进入闪蒸罐，脱除物料中的不凝气，然后再进入精制工段。通常精制工

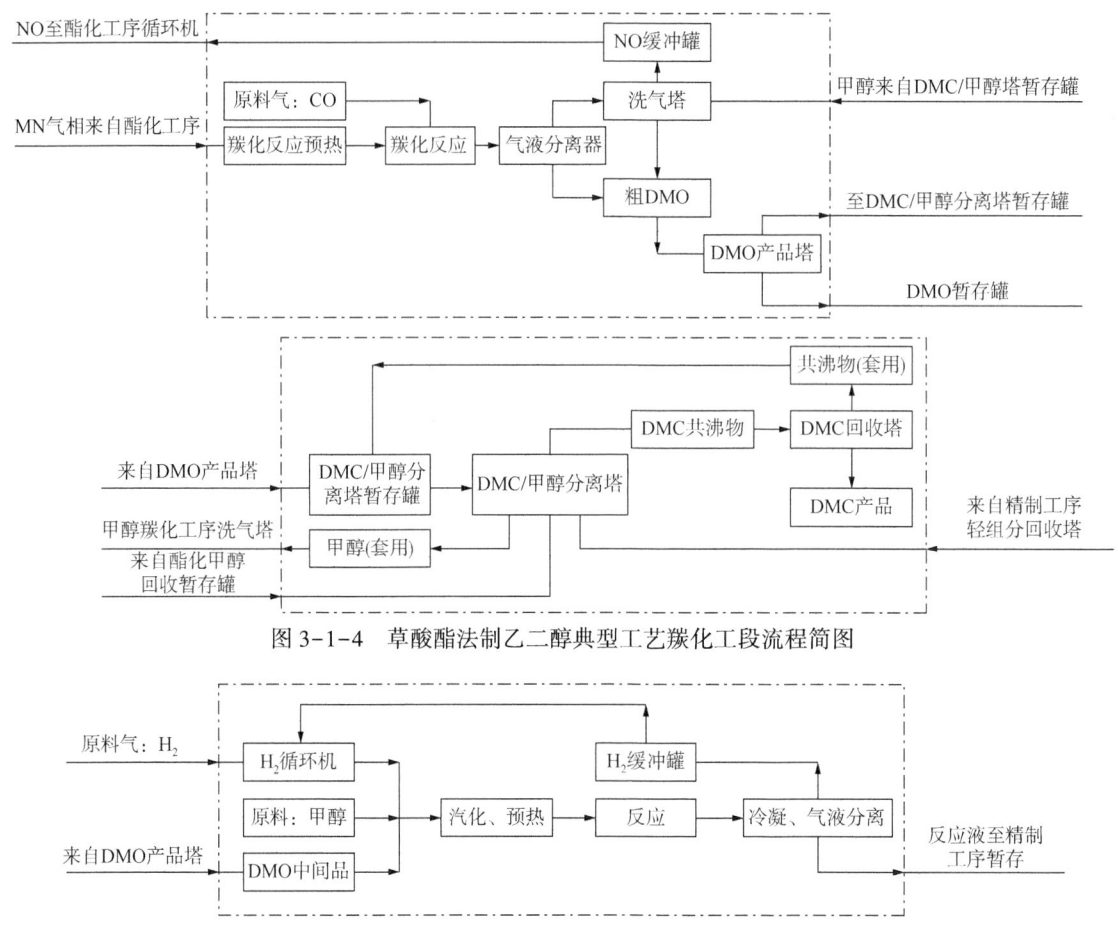

图 3-1-4 草酸酯法制乙二醇典型工艺羰化工段流程简图

图 3-1-5 草酸酯法制乙二醇典型工艺加氢工段流程简图

段采用六塔操作模式,依次为第一脱醇塔、第二脱醇塔、脱乙醇塔、脱丁二醇塔、精制塔及乙二醇回收塔。如需要对脱除的乙醇进行精制,还需增加乙醇脱轻塔和乙醇精制塔。第一脱醇塔的工作压力为常压,脱除大部分甲醇。第二脱醇塔的工作压力为负压,将甲醇脱除干净。脱乙醇塔用于分离出乙醇及丙醇。脱丁二醇塔用于分离丁二醇和丙二醇。精制塔侧线采出聚酯级乙二醇,塔顶采出合格品乙二醇,塔釜物料进入刮膜蒸发器回收乙二醇后送入脱丁二醇塔回炼。脱丁二醇塔顶采出乙醇、丙二醇及丁二醇进入乙二醇回收塔回收乙二醇。

由于乙二醇与丁二醇的沸点非常接近,分别为 197.3℃ 和 196.4℃,工业上采用常规精馏进行分离,优点是没有带入新的杂质,缺点是能耗太高。可以采用共沸精馏、萃取精馏、萃取与共沸精馏联用、反应精馏等方式进行乙二醇与丁二醇的分离,但均为实验室阶段。该类工艺的优点是能大大降低能耗,缺点是引入了新的物质作为共沸剂、萃取剂或可能反应物,对后续产品进一步分离提出了挑战。

2. 草酸酯法制乙二醇基本原理

草酸酯法制乙二醇涉及的反应包括酯化、羰化、加氢等主反应以及亚硝酸甲酯分解、碳酸二甲酯生成等副反应。

1) 主反应

(1) 亚硝酸甲酯制备反应(酯化反应)：

$$4NO+4CH_3OH+O_2 \longrightarrow 4CH_3ONO+2H_2O$$

酯化反应过程中，NO 非常不稳定，遇 O_2 后迅速生成 NO 和 NO_2 为主要成分的混合气。NO 与甲醇反应生成亚硝酸甲酯和水；NO_2 与甲醇反应生成亚硝酸甲酯和硝酸。

(2) 草酸酯合成反应(羰化反应)：

$$2CH_3ONO+2CO \longrightarrow CH_3OOCCOOCH_3+2NO$$

微观上来说，羰化反应经历了如下几个步骤：

① 亚硝酸甲酯在偶联反应中起到中间媒介的作用，其在 Pd/Al_2O_3 催化剂上吸附，Pd 的价态由 0 价变为+2 价，由此形成 $H_3C-O-Pd-NO$ 过渡态。

$$CH_3ONO + Pd \longrightarrow Pd\begin{matrix}\diagup NO\\ \diagdown OCH_3\end{matrix}$$

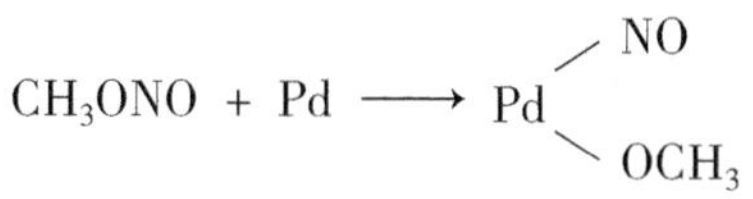

② 桥式形式吸附的 CO 插入至 $H_3C-O-Pd-NO$ 过渡态的 Pd—O 处形成第二个过渡态，同时解离出 Pd 从+2 价还原为 0 价。

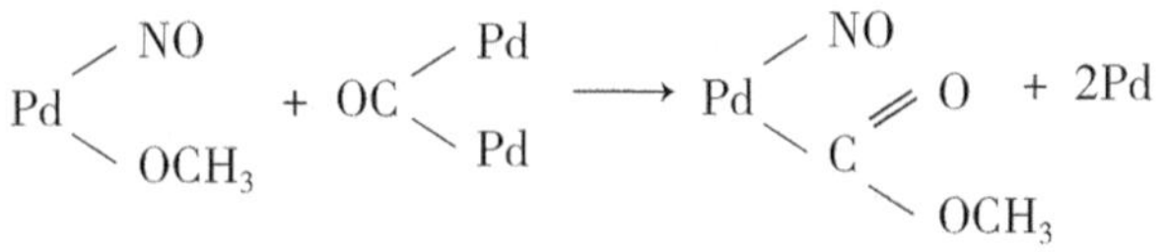

③ Pd 催化剂表面第二过渡态中间体逐渐增加时，毗邻的中间体会发生偶联反应生成第三过渡态，反应释放出 NO，同时解离出 Pd 从+2 价还原为 0 价。

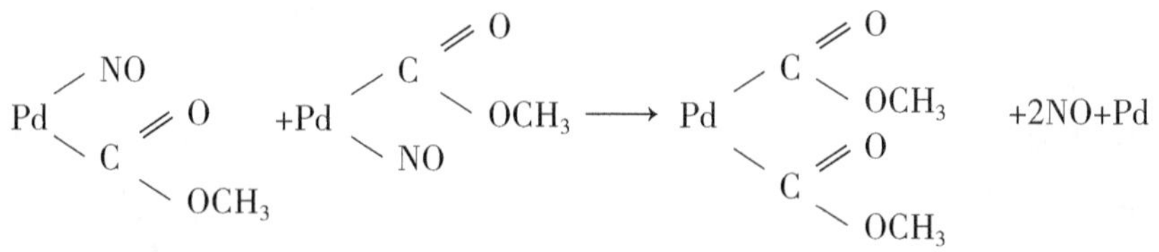

④ 第三过渡态解离出 Pd 后生成草酸二甲酯，同时 Pd 从+2 价还原为 0 价，完成整个催化过程。

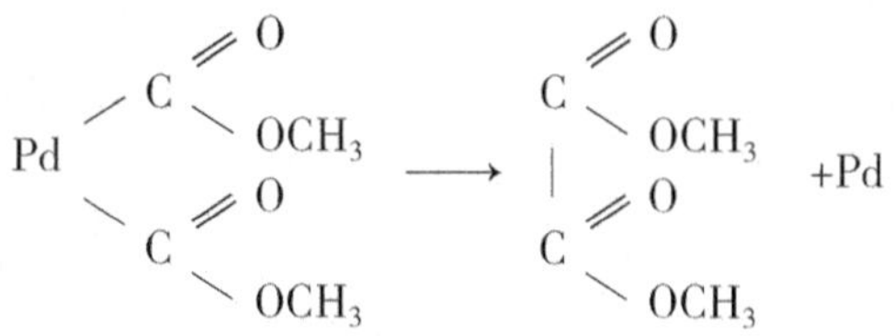

(3) 加氢反应：

$$CH_3OOCCOOCH_3+4H_2 \longrightarrow HOCH_2CH_2OH+2CH_3OH$$

总反应式为

$$2CO+4H_2+\frac{1}{2}O_2 \longrightarrow (CH_2OH)_2+H_2O$$

可以看出，草酸酯法制乙二醇，理论上就是用 CO、O_2 和 H_2 来合成乙二醇，整个反应中并不消耗 NO 以及醇类。其中，CO 和 H_2 来源于合成气的分离、提纯，以分别满足工艺的需要。

2) 副反应

(1) 生成碳酸二甲酯的反应。

亚硝酸甲酯与 CO 的偶联反应中，会产生碳酸二甲酯副产物。生成碳酸二甲酯的副反应如下：

$$CH_3ONO+CO \longrightarrow CO(OCH_3)_2+NO$$

(2) 亚硝酸甲酯分解反应。

亚硝酸甲酯在反应温度下容易分解，生成 NO、甲醇和甲醛。

$$CH_3ONO \longrightarrow CH_3OH+CH_2O+NO$$

亚硝酸甲酯的自分解在 135℃ 开始，至 230℃ 可完全分解。因此，CO 的偶联反应温度应低于亚硝酸甲酯开始自分解的温度，一般适宜的 CO 偶联反应温度在 130℃ 左右。

亚硝酸甲酯在 Pd 催化剂（Pd/α-Al_2O_3）上易发生催化分解，生成甲醇、甲酸甲酯和 NO。

$$CH_3ONO \longrightarrow CHOOCH_3+CH_3OH+NO$$

亚硝酸甲酯的催化分解一般认为在 70℃ 发生。研究显示，高空速可以有效抑制亚硝酸甲酯的分解。因此，一般 CO 的偶联反应在较高的空速下进行以抑制亚硝酸甲酯分解。

三、合成气制乙二醇催化剂

合成气制乙二醇工艺的关键是开发高稳定性、高活性和高选择性催化剂。合成气制乙二醇催化剂的开发主要涉及 CO 氧化偶联催化剂和草酸二甲酯加氢催化剂。

1. CO 氧化偶联催化剂

CO 气相偶联制草酸二甲酯工艺最早采用 Al_2O_3 负载的 Pd 作为催化剂，国内合成气制乙二醇技术商草酸二甲酯制备工段采用的催化剂大多仍以 α-Al_2O_3 为载体，Pd 为主要活性成分，制备方法以浸渍法为主。宋若钧等（1987）对 CO 氧化偶联催化剂载体进行了研究，发现分子筛、炭毡、γ-Al_2O_3 和 α-Al_2O_3 相比活性炭和硅胶具有更好的性能，其中又以 α-Al_2O_3 性能最好。除了 Al_2O_3，也有文献报道适用 CO 偶联反应的其他载体。中科院福建物质结构研究所发现，以 $MgAl_2O_4$ 为载体担载 0.3%（质量分数）的 Pd 作为偶联催化剂，Pd 在载体上的分散度可达 34.78%，在 130℃、0.05MPa、2400h^{-1} 反应条件下，草酸二甲酯的选择性和收率分别为 98.5% 和 1125g/(L·h)。赵铁均等公开了一种碳纤维担载 Pd 催化剂用于 CO 氧化偶联反应的专利，结果显示，亚硝酸甲酯单程转化率大于 85%，草酸二甲酯选择性接近 100%。

除了改变载体的物理化学性质，通过改进催化剂的制备方法、使用不同的助剂也可以对催化剂的性能进行优化。由于 Pd 是贵金属，在催化剂成本中占比很高，因此研究人员一直试图通过添加助剂或改善制备方法来提高 Pd 的有效利用率以降低催化剂成本。王宏伟等发现添加 La 助剂的 Pd/Al$_2$O$_3$ 催化剂反应活性明显提高，CO 转化率可达 70.35%，草酸二甲酯的收率可达 530g/(L·h)。通过优化制备方法也可以明显提升催化剂性能。Xu 等通过精细控制前驱体分散和催化剂还原过程，制备了 Pd(111) 晶面为主要裸露晶面的 Pd/Al$_2$O$_3$ 催化剂。该催化剂在 Pd 担载量仅为 0.37%（质量分数）的条件下，草酸二甲酯的时空收率可超过 1000g/(L·h)。Xu 等还进一步证实了 Pd(111) 晶面是 CO 氧化偶联制草酸二甲酯的活性晶面，这也是首次在合成气制乙二醇领域阐明了催化剂结构与催化性能之间的关系。在此工作的基础上，Xu 等还研究了一种 Cu^{2+} 离子辅助还原的催化剂制备新技术，在 Pd 担载量仅为 0.13%（质量分数）、温度为 130℃、空速为 3000h^{-1} 的条件下，CO 的转化率可达 62%，草酸二甲酯的选择性和时空收率分别为 97% 和 1332g/(L·h)。研究结果还显示，Cu^{2+} 的存在会显著影响 PdCl$_2^-$ 物种的还原过程，有效提高 Pd 的分散度。

2. 草酸二甲酯加氢催化剂

SiO$_2$ 担载的 Cu 催化剂由于在草酸二甲酯加氢过程中表现出的高转化率、高选择性、低成本和环境友好性而被广泛采用。Cu/SiO$_2$ 催化剂的制备方法包括浸渍法、蒸氨法、沉积—沉淀法、离子交换法等，不同的制备方法会显著影响 Cu^{2+} 在载体上的分散效果，进而影响催化剂的加氢性能。Zhu 等对比研究了浸渍法和沉积—沉淀法制备的 Cu/SiO$_2$ 催化剂的性能。发现沉积—沉淀法制备的 Cu/SiO$_2$ 催化剂表面 Cu 粒子高度分散，最佳反应温度和 H$_2$/DMO 值均远低于浸渍法，且在 DMO 转化率为 100% 的情况下，沉积—沉淀法制备的 Cu/SiO$_2$ 催化剂乙二醇的选择性也远优于浸渍法。催化剂的制备条件对其催化性能也会产生影响，杨亚玲等研究了焙烧温度对通过沉积—沉淀法制备的 Cu/SiO$_2$ 催化剂性能的影响，发现焙烧温度能显著影响催化剂的孔道结构，进而影响其加氢性能，同时结果显示，400℃ 条件下焙烧得到的催化剂性能最优。

Cu 基催化剂活性高、乙二醇选择性好、反应条件温和，但机械强度低、抗烧结能力差，并且容易在催化剂表面形成草酸铜和聚酯，导致催化剂的稳定性下降、催化剂失活较快。虽然 Cu-Cr 催化剂在草酸二甲酯加氢反应中表现出优异的稳定性、选择性和活性，但由于 Cr 对环境的毒害作用，需要寻找环境友好的新型掺杂物来调节催化剂性能。Zheng 等利用 LaO$_x$ 助剂对 Cu/SiO$_2$ 催化剂进行了修饰，La 助剂通过 La—O—Cu 化学键与 Cu 粒子发生强相互作用，同时 La 也可与 SiO$_2$ 反应生成 La—O—Si 硅酸盐，因而可以有效增强 Cu 粒子与 SiO$_2$ 载体之间的相互作用。Zhu 等研究了 Ni 助剂与 Cu/SiO$_2$ 催化剂的相互作用，发现加入适量的 Ni 可在 Cu 和 Si 之间插入 Ni—O 物种，起到分散和稳定 Cu 粒子的作用。

四、典型的合成气制乙二醇工艺

目前，合成气制乙二醇生产技术主要有高化学技术、浦景化工技术、丹化科技技术、中科远东技术（宁波金远东石化工程技术有限公司、山东华鲁恒升公司、中科院宁波材料技术与工程研究所联合研发）、WHB 技术（中国五环工程有限公司、华烁科技股份有限公司和鹤壁宝马实业有限公司联合开发）等。

1. 高化学合成气制乙二醇工艺

高化学合成气制乙二醇技术的核心环节（即草酸二甲酯合成工艺）是由日本宇部兴产公司开发的。

1) 历史沿革

1978年，日本宇部兴产公司建成了6000t/a的液相法草酸二丁酯装置，率先将亚硝酸酯引入合成反应。20世纪80年代，日本宇部兴产公司着手开展合成气制乙二醇技术的开发，首次将亚硝酸甲酯引入乙二醇合成，采用两步法生产乙二醇，改善了合成气合成乙二醇的反应条件，使得采用合成气生产乙二醇技术具有了实现工业化生产的条件。日本宇部兴产公司和美国UCC公司于1981年联合开发了CO氧化偶联生产草酸二甲酯工艺。1983年，日本宇部兴产公司建成了1t/mon的草酸二甲酯和乙二醇联合装置，合成出符合国际标准的优等品乙二醇，后来又建成了8000t/a草酸二甲酯装置。

2009年，日本高化学公司获得了日本宇部兴产公司合成气制乙二醇技术的全权代理权，并与东华工程科技股份有限公司、浙江联盛化工公司签订了联合开发协议，共同出资在浙江联盛化工公司建成了年产1500t乙二醇的工业化试验装置。东华工程科技股份有限公司参与了整个试验过程，并负责根据日本宇部兴产公司提供的基础数据编制试验方案，参加装置调试、装置操作，并负责试验数据的处理。试验取得了完整的数据，并获得了符合国家标准GB/T 4649—2008《工业用乙二醇》优等品标准的产品。在此之后，东华工程科技股份有限公司承担了高化学合成气制乙二醇工艺的工程设计。2013年1月，采用高化学合成气制乙二醇技术的新疆天业股份有限公司首套年产5×10^4t合成气制乙二醇工业化装置开车成功。截至2020年底，国内已有多套采用高化学技术的合成气制乙二醇工业装置建成投产。

2) 技术特点

高化学合成气制乙二醇技术特点如下：

(1) 草酸二甲酯合成装置已积累了丰富的运行经验，装置运行安全性、可靠性强。

(2) 草酸二甲酯合成催化剂具有选择性高、寿命长、活性好的特点。

(3) 由于有亚硝酸甲酯存在，草酸二甲酯生产的过程危险性大。高化学公司对亚硝酸甲酯做了大量的物理及化学研究，编制了三元爆炸相图，可以规避该风险。

(4) 采用日本宇部兴产公司专利的补氮方法，不会因残余物进入系统引起催化剂中毒。

(5) 采用等温反应器，工业化放大相对容易，降低了工业化风险。

(6) 采用硝酸和亚硝酸钠反应生成NO送入亚硝酸甲酯系统。

2. 丹化科技合成气制乙二醇工艺

1) 历史沿革

丹化科技合成气制乙二醇技术源自中科院福建物质结构研究所。中科院福建物质结构研究所从1982年开始着手研究CO气相催化合成草酸酯、草酸酯水解制备草酸和草酸酯加氢合成乙二醇新工艺，获得了一系列完全自主产权专利技术和催化剂技术。在此基础上，2005年，中科院福建物质结构研究所与丹化化工科技股份有限公司合作建成了300t/a合成气间接制乙二醇中试装置；2007年，建成了10000t/a草酸酯加氢制乙二醇示范装置。2009年，中科院福建物质结构研究所与通辽金煤化工有限公司合作建设的世界首套20×10^4t/a合成气制乙二醇工业装置打通流程。截至2020年底，已有多套采用丹化科技技术的合成气制乙二醇工业装置建成投产。

2) 技术特点

丹化科技合成气制乙二醇技术特点如下：

（1）通过选择性氧化脱除 CO 中的 H_2。

（2）采用氨氧化法制备 NO，补充 NO 的损失。NH_3 与空气在氨氧化炉内高温氧化得到氮氧化物，氮氧化物与甲醇反应得到亚硝酸甲酯。

（3）采用独特的消除排放气体氮氧化物技术，满足排放要求。

3. 浦景化工合成气制乙二醇工艺

1）历史沿革

浦景化工合成气制乙二醇技术是由华东理工大学、上海浦景化工技术股份有限公司和安徽淮化股份有限公司合作开发完成的。

2010 年，华东理工大学与上海浦景化工技术有限公司和安徽淮化股份有限公司合作，在安徽省淮南市建成了千吨级规模的煤基合成气制乙二醇中试装置。该装置于 2011 年 8 月 8 日至 18 日完成了 72h 连续运行考核。2012 年 3 月，完成技术成果鉴定，乙二醇产品达到聚酯级。采用浦景化工技术的新杭能源有限公司 $30×10^4$t/a 煤制乙二醇装置、安徽淮化股份有限公司 $10×10^4$t/a 煤制乙二醇装置分别已于 2015 年 3 月和 4 月投产。截至 2020 年底，已有多套采用浦景化工合成气制乙二醇工艺的工业装置建成投产。

2）技术特点

酯化工段：将羰化单元生成的 NO 和加氢单元得到的甲醇反应制备亚硝酸甲酯。上海浦景化工技术有限公司在酯化工段采用独特的氮氧化物发生及补充方式，工艺过程安全、简单、可控。反应方程式如下：

$$N_2O_4+CH_3OH \longrightarrow CH_3ONO+HNO_3$$

羰化工段：将 CO 和亚硝酸甲酯进行催化偶联反应，得到中间产物草酸二甲酯和副产物碳酸二甲酯。上海浦景化工技术有限公司采用的羰化催化剂具有高效、稳定且贵金属担载量低的特点，对 CO 原料气中 H_2 含量要求不苛刻（≤1000μL/L），无须设置专门的脱氢装置，有利于降低装置投资及原料气净化成本。

加氢工段：将草酸二甲酯加氢得到乙二醇粗产品。加氢催化剂具有稳定性强、寿命长、草酸二甲酯转化率高、乙二醇选择性高的特点。加氢系统氢酯比小（30~40），循环氢气量比同类技术低 50%。加氢单元通过变更催化剂，可改为生产乙醇酸甲酯，装置灵活性强。反应器采用大型列管式固定床反应器，撤热介质采用饱和水，撤热水分布方式采用内导流，床层温度分布均匀。

精制工段：正常工况下，不需精制助剂、吸附剂和其他助剂。

4. WHB 乙二醇工艺

1）历史沿革

WHB 技术是由中国五环工程有限公司、华烁科技股份有限公司和鹤壁宝马实业有限公司合作开发的具有自主知识产权的新型专利技术。

由中国五环工程有限公司、华烁科技股份有限公司、鹤壁宝马实业有限公司三方合作的 300t/a 煤制乙二醇中试装置于 2010 年 1 月在鹤壁宝马实业有限公司开建。2011 年 3 月，中试装置正式投料试车，5 月生产出粗乙二醇，7 月生产出精乙二醇，中试装置流程全线打通。2011 年 10 月，产品质量同时达到 GB/T 4649—2008《工业用乙二醇》优等品和美国

ASTM E2470—2007 聚合级标准的要求。

2011年12月，300t/a 煤制合成气生产聚合级乙二醇中试项目通过国家能源局成果鉴定。2014年12月，采用 WHB 技术的鹤壁宝马实业有限公司煤制乙二醇一期 $5×10^4$t/a 合成气制乙二醇装置建成投产。

2) 技术特点

草酸二甲酯合成工序通常要求 CO 中 H_2 含量控制在 $100×10^{-6}$ 以下。WHB 技术采用 TH-5 型选择性脱氢催化剂脱除 CO 中少量的 H_2。TH-5 型催化剂可以将 CO 中 H_2 含量降低至 $50\sim90\mu L/L$ 的水平，满足指标要求；选择性以 CO 和 O_2 副反应产物 CO_2 浓度增量表示，其值稳定在 0.2%~0.5% 之间，明显优于同类催化剂 1% 的水平。

亚硝酸甲酯和 CO 在 HDMO-1 催化剂的作用下转化为草酸二甲酯。该催化剂草酸二甲酯时空收率为 $590\sim670g/(L·h)$，高于国内同类催化剂 $590\sim600g/(L·h)$ 的水平。

HEG-1 型催化剂是无铬铜硅系催化剂，其加氢性能直接影响产品质量和装置经济性。HEG-1 型催化剂工程放大试验表明，草酸二甲酯的转化率大于 99%，乙二醇的选择性为 96%~97%，乙二醇的时空收率约为 $284g/(L·h)$，乙二醇的选择性指标比同类催化剂高 1%~3%。

5. 中科远东乙二醇工艺

1) 历史沿革

宁波金远东石化工程技术有限公司于 2007 年开始 CO 氧化偶联制草酸二甲酯及草酸酯加氢制乙二醇技术研发。2011 年，宁波金远东石化工程技术有限公司与中科院宁波材料技术与工程研究所共同组建工程技术研究中心。先后完成 20t/a 草酸酯合成及加氢的模拟试验研究，300t/a 合成草酸二甲酯及草酸二甲酯加氢的中试、万吨级 CO 偶联合成草酸酯及草酸酯加氢的工艺软件包。

2014 年 4 月至 2015 年 5 月，宁波金远东石化工程技术有限公司与中科院宁波材料技术与工程研究所对山东华鲁恒升公司 $5×10^4$t/a 合成气制乙二醇装置进行了工艺和催化剂改造。2018 年，采用中科远东技术的山东华鲁恒升公司 $50×10^4$t/a 合成气制乙二醇装置建成投产。

2) 技术特点

酯化工段：设计了集氧化与酯化反应分体的联合体形式，氧化反应器采用列管式反应器，通过管间循环水移除反应热，酯化反应采用气液并流式填料塔，增加了旋转涡流内件，在提高反应效率的同时节省了投资。同时，采用并流方式可以降低系统阻力，提高操作弹性，液气比要求低，有利于循环压缩机的正常操作。

采取了使用稀硝酸的催化技术来进行亚硝酸甲酯的再生，整个过程中不产生酸性水，减少了后续废水处理量。利用偶联合成的反应热，设置了甲缩醛、甲醛等回收精馏装置，提高了原料的综合利用率。酯化过程中产生的水分会对偶联合成催化剂产生负面影响。分子筛吸附除水虽然可实现自动化，但系统流程长、阻力大、故障率高、投资大。同时，在分子筛脱水的过程中也吸收了亚硝酸甲酯气体，再生时极易造成亚硝酸甲酯局部富集，形成爆炸混合气体。中科远东采用专有吸附液，通过塔式吸附喷淋净化，有效去除了酯化过程中产生的水分，保护了偶联合成催化剂。

羰化、加氢部分：在传统反应器的基础上开发了高效复合型反应器，同时避免了列管式固定床反应器传热效果差、易飞温的缺陷。此外，优化了热水的搅动形式，提高了传热效率。羰化反应器采用底部进料、顶部出料的结构，提高了催化剂利用率。

精馏部分：利用不均匀开孔，使精馏塔内中心流速慢，近塔壁流速快，强化了塔内的传质效果，降低了能耗和投资。

表 3-1-1 中列出了典型合成气制乙二醇技术的物料及公用工程消耗情况。

表 3-1-1 典型合成气制乙二醇技术的物料及公用工程单位产品（1kg）消耗表

项　　目	高化学技术	浦景化工技术	丹化科技技术	中科远东技术	WHB 技术
CO/m^3	800（≥99%）	805（≥98.5%）	790（≥98.5%）	792（≥99%）	810（≥98%）
H_2/m^3	1560（≥99.9%）	1570（≥99.9%）	1580（≥99.9%）	1565（≥99.9%）	1610（≥99.9%）
O_2/m^3	205（≥99.6%）	193（≥99.6%）	205（≥99.6%）	192（≥99.6%）	205（≥99.6%）
甲醇/kg	76	63	51	20	59
硝酸/kg	7	5	7.5	10	6.8
氢氧化钠/kg	2	9.5	8.5	15	2.5
循环冷却水/t	620	500	1100	700	300
电/(kW·h)	605	370	260	110	545
蒸汽/t	7.0	6.6	6.0	5.8	5.8

五、合成气制乙二醇发展趋势

乙二醇主要用于生产 PET 聚酯。我国是世界上最大的 PET 聚酯生产国，长期需要大量进口乙二醇满足聚酯行业需求。经历了近 10 年的发展，煤制乙二醇技术不断成熟，乙二醇产品质量逐渐被市场认可。由于乙二醇主要生产路线还是 EOEG 路线，因此草酸酯法的竞争力与原油价格高度相关。在原油价格相对较高的条件下，合成气经草酸酯法制乙二醇相比乙烯 EOEG 路线制乙二醇具有良好的竞争力。

巨大的乙二醇供应缺口以及草酸酯法制乙二醇技术的不断成熟，使得我国合成气制乙二醇项目近年来飞速发展。截至 2020 年底，我国已形成合成气制乙二醇产能 $529×10^4$ t/a，同时在建及拟建的装置产能均超过 $1000×10^4$ t/a。未来随着新装置的陆续投产，国内乙二醇市场可能将面临供大于求的局面。

第二节　合成气制甲醇

甲醇作为一种重要的基本有机化工产品，在化工、医药、轻纺、国防等许多行业有着广泛的应用。在化工生产中，甲醇主要用于生产甲醛、醋酸、甲基叔丁基醚（MTBE）、碳酸二甲酯（DMC）、对苯二甲酸二甲酯（DMT）、丙烯酸甲酯、二甲基甲酰胺、甲基丙烯酸甲酯（MMA）等有机产品。甲醇还是新能源的重要原料，作为一种易燃液体，甲醇具有良好的燃烧性能，可用于运输、工业、厨房和发电等的燃料。此外，随着近年甲醇制烯烃（MTO）工艺、甲醇制丙烯（MTP）工艺、甲醇制芳烃、甲醇制汽油等工艺技术的成功工业化，开辟了甲醇制烯烃及汽油的工艺路线，进入甲醇替代石油化工产品的时代，甲醇的需求量将非常巨大。

2009年，我国甲醇需求量为1660.4×10⁴t，进口量为528.8×10⁴t。2019年，我国甲醇市场需求量约为6993.5×10⁴t，是2009年市场需求量的4.2倍；进口量为1089.6×10⁴t，约为2009年进口量的2倍，对外依存度降低50%。2019年，国内甲醇装置有效产能约为9029×10⁴t/a，其中煤基甲醇装置的产能占76%。

我国具有富煤、贫油、少气的能源结构特点，随着全球石油资源的日益减少以及甲醇大型化生产的逐步实现，甲醇作为一种替代能源已是大势所趋。因此，研究开发和应用推广大规模甲醇合成工艺和建设大型化甲醇生产装置，是我国甲醇工业大发展的必由之路。

一、合成气制甲醇概述

1. 甲醇的物理及化学性质

1）甲醇的物理性质

甲醇是最简单的饱和脂肪醇，分子式为CH_3OH，分子量为32.04。常温常压下，纯甲醇是无色、透明、略带醇香味、易挥发、可流动的可燃液体。甲醇可与水以及乙醇等许多有机液体以任意比例互溶。甲醇的一般物理性质见表3-2-1。

表3-2-1　甲醇的一般物理性质表

性　　质	数　　据	性　　质	数　　据
密度(0℃)/(g/mL)	0.8100	自燃点(空气中)/℃	473
相对密度d^{20}	0.7913	自燃点(氧气中)/℃	461
沸点/℃	64.5~64.7	临界温度/℃	240
熔点/℃	-97.8	临界压力/Pa	79.54×10⁴
闪点(开口)/℃	16	临界体积/(mL/mol)	117.8
闪点(闭口)/℃	12	临界压缩系数	0.224
蒸气压(20℃)/Pa	1.2879×10⁴	燃烧热(25℃液体)/(kJ/mol)	727.038
液体比热容(20~25℃)/[J/(g·℃)]	2.51~2.53	燃烧热(25℃气体)/(kJ/mol)	742.738
黏度(20℃)/(Pa·s)	5.945×10⁻⁴	生成热(25℃液体)/(kJ/mol)	238.798
热导率/[W/(cm·K)]	2.09×10⁻³	生成热(25℃气体)/(kJ/mol)	201.385
表面张力(20℃)/(N/cm)	22.55×10⁻⁵	膨胀系数(20℃)	0.00119
蒸发潜热(64.7℃)/(kJ/mol)	35.295	空气中爆炸极限/%(体积分数)	6.0~36.5

2）甲醇的化学性质

甲醇分子结构由一个甲基和一个羟基组成，羟基说明甲醇能进行典型的醇类反应，甲基说明甲醇能进行甲基化反应。甲醇可进行的主要化学反应如下：

（1）氧化反应。

在金属银催化剂的作用下，甲醇氧化生成甲醛，这是工业上制备甲醛的主要方法。

$$CH_3OH + \frac{1}{2}O_2 \longrightarrow HCHO(甲醛) + H_2O$$

甲醛进一步氧化生产甲酸：

$$HCHO + \frac{1}{2}O_2 \longrightarrow HCOOH(甲酸)$$

在 $Cu-Zn/Al_2O_3$ 催化剂作用下,甲醇发生部分氧化:

$$CH_3OH + \frac{1}{2}O_2 \longrightarrow 2H_2 + CO_2$$

完全燃烧时,甲醇可氧化生成 CO_2 和 H_2O,并释放大量热:

$$CH_3OH + \frac{3}{2}O_2 \longrightarrow CO_2 + 2H_2O$$

(2) 酯化反应。

甲醇和甲酸发生酯化反应生成甲酸甲酯:

$$CH_3OH + HCOOH \longrightarrow HCOOCH_3(甲酸甲酯) + H_2O$$

甲醇和硝酸发生酯化反应生成硝酸甲酯:

$$CH_3OH + HNO_3 \longrightarrow CH_3NO_3(硝酸甲酯) + H_2O$$

(3) 羰化反应。

甲醇与光气发生羰化反应生成氯甲酸甲酯,进一步反应生成碳酸二甲酯(DMC):

$$CH_3OH + COCl_2 \longrightarrow CH_3OCOCl(氯甲酸甲酯) + HCl$$

$$CH_3OCOCl + CH_3OH \longrightarrow (CH_3O)_2CO(碳酸二甲酯) + HCl$$

甲醇可在碱催化剂作用下,与 CO_2 发生羰化反应生成碳酸二甲酯(DMC):

$$2CH_3OH + CO_2 \longrightarrow (CH_3O)_2CO + H_2O$$

(4) 胺化反应。

在压力为 5~20MPa、温度为 370~420℃ 的条件下,以活性氧化铝或分子筛作为催化剂,甲醇可与 NH_3 反应生成一甲胺、二甲胺和三甲胺的混合物,经精馏分离制得一甲胺、二甲胺和三甲胺产品。

$$CH_3OH + NH_3 \longrightarrow CH_3NH_2(一甲胺) + H_2O$$

$$2CH_3OH + NH_3 \longrightarrow (CH_3)_2NH(二甲胺) + 2H_2O$$

$$3CH_3OH + NH_3 \longrightarrow (CH_3)_3N(三甲胺) + 3H_2O$$

(5) 脱水反应。

在高温和酸性催化剂作用下,甲醇可脱水生成二甲醚(DME),二甲醚再脱水生成乙烯。

$$2CH_3OH \longrightarrow (CH_3)_2O(二甲醚) + H_2O$$

$$CH_3OCH_3 \longrightarrow C_2H_4(乙烯) + H_2O$$

(6) 裂解反应。

在铜系催化剂作用下,甲醇可裂解生成 CO 和 H_2:

$$CH_3OH \longrightarrow CO + 2H_2$$

在有水蒸气存在的情况下,则发生水气转化反应:

$$CO + H_2O \longrightarrow H_2 + CO_2$$

(7) 氯化反应。

在 ZnO/ZrO 催化剂作用下,甲醇和 HCl 发生氯化反应生成一氯甲烷:

$$CH_3OH + HCl \longrightarrow CH_3Cl(一氯甲烷) + H_2O$$

一氯甲烷和 HCl 可在 $CuCl_2/ZrO_2$ 催化剂作用下，进一步发生氧氯化反应生成二氯甲烷和三氯甲烷。

$$CH_3Cl + HCl + \frac{1}{2}O_2 \longrightarrow CH_2Cl_2(二氯甲烷) + H_2O$$

$$CH_2Cl_2 + HCl + \frac{1}{2}O_2 \longrightarrow CHCl_3(三氯甲烷) + H_2O$$

（8）其他反应。

以离子交换树脂为催化剂，甲醇可与异丁烯进行液相反应生成甲基叔丁基醚（MTBE）：

$$CH_3OH + CH_2 = C(CH_3)_2 \longrightarrow CH_3OC(CH_3)_3 (MTBE)$$

甲醇和苯可在催化剂的作用下生成甲苯：

$$CH_3OH + C_6H_6 \longrightarrow C_6H_5CH_3 + H_2O$$

2. 合成气制甲醇技术发展历程

20 世纪 30 年代以前，木材蒸馏是甲醇制备的最主要途径，世界甲醇产量仅为 $4.5 \times 10^4 t$。1923 年，德国巴斯夫公司在德国 Leuna 建成了世界上第一座产能为 3000t/a 的甲醇合成装置，该装置首次用 CO 和 H_2 在锌铬催化剂、高温高压条件下实现了工业化的甲醇合成，开创了工业合成装置的先河。该装置反应温度为 360~400℃、反应压力 25~30MPa，因此所采用的技术称为甲醇高压合成法，其特点是投资及生产成本较高。1966 年，ICI 公司在 5MPa 操作压力下使用 Cu-Zn-Al 氧化物催化剂，成功实现甲醇合成。1972 年，该公司又成功实现了压力为 10MPa 的中压甲醇合成。1970 年，德国鲁奇公司采用 Cu-Zn-Mn 或 Cu-Zn-Mn-V、Cu-Zn-Al-V 氧化物催化剂，成功建成了 4000t/a 低压甲醇合成装置，采用的方法称为鲁奇低压法。铜系催化剂活性高于锌系，在较低压力（5MPa）下可获得高的甲醇产率；此外，铜系催化剂还具有较好的选择性，可减少副反应，改善甲醇质量，降低原料的消耗。与此同时，世界其他化学公司也竞相开发自己的中低压甲醇合成工艺，建立甲醇合成装置。

甲醇合成方法按照合成压力的不同可分为高压法（30MPa）、低压法（5MPa）和中压法（10~15MPa）。

（1）高压法。

高压法是最早的甲醇合成方法。高压法采用锌铬催化剂，反应温度为 300~400℃，反应压力为 30MPa。由于存在操作压力高、动力消耗大、设备复杂、产品质量差等缺点，高压法已逐渐被淘汰。

（2）低压法。

低压法是在 20 世纪 60 年代后期，随着铜系催化剂的开发而发展起来的甲醇合成方法。铜系催化剂活性明显高于锌铬催化剂，可在低温（230~270℃）、低压（5MPa）下获得较高的甲醇收率，且铜系催化剂与锌铬催化剂相比具有选择性好、副产物少、甲醇产品质量高、原材料消耗小等优点。此外，由于反应压力低，低压法较高压法动力消耗低、工艺设备的制造也更容易，因而投资较低。综合比较，低压法比高压法更具有优越性。

目前，低压法甲醇合成工艺是甲醇合成大型化的发展主流。低压法的代表性流程主要有英国 ICI 甲醇合成工艺、德国鲁奇甲醇合成工艺和丹麦托普索甲醇合成工艺。

(3) 中压法。

随着甲醇生产大型化的发展，较低的操作压力导致工艺管道和设备庞大，难以大型化。因此，发展出操作压力在 10MPa 左右的甲醇中压合成法。由于采用相同的铜系催化剂和反应温度，中压法具有与低压法相似的优点。提高反应压力会使动力消耗略有增加，但对于大型和超大型甲醇合成装置，考虑到设备的制造运输、投资等方面因素，中压法能更有效地降低建设投资和生产成本。

二、合成气制甲醇基本原理

甲醇合成反应是指合成气(主要是 CO 和 H_2)在催化剂的作用下，在一定的温度和压力条件下，在反应器中进行的复杂、可逆的化学反应。甲醇合成反应系统中有 CO、CO_2、H_2、CH_3OH 和 H_2O 共 5 个反应组分，以及 N_2 和 CH_4 两个惰性组分，甲醇合成反应主要有 3 个主反应和一些副反应，副产物为少量的烃、醇、醛、醚、酮和酯等。由于合成气中含有 CO_2，产物中还会生成水。因此，甲醇合成产物是含有杂质的粗甲醇，必须经过精馏后才能得到精甲醇产品。甲醇合成的化学反应方程式如下：

(1) 主反应。

CO 加氢合成甲醇：

$$CO + 2H_2 \longrightarrow CH_3OH$$

合成气中有 CO_2 时，CO_2 加氢也生成甲醇：

$$CO_2 + 3H_2 \longrightarrow CH_3OH + H_2O$$

CO_2 和 H_2 还发生逆变换反应：

$$CO_2 + H_2 \longrightarrow CO + H_2O$$

(2) 主要副反应。

主要副反应如下：

$$2CO + 4H_2 \longrightarrow CH_3OCH_3 + H_2O$$
$$CO_2 + 4H_2 \longrightarrow CH_4 + 2H_2O$$
$$2CH_3OH \longrightarrow CH_3OCH_3 + H_2O$$
$$2CO + 2H_2 \longrightarrow CH_4 + CO_2$$
$$CO + 3H_2 \longrightarrow CH_4 + H_2O$$
$$4CO + 8H_2 \longrightarrow C_4H_9OH + 3H_2O$$

三、典型的甲醇合成工艺

甲醇合成技术是甲醇装置的核心技术，技术选择十分重要。目前，国际上先进的甲醇合成技术多种多样，但主要发展方向是等温、中低压、高净值合成塔和高效催化剂的应用，以满足日益扩大的甲醇生产规模和节能的要求。

甲醇合成有多种工艺流程，但基本步骤都包括合成气压缩(等压合成除外)、甲醇合成、热量回收、甲醇分离等。图 3-2-1 是甲醇合成工艺流程示意图。新鲜气由压缩机增压到合成反应所需压力与循环气压缩机来的循环气混合后分两股，一股为主线进入热交换器，预热到催化剂活性温度，进入合成塔；另一股副线不换热直接进入合成塔以调节反应温度。

反应后的高温气体在热交换器与冷原料气进行换热,在冷却器进一步冷却后在粗甲醇分离器中分离,液相为粗甲醇,送精馏工序提纯。为控制合成系统中惰性组分的含量,分离出甲醇和水后的气体小部分外排,大部分通过循环气压缩机增压后返回系统,重新参与反应。

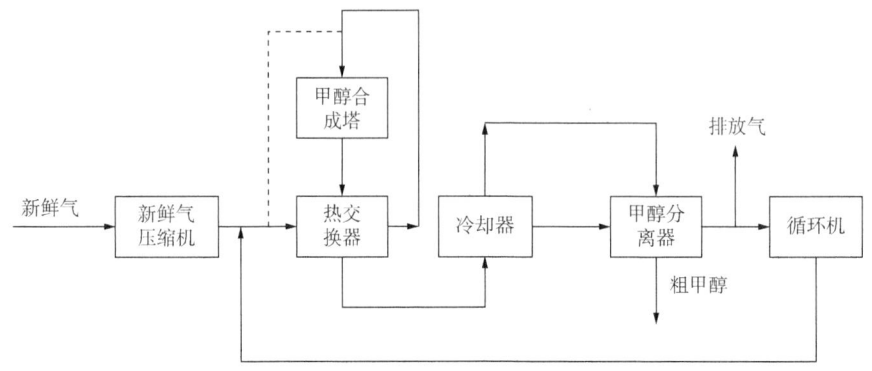

图 3-2-1 甲醇合成工艺流程示意图

甲醇合成反应器是甲醇合成工艺的关键设备,不同形式的反应器对应不同的热回收及催化剂、精馏工艺,设计合理的反应器能够及时移走反应热,防止催化剂因过热而失活。

英国 Davy 公司、德国鲁奇公司、丹麦托普索公司、瑞士 Casale 公司是世界上甲醇行业最著名的资深工艺技术专利商与合成塔结构设计制造商,在优化大型甲醇装置的工艺路线、反应器的结构设计与制造、新型合成催化剂开发、能量回收利用等方面开发了独特的专利技术,几乎垄断了近几年国际新建大型甲醇生产装置的技术市场。近年来,国内甲醇合成工艺及合成塔的开发也取得了长足的进步。

1. Davy 甲醇合成技术

2006 年 2 月,Johnson Matthey 公司收购戴维过程技术公司 DPT(从事合成气制甲醇、天然气制液体燃料、乙酸乙酯、丁二醇衍生物、丁辛醇等特殊化学品的工艺技术转让、基础设计、催化剂供应的专利商)重组后形成戴维(Davy)公司,从事甲醇等基础化学品的生产技术转让、基础设计、催化剂供应。此前 30 多年中,Johnson Matthey 公司和 DPT 公司一直共同从事英国帝国化学公司(ICI)甲醇合成技术的转让与工程设计工作。

目前,Davy 甲醇合成技术主推流程为两台合成塔串联流程。新鲜气经过合成气压缩机进行增压,大部分新鲜气与第二甲醇分离器来的循环气混合,先经第一入口换热器预热后进入第一甲醇合成塔,在塔内进行甲醇合成反应。离开第一甲醇合成塔的气体在第一入口换热器预热入塔气,再经冷却器冷却后进入第一粗甲醇分离器。液相为粗甲醇,气相为未反应的气体,未反应的气体与部分新鲜气混合经循环机压缩并在第二入口换热器被预热后进入第二甲醇合成塔。第二甲醇合成塔的产品气在第二入口换热器预热入塔气,再经冷却器冷却后进入第二粗甲醇分离器。粗甲醇分离器分离出的粗甲醇去粗甲醇闪蒸罐,分离出的气相小部分作为弛放气排出,以控制系统中惰性气体的含量,大部分气体循环返回第一甲醇合成塔。该工艺副产压力为 1.8~2.3MPa 的饱和蒸汽。

Davy 甲醇合成技术的主要优点如下:原料气从甲醇合成塔上、下进气管同时进入,合成气进入合成塔后,从中心向四周呈辐射流动,同规模的甲醇合成塔比鲁奇甲醇合成塔直径小、气体在反应器内流动阻力小。主要缺点如下:合成塔内部结构比较复杂,制造难度大，加工要求高，投资成本大，之前都是国外知名设备厂家制作；因合成塔内操作空间狭小，催化剂装填需要较长时间，而且一旦换热管束发生泄漏，检修难度很大；甲醇合成塔的结构决定了其对合成气中硫、氯含量控制要求很高，因此在甲醇合成塔前需设置催化剂保护床用于脱除合成气中的微量硫和氯。

Davy 甲醇合成技术近年来在国内的应用主要有神华包头煤化工有限公司 $180×10^4 t/a$ 甲醇装置、中煤榆林能源化工有限公司 $180×10^4 t/a$ 甲醇装置、神华新疆化工有限公司 $180×10^4 t/a$ 甲醇装置。

2. 鲁奇甲醇合成技术

鲁奇公司(Lurgi)是国际知名的化工行业技术专利商和工程设计承包公司，在天然气转化制合成气、煤气化与净化、硫黄回收、合成气制甲醇、合成燃料等领域拥有独特技术。鲁奇公司于 2007 年被法国液化空气公司收购。鲁奇公司是最早开发列管式甲醇合成塔的技术专利商，可以为客户提供成套装置设计、专有设备的制造与供应和开工调试等工作。

鲁奇公司在大型甲醇装置上采取了管壳式合成塔串联的甲醇合成流程(鲁奇大甲醇工艺)，分别采用水冷和气冷的方式移除反应热。

新鲜气压缩后与循环气混合进入气冷反应器，合成气在管程被壳程的反应热预热，然后进入两个并联的水冷反应器发生甲醇合成反应。催化剂装填在反应器管程，壳程用沸水移热，同时副产中压蒸汽。产品气出两个水冷式合成塔后进入气冷反应器的壳程，未反应的合成气进一步发生反应生成甲醇。气体离开气冷反应器后经热量回收、冷却、分离后得到粗甲醇，未反应的气体继续循环利用。

鲁奇甲醇合成技术的主要优点如下：催化剂床层温差较小，副产蒸汽压力等级高，操作上易控制。主要缺点如下：管内装填催化剂难度较大、容积率较低；合成塔直径较大，设备体积相对庞大，不便运输。

鲁奇甲醇合成技术近年来在国内的应用主要有兖州煤业榆林能化有限公司 1800t/d 甲醇装置、中海石油建滔化工有限公司 1800t/d 甲醇装置、大唐内蒙古多伦煤化工有限责任公司 5000t/d 甲醇装置、神华宁夏煤业集团有限责任公司 5000t/d 甲醇装置。

3. 托普索甲醇合成技术

丹麦托普索公司也是世界上主要的合成氨、甲醇技术供应商及催化剂制造商。

与 Davy 公司、鲁奇公司甲醇合成工艺不同，托普索公司的大型甲醇合成工艺采用 3 台串联绝热式甲醇合成塔，在第一、第二甲醇合成塔出口设废热锅炉进行热量回收，第三甲醇合成塔出口气体对第一甲醇合成塔的入口气体进行预热。

托普索甲醇合成技术的主要优点如下：采用铜基催化剂，催化剂活性高、选择性好，CO 单程转化率高；热回收效率高，系统压降小。主要缺点如下：所需反应设备多，前期设备投资高。

托普索甲醇合成技术近年来在国内外的应用主要有挪威 2500t/d 甲醇装置、沙特阿拉伯 5000t/d 天然气制甲醇装置、尼日利亚 10000t/d 天然气制甲醇装置、河南省中原大化集团有限责任公司 $50×10^4 t/a$ 甲醇装置等。

4. Casale 甲醇合成技术

瑞士卡萨利公司(Casale)开发出一种新型 IMC 甲醇反应器，即等温型甲醇反应器。

新鲜气首先进入保护床，经水解剂、脱硫剂、脱砷剂处理后，与循环气混合进入进/出口换热器与出合成塔的高温气体换热。换热后的气体(温度为210~230℃)从顶部进入合成塔，反应后的气体从底部排出，经进/出口换热器管程、水冷器冷却，进入高压分离器进行气液分离。分离出的粗甲醇在闪蒸槽分离出粗甲醇。从高压分离器上部出来的气体大部分作为循环气返回反应器，小部分作为弛放气经洗涤塔回收甲醇蒸气后进入氢回收装置回收富氢气，富氢气返回入口重新利用。Casale甲醇合成技术设有汽包系统，可副产2.6~3.9MPa蒸汽。

Casale甲醇合成技术的主要优点如下：合成反应器内件换热面积大。主要缺点如下：甲醇合成塔结构复杂、制造难度较大，对设备厂商要求高。

Casale甲醇合成技术近年来在国内的应用主要有陕西渭河煤化工集团$40×10^4$t/a甲醇装置、上海焦化有限公司$45×10^4$t/a甲醇装置、山东久泰能源有限公司$100×10^4$t/a甲醇装置、新疆广汇新能源有限公司$120×10^4$t/a甲醇装置。

5. 我国甲醇合成技术

华东理工大学、杭州林达化工工程技术有限公司、湖南安淳高新技术有限公司、南京国昌化工科技有限公司等开发的甲醇合成技术设备已在国内中小甲醇装置上得到广泛应用，并在大型甲醇工艺及反应器上不断探索前进。

四、甲醇合成催化剂

1. 甲醇合成催化剂的发展概况

甲醇合成是典型的催化反应，没有催化剂存在，甲醇合成反应几乎不会发生。随着甲醇工业的蓬勃发展，国内外都在积极开展新型甲醇合成催化剂的研究应用，以提高甲醇产量和质量，降低能源消耗和生产成本，提高产品的市场竞争力和企业的经济效益。

传统的气相合成催化剂主要有锌铬催化剂和铜基催化剂两大类，近年来也有非铜基催化剂、液相催化剂等其他催化剂的研究报道。

1) 锌铬催化剂

德国巴斯夫公司在1923年成功研发出锌铬催化剂，应用于30MPa的高压工艺流程。1966年以前的甲醇合成装置几乎都沿用该流程和锌铬催化剂。由于锌铬催化剂活性较低，操作条件要求高温(317~397℃)、高压(25~35MPa)，且催化剂选择性低，产品中杂质复杂等，目前已被淘汰。

2) 铜基催化剂

1966年以后，英国ICI公司和德国鲁奇公司先后成功研制出了低压铜基催化剂，使操作压力降低至5MPa，操作温度为227~257℃。铜基催化剂具有活性好、选择性高等优点，且操作温度比锌铬催化剂低很多，对合成反应平衡有利。

3) 其他催化剂

非铜基催化剂中，以贵金属为活性组分的催化剂被认为最有发展前途，铂系催化剂具有优良的抗硫中毒性能。纯净的铂载于SiO_2上，加入极少量的如锂、镁、钡、钼，特别是钙组分后，催化活性得到明显提高和改善。

美国、荷兰和意大利的一些公司先后研制出液相甲醇合成催化剂。这些催化剂体系一般由过渡金属的阳离子盐、碱金属(碱土金属)的醇盐和溶剂(或稀释剂和甲醇、甲酸甲酯)组成,在低温(如70~150℃)、低压(如3~5MPa)下具有较高的反应活性和选择性。

2. 国内外典型的工业用甲醇合成催化剂

国外知名的甲醇合成催化剂生产企业有英国ICI公司、英国庄信万丰催化剂公司、德国南方化学公司(现科莱恩公司)和丹麦托普索公司等。我国从20世纪50年代开始甲醇生产工业,使用锌铬催化剂,60年代末开始研究铜基催化剂。国内主要的甲醇合成催化剂研发单位有南化集团研究院、西南化工研究设计院、西北化工研究院、中国石化齐鲁分公司研究院等。

1) 庄信万丰催化剂

庄信万丰催化剂公司(Johnson Matthey Catalysts)是世界上领先的工业催化剂生产供应商。2002年成功收购了ICI公司的Synetix公司,成为全球第二大催化剂制造商。

庄信万丰催化剂公司在1960年就已经开发了低压甲醇工艺(LPM),其使用的Katalco51系列催化剂具有低温活性高、热稳定性好的特点。常用的操作温度为200~290℃,操作压力为5.0~10.0MPa,适用于各种类型的甲醇合成反应器。

庄信万丰催化剂公司先后开发出了Katalco51-1、Katalco51-2、Katalco51-3催化剂,以及独特的氧化镁提升版本Katalco51-7催化剂。之后,庄信万丰催化剂公司又开发出Katalco51-8、Katalco51-9催化剂,Katalco51-8催化剂具有更高的活性,当催化剂还原时,Katalco51-9有低的收缩率。

2) 科莱恩催化剂

德国科莱恩公司(Sud Chemie)于2011年收购了德国南方化学公司。南方化学公司曾是世界上著名的甲醇合成催化剂研发公司之一,先后开发了GL-104、C79-4GL、C79-5GL、C79-6GL、C79-7GL(MegaMax® 700)等牌号的甲醇合成催化剂。

3) 丹麦托普索公司催化剂

丹麦托普索公司早年生产铜-锌-铬系催化剂——LMK催化剂。20世纪80年代,该公司开发的MK101型催化剂具有高活性、高选择性、高稳定性的特点,是世界上最优良的低压甲醇合成催化剂之一。之后该公司又研制出了MK121型催化剂,具有更好稳定性和更长的使用寿命。

4) 南化集团研究院催化剂

南化集团研究院是国内最早研发和生产甲醇催化剂的单位。自20世纪80年代开发低压合成甲醇催化剂以来,已开发了五代低压甲醇合成催化剂:第一代C301-1型低压合成甲醇催化剂(20世纪80年低中期)、第二代NC501-1型低压合成甲醇催化剂(20世纪90年代初期)、第三代C306型低压合成甲醇催化剂(20世纪90年代中期)、第四代C307型低压合成甲醇催化剂(20世纪80年代末期)、第五代NC310型低压合成甲醇催化剂。

其中,第四代C307型低压合成甲醇催化剂已在国内100多套甲醇合成装置上得到应用,如陕西渭南高新区渭河洁能有限公司三期、内蒙古久泰新材料有限公司、安徽华谊化工有限公司、陕西神木化工有限公司等甲醇装置。第五代NC310型低压合成甲醇催化剂具有特点如下：装填量低，易还原，还原过程稳定；活性好，甲醇选择性高，甲醇收率高，稳定性好；合适的外形，机械强度好；单耗低、副产蒸汽高。

5）西南化工研究设计院催化剂

西南化工研究设计院成立于1959年，20世纪70年代中期开始进行甲醇合成催化剂的研究，先后开发并生产了C302、C302-1、C302-2、CNJ206、XNC-98等系列中低压甲醇合成催化剂。

由于西南化工研究设计院的甲醇合成催化剂具有良好的选择性、耐热温度，至今已在国内多套甲醇装置上应用，如甘肃华亭有限公司 $60×10^4 t/a$ 甲醇装置、神华宁夏煤业集团有限责任公司 $25×10^4 t/a$ 甲醇装置等。

五、产品的精制

1. 甲醇精制原理

由于甲醇合成系统中副反应的存在，甲醇合成反应得到的是含有杂质的粗甲醇。粗甲醇中含有的物质可分为以下几类：

（1）有机杂质，包括醇、醛、酮、醚、酸、烷烃等有机物，根据沸点区分为轻组分和重组分。

（2）水，在粗甲醇中含量仅次于甲醇。

（3）还原性物质，包括异甲酸、丁醛、二异丙基甲酮、丙烯醛，以及丙烯、甲酸甲酯、丙醛、甲胺等。

（4）增加电导率的杂质，主要有胺、酸、金属等。

（5）无机杂质，如催化剂粉末、设备氧化产物(含杂质铁)。

甲醇通常用精馏的方法进行精制。精馏通常可将液相混合物分离为塔顶产品和塔底产品；也可根据混合物中各组分的沸点不同，分别从相应的塔板引出馏分，进行多元组分的分离。

2. 典型的甲醇精制流程

1）两塔流程

我国早期的甲醇装置普遍采用两塔精馏流程。粗甲醇先送入预精馏塔，预精馏塔分馏可溶气体和沸点低于甲醇的组分，经预精馏后的含水甲醇经热交换器后再至主精馏塔，甲醇与水、重组分及残余轻组分在主精馏塔进行有效分离，精甲醇产品从顶部采出，高沸点组分从侧线采出，水和微量甲醇从塔釜采出。

两塔精馏流程简单、操作方便、运行稳定，能满足甲醇生产要求。

2）三塔流程

三塔精馏是目前甲醇生产中应用最广泛的精馏流程。三塔流程甲醇精馏系统由预精馏塔、加压精馏塔和常压精馏塔三塔组成。三塔流程与两塔流程的主要区别是将主精馏塔一分为二，第一塔为加压塔，另一塔为常压塔。生产中加压塔和常压塔同时采出甲醇，并且利用加压塔顶蒸汽的冷凝热作为常压塔底再沸器的热源。由于常压塔的再沸器不再使用蒸汽，且加压塔的塔顶不再使用冷凝器，因此三塔精馏可以降低能耗。

三塔流程产品质量高、节能降耗、运行成本低,能够达到美国 AA 级精甲醇标准,但操作相对复杂。

3)四塔流程

甲醇精馏四塔流程与三塔流程相似,在三塔流程的基础上在常压塔后增加一个汽提塔用于回收常压塔侧线或塔釜液中的甲醇,因此四塔流程包含预精馏塔、加压塔、常压塔和汽提塔(即回收塔)。四塔流程在常压塔进料板下方侧线抽出甲醇、水和高沸点组分,送回收塔回收甲醇,回收塔侧线抽出高沸点的醇类,塔顶采出精甲醇。

四塔流程生产的精甲醇产品较二塔、三塔流程在产品质量、甲醇收率方面有较大的提高。

第三节 F-T 合成制油品

一、F-T 合成概述

1. F-T 合成发展历程

费托合成技术由德国皇家煤炭研究所的 F. Fischer 和 H. Tropsch 发明,因此被称为 Fischer-Tropsch 合成,简称 F-T 合成。1923 年,F. Fischer 和 H. Tropsch 在压力为 $10 \sim 13.3$ MPa、温度为 $447 \sim 567$℃ 的条件下,使用加碱的铁屑催化剂,由 CO 和 H_2 反应制得直链烃类。随后,他们进一步开发出了 $Co\text{-}ThO_2\text{-}MgO$-硅藻土催化剂,反应发生的温度和压力都得到降低,为 F-T 合成技术的工业化奠定了基础。

1934 年,德国鲁尔化学公司与 H. Tropsch 签订了合作协议,鲁尔化学公司建成了 250kg/d 的中试装置进行运转。经过开发放大后,1936 年该公司建成了世界上第一个煤炭间接液化厂,产能为 7×10^4 t/a。到了 1944 年,德国共建成 9 套间接液化生产装置,总产能为 57.4×10^4 t/a。同一时期,在日本、法国和中国也建成了 6 套类似的装置,产能为 34×10^4 t/a。因此,第二次世界大战结束前全世界煤炭间接液化的总规模达到 91.4×10^4 t/a(表 3-3-1)。

表 3-3-1 世界上第一代 F-T 合成厂信息表

国家	公司地点	规模/(10^4t/a)	合计/(10^4t/a)
德国 (1936—1940 年)	Brabag	7.0	57.4
	Wintershall	9.0	
	Essener Steinkohle	8.0	
	Rheinpreussen	7.5	
	Ruhrchemie	7.2	
	Krupp	6.0	
	Hoesch	4.7	
	Viktor	4.0	
	Schaffgotsch	4.0	
法国(1937 年)	Kuhlmann	3.0	3.0

续表

国家	公司地点	规模/(10^4t/a)	合计/(10^4t/a)
日本 （1938—1942年）	Kalilawa	10.0	26.0
	Amalasaki	7.0	
	Rumei	5.0	
	Miike	4.0	
中国(1937年)	锦州	5.0	5.0
合计			91.4

德国的煤炭间接液化与直接液化工厂在第二次世界大战以后完全停产。20世纪50年代，南非由于当时的特殊国际环境和本国资源条件所限，采用煤炭间接液化技术解决本国油品供给问题。

1950年成立的南非萨索公司，与鲁奇、鲁尔化学和凯洛格几家公司进行技术合作，采用鲁奇炉气化技术和低温甲醇洗净化技术，以及固定床和流化床F-T合成技术，在Sasolburg建成了Sasol Ⅰ厂。工厂于1955年建成投产，生产规模为$30×10^4$t/a。20世纪70年代发生石油危机后，萨索公司于1980年和1982年相继建成了Sasol Ⅱ和Sasol Ⅲ两个间接液化工厂。三个间接液化工厂年消耗煤炭$4100×10^4$t，是世界上规模最大的以煤为原料生产合成油和化学品的化工厂。产品的种类繁多，包括汽油、柴油、石蜡、氨、乙烯、丙烯、聚合物、醇、醛、酮等，总产能为$710×10^4$t/a，生产油品占60%。随后，萨索公司采用其开发的成熟的浆态床F-T合成技术，在南非国内和其他国家建成了几套以天然气转化产生合成气进而生产油品等的间接液化厂，卡塔尔的Oryx工厂于2006年建成投运，产品规模达到$180×10^4$t/a。

我国在20世纪50年代对锦州的煤炭间接液化生产油品工厂进行了恢复和扩建，应用固定床反应器，在常压和钴基催化剂条件下发生F-T合成，到1959年最高产能达到$4.7×10^4$t/a。大庆油田发现后，1967年该装置停产。1953年，中国科学院大连石油研究所（现中科院大连化物所）开展研究，并建立了一套中试装置，但这项工作没有继续而中断了。

2. F-T合成技术进展

1）国外F-T合成技术

第二次世界大战以后，煤炭间接液化技术由德国转移到南非。萨索公司通过长期的自主研发，从反应器技术到催化剂的研制，再到反应产物的加工等各个方面，都形成完善的工业化技术，具有明显的技术优势。

Sasol Ⅰ厂第一台F-T合成反应器采用的是由鲁尔化学和鲁奇公司合作开发的Arge固定床反应器，单台产能为500bbl/d，反应器操作温度为230℃、操作压力为2.7MPa，反应在管内进行。后来萨索公司在原有Arge固定床反应器的基础上，通过试验开发出高压Arge反应器，操作压力可达4.5MPa，并投入应用。萨索公司对凯洛格公司开发的循环流化床反应器(CFB)进行放大开发，投入运行的Synthol循环流化床反应器单台产能达到6500bbl/d，应用于Sasol Ⅱ和Sasol Ⅲ两个工厂的高温F-T合成生产装置。为了提高单台反应器的产能，萨索公司开发了固定流化床(SAS)，1983年开始1m直径的固定流化床反应器中试，并不断完善和放大。1996—1999 年，用 8 台固定流化床反应器(SAS)代替了 Sasol Ⅱ 和 Sasol Ⅲ 两个工厂的 16 台循环流化床反应器(Synthol)，其中 4 台直径 8m 的反应器单台产能达到 11000bbl/d，4 台直径 10.7m 的反应器单台产能达到 20000bbl/d。

20 世纪 70 年代中期，萨索公司开始浆态床 F-T 合成反应器的研究工作，简单高效的内置式分离装置研发成功后，于 20 世纪 90 年代进行中试。1993 年，直径 5m、高 20m、产能 2500bbl/d 的三相浆态床费托合成反应器(SSPD)工业化生产装置开始建设，到 1995 年建成后投运。2006 年投运的卡塔尔 Oryx 工厂，采用直径 10.7m、产能 20000bbl/d 的浆态床反应器。

除南非萨索公司以外，世界上其他公司也对 F-T 合成技术进行了大量的研究。

Shell 公司经过多年对 F-T 合成油技术的研发，现在已经拥有世界先进的工业化 F-T 合成技术，该技术被称为中间馏分油合成技术(Shell Middle Distillate Synthesis, SMDS)。SMDS 技术将传统的 F-T 合成技术与分子筛裂化或加氢裂化技术相结合，生产高辛烷值汽油或者优质柴油。1993 年，Shell 公司利用 SMDS 技术在马来西亚建成一套 43×10^4t/a 工业化装置，总投资 8.5 亿美元，反应器为固定床反应器，使用钴基催化剂，直径为 7m，单台产能为 3000bbl/d，合成气由天然气部分转化制得，主要产品为重蜡及其经贵金属加氢催化得到的交通燃料油。后扩建至产能 75×10^4t/a，单台反应器的产能也提高到 8000bbl/d。Shell 公司在浆态床技术方面也有专利申请。

Statoil 公司拥有 F-T 合成的专利技术，开展了合成催化剂的大量研究工作；Syntroleum 公司进行了 F-T 合成的实验室研究，并称可以投入工业化应用；Exxon 公司、Conoco-Philips 公司等进行了 F-T 合成工艺技术的研究。

2) 国内 F-T 合成技术

由于油气资源的逐年减少和我国经济发展对能源需求的迅速增长，以及我国富煤、贫油、少气的先天性资源结构特点，重视开发和应用煤炭间接液化技术关系到国家的能源战略。近几十年来，国内 F-T 合成技术的研发和应用日新月异，这对于提高我国能源的利用水平、加快能源结构升级调整、解决我国液体燃料的短缺和实现能源供应方式的多样化具有重要意义，是保障国家能源安全的战略选择。

中科院山西煤化所从 20 世纪 80 年代开始进行铁基、钴基两大类催化剂以及 F-T 合成技术的研究及工程开发，经过 3 套 $(16\sim18)\times10^4$t/a 规模的工业示范装置建设，该技术已发展成熟，进入大型工业化应用阶段。采用中科合成油煤炭间接液化技术的 400×10^4t/a 大型煤制油工厂，于 2016 年在宁夏回族自治区由神华宁夏煤业集团公司建成投产。2017 年，同时建成了伊泰杭锦旗煤制油有限公司 120×10^4t/a 精细化学品示范项目，以及山西潞安集团有限公司 100×10^4t/a 高硫煤清洁利用油化电热一体化项目。

兖矿集团所属的上海兖矿能源科技研发公司自 2002 年起开展煤炭间接液化技术的研发工作，现已开发成功三相浆态床低温 F-T 合成技术和固定床高温 F-T 合成技术。经过一系列的实验、中试放大工作，其核心技术已趋完善，于 2015 年 9 月在陕西榆林建成了国内第一套百万吨级煤炭间接液化项目，投产后产出了优质油品。

国家能源集团、中国石化等多家能源企业也在进行煤炭间接液化技术的研发，并取得了很大的成果。

二、F-T合成反应的基本原理

F-T合成反应是CO与H_2在催化剂的作用下进行的非均相反应,产物为分子量分布很宽的烃类等。在不同的催化剂和不同的反应条件下,可以生成烷烃、烯烃、醇、醛、酮、酸等多种有机化合物。

1. F-T合成反应类型

1) 主要化学反应

烷烃生成反应:
$$nCO+(2n+1)H_2 \longrightarrow C_nH_{2n+2}+nH_2O$$

烯烃生成反应:
$$nCO+2nH_2 \longrightarrow C_nH_{2n}+nH_2O$$

生成烷烃和烯烃的反应,是F-T合成中发生概率最大的反应,可以表示如下:
$$CO+2H_2 \longrightarrow (CH_2)+H_2O \quad \Delta H_R(227℃)=-165kJ$$

变换反应:
$$CO+H_2O \longrightarrow H_2+CO_2 \quad \Delta H_R(227℃)=-39.8kJ$$

2) 副反应

醇类生成反应:
$$nCO+2nH_2 \longrightarrow C_nH_{2n+1}OH+(n-1)H_2O$$

酸类生成反应:
$$nCO+(2n-2)H_2 \longrightarrow C_{n-1}H_{2n-1}COOH+(n-2)H_2O$$

醛类生成反应:
$$(n+1)CO+(2n+1)H_2 \longrightarrow C_nH_{2n+1}CHO+nH_2O$$

酮类生成反应:
$$nCO+(2n-1)H_2 \longrightarrow C_nH_{2n}O+(n-1)H_2O$$

酯类生成反应:
$$nCO+(2n-2)H_2 \longrightarrow C_nH_{2n}O_2+(n-2)H_2O$$

甲烷化反应:
$$CO+3H_2 \longrightarrow CH_4+H_2O$$

积炭反应:
$$CO+H_2 \longrightarrow C+H_2O$$

歧化反应:
$$2CO \longrightarrow CO_2+C$$

3) F-T合成反应的几个概念

(1) 转化率。

反应组分的转化率即该组分转化为生成物的量占初始量的百分数[式(3-3-1)]。

$$转化率=(组分的入口量-组分的出口量)/组分的入口量×100\% \quad (3-3-1)$$

转化率可以是CO和H_2中某单一组分的,也可以是总有效合成气($CO+H_2$)的。在分析反应过程的碳利用率时,可计算$CO+CO_2$的转化率。转化率越高,说明F-T合成反应进行得越彻底，合成气的利用率越高。

（2）选择性。

选择性表示参加反应的组分生成目的产物的比例。在 F-T 合成反应中，选择性一般指一类产物，而且大多以 CO 或者 C 的量进行计算。产物 i 的选择性 S_i 可以下面两个表达式表示：

$$S_i = \frac{\text{生成} i \text{产物消耗的 CO 量}}{\text{CO 总消耗量} - CO_2 \text{生成量}} \times 100\% \quad (3-3-2)$$

$$S_i = \frac{i \text{产物的碳数}}{\text{产物总碳数}} \times 100\% \quad (3-3-3)$$

（3）F-T 合成反应的理论产率。

在 F-T 合成反应研究中，以主反应计量式计算得到 $1m^3$ 合成气的烃类质量产率称为 F-T 合成反应的理论产率，这一数值为 $208.3g/m^3(H_2+CO)$。实际的烃类产率远低于这一数值，大多在 $120g/m^3(H_2+CO)$ 上下。

2. F-T 合成反应热力学

1）主要反应热力学

CO 与 H_2 反应生成烃类和水的反应平衡常数见表3-3-2。

表3-3-2　CO 和 H_2 生成烃类和水的反应平衡常数 $\lg K_p$

项目	化学式	$\lg K_p$					$K_p=1$ 时的温度/℃
		127℃	227℃	327℃	427℃	627℃	
甲烷	CH_4	15.603	10.050	6.296	3.571	-0.116	620
乙烷	C_2H_6	22.109	12.755	6.417	1.835	-4.356	476
丙烷	C_3H_8	29.688	16.301	7.241	0.697	-8.123	440
丁烷	C_4H_{10}	37.482	20.032	8.228	-0.297	-11.766	423
正己烷	C_6H_{14}	52.969	27.356	0.049	-2.439	-19.233	405
正辛烷	C_8H_{18}	68.305	34.564	11.775	-4.665	-26.757	395
正癸烷	$C_{10}H_{22}$	83.637	41.770	13.499	-6.800	-34.283	390
乙烯	C_2H_4	10.596	4.853	0.973	-1.843	-5.655	358
丙烯	C_3H_6	20.171	10.085	3.250	-1.697	-8.378	389
1-丁烯	C_4H_8	27.773	13.667	4.126	-2.767	-12.055	383
1-己烯	C_5H_{12}	43.404	21.131	6.080	-4.782	-19.397	379
1-辛烯	C_8H_{16}	58.738	28.340	7.808	-7.006	-26.922	376
1-癸烯	$C_{10}H_{20}$	74.086	35.547	9.530	-9.231	-34.449	373
己炔	C_6H_{10}	-6.315	-7.364	-8.103	-8.656	-9.426	—
苯	C_6H_6	41.551	22.644	9.873	-0.658	-11.738	435
环己烷	C_6H_{12}	49.392	24.903	8.345	-3.600	-19.652	393
碳	C	10.113	6.683	4.296	2.618	0.372	671

从表3-3-2中数据以及 F-T 反应温度变化对生成各类产物的影响可以得出如下规律：

(1) 对于F-T合成生成烃类的反应，烷烃最易生成，其次是烯烃、双烯烃、环烷烃、芳烃，炔烃很难生成。

(2) 对于同一种烃类，随着碳数的增加，生成越容易。

(3) 反应温度升高，对于主要产物的生成均不利，多碳烃类和醇类尤为明显。

(4) 相对来说，反应温度高有利于烷烃特别是低碳烷烃的生成，反应温度低有利于不饱和烃、含氧化合物的生成。

F-T合成典型反应的反应热 ΔH、反应平衡常数、合成气平衡转化率见表3-3-3。

表3-3-3　F-T合成典型反应的反应热、反应平衡常数和合成气平衡转化率(1.0MPa)

项目	碳数	反应热 ΔH[①]	反应平衡常数 K_p[②]		平衡转化率[③]/%（摩尔分数）	
			250℃	350℃	250℃	350℃
生成烷烃	1	-13.5	1.15×10^{11}	3.04×10^7	99.9	99.2
	2	-12.2	1.15×10^{15}	1.63×10^9	99.6	97.1
	20	-11.4	1.69×10^{103}	6.5×10^{51}	98.7	90.8
生成烯烃	2	-8.0	6.51×10^6	1.69×10^3	95.0	80.5
	3	-9.4	1.79×10^{13}	8.76×10^6	97.8	88.7
	20	-11.0	2.18×10^{96}	9.9×10^{46}	98.5	89.0
生成醇	1	-7.1	0.205	5.18×10^{-3}	7.9	0.2
	2	-9.7	5.08×10^5	23.5	94.1	63.4
	20	-11.1	9.08×10^{93}	1.04×10^{44}	98.4	87.9

① 烃类以 kJ/g 烃计，醇类以 kJ/g 醇计。
② 对于烷烃和醇，单位为 MPa^{-2n}；对于烯烃，单位为 MPa^{1-2n}。
③ 以原料气中 CO/H_2 值为基准。

F-T合成主要反应的标准自由能 ΔG 见表3-3-4。

表3-3-4　F-T合成主要反应的标准自由能 ΔG

反应	ΔG_0/(kJ/mol)			ΔG_2/(kJ/mol)	T_1/℃	
	150℃	250℃	350℃	350℃	0.1MPa	2.0MPa
$CO + 2H_2 \longrightarrow CH_2 + H_2O$	-53	-26	+1.5	-33	346	506
$4CO + 9H_2 \longrightarrow C_4H_{10} + 4H_2O$	-268	-171	-77	-201	428	622
$3CO + 7H_2 \longrightarrow C_3H_8 + 3H_2O$	-215	-146	-79	-169	465	660
$CO + 3H_2 \longrightarrow CH_4 + H_2O$	-115	-91	-71	-103	636	880
$C_4H_{10} + H_2 \longrightarrow CH_4 + C_3H_8$	-8	-17	-27	-12	70	185
$2CO \longrightarrow C + CO$	-98	-80	-62	-78	700	870
$CO + H_2O \longrightarrow CO_2 + H_2$	-23	-20	-16		740	
$CO + 2H_2 \longrightarrow \frac{1}{2}C_2H_4 + H_2O$	-37	-18	-2.5	-26	364	538
$C_2H_4 + H_2 \longrightarrow C_2H_6$	-85	-73	-60	-76	810	1100

续表

反应	ΔG_0/(kJ/mol)			ΔG_2/(kJ/mol)	T_1/℃	
	150℃	250℃	350℃	350℃	0.1MPa	2.0MPa
1-丁烯+H_2 ⟶ 正丁烷	-72	-60	-47	-62	707	940
1-丁烯 ⟶ 2-丁烯	-5	-4	-3			
1-丁烯 ⟶ 异丁烯	-12	-12	-11			
C_2H_5OH ⟶ 正丁烯+H_2O	-9	-21	-35	-19	97	175
正丁醇 ⟶ 正丁烯+H_2O	-24	-36	-49	-34	-38	5
正丁醇+H_2 ⟶ 1-丁烯+H_2O	-96	-96	-96			
CH_3CHO+H_2 ⟶ C_2H_5OH	-21	-9	+3	-13	325	480
CH_3-O-CH_2+CO ⟶ CH_3CO	-18	+7	+19	+3	198	318

注：ΔG_0 为 0.1MPa 压力下标准自由能，ΔG_2 为 2.0MPa 压力下标准自由能，T_1 为 $\Delta G=0$ 时的温度。

在 F-T 合成反应中，包含许多平行反应，如生成烷烃和烯烃的主反应、生成含氧有机化合物的副反应、甲烷化反应、CO 歧化反应和积炭反应等；还包含许多顺序反应。这些反应相互竞争又相互依存，反应能否进行以及进行到何种程度，可依据标准自由能 ΔG 来判断。

当反应标准自由能 $\Delta G<0$ 时，反应能够向右进行，ΔG 的绝对值越大，表示反应越容易进行；当反应标准自由能 $\Delta G>0$ 时，反应不能向右进行，而是相反地向左进行；当反应标准自由能 $\Delta G=0$ 时，表示反应平衡常数为 1，此时的温度 T 为反应向右进行的最高温度。

标准自由能可由式(3-3-4)计算得到：

$$\Delta G = -RT\ln K_p \qquad (3-3-4)$$

式中　ΔG——反应标准自由能，kJ/mol；
　　　R——摩尔气体常数，取 8.314J/(mol·K)；
　　　T——温度，K；
　　　K_p——反应平衡常数。

2）副反应热力学

F-T 合成反应的副产物中，醇类占含氧化合物的比例较大。生成醇类反应的平衡常数列于表 3-3-5。

表 3-3-5　生成醇类反应的平衡常数

醇类	$\lg K_p$					
	127℃	227℃	250℃	300℃	327℃	400℃
甲醇	—	-2.215	-2.35	-3.824		-4.921
乙醇	9.735	2.826		1.770	-1.994	-1.081
1-丙醇	17.968	6.81[①]			0.741[①]	
1-丁醇	26.012[①]	10.703[①]			0.344[①]	
1-己醇	41.00	17.474[①]			0.485[①]	

① 按照醇脱水反应的近似热力学数据计算求得。

从表 3-3-5 中可以看出，F-T 合成反应条件下，生成甲醇非常困难，而生成高碳醇则要容易得多。工业生产中只有碳数大于 2 的醇生成，与热力学分析结论一致。

在 F-T 合成反应过程中，产物的二次反应也是很复杂的，有烃类自身的反应（如裂解和异构化反应），有相互之间的反应（如烷烃与烯烃之间的反应），也有产物与原料 CO 和 H_2 发生的反应。

反应温度较高时可抑制异构化反应，因此 F-T 合成反应产物中正构烃占绝对优势。

在 F-T 合成反应中，催化剂本身在 CO 和 H_2 作用下，也会发生氧化还原反应、生成碳化物和羰基化合物的副反应。对这些反应进行热力学研究，有利于优化操作条件，抑制副反应发生。

3）F-T 合成反应的热效应

F-T 合成反应是放热反应，反应中有大量的热产生，转化 $1m^3$ 合成气约放出 2500kJ 热量。如此多的热量若不从反应区及时导出，将足以使反应气体加热至 1500℃ 以上。

F-T 合成的反应热 ΔH 可以从产物与反应物生成热或燃烧热之差计算得到，也可以根据下式计算：

$$d\ln K/dT = \Delta H/(RT^2) \tag{3-3-5}$$

$$\ln K = -[\Delta H/(RT)] + c \tag{3-3-6}$$

式中　K——反应平衡常数；

　　　T——温度，K；

　　　ΔH——反应热，kJ/mol；

　　　R——摩尔气体常数，取 8.314J/(mol·K)；

　　　c——常数。

CO 和 H_2 反应生成烃类和水的反应热见表 3-3-6。

表 3-3-6　CO 和 H_2 反应生成烃类和水的反应热

名称	化学式	反应热/(kJ/mol)		
		127℃	227℃	427℃
甲烷	CH_4	-210.7	-214.6	-220.5
乙烷	C_2H_6	-355.1	-361.5	-370.6
丙烷	C_3H_8	-508.5	-517.0	-528.8
正丁烷	C_4H_{10}	-663.3	-673.8	-688.2
正己烷	C_6H_{14}	-973.7	-988.4	-1008.2
正辛烷	C_8H_{18}	-1282.9	-1301.8	-1326.9
正癸烷	$C_{10}H_{22}$	-1592.1	-1615.2	-1645.6
乙烯	C_2H_4	-216.2	-221.0	-227.9
丙烯	C_3H_6	-382.5	-389.7	-400.0
丁烯	C_4H_8	-535.5	-544.5	-556.8
1-己烯	C_6H_{12}	-846.2	-846.2	-877.0

续表

名称	化学式	反应热/(kJ/mol)		
		127℃	227℃	427℃
1-辛烯	C_8H_{16}	−1155.6	−1155.6	−1195.8
1-癸烯	$C_{10}H_{20}$	−1464.6	−1464.6	−1514.3
环己烷	C_6H_{12}	−920.7	−920.7	−964.0
苯	C_6H_6	−718.8	−718.8	−743.8
碳	C	−132.7	−132.7	−135.2

从表 3-3-6 中可以看出，反应热随温度的变化很小；随着产物碳数的增加，不同烃类的反应热趋于接近。

3. F-T 合成反应机理

F-T 合成反应的机理非常复杂，虽然众多的学者进行了广泛的研究，从不同角度出发提出了多种机理，但还没有一种机理能够全面地解释 F-T 合成反应，每一种机理都具有一定的片面性。

反应物 CO 和 H_2 在固体催化剂表面发生反应，首先反应物需要在催化剂表面进行活性吸附，这是决定其反应活性及具体反应路径的重要步骤。

CO 在金属表面的吸附常以羰基金属络合物表示，碳原子上的 5σ 孤立电子向金属原子的空轨道提供电子，首先形成二者之间的强 σ 键，然后金属原子的 d 轨道将电子反馈给 CO 的反键 2π 轨道，形成金属与 CO 间的 π 键。由于这两个键的共同作用，CO 依靠碳原子在金属表面被牢固吸附，但由于 π 键反馈使得碳与氧之间的反键增强，碳氧键被削弱而变得不稳定，即吸附的 CO 被活化。这种反应性可以近似地认为与 π 反馈的大小有关。如果 π 反馈进一步增大，碳氧键就会更加不稳定直到发生断裂，即 CO 在金属表面被解离吸附。

H_2 分子可在某些金属表面发生物理吸附或化学吸附，在有些金属上，随着温度的变化，物理吸附可以转变为化学吸附。H_2 分子会以分子态或通过解离吸附参与反应。当 H_2 分子在金属表面上发生化学吸附时，许多情况下会解离成氢原子，有时因金属原子向吸附的氢原子转移，使解离吸附的氢原子呈负电性，这些不同类型的吸附态氢，对于加氢作用会产生很大影响。

CO 与 H_2 的费托合成反应基本可以概括为链引发、链增长、链终止和产物脱附几个阶段，经过研究后提出的反应机理有十几种。

表面碳化物机理是由 F. Fischer 和 H. Tropsch 首先提出的，现在仍被广泛接受。他们根据 Fe、Ni、Co 等金属单独和 CO 反应时都可生成各自的碳化物，后者又能加氢转化为烃类的事实，认为 CO 和 H_2 接近催化剂时比较容易被催化剂表面或金属表面所吸附，而 CO 比 H_2 更容易吸附，因此 CO 首先在催化剂表面上吸附解离为活性金属碳化物物种。该物种与氢反应形成亚甲基(—CH_2—)中间体后，进一步反应生成烷烃或者烯烃，碳链长短取决于氢活化程度。如果催化剂表面化学吸附氢少，则形成高碳烃；如果氢大量过剩，则形成甲烷。

后来，经过研究者提出并较为广泛采用的其他机理还有烷基化机理、烯醇机理、CO 插入机理、综合机理等。

4. F-T 合成反应动力学

F-T 合成反应的机理非常复杂,因而对其动力学的研究也有大量的探索工作。

获得优化的 F-T 合成工艺条件、对实验室研究成果进行放大实现工业化应用、设计出合理的合成反应器,上述都需要使用准确的反应速率方程式。因而,对反应动力学的研究是十分必要的。

1) 中间产物生成动力学

Satterfield 和 Huff 等研究人员根据铁催化剂反应的大量实验结果,提出了三点假设:(1)催化剂表面的含碳物质与氢结合形成单体的反应为 F-T 合成的控制步骤;(2)反应产生的水在催化剂表面较强的吸附对反应有抑制作用;(3)氢参加反应的速率与体系中氢气分压(p_{H_2})成正比。基于以上假设,建立了三种中间产物生成动力学模型,推导出 F-T 合成的速率方程。

碳化物生成的总速率方程:

$$-r_1 = kbp_{CO}p_{H_2}^2 / (p_{H_2O} + bp_{CO}p_{H_2}) \tag{3-3-7}$$

式中 r_1——以反应物(CO+H_2)消耗表示的反应速率;

k——总反应速率常数;

b——修正常数;

p_{CO},p_{H_2},p_{H_2O}——分别为体系中 CO、H_2、H_2O 组分的分压。

当 r_1 不大时,p_{H_2O} 很小,可以忽略不计,式(3-3-7)可简化为

$$-r_1 = kp_{H_2} \tag{3-3-8}$$

试验发现,在系统压力为 1~2MPa、温度为 225~265℃,H_2/CO 值(物质的量比)为 1~7 时,式(3-3-8)成立,求得的总活化能约为 70kJ/mol;当温度超过 300℃后,CO 变换反应加快,蒸汽对反应的抑制作用增强,式(3-3-8)则不能成立。

烯醇中间体生成的反应速率方程为

$$-r_1 = k'bp_{CO}p_{H_2} / (p_{H_2O} + bp_{CO}) \tag{3-3-9}$$

式中 r_1——以反应物(CO+H_2)消耗表示的反应速率;

k'——总反应速率常数;

b——修正常数;

p_{CO},p_{H_2},p_{H_2O}——分别为体系中 CO、H_2、H_2O 组分的分压。

碳化物和烯醇两种中间体同时生成,推导的总速率方程形式同碳化物生成速率方程[式(3-3-7)]。

2) 铁催化剂 F-T 合成反应宏观动力学

学者们通过对不同铁催化剂作用下的 F-T 合成反应动力学进行的研究,推导出各种条件下的宏观动力学速率方程(表 3-3-7 和表 3-3-8)。

表 3-3-7 铁催化剂固定床 F-T 合成反应动力学方程

催化剂	反应器	反应条件			速率方程	表观活化能/kJ/mol
		温度/℃	压力/MPa	H_2/CO 值(物质的量比)		
沉淀铁剂	固定床	220~270	1.0~2.0	1.0~6.0	$r = ap_{H_2}/p_{CO}^{0.25}$	79~92
沉淀铁剂	固定床	—	—	—	$r = ap_{H_2}^2$	88

续表

催化剂	反应器	反应条件			速率方程	表观活化能/kJ/mol
		温度/℃	压力/MPa	H_2/CO 值(物质的量比)		
熔铁	固定流化床	250~320	2.2~4.2	2.0	$r=ap$	79
熔铁	微分固定床	225~265	1.0~1.8	1.2~7.2	$r=ap_{H_2}$	71
氮化熔铁	固定床	225~255	2.2	0.25~2.0	$r=ap_{H_2}$ 或 $r=ap_{H_2}^{0.66}p_{CO}^{0.34}$	71~100
氮化熔铁	无梯度固定床	250~325	2.0	2.0	$r=1+bp_{H_2O}/p_{CO}$	84
Fe/Al_2O_3	微分固定床	220~225	0.1	3.0	$r=ap_{H_2}^{1.1\pm0.1}p_{CO}^{-0.1\pm0.1}$	88±4

注：p 为反应压力或反应体系中不同组分的分压，MPa；a 和 b 分别为系数。

表 3-3-8 铁催化剂浆态床 F-T 合成反应动力学方程

催化剂	反应温度/℃	速率方程	表观活化能/kJ
熔铁	250~310	$r=K_0p_{CO}/(p_{CO}+ap_{H_2O})$	85
熔铁	232~263	$r=K_0p_{CO}p_{H_2}^2/(p_{CO}p_{H_2}+bp_{H_2O})$	83
熔铁	240	$r=K_0p_{CO}p_{H_2}/(p_{CO}+cp_{H_2O})$	81
沉淀铁	265	$r=K_0p_{CO}p_{H_2}/(p_{CO}+ap_{H_2O})$	—
沉淀铁	270	$r=K_0p_{CO}p_{H_2}/(p_{CO}+ap_{H_2O})$	89
沉淀铁	220~260	$r=K_0p_{CO}p_{H_2}/(p_{CO}+cp_{H_2O})$	103

注：p 为反应压力或反应体系中不同组分的分压，MPa；a、b、c 分别为系数。

从表 3-3-7 中可以看出，反应速率与氢分压 p_{H_2} 成正比，CO 分压 p_{CO} 的影响相对较小，表观活化能在 80kJ/mol 左右。从表 3-3-8 中可以看出，反应速率与氢分压 p_{H_2} 成正比，CO 分压 p_{CO} 的增加总体上对反应有利，表观活化能略高于 80kJ/mol。

比较表 3-3-7 和表 3-3-8 可以看出，同样的铁催化剂在固定床和浆态床中的动力学方程有一定区别。这说明在固定床反应器中，合成气的转化率很高，但传热和传质影响大，催化剂颗粒效应明显，对 H_2O 和 CO_2 生成以及二次反应都有影响。

3) 钴催化剂 F-T 合成反应宏观动力学

对钴催化剂 F-T 合成的研究，得到如下反应速率方程：

$$r_2^{-1}=a^{-1}+(abp_{CO}p_{H_2}^2)^{-1} \tag{3-3-10}$$

式中 r_2——以产物生成表示的反应速率；

a——与脱附速率有关的值；

b——与产物吸附热有关的值；

p_{CO}，p_{H_2}——分别为体系中 CO、H_2 组分的分压。

当 H_2/CO 值(物质的量比)为 2:1，反应温度为 192℃时，a 为 43cm³(催化剂)·h·cm³，b 为 187atm⁻³；反应温度为 206℃时，a 为 93cm³(催化剂)·h·cm³，b 为 207atm⁻³。用不同的钴催化剂，测得的表观活化能在 100kJ/mol 左右。

总之，F-T合成反应的机理复杂，对动力学的研究困难很大。在不同的催化剂、不同的反应器形式和不同的反应条件下，动力学模型各不相同，没有一个通用的动力学模型和反应速率方程可以适用于所有的F-T合成反应。

5. 反应条件对F-T合成的影响

1）反应温度

温度升高，反应速率加快，反应物的转化率提高，但同时影响到产物的分布。F-T合成反应是强放热反应，产物的形成是通过中间体参与链增长而进行的，因此必须严格控制反应温度。随着温度的升高，中间产物脱附的可能性增大，形成产物时的链终止速率加快，导致碳链增长概率减小，即链增长因子 α 值减小。因此，低碳烃的选择性随温度升高而增大，长链烃特别是硬蜡产品的选择性随温度升高而减少。此外，随着温度的升高，主反应速率加快，烯烃的二次反应等副反应速率也会加快。反应温度对产物中烯烷比有很大的影响。

表3-3-9中列出了反应温度对F-T合成反应的影响情况。从表中可以看出，随着反应温度的升高，CO转化率提高，气态烃产率增加，液态烃和石蜡的产率降低。

表3-3-9 反应温度对转化率、产率与分布的影响（$Co/ZrO/SiO_2$ 催化剂）

温度/℃	CO转化率/%	烃类选择性/%	C_{5+}产率/(g/m³)	烃分布/%（质量分数）					粗蜡/油（质量比）
				C_1	C_2	C_3	C_4	C_{5+}	
187	87.70	99.46	138.6	7.79	1.84	4.29	3.05	83.03	3.7
190	96.10	99.01	149.7	6.80	0.82	2.01	1.61	88.76	4.1
201	99.63	98.5	124.6	11.34	1.19	2.56	2.20	82.71	3.5
211	99.78	97.50	97.5	15.40	1.56	3.13	2.64	77.27	3.3
220	99.93	96.30	103.3	18.92	1.86	3.07	2.53	73.62	3.0

2）反应压力

由反应的化学计量式可以知道，F-T合成反应是体积减小的反应，因此压力增加有利于合成气向产物方向反应的进行。

反应压力提高，催化剂的活性提高。沉淀铁和熔融铁催化剂在常压下几乎没有活性，压力达到0.1MPa后开始显示活性，并随压力增加而增加。钴基催化剂在常压下就有足够的活性，当压力超过1.5MPa后，由于产物脱附严重受阻，因此烃类的产率反而下降。总合成气（$CO+H_2$）的转化率与压力呈线性关系。

反应压力提高，甲烷等低碳烃的选择性降低，高碳烃的选择性增加，碳链增长因子 α 值呈上升趋势。钴基催化剂在220℃下，反应压力由0.5MPa升高至3.0MPa时，α 值由0.78增大到0.87。反应压力提高，产物中烯烃的含量也减少。

表3-3-10中列出了反应压力对产品产率的影响情况。

表3-3-10 反应压力对产品产率的影响（钴基催化剂）

反应压力/MPa	产品产率/(g/m³)					
	C_1—C_4	C_5—200℃	柴油	石蜡	C_{5+}小计	总烃合计
0	38	69	38	10	117	155

续表

反应压力/MPa	产品产率/(g/m³)					
	C_1—C_4	C_5—200℃	柴油	石蜡	C_{5+}小计	总烃合计
0.15	50	73	43	15	131	181
0.5	33	39	41	60	140	173
1.5	33	39	36	70	145	178
5.0	21	47	37	54	138	159
15.0	31	43	34	27	104	135

3）合成气中 H_2/CO 值

从合成气生成烃类和水的基本 F-T 合成反应计量式来看，H_2/CO 值最佳为 2。但由于催化剂的不同、反应机理的差异、产物的选择性要求变化等，对于 H_2/CO 值的要求有所变化。

对于同一种催化剂，H_2/CO 值的变化对反应的影响见表 3-3-11 和表 3-3-12。从表中可以看出，随着 H_2/CO 值增大，硬蜡选择性下降，甲烷选择性上升，烃类产品的产率呈线性增加。

表 3-3-11　不同 H_2/CO 值对 F-T 合成产物选择性的影响

项目	H_2/CO 值	分压/MPa			$\dfrac{p_{H_2}^{0.5}}{p_{CO}+p_{CO_2}}$	产物选择性/%	
		H_2	CO	CO_2		甲烷	硬蜡
铁基催化剂（固定床）	1.0	1.08	1.08	0.15		—	48
	1.9	1.0	0.54	0.14		—	37
	2.2	1.21	0.56	0.20		—	32
	3.7	1.33	0.35	0.15		—	22
	7.3	1.66	0.28	0.38		—	13
铁基催化剂（流化床）	4.4	0.75	0.17	0.43	0.46	8	—
	2.9	0.72	0.25	0.19	0.62	12	—
	4.3	0.57	0.13	0.15	0.84	17	—
	4.4	0.74	0.17	0.06	1.19	22	—
	7.7	1.01	0.13	0.03	2.0	27	—

表 3-3-12　原料气 H_2/CO 值对烃类产品产率的影响

H_2/CO 值	烃类产品产率/(g/m³)	
	铁基催化剂	钴基催化剂
2.00	52.0	185.6
1.65	40.0	157.2
1.42	34.7	146.8
1.10	25.2	136.9

4）空速

对反应器来说，提高空速意味着增大流通能力，可以提高装置产能，但同时会导致转化率下降,需要加大循环量而增加能耗。因此,应结合反应器类型、催化剂的使用条件、转化率等综合考虑选择合适的空速。

表 3-3-13 中列出了采用钴基催化剂时空速对合成反应的影响情况。从表中可以看出,随着空速的增加,烃类产品产率明显下降,固体石蜡减少,液态烃在产物中的比例增加。

表 3-3-13 采用钴基催化剂时空速对合成反应的影响

气体空速/h^{-1}	CO 转化率/%	烃类选择性/%	烃类产品分布/%					C_{5+}产率/(g/m^3)	粗蜡/油（质量比）
			C_1	C_2	C_3	C_4	C_{5+}		
500	87.70	99.46	7.79	1.84	4.29	3.05	83.03	138.6	3.70
1000	75.90	99.52	12.97	2.14	3.68	2.58	78.64	117.3	3.49
1500	20.31	99.38	14.85	2.75	7.85	4.32	70.23	30.18	1.57
2022	19.81	98.00	16.19	3.63	13.61	6.10	60.47	13.66	0.52

表 3-3-14 中列出了采用熔融铁催化剂时空速对合成反应的影响情况。从表中可以看出,在其他反应条件适宜时,空速在一定范围内增加,转化率和烃类总产率虽有下降,但不明显。

表 3-3-14 采用熔融铁催化剂时空速对合成反应的影响

项 目		固定床①				流化床①	
空速		418	416	530	1050	793	1010
压力/MPa		1.0	2.0	2.0	2.0	2.0	2.0
温度/℃		285	280	308	318	300	300
循环比		—	—	2.26	1.33	7.1	5.1
CO 转化率/%		95.8	96.2	96.0	94.4	99.1	99.5
CO 转化为 CO_2 的总转化率/%		29.2	23.2	5.2	9.2	—	—
反应产物/(g/m^3)	C_1	36.7	30.9	27.4	28.0	42.4	32.8
	C_2—$C_4$②	56.6	76.8	71.4	85.0	104.4	100.7
	C_{4+}	47.3	44.9	91.5	67.1	33.3	37.7
	合计	140.6	152.6	190.3	180.1	180.1	171.2

① 固定床原料气 H_2/CO 值为 2.03；流化床原料气 H_2/CO 值为 2.31。
② 烯烃占 70%。

提高空速,采用尾气循环的方式,可以保持合成气的转化率,提高了反应器的产能。

5) 反应器形式

目前,常用的 F-T 合成反应器形式有固定床、流化床(包括循环流化床和固定流化床)、浆态床三类。由于不同形式的反应器内传热、传质和停留时间等工艺条件不同,生成的产物有很大差别。

表 3-3-15 中列出了采用熔融铁催化剂时三类反应器的典型反应条件和产物分布情况。表 3-3-16 中列出了萨索公司三种反应器的反应条件和产物情况。

表 3-3-15　三类反应器采用熔融铁催化剂时的反应条件和产物分布

项　目		固定床	流化床	浆态床
反应温度/℃		265	305	265
压力/MPa		2.0	2.0	2.0
H_2/CO 值		2.05	2.11	2.10
CO 转化率/%		93	90	97
产物分布/%（质量分数）	C_1	22	27	8
	C_2—C_4	34	34	35
	C_5—200℃	32	32	22
	200~300℃	6	3	11
	>300℃	4	1	17
	含氧化物	2	3	7
烯烃/总烃/%		49	82	59

表 3-3-16　萨索公司三种反应器的反应条件和产物分布

项　目		固定床 Arge	流化床 Synthol	浆态床（中试）
反应温度/℃		232	330	261
压力/MPa		2.6	2.25	1.0
H_2/CO 值		1.7	2.8	1.7
(H_2+CO)转化率/%		65	85	89
反应产物/%（质量分数）	CH_4	5.0	10.0	2.9
	C_2H_4	0.2	4.0	4.3(C_2)
	C_2H_6	2.4	6.0	
	C_3H_6	2.0	12.0	7.0(C_3+C_4)
	C_3H_8	2.8	2.0	
	C_4H_8	3.0	8.0	
	C_4H_{10}	2.2	1.0	
	汽油(C_5—C_{12})	22.5	39.0	4.7(C_5—C_9);
	柴油(C_{13}—C_{18})	15.0	5.1	16.0(C_{10}—C_{18})
	重油 C_{19}—C_{21}	6.0	1.0	50.8(C_{19}—C_{27});
	重油 C_{22}—C_{30}	17.0	3.0	12.7(C_{28+})
	醇	18.0	2.0	
	羧酸	0.4	1.0	0.2
	非酸氧化物	3.0	6.0	1.4
	合计	100.0	100.0	100.0

与流化床相比，固定床由于反应温度较低，重质油和石蜡产率高，甲烷和烯烃产率低；流化床则相反。浆态床的特点是中间馏分产率最高。

三、F-T 合成催化剂

1. F-T 合成催化剂概述

催化剂的作用只能改变反应速率而不能改变化学平衡。当反应由初始状态进行到终止状态时，催化剂的化学性质和量都不发生变化。一般来说，催化剂能与反应物生成不稳定的中间产物，从而改变了反应活化能，进而改变反应速率。但是，无论催化剂存在与否，反应的自由能变化、热效应、平衡常数、平衡转化率等热力学特征不会改变，因此催化剂不能使热力学上不可能进行的反应成为可能。工业上使用最多的是能够加快反应速率的催化剂；有些催化剂能使反应速率明显降低，称为负催化剂。催化剂对于正、逆反应速率的改变倍数是相同的。

催化剂的作用除了提高反应速率，还具有明显的选择性。当反应物有多种化学反应的可能性时，使用特定的催化剂就会促进特定的反应加速进行，从而得到需要的产物。如 CO 和 H_2 组成的这一反应体系，采用铁或钴催化剂时主要生成烃类，采用铜锌催化剂时主要生成甲醇，而采用镍催化剂时则主要生成甲烷。这类催化剂一般都是复合型的，其中主要活性组分能加速需要的反应进行，添加的助剂则可以抑制不希望的副反应进行。

采用催化剂，能够改善反应条件，降低操作温度和压力，降低产品的生产成本。

F-T 合成反应始于铁基催化剂，元素周期表第ⅧB 族金属都可用作 F-T 合成催化剂的活性金属。目前，工业上采用铁基和钴基催化剂比较普遍。催化剂中的铁、钴等金属元素称为主催化剂。

催化剂的活性成分有时需要一种性能稳定、有一定机械强度的物质来承载，这种物质称为载体。F-T 合成催化剂中并非全用载体，如熔融铁催化剂。载体的作用一方面是分散活性组分，防止熔结和再结晶，增加比表面积，提高机械强度；另一方面是改变 F-T 合成的二次反应，并通过形选作用进一步提高选择性。常用的载体有硅藻土、Al_2O_3、SiO_2、ThO_2 和 TiO_2 等。

催化剂中常常加入助催化剂，以增强催化剂的结构稳定性，调节催化剂的选择性及活性。用于 F-T 合成反应的助催化剂包括：结构助催化剂，采用难还原的金属氧化物，如 ThO_2、MgO 和 Al_2O_3 等；调变助催化剂，有 K、Cu、Zn、Mn、Cr 等。

不同的催化剂影响到 F-T 合成反应的操作条件和产物分布。铁基催化剂与钴基催化剂的比较见表 3-3-17。

表 3-3-17 F-T 合成中铁基催化剂与钴基催化剂的比较

项　　目		铁基催化剂	钴基催化剂
适宜的反应条件	H_2/CO 值	1~2	2
	温度/℃	220~330	160~240
	压力/MPa	2.0~2.5	0.1~1.0
能否发生 CO 变换反应		能	不能
反应速率		与氢分压成正比	与组分分压关系不大

续表

项　　目		铁基催化剂	钴基催化剂
产物分布	CH_4产率	较低	较高
	CO_2产率	高	很低
	烯烃/烷烃	较高	较低
	石蜡产率	较低	较高

从表 3-3-17 中可以看出，铁基催化剂不但能催化合成烃类的反应，还能催化 CO 变换反应，因此对 H_2/CO 值的要求不如钴基催化剂严格；铁基催化剂的加氢活性不如钴基催化剂，因而产物中烯烃较多，CH_4 和长链烃产率较低。

表 3-3-18 中列出在不同反应条件下采用几种催化剂时的反应产物分布情况。铁基催化剂的反应温度在 300~330℃ 范围内，高于钴基催化剂通常的反应温度，产物中低碳烃的产率普遍较高。

表 3-3-18　不同催化剂在相近反应条件下参数比较情况

项　　目		熔 Fe	Fe-Mn	Co	熔 Fe ZSM-5	沉淀 Fe ZSM-5	Fe-Mn ZSM-5	Co ZSM-5
反应条件	H_2/CO 值	2	2	2	2	2	2	2
	$T/℃$	330	320	300	330	300	320	300
	p/MPa	1.2	1.5	1.2	1.2	1.2	1.2	1.2
	空速/h^{-1}	2100	620	4800	3100	1650	1800	1500
CO 转化率/%		91	86	42	93	94	65	46
H_2 转化率/%		52	48	44	41	40	33	45
产物分布/%	C_1	22.8	33.9	58.5	25.9	30.7	34.4	47.7
	C_2—C_4	22	42.9	14.6	20.9	9.9	34.7	13.8
	C_5—C_{11}	40	22.6	25.1	53.2	59.4	30.9	38.5
	C_{12+}	15.2	0.6	1.8	0	0	0	0
	含氧化合物	有	有	有	无	无	无	无

2. F-T 合成催化剂的制备

1) 铁基催化剂

铁基催化剂的原料来源丰富，价格低廉。具有较宽的操作温度(220~350℃)，即使在较高的温度下，甲烷选择性也能保持相对较低，产物选择的灵活性大。铁基催化剂一般分为两类：一类适合低温费托合成(LTFT)，产物是以柴油为主的重质烃燃料，操作温度为 220~250℃，通过加入不同的助剂改变选择性，多用在固定床和浆态床反应器中；另一类适合高温费托合成(HTFT)，产物是以高附加值的线性 α 烯烃和汽油为主的轻质液态烃燃料，操作温度为 300~350℃。

采用沉淀法制备低温铁基催化剂，主组分为 $\alpha\text{-}Fe_2O_3$，添加的助剂有 K_2O、CuO、SiO_2 或 Al_2O_3。典型的制备过程如下：接近沸腾的硝酸铁和硝酸铜混合溶液在剧烈搅拌下，快速加入热的碳酸钠溶液中，发生沉淀反应生成水合氧化铁，当溶液 pH 值达到 7 时，停止加入硝酸盐溶液。反应结束后，沉淀物用热蒸馏水洗涤除去 Na^+，再与硅酸钾溶液进行浸渍反应，加入适量硝酸调节 pH 值，过滤除去多余的 K^+，最后得到组成为 100g Fe：5g Cu：25g SiO_2：5g K_2O 的催化剂湿泥饼。经挤条成型并干燥后，得到固定床反应器使用的低温铁基催化剂；或将湿泥饼加水重新浆化，经喷雾干燥和焙烧，制得浆态床反应器使用的颗粒状低温铁基催化剂。低温铁基催化剂在使用前要进行还原，可采用合成气或者纯氢。

高温铁基催化剂一般采用熔铁法制备，主要组分为 Fe_3O_4，选用低杂质的磁铁矿，加入各种助剂（K_2O、MgO、SiO_2 或 Al_2O_3 等），熔融后冷却，再经粉碎、磨球、筛分后得到。熔铁催化剂采用纯氢还原，还原温度为 350~450℃。

2）钴基催化剂

F-T 合成采用钴基催化剂的特点如下：(1)可最大限度地生成重质烃，且以直链饱和烃为主，深加工得到的中间馏分油性能优良，简单切割后即可用作航空煤油及优质柴油；此外，还可副产高附加值的硬蜡。(2)活性高，结炭倾向低，寿命相对较长。(3)具有很低的 CO 变换活性，可获得更高的碳利用率，适用于天然气制得的高 H_2/CO 值的合成气。钴基催化剂在活性、寿命及产物选择性等方面的优点，使其成为 F-T 合成领域的热点。

钴基催化剂的制备方法影响到其活性和选择性，大多采用简单的浸渍法，少量采用沉淀法、沉积—沉淀法、溶胶—凝胶法等。

浸渍法通常是用含活性组分的浸渍液浸渍载体，经干燥、焙烧等过程制得催化剂。浸渍法具有活性组分用量少、催化剂机械强度高及制备简单等优点。典型的浸渍法制得的钴基催化剂组成包括活性金属钴、微量贵金属助剂及少量的第二种氧化物助剂、大比表面积载体。

钴基催化剂在使用前需要进行还原，将氧化态的活性成分还原为金属态钴，还原介质采用 H_2。还原温度高于 F-T 合成反应温度。对于固定床反应器中使用的钴基催化剂，可采用原位还原，待还原结束后直接切换成合成气进行 F-T 合成。对于浆态床反应器使用的钴基催化剂，预先在一个固定床反应器中还原，然后在惰性气体保护下，将还原好的催化剂加入浆态床反应器。

3. F-T 合成催化剂的失活与再生

催化剂的失活即反应活性下降或者失去活性，在使用过程中必须设法避免，保持长周期地使用。

1）硫中毒

合成气经过净化后仍会携带微量的 H_2S 或者有机硫化物，在反应过程中与催化剂的活性成分生成金属硫化物，使其活性下降，直至完全丧失。不同种类的催化剂对硫中毒的敏感性不同，镍基催化剂最敏感，钴基催化剂次之，铁基催化剂最不敏感。不同硫化物的毒性也不同，总的来说，H_2S 毒性较有机硫化物弱，而有机硫化物的毒性大小顺序为噻吩及其他环状有机硫化物>硫醇>CS_2>COS。

铁基催化剂对硫中毒的敏感性与还原温度有关，在较低温度下还原的铁基催化剂不易中毒。

合成气净化时采用低温甲醇洗工艺，可以使总硫含量降低到 $0.1\mu L/L$，可有效防止合成催化剂的硫中毒。

2) 其他化学物质中毒

Cl^-、Br^- 等也会使催化剂中毒，它们与活性成分的金属或金属氧化物反应生成卤化物，造成催化剂永久性中毒。其他如 Pb、Sn、Bi 等，也是有毒物质。

催化剂表面石蜡沉积覆盖，导致活性下降，该问题对钴基催化剂更为突出。

F-T 合成反应过程中析炭造成炭沉积，或者原料带入的有机物缩聚沉积，可使催化剂失活。

合成气中带入的少量氧或者水分，会与钴基催化剂发生氧化反应引起中毒，因此要限制合成气中氧或者水分的含量。

钴基催化剂和镍基催化剂在高压下可能生成挥发性的羰基钴和羰基镍，造成活性组分的损失。

催化剂床层温度过高，表面发生烧结，再结晶和活性相转移，造成活性下降。

对于 F-T 合成反应的催化剂，失活后一般不会像对其他贵金属催化剂那样进行再生。通常是由于硫中毒，可采用逐渐升温的操作方法在一定温度区间内维持一定时间的催化剂活性。硫中毒的催化剂再生是很不容易的，需要将全部硫彻底氧化除尽，再还原才能有效。钴基催化剂表面的蜡相对容易除掉，可以在 200℃ 下通入 H_2 处理，也可以用馏分油（温度为 170~274℃）在 170℃ 下抽提。

四、F-T 合成工艺

煤炭间接液化过程包括煤炭气化及净化、F-T 合成和产品加工三大工艺单元，其中 F-T 合成工艺是煤炭间接液化技术的核心。

F-T 合成工艺按照反应温度可分为低温 F-T 合成和高温 F-T 合成，通常将反应温度低于 280℃ 的称为低温 F-T 合成（LTFT），反应温度高于 300℃ 的称为高温 F-T 合成（HTFT）；按照反应器的形式可分为固定床、循环流化床、固定流化床、浆态床四种。

LTFT 一般采用固定床和浆态床，催化剂有钴基催化剂和低温铁基催化剂，钴基催化剂的使用温度为 170~240℃，低温铁基催化剂的使用温度为 210~270℃；HTFT 一般采用流化床，催化剂使用高温铁基催化剂，使用温度为 310~350℃。

铁基催化剂的使用压力一般为 1.7~3.0MPa，钴基催化剂的使用压力一般为 1.0~2.7MPa。

四种反应器工艺性能比较情况见表 3-3-19。

表 3-3-19 不同 F-T 合成反应器的性能比较

项　目	固定床	循环流化床	固定流化床	气液固三相浆态床
热转移速度	慢	中等至高	高	高
系统的实际导热	不好	好	好	好
受传热限制的最大反应管直径	约 8cm	无限制	无限制	无限制
气相停留时间分布	窄	窄	宽	窄至中等
高气流速度下的压力降	小	中	高	中至高
气体的轴向混合	小	小	大	大

续表

项　目	固定床	循环流化床	固定流化床	气液固三相浆态床
固体催化剂的轴向混合	无	小	大	大
催化剂浓度(固体所占体积分数)/%	0.55~0.70	0.01~0.10	0.30~0.60	最大 0.60
固体颗粒粒径/mm	1.5	0.01~0.5	0.003~1	0.01~1
催化剂由于碰撞和摩擦所受到的机械应力	无	大	大	小
催化剂损失	无	每天 2%~4%	不可回收的排出	小
催化剂在运转中的可再生性和可转换性	需停工	不停工,可连续排放和补充		

1. 固定床合成工艺

典型的固定床 F-T 合成工艺(萨索公司的 Arge 工艺)流程如图 3-3-1 所示。

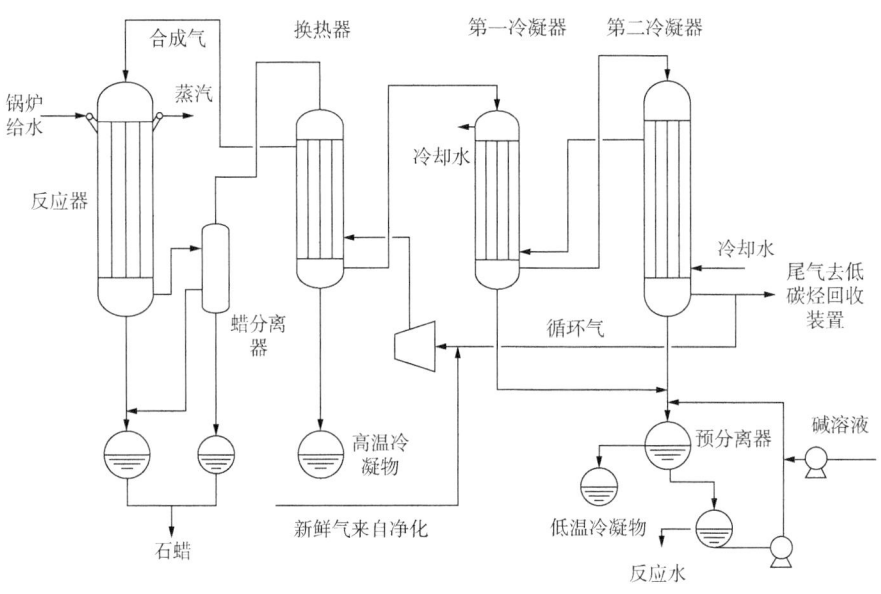

图 3-3-1　萨索公司 Arge 固定床 F-T 合成工艺流程图

来自净化装置的新鲜合成气与循环气混合后,经压缩机压缩至 2.5MPa 后进入换热器预热,在换热器中与反应器出来的气体产品进行热交换,混合气被加热至 220~235℃进入反应器顶部,反应物自上而下经过固定床的多根列管,在管内的催化剂作用下发生 F-T 合成反应,到达反应器底部时反应物转化为产物。

反应器底部的气相产物先经换热器冷却冷凝后分出高温冷凝液(重质油),没有冷凝的气体再经两级冷却,所得到的冷凝液经油水分离器分出低温冷凝液(轻油)和反应水。

反应器底部采出的石蜡,以及重质油、轻油和反应水,进入下游装置进一步加工处理。尾气的一部分作为循环气返回反应器,另一部分送至低碳烃回收装置处理。

Arge 固定床 F-T 合成工艺用于低温 F-T 合成,采用铁基催化剂,操作周期为 95~215 天,反应末期的最高操作温度为 254℃。反应器的直径为 3m,列管长 12m,共 2052 根,列管内径为 50mm。管内装填催化剂,总体积为 40m³,重约 35t。管外为锅炉给水,通过产生水蒸气移出反应所放出的热量以保持反应恒温,蒸汽压力一般为 1.75MPa 或 0.25MPa。该工艺 CO 转化率为 65%。

随着运行延长，催化剂的活性下降，操作温度逐步提升，产物的组成略有变化，选择性向生成轻质烃，醇、酸等含氧化合物移动。

2. 循环流化床工艺

典型的循环流化床 F-T 合成工艺（萨索公司）流程如图 3-3-2 所示。采用的催化剂为熔铁催化剂，主要生产汽油和轻烯烃。

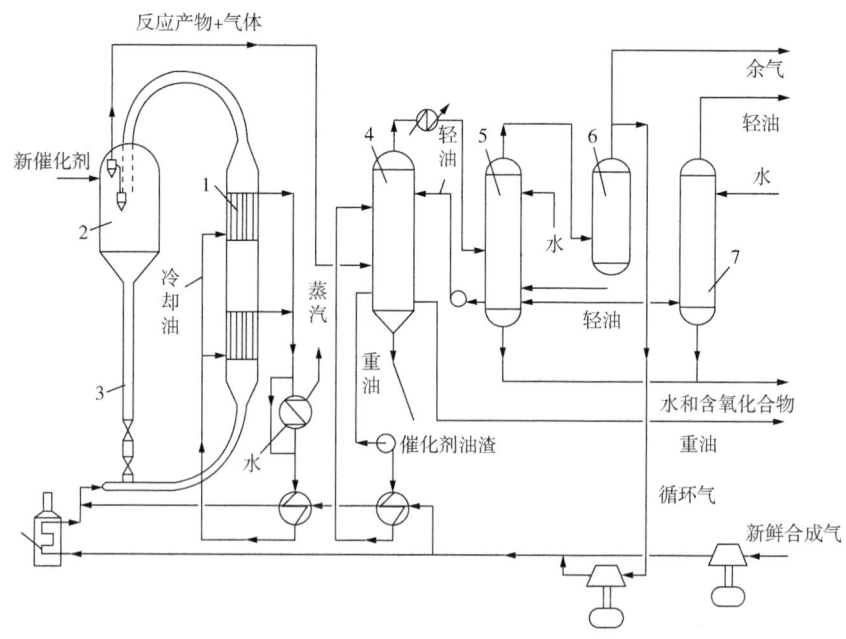

图 3-3-2 萨索公司 Synthol 循环流化床 F-T 合成工艺流程图
1—反应器；2—催化剂沉降分离器；3—催化剂竖管；4—油洗塔；5—气体洗涤分离塔；6—分离器；7—水洗塔

新鲜合成气与循环气增压后预热到 160℃ 作为原料气，通过一根直径为 1m 的水平管道进入反应器，经过沉降分离后沿竖管落下的催化剂通过滑阀落入水平管道中，被原料气通过提升管带入反应器，原料气的温度升至 300~315℃，在反应床层发生气固催化反应后原料气转化为合成产品。反应器内设置两段冷却器，管内通过导热油将反应热移出，导热油加热锅炉给水产生 1.2MPa 饱和蒸汽，反应产物在顶部出口的温度维持在 340℃。物料（含未反应的原料气、产物、催化剂）通过鹅颈管进入催化剂沉降分离器分离段，通过两套两级旋风分离器将气相（包括产物与未反应原料气）与催化剂颗粒分开，催化剂沉降下落、经过调节阀和滑阀再次进入反应系统。被气相带出的催化剂相当于循环量的 0.002%（质量分数），这部分损失量由新鲜催化剂补充来保持平衡。反应温度为 300~340℃，反应压力为 2.0~2.3MPa，反应器的开工率为 80%。

从旋风分离器出来的气相进入热油洗涤塔，塔顶温度保持 145℃，塔釜分出热重油，一部分去预热原料气后返回洗涤塔，另一部分送出的热重油作为中间产品。塔顶气体经过除雾器进入冷却冷凝器冷至 38℃，再进入气液分离器。分出的气体一部分作为循环气返回反应器；另一部分进入尾气洗涤塔，用溶液除去气体中的微量有机酸，然后送至回收装置，

通过油吸收塔回收 C_3 至 C_4，剩余的气体作为外循环气送甲烷转化装置。气液分离器底部的冷凝液分为油相和水相两层，油相作为分散相进入填料塔，用水洗去其中一部分含氧有机化合物，然后送油品加工，水溶液并入水相；水相送至化工产品回收装置。

Synthol 工艺 CO 转化率为 85%，产品产率约为 $119g/m^3$。

在萨索工厂，经改进后萨索循环流化床反应器直径为 3.6m、高度为 50m，单台处理气量可达 $35×10^4 m^3/h$，催化剂装入量为 450t，循环量为 8000t/h，产能为 6500bbl/d。在生产中，随着催化剂老化后活性的下降，产物的选择性向轻烃移动。

3. 固定流化床工艺

典型的固定流化床 F-T 合成工艺(SAS 工艺)流程如图 3-3-3 所示。固定流化床工艺也用于高温 F-T 合成，采用熔铁催化剂，工艺流程与循环流化床相似。

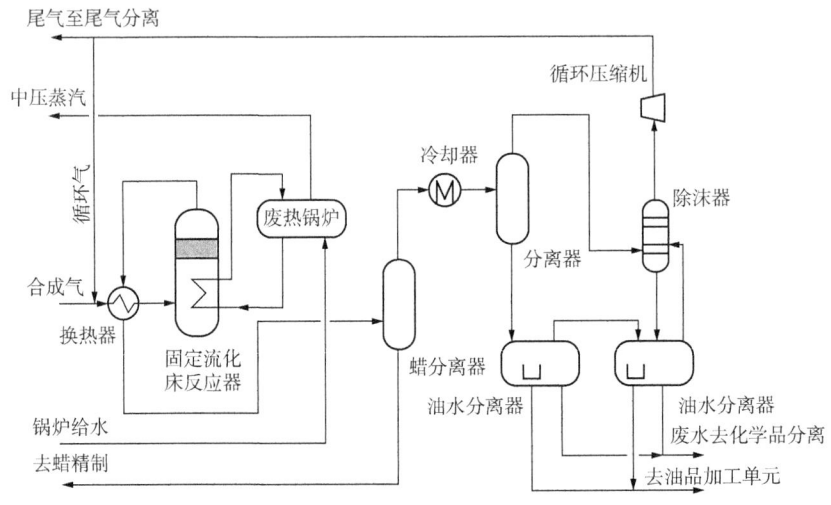

图 3-3-3 萨索公司 SAS 固定流化床 F-T 合成工艺流程图

以固定流化床反应器代替循环流化床反应器和催化剂沉降分离器的作用，反应床层内设置垂直管束水冷式换热装置，替代循环流化床的导热油换热装置，产生 260~310℃ 范围的饱和中压蒸汽。该反应器将催化剂全部置于反应器内，维持一定的料位高度，以保持足够的反应接触时间。上部提供足够的自由空间以分离出气流携带的大部分催化剂，少量的剩余催化剂则通过顶部的旋风分离器或者多孔金属过滤器分离返回床层。由于催化剂被控制在反应器内，因而取消了催化剂沉降分离器，除节省投资、简化操作以外，换热更加有效，反应温度易于控制。

SAS 工艺反应温度为 340℃，反应压力为 2.5MPa，其特点如下：(1)造价低，仅为循环流化床反应器的一半；(2)较高的热效率；(3)催化剂床层压降低；(4)实现等温反应；(5)操作和维修费用低；(6)油选择性高，CO 转化率高；(7)易于大型化。

4. 浆态床工艺

浆态床 F-T 合成工艺是近年来得到广泛研发应用的一种工艺，代表性工艺为萨索公司开发应用的 SSPD(Sasol Slurry Phase Distillate)工艺，主要产物为中间馏分油，工艺流程如图 3-3-4 所示。

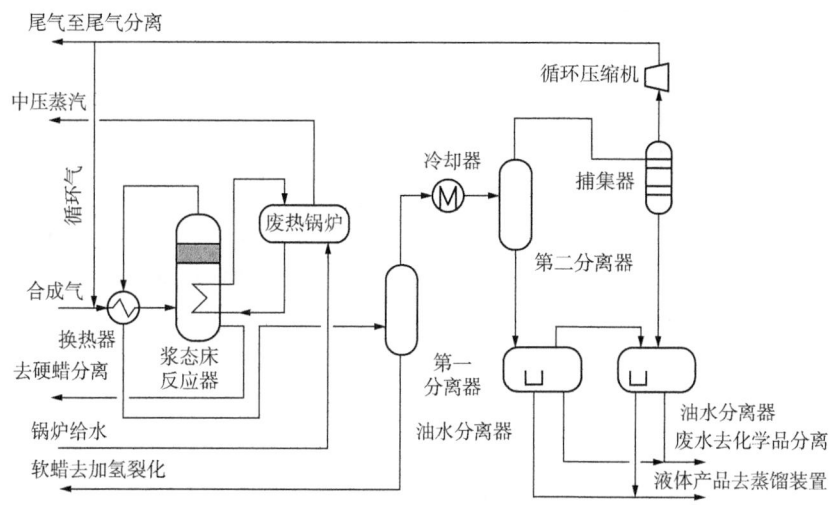

图 3-3-4 萨索公司 SSPD 浆态床 F-T 合成工艺流程图

合成气与循环气混合后,经预热从反应器底部的气体分布器进入浆态床反应器,在熔融石蜡和固体催化剂颗粒组成的浆液中鼓泡,在气泡上升过程中,合成气在催化剂作用下不断发生 F-T 合成反应,生成石蜡等烃类化合物。反应热由内置式冷却盘管内的锅炉给水汽化产生蒸汽带出,反应温度为 240℃,反应压力为 2.7MPa。

产生的石蜡采用萨索公司开发的内置式分离器进行分离并送往下游加工。从反应器上部出来的气体经冷却后回收烃组分和反应水。烃组分送往下游的产品加工装置,而反应水则送往回收装置处理。

SSPD 工艺反应器为三相浆态床,直径为 10m,单台产能可达 16000bbl/d。这种反应器的优点如下:(1)反应器内的压降比固定床低得多,因此气体的压缩成本降低;(2)需要的催化剂装填量小,同时催化剂的消耗也低;(3)反应器的温度分布均匀,可适当提高操作温度,得到较高的单程转化率;(4)催化剂的添加和移出更加简便,增加了在线运行时间。

浆态床工艺可以采用钴基催化剂和铁基催化剂。

5. SMDS 工艺

Shell 公司的壳牌中间馏分油合成(Shell Middle Distillate Synthesis,SMDS)工艺用在以天然气为原料的间接液化装置上。该工艺流程包括四个部分:(1)采用 Shell 公司的非催化自热式部分氧化制合成气技术,使甲烷转化为 CO 和 H_2;(2)在列管式固定床反应器中进行 F-T 合成反应,合成长链重质烃——石蜡,此过程称为 HPS(Heavy Paraffin Synthesis),是 SMDS 工艺的关键,采用自主开发的热稳定性较好、高选择性的钴基催化剂,其链增长因子 α 值可控制在 0.80~0.96,催化剂可就地再生,合成气转化率达 96%,液体产品的选择性为 90%~95%;(3)从重质烃合成过程出来的石蜡先经烯烃加氢饱和,再在各蒸馏塔中蒸出溶剂(C_6—C_8)和洗涤剂(C_{10}—C_{17})原料,部分多余的石蜡和蒸馏残留物一起进入加氢裂化装置,采用专用催化剂得到中间馏分油,此过程称为 HPC(Heavy Paraffin Conversion);(4)产品的分离、精制。

SMDS 工艺流程如图 3-3-5 和图 3-3-6 所示。

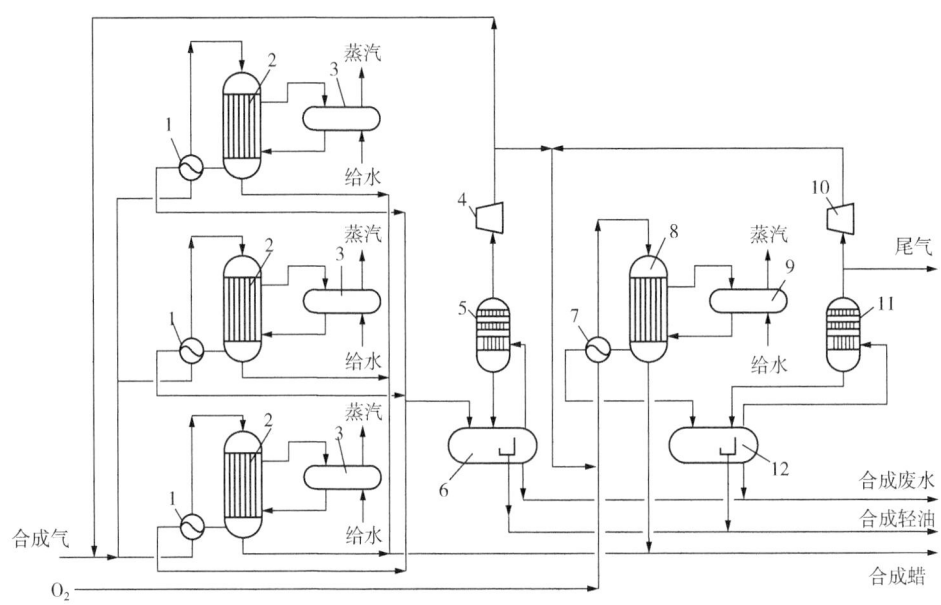

图 3-3-5 Shell 公司 SMDS 工艺 HPS 流程图

1——段换热器；2——段合成反应器；3——段合成废热锅炉；4——段尾气压缩机；5——段捕集器；6——段分离器；
7—二段换热器；8—二段合成反应器；9—二段合成废热锅炉；10—二段尾气压缩机；11—二段捕集器；12—二段分离器

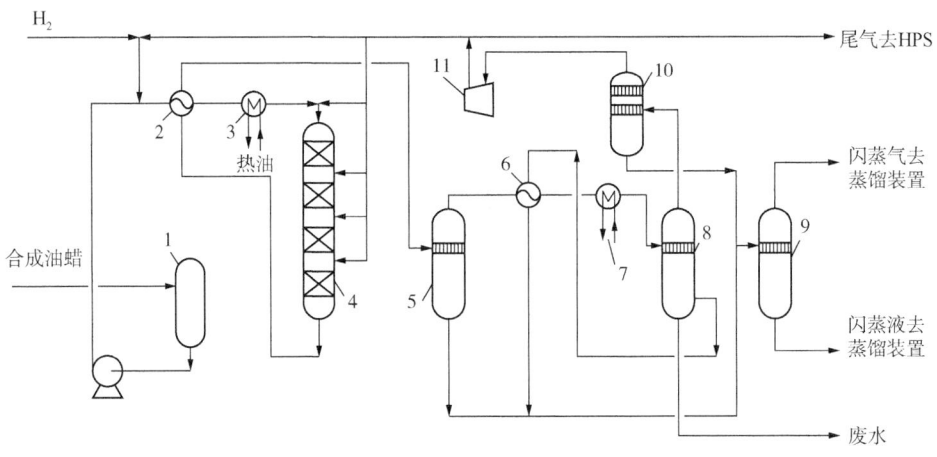

图 3-3-6 Shell 公司 SMDS 工艺 HPC 流程图

1—原料罐；2，6—换热器；3—加热器；4—HPC 反应器；5—高温分离器；7—冷却器；
8—低温分离器；9—闪蒸器；10—捕集器；11—循环气压缩机

HPS 过程的单台 F-T 合成反应器的产能约为 4000bbl/d。F-T 合成反应系统的操作条件如下：合成气 H_2/CO 值（物质的量比）为 2.0，反应压力为 2.0~4.0MPa，反应温度为 200~240℃，空速（GHSV）为 1000h^{-1}。单程单段 CO 转化率为 40%，全过程 CO 转化率为 95%，链增长因子 α 值为 0.93，液体产品中 C_{19+} 含量为 43.3%。

SMDS 工艺的主要产品为柴油、航空煤油、石脑油和石蜡。可实施以柴油为主的产品方案，也可实施以煤油为主的产品方案。柴油和煤油都显示了优良的燃烧性能，煤油的烟点大于 45mm，柴油的十六烷值大于 70。

Shell 公司于 2006 年宣布开发出采用浆态床反应器的第二代 SMDS 技术。

第四节 合成气制天然气

一、合成气制天然气概述

天然气的主要成分是甲烷，另有少量高碳烷烃、N_2、CO_2、H_2S 和微量的稀有气体。天然气蕴藏在地下多孔隙岩层中，包括油田气、气田气、煤层气、泥火山气和生物生成气等。天然气是一种优质、清洁、高效的燃料和原料，与相同质量的煤炭相比，燃烧排放的 CO_2 仅为煤炭的 40%，没有废水、废渣产生。因此，在世界各地越来越多的领域，天然气已经逐渐取代煤炭和石油，在发电、工业燃料、化工原料、汽车能源和居民燃气等方面具有广泛用途。2021 年，天然气在全球能源结构中的占比升至 24.7%。

合成气制天然气（Syngas to Natural Gas）又称代用天然气（Substitute Natural Gas，SNG），是指以合成气为原料，制取以甲烷为主要成分、符合天然气热值（$>35.88MJ/m^3$）等标准的气体。通常合成气气源来自煤炭气化得到的合成气，因此在很多书籍、文献和报道中合成气制天然气也称为煤制天然气（Coal to Substitute Natural Gas，Coal to SNG）。与其他煤化工技术相比，煤制天然气具有工艺流程简单、单位热值投资成本低、生产过程污染物较少、生产效率高以及废热循环利用等优点，是将高碳能源向低碳、富氢能源转化，生产石油替代产品的有效途径。采用合成气制天然气技术所生产的 SNG 中甲烷含量比较高，在热值、CO_2 含量、H_2S 含量、总硫含量等方面优于国家天然气标准，产品中几乎不含 CO，经过干燥后的产品水露点也满足标准要求。

我国的能源分布特点是富煤、贫油、少气，天然气探明储量非常有限，2021 年，我国天然气探明储量仅占世界天然气探明总储量的 3.3%。在人们生活水平提高、工业化日益快速增长、环保要求日趋严格的新形势下，我国对天然气的需求越来越大，在较长时间内将出现供不应求的局面。2016—2021 年，我国天然气消费量从 $2078×10^8 m^3$ 增长到 $3690×10^8 m^3$，年均增长率为 12.2%。我国天然气进口量增速远大于国内产量增长，2017 年天然气对外依存度高达 38.8%。天然气过度依赖进口将对我国能源安全造成威胁。因此，立足我国资源禀赋的特点，发展煤制天然气对保障我国能源安全具有重要意义。

1. 煤制天然气技术原理

按照化学反应步骤的不同，煤制天然气技术可分为间接煤制天然气技术和直接煤制天然气技术。

1）间接煤制天然气技术

间接煤制天然气技术也被称为"两步法"煤制天然气技术，主要生产流程如图 3-4-1 所示。第一步是煤炭气化生产合成气；第二步是合成气（经 CO 变换和酸性气体脱除后调整氢碳比在 3 左右）甲烷化制天然气。

合成气甲烷化过程是煤制天然气的关键环节和核心技术。甲烷化是指合成气中的 CO、

图 3-4-1 间接煤制天然气技术流程框图

CO_2 和 H_2 在一定的温度（250～675℃）、压力（2.3~3.2MPa）和催化剂作用下，进行化学反应生成甲烷的过程。甲烷化过程发生的主要化学反应如下：

$$CO+3H_2 \rightleftharpoons CH_4+H_2O \quad \Delta H=-206.4 \text{kJ/mol}$$
$$CO_2+4H_2 \rightleftharpoons CH_4+2H_2O \quad \Delta H=-165.0 \text{kJ/mol}$$
$$2CO+2H_2 \rightleftharpoons CH_4+CO_2 \quad \Delta H=-247.3 \text{kJ/mol}$$
$$CO+H_2O \rightleftharpoons H_2+CO_2 \quad \Delta H=-172.4 \text{kJ/mol}$$
$$2CO \rightleftharpoons C+CO_2 \quad \Delta H=-41.2 \text{kJ/mol}$$
$$CH_4 \rightleftharpoons 2H_2+C \quad \Delta H=74.8 \text{kJ/mol}$$
$$C+H_2O \rightleftharpoons CO+H_2 \quad \Delta H=118 \text{kJ/mol}$$

其中，前 3 个反应是甲烷化过程的主反应，可见 CO 和 CO_2 甲烷化反应都是强放热、体积缩小的可逆反应。CO 每转化 1%，可产生 70～72℃ 的温升；CO_2 每转化 1%，可产生约 60℃ 的温升。因此，低温、高压有利于反应平衡向右移动。在煤制天然气技术中，甲烷化主要是将氢碳比为 3 左右的合成气进行甲烷化反应，生产含甲烷 94% 以上的产品。煤炭气化生产的合成气经变换后 $CO+CO_2$ 的含量一般都达到 20% 以上，如此高的碳氧化物比例对甲烷化反应温升的控制技术以及催化剂耐温性能等提出非常高的要求。因此，甲烷化技术需要解决的关键技术就是高温甲烷化反应器和高温甲烷化催化剂。

甲烷化反应体系中，主要有水煤气变换反应、CO 歧化反应、甲烷分解反应、消炭反应四个副反应。水煤气变换反应主要发生在原料气 CO_x/H_2 值小于化学反应计量比时；温度较低时会发生 CO 歧化反应；在较高温度（≥900℃）时，甲烷会发生分解反应；CO 歧化反应和甲烷分解反应都会产生积炭，降低催化剂的活性，为了抑制积炭，可以通过增加反应气中 H_2 的配比，以抑制副反应进行，也可以在反应气中加入少量水蒸气，促使消炭反应进行。在 CO 甲烷化反应体系中，CO 除了会转化为甲烷，还会通过水煤气变换反应和 CO 歧化反应产生 CO_2，提高 H_2 分压有利于抑制这两个反应，进而提高甲烷的收率。

CO 甲烷化反应是最简单的 F-T 合成反应，也是碳一化学的一个重要反应。CO 甲烷化的机理主要有次甲基机理、表面碳机理和变换—甲烷化反应机理三种推断，虽然 CO 甲烷化反应机理研究已取得一些成果，但 CO 甲烷化反应中催化剂的催化机理仍不是很明确，催化剂和助剂之间的协同催化机理仍然等待解决，因此，对 CO 甲烷化的催化反应机理研究仍待深入。

2) 直接煤制天然气技术

直接煤制天然气技术也被称为"一步法"煤制天然气技术，是煤炭和气化介质在一个反应器内同时发生煤炭气化、CO 变换和甲烷化三个反应，从而生产富含甲烷气体的工艺，主要化学反应如下：

$$C+H_2O \rightleftharpoons CO+H_2 \quad \Delta H=118 \text{kJ/mol}$$
$$CO+H_2O \rightleftharpoons H_2+CO_2 \quad \Delta H=-41 \text{kJ/mol}$$

$$CO+3H_2 \rightleftharpoons CH_4+H_2O \quad \Delta H=-206\text{kJ/mol}$$

总化学反应方程式可表示为

$$2C+2H_2O \rightleftharpoons CH_4+CO_2$$

"一步法"煤制天然气技术主要有美国埃克森(Exxon)公司的催化气化(Catalytic Coal Gasification)工艺和巨点能源公司(GPE)的蓝气(Blue gas)工艺。以 Blue gas 工艺为例，在催化剂存在的条件下，原料煤炭与蒸汽接触，发生多种化学反应，生成以甲烷和 CO_2 为主的混合气体，经过除尘、净化和分离得到富含甲烷的产品气。我国新奥集团对煤催化气化技术也进行了大量的研究，目前已建成了处理规模为 5t/d 的自热式流化床装置并成功运行，并完成了百吨级、千吨级工程示范装置工艺包编制，通过了河北省科技厅组织的成果鉴定，技术达到国际领先水平。

直接煤制天然气技术能耗低、成本低，但也存在需要在煤灰中分离催化剂和催化剂的失活等问题。相比来看，间接煤制天然气技术虽然投资较高，但技术比较成熟，技术复杂程度略低，是煤制天然气中的主流工艺。到目前为止，在役或在建的煤制天然气商业化工厂均采用间接煤制天然气技术。

2. 合成气制天然气发展历程

对 CO 和 CO_2 甲烷化的研究开始于 20 世纪初，在 20 世纪 60 年代才开始在工业上显示出重要的应用价值。其中，用途一是气体净化除去 CO 和 CO_2；二是通过甲烷化提高城市煤气的热值，即由 CO、CO_2 加氢来制取甲烷。

合成氨厂的原料 H_2 主要来自煤炭气化后的合成气，经过分离后的 H_2 含有少量的 CO 和 CO_2(一般含量在 2%以下)，由于 CO 和 CO_2 会造成合成氨催化剂中毒失活，因此必须将 H_2 中的 CO、CO_2 浓度脱除至 10^{-6} 级别。采用常规的物理方法将 H_2 中的 CO 和 CO_2 脱除至 10^{-6} 级别是非常困难的，但是在甲烷化催化剂存在下，少量的 CO 和 CO_2 可以与 H_2 反应，转化成易于除去的水与对合成氨催化剂无影响的甲烷，从而达到保护合成氨催化剂的目的。

水煤气的主要成分是 H_2 和 CO，其中 CO 含量较高(一般为 25%~30%)，热值低($<10\text{MJ/m}^3$)，达不到城市生活煤气的要求(一般热值要求大于 14.7MJ/m^3，CO 含量小于 20%)，需要将水煤气中的 CO 和 H_2 通过甲烷化反应部分转化成甲烷。甲烷的低位发热值为 35.88MJ/m^3(标准状态)，是 H_2 热值的 3.33 倍，是 CO 热值的 2.83 倍。甲烷化后的煤气提高了热值，从而满足了城市生活煤气的要求。

合成气甲烷化技术的催化剂、反应器、反应工艺等随着 CO 浓度的不断提高、甲烷化反应程度的不断加大而在不断改进。合成氨厂原料气 H_2 中 CO 浓度一般低于 2%，进行甲烷化反应时温度升高情况基本可以忽略。而城市煤气部分甲烷化反应时，煤气中 CO 浓度通常高达 30%，反应完成后 CO 浓度降低到 10%以下，反应放出的热量不能忽略，必须及时移走，以免造成局部过热烧坏催化剂和反应器。城市煤气部分甲烷化的程度还不够彻底，煤制天然气则要求所制备的天然气达到国家天然气标准，因此甲烷化反应必须彻底，这对催化剂的热稳定性及甲烷化工艺提出了更高的要求。

20 世纪 70 年代，伴随着石油危机，煤制天然气技术得到了较快发展。当时，德国鲁奇公司和南非萨索公司在南非建成一套半工业化煤制天然气试验装置，同时鲁奇公司和奥地利艾尔帕索天然气公司在奥地利建设了另一套半工业化的天然气试验装置。在此基础上，美国于1984年建成了354×10⁴m³/d的商业化煤制天然气工厂，称为大平原合成燃料厂。该厂以当地褐煤为原料，利用鲁奇公司的甲烷化工艺产出甲烷含量为96%、热值在36.3MJ/m³以上的产品气，并送入天然气管网。目前，Davy公司、托普索公司、鲁奇公司具有成熟的甲烷化技术。

3. 合成气制天然气催化剂

开发高效的甲烷化催化剂是甲烷化技术研究的重点之一。与其他工业生产过程所用的催化剂类似，甲烷化催化剂通常包含活性组分、载体和助剂三部分。可以作为甲烷化反应催化剂活性组分的物质主要是分布在元素周期表第Ⅷ族的Fe、Co、Ni、Ru、Rh等过渡金属。相比较而言，Ni基催化剂由于价格便宜、活性较高、甲烷化选择性较好，在甲烷化反应中得到了广泛应用。目前商业化的以及正在积极进行中试研究的甲烷化催化剂均选用Ni作为活性组分。但是Ni基催化剂的最大缺点是对硫和砷十分敏感，一般合成气中H_2S含量控制不超过1mg/L。Mo基等耐硫催化剂可以节约合成气脱硫成本，但活性相对镍基催化剂较低。国外常见的甲烷化催化剂特点见表3-4-1。

表3-4-1　国外常见的甲烷化催化剂特点

制造商	型号	活性组分	NiO含量/%	操作压力/MPa	操作温度/℃	转化率/%	寿命/a
托普索公司	MCR-2X	Ni	>23	1~6	250~700	≥98	2~3
巴斯夫公司	GI-85	Ni	>50	1~8	260~650	≥98	3~4
庄信万丰公司	CRG	Ni	47	1~6	250~700	≥98	2~3

目前，甲烷化反应催化剂主要为氧化物负载型，常用的载体有Al_2O_3、SiO_2、ZrO_2、TiO_2、海泡石、沸石以及膨润土等，应用最广泛的是Al_2O_3。

常用的甲烷化催化剂一般为氧化态，在投入使用之前需要将催化剂的活性组分NiO还原成单质Ni才能具有活性。甲烷化催化剂的高活性和稳定性主要取决于催化剂助剂将其还原后活性组分Ni晶粒的大小和增长速率。常用的甲烷化催化剂助剂主要如下：(1)晶格助剂，包括CeO_2、La_2O_3和Sm_2O_3等；(2)电子助剂，包括Mn、Fe、Cr、Co、Cu和Mo等过渡金属化合物；(3)结构助剂，包括MgO、CaO、Cr_2O_3等。这些催化剂助剂可单独使用，也可搭配使用。例如，庄信万丰公司的CRG系列催化剂使用了CaO和Cr_2O_3等，托普索公司的MCR催化剂使用了MgO和Cr_2O_3。

4. 国外商业化煤制天然气工厂

位于美国北达科他州的美国大平原合成燃料厂是世界上第一家，也是美国唯一一家商业化运行的煤制天然气工厂。该工厂从1980年开始建设，于1984年建成，投资约21亿美元，员工人数约700人，日产合成天然气354×10⁴m³(标准状态)。

大平原合成燃料厂以北达科他州的褐煤为原料，采用14台鲁奇公司Mark Ⅳ气化炉(12开2备)，日处理褐煤量为1.6×10⁴t。由空气分离单元生产的O_2和蒸汽从气化炉底部进入煤反应床层，致使温度升高到1204℃，高温气体将煤和蒸汽分解成包括C、H、S、N和其他元素的化合物(粗气)。同时，反应过程中产生的灰渣从炉底排出。粗气经冷却、变换、除焦油、苯酚、氨和水等"杂质"后，纯化的产品气送入甲烷化单元。在甲烷化单元，大平原合成燃料厂采用鲁奇公司的甲烷化技术，CO 和绝大多数 CO_2 在 Ni 基催化剂存在的情况下与 H_2 反应，生成甲烷，即合成天然气。合成天然气进一步冷却、干燥和压缩，达到管网级合成天然气标准，高位热值约为 $36.3MJ/m^3$（101.325kPa，0℃）。大平原合成燃料厂生产的合成天然气通过天然气管道并入 Northern Border 管道公司，向美国东部地区的家庭、商业和工业供气。除了生产合成天然气，该工厂还附产高纯度 CO_2、液氨、硫酸铵、氮气、氩气、精制甲酚、液氮、苯酚和石脑油等产品。

大平原合成燃料厂已经成功运行了 30 多年，该工厂年耗煤量超过 $600×10^4t$，年产天然气量约 $15×10^8m^3$（标准状态）。在运行期间，也对装置进行了一些改造，以提高装置效率和产能，改善环保状况。此外，该厂还扩展了装置的第二产品的范围，如可生产硫酸铵和无水氨等。

5. 我国煤制天然气发展情况

我国第一个煤制天然气工业化项目——大唐国际克什克腾旗煤制天然气有限公司 $40×10^8m^3/a$ 煤制天然气项目于 2013 年 8 月建成，同年 12 月投入商业化运营。与其他煤化工技术相比，煤制天然气具有流程短、单位热值投资成本低、生产过程污染物较少等优点，国内已形成一股煤制天然气热潮，许多能源企业如中国大唐集团有限公司、中国华能集团有限公司、中海油、中国石化等将目光转向煤制天然气项目。截至 2019 年底，国家已核准的煤制天然气项目见表 3-4-2。

表 3-4-2 国家发改委已核准的煤制天然气项目情况统计

建设单位	规模/($10^8m^3/a$)	投产时间	投产规模/($10^8m^3/a$)
大唐国际克什克腾旗煤制天然气有限公司	40	2013 年 12 月	13.35
内蒙古汇能煤化工有限公司	16	2014 年 11 月	4
新疆庆华能源集团有限公司	55	2014 年 12 月	13.75
伊犁新天煤化工有限公司	20	2017 年 3 月	20
大唐国际阜新煤制天然气有限公司	40	建设中	6（计划）
苏新能源和丰有限公司	40	建设中	40（计划）
内蒙古北控京泰能源发展有限公司	40	建设中	40（计划）

煤制天然气已成为国内投资热点，但是该产业呈现出了过度和无序发展的现象。国家发改委于 2010 年 6 月发出了《关于规范煤制天然气产业发展有关事项的通知》，要求进行认真筛选和清理，不具备资源、技术、资金等条件的项目严禁开工建设，符合发展思路的项目上报国家发改委审核，必须在国家能源规划指导下统筹考虑，合理布局。因此，煤制天然气项目必须在国家的能源规划指导下统筹考虑，合理布局，做好总量控制。对企业而言，应关注天然气市场供需、煤层气及页岩气勘探开发技术进展，以及国家政策动向和示范项目的效果，避免盲目投资，做到有的放矢。

二、合成气制天然气工艺

甲烷化工艺主要有绝热固定床甲烷化、流化床甲烷化、等温固定床甲烷化和液相甲烷化等。其中，绝热固定床甲烷化工艺是目前工业化装置主要采用的工艺。

1. 绝热固定床甲烷化工艺

甲烷化反应是强放热反应，由于反应强度较大，需要用多段反应器串联，将甲烷化反应分成几段来进行。一般情况下，通过多段甲烷化反应，设置冷却、气液分离等步骤来实现递减温度下的甲烷化反应平衡，最终获得甲烷含量94%以上的合成天然气。反应过程中放出的热量可通过废热锅炉和蒸汽过热器来回收，从而提高装置整体的能量利用率。绝热固定床甲烷化工艺的特点在于多级反应、温度控制方式和反应热利用方式等。目前，建成和在建的煤制天然气项目均选用多段绝热固定床甲烷化工艺。其中，进入甲烷化界区的原料气的模数 M（氢碳比）要在 3.0 左右。

1) 鲁奇公司甲烷化工艺

鲁奇公司甲烷化工艺采用三个绝热固定床反应器，前两个反应器为高温反应器，采用串并联方式连接，CO 转化为甲烷的反应主要在这两个反应器内进行；第三个反应器为低温反应器，用来将前两个反应器未反应的 CO 转化为甲烷，使合成天然气的甲烷含量达到需要的水平，称为补充甲烷化反应器。美国大平原合成燃料厂就是采用鲁奇公司的甲烷化工艺。鲁奇公司甲烷化工艺流程如图 3-4-2 所示。

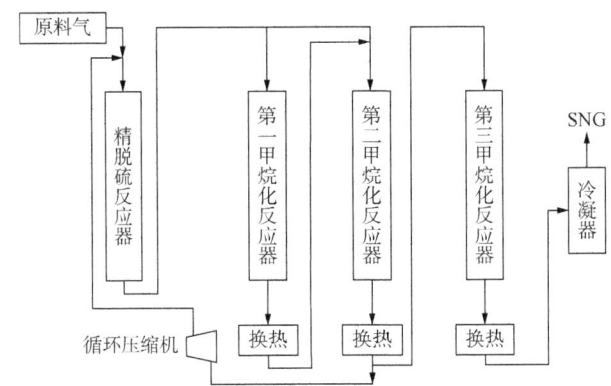

图 3-4-2 传统鲁奇公司甲烷化工艺流程框图

鲁奇公司甲烷化工艺采用的甲烷化催化剂是 G1-85，主要活性成分是 NiO。在 G1-85 基础之上，巴斯夫公司开发了新一代 G1-85 催化剂，包括 G1-85 环形催化剂和 G1-85 片形催化剂，同时开发了 Ni 含量略低、耐高温、机械稳定性更高的 G1-86HT 催化剂。在鲁奇公司甲烷化工艺中，第一、第二甲烷化反应器装填 G1-85 片形催化剂和 G1-86HT 环形催化剂，第三甲烷化反应器装填 G1-85 环形催化剂。

2) Davy 公司甲烷化工艺

Davy 公司甲烷化工艺共四个甲烷化反应器，其中前两个反应器采用串并联方式连接，主要采用循环气控制第一甲烷化反应器床层温度。第一、第二甲烷化反应器产品气的热量用来生产过热蒸汽；第三、第四甲烷化反应器产品气的热量用来预热锅炉给水、原料气等。Davy 公司甲烷化工艺为我国大唐国际克什克腾旗煤制天然气有限公司煤制天然气项目、大唐国际阜新煤制天然气有限公司煤制天然气项目、伊犁新天煤化工有限公司煤化工项目所采用。Davy 公司 CRG 甲烷化工艺流程如图 3-4-3 所示。

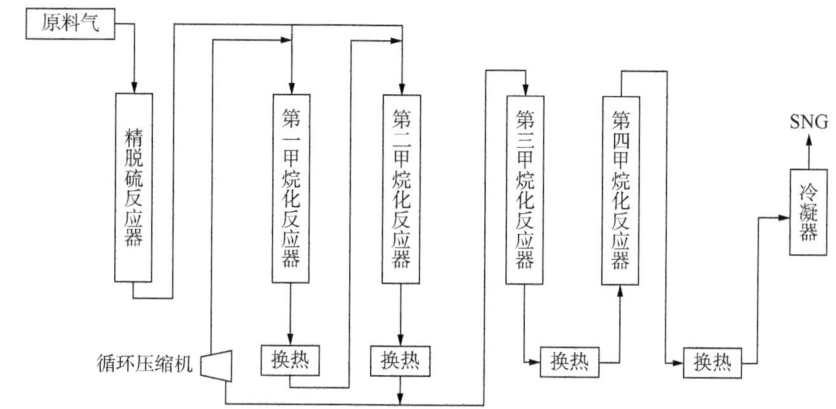

图 3-4-3　Davy 公司 CRG 甲烷化工艺流程框图

Davy 公司甲烷化工艺所使用的甲烷化催化剂为 CRG-S2 系列，包括圆柱形和苜蓿叶形两种构形，有氧化态催化剂和预还原催化剂两种形态可选。CRG 催化剂由 Davy 公司的母公司（庄信万丰公司）生产。自 20 世纪 80 年代中期开始，美国大平原合成燃料厂就使用 CRG 催化剂。

3）托普索公司甲烷化工艺

20 世纪 70—80 年代，德国于利奇核子研究设备公司、德国莱茵褐煤公司和丹麦托普索公司共同建立了实验室规模甲烷化装置（ADAM Ⅰ 单元），用于远距离储存和输送核能高温反应器发出的热量。1981 年，托普索公司建立了较大规模的工艺示范装置 ADAM Ⅱ，但是该项目在 1986 年终止。该工艺称为托普索循环能量高效甲烷化工艺（Topsøe's Recycle Energy Efficient Methanation Process，TREMP），典型流程设三个反应器串联。第一甲烷化反应器出口气体部分循环，经冷却、压缩回到反应器入口，典型的工艺流程如图 3-4-4 所示。TREMP 工艺是在绝热条件下进行的，反应产生的热量导致很高的温升，通过循环来控制第一甲烷化反应器的温度。此外，以 TREMP 工艺为基础，托普索公司先后推出了首段循环五级甲烷化工艺、二段循环四级甲烷化工艺和水饱和五级甲烷化工艺三种甲烷化工艺。

托普索公司开发了高温甲烷化催化剂 MCR-2X 和 MCR4，开发的低温甲烷化催化剂的型号是 PK-7R。MCR-2X 催化剂在 600℃ 的温度下连续运行超过 8000h，CO 转化率可达 100%，CO_2 转化率为 99%。托普索公司首段循环五级甲烷化工艺为新疆庆华煤制天然气项目所采用。

4）其他绝热固定床甲烷化工艺

(1) RMP 工艺。

美国的 Ralph M. Parsons 公司甲烷化工艺（RMP 工艺）含有 4~6 个串联的绝热固定床反应器，段间气体冷却。净化后的合成气以不同比例加入前三个反应器中，蒸汽仅加入第一个反应器中。系统压力为 0.45~7.7MPa，反应器进口温度为 315~538℃，H_2/CO 值为 1~3。

(2) ICI 工艺。

英国帝国化学工业集团（ICI）开发了一种"一次通过"高温甲烷化工艺和催化剂。该工艺

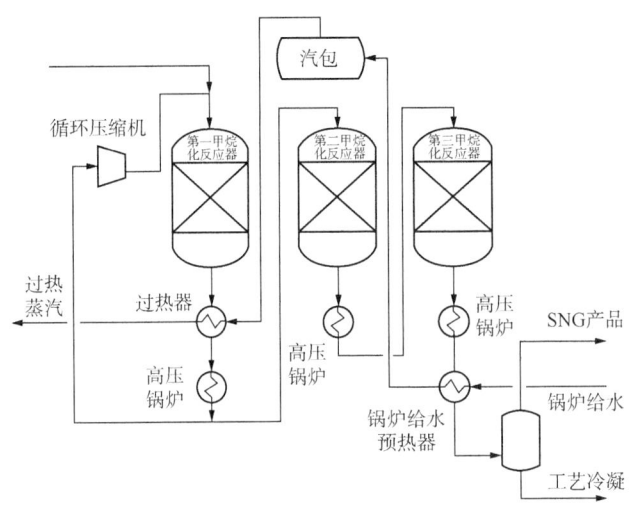

图 3-4-4 TREMP 典型甲烷化工艺流程图

有 3 个串联的绝热固定床反应器，段间冷却气。该公司开发的高镍含量的甲烷化催化剂在 1500h 内的测试中也显示了良好的活性、选择性和物理强度。

(3) Vesta 工艺。

福斯特惠勒(Foster Wheeller)公司依托德国南方化学公司开发的甲烷化催化剂开发了 Vesta 甲烷化工艺。该工艺不再单独设置变换，脱硫、脱碳分开，将变换与甲烷化在同一工段完成。与高温循环甲烷化工艺相比，该工艺采用了 CO_2 和蒸汽来控制甲烷化反应的温度不超过 550℃，省去了昂贵的循环压缩机，不设置高温蒸汽过热器以降低装置投资。

2. 流化床甲烷化工艺

相对于固定床，流化床具有更好的传质、传热效果，而且流化床催化剂可以容易地移除、添加和再循环。因此，流化床比较适合于高放热、大规模的多相催化反应。但是，流化床工艺的缺点是催化剂颗粒的磨损和夹带比较严重。

1) 美国矿务局工艺

1952 开始，美国矿务局(Bureau of Mines)开展了一项通过煤炭气化和甲烷化制管输天然气的项目，开发了一种流化床甲烷化工艺。流化床反应器的直径为 25.4mm，分别在气体分布器的底部、45.7cm 处、99cm 处装有 3 个气体入口。该系统操作温度为 200~400℃，操作压力在 2.07MPa 以上。试验用催化剂为 Fe 基和 Raney Ni 基催化剂。该流化床甲烷化工艺运行了大约 1120h，运行中有两次催化剂循环再生过程。试验表明，多处进样流化床反应器的温度控制非常好，Ni 基甲烷化催化剂优于 Fe 基，但是对硫中毒异常敏感。美国矿务局流化床甲烷化工艺还不够成熟，未有实现商业化运营。

2) 美国烟煤研究公司 Bi-Gas 项目

1963 年，美国烟煤研究公司(Bituminous Coal Research Inc.)开展了名为 Bi-Gas 的煤制天然气项目。该项目开发了气固流化床甲烷化反应器，设有两个进气口、两个管内热交换管束。反应器直径约为 150mm，反应区高 2.5m，内部换热面积约为 $3m^2$，操作温度为 430~530℃，操作压力为 6.9~8.7MPa。该研究所用催化剂由哈肖化学公司(Harshaw Chemical

Company)提供,为 Ni-Cu-Mo/Al$_2$O$_3$。目前,该技术复杂度较高,CO 的转化率还有待提高,仍未得到商业化应用。

3) Comflux 工艺

1975—1986 年,德国本森公司(Thyssengas GmbH)和卡尔斯鲁厄理工学院(Karlsruher Institute of Technology,简称 KIT)共同研发了 Comflux 工艺,迪迪尔公司(Didier Engineering GmbH)在此基础上建立了一套直径为 0.4m 的反应器试验装置。1981 年,该研究项目建立了一套半商业化装置,反应器直径为 1.0m,催化剂粒径为 10~400μm,使用量为 1000~3000kg,规模为 2000m^3/h。由于 20 世纪 80 年代中期石油价格的下降,导致该项目终止。

3. 等温固定床甲烷化工艺

20 世纪 70 年代,德国林德公司以等温甲烷化反应器为基础开发出了林德等温甲烷化工艺,典型的工艺流程如图 3-4-5 所示。合成气分别进入等温和绝热反应器中,两个反应器的产品气最终混合在一起冷却并除掉反应生成的水后得到合成天然气。该工艺的核心是等温甲烷化反应器,借助甲烷化反应放出的热量可以副产高压过热蒸汽。林德等温甲烷化工艺设计合理,CO 转化率较高,但反应器制造较为复杂,甲烷化过程不易控制。

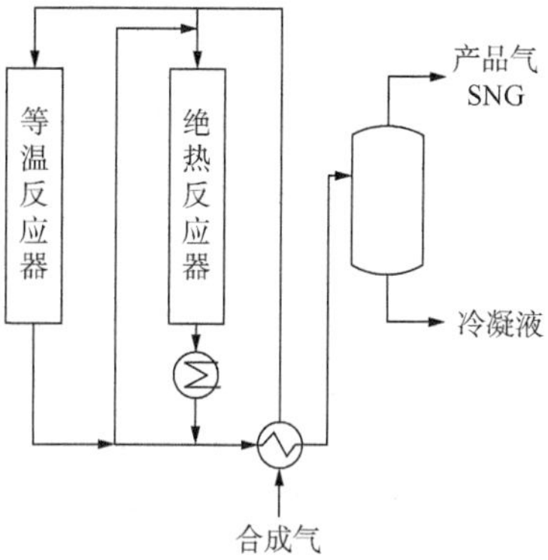

图 3-4-5 林德等温固定床甲烷化工艺流程框图

4. 液相甲烷化工艺

美国化学系统研究公司(Chem System Inc.)研发了一种液相甲烷化工艺,合成气随着循环的工艺液体(导热油)一起进入催化液相甲烷化反应器,导热油可以及时带走反应热。反应后,产品气在液相分离器和产品气分离器中进行分离。工艺液体经过循环泵和过滤器过滤掉催化剂颗粒后,回到液相甲烷化反应器。未转化的 H$_2$ 和 CO 经分析后送火炬,不做循环处理。该工艺研究试用了多种 Ni 基催化剂(Harshaw、Engelhard、CCI 和 Calsicat),工艺液体进料温度为 260~360℃,压力为 2.07~6.90MPa,H$_2$/CO 值为 1~10。结果显示,流化床中转化率较低,催化剂损失较大。液相甲烷化工艺实现了恒温操作,缺点是产品气不太容易实现完全的气液分离。

三、合成气制天然气展望

天然气是一种清洁、高效和优质的化石能源,在世界各地越来越多的领域已逐渐取代煤炭或石油,被广泛地应用于化工、发电等工业、商业及民用领域,有效地促进了社会进步及经济发展。清洁低碳已成为我国能源利用的发展趋势,因此煤制天然气成为一项重要的战略选择。我国发展煤制天然气是由我国特有的能源结构、基本国情和日趋严格的环保法规和社会需求所决定的。发展煤制天然气不仅有助于缓解我国能源紧张的现状,而且也有利于优化我国终端能源结构,提高煤炭的利用率,改善由于大量燃煤而引起的日益严峻的生态环境污染问题。

煤制天然气技术已基本成熟，但同时也面临着煤炭价格、环境和水资源等的制约和挑战。在综合考虑资源承载、能源消耗、环境容量、技术经济性、区域市场容量等因素的基础上，发展煤制天然气产业，作为天然气能源的重要补充，多渠道、多方式地扩大天然气资源供给，对优化我国整体能源结构及保障我国能源安全具有重要意义。

第五节　合成气制低碳混合醇

一、低碳醇的应用前景

低碳醇一般指碳原子数在 1~5 之间的醇类，是化工领域重要的基础原料。乙醇、丙醇、丁醇、戊醇等高级醇是生产医药、聚酯等大宗化学品的重要中间体，具有很高的经济价值。低碳混合醇通常是指碳原子数在 2~6 之间的一系列醇类的混合物，包括正构醇和异构醇。

随着汽车保有量的飞速增长，汽油和柴油的需求量不断增加，20 世纪出现石油危机后，不少国家把醇类燃料的研究提上议程。目前，国外已经开发了以甲醇为主的"甲基燃料"和以乙醇为主的"乙基燃料"，其中，甲醇燃料的生产技术较为成熟，我国的山西省已经开展了甲醇汽车燃料的应用试验；对于乙醇燃料，在美国、澳大利亚等国家已在使用掺和 5%~20%乙醇的燃料，巴西已在使用 100%的乙醇燃料。研究和实验表明：甲醇汽油（甲醇与汽油的混合物）在燃烧过程中 CO 的排放量明显降低，具有良好的燃烧清洁性。但是甲醇作为车用燃料存在诸多缺陷：与现行的燃料系统不相匹配，与汽油的混溶性较差，液相分离严重；对金属、橡胶、合成塑料等材料有腐蚀，仅汽车中的橡胶材料会发生较大的溶胀率，也容易腐蚀汽油发动机；此外，甲醇汽油在低温下的运转性能以及冷启动性能与纯汽油相比都还有一定的差距。上述问题是甲醇燃料普及应用的主要障碍。从表 3-5-1 中可以看出，低碳混合醇的热值低于汽油、柴油，但是却比甲醇和乙醇高，分别高出 58%和 21.2%。闪点高低决定了燃料的燃烧速率，闪点越低，越容易燃烧。虽然汽油的闪点最低，仅有-40℃，但是用于内燃机容易触发发动机爆震的链式反应，在燃烧过程中存在安全性低的问题，需要添加能够调节辛烷值的物质；柴油的闪点最高，为 62℃，燃烧速率太慢，在应用过程中存在动力不足的问题；低碳混合醇的闪点为 33℃，温度居中，在完成一个燃烧周期的时候可以减缓发动机爆震的链式反应，同时低碳混合醇自身的氧原子可以向燃烧体系提供额外的氧，促使燃烧更加完全，尾气排放中有害物较少，相应排放量也降低。低碳混合醇燃料具有燃烧充分、效率高、CO 及 NO_x 等污染物排放量少等优点，其特性比甲醇好，还是甲醇和汽油的助溶剂，以不同醇与烃混合物为主的"烃—醇混合燃料"更有发展前途；低碳混合醇对汽车发动机系统具有兼容性，因此低碳混合醇可以作为优质的动力燃料替代汽油和柴油，能够成为环境友好燃料。低碳混合醇已经在美国环保署注册为燃油添加剂，其辛烷值比乙醇高出 10%。低碳混合醇的辛烷值较高，且与甲醇和乙醇等化学品相比，更加容易与汽油混溶，加上其优越的抗爆性能，除用作液体燃料外，还可作为一种良好的清洁型汽油添加剂以增加汽油辛烷值，代替已有争议的油品添加剂甲基叔丁基醚（MTBE），降低潜在的环境污染风险。

表 3-5-1　不同燃料的燃烧性能

项目	汽油	柴油	甲醇	乙醇	低碳混合醇
闪点/℃	-40	62	12	13	33
燃烧热/(Btu/lb)	18676	78394	9837	12830	15550
可释放能量/(MJ/kg)	44.1	45.4	22.7	29.7	35.81
冰点/℃	-40	-34	-97	-114	-97

低碳醇可以作为多种化工产品的原料，近年来，低碳醇的化工应用前景逐步广阔，乙醇、丙醇、丁醇等醇类产品的价格长年在高位徘徊。通常采用发酵和乙烯水解合成两种方法合成乙醇，我国人均耕地及粮食较少，长远来看，发酵法不适合我国国情；乙烯水解合成法则需消耗大量硫酸，存在设备腐蚀及难以回收硫酸等缺点。合成气制得低碳混合醇后，经分离提纯可以得到乙醇、丙醇、丁醇、戊醇等经济价值较高的醇类，合成气制醇类化学品和大宗化工生产原料技术具有较大的应用价值。

开发合成气直接合成低碳混合醇的新工艺和性能好的催化剂是近 30 年国内外能源化工领域的研究热点。国外在 20 世纪主要开发出了 4 个系列的催化剂体系，并开展了中试及放大试验的研究，进行了大型装置工业化的探索和评估等工作。我国的中科院山西煤化所、清华大学等多家研究机构进行了多种催化剂的研发改性、制备方法的优化，并进行了中试放大试验研究。国家能源集团建设了 8000t/a 的工业侧线装置，开展了合成气制低碳醇技术的工业化探索工作。从国内外不同种类合成气制低碳混合醇催化剂的反应性能看，普遍存在合成气单程转化率低、反应产物种类多、烃类副产物选择性高等问题。此外，低碳混合醇与水、烃类形成均相互溶的体系，低碳混合醇与水形成共沸体系，副产物中含有多种酯类、酮类等含羰基的杂质，难以实现低成本的产物分离和产品精制。合成气制低碳混合醇技术的工业化推广价值取决于开发 C_{2+} 醇选择性高和催化稳定性好的催化剂、反应器结构及反应温度控制技术的成熟性、反应产物分离与产品精制工艺的可靠性、低碳醇脱水技术的成熟性和经济性、生产过程的经济性、反应过程的环保性等。

二、合成气制低碳醇反应及热力学特点

1. 合成气制低碳混合醇过程的化学反应

通常合成气制备低碳醇的催化剂为多组分催化剂，每个组分提供不同的活性中心，这导致反应中伴随着各种反应，其中主要反应包括低碳醇合成反应、F-T 合成反应、甲醇合成反应和水煤气变换反应，还会反应产生多种酮、酯、羧酸等含羰基的化合物，在高温条件下还发生醇的异构化反应，因此产物极其复杂。合成气制低碳醇反应过程是介于 F-T 合成和甲醇合成之间的 CO 加氢转化路线，在多相（金属）催化剂作用下，在温度为 180~400℃、压力为 2.0~15.0MPa 的反应条件下，CO 与 H_2 在催化剂表面吸附后，形成包含 C、O、H 的中间体，中间体按照聚合规则形成长链中间体，再发生加氢反应生成烷烃，或发生 β 消除生成烯烃，或保留链端的氧原子生成含氧化合物。中间体类型主要依赖于催化剂的组成、结构和反应条件，通过选择活性金属、配方比例和工艺条件，可以影响中间体的形成和进一步转化，进而实现低碳混合醇产物选择性控制的目的。

合成气制低碳醇的主反应如下：

$$CO+2H_2 \longrightarrow CH_3OH(g)+21.5 \text{kcal/mol}$$

$$2CO+4H_2 \longrightarrow C_2H_5OH(g)+H_2O(g)+61.2 \text{kcal/mol}$$

$$3CO+6H_2 \longrightarrow n\text{-}C_3H_7OH(g)+2H_2O(g)+97.5 \text{kcal/mol}$$

$$3CO+6H_2 \longrightarrow i\text{-}C_3H_7OH(g)+2H_2O(g)+98.8 \text{kcal/mol}$$

$$4CO+8H_2 \longrightarrow n\text{-}C_4H_9OH(g)+3H_2O(g)+133 \text{kcal/mol}$$

$$4CO+8H_2 \longrightarrow i\text{-}C_4H_9OH(g)+3H_2O(g)+135 \text{kcal/mol}$$

$$4CO+8H_2 \longrightarrow m\text{-}C_4H_9OH(g)+3H_2O(g)+138 \text{kcal/mol}$$

$$5CO+10H_2 \longrightarrow n\text{-}C_5H_{11}OH(g)+4H_2O(g)+171 \text{kcal/mol}$$

$$5CO+10H_2 \longrightarrow i\text{-}C_5H_{11}OH(g)+4H_2O(g)+171 \text{kcal/mol}$$

在合成气制低碳混合醇主反应进行的同时，伴随有副反应发生，产物中除含有低碳混合醇，还有大量的水、甲烷、乙烷、丙烷、丁烷、戊烷、CO_2，甚至油、蜡、酯、醛等杂质。合成气制低碳醇的副反应如下：

$$CO+2H_2 \longrightarrow CH_4+H_2O(g)+49.3 \text{kcal/mol}$$

$$2CO+5H_2 \longrightarrow C_2H_6+2H_2O(g)+83 \text{kcal/mol}$$

$$3CO+7H_2 \longrightarrow C_3H_8+3H_2O(g)+119 \text{kcal/mol}$$

$$4CO+9H_2 \longrightarrow C_4H_{10}+4H_2O(g)+155 \text{kcal/mol}$$

$$nCO+(2n+1)H_2 \longrightarrow C_nH_{2n+2}+nH_2O(g)+Q$$

$$CO+H_2O \longrightarrow CO_2+H_2+9.83 \text{kcal/mol}$$

2. 合成气制低碳混合醇反应体系的热力学特点

一个反应在一定的温度下能否进行，主要根据该反应过程的吉布斯自由能 ΔG° 的变化来判断，从反应进行热力学角度推测反应的方向以及限度最佳的反应条件。合成气制低碳混合醇反应体系中，一些主要反应的方程式以及吉布斯自由能随温度变化关系如下：

甲醇合成反应：

$$CO+2H_2 \longrightarrow CH_3OH$$

$$\Delta G^\circ = -113.791+0.2434T(\text{kJ/mol}) \tag{3-5-1}$$

其他低碳醇合成反应：

$$nCO+2nH_2 \longrightarrow C_nH_{2n+1}OH+(n-1)H_2O$$

$$\Delta G^\circ = (25.029n-0.602)\times 10^{-2}T-160.607n+46.434(\text{kJ/mol}) \tag{3-5-2}$$

F-T 合成反应：

$$nCO+(2n+1)H_2 \longrightarrow C_nH_{2n+2}+nH_2O$$

$$\Delta G^\circ = (25.029n-14.368)\times10^{-2}T-160.607n+73.827(kJ/mol) \quad (3-5-3)$$

$$nCO+2nH_2 \longrightarrow C_nH_{2n}+nH_2O$$

$$\Delta G^\circ = (25.029n-14.368)\times10^{-2}T-160.607n+73.58(kJ/mol) \quad (3-5-4)$$

水煤气变换反应：

$$CO+H_2O \longrightarrow CO_2+H_2$$

$$\Delta G^\circ = 0.03226T-35.623(kJ/mol) \quad (3-5-5)$$

化学反应的吉布斯自由能变化值 ΔG° 是判断该反应能否进行的重要指标之一，并且 ΔG° 值越负，该反应越容易进行。由以上公式可知，随着反应温度的升高，所有反应的 ΔG° 值都增大。对于 n 值相同的产物（$n>2$），温度越高，增大程度依次为 $C_nH_{2n+1}OH>C_nH_{2n+2}>CH_3OH>CO_2$，因此温度越高越不利于低碳醇的反应，而温度升高对水煤气变换反应的影响最小。从热力学角度来讲，烃类是合成气转化反应的最优先选择。在 n 值相同时，从热力学上分析，生成烯烃是最有利的，但从现有合成气制低碳醇催化剂反应体系中各类反应产物的含量看，反应产物中烯烃的含量低于混合醇和烷烃，可以推断合成气制低碳混合醇反应还受到动力学的控制。通过调节原料气的氢碳比、反应温度、合成压力、空速等条件可以优化反应条件，得到尽可能高的低碳混合醇产率和高级醇选择性。由化学反应方程式、热力学方程式还可以看出，合成气催化加氢生成甲醇、低碳醇以及烃类的反应都是体积减小、放热量大的化学反应，因此高压有利于反应平衡正向移动。高的 CO 分压有利于 CO 分子的插入反应，促进碳链增长生成长链醇类产物，而高的 H_2 分压则会促进甲醇和烷烃产物的生成，压力的变化对水煤气变换反应基本没有影响。但是随着反应压力提高，甲醇的平衡浓度增加，反应产物中甲醇的增加量比低碳醇的增加量多，反应压力增大不利于提高 C_{2+} 醇的选择性，因此合成气制低碳醇在适宜的温度、适当的压力条件下进行，合成气制低碳醇的压力宜在 6.5~8.0MPa 之间。

合成气制低碳混合醇的反应体系中，生成醇和烃类的反应均为放热量大的反应，低碳醇的生成速率随 CO 分压的升高而加快，如果反应热的移除速度不足，将会引起反应温度迅速升高至 500℃ 以上，反应过程的操作条件难于控制，引发催化剂烧结等事故。合成低碳醇的化学反应方程式中 H_2/CO 值略大于 2（理论值），合成气制低碳混合醇反应体系的最佳氢碳比应略大于 2（实际生产数据），这样有利于抑制生成烃类产物等副反应。

低碳醇的合成是强放热反应，提高温度不利于反应的进行，而且高温会导致反应的能耗增加，催化剂的失活加快。反应温度升高有利于反应进行的顺序如下：F-T 合成>低碳醇合成>甲醇合成。从反应热力学方面，一方面，宜将生成烃类的起始温度作为低碳醇合成最佳反应温度的上限；另一方面，需要结合不同合成气制低碳醇催化剂的性能，依据催化剂活性评价过程中反应温度对低碳醇的选择性影响规律，以有利于提高低碳醇的选择性为原则，确定反应温度。

低碳醇为链增长反应的产物，因此较低的空速（长的接触时间）能够促进碳链增长的反应发生，提高 C_{2+} 醇的选择性，防止在较高的空速（短的接触时间）条件下生成甲醇的选择性增大。但是在空速较低的反应条件下，存在不能及时移除反应热的风险，为了防止催化剂高温失活，宜保持较大的空速，确保及时移除反应热。

三、合成气制低碳醇催化剂体系

从 20 世纪初开始，多个国家的学者们研发出了合成气制低碳醇反应的各种体系的催化剂，基本上可以分为改性甲醇合成催化剂、抗硫 Mo 基催化剂、改性 F-T 合成催化剂、贵金属 Rh 基催化剂 4 种体系。CO 加氢合成低碳醇反应过程通常伴随着甲醇、烃类和 CO_2 等副产物的生成，提高低碳醇的选择性是低碳醇合成技术工业化的关键。许多研究者在低碳醇催化剂开发、助剂改性、载体的选择、载体及催化剂制备方法的优化等方面做了大量的研究，但总体看来所研发催化剂存在活性不高、选择性差、稳定性不好等方面的不足，合成气的单程转化率较低，反应产物中烃类、CO_2、含羰基的化合物等副产物的种类较多，低碳醇产品的分离和精制的难度大，转化为低碳醇产品的成本高。

1. 改性甲醇合成催化剂

工业上使用的甲醇合成催化剂在催化甲醇合成反应的过程中会有乙醇或其他醇类等副产物生成，可以对甲醇合成催化剂进行改性，以提高低碳醇的选择性。改性甲醇合成催化剂主要分为高温高压型和低温低压型两类。对甲醇合成催化剂的改性方式主要是对甲醇合成催化剂进行碱金属助剂的掺杂，将该催化剂体系用于 CO 加氢制备低碳醇反应，主要产物为甲醇和异丁醇。按照活性组分的不同，分为 Zn-Cr 基催化剂和 Zn-Cu 基催化剂。

意大利 Snam 公司较早地开发了 Zn-Cr 改性的高温高压型甲醇合成催化剂，反应温度在 400℃ 左右，并进行了工业示范装置连续运转试验，主要产物为甲醇和异丁醇。此后国内外的科研工作者从助剂、载体等多种途径进行了 Zn-Cr 基合成气制低碳醇催化剂的改性和性能优化及评价、反应机理研究等。

高温高压型合成气制低碳醇催化剂主要为碱金属修饰的 Zn-Cr 基催化剂，Tan 等研究了 Li、Na、K 和 Cs 的掺杂对 Zn-Cr 氧化物催化剂对异丁醇选择性的影响，实验结果表明，助剂的掺杂可以促进催化剂的还原、增强催化剂对 CO 和 H_2 的活化能力，因此 CO 转化率和异丁醇的选择性显著提高。Cs 改性后的催化剂改变了产物的分布，反应温度从 375℃ 升高到 400℃ 时，乙醇、正丙醇选择性均有明显提高，但是反应产物仍主要为甲醇。K 或 Cs 掺杂的 Zn/Cr 尖晶石结构催化剂的性能评价结果表明：合成气制低碳醇的反应通常在压力为 12~30MPa、温度为 350~450℃ 的条件下进行，以甲醇和异丁醇为主要产物，副产物为酮、仲醇、醚和烃类。Jiang 等对 Zn-Cr-K 催化剂在超临界条件下进行催化性能评价，在压力为 7.5MPa、温度 400℃、空速为 $1700h^{-1}$ 的反应条件下，引入超临界流体，提高了 C_{2+} 醇的选择性，甲醇的选择性从 61.5% 降至 33.5%，乙醇、正丙醇、异丁醇的选择性分别从 1.4%、3.3%、23.6% 提高至 12.9%、8.4%、26.2%。由于 Cr 元素有毒，含有 Cr 的催化剂已逐渐被市场淘汰。

低温低压型 Zn-Cu 基合成气制低碳醇催化剂主要为碱金属改性的 Cu-Zn-Al 和 Cu-Zn-Cr 催化剂，有代表性的是德国鲁奇公司开发的 Cu-Zn 改性的低温低压型甲醇合成催化剂，反应温度在300℃左右。与Zn-Cr基催化剂相比，使用Zn-Cu基催化剂制备低碳醇时，反应温度从400℃以上降至300℃以下，操作温度明显降低。Sun等研究了Cs的掺杂对Cu/ZnO/Al_2O_3催化剂的影响，发现Cs_2O的添加可以促进碳链增长，增加异丁醇的收率，Cs掺杂的Cu/ZnO/Al_2O_3催化剂在温度为290℃、压力为5.4MPa的反应条件下，CO的转化率为41.6%，低碳醇的选择性约为24.9%。对于Zn-Cu基催化剂，反应压力为6~8MPa，反应温度为300~350℃，产物同样以甲醇和异丁醇为主，反应产物中甲醇的选择性高，C_{2+}醇的选择性较低。由于反应产物中低碳醇的选择性低，催化剂中的铜元素在反应过程中易发生烧结导致催化剂失活，限制了Zn-Cu基催化剂用于低碳醇合成的工业化前景。研究人员通过甲醇合成催化剂的活性组分改性及制备方法的改进等方式提高低温低压型Zn-Cu基合成气制低碳醇催化剂的性能，催化剂中Cu为H_2的解离吸附中心，为了防止Cu在反应过程中发生高温烧结，添加ZnO用于提高Cu物种的分散度，同时防止催化剂硫中毒，延长催化剂的使用寿命；或者采用Al_2O_3作为载体，也可以提高活性组分的分散度，缓解催化剂因烧结而失活的程度。Mahdavi等探索了制备条件在共沉淀方法中对Cu-Co_2O_3-ZnO/Al_2O_3催化剂活性的影响，实验结果表明，焙烧温度对催化剂的性能影响很大。

改性甲醇合成催化剂的反应压力较高，反应条比较苛刻。催化剂的催化活性与甲醇合成催化剂相近，反应产物中仍以甲醇为主，C_{2+}醇的选择性较低。

2. 抗硫Mo基催化剂

Mo基耐硫催化剂于1984年由美国Dow化学公司首先提出，Dow化学公司和联合碳化物公司分别开发了CO加氢合成低碳混合醇的碱掺杂硫化钼催化剂，催化剂在温度为290~310℃、压力为10MPa的反应条件下，CO的转化率为20%~35%，低碳醇的选择性约为85%。醇类产物中甲醇和乙醇的选择性较高，C_{2+}醇占总醇的30%~70%。研究人员在助剂的选择和载体的调变等方面不断地优化，开发了不容易结炭、耐硫性强、催化活性高、醇类选择性高、寿命长的催化剂，是具有应用前景的合成低碳醇催化体系之一。Mo基催化剂包括硫化钼基、碳化钼基以及氧化钼基催化剂体系。

硫化钼催化剂具有较强的抗硫作用，Fe、Co、Ni等过渡金属添加到硫化钼催化剂中，能够提高催化剂的加氢能力和促进碳链增长的能力，使催化剂的活性和C_{2+}醇的选择性提高。K助剂能够提高硫化钼催化剂中部分Mo原子表面的电子浓度，Mo和K-Mo分别作为碳链增长和含氧加氢的两个活性位点进行反应，形成双活性位点的协同作用，提高了醇类选择性。K作为助剂改性的K-Co-MoS_2/黏土催化剂在温度为300℃、压力为13.8MPa、空速为$2000h^{-1}$的条件下，乙醇产率可达129g/[kg(催化剂)·h]。Ni和La同时改性的催化剂上，生成低碳醇的活性进一步提高，同时烃类选择性显著降低，La与碱金属K的添加均有利于提高活性物种的分散度，从而可以提高总醇的选择性。

负载型催化剂载体的比表面积、给电子性能、孔道作用和酸碱性等诸多性能可以对硫化钼基催化剂合成气制低碳混合醇起到一定的促进作用，选用合适的高比表面积和合适孔径的载体能够提升醇类选择性。Al_2O_3作为载体时，能够提高乙醇的选择性，但是载体上的酸性位会导致产物中烃类的选择性提高，需要采用高温焙烧等方式降低Al_2O_3载体的酸性。Claure等研究了将K/MoS_2分别负载在介孔炭(C)、混合金属氧化物上后对催化剂性能的影响。先将Mo负载到介孔炭(C)表面，再包裹混合金属氧化物，所制催化剂在反应过程中，大量的 Mo 可以从介孔炭（C）表面迁移到混合金属氧化物表面，催化剂性能提高，反应产物中醇类产物含量提高，并且醇类产物中 C_{3+} 醇的选择性显著提高。将 Ni-Mo-K 硫化物催化剂负载在炭纳米管 CNTs 上，在压力为 8.0MPa、温度为 320℃ 的反应条件下，总醇的选择性达到 64.1%（未计反应过程发生变换反应生成的 CO_2），乙醇的选择性占 33.1%（不计 CO_2）。虽然硫化钼催化剂具有较强的抗硫作用，但是催化剂中的助剂容易与反应气中的 CO 分子形成羰基化合物，而导致助剂组分流失，从而对催化剂的活性、选择性、稳定性都造成一定的影响，同时原料气中的硫元素容易进入反应生成的醇类产物中，产物的分离精制过程中难以脱除含硫化合物，影响产品的质量和应用。

3. 改性 F-T 合成催化剂

传统的 F-T 合成催化剂为以 SiO_2 或 Al_2O_3 为载体的 Fe 基、Co 基、Ni 基催化剂，其反应得到的主要产物为长链烃类化合物，同时还伴随着少量的含氧化合物等副产物。F-T 合成催化剂中加入碱性物质后，反应产物中含氧化合物（如醇、醛、酸、酮和酯）的选择性增加。在 F-T 合成催化剂中加入少量过渡金属 Cu、Mn、Mo 等或者碱金属进行改性，可以促进含氧化合物的生成，直链正构醇的选择性和时空收率显著提升。

法国石油研究所（IFP）最早研制了 Cu-Co 基体系合成气制低碳混合醇催化剂，催化剂的主要物相为 Cu-Co 尖晶石相。该催化剂体系的反应活性高、低碳醇选择性好、操作条件温和（温度为 250~300℃，压力为 5~10MPa），CO 转化率为 21%~24%，CO 转化成低碳醇的选择性为 65%~76%；醇类产物中甲醇和乙醇的选择性较高，C_{2+} 醇占总醇的 30%~60%，甲醇占醇类产物的 40% 以上；烃类等其他副产物的选择性为 25%~35%。近年来各国研究人员在催化剂制备方法的改进、助剂和载体的选择等方面不断改进。通过碱金属（Li、Na、K、Cs）和过渡金属（Fe、Mn、Zn、Zr、Mo 等）助剂改变催化剂的微观结构、调变活性组分间相互作用、改善表面的物化性质，促进对反应物分子的吸附活化、催化加氢能力等，从而提高低碳混合醇的选择性。碱金属的加入可以增强催化剂的碳链增长能力，抑制甲烷的生成，进而提高总醇的选择性，其影响趋势是 Li<Na(Cs)<K<Rb。除了碱金属，Yang 等利用钙钛矿和类水滑石为催化剂前驱体，制备不同助剂修饰的 Cu-Co 双金属合金催化剂，将 Ce 和 La 为助剂掺杂到 Cu-Co 双金属中，实验结果表明，La_2O_3 和 Ce_2O 的掺杂能够有效提高催化剂的抗积炭、抗烧结能力，提高催化剂的稳定性。合成气制低碳醇反应性能测试结果表明，两种前驱体能够使各种金属离子均匀分散且存在相互作用，促进 Co-Cu 纳米双金属的形成，从而使得催化剂表现出较高的低碳醇选择性。

士丽敏等讨论了稀土 La 助剂对 Cu-Co 基催化剂结构的影响和催化性能的促进作用，La 的加入细化了催化剂的晶粒尺寸，增大了比表面积，能够促进合成醇类活性位的形成，显著提高催化剂的活性和 C_{2+} 醇的选择性。在温度为 300℃、压力为 4.0MPa 的反应条件下，Cu-Co-La 催化剂的 CO 转化率为 22.9%，醇的时空收率均提高，并且 La 的加入降低了甲醇在总醇中的比例。徐慧远等探索了反应温度、反应压力以及气体空速对 $Cu-Co/SiO_2$ 催化剂反应活性的影响。研究表明，反应温度从 260℃ 升高至 290℃，CO 的转化率也随之增大，醇的时空收率呈现火山形的变化，在 280℃ 时具有最高值。同时高压条件有利于醇的生成，提高空速，CO 的转化率随之降低，但醇的选择性显著增加。Wang 等考察了 Al_2O_3、SiO_2、CNTs 负载的 Cu-Co 催化剂，以 Al_2O_3 为载体时，总醇（ROH）和 C_{2+} 醇选择性明显地优于其他载体,在温度为250℃、压力为2MPa、空速为7200h^{-1}的反应条件下,CO转化率为40.1%,醇类产物的选择性为17.1%(其中C_{2+}醇占比64.3%)。研究人员认为以Al_2O_3为载体更有利于形成强相互作用的Cu-Co双金属混合物种,而其他载体上Cu和Co组分则倾向于处于分离的状态。

中科院山西煤化所采用并流共沉淀法制备了一种Cu-Fe催化剂,并用Zn、Mn助剂加以改性,发现双助剂共同修饰的Cu-Fe催化剂表现出明显的协同效应,孔径和孔体积增大,改变了活性相的还原性能,更重要的是显著增强了CO在催化剂表面的吸附量。其中,Zn主要表现为电子效应,增强Fe对CO的吸附能力;Mn主要起到结构助剂的作用,促进了Cu、Fe的分散,发挥双金属的协同作用,从而增加催化剂的反应活性和醇类产物的选择性。该催化剂在温度为280℃、压力为4.0MPa、空速为6000h^{-1}、H_2/CO值为2时,CO的转化率达到59%,醇类产物的选择性为31%,乙醇时空收率为0.26g/[mL(催化剂)·h]。所开发的一系列以碱金属或碱土金属为助剂的纳米金属碳化物催化剂,最佳催化剂在温度为310℃、压力为6MPa、H_2/CO值为1、空速为1000h^{-1}的条件下,CO的转化率达到50%,醇类产物中C_{2+}醇的选择性高达90.8%,醇时空收率达0.176g/[mL(催化剂)·h]。

郭海军等探索了Cu和Fe比例对合成气制低碳醇催化剂结构和性能的影响。随着Fe含量的提高,催化剂的比表面积增大,提高了氧化态金属化合物的分散度;同时Fe含量的增加有利于Cu-Fe合金的相分离、Cu和Fe物种之间的协同作用以及$CuFe_2O_4$尖晶石结构的形成和分散,因此促进其还原成Cu-FeC_x活性位,促进生成C_{2+}醇。但是当Fe含量过高时,更多的是生成Fe_2O_3并分散在催化剂表面,导致单一的FeC_x和Fe_2O_4的生成。此外,$CuFe_2O_4$被Fe_2O_3覆盖,从而抑制了低碳混合醇的形成。

改性F-T合成催化剂反应条件温和、反应活性高,但是产物中以甲烷为主的烃类和水的生成量大,反应副产物的种类多,反应产物的分离和精制难度较大,因此还有很大的改进空间。

4. 贵金属Rh基催化剂

贵金属Rh、Pd、Ru等均可用于合成气制低碳醇催化剂的活性中心,而Rh基催化剂具有优良的CO加氢性能,在反应压力为5MPa时,CO的单程转化率为8%~10%,反应产物中C_{2+}含氧化合物选择性较高,乙醇选择性最高可以达到75%以上。最早联合碳化物公司研发出了SiO_2负载的Rh基催化剂,国内外学者通过添加碱金属助剂、优化载体的种类等措施提高催化剂的性能,开展了一系列对Rh基催化剂的改性方法研究。在助剂改性方面,通过采用金属Fe、Mo、W等进行修饰;在载体改性方面,金属Rh负载在SiO_2-TiO_2复合载体上能够更好地提高金属Rh的分散度,从而有利于CO的解离吸附和缔合吸附,使催化剂的催化活性高,C_{2+}含氧化合物的选择性提高。

制备方法对催化剂性能的影响较大,催化剂的活性组分相同时,采用不同的制备方法所制得催化剂的化学结构不同。江大好等分别以水、甲醇、乙醇和异丙醇作为溶剂,调整前驱体的结构,采用共同混合浸渍的方法制备了一系列不同的RnMnLi/SiO_2催化剂,探究了不同类型溶剂对催化性能的影响。实验表明,醇类作为溶剂制备催化剂,能够促进活性物种在催化剂表面的富集,使催化剂的活性中心增多;乙醇作为溶剂时催化剂具有最高的反应活性,产物中 C_{2+} 含氧化合物的选择性能够提高到 73.8%。

在通过助剂改进催化剂性能方面,向 Rh 基催化剂中加入不同的金属助剂对催化剂的活性和选择性均产生影响。添加过渡金属和碱金属能够提高催化剂制低碳醇的活性,由于低价态的 V 离子具有优良的储氢性能,当加入少量的金属 V 作为助剂时,有利于加氢反应形成乙醇。Subramani 等发现加入一些可变价的金属如 Mn、Li、Y、Mo 或 Zr 的氧化物作为助剂时,由于这些氧化物具有较强的亲氧性,催化剂经 H_2 还原活化后,这些金属能够以低价态形式存在,提高了催化剂的催化活性以及 C_{2+} 含氧化合物的选择性。当以 Fe、Ir 等金属为助剂时,可以提高乙醇的选择性,降低乙醛、乙酸的选择性。碱金属作为助剂时,则可以有效抑制烷烃的生成,从而提高醇类化学品的选择性。

Yu 等探索了 Mn 和 Li 对 $RhMnLi/SiO_2$ 催化剂上反应路径的影响,结果表明:一方面,掺入的 Mn 能够增强 CO 在 Rh 上的吸附能力,有利于提高 CO 的转化率;另一方面,可以削弱 CO—Rh 键,有助于 CO 的插入反应,从而可以促进 C_{2+} 含氧化合物的生成。掺加的 Li 能够提高 CO 的吸附性。Mn 和 Li 能够促进 H_2 分子的解离吸附,有利于提高加氢速率。在合适助剂的作用下,Rh 基催化剂具有良好的 CO 转化率和醇类选择性,此外还有非常高的乙醇选择性,但是其产物中有醋酸生成,导致了在技术应用过程中设备成本提高、工艺技术的先进性和可靠性受到挑战;Rh 作为一种贵金属,其价格非常昂贵,也仅限于实验室的学术探究,Rh 基催化剂在大规模生产中的应用受到限制。

近年来研究的各类合成气制低碳醇催化剂的组成、反应活性见表 3-5-2。

表 3-5-2 不同体系低碳醇催化剂性能比较

催化剂	反应条件			CO 转化率/%	产物的选择性(碳基)/%			醇分布(碳基)/%(质量分数)	
	温度/℃	压力/MPa	H_2/CO 值		烃类	CO_2	总醇	甲醇	C_{2+} 醇
$K-Cu_{45}Zn_{45}Al_{10}$	300	4	2	21.5	2.8	10.6	86.6	87.5	12.5
$K-CNT-NiMo_2S$	320	8	1	13.3	20.0	37.0	43	21.4	78.6
$Rh-Mn-Li/Fe/SiO_2$	300	3	2	28.5	34.1	1.1	64.8	0.8	99.2
CuFeZrZn	210	6	2	19.7	66	9.9	24.1	10.3	89.7
$Cu-Co/Al_2O_3$	250	3	2	51.8	51.3	2.9	45.8	3.7	96.3
$Co_3Cu_1-11\%CNT$	300	5	1	38.5	20.7	5.0	74.3	7	93
$Cu-Co/Al_2O_3/CNTs$	230	3	2	44.6	34.1	1.4	64.5	5	95
$Co-Cu/ZrO_2-La_2O_3$	310	3	2	35.3	49.5	7.1	43.4	17.7	83.2
$Rh-Mo/SiO_2$			1	21.5	2.8	10.6	86.6	87.5	12.5

国内外学者对合成气制低碳醇催化剂进行了广泛的研究开发,对反应工艺进行了探索,但该技术目前仍未实现大规模的工业化应用,主要原因是低碳醇选择性和催化剂的稳定性还不能满足工业要求,需要进一步提高催化剂对醇类产物的选择性、抑制副反应、改善稳

定性。Rh 基催化剂有较高的乙醇选择性，但是 Rh 为稀缺金属，有限的供应量和高昂的价格不利于其大规模工业化应用。改性 Cu 基甲醇催化剂的主要产物为甲醇和异丁醇，C_{2+} 醇类产物的收率低。Mo 基催化剂有较好的低碳直链醇选择性和耐硫性能，但反应条件苛刻；硫化钼基催化剂反应生成的醇类产物中容易引入硫元素，导致产品的分离成本变高，没有可借鉴的成熟的产品精制技术，存在产品中的含硫类杂质不满足质量要求的风险。Cu-Co 基催化剂、Cu-Fe 基催化剂可以在较温和的反应条件（一般反应压力为 3~6MPa，反应温度为 220~330℃）下进行反应，具有相对较高的低碳醇选择性和催化活性，但是副产物种类较多，副产物的分离和精制的流程比较长，该技术在工业化应用的过程中需要研究和优化。

四、合成气制低碳醇反应过程机理

合成气制低碳混合醇反应产物的组成和选择性与反应条件相关，更受催化剂结构与性能的影响。改性甲醇合成催化剂的反应产物分布中异构醇含量多，而改性 F-T 合成催化剂的反应产物以直链混合醇为主。不同体系合成气制低碳醇催化剂的催化反应机理不尽相同，但总体上包括以下步骤：CO 和 H_2 在催化剂表面的化学吸附、CO 和 H_2 分子中 C—O 键和 H—H 键的解离吸附、O—H 键和 C—C 键的形成、C—C 键偶联反应而引发的链增长过程。催化剂表面的 CO 和 H_2 充分活化是保证催化剂有较好的活性、促进反应物发生化学反应的前提，由于低碳醇中含有烃基和羟基的官能团，而烃基的形成需要 C—O 键断裂，羟基的形成则需要 C—O 键保留，因此在反应过程中存在 CO 的解离吸附和缔合吸附的竞争关系。其中，对催化剂研究的重点在于探索活性中心的最佳匹配、化学结构与效能关系及合成低碳醇的选择性规律等方面，旨在提高低碳醇合成过程的单程转化率、C_{2+} 醇的选择性和产率。合成气制低碳醇的合成机理逐渐形成共识，不同催化剂体系的反应机理、反应产物的链增长方式和产物分布规律不同。改性 F-T 合成催化剂反应主要生成直链正构醇，各种醇的选择性符合 A-S-F 分布规律。改性甲醇合成催化剂，反应产物中包含大量的支链混合醇，不符合 A-S-F 分布规律。两种机理的主要区别在于反应过程中产物的链增长方式不同，即一种为亚甲基插入反应机理，另一种为 CO 插入反应机理。

1. CO 插入反应机理

C_{2+} 醇类合成过程中既需要 C—O 键断裂以形成 C—C 键，产生 $C_nH_z^*$ 烷基中间物，实现碳链增长，也需要 CO 分子插入 $C_nH_z^*$ 生成 C_nH_zCO 物种。

CO 插入反应机理认为，合成气制低碳混合醇反应催化剂需要具有双功能，即催化剂表面要同时存在 CO 分子的解离吸附和非解离吸附的活性位。低碳醇形成机理也揭示了 C_{2+} 醇的生成与 C_{2+} 烃的生成是相互竞争的，因此合成气制低碳醇反应体系中烃类产物的选择性比较高。

图 3-5-1 显示了合成气合成低碳醇的 CO 插入反应机理。该机理解释了 CO 加氢反应过程中表面中间物种的反应路径和醇类产物的形成，得到了业界的认可。非解离吸附的 CO^*

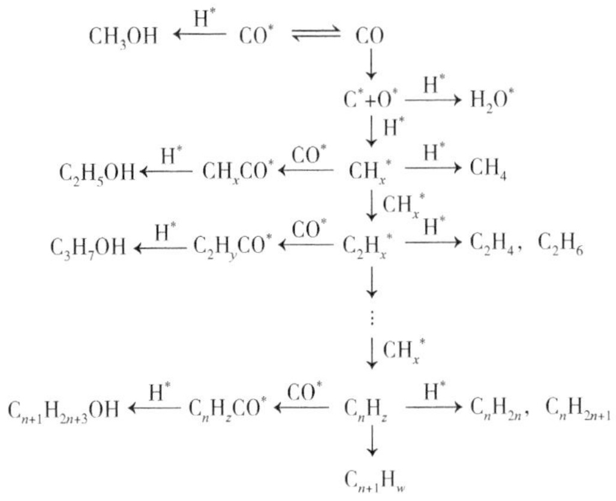

图 3-5-1 CO 插入加氢催化合成低碳醇的反应机理图

与解离吸附的 H^* 反应，生成 CH_3OH；CO 解离吸附所形成的 C^* 与解离吸附的 H^* 反应，生成烃基中间体 CH_x^*，CH_x^* 进一步耦合实现链增长，再与非解离吸附的 CO^* 发生插入反应，生成不同链长的醇，并且 CO 插入反应形成直链醇产物。

改性 F-T 合成催化剂的反应体系中同时存在 F-T 合成反应、合成醇的反应、水煤气变换反应，其中生成烃和生成醇的反应是竞争反应，源自相同的中间物即表面金属烷基，在反应过程中由一种金属活性位提供解离吸附的 CO，同时由另一种金属活性位提供非解离吸附的 CO^* 插入催化剂表面金属烷基键，二者加氢形成低碳醇。CO^* 插入过程是 C—C 链增长终止，形成最终的醇类产物脱离催化剂表面。改性 F-T 合成催化剂具有发生水煤气变换反应的活性，水煤气变换反应调节反应过程中 CO、CO_2 和 H_2O 的比例，并影响催化剂表面上金属的还原态和氧化态的比例，催化剂的总体反应性能表现在醇的选择性、烃类的选择性、CO_2 的选择性等方面。催化过程的反应产物是醇、烃、水、CO_2 的混合物，醇类产物和烃类产物可能源自同一种中间物种。在 F-T 合成催化剂中加入生成醇的活性组分或在甲醇合成催化剂中加入生成烃类的组分，都可以生成一定量的低碳醇；CO^* 插入过程是低碳醇生成的关键步骤。CO^* 插入中心要满足以下几个条件：有非解离吸附的 CO^*；能够解离吸附氢，并有缓和的加氢能力；有足够的空余价位，使 CO^* 插入和加氢生成醇的过程在同一中心完成；CO^* 插入中心与链增长中心的间距足够小，使烃基和 CO^* 在催化剂的作用下形成化学键。CH_x^* 中间物种更倾向于发生加氢或 C—C 键耦合反应，而不是 CO^* 插入反应，因此合成气制低碳醇催化剂作用下的反应产物体系中烃的选择性较高，难以提高低碳醇的选择性，需要催化剂同时具有强链增长能力、高的非解离吸附 CO^* 插入活性。

在 Cu-Co 体系合成气制低碳醇催化剂中，认为 Co 的主要作用是使解离吸附的 CO 加氢生成 CH_x 物种，Cu 的作用是提供非解离吸附 CO^* 的活性位点；金属 Co 作为 CO 解离吸附和碳链增长的活性位点，以插入表面金属—烷基键，然后加氢生成醇。Cu-Co 体系催化剂是一个多功能活性中心协同作用的体系。催化剂表面几种功能不同的活性位之间的协同作用决定了合成气制低碳醇的产物选择性。

Rh 基催化剂和改性 Cu-Co、Cu-Fe 催化剂的合成气制低碳醇反应遵循 CO 插入反应机理。催化剂的活性组分和助剂在催化过程中能形成双活性位，并且通过双活性位的协同作用实现提高低碳醇选择性的目标。

对于 Mo 基催化剂，硫化钼催化剂反应生成的所有醇类产物的选择性都能符合 A-S-F 分布；在氧化钼基催化剂反应产物中，除了甲醇，其他碳数的醇类产物的选择性符合 A-S-F

分布。Smith 等提出了直链醇生成的机理,并很好地适用于 K/Co/MoS$_2$ 和 K/MoS$_2$/C 催化剂。Park 等建立了硫化态钼基催化剂表面反应的机理网络图(图 3-5-2),反应产物中除了醇类、烃类产物,还有含羰基类的副产物。

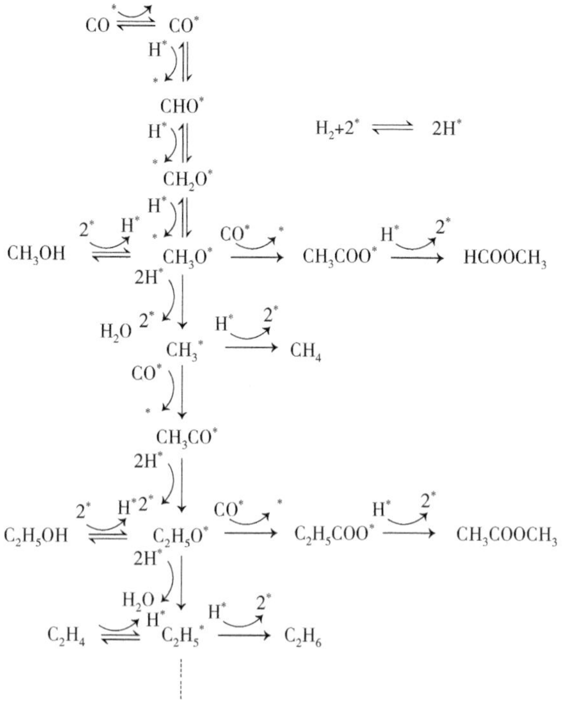

图 3-5-2 碱金属改性的硫化态钼基催化剂上低碳醇合成机理图

2. 亚甲基插入机理

改性甲醇合成催化剂上 CO 催化加氢制低碳混合醇的特点是产物中甲醇和异丁醇具有高选择性,反应产物的选择性不符合 A-S-F 分布规律。Cu/Zn 催化剂的链增长机理如图 3-5-3 所示。改性甲醇合成催化剂的低碳醇形成机理中,链增长只发生在 α 位和 β 位上,β 位发生的加成反应实现碳链增长生成支链醇,低碳醇可以继续参与生成高碳醇的反应。

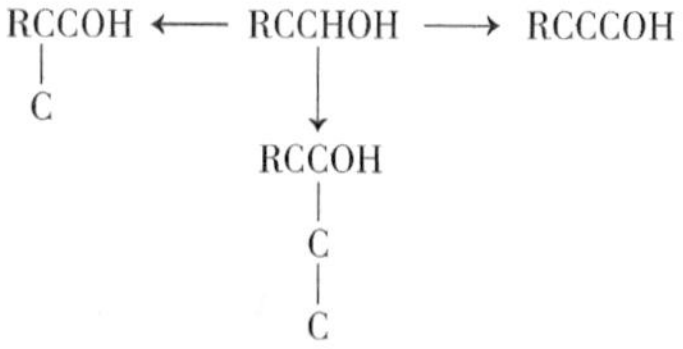

图 3-5-3 Anderson 提出的简单链增长机理图

五、合成气制低碳醇技术

德国最早建立了合成气制甲醇和异丁醇的工厂,产物以甲醇为主。但由于羰基合成与烯烃水合工艺的发展,由合成气直接合成 C$_{2+}$ 醇的生产工艺未得到发展。1990 年以后,由于石油价格持续上涨以及全球环境问题,多国开展了合成气直接制取低碳醇催化剂的研制和生产工艺的探索,开展了多种合成低碳醇催化剂体系的中试、工业化生产技术的开发与研究。

国内外开发了许多合成气制低碳醇技术的工艺和专利,国外有意大利 Snam 公司与丹麦托普索公司开发的MAS工艺、法国石油研究所(IFP)开发的IFP工艺、德国鲁奇公司开发的Octamix工艺、美国Dow化学公司和联合碳化物公司合作开发的Sygmol工艺等。我国的一些研究单位也开展了与国外4种技术相类似的合成气制低碳醇催化剂研制、催化剂的稳定性实验、生产技术研究等工作。国外4种典型的合成气制低碳混合醇技术规模及特征见表3-5-3。除了围绕上述4种代表性技术开展的中试或工业化示范装置的生产技术研究，还有铑(Rh)基催化剂合成气制低碳醇技术、Cu-Fe基催化剂合成气制低碳醇生产技术、醋酸加氢制乙醇技术、生物发酵法制乙醇技术等的工业应用探索。

表3-5-3 国外合成气制低碳混合醇工艺技术概况

项目	催化剂特点及反应条件	装置规模	产物特征及应用结果
MAS工艺	Zn-Cr基改性甲醇合成催化剂；反应温度为350～420℃，反应压力为12～16MPa，空速为3000～15000h^{-1}；反应产物的脱水方法为环己烷萃取	1982年建成1500t/a示范装置，通过6000h稳定性考察	CO的转化率为17%；CO成醇选择性为90%，烃产率小于10%（质量分数），其他含氧化合物产率为2.1%（质量分数），醇类产物以甲醇为主，C_{2+}醇/总醇小于30%，粗醇产品含水量为20%（质量分数），最终产品含水量小于0.1%
IFP工艺	Cu-Co基改性F-T合成催化剂；反应温度为260～320℃，反应压力为6MPa，空速为3000～6000h^{-1}；反应产物脱水方法为二甘醇萃取	1984年建成7000bbl/a(2.4t/d装置)，通过4个月稳定性考察	CO的转化率为21%～24%；烃产率为20%～30%（质量分数），CO成醇选择性为65%～76%，C_{2+}醇/总醇为60%，粗醇产品含水量为5%～35%（质量分数）
Sygmol工艺	硫化钼基催化剂；反应温度为290～310℃，反应压力为2～14MPa，空速为5000～7000h^{-1}；脱水方法为分子筛吸附	1985年建成1t/d中试装置，通过6500h稳定性考察	CO的转化率为20%～25%；CO成醇选择性为85%，烃产率为18%～23%（质量分数），C_{2+}醇/总醇为30%～70%，其他含氧化合物产率为0.25%（质量分数），粗醇产品含水量为0.4%，精醇产品含水量为0.2%
Octamix工艺	Cu-Zn基改性甲醇合成催化剂；反应温度为270～300℃，反应压力为7～10MPa，空速为2000～4000h^{-1}；脱水方法为分子筛吸附	单管模试，通过700h稳定性考察	C_{2+}醇/总醇为30%～50%，低碳醇含水量为1%～2%，CO成醇选择性为85%，烃产率为10.2%（质量分数），其他含氧化合物产率为10.2%（质量分数），粗醇产品含水量为0.3%（质量分数），精醇产品含水量为0.1%（质量分数）

国内在低碳醇合成方面也进行了深入广泛的研究，主要包括清华大学、中科院山西煤化所、中科院大连化物所、中国科学技术大学和天津大学等单位，部分研究单位是在国外催化剂的基础上进行改性，也取得了一定进展。

清华大学开发了Li-CuMgCeO$_2$催化剂，完成了500h工业侧线试验；中科院大连化物所与英国BP公司合作研究Rh基催化剂，用于乙醇的合成；中国科学技术大学对Mo基催化剂的制备及反应机理的研究均达到了很高的水平；中科院山西煤化所研制的新型Cu基催化剂已得到荷兰Shell公司的验证，目前已对催化剂在工业单管中试装置完成超过1200h的稳定运转,在温度为230~260℃、压力为4.0~6.0MPa、空速为2000~4000h^{-1}的温和反应条件下,CO转化率大于85%,高级醇在混合醇中选择性较高,混合醇时空收率大于0.23kg/[(kg(催化剂)·h]。中科院山西煤化所开发的I代混合醇催化剂已在国家能源集团上海研究院完成了工业单管运行。国家能源集团与中科院山西煤化所合作,于2014年建成了8000t/a合成气制低碳混合醇及产品精制的工业侧线装置,采用Cu-Fe基催化剂,进行了两次开工试运转,完成了连续1000h的工业化运转试验,该装置为国内规模最大的合成气制低碳混合醇工业侧线装置。

1. MAS工艺

意大利Snam公司与丹素托普索公司开发了MAS工艺,采用Zn-Cr基催化体系。1979年建成中试装置,1982年建成15000t/a示范装置。这是国外唯一工业化的工艺技术,进行了6000h稳定性考察。中科院山西煤化所研究了MAS工艺,1986年通过1000h小试技术成果鉴定;1988年12月完成了工业单管装置的稳定性试验,模试装置采用Zn-Cr-K催化剂体系,中试结果表明,CO转化成醇类产物的选择性可以达到95%,但是醇类反应产物中甲醇占75%(质量分数)以上,C_{5+}醇含量为12%~15%(质量分数),异丁醇含量为10%~13%(质量分数)。

MAS工艺流程中包含两个串联的反应器,合成气与循环气进入第一合成器,在催化剂的作用下发生合成反应后,出第一合成器的气体进入合成回路换热器加热进入第一合成器的循环气,第一合成器出口的气体温度降低后进入第二合成器继续发生化学反应达到反应平衡,出第二合成器的气体进入合成回路换热器加热循环气压缩机出口的循环气,出合成回路换热器的反应气体进入冷却器进一步冷却后,进入分离器分离出液相产物;分离器顶部流出的未液化气体进入脱碳装置脱除CO_2,出脱碳装置的反应尾气进入循环气压缩机压缩后,经合成回路换热器加热后与新鲜的原料气混合重新进入第一合成器发生化学反应,实现原料的循环利用。MAS工艺催化剂为Zn-Cr基改性甲醇催化剂,醇类反应产物以甲醇为主,同时生成少量低碳醇。

MAS工艺流程如图3-5-4所示。

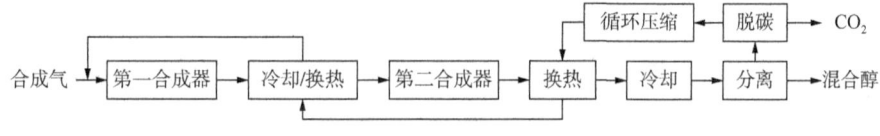

图3-5-4 MAS工艺流程框图

表3-5-4中列出了Snam公司MAS工艺与中科院山西煤化所工艺的对比情况。

表3-5-4 Snam公司MAS工艺与中科院山西煤化所工艺的对比

项目		意大利Snam公司	中科院山西煤化所
操作条件	温度/℃	350~420	400
	压力/MPa	12~16	14
	空速/h^{-1}	3000~15000	4000

续表

项目		意大利Snam公司	中科院山西煤化所
液体产物组成/%（质量分数）	甲醇	70	75
	乙醇	2	
	丙醇	3	
	丁醇	13	异丁醇
	C_{5+}醇	10	12~15
实验结果	CO成醇选择性/%	90	95
	CO转化率/%	17	
开发状况		已工业化，15000t/a，催化剂通过了6000h的稳定性考察	模试，催化剂考察时间为1000h

2. Octamix工艺

德国鲁奇公司提出Octamix工艺。该工艺的反应器呈列管式或绕管式，是对MAS工艺的改进，采用Cu-Zn基改性甲醇合成催化剂，催化剂进行了200h的小试考察。

对于Octamix工艺，反应可以在较低压力（7MPa）下进行，设有一个合成反应器，合成气与加压后的循环气混合后进入脱碳设施，脱除CO_2的气体进入合成回路换热器升温后进入合成器，在催化剂的作用下发生化学反应，出合成器的气体经合成回路换热器等冷却设备降温后进入分离器，分离为气液两相，气相物质经压缩后重新与新的合成气混合，经过脱碳处理除去CO_2重新进入反应器，能够达到原料气的循环利用，而液相产物经过脱除轻组分等进一步的处理措施得到低碳混合醇。由于循环气与合成原料气混合进入脱CO_2工序，存在脱碳设施需要处理的气量很大的情况。Octamix工艺流程如图3-5-5所示。

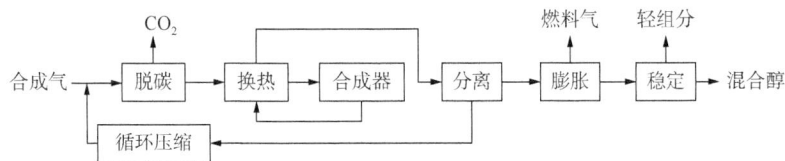

图3-5-5 Octamix工艺流程框图

Octamix工艺采用Cu-Zn基催化体系，由Cu/ZnO/Al_2O_3低温甲醇合成催化剂加入碱金属和结构助剂改进而来。该工艺具有较高的时空收率和混合醇选择性，但是甲醇在总醇中的含量仍然较高，同时催化剂容易在反应过程中受热失活，催化剂的寿命短，稳定性有待于改善。在反应体系中，合成醇类生产过程所生成的水与未反应的CO发生变换反应生成CO_2和H_2，因此分离器分离出的液相产物中含水量低，可以简化产品精制过程的脱水工艺。

3. Sygmol工艺

Sygmol工艺由美国Dow化学公司和联合碳化物公司开发，采用耐硫硫化钼基催化体系，

1985年通过1t/d中试考察。北京大学、华东理工大学、中科院山西煤化所等对该工艺进行研究并进行了小试,所得催化剂催化活性优于国外(表3-5-5)。

表3-5-5 国内外Sygmol工艺对比

项目		美国Dow化学公司	北京大学	华东理工大学	中科院山西煤化所
操作条件	温度/℃	290~310	240~350	240~350	360~370
	压力/MPa	10	6.2	10~11	9.5~10.5
	空速/h^{-1}	5000~7000	5000	6000~12000	7000
液体产物组成/%(质量分数)	甲醇	40	38	75.56	56
	乙醇	37	41	18.53	
	丙醇	14	12	5.6	44
	丁醇	5	4	0.31	
	C_{5+}醇	2	3.5		
实验结果	CO成醇选择性/%	85	80	90	
	CO转化率/%	20~35	10		80
开发状况		中试,1t/d,催化剂考察时间为6500h	小试,催化剂考察时间为200h	小试,催化剂考察时间1000h	单管循环,小试,催化剂考察时间在500h以上

Sygmol工艺的原料为未提纯的粗合成气,经过CO_2洗涤器脱除CO_2后进入合成器,合成器出口的气体经过冷却进入分离器,分离器分离出的液相产物含水量可以降低到0.5%(质量分数)以下,通过沸石除水设施,脱除醇水混合物中的水分,得到低碳混合醇,主要催化剂为硫化钼体系(图3-5-6)。

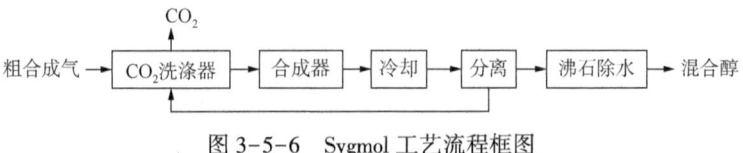

图3-5-6 Sygmol工艺流程框图

中科院山西煤化所在合成气制低碳混合醇方面,进行了硫化钼改性催化剂等多个系列催化剂的研制、单管试验等研究工作。合成低碳混合醇中试装置采用固定床管壳式单管反应器,套管中流动的导热油与反应管进行换热。反应管内硫化钼改性催化剂装填量为3L,床层高度为4225mm,较佳的反应温度为360~370℃,反应压力为9.5~10.5MPa,空速为7000h^{-1},氢碳比约为1.7。在进行尾气循环操作时,随着尾气的循环比增大,CO总转化率明显增大,总醇时空收率可达0.22g/[mL(催化剂)·h],总醇中C_{2+}醇含量为44%(质量分数),CO总转化率达80%以上。中试装置连续稳定运转500h以上,催化剂表现出良好的稳定性。

4. IFP 工艺

法国石油研究所(IFP)于 1976 年提出了 IFP 工艺,1984 年在日本建成 7000bbl/a 中试装置。中科院山西煤化所采用类似的工艺于 1988 年通过 1000h 工业侧线模试鉴定。

IFP 工艺采用的是法国石油研究所研制的 Cu-Co 系列催化剂。催化剂的组成通常表示为 $Cu_xCo_yM_zA_w$,其中 M 为 Cr、Fe、V、Mn 或稀土,A 为碱金属,这类催化剂用柠檬酸盐或金属硝酸盐共沉淀法制备,沉淀经焙烧后变为铜钴尖晶石相,还原后尖晶石相完全分解,铜与钴形成均匀的金属簇类结构,这种结构被认为是合成低碳醇的活性相;催化剂中铜钴比在 1~3 之间,过量的铜或钴将导致反应产物中主要生成甲醇或甲烷。IFP 工艺催化剂最大的优点是操作条件温和,反应温度为 260~300℃,反应压力为 5.0~6.0MPa,空速为 3000~6000h^{-1},醇的时空收率为 0.2g/[mL(催化剂)·h],C_{2+} 醇的选择性为 50%~70%,其中主要生成直链脂肪醇,烃类的选择性为 20%~30%,主要生成甲烷。虽然 IFP 工艺采用 Cu-Co 基催化体系,反应条件较为温和,可以在相对较低的温度和压力下实现,但是其产物选择性较低,合成气转化率也低,生产成本较高。

IFP 工艺主要采用两级反应器和分离器串联的方式,合成气经预热后先进入第一反应器进行化学反应,出第一反应器的气体经冷却后,醇类和水等可液化的产物冷凝,经第一分离器分离出液体产物后,分离器顶部流出的气体与循环气混合经加热后进入第二反应器。出第二反应器的气体经冷却后,醇类和水等可液化的产物冷凝,在第二分离器中分离出的混合醇和水与第一分离器分离出的醇水混合物混合。第二分离器顶部的小部分气体作为尾气排放、大部分气体作为循环气,循环气经压缩机升压后与第一分离器顶部的不凝气体混合作为第二反应器的进料继续进行反应(图 3-5-7)。

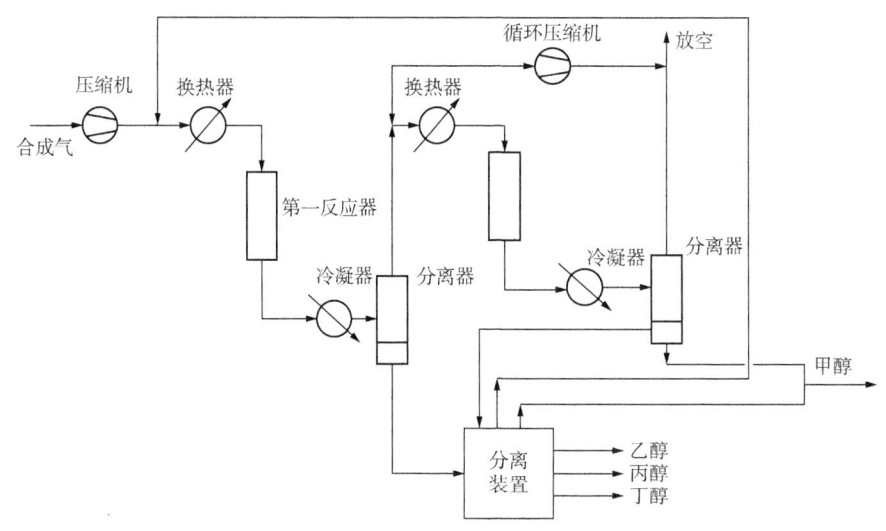

图 3-5-7 IFP 工艺流程框图

中科院山西煤化所开发的 Zn-Co—M-K 系列催化剂与 IFP 工艺催化剂的操作条件和反应产物的对比情况见表 3-5-6。

表 3-5-6　法国 IFP 工艺与中科院山西煤化所工艺对比

项目		IFP	中科院山西煤化所
操作条件	温度/℃	290	290
	压力/MPa	6	8
	空速/h^{-1}	4000	4500
液体产物组成/ %(质量分数)	甲醇	41	49.4
	乙醇	30	33.3
	丙醇	9	10.8
	丁醇	6	4.1
	C_{5+}醇	8	1.6
实验结果	CO 成醇选择性/%	65~76	76
	CO 转化率/%	21~24	27
开发状况		中试，7000bbl/a，催化剂考察 时间为 4 个月	模试，催化剂考察时间为 1010h

5. 我国在合成气制低碳醇领域的研究情况及突破

1) 我国合成气制低碳混合醇技术放大及工业化应用研究情况

国内的中科院山西煤化所、中科院大连化物所、清华大学、厦门大学、华东理工大学、郑州大学、北京大学等研究机构和院校对合成气制低碳醇都进行了大量的研究工作，各高校院所对该领域研究多数还停留在实验室或小试阶段，中科院山西煤化所开展了中试试验的研究。除了在与国外 4 种合成气制低碳醇工艺相近的催化剂体系和工艺流程取得进展，在采用其他催化剂体系进行中试、催化剂稳定性试验、工业侧线装置的连续运转试验等方面也取得了较大的进展。

2005 年中科院山西煤化所获得国家自然科学基金重大项目和科技部"973"项目的支持，并与河南煤业化工集团和荷兰 Shell 公司等企业合作，研究工作逐步由理论基础研究的引导，发展至合成气制低碳混合醇技术的工程化、产业化应用研究。研发团队摒弃传统高温、高压的苛刻合成反应条件和使用贵金属高成本工艺，定向开发了由合成气制高附加值化工混合醇和燃料添加剂的廉价催化剂及其配套工艺路线，在较低的反应压力和反应温度下，可以获得较高的醇收率和 C_{2+} 醇选择性，实现合成气的低碳高效转化。2010 年底，中科院山西煤化所研制的新型催化剂获得荷兰 Shell 公司的国际验证，催化剂在循环导热油固定床工业单管中试装置上完成超过 1200h 的稳定运转，在反应温度为 230~260℃、反应压力为 4.0~6.0MPa、空速为 2000~4000h^{-1} 的温和反应条件下，CO 转化率大于 80%，C_{2+} 高级醇选择性大于 50%，低碳混合醇时空收率大于 0.23kg/[kg(催化剂)·h]，各项工艺性能指标达到国内领先。该技术工艺条件温和，CO_2 排放量低，接近甲醇合成路线，具有很强的可操作性。已完成 φ38mm×2 单管中试，实验结果表明：液相产物中甲醇含量为 40%~50%，乙醇含量为 25%~30%，丙醇含量约为 10%，丁醇含量约为 8%。反应器出口未液化的气体中烃类含量为 15%~18%，CO_2 含量为 15%~20%，余量为合成气。该技术的主要问题如下：反应产物中烃类的选择性较高；副产 CO_2 较多；醇类产物中甲醇选择性高，为 40%~50%；产物分离精制过程的能耗大、代价高；产品分离的技术经济性不可预料。

自 1984 年开始，郑州大学工业催化研究所开展了合成气制低碳醇催化剂的研究，以 Fe-Cu 和 Fe-Co-Cu 两大催化剂体系为代表，研究熔融法、沉淀法等催化剂制备技术，完成了实验室小试的催化剂性能评价工作。前期研究的熔融法催化剂反应温度为 320~380℃，反应压力为 6.0MPa；沉淀法催化剂反应温度为 270~350℃，反应压力为 6.0MPa。醇类产物的时空收率达到 1.0g/[mL(催化剂)·h] 以上，CO 转化率为 60%~70%，液相产物中甲醇和低碳醇的比例约为 4:6（产物中还有一定量的水），气相副产物主要有甲烷、乙烯和二甲醚。制备催化剂的原料易得，催化剂的制备成本较低，工艺简单，无"三废"污染。采用熔融法制备的合成低碳醇催化剂，成本接近当时国内其他合成甲醇催化剂，已具备中试条件。郑州大学进行了 $Cu/Mn/ZrO_2$ 基催化剂的研究，先后经过超过 200h 的小试运转和 1000h 工业单管试验；所研究的 Cu-Fe 催化剂进行了 1200h 中试装置运行。

林国栋等对碳纳米管用于合成气制高碳单醇的研究更为深入，以多壁碳纳米管作 Co-Mo-K 催化剂的载体，与 $\gamma-Al_2O_3$ 等常规载体相比效果明显。

中科院大连化物所采用改性的担载铑（Rh）催化剂，降低 Rh 用量，提高催化剂实用性。在小试规模上，在 Rh 含量不大于 1% 的催化剂上，在反应温度为 280~300℃、时空收率为 25000~38000mL/[g(催化剂)·h]、反应压力为 3.0MPa、H_2/CO 值为 2（体积比）的条件下，CO 的单程转化率达 4%~5%，C_{2+} 含氧化合物的选择性达 80%，时空收率达 400~450g/[kg(催化剂)·h]，完成了 1200h 运转试验，稳态活性和选择性未下降，催化剂性能优于国外同类催化剂水平，具有可工业应用的前景。

2）国家能源集团合成气制低碳混合醇工业侧线装置的试验情况

在国家科技部"863"计划和国家能源集团的立项支持下，中国神华煤制油化工有限公司和中科院山西煤化所合作于 2013 年实施了合成气制低碳混合醇催化剂的吨级制备放大，并顺利完成升级合成气制低碳混合醇工业单管运转可行性试验验证。2014 年完成了工业示范试验技术（千吨级工业侧线）的开发、设计、建设、运转工作。合成气制低碳醇侧线装置于 2014 年和 2015 年进行了两次试验运转，装置采用 Cu-Fe 基合成气制低碳醇催化剂，合成单元实现了 1000h 的稳定运行；产物分离精制单元已完成全流程运转，分离得到产品甲醇纯度为 99.6%、乙醇纯度为 94%、正丙醇纯度为 99.16%，混合丁醇中正丁醇含量达到 49%。该侧线装置是我国首套以生产低碳醇产品为目标的全流程工业生产装置。

(1) 合成气制低碳混合醇工业侧线装置的工艺流程。

合成气制低碳醇工业侧线装置分为低碳醇合成单元和产品分离精制单元两部分。低碳醇合成单元主要有原料气压缩、预热、低碳醇合成、低碳醇冷却分离等部分。

低碳醇侧线装置合成单元工艺流程如图 3-5-8 所示。由低温甲醇洗来的原料合成气，其氢碳比约为 2.23，与经过原料气压缩机加压到 6.0MPa 的循环气进行混合后，经过原料气加热器送入氧化锌脱硫槽。脱硫后经过原料气/反应气换热器，加热到 200℃ 左右，然后进入低碳醇合成塔进行低碳醇合成反应，反应温度控制在 250℃ 左右。低碳醇合成塔采用管壳式反应器，利用反应放出的热量副产中压蒸汽。反应器出口的气体以气相形式从反应器的下部导出。经过原料气/反应气换热器冷却到 130℃ 左右，然后送入一级蜡分离器，分离出的液相为蜡水混合物,送入蜡闪蒸槽进行闪蒸分离,闪蒸后直接装罐。一级分离器出口的气相经过原料气加热器(预热原料气)、冷凝器,继续冷却到25℃,进入醇水分离器进行分离,液相为低碳醇混合液,送入低碳醇产物分离精制装置。醇水分离器出口的气相送入丙烯冷却器,进一步冷却到-5℃,然后进入轻油分离器进行分离,液相送低碳醇分离装置进行分离。气相一部分作为循环气送入原料气压缩机入口循环利用,另一部分作为弛放气送火炬燃烧。

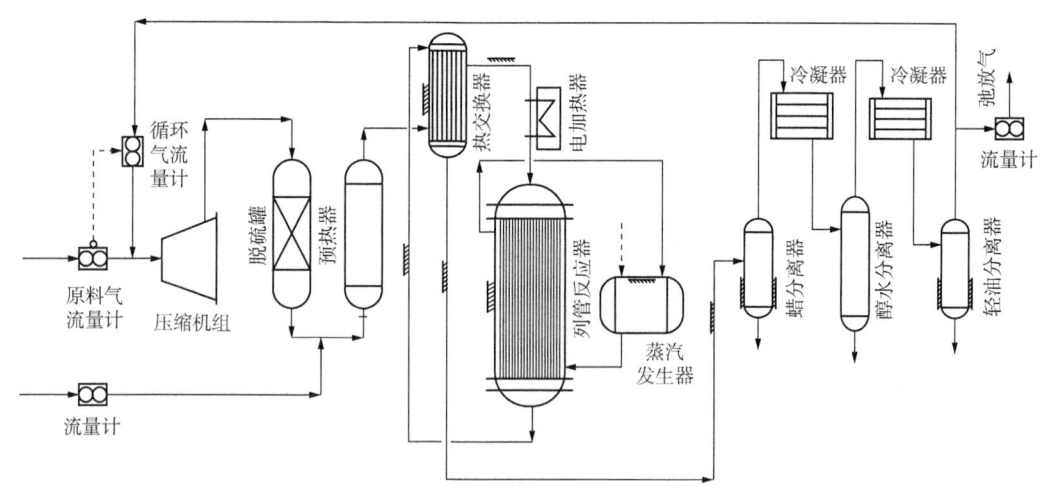

图 3-5-8　合成气制低碳醇侧线装置合成单元工艺流程示意图

低碳醇侧线装置混合醇分离精制单元工艺流程如图 3-5-9 所示。来自低碳醇合成单元的液相产物先经过闪蒸罐,初步分离出部分溶解气与轻组分,闪蒸出的气相送入火炬,闪蒸出的液相用泵送到轻组分分离塔,将剩余的溶解气与轻组分除去,轻组分分离塔釜的醇和水作为高压甲醇塔的进料。

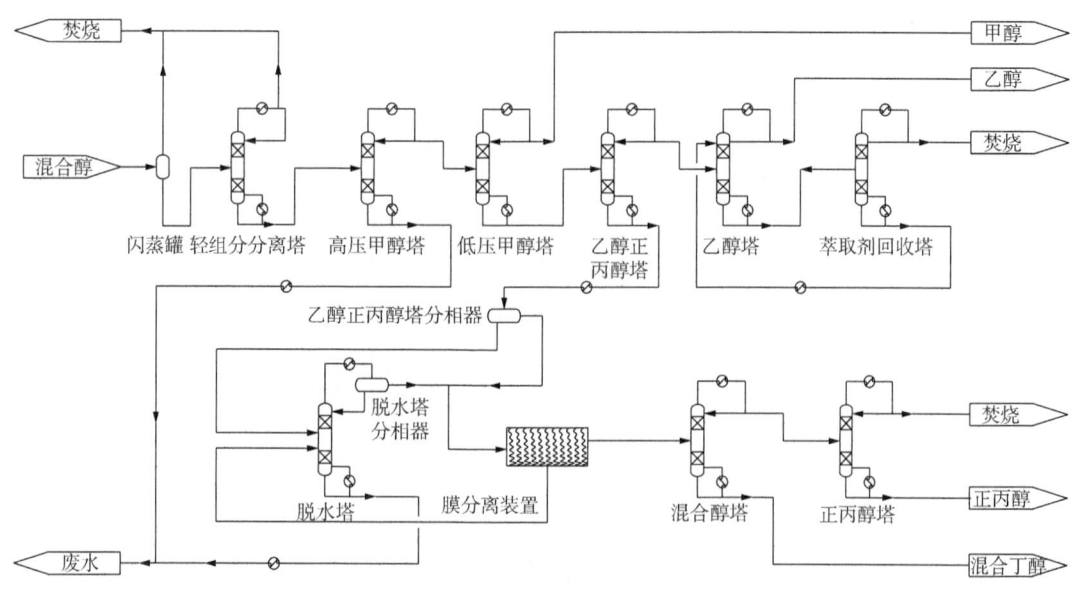

图 3-5-9　合成气制低碳醇侧线装置混合醇分离精制单元工艺流程示意图

高压甲醇塔釜采出废水,降温后送废水处理,塔顶采出物料送入低压甲醇塔。在低压甲醇塔顶,精馏得到甲醇产品,塔釜混合液通过塔底混合液泵送到乙醇正丙醇塔。在乙醇正丙醇塔中,物料进一步精馏,塔顶采出物流冷却后送入乙醇塔,塔釜采出物流冷却后进入乙醇正丙醇塔分相器,分相之后,水相到膜分离成套设备,油相到脱水塔。乙醇塔为萃取精馏塔,采用乙二醇作萃取剂,塔顶采出乙醇产品,塔釜采出乙二醇和水的混合液,塔釜混合液送萃取剂回收塔再生萃取剂。在萃取剂回收塔顶采出水,塔釜采出萃取剂乙二醇,经冷却后送乙醇塔再进行萃取精馏。脱水塔釜采出废水,经冷却后送废水处理,塔顶采出物流经层析后,油相回流,水相送膜分离成套设备处理。

在膜分离成套设备中将油水进一步分离后,水相送脱水塔进行有机物回收,油相送混合醇塔。在混合醇塔采出混合丁醇产品,塔顶采出物流送正丙醇塔,正丙醇塔釜采出正丙醇产品,塔顶采出有机废液送焚烧处理。

(2)合成气制低碳混合醇工业侧线装置的运行情况。

① 低碳醇合成单元。

催化剂还原准备工作就绪后,催化剂还原过程历时180h左右,催化剂还原末期的温度控制在300℃。

催化剂还原完成后,合成气进入反应器后,在210℃时已具备一定的活性,CO转化率已达到36.6%,随着温度的升高,CO转化率和总醇时空收率升高。CO转化率总体上随着温度的升高不断增加,温度升至230℃后,CO转化率可升至80%以上;醇类、烃类及CO_2的选择性随工艺条件变化趋势相对较小,总醇选择性基本维持在60%左右,烃类选择性基本在35%左右,CO_2选择性基本维持5%以内。整个反应过程CO_2选择性均低于5%,显著低于单管试验的CO_2选择性(10%),这是因为合成气中含有2%~3%的CO_2,原料气中CO_2的引入抑制了反应体系中水和CO生成CO_2的变换反应。总醇时空收率也有类似转化率的变化趋势,随着温度升高,总醇时空收率逐渐提高,温度升至230℃后,总醇时空收率可上升至0.15kg/[L(催化剂)·h]。运转时间在600~800h阶段,由于改变原料气进气量(4000~7000m³/h)、循环比(3~5)等条件,时空收率上下波动。在整个运转过程中,烃醇分布变化较小。在醇类产物中,甲醇在总醇中的含量维持在50%左右,乙醇占25%~30%,丙醇占10%~20%,C_{4+}醇占10%。反应生成的烃类产物中,甲烷在总烃中含量基本维持在30%~37%,乙烷占15%~20%,丙烷占10%%~15%,丁烷占5%~10%,C_{5+}烃基本稳定在25%~30%。

低碳混合醇反应在不同温度条件下产物组成变化较大,随着床层温度的增加,混合醇产物中C_{2+}醇的选择性增加,并且低碳合成反应需要活性温度缓慢升高至最佳反应温度(表3-5-7)。

表3-5-7 反应温度对合成气制低碳醇反应性能的影响

温度/℃	CO转化率/%	醇时空收率/kg/[L(催化剂)·h]	选择性/%(质量分数)			C_{2+}醇/总醇/%
			醇类	烃类	CO_2	
210	36.6	0.07	57.8	40.5	1.7	54.4
220	56.6	0.11	60.6	37.5	1.9	53.4
230	78.0	0.16	62.8	34.7	2.5	50.5
242	89.2	0.19	62.7	34.8	2.4	51.3

注:反应压力为6.0MPa,循环比为4,H_2/CO值为2.1,空速为1485h^{-1}。

② 产物分离精制单元。

经过将近一个月的连续运行，各分离塔温度、压力及流量等操作参数及调整后产品纯度基本达到设计要求。

产品甲醇设计纯度为甲醇含量≥99.4%，产品精制单元产出的产品纯度可达到99.72%，达到设计要求(表3-5-8)。

表3-5-8 醇类产品的质量

项目	甲醇/% (质量分数)	异丙醇/% (质量分数)	乙醇/% (质量分数)	正丙醇/% (质量分数)	异丁醇/% (质量分数)	正丁醇/% (质量分数)	戊醇/% (质量分数)	水/% (质量分数)
精甲醇	99.72		0.255	0.015		0.0019		0.01
精乙醇	0.362	0.94	94	0.91	0.11	0.602	0.1	2.98
正丙醇	0.17		0.56	99.16	0.06			0.05

产品乙醇设计乙醇含量≥99.78%，该次运转产品纯度可达到94.0%，主要原因为乙醇精馏采用以乙二醇为萃取剂的萃取精馏，在运转过程中，萃取剂冷却器冷却能力不足，使得回流至乙醇塔时温度过高，无法将重组分冷却至塔釜，导致塔顶乙醇纯度下降。产品正丙醇设计纯度为正丙醇含量≥99.4%，装置产出的产品纯度可达到99.16%。产品混合丁醇设计纯度为丁醇含量≥49.8%，侧线装置运行期间，混合丁醇中正丁醇含量达到49%。

6. 典型工艺比较及大型工业化应用面临的问题

催化剂的性能是推动化工生产技术的决定因素，催化剂最佳活性的反应条件和反应产物的种类及物化性能、反应产物的选择性，是影响生产工艺流程、单元操作的技术方案、关键设备结构与规格、操作参数、能量与物料消耗的主要因素。

由前述介绍可知，虽然贵金属Rh基催化剂具有较高的醇选择性，但是其价格昂贵且容易发生催化剂中毒反应而引起催化剂的失活，从目前制低碳醇的反应性能方面，大型工业化生产的技术经济性较差。

非贵金属催化剂价格便宜，原料来源广泛，其中Cu改性的Fe基F-T合成催化剂被认为最有发展前途。但是其总醇选择性、催化剂的稳定性等仍然有很大的提升空间，从国家能源集团工业侧线装置运行的试验结果看，反应生成的低碳烃类产物较多，甲烷和乙烷等烃类在合成回路累积，导致弛放气的排放量大，合成气的损耗量较高；冷却分离获得的液相产物中，水约占50%，与乙醇、丙醇等形成共沸物，导致产物的分离精制成本较高。目前，提高Cu-Fe基催化剂总醇选择性的方法主要包括寻找合适的助剂、新的催化剂制备方法、载体，调控活性组分及反应条件等。在工业装置中，除目标产物醇、烃以外，含羰基的醛、酮、酸、酯等杂质微量产物的总量约占反应产物的1.5%。

IFP工艺的水气变换反应较弱，粗醇中水的含量较高，分离出的液相产物容易形成醇、烃、水共溶的均相混合物，缺少工业应用成熟的醇、烃、水混合物分离技术支撑。IFP工艺的CO成醇选择性较低，副产物烃的选择性为20%~30%，其中70%左右为甲烷，导致大量循环气排放，醇类产物的原料气消耗和成本较高，弛放气的回收利用技术是此工艺在工业化过程中需要解决的问题。

Sygmol 工艺采用的硫化钼催化剂具有抗硫、不易结炭、寿命长的优点，同样存在缺少成熟的工业化过程中醇、烃、水混合物分离技术的支撑的问题。Sygmol 工艺的产物中 C_{2+} 醇含量最高，化工利用前景最好。但是液相产物中容易混入硫化物，难以通过常规的脱硫技术脱除，影响产品的质量和应用范围。

Octamix 工艺采用低压法 Cu 基催化体系，是对 MAS 工艺的改进，Octamix 与 IFP 工艺采用的 Cu 基催化剂对硫、氯等毒物很敏感，因而对原料气净化要求较高，原料气的脱硫成本高。而且与 Sygmol 工艺一样，Octamix 工艺产物含水量很低，因此产物脱水能耗也最低，存在催化剂容易中毒失活、催化剂寿命和稳定性难以保证等问题。Octamix 工艺的烃产率大大低于 Sygmol 工艺，这对降低弛放气排放量和提高过程热效率是有利的。Octamix 工艺反应产物中 CO_2 的生成量较高。

在已经开展的中试及放大技术的试验中，MAS 工艺的生产规模最大、运行时间长。MAS 工艺采用 Zn-Cr 系催化剂，反应温度和反应压力都很高，粗醇中含水量高，中试装置产出的最终醇类产物的含水量低，达到了商品化的指标，技术最成熟，但是操作条件苛刻，存在催化剂中 Cr 元素流失到反应产物中的问题，对环境有潜在威胁，其反应产物主要为甲醇，与现有成熟的甲醇合成技术的先进性存在差距。Ocatmix 工艺、IFP 工艺、Sygmol 工艺的反应条件比较接近，反应压力与 MAS 工艺相比要缓和得多。

国外 4 种合成气制低碳醇技术都采用固定床反应器，反应产物为混合物，包括醇类、烃类、未反应合成气、水、CO_2 等。工艺流程包括经过反应器出口气体的冷却、气液分离得到混合醇和水的混合物，未反应的合成气经过换热升温、压缩循环参加反应。由于催化剂不同、原料气的 H_2/CO 值不同、反应温度和反应压力等方面存在差异，反应生成的高碳醇、可液化的烃类、含羰基化合物、CO_2 等的含量区别较大，粗醇中水与醇类形成共沸物的程度不同。受合成气制低碳醇催化剂体系和反应机理的影响，除各文献已经报道的醇类和烃类产物以外，各种催化剂体系的反应产物中还含有 5% 左右的酯类、羧酸类、酮类等几十种微量的有机物，这些副产物难以通过分离精制的方式回收，对醇类产物的分离精制技术、操作参数、产品指标影响很大，目前没有针对这些杂质的脱除和分离工艺，限制了合成气制低碳混合醇技术的大型工业化进程。反应产物种类多、组成复杂，反应产物分离和精制的技术不成熟，产品精制成本高是制约技术应用和推广的障碍。

国内合成气制低碳醇技术中，只有国家能源集团建立了工业侧线装置，从全流程上验证合成气制低碳醇技术的方案。该技术在催化剂、反应回路的工艺流程、液相产物的分离精制方案等方面与国外的合成气制低碳醇技术不同，具有创新性。中科院山西煤化所、中科院大连化物所、清华大学、厦门大学、华东理工大学、郑州大学的研究处于小试、单管试验阶段，反应产物的复杂性没有暴露出来，反应产物的分离、精制方案不确定，存在产品精制成本过高、产品的纯度难以达到商品的质量要求、生产技术的经济性达不到工业化要求等问题。

合成气制低碳醇催化剂的性能仍然是困扰煤经合成气直接合成低碳混合醇技术工业化的关键障碍，反应产物中 C_{2+} 醇的收率和选择性有待进一步提高。虽然合成气制低碳醇的分子利用率高于 F-T 合成反应，但是生成甲烷等轻烃的比例高，导致循环气中惰性组分含量大，排放的弛放气量大，弛放气中有效组分的回收和应用成本高，反应产物的复杂性会导致合成气的损耗量大、醇类产品的合成气单耗高。液相产物中醇、水、烃、含羰基的产物形成互溶体系，导致醇类产品分离精制难度大、醇类产品的生产成本高。未来的研究重点应集中于催化剂的开发，从而提高 C_{2+} 醇的选择性和时空收率，减少副产物的种类。

第六节 合成气制丁辛醇

一、丁辛醇合成工艺概述

1. 丁辛醇产品及反应原理概述

目前，世界上广泛采用丙烯羰基合成法生产正丁醇和辛醇，副产异丁醇。

正丁醇：质量标准执行 GB/T 6027—1998《工业正丁醇》，它是有特殊气味、无色的可燃液体，沸点为 117.7℃，稍溶于水，互溶于多种有机溶剂，是重要的精细化工原料。正丁醇主要用于生产邻苯二甲酸二丁酯、丙烯酸丁酯、醋酸丁酯，还用于医药中间体、农药中间体；此外，还用于多种涂料的溶剂。

辛醇：质量标准执行 GB/T 6818—1993《工业辛醇》（适用于由丙烯羰基合成法及乙醛缩合法生产的工业辛醇）。它的化学名称为 2-乙基-1-己醇，是具有特殊气味的无色可燃液体，不溶于水，互溶于多种有机溶剂。辛醇主要用于生产 DOP（邻苯二甲酸二辛酯）、DOA（己二酸二辛酯）等增塑剂，丙烯酸辛酯，表面活性剂，还用于生产硝酸酯、柴油添加剂、合成润滑剂、抗氧剂、石油添加剂、表面活性剂、溶剂、消泡剂；此外，也用于纸张上浆、照相、胶乳、印染等。需要说明的是，DOP 作为添加剂已被欧洲禁止使用于儿童护肤品和玩具中，对其广泛应用产生了一定影响。

用于生产丁辛醇的工艺技术可以上溯到 20 世纪四五十年代，最初采用的是以粮食和其他含有淀粉成分的农作物作为原料的发酵法技术，原料首先经过水解，接着发酵液体通过丙酮—丁醇菌所起的生化反应，制取丙酮、丁醇和乙醇的混合物，最后通过精馏分离制得所需的成品。

虽然粮食发酵法在当时对于丁醇生产发挥了重要作用，但由于其用粮食量大，效益较低，产量受到一定限制，最终难以成为丁辛醇合成的主流技术。伴随着现代石化行业技术的快速进步，以丙烯和合成气为原料的化学方法显示出了更好的经济效益和更强的产业竞争优势，传统的粮食发酵法受到了严峻挑战。

乙醛缩合法是在碱性条件下，乙醛分别发生缩合和脱水反应制得丁烯醛（巴豆醛），丁烯醛通过加氢反应得到丁醇，然后脱氢得到丁醛，最后丁醛分别经缩合和加氢反应得到辛醇成品。此工艺虽然具有可控制丁醇和辛醇的产物比率、反应压力较低、副产异丁醛少等优点，但是其产品收率偏低，且流程长、成本高，因此目前已很少应用。

目前，世界范围内用于丁辛醇生产最主要的方法是丙烯羰基合成法。该方法原料分别为丙烯、合成气（即满足各自合成工艺要求参数的 CO 和 H_2）。丙烯和合成气发生羰基化（氢甲酰化）反应得到混合醛产物，混合醛通过精制后分别得到正/异丁醛；正/异丁醛进一步加氢得到正/异丁醇；若需产辛醇时，则正丁醛通过缩合和加氢反应可制取辛醇产品。其中，低压羰基合成法由于技术先进、操作条件较温和、能耗较少、成本较低，已经成为各国普遍采用的最主要的丁辛醇合成生产技术。

2. 丁辛醇羰基合成法的发展沿革

自羰基合成法于1938年在德国问世以来，历经不断完善发展到今天，已有了数十年的发展历史。目前，虽然可用合成丁辛醇的方法有多种，但以丙烯为原料的羰基合成工艺为最主要的工艺方法。从压力和发展历程上来看，羰基合成法分别有高压羰基合成法（钴法）、中压羰基合成法（改进的钴法和改进的铑法）和低压羰基合成法三种（表3-6-1）。由于低压羰基合成法具有反应压力和反应温度均较低、催化剂可循环使用并能够回收、对设备制造要求限制少等优点，已经成为世界范围内使用最广泛的丁辛醇合成技术。当前，全球大部分已投运和拟建的用于丁辛醇生产的羰基合成装置基本上都选用低压羰基合成法，低压羰基合成法同样被广泛应用于原有的多套高压钴法装置的工艺升级技术改造。

表3-6-1 羰基合成法分类表

序号	合成方法	工艺技术名称	备注
1	高压羰基合成法	鲁尔化学工艺(Ruhr-Chemic)、巴斯夫工艺(BASF)、三菱化成工艺(MCC)	20世纪40—60年代
2	中压羰基合成法	壳牌工艺(Shell)、鲁尔化学工艺(Ruhr-Chemic)、三菱化成工艺(MCC)	20世纪60—70年代
3	低压羰基合成法	雷普工艺(Reppe)、三菱化成工艺(MCC)、巴斯夫工艺(BASF)、陶氏—戴维工艺(LP OxoSM SELECTORSM)	除雷普工艺以外，其他技术均应用较多

1）高压羰基合成法

20世纪40年代中期至60年代，高压羰基化学合成法得到了快速发展，其反应压力为19.6~29.4MPa，主要包括鲁尔化学工艺、巴斯夫工艺、三菱化成工艺等，其均应用钴作为催化剂，但催化剂盐类并不相同，反应器的热传递方式以及钴基催化剂的回收方式也不相同。1944年在德国鲁尔化学，第一套高压羰基合成法生产装置竣工。在20世纪60年代，高压羰基合成法一度成为20世纪60年代最重要的丁辛醇生产技术。但是，由于当时较为流行的巴斯夫工艺对设备腐蚀影响较大，对设备要求较高，所需采用的不锈钢类材料成本较高，因此装置直接投资偏大；此外，产品正构物/异构物值不高[(3~4):1]，且羰基合成反应所需压力较高，能耗较高。因而尽管采用钴法工艺的高压羰基合成法已相对成熟，但在丁辛醇生产领域，其最终还是逐渐被20世纪70年代后期出现的更先进的低压羰基合成法所取代。高压羰基合成法目前仍应用于以高碳醇为主的羰基制备醇的生产中。

2）中压羰基合成法

在20世纪60年代中期至70年代中期，世界上投产的7套丁辛醇装置多采用中压羰基合成法，这是中压羰基合成法发展的黄金十年。对于中压羰基合成法，比较有代表性的是由壳牌公司开发的改性钴催化剂法和由鲁尔化学公司开发的铑催化剂法。

(1) 壳牌公司开发的改性钴催化剂法。

壳牌公司开发了改性钴催化剂，其配位体采用烷基膦，反应温度为160~200℃，反应压力为7.0~10.0MPa。该工艺采用复合型催化剂，可以使羰基化反应、醛缩合反应、加氢反应在单个反应器中完成，生成产物包含丁醇和辛醇。

该工艺的优点如下：①由于反应压力不高，因此设备费用较少；②羰基化反应、醛缩合反应、加氢反应可在单个反应器中进行，流程与传统工艺相比较短；③不需设置钴脱除与活化、再生相应部分。该工艺的缺点如下：①由于催化剂的反应活性不高，物料需较长时间停留，单个反应器容积需增大5倍以上，因此需串联多个反应器使用；②有10%~15%的丙烯转化生成丙烷，比采用传统钴催化剂法只有约3%的丙烯转化生成丙烷具有更多的原料消耗，丙烷副产物增多；③构成催化体系的三正丁基膦需过量使用，造成成本上升；④辛醇和正丁醇与的比例不易控制。需要说明的是，壳牌公司开发的改性钴催化剂法基本上在其公司内应用，并未真正大量对外转让使用。

(2) 鲁尔化学公司开发的铑催化剂法。

20世纪80年代初期，鲁尔化学公司推出了成熟的铑催化剂法。水溶性铑催化剂的应用是该工艺的主要特性，羰基合成的反应温度控制在110~130℃，反应压力约为7MPa，该工艺的反应选择性较高，因而具有较高的正构物/异构物值。

鲁尔化学公司羰基中压合成法的优点如下：采用水溶性铑催化剂，粗醛与催化剂分离通过普通的相分离就能实现，催化剂便于回收并循环使用；铑损耗很少；随醛可将副产物与高沸物一并移出，实现与催化剂溶液的分离；反应选择性高，正构物/异构物值高；失活催化剂可在本装置区内回收利用；具有较低的动力消耗。但是，与其他大量推广应用的各种低压羰基合成法相比，鲁尔化学公司中压羰基合成法反应压力仍然偏高，操作条件仍需改善。20世纪80年代中后期，鲁尔化学公司分别在其工厂建成投产了10×10^4 t/a 和 17×10^4 t/a 丁醛生产装置，装置运行较稳定。鲁尔化学公司铑催化剂法始终没有真正对外转让使用。

相较于高压羰基合成法，中压羰基合成法的操作条件已变得不再过于苛刻，反应压力一般为4~10MPa，采用新的催化剂是其突出的特征，但中压羰基合成法未大量在世界范围内技术转让并使用，因此其应用受到了一定限制。

3) 低压羰基合成法

低压羰基合成法的主要反应步骤为羰基化反应合成丁醛、丁醇合成、辛醇合成。

(1) 羰基化反应合成丁醛。

原料丙烯和合成气在铑络合物的催化作用下，羰基化分别生成正丁醛和异丁醛。

$$CH_3CH=CH_2+CO+H_2 \longrightarrow CH_3CH_2CH_2CHO$$

$$CH_3CH=CH_2+CO+H_2 \longrightarrow \underset{\underset{CHO}{|}}{CH_3CHCH_3}$$

产生正丁醛和异丁醛的比例与采用的低压羰基合成法和催化剂有关。

(2) 丁醇合成。

通过将正丁醛和异丁醛进行加氢反应，分别产生正丁醇和异丁醇。

$$CH_3CH_2CH_2CHO + H_2 \longrightarrow CH_3CH_2CH_2CH_2OH$$
$$\text{正丁醛} \qquad\qquad\qquad \text{正丁醇}$$

$$\underset{\underset{\text{异丁醛}}{CHO}}{CH_3CHCH_3} + H_2 \longrightarrow \underset{\underset{\text{异丁醇}}{CH_2OH}}{CH_3CHCH_3}$$

(3) 辛醇合成。

正丁醛在碱性催化条件下首先发生缩合反应生成缩丁醛，再通过脱水进而产生辛烯醛（中间产品）；最后，辛烯醛再进行加氢可得到辛醇。

$$2CH_3CH_2CH_2CHO \longrightarrow \underset{\underset{CH_2CH_3}{|}}{CH_3CH_2CH_2\overset{\overset{OH}{|}}{C}HCHCHO} \xrightarrow{-H_2O} \underset{\underset{CH_2CH_3}{|}}{CH_3CH_2CH_2CH=CCHO}$$

正丁醛　　　　　缩丁醛（丁醛醇）　　　　2-乙基丙基丙烯醛
　　　　　　　　　　　　　　　　　　　（2-乙基己烯醛）

$$\underset{\underset{CH_2CH_3}{|}}{CH_3CH_2CH_2CH=CCHO} + 2H_2 \longrightarrow \underset{\underset{CH_2CH_3}{|}}{CH_3CH_2CH_2CH_2CHCH_2OH}$$

EPA　　　　　　　辛醇（2-乙基己醇）

低压羰基合成法包括雷普工艺、三菱化成工艺、巴斯夫工艺、陶氏—戴维工艺等。

(1) 雷普工艺。

20世纪50年代，巴斯夫公司发现在催化剂羰基铁的催化作用下，丙烯、一氧化碳和水发生反应，可直接一步羰基合成丁醇产品，因此该工艺常被称为一步法。

$$R-CH=CH_2 + CO + H_2O \longrightarrow RCH_2CH_2CH_2OH + CO_2$$

该工艺虽然流程短，但只能生产丁醇，而且催化能力有限，导致产品单耗偏高，具有一定的局限性，因此除巴斯夫公司和日本采用过该工艺以外，该工艺并未大规模推广应用。

(2) 三菱化成工艺。

日本三菱公司推出三菱化成工艺。该工艺使用铑络合物为催化剂，催化剂可以循环使用，为保持反应活性，需要抽取一小部分废催化剂用于再生处理，与此同时补充新鲜催化剂到反应器中，及时补充所抽出的催化剂损失。

三菱化成工艺反应过程如下：在铑络合物催化剂存在条件下，将丙烯与合成气（H_2/CO

值为1.01~1.02)送入反应器,反应温度为90~110℃,反应压力为1.0~1.8MPa,反应热可通过内置冷却盘管有效移除,其产品中正构物/异构物值可以达到10:1。

催化剂的回收与循环过程:催化剂和反应产物醛类混合液,依次通过汽提以及精馏过程,实现两者有效分离,分离后的大部分催化剂溶液循环返回反应器,同时抽出小部分催化剂溶液用于再处理。再处理的主要目的是将结晶铑和三苯基膦分离出来,并去除高沸物,经过重新配制后成为催化剂溶液再次返回反应器。

丁醛缩合、加氢抽取醇产品过程:在反应温度为85~95℃、常压、碱性条件下,正丁醛发生缩合反应,缩合反应产生的中间产物用镍系催化剂进行液相加氢,所获得醇类产物再经分离除去重组分和烃类物质后即得到最终产品辛醇(2-乙基己醇)。这种液相加氢方法同样适用于生产正丁醇和异丁醇。

三菱化成工艺的特点如下:反应温度和压力均较低,产品中正构物/异构物值高,催化剂活性较好,价格昂贵的铑金属损耗小,通过结晶、离心过滤,催化剂能够较好地回收并再次利用。但该工艺流程较长,需用设备数量较多,由于设备全部要求采用不锈钢材质,造成装置投资较高。20世纪90年代初,$13×10^4$t/a三菱化成工艺生产丁醛装置在日本水岛工厂投产。北京化工四厂也于1992年引进了该工艺,建成投产了我国目前唯一一套$7×10^4$t/a的运用三菱化成低压羰基合成法的丁辛醇装置,已运行多年。

(3)巴斯夫工艺。

巴斯夫工艺采用三苯基膦为配位体的铑膦络合物催化剂,这一点与三菱化成工艺,并且其采用醛配制成催化剂溶液。

20世纪80年代初期,巴斯夫公司分别在美国和西班牙将原有的两套高压法生产装置用低压合成工艺进行改造,同时德国新建了一套采用其低压羰基合成法的生产规模为$42.5×10^4$t/a的生产装置。巴斯夫低压羰基合成法的铑膦络合物催化剂也采用液相循环,在抽出部分催化剂送去再生的同时,每年补充10%~15%的新鲜催化剂,以保证装置生产正常循环。

羰基合成反应过程:丙烯、铑膦络合物催化剂、合成气(H_2/CO值为1.14~1.24)送入鼓泡塔式反应器,在反应温度为100℃、操作压力为2.0MPa的工况下进行羰基合成反应,通过外部液体循环冷却来控制反应器温度。最终得到的产品正构物/异构物值为8~9。

回收催化剂及循环操作:采用液相循环工艺,反应产物及催化剂随产物离开反应器后,在塔器内通过进行闪蒸汽提,实现丁醛、丙烷和丙烯的有效分离,通过采用液相循环,塔底液被重新用泵打入反应器,在抽出部分催化剂送去再生的同时,每年补充10%~15%的新鲜催化剂,维持正常操作。

丁醛的缩合、加氢:在串联操作的两台反应器内,正丁醛在特定的碱性条件下,通过发生缩合反应生成中间产物辛烯醛,中间产物辛烯醛在Cu/Ni催化剂的催化作用下,通过液相加氢,生成辛醇产品。这种液相加氢方法同样适用于生产正丁醇和异丁醇。

巴斯夫低压羰基合成法的特点如下:正构物/异构物值较高(8~9)且具有一定的变化弹

性，具有较低的原料和公用工程消耗，操作压力较低。单台鼓泡塔型反应器及液相加氢工艺的应用，使该工艺流程简单，操作便利，物料对设备无腐蚀，装置投资低。扬子巴斯夫有限公司建成投产的 25×10^4 t/a 丁辛醇装置是我国唯一采用巴斯夫低压羰基合成法的装置，现运行良好。

(4) 陶氏—戴维工艺。

陶氏—戴维工艺传承于联合碳化物公司、戴维工艺技术公司、约翰逊马瑟公司的低压羰基合成法。1971 年，联合碳化物公司（UCC，今已成为 Dow 化学公司的全资子公司）与 Power-Gas 有限公司（现名戴维工艺技术公司）和英国约翰逊马瑟（Johnson Matthey）三家公司开始联合开发新技术，目的在于创新工艺并全面提升丙烯羰基合成技术水平。20 世纪 70 年代中期，世界上第一套采用铑催化剂并应用低压羰基合成法的 13.6×10^4 t/a 丁醛装置，在美国庞塞工厂建成投产。2001 年以后，UCC 公司被 Dow 化学公司收购后，陶氏—戴维共同联合转让该低压羰基合成工艺。

该工艺的原料是丙烯与合成气，催化剂应用羰基铑/三苯基膦络合物，操作压力低（1.76MPa）。在反应器中，由于羰基铑/三苯基膦络合物的稳定性好，沸点也较高，不会随低碳醛类产物蒸发出去，因此不需要设置催化剂回收循环系统，醛类产品从气相产物中通过冷凝方式分离出来，未完成反应的丙烯、合成气等经过增压后循环返回至反应器内，因此该工艺称为气相循环工艺。

第二代低压铑法羰基合成技术于 1984 年由三家公司联合研制成功，不久便实现了工业化，它的技术特点是反应产物和催化剂一同离开反应器，然后通过闪蒸及蒸馏技术实现醛类与催化剂溶液的分离，随后催化剂溶液再循环返回至反应器内，该工艺被称为液相循环工艺。由于采用液相循环，反应器的生产能力同等情况下增加了 90%，丙烯的利用率也增加了 4%；通过对工艺流程的优化升级，流程变得更加流畅合理，经济性也有所提升。陶氏—戴维低压羰基合成工艺的特点如下：流程短、设备少、投资低、原料消耗低、操作条件温和、产品中正构物/异构物值高、对设备无腐蚀从而材质选用要求低、催化剂的活性高、操作平稳、产品选择性好、产品生产比例易于调节。正是因为陶氏—戴维低压羰基合成工艺的诸多优势，自 20 世纪 70 年代后期开始，该工艺在我国发展迅速。大庆石化公司和齐鲁石化公司各自引进了一套该低压羰基合成生产装置，同时原有 6 套装置也由高压钴法成功改造为低压铑法，取得了良好效果；而且吉林石化公司化肥厂也于 2000 年应用该工艺完成了原有的高压法装置改造，完成 A 线装置建设并投产，2004 年丁辛醇 B 线装置也建成投产，两套装置丁辛醇总产能合计 24×10^4 t/a，投产至今运行平稳、各项工艺参数均实现良好。齐鲁石化公司不但应用该工艺完成了原丁辛醇装置技术改造，产能由 7×10^4 t/a 扩大到 13.5×10^4 t/a，而且采用此工艺的新建 20×10^4 t/a 生产装置也于 2004 年成功投产。

3. 丁辛醇合成典型技术与催化剂

目前，在我国用于丁辛醇生产的低压羰基合成技术，主要有陶氏—戴维低压法、巴斯夫低压法和三菱化成低压羰基合成法（表 3-6-2）。

表3-6-2 国内使用低压羰基合成技术的主要丁辛醇生产装置统计表（数据截至2018年底）

序号	企业名称	企业地点	装置规模/10^4t/a	技术来源	状态
1	齐鲁石化公司	山东淄博	32(6.5)	陶氏—戴维低压法	投产
2	北京化工四厂	北京	7(2)	三菱化成低压羰基合成法	投产
3	扬子巴斯夫	江苏南京	23.5(10)	巴斯夫低压法（液相低压铑法）	投产
4	吉林石化公司	吉林吉林	24(19)	陶氏—戴维低压法	投产
5	大庆石化公司	黑龙江大庆	28(15)	陶氏—戴维低压法	投产
6	中国石油四川石化有限公司	四川成都	29(21)	陶氏—戴维低压法	投产
7	山东东营利华益化工有限公司	山东东营	22.5(8.5)	陶氏—戴维低压法	投产
8	天津渤海化工有限责任公司	天津市	22.5(8.5)	陶氏—戴维低压法	投产
9	惠生（南京）化工有限公司	江苏南京	22.5(10)	陶氏—戴维低压法	投产
10	兖矿国泰化工有限公司	山东枣庄	15(15)	陶氏—戴维低压法	投产
11	中海石油炼化有限责任公司惠州炼化分公司	广东惠州	25(10.58)	陶氏—戴维低压法	在建
12	延安能源化工有限公司	陕西延安	20(20)	陶氏—戴维低压法	在建
13	中委合资广东石化公司	广东揭阳	32(23.5)	陶氏—戴维低压法	在建

注："（）"内数值为正丁醇产能。

从表3-6-2中可以看出，陶氏—戴维低压法是国内技术转让最多、应用最多、分布最广、产能最高的低压羰基合成工艺，具有典型代表性。该工艺包括羰基合成、催化剂回收循环、丁醛缩合及加氢等部分。

（1）羰基合成：催化剂溶液首先进入反应器，原料合成气（H_2/CO值为1.07~1.09）和丙烯随后连续通入催化剂溶液，在反应压力为1.7~2.0MPa、反应温度为85~120℃的特定条件下，原料发生羰基合成反应，通过外循环冷却以及冷却水盘管移出反应热。产物正构物/异构物值为10~13。由于液相循环工艺采用两台反应器串联操作，其生产效率大为提高。

（2）催化剂回收循环：对于液相循环与气相循环，两者工艺流程并不相同，采用液相循环工艺时，产物与催化剂共同离开反应器，进入闪蒸槽后，气相物料通过初步降压分离后，再通过蒸发器加热并继续降压，蒸出醛类混合物，而剩余的催化剂溶液重新返回到第一个反应器内，催化剂循环使用。为有效防止铑贵重金属催化剂的夹带损失，在分离过程中，需应用严格的控制措施。当发现铑催化剂活性明显下降时，可将其送至再生系统重新活化，铑催化剂可以进行多次再生，当铑催化剂完全失去催化活性无法重新再生时，需将其运至专门的稀有金属回收工厂回收宝贵的金属铑并可重新制成铑催化剂。而在气相循环中，金属铑和配位体三苯基膦生成的络合物催化剂始终不离开反应器，因此不需要循环和回收。

（3）丁醛缩合及加氢：在串联操作的反应器内，正丁醛在特定浓度的碱性水溶液中通过发生缩合反应生成中间产物辛烯醛，辛烯醛通过金属催化剂进行气相加氢，利用反应器壳侧将反应热产生低压蒸汽并移出，然后再进行液相加氢作为补充，使中间产物更好地向目标产品辛醇转化，最后通过精馏得到产品级辛醇。

国内常用的几种低压羰基合成技术工艺对比情况见表3-6-3。

表3-6-3 国内常用的几种低压羰基合成技术工艺对比

项目	高压钴法（巴斯夫工艺）	中压铑法（鲁尔化学工艺）	低压铑法 陶氏—戴维工艺	低压铑法 三菱化成工艺	低压铑法 巴斯夫工艺
催化剂	醋酸钴	醋酸铑、三苯基铑、膦三磺酸钠盐	铑、三苯基膦	铑、三苯基膦	铑、三苯基膦
溶剂	正/异构丁醛	水	正/异构丁醛	甲苯	正/异构丁醛
反应压力/MPa	27~30	5.0~7.0	1.6~1.8	1.7	2.0
反应温度/℃	155~160	110~130	100~110	100~120	100
转化率/%	95~97		91~93	95	96
正构物/异构物值	(3~4):1	19:1	(7~10):1	(8~10):1	(8~9):1
催化剂特性	活性低、选择性差、消耗定额高	活性高、选择性好、消耗定额低	活性高、选择性好、消耗定额低	活性高、消耗定额较高	活性高、消耗定额低
催化剂循环方式	液相循环	水相循环	液相循环	液相循环	液相循环
反应器	塔式(1台)	内装若干个降膜蒸发器的搅拌釜	槽式、带搅拌器，两台串联	槽式、塔式，串联	塔式(1台)
其他	操作、维修量大，技术落后	流程较长、设备较多，操作、维修方便	流程短、设备少，不需要特殊材质，操作、维修方便	流程长、设备多，操作、维修量大	流程短、设备少，操作、维修方便

二、低压羰基合成工艺示意图和典型流程简介

丁辛醇装置通常生产正丁醇和辛醇(2-乙基己醇，2-EH)两种主要产品，副产品是异丁醇。

图3-6-1至图3-6-3分别为三菱化成低压羰基合成工艺示意图、巴斯夫低压羰基合成工艺示意图和陶氏—戴维第二代低压羰基合成工艺示意图。

以国内应用最多的陶氏—戴维低压羰基合成工艺为例简要说明其工艺流程各单元，其具体包括原料净化单元、羰基合成单元、正构物/异构物分离单元、缩合单元、加氢单元和精制单元。

(1) 原料净化单元：包括丙烯净化系统和合成气净化系统。设置丙烯净化系统是为了防止原料丙烯中羰基硫、硫化氢、氯化物等进入反应系统，保护羰基合成催化剂正常工作；设置合成气净化系统是为了防止合成气中铁、镍、氧气、羰基硫化物、氯化物、硫等进入系统，保护羰基合成催化剂正常工作。

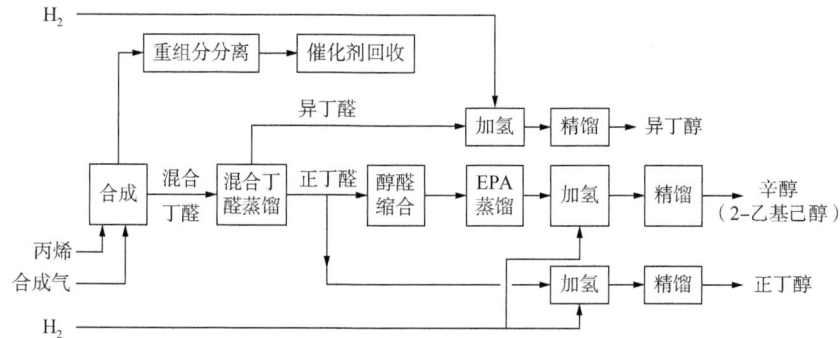

图 3-6-1　三菱化成低压羰基合成工艺示意图

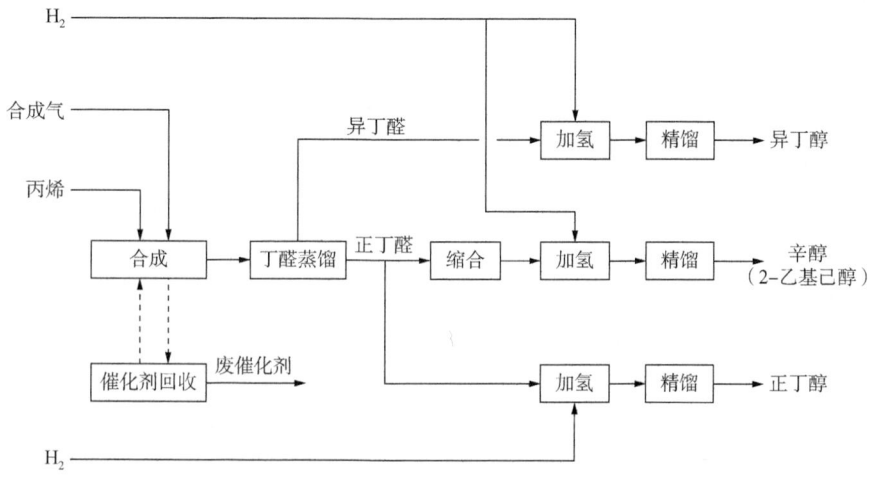

图 3-6-2　巴斯夫低压羰基合成工艺示意图

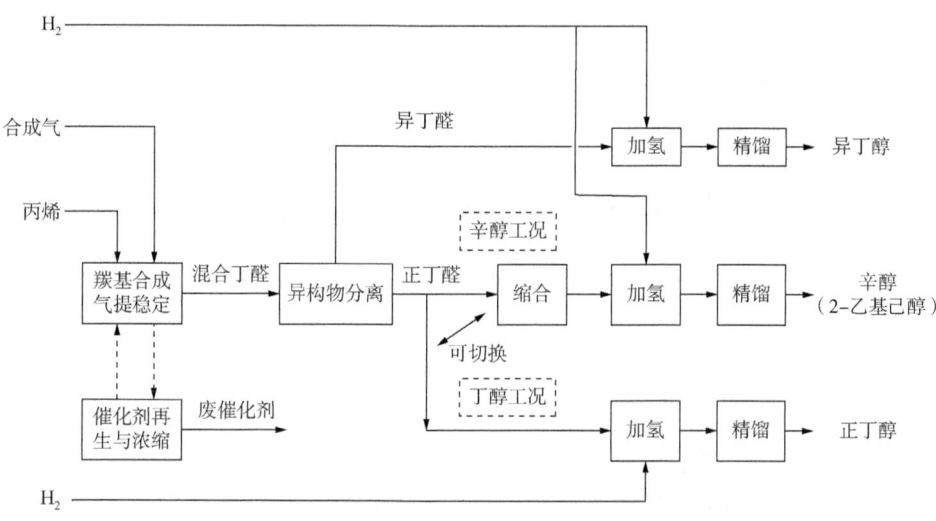

图 3-6-3　陶氏—戴维第二代低压羰基合成工艺示意图

(2) 羰基合成单元：合成气与丙烯在铑催化剂的作用下反应生成混合醛。在高低压蒸发系统中，利用蒸发器在不同压力下将循环催化剂与丁醛分离，制得混合丁醛。在气提稳定系统中，通过合成气对丁醛中未反应的丙烯气提回反应器继续反应，提高丙烯利用率。同时稳定塔除去混合丁醛内的不凝气体，并送入后部分离塔。

(3) 正构物/异构物分离单元：采用正构物/异构物分离塔，异丁醛从塔顶采出，正丁醛从塔底采出。

(4) 缩合单元：正丁醛从正构物/异构物分离单元或从贮罐送入缩合反应器，补加的碱和水相循环物也进入缩合反应器下部，共同进行缩合反应。

(5) 加氢单元：缩合后的中间产物进入加氢单元，该单元可根据用户对最终产品的需求设置两条加氢线，一条用于生产辛醇，另一条用于生产丁醇。

(6) 精制单元：预精馏塔主要是分离轻组分和水，精馏塔主要是将重组分从产品醇中脱除。最后可分别制得产品辛醇或丁醇。

三、羰基合成反应和加氢反应操作条件影响因素

羰基合成反应的影响因素主要包括温度、物料分压、催化剂等。

(1) **温度的影响**：升高温度虽会使反应加快，但正构物/异构物值有所下降。如果温度过高，副反应加速，催化剂易失活。因此，当新催化剂投用时，控制较低的反应温度，在催化剂使用末期再提高反应温度保持其催化活性。

(2) **物料分压的影响**：丙烯分压提升时，反应速率会加快，正构物/异构物值有所升高。但过高的丙烯分压会导致出现尾气中丙烯含量高的不利现象，增加了丙烯物料损失。CO分压高时，正构物/异构物值下降迅速；而CO分压过低时，不但反应速率下降，而且副产物丙烷生成较多。

(3) **催化剂的影响**：催化剂中铑浓度增加，有利于加快反应速率，但因其价格高昂，随着铑浓度的增加，分离回收损失也上升，生产成本增加。因此，选择适宜的铑浓度十分关键，通常新催化剂采用较低的铑浓度。

对于加氢反应，从动力学上讲，提高加氢反应温度和压力，有助于提高反应速率。H_2浓度的提高，可以降低动力消耗，降低成本。

第七节 合成气制正丙醇

一、正丙醇概述

正丙醇是具有三个碳原子、端基带有羟基、低分子量的脂肪醇，在溶剂、医药、农药、酯类产品生产中有着非常广泛的应用。在溶剂应用方面，正丙醇可以作为芳胺类的印刷油墨特殊溶剂，特别是用于聚酰胺薄膜和聚烯烃薄膜的印刷，还用作醋酸纤维素和纤维素羟甲基化的溶剂、金属脱垢剂、喷气燃料中用于控制凝胶体形成的抗微生物剂；在医药应用方面，正丙醇用于合成2,5-吡啶二甲酸二丙酯、丙戊酸钠、黏合止血剂BAC、丙硫硫胺、红霉素、丙磺舒等；在农药应用方面，正丙醇用于合成二正丙胺和正丙胺，二正丙胺可用

于合成除草剂氟乐灵，还可以合成农药安磺灵、菌达灭、异丙乐、灭草猛等；在酯类产品生产方面，正丙醇与有机酸、无机酸、卤化亚磷等形成相应的酯，如甲酸丙酯、乙酸丙酯类等，合成的酯类用于溶剂、饲料添加剂、增塑剂、香料等许多领域；在其他方面，正丙醇可以合成乙二醇醚类溶剂和饲料添加剂，作为环保溶剂使用。

醋酸正丙酯是正丙醇最主要下游应用之一，由于醋酸正丙酯溶解能力、相容性、沸点和挥发度等性能优异，因此其一般作为涂料主溶剂使用；并且醋酸正丙酯毒性较低，也使其能够替代"三苯"（苯、甲苯、二甲苯）溶剂。目前，国家法规对苯在包装类产品中的含量有着严格的要求，印刷油墨纷纷用醋酸正丙酯来替代苯类溶剂，国内对正丙醇的需求也逐渐增加。

正丙醇分子式为 $CH_3CH_2CH_2OH$，分子量为 60.1，也被称为 1-丙醇。正丙醇在常温下是一种具有醇香味无色透明的可燃性液体。正丙醇可与乙醇、水和乙醚等物质按照任意比例混溶。正丙醇蒸气可与空气形成爆炸性混合物，遇火源、高热能够引起爆炸和燃烧。正丙醇能够与部分氧化物发生反应并能够引起燃烧。正丙醇主要物理性质见表 3-7-1。

表 3-7-1 正丙醇主要物理性质表

性质	数值	性质	数值
熔点/℃	-126.2	定压摩尔热容(200K 气相)/[J/(mol·K)]	67.88
沸点/℃	97.2	摩尔热容(20℃液相)/[J/(mol·K)]	141.5
临界温度/℃	263.6	热导率(200K 气相)/[mW/(m·K)]	6.82
临界压力/kPa	5168	热导率(20℃液相)/[mW/(m·K)]	173.8
黏度(200K)/(μPa·s)	5.192	闪点(开口)/℃	15
表面张力(20℃)/(mN/m)	24.97	燃点/℃	439
燃烧热/(kJ/mol)	2022.64	爆炸极限/%	2.6~13.5

正丙醇属于低毒性物质，人体与其长期接触会导致皮肤干燥并引起皲裂。如环境中存在较高浓度的正丙醇蒸气，会引起头痛、困倦、神经失调，并会引起眼、鼻、喉的刺激症状。正丙醇具有致癌性，误服会导致困倦、腹痛、腹泻、恶心和呕吐，服用量较大会导致昏迷甚至死亡。

正丙醇具有醇的一般性质，可以与卤化氢、活泼金属发生反应，可以发生氧化、胺化、脱氢、醚化、酯化等化学反应。

截至 2021 年底，国内正丙醇生产企业主要有淄博诺奥化工有限公司、南京诺奥新材料有限公司、鲁西化工集团股份有限公司、宁波巨化新材料有限公司、南京荣欣化工有限公司、长春化工（盘锦）有限公司、大连化工（江苏）有限公司，产能分别为 6×10^4 t/a、10×10^4 t/a、8×10^4 t/a、5×10^4 t/a、4×10^4 t/a、1.5×10^4 t/a、0.3×10^4 t/a，产能合计为 34.8×10^4 t/a。除国内生产外，我国每年还需从美国 Dow 化学公司、南非萨索公司等进口部分正丙醇，来满足国内的需求。国内正丙醇主要用户是醋酸正丙酯生产企业、涂料企业、医药及精细化工企业等，这些企业主要集中在我国的东部沿海地区。

二、正丙醇合成工艺

自 20 世纪 50 年代丙醇实现工业化生产以来，已经开发研制出了多种生产制造方法，如异丙醇生产副产正丙醇、烯丙醇加氢法、丙烯直接水合法、乙烯羰基合成法等。

在烯丙醇水合法生产异丙醇的过程中，会副产部分正丙醇产品，通过下游分离装置对正丙醇进行分离，得到副产品正丙醇；烯丙醇加氢法是使用烯丙醇经过氢甲酰化反应，生成 4-羟基丁醛，再加氢制得 1,4-丁二醇并副产正丙醇；丙烯直接水合法采用丙烯和水作为原料，在气相、液相或混合相及催化剂的条件下发生水合反应，生产异丙醇并副产正丙醇。以上几种生产工艺中副产的正丙醇产品较少，无法满足国内市场的需求。乙烯羰基合成法是采用一氧化碳、乙烯和氢气作为原料，乙烯经氢甲酰化反应生成丙醛，该反应一般采用铑基或钴基催化剂，丙醛进行加氢制得粗丙醇，粗丙醇经过精馏塔分离得到正丙醇产品。目前，生产正丙醇最主要的工艺是乙烯羰基合成法。

1. 水合法

通过从丙烯直接水合法生产异丙醇过程中回收副产物的方法获得正丙醇。目前，工业化的丙烯直接水合法有气相直接水合法、液相直接水合法和气液混相直接水合法三种，这三种方法都能够副产正丙醇产品。丙烯直接水合法主要反应方程式如下：

主反应：

$$CH_3CH=CH_2+H_2O \Longleftrightarrow CH_3CHOHCH_3$$

副反应：

$$CH_3CH=CH_2+H_2O \Longleftrightarrow CH_3CH_2CH_2OH$$

1）气相直接水合法

气相直接水合法又称维巴法，是由德国维巴公司（Veba-Chemie AG）开发的。去离子水、液相丙烯和未反应的循环丙烯气一起进入正丙醇合成反应器，反应在温度为 180~260℃、压力为 2.0~2.5MPa 的条件下进行，在一定的空速下，原料气通过催化剂床层，反应物经过水洗、精馏等过程得到异丙醇并同时得到副产品正丙醇。该工艺采用磷酸硅藻土作为反应催化剂载体，采用 50% 的浓磷酸溶液对硅藻土进行浸渍，然后干燥、高温焙烧制得反应催化剂，反应中起催化作用的是在催化剂表面形成的磷酸液膜。在温度、压力、水烯比相等的条件下，磷酸液膜的浓度越高，越有利于水合反应的进行，当磷酸浓度达到一定程度时，副产物增加。

2）液相直接水合法

液相直接水合法又称曹达工艺，是由日本德山曹达公司在 1970 年开发的。反应在温度为 240~280℃、压力为 20MPa 的条件下进行，该条件下，反应压力高于该温度下水的饱和蒸气压，水保持液态。催化剂溶于反应液相中，反应原料丙烯经预热器预热后进入反应器，与水、催化剂接触进行反应，生成异丙醇及副产丙醇。液相直接水合法采用钨系杂多酸催化剂，该催化剂对 pH 值有严格的要求。该工艺反应温度高、反应压力大，对设备条件要求苛刻。

3）气液混相直接水合法

气液混相直接水合法又称德士古工艺，是由德士古公司在 1970 年开发的。反应在温度为 130~150℃、压力为 6~10MPa 的条件下进行，在此条件下，反应物为气液混合物。该工艺采用阳离子交换树脂作为催化剂,催化剂具有很好的耐水性和活性,可以在较大水烯比和较低温度的条件下进行反应,较高的压力可以促进平衡向产物方向移动,使原料具有较高的单程转化率,但水烯比较高会导致产品分离工序的能耗较高。

在以上丙烯直接水合法制备异丙醇的过程中,副产部分正丙醇,正丙醇的产量取决于在该反应条件下的选择性,通常上述三种工艺的异丙醇选择性为92%~99%。

表3-7-2为丙烯直接水合法工艺对比表。

表3-7-2 丙烯直接水合法工艺对比表

项目	气相直接水合法	气液混相直接水合法	液相直接水合法
催化剂	磷酸硅藻土	阳离子交换树脂	钨系杂多酸
反应温度/℃	170~190	130~160	240~280
反应压力/MPa	2.0~4.5	8.0~10	15~20
水烯比(物质的量比)	0.65~0.7	12.5~15	25~27
单程转化率/%	5~6	50~75	60~70
异丙醇选择性/%	98~99	92~96	98~99

2. 乙烯羰基合成法

国外丙醛的工业生产始于20世纪50年代,联邦德国巴斯夫公司、民主德国Lenna公司、加拿大Carbide-Carbon公司、意大利Ferrara公司以及美国Eastman公司和联合碳化物公司(被Dow化学公司收购)等采用以钴为催化剂的高压羰基合成法进行生产,装置能力最大为4500t/a。随着羰基化技术的不断发展,世界丙醛的生产也得到相应的快速发展。1975年,美国联合碳化物公司在得克萨斯州建设了世界上首套以铑膦为催化剂的低压羰基法合成丙醛生产装置,该装置产能为$4.5×10^4$t/a。随后Celanese公司也采用自己开发的技术建成了低压羰基合成法的丙醛生产装置。我国丙醛的技术开发始于20世纪80年代,国家科委在"六五"期间将丙醛系列产品研发列为重点科技攻关项目。1983年,化工部组织北京化工研究院、化工部第六设计院和吉林化学工业公司研究院进行联合攻关;1985年,完成了丙醛系列产品的基础研究、过程研究和工程研究,并完成万吨级装置的设计,通过了化工部组织的技术鉴定。该工艺也是采用铑膦催化剂进行低压羰基合成,但由于各种原因没有进行工业化生产。

乙烯羰基合成法是以一氧化碳、乙烯和氢气作为原料,在钴或铑膦络合物催化剂的作用下,在温度为100℃、压力为1.27~1.47MPa的条件下反应生产丙醛,产品收率可以达到94%以上。羰基合成法的主要特点是产品纯度高,无异构体产生。乙烯羰基合成法分为以铑膦(Rh-P)为催化剂的低压羰基合成法和以钴为催化剂的高压羰基合成法。与高压羰基合成法相比,低压羰基合成法催化剂活性高,选择性好,丙醛的收率为95%,乙烯转化率可以达到97%,并且反应条件温和,生产过程不产生腐蚀性介质,生产过程中原料及公用工程消耗低,投资费用低。低压羰基合成法是目前正丙醇生产的主流方法。

1) 正丙醇羰基合成原理

羰基合成(Oxo Synthesis)是在有机化合物分子内引入羰基和其他基团而成为含氧化合物的一类反应,是Roelen于1938年在德国鲁尔化学公司从事F-T合成时发现的,其由合成气和乙烯得到了丙醛和乙二酮。当时认为这是一个氧化反应，因此称为氧化合成（Oxonation），简称 Oxo 反应，并且一直沿用至今。现在，把烯烃与合成气反应制取比原料多一个碳原子的醛的反应称为氢甲酰化反应；把烯烃与一氧化碳和氢气反应制备醛，再经过加氢生成醇的工艺方法称为羰基合成。当烯烃为乙烯时，产物为单一的丙醛；当烯烃为 C_{3+} 烯烃时，产物为两种异构醛类。氢甲酰化反应是合成气参与的一类重要的化学反应，同时也是制备高碳醛或醇的重要方法。

烯烃的氢甲酰化反应是配位催化反应，反应开始基于一个金属氢配位物的存在，由其解离配位体，而腾出配位空穴，烯烃反应物在空位上与金属中心配位；配位后的烯烃和一氧化碳再分别相继插入金属—氢键和金属—R 键，形成烷基化合物和酰基化合物中间体；通过氧化加成使反应氢分子活化，均裂并配位于中心金属，形成新的 σ 键；然后通过还原消去反应，消去反应物，初始的金属氢化配合物复原，恢复为可循环使用的催化活性物。

以下通过铑膦催化剂上缔合催化循环模型对正丙醛的氢甲酰化反应过程进行说明（图 3-7-1）。

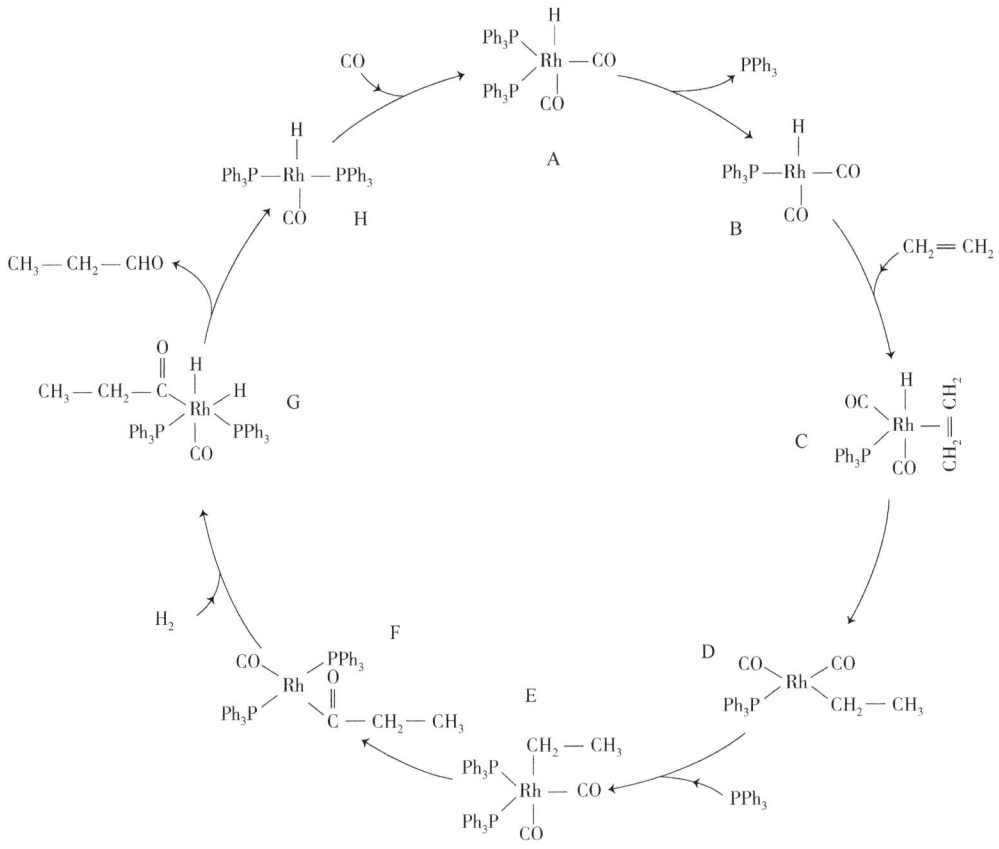

图 3-7-1　铑膦催化剂上解离催化循环

如图 3-7-1 所示，在解离催化循环中，基础中间物 A 解离一个 PPh_3 配体，而得到物种 B，乙烯的配位中间体 C 迅速进行氢化，而配体的迁移给出 D，D 很快结合一个叔膦配体，而形成 18e 羰基物种 E，烷基配体的迁移或 CO 的插入及随后氢气的氧化加成得到中间物 G，再由还原消去产物丙醛，并结合一个 CO 完成整个解离—催化循环。

2）正丙醇羰基合成的化学反应

正丙醇羰基合成中，乙烯氢甲酰化反应及丙醛加氢反应为主反应；此外，在生产过程中还会生成乙烷、丙酸丙酯、二正丙醚，以及发生醇醛缩合、醛的缩合等反应。

主反应：

$$C_2H_4+CO+H_2 \longrightarrow CH_3CH_2CHO$$

$$CH_3CH_2CHO+H_2 \longrightarrow CH_3CH_2CHOH$$

主要副反应：

$$C_2H_4+H_2 \longrightarrow C_2H_6$$

$$CH_3CH_2CHOH \longrightarrow CH_3CH_2CHOCHCH_2CH_3$$

$$C_2H_4+CO+CH_3CH_2CHOH \longrightarrow CH_3CH_2COOCHCH_2CH_3$$

3）正丙醇羰基合成典型工艺描述

国外正丙醇生产工艺主要包括巴斯夫公司技术和 Dow 化学公司技术（LP Oxo^{SM} Technology）。两种技术主要工艺流程基本相同，都是以乙烯和合成气为原料经过氢甲酰化反应生产丙醛，然后经丙醛加氢制备丙醇，再经过精馏塔精制得到正丙醇产品，与丁辛醇的生产流程基本相似。以下对采用油溶性铑膦配合物催化剂的羰基合成法生产正丙醇的典型工艺进行叙述。

乙烯羰基合成生产正丙醇工艺包括原料精制工序、丙醛工序、丙醛加氢工序和产品精制工序。

合成气中含有硫、氧及羰基金属等物质，这些物质的存在会降低催化剂的活性或引起催化剂的中毒。因此，首先要在精制工序中将这些元素或杂质脱除。由罐区来的乙烯原料也需要通过含有净化吸附剂的保护床脱除杂质。

装置外进入的合成气中 H_2/CO 值一般不能满足羰基合成要求，需要额外供给 H_2 对合成气组分进行调整，根据工艺要求将合成气中 H_2/CO 值调整至 1.0~1.1 之间，在此比例下，由单一反应过程即可得到高的原料转化率而不需要将原料循环。乙烯和加入 H_2 进行组分调整后的合成气分别进入低压羰基合成反应器底部。合成催化剂溶解于反应物中，在催化剂的作用下进行羰基合成反应，合成气、乙烯和 H_2 进行反应生成丙醛。反应放热，因此反应器温度必须得到控制。反应器上部的液体进入汽化器汽化，进入分离罐进行气液分离，部分丙醛产品从催化剂溶液中汽化出来，经冷却后得到丙醛产品，分离罐下部催化剂和丙醛溶液返回合成反应器。在汽化器中实现了丙醛和未反应乙烯以及催化剂的分离。

在丙醛加氢工序，来自上游储罐的丙醛泵送至丙醛闪蒸罐进行闪蒸，闪蒸罐下部液相组分循环加热进行闪蒸，并间歇将重组分排出界区。闪蒸出的气相物料进入过热器中继续加热，过热丙醛气与 H_2 混合后进入加氢反应器。混合气在催化剂的作用下在加氢反应器中进行加氢反应，粗丙醇气经冷凝进入丙醇收集罐，收集罐中的不凝气经压缩机升压与闪蒸罐后的丙醛气混合，提高产率，收集罐中液相为加氢得到的粗丙醇。

丙醛加氢的过程中会产生少量的水、二正丙醚和丙酸正丙酯等杂质，其中丙酸正丙酯和水对产品质量影响较大，因此必须对来自氢化反应区的粗正丙醇进行精馏纯化。粗丙醇进入脱轻组分塔中进行精馏分离，塔顶轻组分主要由水、未转化醛及不凝气体组成，除部分回流外，其他部分送出界区进行焚烧，塔底产物进入丙醇精制塔精制。在丙醇精制塔中，塔底物料主要为丙酸正丙酯等物料，该物料送出界区进行焚烧，塔顶物料返回脱轻组分塔，侧线采出高浓度的正丙醇产品。

典型的羰基合成法制正丙醇工艺流程如图3-7-2所示。

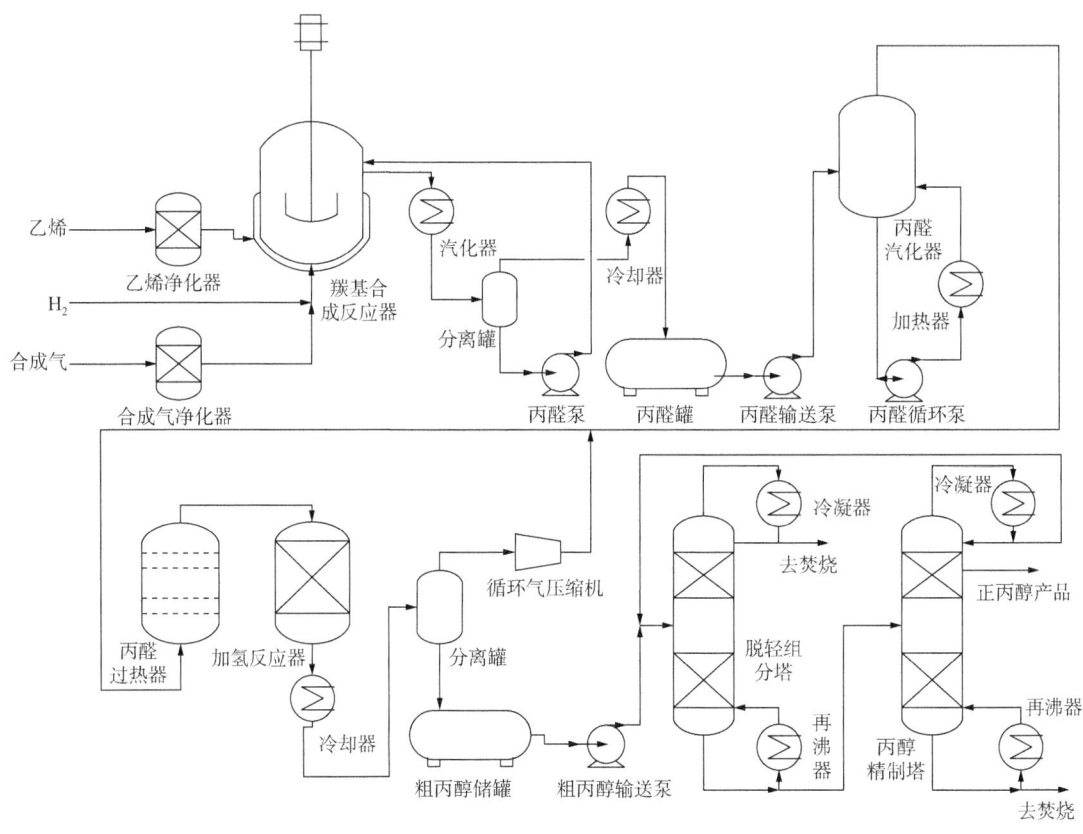

图3-7-2　正丙醇生产典型工艺流程图

4）乙烯氢甲酰化反应制丙醛催化剂

目前，乙烯氢甲酰化反应制丙醛催化剂主要为钴基和铑基的四种类型的催化剂。

（1）羰基钴催化剂。

氢甲酰化反应自发现以来最早使用羰基钴催化剂。研究认为，氢甲酰化反应催化剂的催化活性物种是$HCo(CO)_4$，但$HCo(CO)_4$不稳定容易分解，须在高的CO分压下操作。为此对催化剂进行了许多研究改进工作，以提高其稳定性和选择性，改进的方法是改变配位基和中心原子。

（2）叔膦改性的羰基钴催化剂。

1950年出现了通过改变配位基的膦羰基钴催化剂，PR_3、$P(OR)_3$、AsR_3、SbR_3来取代

HCo(CO)$_4$中的CO基，膦配体使催化剂的稳定性增加但活性降低，这是因为PR$_3$与CO相比是一个较强的σ给电子配位基和较弱的π受体配位基，能增加中心金属的电子密度，从而增强了中心金属的反馈电子能力，使金属—羰基键变牢固。使用叔膦改性的羰基钴催化剂时，可以在CO分压比较低的条件下进行氢甲酰化反应，反应速率降低，在温度为180℃的条件下进行反应，其反应速率只有采用HCo(CO)$_4$催化剂时的1/6~1/5。

(3) 油溶性铑膦配合物催化剂。

20世纪50年代中期，研究人员逐渐认识到铑用作氢甲酰化反应催化剂的优点超过了含钴的催化剂，铑金属的氢甲酰化反应活性高于金属钴，可以有效地在比较温和的条件下操作。20世纪60年代初期，Mulineaux和Slaugh在Emeryville实验室发现用叔膦修饰的铑配合物作为烯烃氢甲酰化反应催化剂具有特别优良的反应性能。后来，人们从催化剂的选择性、对反应速率的影响，以及催化剂的价格方面对不同的叔膦进行研究，认为三苯基膦最佳。在反应条件相似的情况下，含三丁基膦的羰基铑催化剂，其活性比采用三苯基膦为配体时小6倍，选择性低10%。1976年，UCC公司实现以HRh(CO)(PPh$_3$)$_3$为催化剂的氢甲酰化反应的工业化生产。铑的价格比钴的价格高3500倍，虽然铑催化剂的催化活性高出钴1000至10000数量级，在反应液中使用的催化剂浓度也较低，能够对高价格的铑的使用做出补偿，但必须降低催化剂的损失，一般要求铑在产品中的损失少于3×10^{-6}，从另一个方面也推动了铑回收技术的发展。

(4) 水溶性铑膦复合物催化剂。

油溶性铑膦配合物催化剂与产物处于同一相中，产物与催化剂的分离采用蒸馏分离的方法，很容易因热解而造成催化剂失活。两相催化工艺的优点如下：反应结束后，两相物料由于密度存在差别，自动分为水相和油相，可对上层有机相直接分离，这就实现了产物和催化剂的分离。采用两相催化避免了在采用蒸馏分离产物和催化剂的过程中催化剂受热降解失活，减少了铑催化剂的损失。由于催化剂的选择性提高，原料消耗也相应降低。

5) 丙醛加氢制正丙醇催化剂

在正丙醇的生产过程中，乙烯经过氢甲酰化反应制得丙醛，然后催化加氢得到丙醇。由于该生产方法与丁醇的生产方法非常相近，因而丙醛催化加氢所用的催化剂采用生产丁醇的钴基、镍基催化剂来代替，从而导致加氢产物的选择性相对较低。虽然生产丁醇的加氢催化剂对于丙醛加氢具有通用性，可用于C$_1$—C$_8$的醛加氢制备相应的醇，其缺点在于用于丙醛加氢制备丙醇时，会生成副产物丙酸丙酯，即使生成的丙酸丙酯数量较少，但在生产过程中其消耗仍是可观的。铜基丙醛加氢催化剂在转化率和选择性方面较高，目前国内外丙醛加氢催化剂有向铜基发展的趋势，并且国内的生产装置也都采用铜基加氢催化剂。

国内的正丙醇生产企业包括南京荣欣化工有限公司、石油化工研究院大庆化工研究中心以及中国石化集团南化集团公司研究院和淄博诺奥化工有限公司，其都深入地研究了丙醛加氢催化剂。丙醛气相加氢主要是采用氧化铜—氧化锌—氧化铝基催化剂，中国石化集团南化集团公司研究院采用氧化铜、氧化铝、氧化锌及ⅠA族和ⅡA族中的钾、镁、钙、锶、钡等金属元素的化合物中的一种或两种的混合物，采用沉淀剂进行沉淀，调整pH值至6.8~8.0，经老化、洗涤、打浆、过滤、烘干、造粒、焙烧和压片成型工序制成丙醛加氢催化剂。丙醛转化率达到99.5%，丙醇选择性为99.4%，丙酸丙酯含量为0.5%。淄博诺奥化工有限公司采用氧化铜、氧化锌、氧化铝、氧化铁以及氧化钠为原料制备丙醛加氢催化剂，经精馏后正丙醇纯度为 99.85%。南京荣欣化工有限公司以氧化铜、氧化锌、三氧化二铝、三氧化二铁和二氧化硅为原料，经粉碎混合后，通过挤压成型、造粒，制成表面多孔的球形颗粒，制备丙醛加氢催化剂，经试验，粗丙醇中丙醇浓度为 98.5%。石油化工研究院大庆化工研究中心 2012 年开发的 VAH 型气相醛加氢催化剂在淄博诺奥化工有限公司 4×10^4t/a 丙醇装置上实现了工业应用。经工业化装置检验，粗丙醇中丙醇含量为 99.2%~99.9%，丙酸丙酯含量为 0.07%~0.65%，具有很好的加氢活性和选择性，实现了气相醛加氢催化剂的国产化。

3. 其他生产工艺

随着化工技术的发展，正丙醇合成原料的多样性逐步增加。上海华谊丙烯酸有限公司对甘油加氢进行了研究，开发了一种甘油加氢制备正丙醇的方法。该方法采用 H_2 和甘油作为原料，在负载型催化剂的作用下进行催化氢解反应，合成正丙醇。催化剂可采用混合法或浸渍法制备，浸渍或混合后的催化剂和载体在 110~120℃ 下干燥 12h，然后经过 550℃ 高温焙烧，制得所需的催化剂。在反应釜中加入一定量的催化剂，升温至 450℃ 后通入 H_2 进行还原。4h 后降温至反应温度，加入 80% 的甘油水溶液，通入 H_2 进行合成反应。反应压力为 2~5MPa，反应温度为 220~240℃，甘油转化率达到 92% 以上，选择性在 80% 以上，但该方法还没有实现工程化应用。目前，各国都在发展生物柴油技术，随之副产大量甘油，以甘油水溶液作为原料生产正丙醇，能够部分缓解甘油过剩的问题，并且也是一种新的生产正丙醇的途径。

第四章 甲醇利用新技术

第一节 甲醇制烯烃

低碳烯烃(如乙烯、丙烯等)作为化学工业的重要基本有机原料,在现代石化行业中起着举足轻重的作用,其产业发展水平与市场需求平衡状况直接影响着我国石化工业发展的水平与产业规模。随着我国国力日益昌盛,国民经济不断飞速发展,对烯烃产品的需求也日益增加,供需矛盾的趋势不断显现。当前,经典的制取乙烯、丙烯等低碳烯烃单体的重要途径,主要来自石油产品中的石脑油、轻柴油的催化裂化过程,其缺点是过分依赖石油。依据我国富煤、贫油、少气的能源结构,近年来,利用煤、天然气或生物质等制成甲醇合成低碳烯烃(Methanol to Olefin, MTO)的新型技术获得了国内众多科研院所及大型企业的广泛重视,并取得了突破性的发展,为煤替代石油的能源发展开辟了一条新的道路。MTO技术是指以煤、天然气或生物质等为基础原料,经气化制合成气、合成气制甲醇、甲醇制烯烃、烯烃分离及聚合等环节,最终得到烯烃或聚烯烃产品。目前,MTO技术开发已趋于成熟,在我国得到大规模工业推广。MTO技术开辟了由煤炭或天然气为原料,经煤炭气化或天然气转化生产基础有机化工原料的新工艺路线,有利于改变传统煤化工的产品格局,是实现煤化工向石油化工延伸发展的有效途径,是发展非石油资源生产乙烯、丙烯等产品的核心技术,对于节约宝贵的石油资源、满足石化产品消费增长需求、保障国家能源安全具有重要意义。

一、甲醇制烯烃系统

MTO装置在煤制烯烃工厂承担着承上启下的重要角色,典型的MTO装置由原料甲醇换热和汽化系统、反应—再生系统、急冷/水洗系统、污水汽提系统及再生烟气余热回收系统等部分组成。

1. 原料甲醇换热和汽化系统

MTO反应是强放热反应,采用SAPO-34分子筛催化剂。为充分利用MTO反应的放热来实现整个装置的能量梯级利用,将反应热与加热甲醇原料所需热量耦合起来,将来自上游装置的MTO级甲醇逐一经过换热器加热、汽化、过热后以气相状态进入反应器,实现节能的目的。甲醇气体进入反应器的温度为130~250℃。

2. 反应—再生系统

反应—再生系统是整个MTO装置的核心,包括反应器、再生器以及二者相配套的汽提设备、取热设备、三级旋风分离器或过滤器等,采用循环流化床、快速流化床等形式。

过热后的气相甲醇进入 MTO 反应器,与来自再生器的催化剂接触发生反应,在催化剂作用下迅速进行放热反应,反应产物主要为乙烯、丙烯等气体,反应气进入二级旋风分离器除去携带的大部分催化剂后,再经三级旋风分离器除去催化剂细粉。离开三级旋风分离器的反应气经取热或换热降温后送至急冷塔。反应器床层温度由反应器取热器的取热量控制。反应气的换热或取热,一方面,可以将进料甲醇蒸气过热以满足反应器的进料要求或发生蒸汽;另一方面,也降低了反应气进急冷塔温度,减轻了急冷塔的负荷。

MTO 反应是强放热反应,反应器催化剂床层设置的取热器将过剩的反应热取走以维持反应温度的稳定。在甲醇转化为低碳烯烃的反应过程中,SAPO-34 分子筛催化剂逐渐结焦失活。为了保持催化剂的活性,需要连续地将部分催化剂输送到再生器烧焦再生。再生催化剂连续进入反应器催化剂床层,以保持反应器催化剂的活性。通过降低甲醇分压可以改善反应选择性并减少副反应发生,因此原料采用 MTO 级甲醇[含水量约为 5%(质量分数)],同时甲醇进料中加入一定量的稀释蒸汽。

从反应器来的待生催化剂通过待生滑阀进入再生器,与主风机输送的压缩空气(简称主风)接触,在高温环境下发生氧化反应,烧掉大部分焦炭,生成一氧化碳、二氧化碳和水,同时放出大量热量。再生烟气经再生器顶部的二级旋风分离器分离出大部分催化剂颗粒后通过料腿返回再生器催化剂床层。再生烟气离开再生器后进入三级旋风分离器,进一步除去再生烟气中携带的微量催化剂细粉后进入余热回收系统。同样,催化剂烧焦反应是强烈的放热反应,由取热器取走该部分热量。

反应—再生两器旋风分离器回收下来的催化剂经四级旋风分离器后进行回收。MTO 装置生产过程中,难以避免地会造成催化剂的自然跑损,因此设有催化剂储存及加注装置。正常生产时,一般通过催化剂加注装置向再生器加注催化剂来补充系统催化剂的跑损。

3. 急冷/水洗系统

MTO 反应生成了约 56%(质量分数)的水,此外还有 MTO 级甲醇中含有的水、向反应器中注入的稀释蒸汽、待生催化剂汽提蒸汽等。反应产物冷却包括热量回收利用、反应水凝结、脱除催化剂细粉等,一般包括急冷塔系统和水洗塔系统。

经过热量回收后,富含乙烯、丙烯的反应气首先进入急冷塔,反应气自下而上与急冷水逆流接触,急冷水洗涤反应气中携带的少量催化剂后送至烯烃分离单元作为低温热源,以减少烯烃分离单元蒸汽消耗。

来自急冷塔的反应气进入水洗塔下部,与水洗塔上部来的水洗水逆流接触,进行传质、传热,降低反应气的温度,并将反应气中的水冷凝下来,除去反应气中少量重质烃和部分含氧化合物,同时为烯烃分离单元提供低温热源。水洗塔顶反应气正常工况下送至烯烃分离单元产品气压缩机入口。

为满足设备的长周期运行,急冷塔可设置催化剂富集及脱除系统,降低反应气中催化剂细粉对塔的影响。水洗塔可设置隔油设施,防止反应过程中生成的微量芳烃以及进料甲醇中携带的微量蜡在塔内的聚集,同时反应气携带的少量有机酸会溶解在水洗水中,因此需要向水洗水中加注碱液,控制其 pH 值以防止对设备造成腐蚀。

4. 污水汽提系统

从水洗塔底部抽出的水洗水虽经过滤、除油，仍含有微量的甲醇、二甲醚、其他组分和催化剂，需进行汽提脱除有机物组分。其中，未完全反应的含氧化合物（甲醇、二甲醚）以及反应生成的含氧化合物（主要是醛、酮等）从水中汽提出来后返回反应器进行回炼，污水汽提塔底的净化水经换热后送至污水处理场处理或送到气化装置（对于水煤浆气化）再利用。

5. 再生烟气余热回收系统

为充分利用再生烟气的余热及烟气中一氧化碳的化学能，富含一氧化碳的高温再生烟气首先进入一氧化碳焚烧炉，与补充风中的氧气发生氧化反应，生成二氧化碳，之后进入余热锅炉发生蒸汽及加热除氧水，回收热量。烟气进一步处理后达到排放要求排入大气。

二、甲醇制烯烃催化剂

甲醇制低碳烯烃催化剂的制备研究当前主要集中在分子筛催化剂。许多研究发现，各类孔径的微孔分子筛都可以进行甲醇制低碳烯烃的转化工作，按照孔径可分类如下：大孔分子筛，孔径在 0.7nm 以上，如丝光沸石以及 Y 型分子筛等；中孔分子筛，孔径在 0.6nm 左右，如 ZSM-5；小孔分子筛，孔径在 0.4nm 左右，如 SAPO-17、SAPO-18、SAPO-34、SAPO-44 等。其中，大孔分子筛孔径较大，造成择形效果较差，易副产芳烃和异构烷烃，进而导致对低碳烯烃的选择性较低。因此，当前甲醇制低碳烯烃催化剂的研究重点主要是小孔 SAPO 型分子筛催化剂和中孔改性 ZSM 型分子筛催化剂。

1. 中孔催化剂

美国 ExxonMobil 公司采用 ZSM-5 分子筛作为 MTO 反应的催化剂。ZSM-5 分子筛内部由成对的五元环组成，无笼状空腔，具有二维交叉孔道。其中，一方向为十元环孔道，呈 S 形弯曲，孔径为 0.54nm×0.56nm；另一方向为十元环孔道，呈直线形，孔径为 0.51nm×0.55nm。ZSM-5 分子筛催化剂独特的孔道结构和酸性质使其在 MTO 转化反应中具有优良的反应稳定性和反应活性；但是 ZSM-5 分子筛催化剂酸性强，MTO 反应过程所生产的烯烃选择性较低。通过使用金属杂原子对 ZSM-5 分子筛催化剂进行改性，促使分子筛的酸性降低，空间结构进一步得到限制，从而提高了 MTO 反应过程中乙烯转化的选择性。Inui 等研究发现，MTO 反应过程中未采用改性的 ZSM 型分子筛催化剂的乙烯收率仅为 5%，通过金属杂原子修饰 ZSM-5 分子筛催化剂，即使在金属杂原子含量极低的情况（如 Si/Fe 值为 3200）下，对烯烃产品的分布仍有十分明显的影响。其中，含有 Fe、Co 和 Pt 的金属硅铝酸盐催化剂在 MTO 反应过程中具有较高的低碳烯烃选择性，杂原子 Fe 对 ZSM-5 分子筛催化剂改性后，C_2—C_4 选择性高达 82.28%，C_2 收率可达 43.74%。此外，通过离子交换或浸渍金属等方法对 ZSM-5 分子筛催化剂进行改性，如 P 可以选择性地覆盖分子筛表面强酸中心，有效地降低了酸中心强度，且有一部分金属氧化物存在于分子筛的孔道中，使孔道开口缩小，催化活性也有所降低；同时，MTO 反应温度从 673K 上升至 873K 以上，即低碳烯烃选择性的提高需要进行二次裂解反应。Bjørgen 等研究了 ZSM-5 分子筛催化剂孔内和表面的焦炭对催化活性的影响，发现只有催化剂表面的焦炭对催化活性有明显影响。

2. 小孔催化剂

随着磷酸硅铝(SAPO)系列分子筛具有小孔八元环的特性,该类酸性适中的分子筛适用于 MTO 反应,如 SAPO-17、SAPO-18、SAPO-34、SAPO-44 等,是较好的 MTO 反应催化剂。其中,SAPO-34 以适宜的酸性质和孔道表现出优异的低碳烯烃选择性。但在反应温度为 673K 时,SAPO-34 上乙烯和丙烯的选择性比较接近,只有提高反应温度来进一步提高乙烯的选择性。此外,通过水蒸气处理来破坏酸中心、改变催化剂中的硅含量来调变催化剂的酸性、烷基化改性、引入金属离子改变催化性能等改性方法进一步提高了 SAPO-34 分子筛催化剂在 MTO 反应中低碳烯烃的选择性,并调变了产物中乙烯和丙烯的比例。但是由于 SAPO-34 分子筛催化剂结构中存在 CHA 笼,导致反应的积炭速率较快,催化剂容易失活。Hereijgers 等研究 SAPO-34 时发现,高聚甲苯与生成烯烃的同位素分布类似,表明高聚甲苯具有较高的催化活性;同时,相关理论势能的计算也证实了此现象。

3. 工业催化剂

MTO 反应系统的反应温度一般为 450~500℃,反应气中水蒸气的分压高(水是 MTO 反应的副产物),再生器的再生温度一般在 650℃左右,因此 MTO 反应的催化剂必须具有良好的热稳定性和水热稳定性。目前,MTO 工业装置均使用以 SAPO-34 分子筛为活性组分的催化剂,能够高选择性地生成乙烯、丙烯和丁烯。由于 MTO 反应过程具有强放热以及 SAPO-34 催化剂易积炭失活的特点,因此 MTO 工业装置采用带取热设施的流化床反应器和再生器,催化剂在反应器和再生器之间循环流动,同时还在再生催化剂冷却器内流化、循环,催化剂在循环流动过程中会发生相互碰撞磨损,在反应器和再生器内部还安装了多套旋风分离器用于分离回收催化剂细粉来保证催化剂的活性。此外,MTO 工业催化剂除了具备高的反应活性和选择性,还要具备合适的粒度分布,以便催化剂能够在反应器、再生器中保持流化状态,并能够在反应器、再生器之间稳定地循环流动;同时 MTO 工业催化剂还要具有很高的强度,尽可能地减少催化剂的跑损,降低 MTO 催化剂成本。

4. 催化剂的发展

尽管 SAPO-34 分子筛催化剂已大面积成功应用到 MTO 工业装置上,但值得关注的是,Kumita 等合成的硅铝比为 110 的 ZSM-58 分子筛催化剂,该分子筛中"笼"的孔径为 4.4Å[❶]×3.6Å,该类型分子筛催化剂的热稳定性超过 SAPO-34,是一种非常有吸引力的潜在 MTO 催化剂。甲醇转化反应的主要产品为丙烯、乙烯、丁烯及丁二烯,其抗积炭能力与 SAPO-34 类似,通过调整反应温度和催化剂定碳可以调整丙烯/乙烯值(最高可达 2)。此外,Aguayo 等发现 SAPO-18 分子筛具有与 SAPO-34 类似的孔结构,但是其酸强度以及表面强酸中心的密度比 SAPO-34 略低,因此失活速率较 SAPO-34 低;SAPO-18 分子筛的合成可以使用廉价的模板剂(如 N,N-二异丙基乙基胺),因此 SAPO-18 具有低成本优势。

三、甲醇制烯烃反应机理

MTO 反应首先是甲醇迅速在分子筛 Brønsted 酸位上脱水生成二甲醚或甲醇先脱水成表

---

❶ $1Å = 10^{-10} m$。

面甲氧基与甲醇反应生成二甲醚,并形成甲醇、二甲醚、甲氧基和水的平衡。然后,通过一个较慢的反应步骤生成 C—C 键的产物,即连续路径或平行路径初始形成更多的低碳烯烃。最后,低碳烯烃通过缩聚、环化、氢转移、烷基化、脱氢等反应生成高级烯烃、饱和烷烃和芳烃,此过程伴随着结焦积炭等反应。MTO 主要化学反应如下:

$$2CH_3OH \longrightarrow C_2H_4 + 2H_2O$$

$$3CH_3OH \longrightarrow C_3H_6 + 3H_2O$$

$$4CH_3OH \longrightarrow n\text{-}C_4H_8 + 4H_2O$$

$$4CH_3OH \longrightarrow i\text{-}C_4H_8 + 4H_2O$$

$$4CH_3OH \longrightarrow trans\text{-}C_4H_8 + 4H_2O$$

$$4CH_3OH \longrightarrow cis\text{-}C_4H_8 + 4H_2O$$

$$CH_3OCH_3 \longrightarrow C_2H_4 + H_2O$$

$$2CH_3OH \longrightarrow CH_3OCH_3 + H_2O$$

此外,还会生成 H_2、CO、CO_2、CH_4、C_{5+}、水、焦炭以及少量的含氧化合物(二甲醚、乙酸、乙醛等)。其中,MTO 反应中最为关键的一步是初始 C—C 键的形成。这一步自 MTO 反应发现以来都是研究的焦点,围绕这一问题已经提出了 20 多种反应机理。其中,比较有代表性的理论包括直接反应理论(叶立德机理、卡宾机理、碳正离子机理、自由基机理等)以及非直接反应理论(烃池机理)。

1. 叶立德机理

叶立德机理主要是通过二甲醚与固体酸催化剂相互作用,形成二甲基氧鎓离子,继续与另一个二甲醚发生反应,形成三甲基氧鎓离子。进一步可能有两种反应形式,一种形式是 Stevens 重排形成甲乙醚,分子间甲基化生成乙基-二甲基氧鎓离子;另一种形式是脱去质子形成亚甲基-二甲氧内鎓盐。然后,均可通过 β 位消除得到乙烯。此外,Olah 等研究推断出氧叶立德的存在。然而,Hunter 等研究发现反应最初甲氧基应在分子筛表面成键,从而使分子筛表面的羟基甲基化,形成氧叶立德中间体。Blaszkowski 等用理论计算得到的结果发现,三甲氧基离子在分子筛表面容易形成,但是要进一步生成 C—C 键,则需要越过很高的能垒。此外,Munson 等利用核磁共振技术研究二甲醚在 HZSM-5 分子筛上转化,并未发现氧鎓离子加速 MTO 反应。

2. 卡宾机理

在分子筛催化剂与碱的共同作用下,甲醇通过 α 位消除,失去水得到卡宾,然后经聚合或卡宾连接到甲醇或在二甲醚中形成烯烃。Slavdor 等研究 Y 型分子筛上的 MTO 反应发现,反应温度在 513K 以上时,卡宾是由甲醇在分子筛表面化学吸附甲氧基,碳氢键可能被相邻晶格氧活化并失去氢而产生的。同时 Ono 等利用同位素标记实验和红外光谱也证实了若通入乙烯,分子筛表面产生氘代甲氧基。然而,上述实验只能证明碳氢键断裂,而不能证实分子筛表面的氘代羟基来自甲醇或分子筛表面的甲氧基。Lesthaeghe 等通过理论计算,发现受反应能垒的影响,卡宾无法通过协同反应形成。因此,当前在分子筛表面甲氧基分解成卡宾只有间接证据。

3. 碳正离子机理

Ono 等发现甲醇和分子筛接触能形成表面的甲氧基团,该基团可以看作一种自由的甲基离子,这种离子能和二甲醚的碳氢键作用形成五价碳正离子,接着失去一个质子,形成 C—C 键。这种机理类似于超强酸离子机理。Kim 等通过电子顺磁共振研究 H-SAPO-34 分子筛中 MTO 反应发现了六甲基苯自由正离子,其分子筛的酸性环境也有利于六甲基苯自由正离子的稳定存在,通过优化分子筛的孔道结构和改变酸性环境能够得到其他类型的碳正离子。然而,该机理的主要问题是甲醇或二甲醚的碳氢键是否具有足够的亲核性。

4. 烃池机理

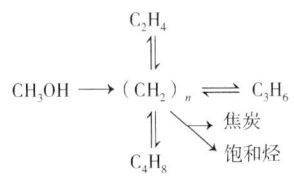

图 4-1-1 烃池(Hydrocarbon Pool)机理

上述的碳碳直接生成机理并没有完全获得实验和理论支持,主要是甲醇转化为低碳烯烃的反应存在一个动力学诱导期,以及初始反应产物丙烯选择性较高等传统理论无法解释的现象。因此,研究人员进一步提出了烃池机理(图 4-1-1)。烃池即分子筛中的聚甲苯和烯烃等烃类化合物或分子筛中残留杂质。烃池的生成和积累是一个较慢的过程,这就是通常所说的反应诱导期,而烃池继续与甲醇发生反应生成乙烯和丙烯,生成的乙烯和丙烯将反应生成更多的烃池用于进一步的反应。研究人员针对不同类型的分子筛催化剂进行了相关研究。

首先,研究人员对 SAPO-34 分子筛展开了相关研究。Dahl 等研究发现在 MTO 反应过程中存在一个称为烃池的有机中间体,在反应过程中反应物甲醇不断地连接到中间体上,中间体同时不断裂解得到乙烯、丙烯以及碳链更长的烯烃。Song 等使用纯甲醇及在高温空气煅烧的分子筛催化剂 SAPO-34 进行 MTO 反应时发现,在新鲜的催化剂上生成的烯烃量要比在普通分子筛上高 20 倍,而用普通甲醇第一次生成的烯烃量是用进一步提纯的甲醇的两倍。这些结果表明甲醇分子中及分子筛上的杂质在 MTO 反应中起到了重要的作用,可能是杂质中的一些物质直接生成了初始的碳碳键。Xu 等使用在工业上应用的 CHA 结构分子筛,在 MTO 反应条件下同时观测到两种碳正离子,包括七氧基苯碳正离子(heptaMB+)和五甲基环戊烯基碳正离子(pentaMCP+),这些结构得到了固体核磁共振、质谱以及理论计算的证实。另一方面,通过 ^{13}C 同位素示踪实验结合 DFT 理论计算,研究碳正离子参与的两种可能的催化反应,包括侧链路线和削皮路线,证实在分子筛上甲醇转化的两种机理同时存在,侧链机理占主导地位。Li 等还对 SAPO-34 分子筛的结构和酸性对 MTO 反应机理影响进行了研究,在此基础上,利用其合成的新型分子筛材料的超大笼和强酸性的特点,在 MTO 反应体系中观察到中间体七甲基苯基碳正离子(heptaMB+)及去质子化产物(HM-MC)的存在,从而直接证实了烃池机理的合理性;同时,利用 ^{13}C 同位素示踪实验验证了该中间体在甲醇转化中的重要作用,以及以该碳正离子作为中间体的烯烃生成途径。

Svelle 等证实了低聚甲苯是乙烯生成的主要催化活性成分。Bjørgen 等研究发现 ZSM-5

分子筛表面低聚甲苯活性明显高于高聚甲苯，乙烯中同位素的量与低聚甲苯中的量类似，然而 C_3 以上烯烃同位素的量显著不同。这个现象可以说明聚甲苯可能不是唯一的活性成分。根据上述实验结果还提出了双循环机理，即聚甲苯路线生成乙烯，另一条路线丙烯、丁烯等高碳烯烃通过烷基化实现碳链增长并裂解成丙烯。Song 等发现在 ZSM-5 上存在 MTO 反应中间体二甲基环戊烯正离子，二甲基环戊烯正离子在反应初期由少量的烯烃形成，而一旦形成，生成烯烃和烷烃的反应就会加快。Jiang 等研究认为最初的乙烯通过聚合和氢转移等反应生成芳烃等有机中间体，或由催化剂或反应物中的杂质生成了有机中间体。在 NH_3 存在和室温情况下，ZSM-5 分子筛表面甲氧基易与 NH_3 反应形成甲胺和甲基铵阳离子，然而氧与甲氧基在诱导期并不能发生反应。Lesthaeghe 等以邻二甲苯作为活性成分，按照侧链路线理论计算催化反应过程，表明偕甲基化和侧链增长相对容易，由于乙烯脱除为反应的速率控制步骤，易造成丙烯或芳烃化合物长大而引起催化剂结焦失活。现在烃池机理已经得到了业界普遍的认可。

四、甲醇制烯烃工艺技术

1. MTO 技术发展历程

1) 国外 MTO 技术发展历程

20 世纪 80 年代，美国 ExxonMobil 公司在研究采用沸石催化剂利用甲醇制汽油（MTG）工艺的过程中发现并发展了 MTO 工艺。ExxonMobil 公司对反应机理进行了细致的研究，不断优化催化剂，开发了使用新型沸石催化剂 ZSM-5 进行 MTO 和 MTG 反应的工艺，并建设了工业示范装置。ExxonMobil 公司基于流化床的工业示范装置自 1982 年底运行至 1985 年末，成功地证明了流化床反应系统可以应用于 MTG 和 MTO 过程。

国外 MTO 技术主要有 UOP 公司和 Norsk Hydro 公司共同开发的 MTO 技术及 ExxonMobil 公司开发的 OTO 技术。

(1) UOP 公司和 Norsk Hydro 公司 MTO 技术。

1986 年，UCC 公司发现采用 SAPO-34 催化剂可以有效地将甲醇转化为低碳烯烃，而后 UCC 公司将相关技术转让给 UOP 公司。1992 年，UOP 公司和 Norsk Hydro 公司合作开发了使用多孔性 MTO-100 型催化剂（主要成分为 SAPO-34）的 UOP/Hydro 工艺。

1992 年，UOP 公司和 Norsk Hydro 公司合作建成第一套 MTO 技术小试装置，加速了技术工业化。1995 年 1 月，UOP 公司和 Norsk Hydro 公司宣布可对外转让技术，技术称为 MTO 技术。1995 年 6 月，UOP 公司和 Norsk Hydro 公司合作在挪威建设了一套粗甲醇加工能力为 0.75t/d 的 MTO 工艺示范装置，装置连续运转了 90 天，各系统的操作正常、稳定。在 90 天运转中，催化剂经过 450 次反应—再生循环，性能仍然非常稳定，反应后通过取样分析，催化剂的强度也满足要求，而且可以改变操作条件调节乙烯和丙烯的产出比例，最高达到 1.75。乙烯和丙烯的纯度均在 99.6% 以上，可直接满足聚合级丙烯和聚合级乙烯的要求。

UOP 公司和 Norsk Hydro 公司 MTO 技术中试装置使用快速流化床反应器，在压力为 0.1~0.3MPa、温度为 400~500℃ 的条件下，使用以磷酸铝分子筛 SAPO-34 为主要成分的

MTO-100 型催化剂，再生器压力与反应器一致，温度为 600~700℃，在连续运转期间，甲醇转化率始终大于 99.8%，乙烯和丙烯选择性达到约 80%。丙烯/乙烯值可以在 0.75~1.50 之间调整，乙烯和丙烯产品可以达到聚合级。

为了降低甲醇原料消耗，在甲醇进料量不变的情况下，增产更多的烯烃，提高经济效益，UOP 公司与 Total 公司合作开发 MTO 与 C_{4+} 烯烃裂解（OCP）联合工艺。2008 年 10 月，UOP 公司与 Total 公司合作采用 MTO 和 OCP 技术，在比利时费鲁（Feluy）启动了 10t/d 煤经甲醇制烯烃一体化示范工厂项目。

MTO 和 OCP 技术在中国首次转让南京惠生项目，该项目于 2013 年开车成功，运行平稳；山东阳煤恒通化工股份有限公司 $30×10^4$t/a MTO 装置于 2015 年 6 月 30 日试车成功，生产出合格的乙烯和丙烯产品。此外，久泰能源（准格尔）有限公司 $60×10^4$t/a MTO 装置于 2019 年 3 月 20 日正式投产；江苏斯尔邦石化有限公司已建成全球最大的单系列甲醇制烯烃生产装置，年产乙烯+丙烯达 $90×10^4$t，该项目已于 2016 年 12 月 27 日投料开车一次成功，并生产出合格的乙烯、丙烯产品。

（2）ExxonMobil 公司 OTO 技术。

ExxonMobil 公司提出了一种使用 ZSM-5 催化剂在列管式反应器中进行甲醇转化制烯烃的工艺方法，并于 1984 年进行 9 个月的中试试验，试验规模为 100bbl/d。在工艺过程中，甲醇扩散到催化剂孔中进行反应，首先生成二甲醚，然后生成乙烯，反应继续进行，生成丙烯、丁烯和高级烯烃，也可生成二聚物和环状化合物，以碳选择性为基础，乙烯收率可达 60%（质量分数），烯烃总收率可达 80%（质量分数），相当于采用常规石脑油/粗柴油管式炉裂解法收率的两倍，但催化剂的寿命尚不理想。

2004 年，ExxonMobil 公司公开了另一种氧化物制低碳烯烃的反应—再生系统，与上一种反应—再生系统的区别在于采用两组并列式提升管反应器并伸入分离区中，同时催化剂冷却器只作为再生器的外取热器。

2）国内 MTO 技术发展历程

国内具有代表性的 MTO 技术有中科院大连化物所 DMTO 技术，中国石化上海石油化工研究院、中国石化工程建设公司和燕山石化三家联合开发的 SMTO 技术，中国神华煤制油化工有限公司与中石油工程建设公司共同开发的 SHMTO 技术。

（1）DMTO 技术。

中国 MTO 工艺及催化剂的开发也有相当长的时间，中科院大连化物所在 20 世纪 80 年代初开展 MTO 研究工作。20 世纪 80 年代完成了 1.0t/d 甲醇进料中试，采用中孔 ZSM-5 沸石催化剂及固定床反应器，其结果达到同期国际先进水平。

20 世纪 90 年代初，中科院大连化物所开发了合成气经二甲醚制低碳烯烃的工艺路线（SDTO 工艺），于 1995 年完成了中试装置的试验研究。SDTO 工艺包括两个阶段：第一阶段是在固定床中将合成气转化为二甲醚，采用金属酸双功能催化剂，连续平稳操作 1000h，二甲醚选择性为 95%，CO 单程转化率为 75%~78%；第二阶段采用上流密相流化床反应器将二甲醚转化成低碳烯烃，规模为 15~25t/a，反应温度为 500~560℃，催化剂为基于 SAPO-34 的 DO123 催化剂，二甲醚+甲醇转化率大于 98%，乙烯和丙烯选择性达到 81%，催化剂连续经历 1500 次左右的反应—再生操作，反应性能未见明显变化。

在 SDTO 工艺的基础上，中科院大连化物所又开发了 DMTO 工艺。2004 年，中科院大连化物所与陕西新兴煤化工科技发展有限责任公司（现新兴能源科技有限公司）和洛阳石油化工工程公司三方合作，利用前期研究成果，建成了世界上第一套万吨级 DMTO 工艺工业性试验装置（只包括反应部分）。2006 年 6 月，完成了 50~75t/d 甲醇工业性试验，共运行 1150h，完成了由甲醇制取低碳烯烃（DMTO）的工业化成套技术的开发工作。

为了降低甲醇原料消耗，在甲醇进料量不变的情况下增产更多烯烃，中科院大连化物所又开发了 C_{4+} 裂解技术，即利用流化床技术（类似于流化催化裂化技术），将 DMTO（第一代 DMTO 技术或 DMTO-Ⅰ）反应的副产品 C_{4+} 在催化剂作用和一定反应条件下，发生催化裂化反应生成烯烃（主要是丙烯），C_{4+} 催化裂解所用催化剂与 MTO 反应部分相同。将 DMTO 技术与 C_{4+} 裂解技术结合起来，就是中科院大连化物所开发的第二代 DMTO 技术（DMTO-Ⅱ）。该技术大大提高了乙烯与丙烯的收率，在甲醇进料不变的前提下，乙烯+丙烯收率可以增加 10%。结合 MTO 的主反应强放热、再生器放热特征和 C_{4+} 裂解的强吸热反应特征，进行热量耦合，无须外供热量，有效提高能量利用效率。采用 DMTO-Ⅱ 技术的工业化试验装置于 2010 年 6 月获得成功，很好地验证了 DMTO-Ⅱ 技术。

中科院大连化物所后开发了 DMTO-Ⅲ 技术。该技术建立了从分子筛反应扩散到反应器内催化剂积炭分布的理论方法，发展了通过催化剂积炭调控烯烃选择性的技术路线。在此基础上，基于新一代甲醇制烯烃催化剂，开发了甲醇处理量大、副反应少、可灵活实现催化剂运行窗口优化的高效流化床反应器，完成了千吨级中试试验。与已有的 DMTO 技术相比，DMTO-Ⅲ 技术反应器尺寸基本保持不变，单套装置甲醇处理能力从 $180×10^4$ t/a 提高到 $300×10^4$ t/a。同时，在不需要单独设置 C_{4+} 裂解反应器的情况下，DMTO-Ⅲ 反应器的甲醇制烯烃选择性可以达到 85%~90%，甲醇单耗为 2.6~2.7t/t（乙烯+丙烯）。

采用 DMTO-Ⅰ 技术的神华包头煤化工有限公司装置于 2010 年 8 月 8 日一次开车成功，生产出合格的聚乙烯和聚丙烯，该项目是世界首套 MTO 技术示范项目。2011 年 1 月 1 日，该项目正式进入商业化运营，已运行多年。

采用 DMTO-Ⅱ 技术的蒲城清洁能源化工有限责任公司 DMTO-Ⅱ 工业装置于 2015 年 2 月 6 日成功全流程打通开车。

据中科院大连化物所公开报道，DMTO-Ⅲ 技术于 2020 年 11 月 9 日通过中国石油和化学工业联合会组织的科技成果监督鉴定。

(2) SMTO 技术。

中国石化上海石油化工研究院于 2000 年开始进行 MTO 技术的开发。2004—2006 年，SAPO-34 分子筛工业放大生产成功，其价格低廉、性能优异，粒度分布类似于流化催化裂化催化剂，而强度优于流化催化裂化催化剂。2003—2006 年，上海石油化工研究院详细研究了 MTO 反应的反应行为、失活行为和积炭行为等，并于 2005 年建立了一套 12t/a 的 MTO 循环流化床热模试验装置，将实验室研究的结果在该试验装置上进行了验证。

2007 年，中国石化上海石油化工研究院、中国石化工程建设公司和燕山石化三家单位联合在燕山石化建成一套采用 SMTO 技术的 100t/d 甲醇进料的试验装置。2009 年 12 月,采用 SMTO 技术的中原石化甲醇制烯烃示范装置落户河南濮阳,于 2011 年 10 月一次开车成功。中原石化 SMTO 装置规模为年加工甲醇 $60×10^4$t,年产聚乙烯 $10×10^4$t、聚丙烯 $10×10^4$t,该装置的开车成功,使 SMTO 技术成为继 DMTO 技术后第二种实现成功商业化运行的甲醇制烯烃技术。

2017 年 10 月 28 日,采用 SMTO 技术的中天合创煤炭深加工示范项目打通全流程,产出合格聚乙烯、聚丙烯,标志着国内最大规模的煤制烯烃项目投产;采用 SMTO 技术的安徽中安联合煤化工项目于 2019 年 7 月打通全流程;此外,采用 SMTO 技术的还有中石化河南鹤壁煤化一体化 $60×10^4$t/a 甲醇制烯烃项目和中石化贵州织金 $60×10^4$t/a 聚烯烃项目等。

(3) SHMTO 技术。

国家能源集团也积极开展 MTO 技术的研发,并于 2008 年完成 SAPO-34 分子筛催化剂小试研究,确定了小试 SAPO-34 分子筛的基础配方和制备工艺。2011 年开展 MTO 催化剂中试放大研究,2012 年自主研发的新型 MTO 催化剂 SMC-001 在神华包头煤化工有限公司 $180×10^4$t(甲醇)/a(MTO) 工业装置进行了工业试验。

2012 年,中国神华煤制油化工有限公司与中石油工程建设公司共同开发了 SHMTO 技术。该技术已在神华新疆化工有限公司 $68×10^4$t/a 煤基新材料项目上应用,并于 2016 年 10 月一次性开车成功。

2. 典型甲醇制烯烃技术

1) UOP/Hydro 公司 MTO 技术

(1) 工艺流程。

UOP/Hydro 公司 MTO 技术采用快速循环流化床反应器(提升管)和再生器,汽化后的甲醇在 MTO 反应器下部与热的催化剂接触生成富含轻烯烃的产品气,产品气经急冷水洗脱过热并洗涤携带的催化剂后送到烯烃分离装置实现最后的分离,反应热通过产生低压蒸汽移走。失活催化剂连续地送入再生器烧焦再生,再生器也利用发生蒸汽来取出烧焦反应放出的热量。再生后的催化剂返回流化床反应器继续催化反应。反应出口物料经热量回收后得到冷却,其中携带的蒸汽冷凝排除。UOP 公司公开的快速流化床反应器由下部的反应段、中间的过渡段和上部的分离段组成。甲醇或二甲醚等含氧化合物在稀释气体的存在下进入催化剂密相床层,将部分原料转化为烯烃后进入过渡段,在过渡段实现原料的完全转化。在分离段,旋风分离器将催化剂细粉从产品气体中分离出来。分离出来的催化剂经汽提后进入再生器,再生后的催化剂返回密相床层上部,实现催化剂的循环使用。该反应器的特点是横截面积比较小,仅为常规反应器的 1/3~1/2,能够大大减少设备投资和维持反应所需催化剂的藏量。此外,该设备可耦合 C_{4+} 组分的催化裂解装置(OCP),从而提高丙烯的收率,使乙烯/丙烯值达到 0.57,副产物收率降低 80%,乙烯和丙烯总收率提高到 85%~90%。

图 4-1-2 为 UOP/Hydro 公司 MTO 技术典型流程图。

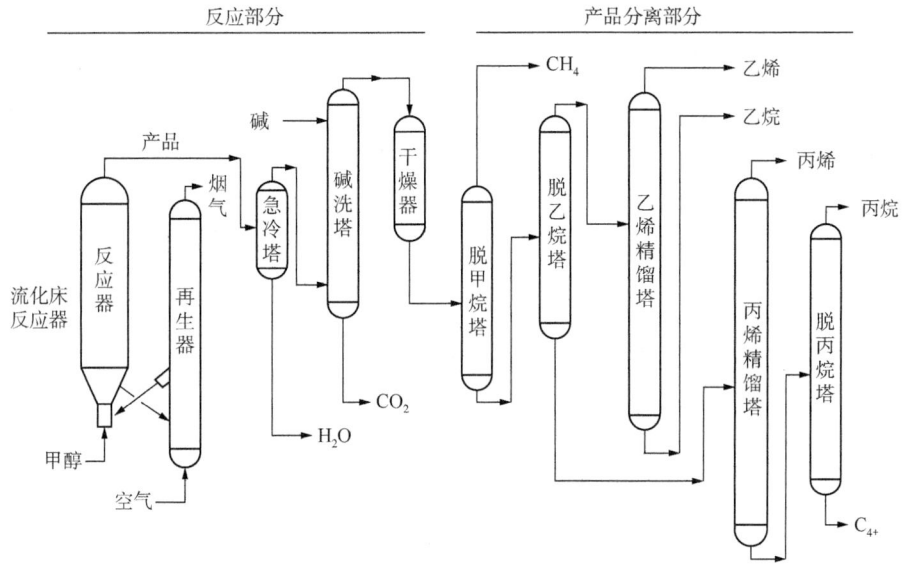

图 4-1-2 UOP/Hydro 公司 MTO 技术典型流程图

(2) 工艺参数及关键性能。

UOP/Hydro 公司 MTO 技术主要工艺参数及关键性能指标见表 4-1-1。

表 4-1-1 UOP/Hydro 公司 MTO 技术主要工艺参数及关键性能指标表

项目	参数及指标	项目	参数及指标
甲醇转化率/%	100	乙烯+丙烯选择性/%	80
反应温度/℃	450~525	乙烯+丙烯选择性(包括OCP)/%	85~90
反应压力/kPa	136~446		

2) 中科院大连化物所 DMTO 技术

中科院大连化物所已前后开发了三代 DMTO 技术,分别为 DMTO-Ⅰ技术、DMTO-Ⅱ技术和 DMTO-Ⅲ技术。

(1) 工艺流程。

DMTO-Ⅰ技术采用密相循环流化床反应器和再生器,来自界区的液相甲醇经过一系列的换热,以气相进入 MTO 反应器与热的催化剂接触生成富含轻烯烃的产品气,产品气经急冷水洗脱过热并洗涤携带的催化剂后送到烯烃分离装置实现最后的分离,反应热通过内取热器加热甲醇取走;结焦后的催化剂通过在再生器不完全烧焦而恢复活性(烧焦所需主风由主风机提供),然后返回到反应器。再生放出的热通过内外取热器产生中压蒸汽移走。

DMTO-Ⅱ技术与 DMTO-Ⅰ技术的区别在于增加了 C_{4+} 重组分催化裂解反应器和再生器,生成含有乙烯、丙烯等轻组分的混合烃,生成的混合烃返回到分离系统进行分离。

与 DMTO-Ⅰ技术相比较,在反应器的尺寸基本保持不变且操作条件接近的情况下,采用 DMTO-Ⅲ技术的单套装置甲醇处理能力从 $180×10^4$ t/a 提高到 $300×10^4$ t/a。同时，在不需要单独设置 C_{4+} 裂解反应器的情况下，DMTO-Ⅲ反应器的甲醇制烯烃选择性可以达到 85%~90%。

图 4-1-3 和图 4-1-4 分别显示了 DMTO-Ⅰ技术典型工艺流程和 DMTO-Ⅱ技术典型工艺流程。

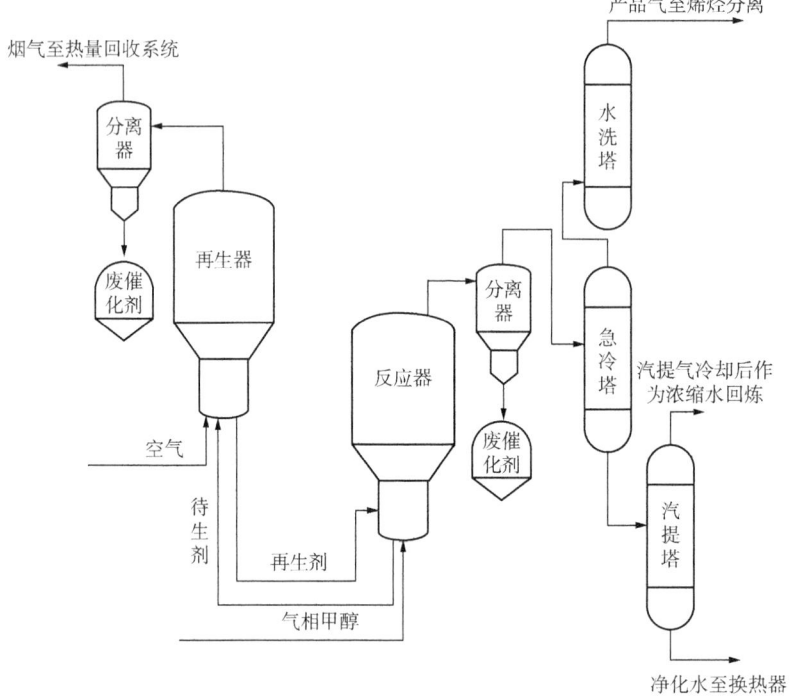

图 4-1-3 DMTO-Ⅰ技术典型工艺流程图

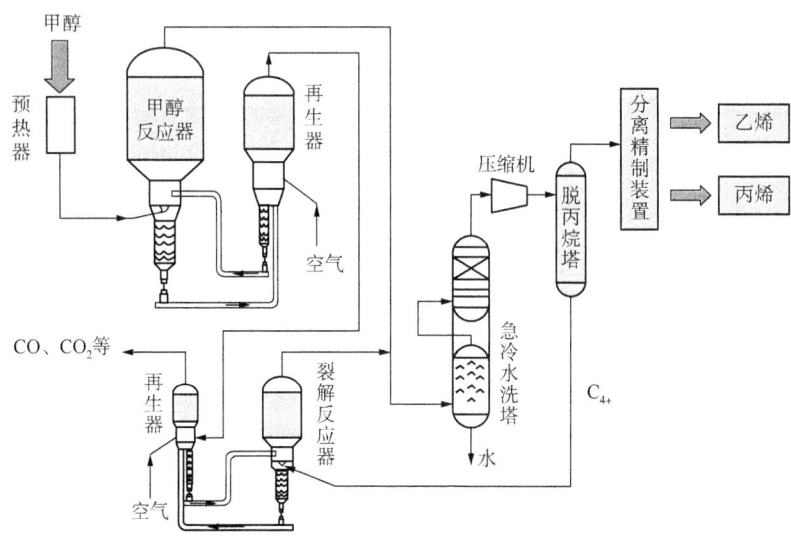

图 4-1-4 DMTO-Ⅱ技术典型工艺流程图

(2) 工艺参数及关键性能。

DMTO 技术主要工艺参数及关键性能指标对比情况见表 4-1-2。

表 4-1-2　DMTO 技术主要工艺参数及关键性能指标对比表

项目	DMTO-Ⅰ技术	DMTO-Ⅱ技术	DMTO-Ⅲ技术
单套装置甲醇处理能力/(10^4t/a)	180	180	300
甲醇转化率/%	≤99	≤99	未公开
甲醇单耗/[t/t(乙烯+丙烯)]	2.97	2.67	2.67
反应温度/℃	400~550	400~550	未公开
反应压力/MPa	0.1~0.3	0.1~0.3	未公开
再生温度/℃	660~780	660~780	未公开
再生压力/MPa	0.1~0.3	0.1~0.3	未公开
C_{4+} 裂解反应温度/℃	—	500~600	—
丙烯/乙烯值	0.8~1.2	0.8~1.2	未公开
乙烯+丙烯选择性/%	≤80	≤86	85~90

3) 中国石化 SMTO 技术

(1) 工艺流程。

SMTO 技术反应器采用双快速流化床，入料甲醇气体从第一快速流化床反应器底部进入后，与催化剂反应生成产品物流Ⅰ，反应器上部设置稀相管，产品气夹带部分催化剂快速通过稀相管，并进入反应器沉降器。反应器设置催化剂外循环管，沉降器内催化剂通过外循环管返回反应器底部，待生催化剂经过汽提段汽提后进入再生器底部进行烧焦再生，再生催化剂进入提升管与包含 C_{4+} 烃的原料接触，生成的产品气和催化剂进入第二快速流化床反应器，与自再生器来的第二股催化剂接触，生成产品物流Ⅱ，产品物流Ⅱ经气固分离后与产品物流Ⅰ汇合，同时实现再生催化剂积炭。反应器和再生器均设置外取热器取走过剩热量，再生器也设置催化剂外循环管。

图 4-1-5 为 SMTO 技术反应—再生系统示意图。

(2) 工艺参数及关键性能。

SMTO 技术主要工艺参数及关键性能指标见表 4-1-3。

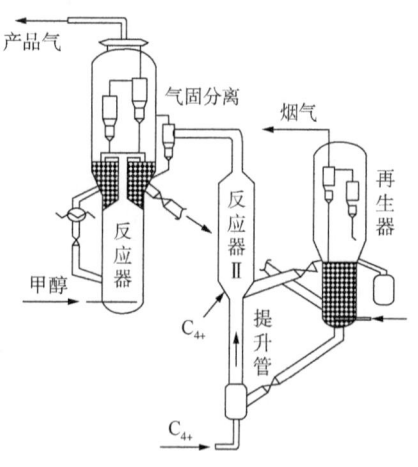

图 4-1-5　SMTO 技术反应—再生系统示意图

表 4-1-3 SMTO 技术主要工艺参数及关键性能指标表

项目	参数及指标	项目	参数及指标
单套装置甲醇处理能力/(10^4t/a)	60	乙烯选择性/%	42.10
甲醇转化率/%	99.91	丙烯选择性/%	37.93
甲醇单耗/[t/t(乙烯+丙烯)]	2.92	乙烯+丙烯选择性/%	80.03
反应温度/℃	400~500	C_2—C_4选择性/%	89.87
反应压力/MPa	0.1~0.3	生焦率/%	1.74

4) 国家能源集团 SHMTO 技术

(1) 工艺流程。

来自界区的液相甲醇经过一系列的换热,以气相进入 MTO 反应器与热的催化剂接触生成富含轻烯烃的产品气,产品气经急冷水洗脱过热并洗涤携带的催化剂粉末后送到烯烃分离装置实现最后的分离。反应热通过外取热器产生中压蒸汽取走。结焦后的催化剂汽提出携带的产品气后,去再生器不完全烧焦而恢复活性,然后经催化剂冷循环外取热器冷却后返回到反应器。烧焦所需主风由主风机提供。再生放出的热通过内外取热器产生中压蒸汽取走。

该技术反应器和再生器同轴布置,反应器在上、再生器在下,使再生器中的再生催化剂在重力作用下流入反应器,降低了再生器催化剂的磨损率和跑损率,同时也可以节省占地面积。此外,设置再生器催化剂冷却器(图 4-1-6),降低再生催化剂的温度,防止高温再生催化剂与甲醇接触导致副反应发生,从而提高乙烯、丙烯等低碳烯烃选择性。

图 4-1-6 为 SHMTO 技术反应—再生系统示意图。

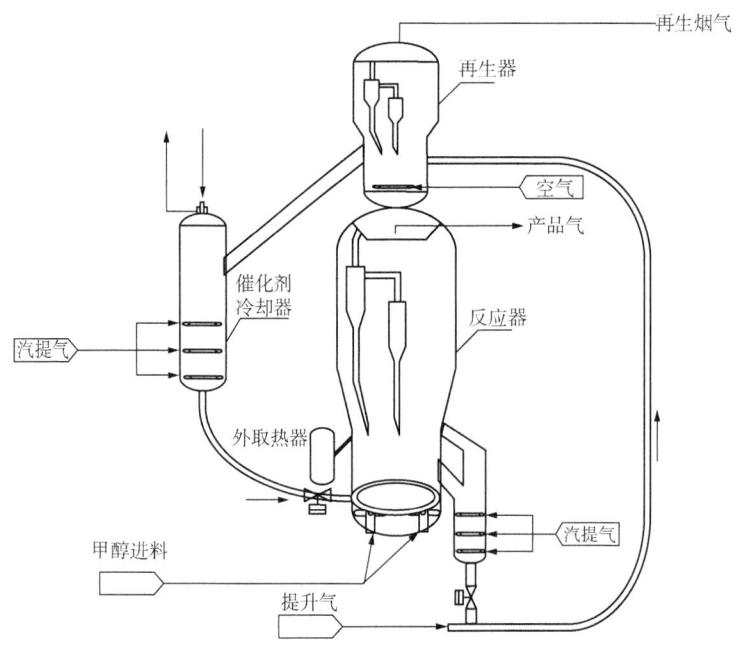

图 4-1-6 SHMTO 技术反应—再生系统示意图

(2) 工艺参数及关键性能。

SHMTO 技术主要工艺参数及关键性能指标见表 4-1-4。

表 4-1-4 SHMTO 技术主要工艺参数及关键性能指标表

项目	参数及指标	项目	参数及指标
单套装置甲醇处理能力/(10^4 t/a)	180	再生压力/MPa	0.08~0.2
甲醇转化率/%	99.7	乙烯选择性/%	40.98
甲醇单耗/[t/t(乙烯+丙烯)]	2.98	丙烯选择性/%	39.38
反应温度/℃	450~550	乙烯+丙烯选择性/%	80.35
反应压力/MPa	0.12~0.2	C_2—C_4选择性/%	90.58
再生温度/℃	660~720	生焦率/%	2.15

5）ExxonMobil 公司 OTO 技术

(1) 工艺流程。

汽化后的甲醇在反应器的底部与再生后的催化剂和来自分离段含有一定焦炭的循环催化剂混合。反应器是表观气速高于 2m/s 的高速流化床反应器（在专利中称为提升管反应器）。催化剂与甲醇在提升管反应器内发生放热反应。将一部分甲醇以液体进料的方式移走过剩的热量。在提升管反应器的出口，反应气（含有产物、焦化的催化剂、稀释剂及未转化的原料）进入分离区。在分离区中实现催化剂与产品气的分离，一部分焦化催化剂经立管循环到提升管反应器的入口处；一部分催化剂经管线输送到再生器，与含氧气体接触，部分烧去催化剂上的焦炭，实现催化剂的再生，恢复催化剂的活性。通过催化剂冷却器（实际上相当于再生器外取热器）移去再生器烧焦放热，并将再生温度控制在合适的水平。再生催化剂通过惰性气体、蒸汽或甲醇蒸气输送到提升管反应器，在反应器中与循环催化剂及甲醇原料混合。

该工艺有三大特点：一是使用提升管反应器（实际上其与流化催化裂化的提升管不同，应为快速流化床）；二是反应器内的催化剂有一部分循环回提升管下部与再生剂混合后进入提升管，其作用一方面是保证提升管内催化剂的流量，另一方面是调节提升管入口催化剂的平均含碳量；三是再生催化剂经降温后再返回到提升管反应器，有助于避免因催化剂温度过高造成副反应。

图 4-1-7 为 OTO 技术反应—再生系统示意图。

2004 年，ExxonMobil 公司公开另一种 OTO 技术，其反应—再生系统包括流化床反应器（图 4-1-8 中显示的是两个提升管反应器）、分

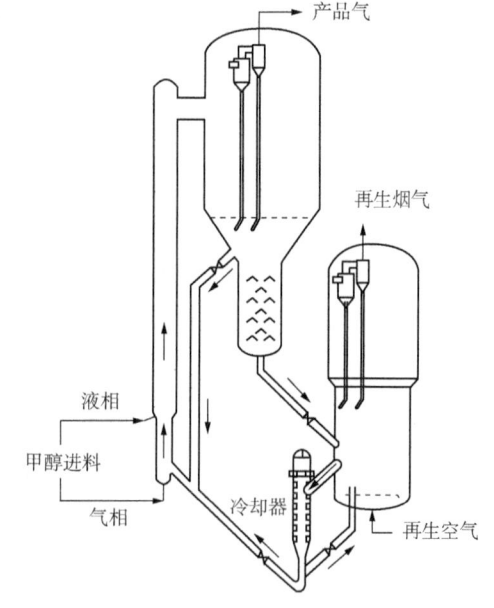

图 4-1-7 OTO 技术反应—再生系统示意图

离区、催化剂汽提装置、再生器、催化剂冷却器等(图4-1-8)。在该专利中,ExxonMobil公司也公开了产品气的净化处理流程(图4-1-9)。产品气离开反应—再生系统后,此时组成中通常有甲烷、乙烯、乙烷、丙烯、丙烷、各种氧化副产物、C_{4+}烯烃、水及烃类组分。产品气通过管线进入急冷塔,在急冷塔中产品气降温,同时产品气中的水及其他低凝点组分冷凝。夹带低凝点有机组分的急冷水由塔底的管线引出,部分急冷水换热降温后通过管线返回急冷塔。离开急冷塔富含烯烃的气相产品经管线进入多级压缩机压缩,压缩后的产品物流经管线进入脱水单元。在脱水单元,以甲醇作为水的吸附剂,甲醇携带水及其他含氧化合物由脱水单元底部引出。脱水后的产品气经管线进入压缩机,多级压缩后进入烯烃分离单元。

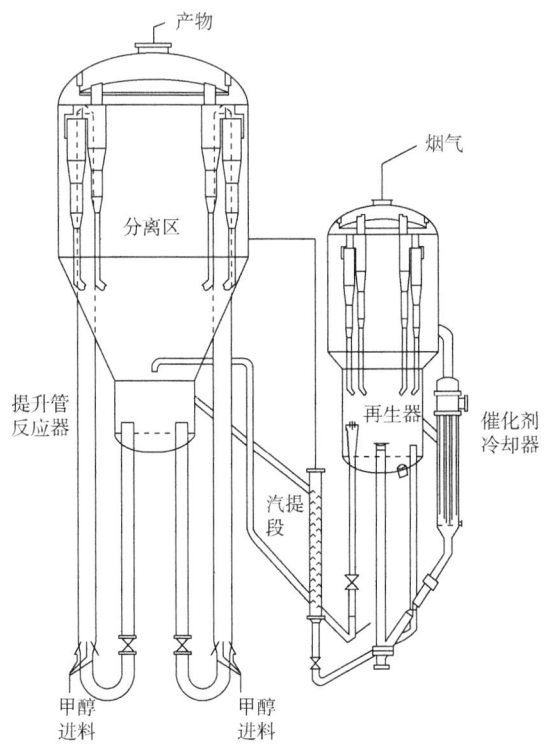

图4-1-8　2004年ExxonMobil公司公开OTO技术的反应—再生系统示意图

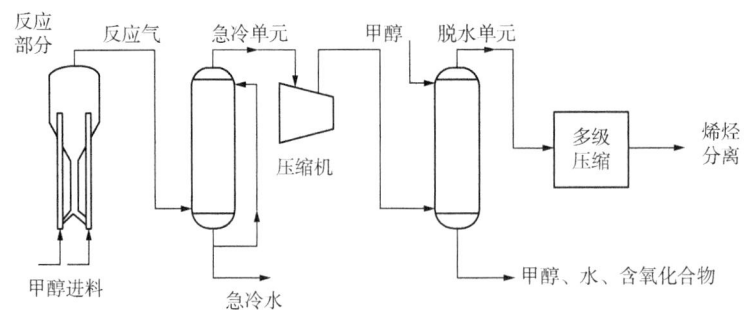

图4-1-9　OTO技术产品气净化处理流程示意图

(2) 工艺参数及关键性能。

OTO 技术装置反应器温度为 300~500℃，再生器温度为 550~700℃，离开再生器的烟气氧气含量控制在 0.1%~5.0%（体积分数），催化剂在再生器的停留时间控制在 1~100min。

综合以上国内外主要 MTO 技术，其技术参数对比情况见表 4-1-5。

表 4-1-5　国内外甲醇制低碳烯烃工艺技术参数表（数据截至 2020 年底）

项目	MTO	DMTO	SMTO	SHMTO
技术来源	UOP/Hydro 公司	中科院大连化物所	中国石化	国家能源集团
催化剂	SAPO-34	SAPO-34	SAPO-34	SAPO-34
反应器特征	快速循环流化床反应器	密相循环流化床反应器	双快速流化床	密相循环流化床反应器（同轴布置）
甲醇转化率/%	100	≤99	99.91	99.7
甲醇单耗/t/t(乙烯+丙烯)	3.0	2.97	2.92	2.98
乙烯+丙烯选择性/%	≤80	≤80	80.03	80.35
技术应用情况	首套装置于 2013 年 9 月投产[$30×10^4$t(烯烃)/a]。截至 2020 年底，工业化许可 8 套，产能 $352×10^4$t/a，已投产 6 套	全球首套装置于 2010 年 8 月投产[$60×10^4$t(烯烃)/a]。截至 2020 年底，工业化许可 25 套，许可烯烃产能 $1458×10^4$t/a；已投产 14 套，烯烃产能 $791×10^4$t/a，市场占有率为 67.9%	首套装置于 2011 年 1 月投产[$20×10^4$t(烯烃)/a]。截至 2020 年底，工业化许可 6 套，产能 $337×10^4$t/a，已投产 3 套	首套装置于 2016 年 9 月投产[$68×10^4$t(烯烃)/a]
技术发展	MTO 技术与 OCP 技术相结合	2006 年开发 DMTO 技术；2009 年开发 DMTO-Ⅱ技术；2019 年实现 DMTO-Ⅲ技术中试，将实现单套装置处理甲醇 $300×10^4$t/a 以上	2013 年实现了 MTO 技术与 OCC 技术的结合	SHMTO 技术与 OCU 技术相结合

注：OCU 技术为美国 ABB Lummus 公司开发的烯烃转化工艺技术，与 MTO 技术相结合，用于增产丙烯产品。

目前，我国在 MTO 领域的研究与发展已处于国际领先水平，趋于成熟。与国外 MTO 技术相比，国内开发的 DMTO、SMTO、SHMTO 等技术的处理能力、产品收率和产品选择性均有大幅提高，单耗也有所下降，在我国已得到了大规模的工业推广。但由于上述技术工业化时间尚短，仍然存在一些问题需要进一步深入优化，如建设投资较大、技术竞争严重、低端产品趋于过剩、高端产品短缺、石油价格的长期低位运行降低了煤制烯烃的盈利等问题，同时随着国家环保形势及政策的日益紧缩，气候、碳排放等问题也日益凸显，经营成本不断提高，因此进一步优化催化剂性能、研究设计出更理想的反应器、提高产品的选择性和收率、降低工程建设投资和生产装置能耗是未来 MTO 技术的发展方向。同时，不断调整和优化低碳烯烃下游的产品结构，实现产品的差异化和高端化，才是 MTO 有序、长期及利益最大化的发展前提。

第二节　甲醇制芳烃

一、甲醇制芳烃概述

芳烃是一类重要的烃类化合物，其中的苯、甲苯和二甲苯（BTX）产量仅次于乙烯和丙烯，衍生物被广泛应用于工程塑料和纤维的合成。石油是当前生产芳烃的主要原料，也有少量的芳烃通过煤焦油加工的途径获得。以石油为原料生产芳烃的生产技术主要包括石脑油加氢重整技术，C_4、C_5 芳构化技术和乙烯裂解汽油加氢抽提技术。

以合成气为原料制取芳烃和以甲醇为原料制取芳烃是近年来新兴的芳烃生产途径。国内合成气制取芳烃技术的相关研究机构主要有中科院山西煤化所、南开大学等，国外从事相关研究的机构主要有 Mobil 公司、BP 公司等。以合成气制取芳烃技术尚不成熟，距工业化还有较大的差距。

相比合成气制芳烃，甲醇制芳烃（Methanol to Aromatics，MTA）则相对成熟，已经接近实现工业化。甲醇制芳烃技术一般指甲醇在酸性分子筛催化剂的作用下高选择性地生成以芳烃为主要成分的混合烃类的过程。甲醇制芳烃技术在机理和反应过程上与甲醇制汽油（Methanol to Gasoline，MTG）类似，区别在于对芳烃的高选择性。20 世纪 70 年代，Mobil 公司首次制备了 ZSM-5 分子筛，并基于该催化剂开辟了甲醇制烃（Methanol to Hydrocarbons，MTH）的反应路径，该技术被视作自 F-T 工艺之后合成燃料领域的最大进步。Mobil 公司的 MTH 技术通过对分子筛改性、反应条件优化分别衍生出了目前主要的 MTX 技术，如甲醇制烯烃、甲醇制丙烯、甲醇制芳烃等现代甲醇化工路径。1979 年，Mobil 公司的 Chang 等开发了流化床制取汽油和芳烃的工艺。20 世纪 80 年代，Mobil 公司研究发现采用磷改性 ZSM-5 分子筛催化剂可以获得更高的芳烃选择性。1985 年，Mobil 公司又开发了基于磷改性的 ZSM-5 催化剂的固定床甲醇制芳烃技术。Mobil 公司的上述研究仅停留在实验室阶段。继 Mobil 公司开展研究后，苏联、德国、日本等也开展了 MTA 工艺研究，但都没有将该技术实现工业化。

我国从事 MTA 研究的单位主要包括清华大学和中科院山西煤化所，其中中科院山西煤化所的 MTA 技术为固定床两段法 MTA 工艺，清华大学开发的 MTA 技术为催化剂连续循环再生的流化床 MTA 工艺。

二、甲醇制芳烃基本原理

MTA 是甲醇在一定温度、压力以及酸性分子筛催化剂存在的条件下转化为以芳烃为主要成分的混合烃类和水的过程，该反应是强放热过程，采用不同催化剂时产品选择性会存在差异，相应的反应热也有所不同。孙爱明的计算表明，采用 Zn(0.8)La(0.6)/HZSM-5[锌和镧的担载量分别为 0.8%(质量分数)和 0.6%(质量分数)]催化剂时，MTA 的反应热为 -34.94kJ/mol(甲醇)。

一般认为，MTA 反应体系中发生了如下过程：甲醇脱水生成二甲醚，二甲醚进一步脱水转化为低碳烯烃，低碳烯烃通过低聚生成长碳链烯烃，长碳链烯烃成环生成环烯烃，环烯烃脱氢生成芳烃。图 4-2-1 显示了 MTA 典型过程。

图 4-2-1 MTA 典型过程

在上述整个过程中，二甲醚生成低碳烯烃是所有甲醇制烃(MTH)过程的核心步骤，因为这牵涉到反应体系中第一个 C—C 键是如何形成的。研究人员对于甲醇生成二甲醚、烯烃低聚、烯烃成环、环烯烃脱氢等反应步骤的机理认识比较透彻，但对于二甲醚生成低碳烯烃的过程还存在很多不同的观点。氧鎓离子机理认为二甲醚首先与催化剂上的 Brønsted 酸中心形成二甲基氧鎓离子，二甲基氧鎓离子与二甲醚进一步反应生成三甲基氧鎓离子；三甲基氧鎓离子通过被碱性中心去质子形成二甲基氧鎓亚甲基物种；二甲基氧鎓亚甲基物种通过分子内 Stevens 重排而形成甲乙醚，或者通过分子内甲基化而形成乙基二甲基氧鎓离子，两种物质均可通过 β 位消去反应生成乙烯(图 4-2-2)。

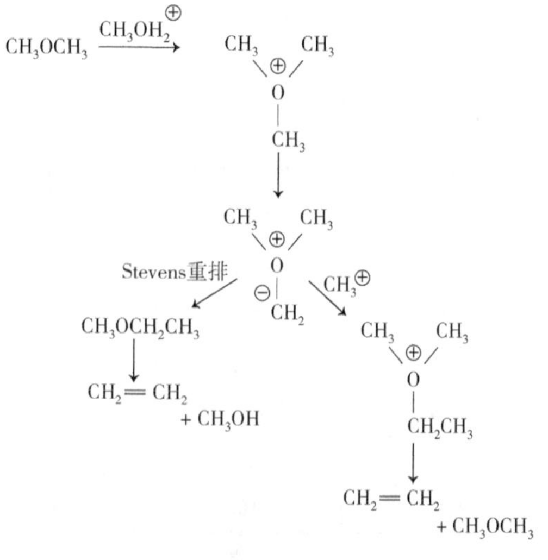

MTA 反应体系可能包含的独立反应见表 4-2-1。

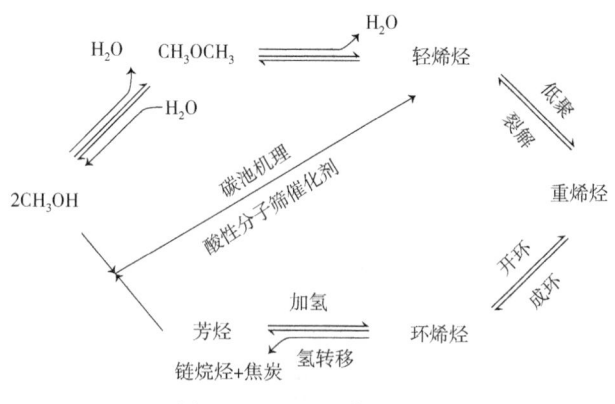

图 4-2-2 氧鎓离子机理示意图

表 4-2-1 MTA 过程中涉及的反应

项目	反应方程式
主反应	$CH_3OH \longrightarrow C_6H_6+H_2O+H_2$
	$CH_3OH \longrightarrow C_7H_8+H_2O+H_2$
	$CH_3OH \longrightarrow C_8H_{10}+H_2O+H_2$
副反应	$CH_3OH \longrightarrow C_2H_4+H_2O$
	$C_2H_4 \longrightarrow C_3H_6$
	$C_2H_4 \longrightarrow C_4H_8$
	$C_2H_4+H_2 \longrightarrow CH_4$
	$C_2H_4+H_2 \longrightarrow C_2H_6$
	$C_3H_6+H_2 \longrightarrow C_3H_8$
	$C_4H_8+H_2 \longrightarrow C_4H_{10}$
	$C_2H_4+C_3H_6+H_2 \longrightarrow C_5H_{12}$

三、甲醇制芳烃催化剂

MTA 催化剂的选择是一个长期的过程。表 4-2-2 中列出了部分 MTA 催化剂的反应性能情况。

表 4-2-2 部分 MTA 催化剂的反应性能情况比较

催化剂	原料	反应温度/℃	MHSV/h^{-1}	转化率/%	芳烃收率/总烃收率/%
H-ZSM-5	甲醇/二甲醚	382	—	100	37.02
Al_2O_3-H-ZSM-5	甲醇	316	1.22	97.20	45.50
微孔玻璃	甲醇	400~450	0.30	100	—
丝光沸石	甲醇/水	331	2.40	—	17.10
改性沸石	甲醇	340~410	1.30	97.00	20.20
KZ-1	甲醇	370	1.00	—	—
ZBH	甲醇/二甲醚	500	1.7	—	58.10
杂多酸	甲醇	300	0.16	13.10~71.60	2.80~6.20
毛沸石-钾沸石	甲醇	400	1.00	100	—
HM/HY	甲醇	425	—	100	14.50/5.10
铝改性玻璃	甲醇	450	0.10	98.20	43.10
A 沸石-氧化铝	甲醇/烃类	650	—	—	12.90
SAPO-34	甲醇/水	400	3.00	—	—
MCM-22	甲醇	400	1.00	92.72	10.07
Hβ	甲醇	400	0.80	100	35.00

经历了长期尝试后，ZSM-5 被确定为 MTA 最主要的分子筛催化剂，主要是基于以下两点：一是 ZSM-5 分子筛在微孔分子筛中属于孔径较大的一类(5~6Å)，可以允许分子尺寸较大的芳烃通过，同时又可以限制四甲苯以上的大分子通过，几乎没有 C_{11} 以上的烃类参加反应，因此 ZSM-5 分子筛对芳烃的选择性良好，可以抑制生焦；二是相比其他类型的分子筛催化剂，ZSM-5 分子筛催化剂的反应活性和芳构化能力较强，在较低的温度下就能完成芳构化反应。

1. ZSM-5 分子筛的结构

ZSM-5 分子筛具有双十元环交叉孔道，其化学组成为($|Na_n^+(H_2O)_{16}|[Al_nSi_{96-n}O_{192}]$-MFI)。晶胞组成中铝原子数可以介于 0~27，硅铝比可以在较大范围内改变。ZSM-5 骨架中含有两种相互交叉的孔道。图 4-2-3 显示了 ZSM-5 分子筛的结构，图 4-2-4 为 ZSM-5 分子筛 X 射线衍射图谱(图 4-2-4)。

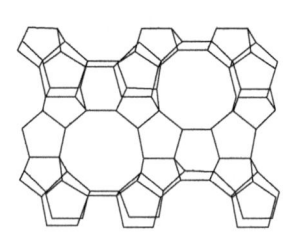 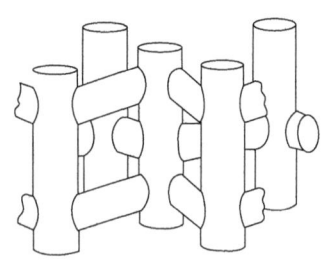

（a）ZSM-5 中平行于（100）面的网层　　　（b）ZSM-5 的孔道结构

图 4-2-3　ZSM-5 分子筛结构示意图

2. ZSM-5 分子筛的合成

包括 ZSM-5 在内的绝大多数微孔分子筛都是经水热合成反应(Hydrothermal Synthetic Reactions)制得的，该过程一般是在水体系中，一定的温度(100~1000℃)、压力(1~100MPa)、pH 值以及模板剂和助剂存在的条件下，引入硅源、铝源、磷源等反应物，经过生成初级单元、生成晶核、晶核生长、陈化等步骤最终生成分子筛。

3. ZSM-5 分子筛的改性

ZSM-5 分子筛是 MTA 催化剂的主要活性成分，分子筛的表面酸性、孔道

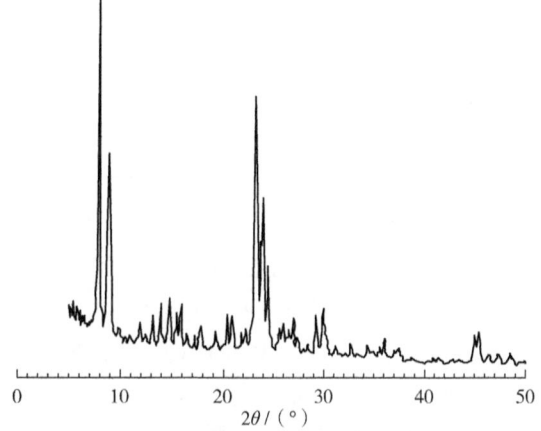

图 4-2-4　ZSM-5 分子筛 X 射线衍射图谱

结构、晶粒尺寸、化学组成等对催化剂的寿命、活性、选择性等有着重要影响，而这些性质均可以通过分子筛的改性来调变。

1）酸性调变

ZSM-5 分子筛的酸性对 MTA 反应有着显著的影响，分子筛的硅铝比是决定酸性的主要

因素，通过调节分子筛的硅铝比可以获得不同酸强度的产品。乔健等用铵离子溶液对硅铝比不同的钠型 Na-ZSM-5 原粉进行离子交换、煅烧处理，得到硅铝比分别为 373、113、55、38 和 18 的 H-ZSM-5 分子筛（分别记为 HZ1、HZ2、HZ3、HZ4 和 HZ5）。图 4-2-5 为不同硅铝比 H-ZSM-5 分子筛的氨程序升温脱附（NH_3-TPD）图谱，其中弱酸位脱附温度介于 150~310℃，主要归因于分子筛表面硅羟基（Si—OH）；强酸位脱附温度介于 310~500℃，主要归因于分子筛表面的硅羟基铝产生，强酸位与骨架铝的含量密切相关。表 4-2-3 中列出了不同硅铝比 H-ZSM-5 分子筛的酸含量及酸强度情况。从图 4-2-5 和表 4-2-3 中可以看出，随着硅铝比降低，弱酸位对应的吸收峰面积逐渐减少，强酸位对应的吸收峰面积逐渐增加，

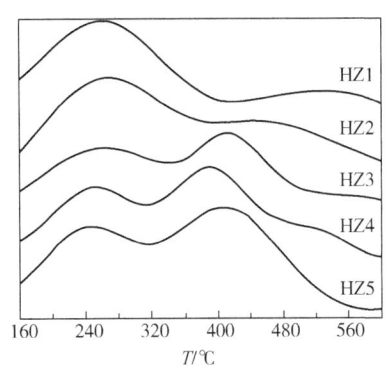

图 4-2-5　不同硅铝比 H-ZSM-5
分子筛的氨程序升温脱附
（NH_3-TPD）图谱

分子筛总酸含量增加。

表 4-2-3　不同 HZSM-5 分子筛的酸含量及酸强度表

催化剂	硅铝比	弱酸含量/%	强酸含量/%	总酸含量/%	酸强度/(mmol/g)	
					强酸	总酸
HZ1	373	78.9	21.8	80.9	0.03	0.13
HZ2	113	61.3	38.7	90.8	0.08	0.19
HZ3	55	55.4	44.6	100.0	0.10	0.22
HZ4	38	46.9	53.1	116.2	0.13	0.24
HZ5	18	40.5	59.5	126.4	0.16	0.26

田涛等考察了 ZSM-5 分子筛的酸性对 MTA 反应选择性的影响。分子筛的酸强度随硅铝比减小而增大，低硅铝比的强酸性分子筛有利于获得更高的芳烃收率，当 ZSM-5 分子筛硅铝比为 25 时，芳烃初始收率达到 64%；而当 ZSM-5 分子筛硅铝比提升至 150 时，芳烃初始选择性降低至 41%，说明强酸性催化剂更适用于芳构化反应。

以上研究表明，硅铝比与 ZSM-5 催化剂的酸性直接相关且 ZSM-5 催化剂的酸含量与酸性随硅铝比降低而增加，强酸性催化剂更有利于提高芳烃的选择性，因此 MTA 反应更宜采用低硅铝比的 ZSM-5 分子筛催化剂。

2）金属改性

通过引入金属组分可以调变分子筛催化剂的酸性以及比表面积、孔体积等性质，从而进一步影响催化剂的反应性能。引入金属组分的方法一般包括浸渍、离子交换、化学气相沉积和骨架元素原位同晶取代等。用于改性的金属种类一般包括锌、镓、银、锡等。

Ono 等和 Inoue 等分别将锌、银引入 ZSM-5 分子筛孔道中，发现当改性金属为锌时，产物中的芳烃含量有所提高，可达到 67.4%；当改性金属为银时，芳烃收率可达到约 80%。高晓峰发现，在 ZSM-5 分子筛上担载镧可以同时提高芳烃的选择性以及催化剂的稳定性。当镧的浸渍量为 1% 时，液体产物中芳烃含量达到 68.86%，其中 BTX 含量为 60.5%，催化剂的寿命也增长到 136h。

金属的担载量同样可以对 MTA 反应产生影响。有研究表明，锌的担载量为 0.5% 时，可以将芳烃收率提高 5%，合适的担载量为 0.5%~2.0%；但是当锌的担载量超过 2.0% 时，不但不能提高芳烃收率，反而会促进甲醇的分解反应。王锦业等研究了担载锌和镓的 HZSM-5 分子筛的活性中心性质及用于 C_1—C_4 醇芳构化反应的过程。结果显示，有两种活性中心存在于改性催化剂中，即 Brønsted 酸和改性金属中心，其中 Brønsted 酸中心催化氢转移芳构化反应，同时生成芳烃和烷烃，金属活性中心催化脱氢芳构化反应。王锦业等还研究了芳烃选择性与不同金属改性的 HZSM-5 分子筛的总酸含量、Brønsted 酸和 Lewis 酸性质的关系。研究结果显示，锌和镓改性的分子筛由于 Brønsted 酸含量显著减少，抑制了裂化和氢转移芳构化反应，生成的气态烷烃大大减少，最终对应的芳烃收率较高。

3) 双组分改性

目前，对 ZSM-5 分子筛的改性趋向于两种或多种氧化物共同作用，氧化物之间的协同作用使分子筛催化性能更佳。Zaidi 等研究了氧化铜、氧化锌改性的 HZSM-5 在 MTA 反应中的催化性能，结果表明，氧化铜、氧化锌共同改性的分子筛的性能比任意一种氧化物改性的分子筛的性能更优。

中科院山西煤化所李文怀等公开了甲醇转化制芳烃工艺及催化剂和催化剂制备方法，将一定硅铝比的小晶粒 ZSM-5 分子筛焙烧处理后，以胺溶液进行离子交换，所得产物烘干、焙烧后以拟薄水铝石作为载体，经一定浓度硝酸处理后成型，成型后的催化剂通过硝酸镓、硝酸镧浸渍的方法进行改性，浸渍后的催化剂经焙烧后得到一系列产品，其组成见表 4-2-4。改性催化剂的反应性能见表 4-2-5，从表中可以看出，镓、镧担载量分别为 1.45% 和 0.24% 的 3 号样品芳烃收率最高。

表 4-2-4 中科院山西煤化所系列催化剂组成表

样品序号	含量/%			
	HZSM-5	镓	镧	黏结剂
1	69.12	1.33	0.34	29.21
2	69.0	0.73	0.24	30.03
3	71.02	1.45	0.24	27.29
4	64.12	1.80	0.38	33.70
5	69.12	1.83	0.44	28.61

表 4-2-5 中科院山西煤化所系列催化剂反应性能

样品序号	甲醇转化率/%	液相产品收率/%(摩尔分数)	气相产品收率/%(摩尔分数)	液相产品组成/%(质量分数)	
				芳烃	链烃
1	99.95	32.63	11.32	65.38	34.62
2	99.89	34.81	9.18	71.26	28.76
3	99.96	35.82	8.81	81.31	10.51
4	99.95	37.03	6.98	74.35	25.65
5	99.90	39.81	4.18	78.60	17.22

4) 非金属改性

非金属氧化物也可以用于 ZSM-5 分子筛的改性，常见的有磷、硼等的氧化物。P_2O_5 是常用的非金属氧化物改性剂，磷改性的 HZSM-5 会使强酸中心减少并稳定分子筛骨架。Mobil 公司公开了一种制备磷改性的 ZSM-5 分子筛催化剂的方法及将其用于催化 MTA 反应的结果。MTA 反应温度为 400~450℃、甲醇重时空速为 $1.3h^{-1}$，HZSM-5 作为参比催化剂，反应结果见表 4-2-6。磷含量为 2.7% 的 PZSM-5 分子筛催化剂具有更高的高级烃（C_5—C_9）选择性，该部分为汽油组分，同时甲苯含量也更高，因此汽油具有更高的辛烷值；另一方面，磷改性的 PZSM-5 催化剂苯、甲苯、二甲苯芳烃选择性指标也优于未经改性的 HZSM-5 催化剂，同时磷改性的 PZSM-5 催化剂的 C_{10+} 芳烃的选择性也更低。

表 4-2-6 HZSM-5 和 PZSM-5 催化剂上的甲醇转化反应产品选择性对比

项目	HZSM-5		PZSM-5	
温度/℃	400	450	400	450
C_1—C_3 选择性/%	17.9	32.4	18.7	31.0
C_4 选择性/%	27.4	22.6	26.9	23.2
C_{5+} 脂肪烃选择性/%	21.5	8.1	19.4	9.7
苯选择性/%	0.9	2.6	1.6	3.0
甲苯选择性/%	6.4	10.4	11.5	13.7
C_8 芳烃选择性/%	14.8	14.2	16.2	15.0
C_9 芳烃选择性/%	7.8	6.4	4.3	2.9
C_{10+} 芳烃选择性/%	3.2	3.5	1.3	1.6
BTX 选择性/%	22.2	27.2	29.4	31.7
C_4—C_9 选择性/%	51.5	41.6	53.0	44.2

氟也是一种常用的改性剂。郭强胜等研究了氟改性对 ZSM-5 分子筛的影响。结果显示，分子筛的酸性质、孔结构都会随氟的引入而发生较大的变化。当氟含量低于 10% 时，随着氟含量的增加，ZSM-5 分子筛的酸含量逐渐降低；当氟含量高于 15% 时，催化剂的酸性中心显著减少且比表面积及孔体积都较小，导致催化剂催化活性较差。

总体而言，相比金属氧化物改性的 ZSM-5 分子筛催化剂，非金属氧化物用作改性剂时芳烃选择性较低。

5）碱处理改性

对 ZSM-5 分子筛进行碱处理可以调变其酸含量、结晶度以及孔结构，进一步优化催化剂的反应性能。Vemiestrøm 等用 NaOH 溶液对 HZSM-5 分子筛进行处理，通过 NaOH 脱除了分子筛骨架中的硅，最终制得具有多级孔道结构的催化剂，多级孔道结构能大大增强催化剂的容炭能力，延长催化剂的寿命。高晓峰等发现，采用弱碱改性的 ZSM-5 催化剂时，反应压力为 1.5MPa、重时空速为 $1.0h^{-1}$ 时，催化剂的稳定性、芳烃及 BTX 收率较好。Groen 等的研究表明，碱处理可使得催化剂的硅含量明显减少，从而降低硅铝比，增加分子筛的 Brønsted 酸数量，进一步增强碱性也会溶解部分铝离子并造成催化剂结构破损，因此需要控制碱液浓度。慕学超研究了不同浓度 NaOH 溶液处理后 HZSM-5 分子筛的结构特性，发现随着碱浓度的增加，分子筛的比表面积、外表面积、总孔体积均有增加，微孔体积基本保持不变；但当碱浓度进一步增加时，比表面积开始下降，微孔结构开始受到破坏。

4. 催化剂的失活

导致催化剂不可逆失活的主要因素包括中毒、活性组分减少、骨架坍塌等。

Mentzel 等研究了 H-ZSM-5 和 H-Ga-ZSM-5 两类催化剂的失活，发现两者的失活机制不同。其中，H-ZSM-5 主要为积炭失活，通过烧焦可以使催化剂再生；H-Ga-ZSM-5 的失活则主要是由于反应生成的水蒸气使镓从分子筛结构上流失，导致 Brønsted 酸位消失，属于不可逆失活。包括 MTA 在内的所有 MTH 反应，催化剂的积炭过程大同小异，只是根据催化剂的结构和组分不同，积炭速率有所差异。X 射线光电子能谱分析结果显示，积炭从 ZSM-5 内表面开始，当积炭含量达到 7.0% 时，外表面开始积炭；当催化剂积炭含量达到 14% 时，催化剂开始失活，此时内部积炭已经停止。

通过提高催化剂的水热稳定性，可以显著抑制反应过程中水热脱铝或活性组分流失，避免因 Brønsted 酸消失导致的不可逆失活。田涛等使用负载 3% 银的 ZSM-5 分子筛催化剂（硅铝比为 25），在甲醇分压为 76.0kPa、温度为 475℃ 的条件下连续反应 4h，之后通过空气进行烧炭再生，烧炭后再进行反应。结果表明，催化剂通过烧炭再生只能恢复部分活性，不能完全恢复活性。傅里叶变换红外光谱及 NH_3-TPD 表征结果显示，反应生成的水蒸气在高温下使催化剂发生水热脱铝，硅铝桥键的断裂导致 Brønsted 酸流失及催化剂不可逆失活。

四、反应条件对甲醇制芳烃反应的影响

1. 温度对反应的影响

张贵泉等考察了不同温度下 MTA 反应物和产物的热力学平衡组成，结果见表 4-2-7。从表中可以看出，在考察的温度范围内，甲醇的平衡组成为 0，即甲醇转化率达到 100%，这与主反应具有较高反应平衡常数相一致。随着反应温度的升高，苯的平衡组成略有减小，甲苯的平衡组成不断减小，二甲苯的平衡组成不断增加。可见，反应温度可调变各反应产物的平衡组成，较高反应温度有利于二甲苯的生成，较低反应温度则有利于甲苯的生成。

表 4-2-7　不同温度下 MTA 反应甲醇与产物热力学平衡组成

温度/K	平衡组成/%			
	CH_3OH(气态)	C_6H_6(气态)	C_7H_8(气态)	C_8H_{10}(气态)
573	0	18.69	40.98	40.33
623	0	19.62	39.32	41.05
673	0	17.72	40.91	41.37
723	0	16.19	38.51	45.30
773	0	18.73	36.18	45.09
823	0	18.69	32.85	48.47
873	0	15.40	32.20	52.39

张宝珠以纳米 HZSM-5 为催化剂，在温度为 350~550℃、压力为 0.5MPa、甲醇重时空速为 $2h^{-1}$ 的反应条件下，研究了反应温度对甲醇转化率、油品收率、芳烃产物、催化剂寿命以及产物选择性的影响。

甲醇转化率随反应温度的变化结果如图 4-2-6 所示。从图中可以看出，在所考察的温度范围内，甲醇转化率均高于 90%，而且随着反应温度升高，甲醇转化率增加。具体地，当温度低于 350℃时，转化率低于 95%，未转化的甲醇会残留于水相中，不利于后续的分离提纯；当温度大于 350℃时，基本可以保证甲醇完全转化。从图中还可以看出，更高的反应温度会导致甲醇转化为积炭的反应加速，从而导致催化剂更快地失活，因此反应温度最好小于 500℃。

油品收率随反应温度的变化情况如图 4-2-7 所示。从图中可以看出，随着反应温度的升高，油品收率逐渐降低。张宝珠认为低温虽然不利于分解反应和脱甲基反应的发生，但有利于低碳烯烃的聚合反应，有助于提高油品收率，抑制干气量。同时随着反应的进行，温度对油品收率的影响与对甲醇转化率的影响是一致的，温度越低，油品收率的稳定时间越长，但 330℃条件下由于催化剂失活机制不同而导致油品收率下降得相对较快。

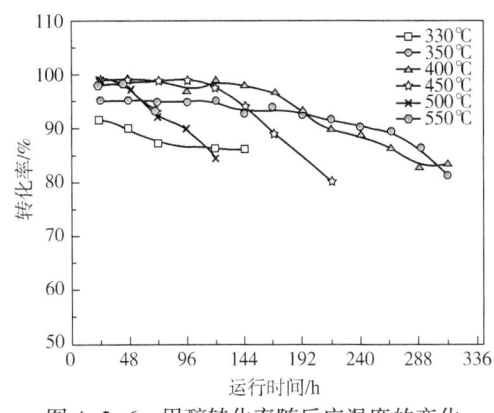

图 4-2-6　甲醇转化率随反应温度的变化

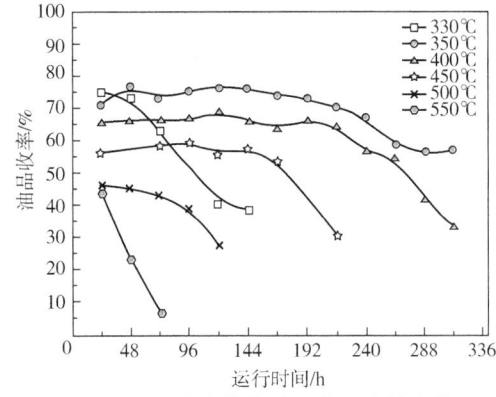

图 4-2-7　油品收率随反应温度的变化

张宝珠还研究了芳烃选择性及 BTX 在芳烃中占比随反应温度的变化，结果显示，芳烃选择性随反应温度的升高而增加，当温度由 330℃增加到 450℃时，芳烃选择性由 46% 增加到 78%，但当温度进一步增加时，芳烃的选择性并没有进一步增加。随着反应温度的升高，

BTX在芳烃中的占比逐渐增加,当反应温度由330℃增加到500℃时,BTX在芳烃中的占比由24%迅速增加至73%,温度继续升高并不会促使BTX在芳烃中的占比进一步增加。

反应温度也影响催化剂的寿命。张宝珠的研究表明,在反应温度大于350℃时,催化剂的寿命随反应温度的升高而缩短。尤其是当反应温度大于450℃时,催化剂寿命缩短尤为明显,当反应温度为550℃时,催化剂寿命低于24h。高温导致催化剂寿命缩短的原因主要有以下两个方面:一是高温水热环境会造成催化剂脱铝,酸性中心减少,造成催化剂不可逆失活;二是高温促进稠环芳烃等积炭组分的生成,这些组分覆盖催化剂活性中心,造成催化剂可逆失活。比较特别的是,当反应温度小于350℃时,催化剂的寿命并未相对延长,反而缩短,这可能是由于甲基苯和金刚烷等物种的存在,这些物种占据催化剂孔道,覆盖活性中心,导致催化剂快速失活。

由上述内容可得,反应温度升高有利于提高催化剂的反应活性和芳烃选择性,但高温会导致油品收率较低且催化剂寿命较短;降低反应温度有利于延长催化剂的寿命并提高油品收率,但低温下催化剂活性和芳烃选择性较低。当反应温度低于350℃时,甲醇转化率较低,会对后续分离系统造成很大的负担。因此,MTA的最佳反应温度为400~450℃。

2. 压力对反应的影响

张宝珠考察了反应温度为450℃、甲醇重时空速为$2h^{-1}$、甲醇单独进料的情况下,反应压力对MTA反应的影响,考察压力范围为0~1MPa。

图4-2-8显示了反应压力对甲醇转化率的影响。从图中可以看出,甲醇转化率随反应压力的升高而增加,当反应压力为常压时,甲醇转化率仅能达到90%;当反应压力高于0.5MPa时,甲醇可以完全转化。其原因在于,压力的升高有利于增加甲醇分子之间的相互作用和二次反应的深度,同时增加了反应速率。

油品收率随反应压力的变化情况如图4-2-9所示。从图中可以看出,常压下油品收率只有48%左右,当压力提升到0.5MPa时,油品收率升至57%。进一步增加反应压力,油品收率却并没有明显提高,说明MTA反应对于压力由常压到低压的变化非常敏感。油品的形成经历了复杂的串联和并联等二次反应,压力增加使得反应物停留时间延长,反应深度因此增加,从而提高了油品收率。

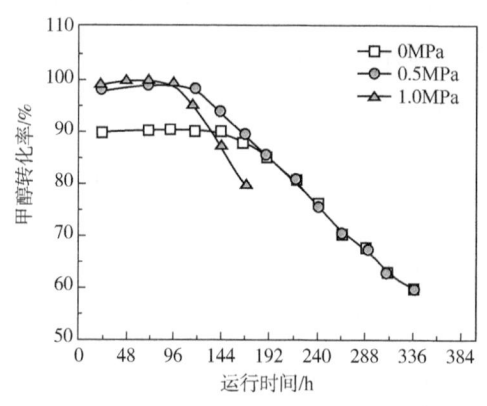

图4-2-8 反应压力对甲醇转化率的影响

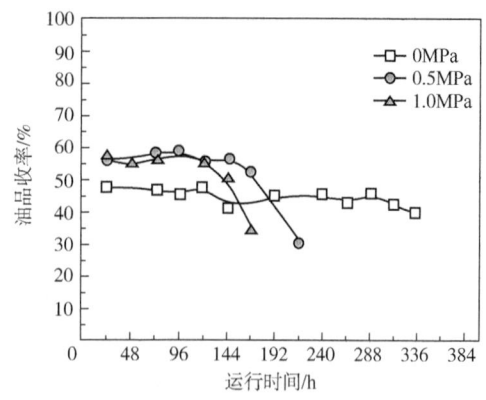

图4-2-9 油品收率随反应压力的变化

芳烃选择性和 BTX 在芳烃中占比随反应压力的变化情况如图 4-2-10 所示。从图中可以看出，随着反应压力的增加，芳烃选择性升高。同时，较高的反应压力（压力大于 0.5MPa）对芳烃产物的选择性没有更多的贡献。随着反应压力的增加，BTX 在芳烃中的选择性逐渐降低，这是由于低甲基苯与甲醇在高压条件下进一步发生烷基化反应生成多甲基苯，从而降低了 BTX 的选择性。

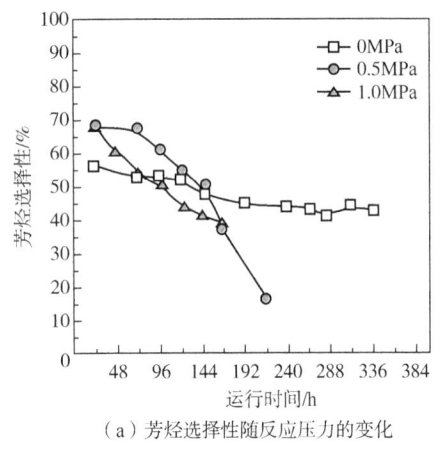
（a）芳烃选择性随反应压力的变化

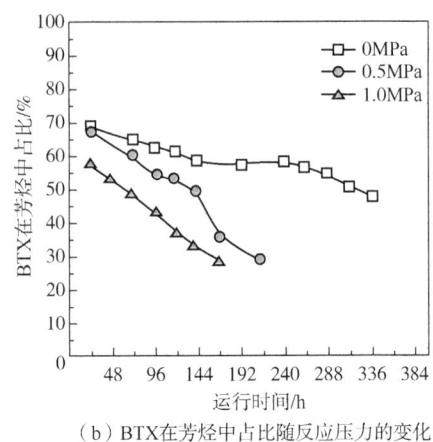
（b）BTX在芳烃中占比随反应压力的变化

图 4-2-10　芳烃选择性及 BTX 在芳烃中占比随反应压力的变化

反应压力也影响催化剂的寿命。催化剂的寿命随反应压力增加而缩短，当反应压力由 0MPa 增加至 0.5MPa 时，催化剂寿命由 336h 缩短至 168h，这是由于压力增大加深了二次反应的深度，形成积炭前驱体，造成催化剂快速积炭失活。

3. 空速对反应的影响

空速是影响催化剂活性的重要因素。高晓峰研究了空速对 MTA 反应的影响。图 4-2-11 显示了不同甲醇重时空速下液态产品收率和 BTX 收率。从图中可以看出，随着甲醇重时空速的增加，液态产品收率和 BTX 收率都相应减小，并且重时空速越高，减小越明显。

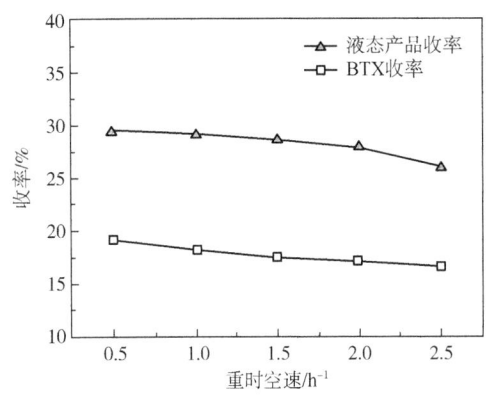

图 4-2-11　甲醇重时空速与液态产品收率及 BTX 收率的关系

高空速条件下，原料在反应床层的停留时间短，反应深度受到抑制，转化率和芳烃选择性比较低，且高空速下催化剂稳定性差，但是高空速意味着装置具备更高的处理能力；低空速条件下，原料在反应床层的停留时间长，反应可以达到更高的深度，可以提高原料转化率和芳烃选择性，低空速下催化剂的寿命也更长，但较小的空速意味着装置处理能力减小，反应器体积增大。实际的工业装置应结合以上因素选择最佳空速。

五、典型的甲醇制芳烃工艺

典型的 MTA 工艺主要有 Mobil 公司的 MTA 工艺、中科院山西煤化所的两段法固定床 MTA 工艺、清华大学的 FMTA 工艺等。按照反应器所采用的床型，MTA 工艺又分为固定床 MTA 工艺和流化床 MTA 工艺。

1. 固定床 MTA 工艺

固定床 MTA 工艺最初采用一段法，即甲醇转化为芳烃的过程在单反应器内完成。20 世纪 70 年代，Mobil 公司以金属改性的 ZSM-5 分子筛为催化剂，利用固定床反应器采用一段法获得了芳烃产物，芳烃的收率约为 30%。20 世纪 80 年代，Mobil 公司将磷改性的 ZSM-5 分子筛催化剂用于固定床 MTA 反应，结果 C_{9+} 芳烃所占比例减少，BTX 的选择性增加。

李文怀等采用固定床一步法甲醇制芳烃，首先将甲醇升温至 320℃，然后将其通入甲醇转化反应器内，采用的催化剂为担载镧的 ZSM-5，在反应温度为 300~500℃、反应压力为 0.1~5.0MPa、甲醇空速为 $0.1~10h^{-1}$ 条件下，得到了芳烃混合物。林秀英等将 ZSM-5 分子筛与其他分子筛混合制备复合催化剂，实现催化剂酸性与孔道结构的互调。采用该复合催化剂，利用固定床一段法技术，在反应温度为 320~480℃、反应压力为 0.1~3MPa、甲醇空速为 $0.5~6.0h^{-1}$ 的条件下，BTX 选择性超过 35%。

2011 年 8 月，赛鼎工程公司采用与中科院山西煤化所联合开发的一步法固定床 MTA 技术，设计建设了国内首套 $10×10^4 t/a$ MTA 工业装置。该项目于 2012 年 2 月开车成功，但产品中 BTX 选择性较低，需要对工艺和催化剂进一步优化。

两段法 MTA 技术是指甲醇先在一段反应器内转化为二甲醚，然后二甲醚在二段反应器内转化为以芳烃为主要成分的烃类。两段法需要使用两个反应器及不同的催化剂。Mobil 公司采用两段法技术，在一段反应器先将甲醇转化成二甲醚，然后二甲醚在二段反应器内转化为含芳烃的混合烃。此后，Mobil 公司又进一步改进了两段法 MTA 技术，在一段反应器内将甲醇转化为低碳烃，在二段反应器内低碳烃进一步发生芳构化反应，转化为芳烃产物。

在我国自主研发的 MTA 技术中，中科院山西煤化所最早开发出两段法固定床工艺。2007 年，李文怀等开发了以镧、镓共同浸渍改性的小晶粒 ZSM-5 分子筛催化剂。中科院山西煤化所与赛鼎工程公司联合开发了固定床 MTA 技术，该技术采用两台串联的固定床反应器，出第一台芳构化反应器的气相组分进入第二台反应器继续反应。采用的催化剂为负载有镓、锌或钼的分子筛催化剂。一段反应器的温度为 200~500℃，压力为 0.1~0.5MPa，空速为 $0.4~2.0h^{-1}$；二段反应器的温度为 300~460℃，压力为 0.1~3.5MPa，空速为 $100~1000h^{-1}$。液相产品中芳烃总含量大于 65%（质量分数），芳烃收率为 30%。

2. 流化床 MTA 工艺

MTA 反应是强放热反应，催化剂因积炭失活也很快。采用固定床需设置多个反应器以便于反应、再生切换。为了便于移走反应热和催化剂烧焦再生，研究人员开发了利用流化床反应器实现 MTA 的工艺。

Chang 等开发了流化床反应器用于制汽油和芳烃的工艺，该工艺通过一系列的导管将催化剂在反应器的上端与下端之间循环，将热量用来汽化原料甲醇，通过催化剂的循环设计控制反应温度，延长催化剂的寿命。

2007年，清华大学魏飞中开发了流化床MTA工艺，该工艺将芳构化流化床与催化剂连续再生流化床相连，通过控制催化剂结焦状态调变催化剂活性与选择性，实现了催化剂反应及再生的连续循环操作。2012年1月，清华大学与华电集团联合开发了流化床MTA技术并在华电集团陕西榆林化工基地建了世界首套3×10^4t/a流化床MTA中试装置。工业试验持续运行443h，甲醇转化率达到99.99%，甲醇到芳烃的烃基总收率为74.47%，1t芳烃的甲醇单耗为3.07t，单位甲醇原料催化剂消耗量为0.20kg。芳烃产品组成相对单一，其中二甲苯含量大于55%（质量分数）、BTX含量大于90%（质量分数）、乙苯含量小于1%（质量分数）。

2014年4月，华电集团提出300×10^4t/a煤制甲醇、120×10^4t/a流化床MTA、110×10^4t/a芳烃联合、170×10^4t/a精对苯二甲酸、60×10^4t/a聚酯的上、下游一体化项目，在陕西榆林煤化工基地建设120×10^4t/a煤制甲醇、60×10^4t/a甲醇制芳烃、55.5×10^4t/a对二甲苯、70×10^4t/a精对苯二甲酸的一期工程，相关60×10^4t/a流化床MTA工艺包已由清华大学、华电集团和中国石油工程建设有限公司联合编制完成。

六、甲醇制芳烃发展趋势

芳烃中的BTX市场需求巨大，与三烯（乙烯、丙烯、丁二烯）具有同等重要的地位。芳烃的主要生产途径是石脑油催化重整和汽油裂解。MTA路线提供了一条新的、有竞争力的芳烃生产途径。考虑到我国的资源禀赋，以煤炭为基础原料通过甲醇制取芳烃可以缓解对石油资源的依赖。同时，由于甲醇是一种相对清洁的原料，通过MTA技术有利于制备高品质的芳烃。MTA路线有希望成为继MTO、MTG、MTP之后新的甲醇转化路径。

虽然MTA技术在我国发展较快，但迄今尚未成功实现工业化，主要问题在于BTX选择性较低、催化剂失活较快、反应热移除等。MTA技术需要在催化剂设计及工艺优化方面取得较大突破才能迈过工业化的门槛。

第三节 甲醇制汽油

煤炭储量较大而石油资源较为匮乏是我国能源的现状，利用煤炭补充石油，是解决我国石油资源匮乏的有效途径之一。我国的国家能源政策要求能源供应具有多样化，通过多渠道使用其他资源是除大力拓展国内外石油供应之外的有效措施。采用先进的煤制油技术，利用我国丰富的煤炭资源生产高清洁油品或石油替代产品，是我国能源战略非常重要的组成部分，也是保障我国能源安全的一种重要方式。

如何开发有竞争力的甲醇衍生物产品技术，提升甲醇装置的经济效益，是甲醇行业的一个重要课题。MTO/MTP技术是众多甲醇后续衍生物产品技术中非常具有竞争力的选择，在自有煤制甲醇装置的基础上建设甲醇制烯烃项目，是甲醇下游工艺的一个发展趋势。但是甲醇制烯烃工艺一般包含MTO、烯烃分离、聚合等多个工段，流程较长，必须达到一定的规模才能产生经济效益，投资比较大；而甲醇制汽油技术流程短，生产的汽油具有辛烷值高、不含硫和不含氯的特点，在装置规模上相对灵活，因此也是甲醇利用的一条不错途径。

一、甲醇制汽油概述

甲醇制汽油(Methanol to Gasoline,MTG)技术是指使用甲醇作为原料,在一定温度、压力和空速条件下,甲醇在特定的催化剂作用下发生脱水、聚合、异构化等一系列反应生成C_{11}以下烃类混合物(汽油组分)的技术。

目前,通过煤制备汽油主要有以下3种途径:

(1)煤直接液化生产汽油。煤先制备成煤浆,在高温、高压条件下进行加氢反应直接液化裂解成烃类混合产物,然后经精制得到汽油。

(2)煤间接液化生产汽油。在高温、高压条件下,煤炭与O_2、水蒸气反应,生成合成气(主要组分为CO和H_2),再在铁系催化剂的作用下发生F-T反应合成烃类混合物(油品),然后经精制获得汽油。

(3)煤经过中间产品甲醇,在催化剂和一定温度、压力下转化成混合烃类化合物,最后经精制获得汽油。

通过上述前两种途径得到的汽油产品,碳原子数分布较宽,馏程跨度较大,且F-T合成得到的汽油中含氧化合物含量较高,汽油质量较差,辛烷值较低,经济效益不明显;而经过中间产品甲醇制得的汽油,碳原子集中在C_1—C_{11},辛烷值高,不含硫,既可以直接使用,也可以作为优质的调和组分使用。

二、甲醇制汽油基本原理

甲醇制汽油具体过程如下:首先,甲醇在特定的催化剂作用下发生脱水反应产生二甲醚(DME),反应器出口为二甲醚、水和未反应甲醇的混合物,其中的含氧烃类再继续脱水生成C_2—C_5的轻质烯烃。当甲醇和含氧烃类完成脱水反应后,则进一步发生C_2—C_5烯烃的缩聚、环化等一系列反应,生成在汽油沸程内的烷烃、烯烃和芳烃等产物,最终得到碳数C_2—C_{11}主要为汽油组分的烃类。

甲醇制汽油的主要路径可以归纳如下:

$$2CH_3OH \longrightarrow CH_3OCH_3 + H_2O$$
$$CH_3OCH_3 \longrightarrow 低碳烯烃 + H_2O$$
$$低碳烯烃 \longrightarrow C_{5+}烯烃$$
$$C_{5+}烯烃 \longrightarrow 烷烃、环烷烃、芳烃等汽油组分$$

上述过程可以用如下反应表示:

$$CH_3OH \longrightarrow 烷烃、环烷烃、芳烃等汽油组分 + H_2O$$

该反应是放热反应,甲醇可以完全转化。甲醇制汽油还发生了很多其他副反应,反应产物超过51种。

对于二甲醚反应产生乙烯的机理,研究人员利用^{13}C核磁共振或质谱的方法进行探索,在$^{13}CH_3$—O—$^{12}CH_3$的脱水反应中,用同位素进行标定,证明了二甲醚进行的是分子内的脱水反应。

关于接下来的反应,对于第一个C—C键的形成,目前有超过20种不同的假设反应机理。这些机理基本上可以归纳总结为碳正离子机理、卡宾机理、氧鎓内阻盐机理和烃池机理。

1. 碳正离子机理

碳正离子机理如图 4-3-1 所示。首先甲醇分子与催化剂中的 Brønsted 酸（质子酸）活性位作用，脱水产生甲基碳正离子，然后甲基碳正离子与甲醚作用，生成中间态的碳正离子。

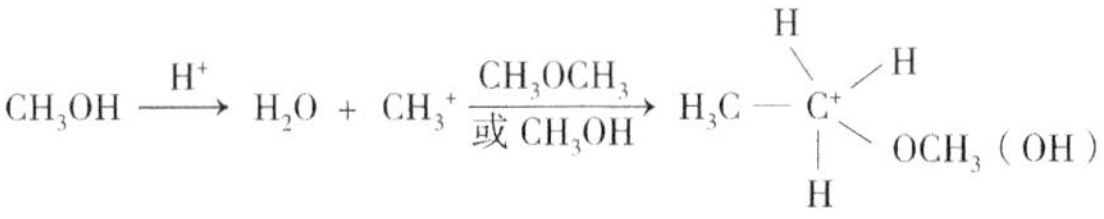

$$CH_3OH \xrightarrow{H^+} H_2O + CH_3^+ \xrightarrow[\text{或 } CH_3OH]{CH_3OCH_3} H_3C-\overset{H}{\underset{H}{C^+}}-\overset{H}{\underset{}{}}OCH_3(OH)$$

图 4-3-1　碳正离子机理示意图

2. 卡宾机理

卡宾机理如图 4-3-2 所示。甲醇分子通过 α-H 消去反应和脱水反应，产生中间产物 (：CH_2)，称为 Carbene。该物质可以直接通过聚合生成低组分的烯烃，也可以通过 sp^3 杂化轨道插入甲醇或二甲醚分子的 C—H 键中，然后发生脱水反应，生成乙烯。

$$CH_3OH \longrightarrow :CH_2 + H_2O \quad n:CH_2 \longrightarrow (CH_2)_n$$

$$CH_3CH_2CH_2OH \xleftarrow{CH_3CH_2-OH} :CH_2 \xrightarrow{CH_3-OH} CH_3CH_2OH$$

图 4-3-2　卡宾机理示意图

3. 氧鎓内阻盐机理

氧鎓内阻盐机理如图 4-3-3 所示。DME 分子在催化剂酸性催化作用下，与甲基氧鎓离子作用，生成三甲基氧鎓离子。

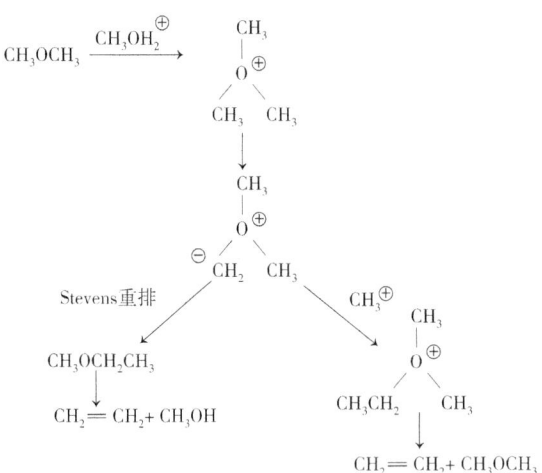

图 4-3-3　氧鎓内阻盐机理示意图

4. 烃池机理

与上述几种 C—C 键的形成机理不同，烃池机理容易被可观察的实验验证，因此专家学者普遍比较认同此假设。烃池机理如图 4-3-4 所示。该机理认为甲醇分子第一步生成烃池活性中间体$(CH_2)_n$，然后该活性中间体进一步产生低碳烯烃、链烃等组分。甲醇制烃(MTH)在反应初期存在一个活性诱导期，在此反应期间，催化活性一般很低，反应速率很小。烃池机理中，高分子量的烃池活性中间体是由甲醇通过烯烃生成，该活性中间体再继续生成烯烃，随着烯烃含量的增加，反应速率逐渐提高，催化活性逐渐提高，达到反应的平衡状态，该过程的特点可以用自催化反应描述，可以很好地解释动力学诱导期现象。

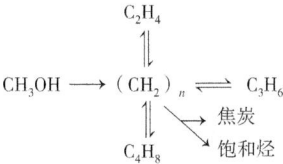

图 4-3-4　烃池机理示意图

乙烯很容易与沸石的质子形成碳正离子：

$$CH_2=CH_2+HOZ \longrightarrow CH_3-CH_2^+-OZ^-$$

上述反应式中，Z 表示的是沸石骨架。碳正离子主要是按照与以下两种类似的情况进行反应：一种是乙烯或烯烃与碳正离子生成分子量相对比较高的线型烯烃的反应；另一种则是甲醇与碳正离子生成轻质醚的反应。其反应式如下：

$$CH_3-CH_2^+-OZ^- + CH_2=CH_2 \longrightarrow CH_3-CH_2-CH=CH_2 + HOZ$$

$$CH_3-CH_2^+-OZ^- + CH_3OH \longrightarrow CH_3-CH_2-O-CH_3 + HOZ$$

根据上述反应式，就可以理解甲乙醚通过甲醇与碳正离子在反应中生成，而丙烯又可以通过甲乙醚进行反应脱水出现在产物中。

$$CH_3-CH_2-O-CH_3 \longrightarrow CH_3-CH=CH_2 + H_2O$$

甲醇在低转化率(此时空速较高)时，按照烃池机理进行反应，主要生成丁烯、丙烯和乙烯等烯烃。

丙烯可以像乙烯一样按上述两种方式进行反应，也可以与来自另一个烯烃的氢反应生成丙烷。绝大部分的反应物最后都是按照 $CH_3-CH_2-O-CH_3 \longrightarrow CH_3-CH=CH_2$ 类似的反应生成了含支链的烃类，这是因为在反应中仲碳正离子比伯碳正离子稳定。这也是反应产物中支链烃类化合物含量高的原因。烯烃与正碳离子发生缩合反应生成线型烯烃，线型烯烃又可以继续进行环化反应，成芳烃或者饱和脂肪烃，反应产物中既有芳烃又有脂肪烃。

含氧化合物脱水反应生成烯烃这一步骤控制了甲醇生成汽油的反应速率，该反应是自催化反应。如果增加烯烃的含量，反应速率就会加快；如果降低烯烃的含量，则反应速率就会减慢。因此，如果要加快甲醇转化生成汽油的反应速率，可以通过将轻烃压缩返回反应器内的方法提高参加反应的烯烃浓度。

甲醇制汽油成功的关键是使用具有特定结构晶体的硅铝酸盐分子筛催化剂。目前，ZSM-5 催化剂在国内外工艺技术中被广泛使用，这是因为 ZSM-5 催化剂的结构晶体内部的通道尺寸非常独特，能够通过这些通道的只有汽油馏程及以下的烃分子，这样就保证了生成的产物主要为 C_{11} 以下的烃类。而 C_{12} 及以上的烃分子比较长，ZSM-5 催化剂内部的通道达不到让其通过的尺寸，这些大分子烃很容易进一步反应裂解生成分子更小的烃。ZSM-5

催化剂的这一特点决定了甲醇转化生成汽油的选择性非常高。

甲醇中的 CH_2 在反应中全部转入汽油中的百分比是甲醇制汽油的理论收率，通过计算可以很容易得到这个理论数值为 43.75%，即 1t 甲醇采用甲醇制汽油技术进行生产最高生成 0.4375t 烃产物。

三、甲醇制汽油技术

1. 甲醇制汽油技术发展历程

人们可以直接将甲醇加入汽油中生成甲醇，但将甲醇转换为汽油比将甲醇加入汽油中生产更有吸引性。

甲醇制汽油（MTG）技术是美国 Mobil 公司于 1976 年在自己原有技术的基础上研究开发成功的，所用的催化剂是 Mobil 公司研发的 ZSM-5 催化剂。其总流程是从煤或天然气作为原料开始，先用气化技术生产合成气，然后通过甲醇合成技术将合成气转化为甲醇，最后将粗甲醇在催化剂的作用下转化为高辛烷值汽油。该工艺主要特点如下：

（1）甲醇制汽油属于强放热反应，总反应热约为 1400kJ/kg。

（2）甲醇制汽油所用催化剂容易失活，主要原因有两种：一种是催化剂结焦导致的失活；另一种是反应产生的水蒸气导致的催化剂水热失活。

（3）甲醇制汽油所得产物基本上没有 C_{11} 以上的烃类，这主要是因为采用 ZSM-5 沸石分子筛为催化剂。

（4）原料粗甲醇的纯度对甲醇制汽油工艺的影响不大，无须经过复杂的工艺去除粗甲醇中的其他含氧化合物就可直接使用。

（5）甲醇制汽油工艺的主要副产物为价值比较高的液化气和燃料气，经济性好。

为了更加深入地了解甲醇制汽油技术生产车用汽油所需的反应和工艺条件，Mobil 公司持续多年在试验装置上操作探索，对有关数据进行了深入分析。

采用 Mobil 公司甲醇制汽油技术制得的汽油性能非常好，辛烷值高（90~97），满足作为汽油调和组分或直接作为车用汽油的要求。在甲醇制汽油反应生成物中，一部分是芳香族烃类（包括均四甲苯），经过加氢技术后大部分被甲基化；另一部分则是支链烃类占大部分的脂肪族烃类。

Mobil 公司的固定床工艺设计于 1979 年顺利完成，并建立了试验装置，规模为 4bbl/d。1985 年，Mobil 公司与新西兰政府合资在新西兰建立了新西兰合成燃料公司，该工厂包含一套工业化甲醇制汽油装置。至 1995 年，该工厂生产的汽油产量规模为 14500bbl/d。在此基础上，Mobil 公司开发了第二代甲醇制汽油技术。2009 年，晋城无烟煤矿业集团（JAMG）下属的天溪煤制油分公司选用 Mobil 公司第二代固定床甲醇制汽油技术，建成投产 10×10^4 t/a 甲醇制汽油装置，实现稳定运行并生产出合格汽油产品，顺利通过验收。2011 年 9 月，Mobil 公司与晋煤集团签约再新建两套生产规模达到 100×10^4 t/a 的甲醇制汽油装置。

此外，基于 Mobil 公司的传统固定床绝热反应器甲醇制汽油技术，德国的伍德公司、URBK（联合褐煤）公司和 Mobil 公司联手将流化床甲醇制汽油技术开发成功。鲁奇公司与 Mobil 公司联合开发了多列管甲醇制汽油技术。但流化床甲醇制汽油技术和多列管甲醇制汽油技术都没有大规模工业化。

中石化炼化工程集团和 Mobil 公司在 2015 年 3 月宣布达成一项共同对流化床甲醇制汽油技术进行改进的技术合作开发协议，双方联合进行流化床甲醇制汽油设计开发。与传统的固定床设计相比，预计该流化床工艺设计将大大降低建设和操作成本，并显著改善能耗。

中科院山西煤化所在 2006 年开发了一步法甲醇制汽油技术，中间性试验装置建立在其能源化工中间性试验基地内，并顺利获得了相关试验数据。中科院山西煤化所独立研制了与国外技术不同的 ZSM-5 分子筛催化剂并应用在其一步法甲醇制汽油技术中，工艺过程则是和赛鼎工程公司联合开发的，工艺和催化剂均具有自主知识产权。据报道，一步法甲醇制汽油技术的中间性试验装置规模甲醇处理量为 500kg/d，经过对所收集的数据进行分析，催化剂单程寿命为 22 天，1t 产品（汽油+LPG）消耗甲醇 2.48t，汽油选择性为 37%~38%，液化气选择性为 3%~4%。2007 年 12 月 11 日，中科院山西煤化所与云南煤化工集团有限公司合作建立的规模为 3500t/a 的示范装置成功打通全流程，取得一次性投料试车的胜利，生产出合格的汽油产品。该示范装置生产的汽油产品研究法辛烷值为 92~99，而且苯含量低、烯烃含量低（5%~15%）、无硫。与 Mobil 公司常规固定床甲醇制汽油技术相比，一步法甲醇制汽油技术在流程上省略了甲醇脱水生成二甲醚的步骤和相关设备，甲醇蒸气在中科院山西煤化所开发的催化剂的作用下在同一个反应器内进行脱水、聚合、环化等一系列反应，直接转化成汽油和少量液化气产品。一步法甲醇制汽油技术具有生产过程短、催化剂的选择性好、单程使用寿命长等特点。

此外，全国煤化工设计技术中心（挂靠在赛鼎工程公司）和山西天和煤气化科技有限公司合作，于 2007 年 4 月新建了 10000t/a 甲醇制汽油试验装置，并在 2009 年 1 月通过验收，1t 油品消耗甲醇 2.58t。通过试验，取得的各项数据满足对设计进行放大的要求。该项目在汽油合成反应器中设有多段催化剂床层，为了控制反应器内的温度，采用了热循环气、冷循环气等手段作为温度调节的措施，还可以提取出甲醇制汽油技术的反应中间产物二甲醚，整个反应过程能量消耗低、安全可靠、稳定性高、设备投资少，可以进行大规模工业化设计和生产。

2. 甲醇制汽油技术

1）Mobil 公司固定床甲醇制汽油技术

（1）经典的固定床工艺——Mobil 法。

原料甲醇先后经过一系列换热器（预热器、蒸发器、过热器）被加热到一定温度后，进入装有 Cu/Al_2O_3 催化剂的脱水反应器进行脱水反应生成中间产物二甲醚，反应器出口温度为 334℃。脱水反应器出来的物料（反应生成的二甲醚、水和未反应甲醇的混合物）与汽油分离塔顶出来的压缩循环气汇合，然后进入转化反应器。含氧烃类在 ZSM-5 转化催化剂的作用下发生脱水、聚合、环化等一系列反应生成烃。转化反应器出来的混合产物（温度约为 408℃）分成两个部分：一部分作为热源依次经过甲醇过热器、甲醇蒸发器、甲醇预热器为原料甲醇加热；另一部分则通过换热器为循环气加热，然后汇合进入汽油分离塔进行分离，得到汽油、液态烃、干气和水。一部分干气作为弛放气排出系统，另一部分干气经压缩机压缩后作为循环气回到转化反应器，作为控制反应的一种措施。压缩循环气与脱水反应器出口的气体比例为 9:1，可以通过调节温度的方式控制汽油的收率。如果反应产物中含甲醇，则表示催化剂出现结炭失活的情况，这时就需要对装有失活催化剂的反应器进行切出操作,进行再生以恢复催化剂的活性。该工艺催化剂再生一般通过燃烧除去催化剂表面焦炭的方法来实现。大多数装置在工艺流程中将四台转化反应器并联,保持三台在线运行,一台再生,以保证装置可以连续运行。

1985年,新西兰政府与Mobil公司合资在新西兰建设了一套固定床甲醇制汽油装置,其工艺流程如图4-3-5所示。

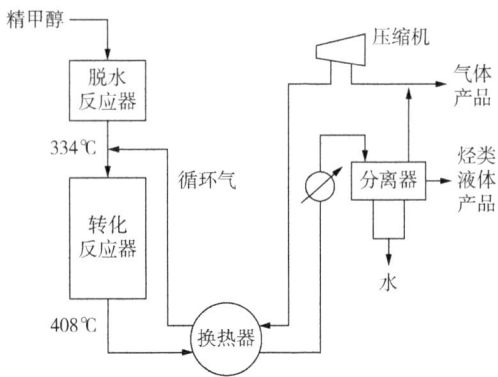

图4-3-5　固定床甲醇制汽油装置工艺流程示意图(新西兰政府与Mobil公司合资所建)

该套甲醇制汽油工艺装置于1986年顺利投产达标,年产汽油达$57×10^4$t。装置设计了1台脱水反应器和5台转化反应器(使用ZSM-5催化剂),当其中1台转化反应器进行催化剂再生操作时,另外4台转化反应器继续在生产线进行反应。通过对5台转化反应器轮流切出的方式,实现了生产过程连续的目的。该装置生成的粗汽油先切割成轻汽油和重汽油,然后对均四甲基苯含量比较高的重汽油进行重油加氢技术处理,再与轻汽油混合后,均四甲基苯含量达到合格水平,实验测得汽油产品研究法辛烷值为92.2,马达法辛烷值为82.6。后来受国际原油价格影响,汽油价格于低该装置汽油生产成本,工厂连年处于不盈利和亏损状态,最终停止运行并被拆除。

(2) 流化床甲醇制汽油技术。

流化床甲醇制汽油技术是Mobil公司与德国的伍德公司、URBK(联合褐煤)公司协作,基于Mobil公司传统的固定床绝热反应器甲醇制汽油工艺开发的。Mobil公司的ZSM-5分子筛催化剂仍然作为联合开发的流化床工艺催化剂。流化床甲醇制汽油技术的冷态模拟试验于1980—1981年完成,到了1982年,20t/d中间性试验示范厂在URBK公司位于Wesseling的联合石油化工厂建成,并开始试验。流化床甲醇制汽油工艺流程如图4-3-6所示。

开发人员借鉴了催化裂化流化床反应器—再生器循环系统,将流化床反应器—再生器循环系统工艺应用到流化床甲醇制汽油工艺中。通过催化剂在其他气体和自身重力的推动下在再生器和反应器之间循环,催化剂在再生器内烧炭再生从而实现了在线再生,这样就使反应系统的催化剂活性保持稳定并持续参与反应。与其他甲醇制汽油工艺使用的圆柱状催化剂不同,流化床甲醇制汽油工艺使用的是粉末状催化剂,原因是粉末状形态更适合在反应器和再生器之间顺畅流动。同时,与其他形状的催化剂相比,粉末状形态的催化剂比表面积更大,这样就使反应原料与催化剂的接触面积更大,对反应深度和反应速率的提高更为有利。此外,经过测试,与圆柱状的催化剂相比,粉末状催化剂更加耐磨,使用寿命

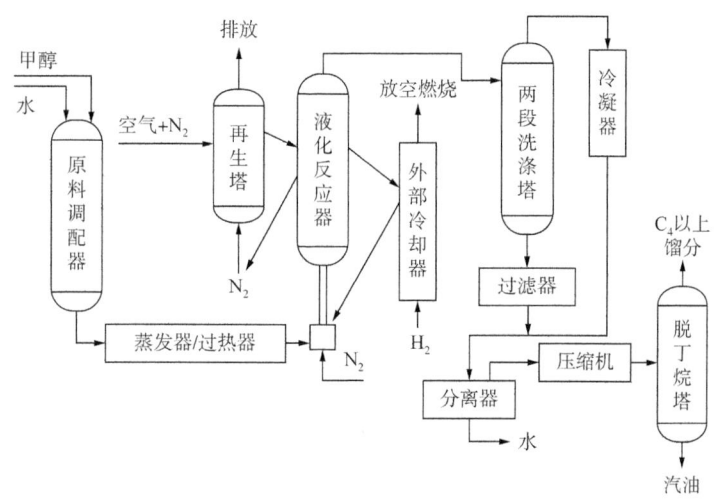

图 4-3-6 流化床甲醇制汽油工艺流程示意图

更长,因此更加适合大规模应用。流化床甲醇制汽油工艺的另外一个优点就是催化剂的再生操作比固定床甲醇制汽油工艺更加方便,不需增加额外的设备。在目前的工业化生产装置中,为了达到连续生产的目的,固定床反应器工艺一般都会并联多个转化反应器,采用轮流切出分别进行催化剂再生操作的方式,以实现装置不间断运行的目的。这样做不仅增加了设备、占用了大量的空间,还会增加装置的操作运行成本,增加能耗。流化床甲醇制汽油工艺的催化剂再生系统与反应系统是相对独立的,再生系统的催化剂经过烧焦再生后流动到反应系统继续参加反应,同时在反应器中连续加入少量新鲜催化剂以使反应速率和反应深度保持稳定。甲醇制汽油反应属于强放热反应,反应产生的热量被循环流动的催化剂携带到再生器中加热锅炉水生产蒸汽,这样就可以使热量得到充分回收利用。

在原料调配器内,原料甲醇和水按照一定比例进行混合,然后在预热系统经过加热、汽化、过热到约177℃,以一定的线速度进入流化床反应器。在原料气带动下,催化剂在反应器内以沸腾床的形式分布比较均匀。在催化剂床层中,脱水、环化等一系列反应快速进行,反应产物通过洗涤塔、过滤器等分离设备除去夹带的催化剂,通过换热器、脱丁烷塔等设备冷却精制后,将水、汽油和轻烃分离。反应和再生过程中会产生大量热量,采用外部冷却器移走热量。C_4 及以上的气体组分可以压缩提压后循环返回到流化床反应器内,控制反应。

与固定床甲醇制汽油技术相比,流化床甲醇制汽油技术显示出如下几个方面特点:①流化床反应器反应热更方便取出利用,反应热和催化剂再生产生的热量可回收利用以产生高压蒸汽;②催化剂连续再生,可以保持稳定的活性,使得产品汽油品质比较稳定;③反应过程中,升温降温操作过程稳定,温度容易控制;④反应生产的汽油收率低,轻烃比例比较高,影响经济效益;⑤生产的汽油辛烷值高,可达97,组分中烃类异构体含量高,均四甲基苯含量较低(质量分数不大于5%);⑥反应压力低,约为0.28MPa,空速低;⑦投资小,设备简单。

(3) 多列管式甲醇制汽油技术。

鲁奇公司与 Mobil 公司联合开发了多列管式甲醇制汽油技术。多列管式甲醇制汽油技术是在一个多列管式反应器内将甲醇转化为烃类,有人也称其为一步法。

多列管式反应器甲醇制汽油工艺流程如图4-3-7所示。

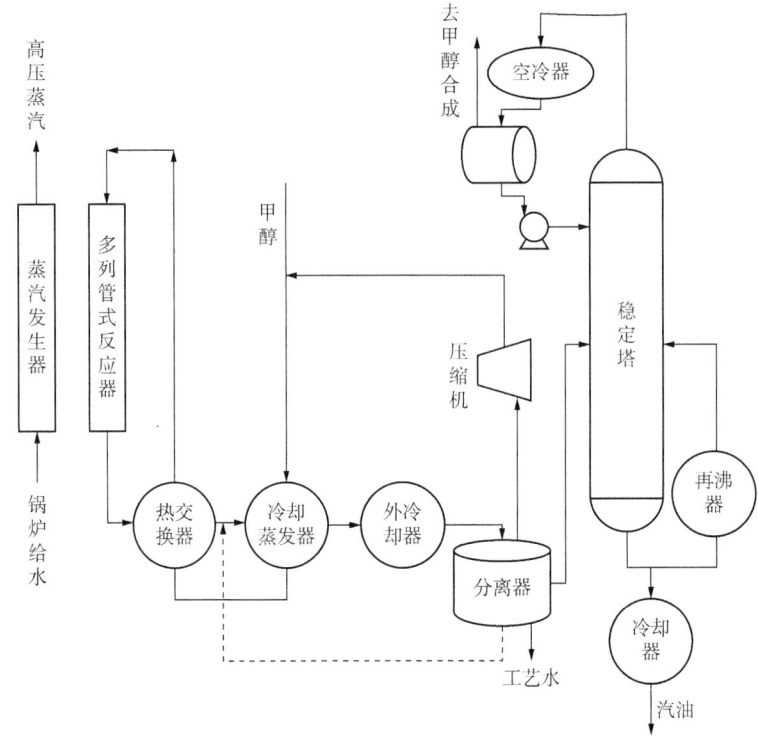

图4-3-7 多列管式甲醇制汽油工艺流程示意图

原料甲醇和循环气混合,与反应产物换热加热至一定温度,从上方进入多列管式反应器,在其使用的催化剂环境条件下生成烃类产品。在反应器与蒸汽发生器之间循环的介质,将反应放出的大量热带入蒸汽发生器,加热锅炉水生产蒸汽,实现能量的回收利用。通过换热器将反应产品冷却,然后进入分离器中将循环气、液体烃和水分离,循环气经压缩机压缩送回反应工序作为控制反应的一种方式,液态烃进入稳定塔进一步分离得到 C_1—C_4 烃类和 C_5 以上烃类。稳定塔上部的 C_1—C_4 烃类可以去甲醇合成装置或在 C_3—C_4 回收塔进行回收。多列管式甲醇制汽油工艺反应器结构复杂,建设成本比较高,不过可以较好地控制反应温度。

2) 中科院山西煤化所一步法甲醇制汽油技术

与 Mobil 公司固定床甲醇制汽油技术对比,中科院山西煤化所研发的一步法甲醇制汽油技术将工艺流程中甲醇转化为二甲醚的工序和相关设备取消,在一台反应器内,在其研制的催化剂作用下同时完成甲醇脱水生成二甲醚、甲醇/二甲醚脱水生成汽油两个反应,精简了工艺流程,减少了设备投资和占用的空间,甲醇制汽油技术方案中温度不容易控制的问题得到解决,整个反应过程更加安全平稳。

图4-3-8为中科院山西煤化所一步法甲醇制汽油工艺流程示意图。

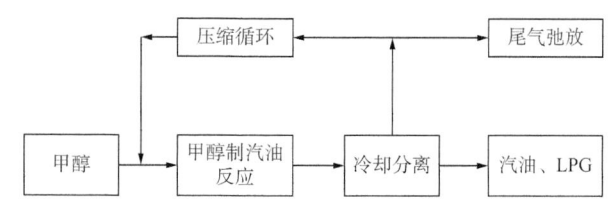

图 4-3-8　中科院山西煤化所一步法甲醇制汽油工艺流程示意图

原料甲醇经过预热汽化，与循环气体混合，再经加热达到一定温度，然后进入反应器内在中科院山西煤化所研制的催化剂作用下发生脱水、环化等一系列反应，最终生成主要为汽油组分的 C_2—C_{11} 烃类和水。反应生成的混合物经换热冷却，在分离系统将干气、LPG 和粗汽油分离。干气（主要组分是甲烷、乙烷以及少量的 H_2、CO）一部分作为控制反应的方式经压缩机压缩后与甲醇汇合进入反应器，另一部分作为弛放气排出系统。

冷却分离部分的工艺流程如图 4-3-9 所示。

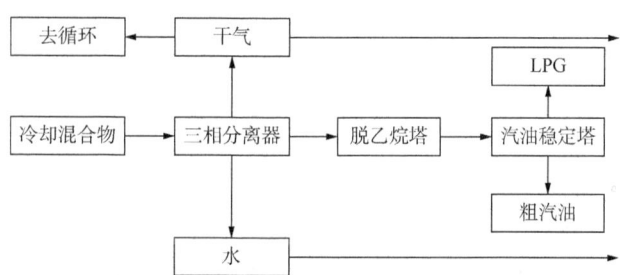

图 4-3-9　冷却分离部分的工艺流程示意图

通过蒸馏切割，粗汽油分成轻汽油和重汽油。重汽油的均四甲基苯含量较高，经过加氢技术处理后，其中的均四甲基苯进行脱烷基化反应脱烷基，然后再与轻汽油混合，作为优质汽油调和组分用于高清洁汽油，也可以简单加工直接使用。

粗汽油加工流程如图 4-3-10 所示。

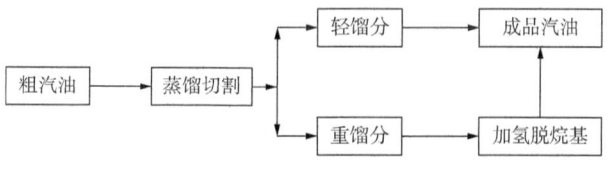

图 4-3-10　粗汽油加工流程示意图

Mobil 公司固定床甲醇制汽油技术（两步法工艺）、中科院山西煤化所一步法甲醇制汽油技术和流化床甲醇制汽油技术对比情况见表 4-3-1。

表 4-3-1　典型甲醇制汽油技术对比

项目	Mobil 公司固定床甲醇制汽油技术	中科院山西煤化所一步法甲醇制汽油技术	流化床甲醇制汽油技术
反应器入口温度/℃	315	350~366	
反应器出口温度/℃	430	415	413
反应器入口压力/MPa	1.7~1.8	1.9~2.3	
反应器出口压力/MPa	1.6	1.6	0.28
产品油甲醇单耗/(t/t)	2.4	2.39	
物料循环比	≤6	≤6	
催化剂单程寿命[①]/(t/t)	500	500	
催化剂总寿命[①]/(t/t)	10000	8000	
汽油收率/%(质量分数)	36	33	26.1
LPG 收率/%(质量分数)	5	8	15.0
研究法辛烷值	93	92	97
马达法辛烷值	84.3	82	

① 表示单位甲醇产出消耗的催化剂量。

从表 4-3-1 中可以看出，流化床甲醇制汽油技术虽然具有反应压力低、反应条件温和、汽油辛烷值高等优点，但是 LPG 收率偏高，汽油收率低。同时，从设备投资看，一步法甲醇制汽油技术精简了工艺流程，减少了设备投资和占用的空间，同时保持了汽油选择性较高、催化剂寿命较长的特点，汽油辛烷值满足标准要求。

Mobil 公司固定床甲醇制汽油技术及中科院山西煤化所一步法甲醇制汽油技术汽油质量指标与国Ⅵ 92 号汽油质量主要指标比较情况见表 4-3-2。

表 4-3-2　典型甲醇制汽油技术主要油品质量指标对比

项目	Mobil 公司固定床甲醇制汽油技术生产汽油	中科院山西煤化所一步法甲醇制汽油技术生产汽油	国Ⅵ 92 号汽油
研究法辛烷值	92	93	92
实际胶质/[mg/(100mL)]	0.8	0.5	5
硫含量/%(质量分数)	0.0001	0.00003	0.001
甲醇含量/%(质量分数)	无	无	0.3
铅含量/(g/L)	无	无	0.005
锰含量/(g/L)	无	无	0.002
芳烃含量/%(体积分数)	31.43	35.63	35
烯烃含量/%(体积分数)	6.72	6.7	15
苯含量/%(体积分数)	0.25	0.36	0.8

从表 4-3-2 中可以看出，甲醇制汽油项目生产的汽油是一种低烯烃、无硫、无锰、无铅、稳定性好的高清洁汽油燃料，抗腐蚀性和蒸发性良好，完全满足国Ⅵ 92 号汽油对相关

参数的要求。

四、甲醇制汽油工艺展望

甲醇制汽油工艺有其鲜明的特点，对其工业应用前景不能盲目乐观或悲观，应加以分析，具体如下：

（1）影响甲醇制汽油工艺工业应用的主要是经济效益问题，特别是高油价时具有良好的经济效益。根据 Mobil 公司的数据（100t 甲醇可生产汽油 37.76t，液化气 4.89t，燃料气 1.27t，火炬气 0.04t），甲醇价格波动较大，成本随之变化；成品油价格与国际原油价格基本为线性相关，当原油和汽油产品价格低时，对甲醇制汽油装置的效益产生影响。此外，甲醇的后续加工技术较多，有 MTO、MTP、MTA 等多种后续加工工艺路线，在不同的环境下经济效益会有不同，会对甲醇制汽油工艺的竞争性存在挑战。

（2）与煤炭直接液化和 F-T 合成间接生产油品相比，甲醇制汽油技术工艺比较简单，流程短，油品后处理技术及反应器技术等方面比其他煤制油技术简单，油品质量更好。特别是与传统石油加工得到的汽油相比，甲醇制汽油技术的产品汽油是一种低烯烃、无硫、无锰、无铅、稳定性好的高清洁汽油燃料，经简单处理就可以作为优质汽油调和组分用于高清洁汽油，也可以直接使用。

（3）甲醇制汽油技术的原子利用率低。以甲醇为原料制备汽油，因为甲醇分子中的羟基转化生成了水，产物中水占到 50% 以上，羟基无法利用，所以甲醇的原子利用率低。

（4）对于几种不同的甲醇制汽油技术，Mobil 公司的固定床甲醇制汽油技术比较成熟，但是工艺过程相对复杂，两段催化剂寿命不同，很难在同一个检修时间一起更换，投资大；中科院山西煤化所一步法甲醇制汽油技术在一台反应器和其自己研制的催化剂作用下同时完成甲醇脱水生成二甲醚、甲醇/二甲醚脱水生成汽油两个反应，精简了工艺流程，减少了设备投资和占用的空间，产品汽油满足标准要求；流化床甲醇制汽油技术和多列管式甲醇制汽油技术还需对其工艺技术指标、产品性能进行优化，要从试验实现工业化应用还需要进一步研究。

（5）甲醇制汽油技术作为一种可以以煤炭作为原料，通过汽化技术、甲醇合成技术生产甲醇，再用甲醇生产汽油的工艺路线，丰富了煤制油路线，有利于缓解我国缺油的国情。甲醇制汽油技术与煤炭直接液化和 F-T 合成间接生产油品一样，可以作为生产油品的工艺路线之一，但甲醇制汽油技术更加简单，因此应用前景是非常广阔的。

第四节 甲醇制丙烯

甲醇制丙烯（Methanol to Propylene，MTP）技术是指以煤或天然气经气化合成气转化为甲醇，然后通过沸石分子筛催化剂转化为烯烃。丙烯需求的增长以及甲醇的低价易获性使得 MTP 工艺取得长足发展。20 世纪 90 年代，德国鲁奇公司成功开发了 MTP 工艺，该工艺是以甲醇为原料生产丙烯产品，其反应特点是甲醇首先转化为二甲醚（DME），然后再转化为丙烯。德国南方化学公司开发的 ZSM-5 催化剂是该工艺的基础，反应温度为 380~480℃、反应压力为 0.13~0.16MPa，丙烯产率约为 70%。

一、甲醇制丙烯反应基本原理

甲醇制丙烯反应机理是甲醇首先脱水生成二甲醚，由于反应可逆，产物中甲醇、二甲醚和水的比例可以通过反应条件的调节进行控制，之后甲醇和二甲醚在 ZSM-5 分子筛催化剂上反应得到烯烃、烷烃和芳烃等物质。认可度最高的甲醇制丙烯反应机理是烃池机理。该机理由 Dahl 和 Kolboe 于 1993 年提出，他们利用同位素示踪技术研究 SAPO-34 分子筛催化剂在甲醇制烯烃过程中碳的转化路径，认为第一个 C—C 键是由二甲醚脱水形成，伴随链增长反应生成长链烯烃，并同时发生脱氧、环化、氧转移反应等生成芳烃、积炭等高级脂肪烃产物。另一方面，该反应是自催化反应，低碳烯烃首先生成，但是生成后紧接着反应生成高级烃类产物。因此，低碳烯烃只是中间产物，而最终产品低碳烯烃是中间产物反应生成的高碳烃产物又裂解获得的。$(CH_x)_n$ 是中间产物的化学表示，其中 $0<x<2$，此中间产物低碳烯烃的分子式与积炭成分相似，氢含量较低碳烯烃分子式少。

甲醇在分子筛催化剂中的转化过程包含以下步骤：(1)甲醇脱水生成二甲醚和水的混合物；(2)甲醇和二甲醚转化生成烯烃；(3)烯烃之间相互转化；(4)烯烃发生氢转移反应生成烷烃和芳烃。具体如下：

$$2CH_3OH \underset{+H_2O}{\overset{-H_2O}{\rightleftharpoons}} CH_3OCH_3 \xrightarrow{-H_2O} [nC_mH_{2m} \rightleftharpoons mC_nH_{2n}] \longrightarrow \begin{cases} 烷烃 \\ 芳烃 \end{cases}$$

二、甲醇制丙烯技术发展历程

1996 年鲁奇公司启动 MTP 技术的开发；2001 年开始了 MTP 技术的放大研究，并积极进行商业推广，其中与神华宁煤集团合作建设的煤制丙烯项目，年耗 AA 级精甲醇 $166.7×10^4 t$，可年产聚丙烯 $47.4×10^4 t$、聚乙烯 $2×10^4 t$、汽油 $18.5×10^4 t$、液化气 $4.1×10^4 t$、燃料气 $1.5×10^4 t$ 和工业用水 $93.8×10^4 t$。

清华大学自 20 世纪 90 年代开始进行甲醇及二甲醚制低碳烯烃的研究，发现 SAPO-18/SAPO-34 分子筛交相混晶催化剂具有将乙烯、丁烯高选择性地转化为丙烯的能力，随后提出了利用 SAPO-18/SAPO-34 交相混晶催化剂及流化床反应器制丙烯的工艺(FMTP)技术。2009 年，安徽淮化集团有限公司对该技术进行了工业试验并取得预期成功。

三、典型甲醇制丙烯工艺

1. 鲁奇公司 MTP 工艺

鲁奇公司 MTP 工艺的主产物为丙烯，也可以生产一定量的乙烯，并副产汽油馏分、液化气及燃料气。

MTP 装置通常包括反应、再生、气体分离、压缩、干燥和精馏 6 个工艺单元，其中反应单元是核心。反应单元包括甲醇制二甲醚反应器和 MTP 反应器，进行两段反应。第一段反应采用绝热式固定床反应器，在反应器出口温度小于 380℃ 的条件下，精甲醇首先催化转化为二甲醚，并达到热力学平衡；第二段反应采用多段绝热式固定床反应器，主要由 3 个绝热式固定床反应器组成，其中 2 个在线生产，1 个在线再生，以保证生产的连续性。每个反应器内设置 6 个催化剂床层，且床层高度由第 1 层到第 6 层逐渐增加。第一段反应产物被分成两股物流,一小部分物流先后与循环烃和工艺蒸汽混合后,预热到470℃,进入 MTP 反应器第 1 层,剩余物流进入分凝器冷凝,气相物流分为 5 股,由侧线进入 MTP 反应器中第 2 层至第 6 层。分凝器底部液态水进一步冷却,也由侧线进入反应器中以调控反应温度。甲醇/二甲醚在 MTP 反应器内转化为以低碳烯烃为主的混合物。离开 MTP 反应器的产物被冷凝、分离为气液产物和水。气体产物经压缩、分离得到 C_2、C_3、C_4 组分。C_3 组分进一步精馏得到聚丙烯。液态产物进一步分离出 C_5—C_6 馏分,分离出的 C_2、C_4 和 C_5—C_6 馏分部分循环回 MTP 反应器继续反应。为避免惰性组分在回路中富集,轻组分燃料气排出系统。

鲁奇公司 MTP 工艺使用的催化剂为改性 ZSM-5 催化剂,该催化剂对甲醇/二甲醚的转化率大于 99%,典型的催化剂的再生周期为 500~600h,催化剂由德国南方化学公司研究开发。催化剂中 Si/Al 值(原子比)至少为 5%,BET 比表面积为 300~600m²/g,孔体积为 0.3~0.8m³/g。

典型的鲁奇公司 MTP 工艺流程如图 4-4-1 所示。

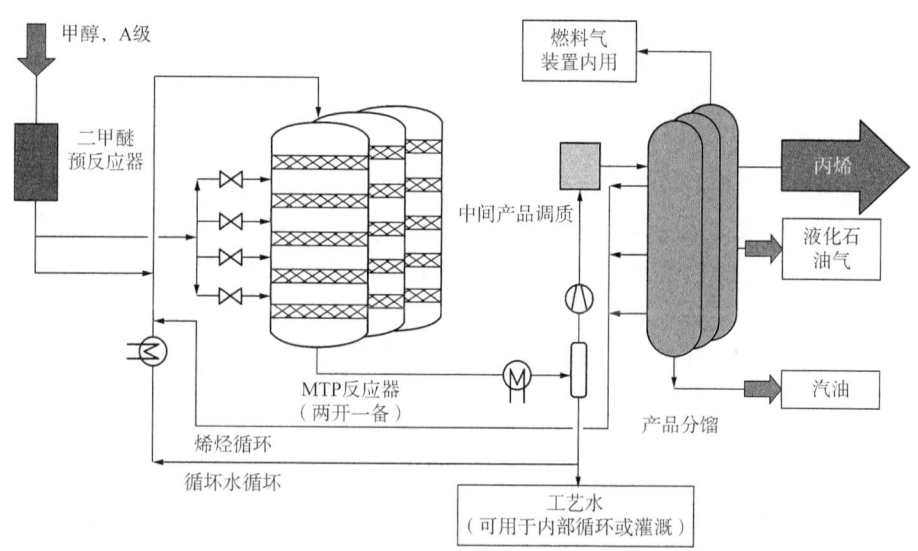

图 4-4-1 典型的鲁奇公司 MTP 工艺流程示意图

鲁奇公司 MTP 工艺流程由甲醇转化工段和丙烯回收工段组成,甲醇在甲醇转化工段中转化为烯烃,反应产物再进入丙烯回收工段中将丙烯回收,得到丙烯产品。

(1)甲醇转化工段。

自界区外储罐来的甲醇进料在甲醇预热器中与甲醇汽提塔来的废水物流进行换热,甲醇被预热至85℃。在送入甲醇制二甲醚反应器之前,需要将甲醇进行汽化和过热,经汽化和过热后的甲醇进入反应器,在催化剂作用下进行甲醇脱水转化生成二甲醚的反应:

$$2CH_3OH \longrightarrow CH_3OCH_3 + H_2O$$

反应温度为 250~300℃,反应压力为 0.13~0.16MPa。约 15% 的甲醇进料不通过甲醇预热器直接注入放热的甲醇制二甲醚反应器,通过床层内部急冷控制温度。反应热物流蒸汽在 300℃ 左右的条件下离开甲醇制二甲醚反应器。

从甲醇制二甲醚反应器中流出的热物流蒸汽在甲醇过热器中加热甲醇制二甲醚反应器进料后，与丙烯回收工段循环来的轻质 C_1—C_2 和 C_4—C_5 合并。反应物的蒸汽混合物用进料/流出物换热器进一步加热，然后经 MTP 循环加热器加热至 470℃ 进入三台串联的 MTP 卧式固定床反应器。在改性的 ZSM-5 沸石催化剂的作用下，发生二甲醚转化生成烯烃的反应：

$$3CH_3OCH_3 \longrightarrow 2C_3H_6 + 3H_2O$$

在原料进入 MTP 一段反应器之前，需要将二甲醚混合物与甲醇进行混合。汽提塔的塔顶蒸汽首先用来作为 MTP 第一冷却器和 MTP 第二冷却器的冷源，这两台换热器起后面 MTP 二段反应器和 MTP 三段反应器的中间冷却器的作用。尽管汽提塔的蒸汽对于二甲醚转化的平衡是不利的，但是对抑制焦炭生成具有重要作用。

粗丙烯蒸气流出物以温度为 452℃、压力为 0.035~0.042MPa 离开 MTP 三段反应器。在送入急冷塔前，经进料/流出物换热器及甲醇蒸发器冷却至 115℃。此急冷塔用外部冷却的循环急冷水，使粗丙烯蒸汽冷却至约 42℃，同时移走大部分水和甲醇。冷凝的急冷水以温度为 95℃ 离开急冷塔底部。大部分急冷的塔底物被冷却和循环，剩余塔底物则在送出处理前送入甲醇汽提塔回收残余的甲醇。急冷塔循环物分别通过三台串联的换热器（循环预冷器、丙烯塔再沸器和急冷塔冷却器）冷却至约 41℃。由丙烯回收工段循环来的烃类用作循环预冷器的冷却介质。离开急冷塔顶的粗丙烯通过 MTP 流出物压缩机压缩至 2.3MPa，以便按丙烯回收需要冷凝丙烯和其他烃类。该工艺需三台段间冷却器和三台分液罐。凝液中的残余水在各分液罐底部的分离管中作为重质相被分离，并循环至急冷塔。冷凝的烃类作为轻相由这些分液罐回收，并送往丙烯回收工段。MTP 三段反应器第二后冷器用丙烯作为制冷剂，使离开压缩机最后一段的被压缩气体出口温度降至 15℃，使可冷凝蒸气达到基本上完全冷凝。压缩机用高压汽轮机驱动，由汽轮机抽出的低压蒸汽则用于满足 MTP 工艺的低压蒸汽需要。

(2) 丙烯回收工段。

从压缩机分离罐回收的三种含有丙烯的冷凝液分别送入脱乙烷塔的相应进料位置。由三段分离罐出来的不凝物也送入脱乙烷塔。脱乙烷塔的塔釜产物由丙烯和较重的烃类构成。所有较轻的烃类和残余的水均由塔顶排出，循环回 MTP 反应器。为了防止甲烷过度积累，抽出一部分 C_1—C_2 循环物，分别送本装置的循环加热器及煤气化装置作为燃料使用。脱乙烷塔在压力为 2.3MPa 下操作，且采用丙烯制冷，使脱乙烷塔第二回流换热器中的回流液温降至 -25℃。循环的馏出蒸气经脱乙烷塔第二回流换热器和脱乙烷塔进料换热器加热至 10℃。

脱乙烷塔釜产物送入脱丙烷塔，脱丙烷塔在压力为 2.03MPa 下操作。脱丙烷塔馏出物主要由一些残余丙烷的丙烯构成，塔底产物则主要由 C_4 及以上重烃类构成，并有一些随进料进入塔的微量甲醇和水。

脱丙烷塔顶馏出物送入丙烯塔，丙烯塔顶馏出丙烯产品，并储存在丙烯贮罐中。所得的丙烯产品为聚合级，纯度为 99.7%（质量分数）。由丙烯塔出来的塔底产物主要由丙烷构成，相当于 LPG 型燃料。

脱丙烷塔釜产物送入脱己烷塔，回收副产品汽油馏分。汽油馏分作为脱己烷塔底产物回收，相当于裂解汽油，贮存在汽油贮罐中。塔顶馏出物蒸气主要由 C_4—C_6 烃类构成，它

与来自脱乙烷塔的 C_1—C_2 烃类循环物料一起循环回 MTP 反应器。取出一小股 C_4—C_6 轻烃物流，防止 MTP 反应系统中的烃类（如异丁烷和异戊烷）过量积累。取出的物流同来自丙烯塔底的产物一起作为液体燃料外售。

鲁奇公司 MTP 工艺的特点是，甲醇转化率和丙烯产品选择性高，其中甲醇转化率大于 99%，对低碳烯烃选择性为 67.8%，主产物为丙烯，也可以生产一定量的乙烯，同时副产汽油馏分、液化气及燃料气；工艺流程长、设备多，温度变化范围大（-100~500℃），装置能耗高，装置建成后有一定的节能降耗空间；采用改进的 ZSM-5 催化剂，该催化剂为积炭量相对较低的中孔分子筛催化剂，不需要频繁再生；对反应温度控制要求非常严格，如果反应器的气流分布不均，将会导致床层局部飞温，在生产过程中需严格监视反应器内各床层内部的温度变化；反应采用两步法生产，即将二甲醚作为甲醇制烯烃的中间体，其作用是降低甲醇原料和反应产生的水及水蒸气对催化剂稳定性和寿命的影响，同时二甲醚的分子结构中甲基与氧的比值是甲醇的两倍，生产相同量的低碳烯烃，反应出口物料仅为甲醇的一半，从而减少了设备尺寸，节省了投资费用。

2. 清华大学 FMTP 工艺

清华大学 FMTP 工艺采用流化床反应器，在 SAPO 系列分子筛催化剂作用下，采用乙烯/丁烯歧化技术，将反应生成物进一步转化为丙烯产品。该工艺的显著特点是创新性地采用 SAPO-18/SAPO-34 分子筛交相混晶催化剂。由于该催化剂属于小孔分子筛，更有利于小分子烯烃的生成，因此甲醇转化反应器出口的乙烯含量高；同时，小孔分子筛具有将乙烯、丁烯高选择性转化为丙烯的能力，从而最终获得丙烯产品。

FMTP 工艺主要包括反应—再生系统和分离系统两大部分，反应—再生系统由甲醇转化反应器、乙烯/丁烯转化反应器和再生器组成；分离流程主要根据产品选择性要求确定。原料甲醇首先在甲醇转化反应器中转化生成乙烯、丙烯、丁烯等混合物，然后进入后续分离系统；乙烯和丁烯在分离系统中进一步发生转化反应，最终得到丙烯产品，从而提高丙烯产品的总收率。两个反应器共用同一种催化剂和一个再生器。

（1）反应—再生部分。

FMTP 工艺总体上采用连续反应—再生流程。其中，具体反应流程如下：原料甲醇首先经预热，与高温催化剂接触反应生成混合烯烃和焦炭。混合烯烃经旋风分离后至分离系统，混合烯烃组分在乙烯/丁烯转化反应器中与高温催化剂接触反应，裂解生成轻质油气和焦炭。油气经旋风分离后，与甲醇转化反应混合气一起送至分离系统。

催化剂再生流程如下：积炭后的催化剂经提升管输送到汽提器中，经汽提后的催化剂进入再生器，从再生器底部通入压缩空气对催化剂进行烧焦，催化剂再生同时蓄热升温，再生后的催化剂去反应器循环使用。反应—再生系统中，催化剂处于流化态，在整个系统中进行反应、汽提、再生、反应循环，实现反应—再生系统的连续操作。

甲醇转化反应器设内取热器以调节反应器内的温度，再生器采用外取热器进行温度调节。

典型的清华大学 FMTP 工艺反应—再生系统如图 4-4-2 所示。

（2）工艺气分离部分。

根据气体组分及设备情况，工艺气分离主要采用顺序分离的方式，包括急冷压缩、轻

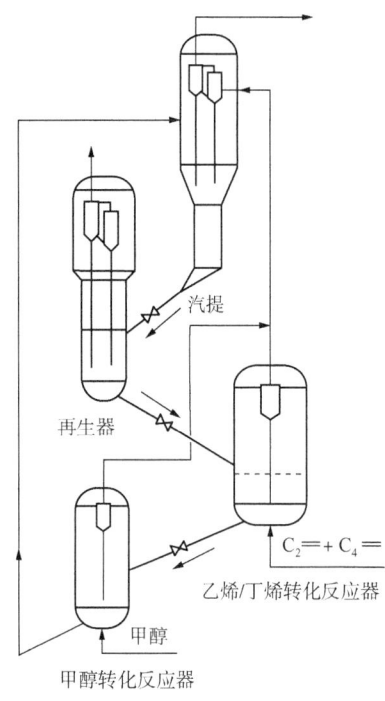

图 4-4-2 典型的清华大学 FMTP 工艺
反应—再生系统示意图

烃分离(冷区)、轻烃分离(热区)和丙烯制冷四个工序。

(3) 烷烃转化部分。

烷烃转化部分作为 FMTP 工艺的辅助流程,主要目的是将主流程中生成的烷烃进一步转化为烯烃,以提高丙烯收率,其中应用最多的是丙烷脱氢制丙烯技术。

清华大学 FMTP 工艺的特点是甲醇先进行 MTO 反应,再将生成的产物发生乙烯和丁烯歧化反应,产物进入分离系统,把生成物中的丙烯分离出之后,使 C_2 组分和 C_4 以上组分循环回烯烃转化反应器使其转化为丙烯,最终获得高选择性的丙烯产品。在该技术中,催化剂自上而下进入反应器,原料自下而上进入反应器,催化剂与原料在反应器中形成气固逆流接触,降低了流化床反应器的返混,新鲜原料与低层的低活性催化剂接触,有利于抑制积炭和氢转移反应,也有利于提高丙烯选择性,未转化的原料与顶层的高活性再生催化剂接触,有利于原料充分转化。分离出的催化剂进入再生器进行烧炭再生,催化剂在系统中连续再生,反应循环进行。

与固定床 MTP 技术相比,FMTP 技术具有如下特点:

(1) 采用 SAPO-18/SAPO-34 分子筛交相混晶催化剂,使反应的低碳烯烃收率提高,为提高丙烯的收率创造了条件,甲醇转化率大于 98%,单产丙烯总收率可达 77%,原料甲醇消耗小于 3t/t(丙烯)。

(2) 丙烯、乙烯生产量可调节范围大,乙烯/丙烯值可在 0.02~0.85 范围内调节;随着规模不同,可以单独生产丙烯,双烯烃(乙烯和丙烯)总收率达 88%,原料甲醇消耗小于 2.62t/t(丙烯)。

(3) 独特的气固逆流接触操作可以降低流化床反应器中的返混,抑制氢转移、烯烃聚合等副反应,反应温度易于控制,有利于提高原料转化率及目的产物丙烯的选择性。

(4) 通过联产的低碳烯烃循环转化,可以提高目的产物丙烯的总收率。对于小规模装置,单产丙烯更合适;对于大规模装置,产双烯烃更经济。

(5) 采用独立的烯烃转化反应器,可以独立调节甲醇转化反应器和烯烃转化反应器的操作条件,包括反应温度、反应压力、空速等,使各反应器均处于最佳工作状态,有利于提高目的产物丙烯的总收率。

(6) 减少了高碳烃的副产物(汽油),为通过低碳烷烃转化提高丙烯收率创造了条件。

(7) 采用流化床反应器,装置易于放大。

四、产品精制

为得到产品质量合格的聚丙烯产品，需要经过产品精制单元。产品精制单元主要包括丁烷馏除器、丙烷馏除器、乙烷馏除器和 CO_2 的脱除、己烷馏除器、萃取器、C_3 分离器等工段。

1. 丁烷馏除器

来自上游的干燥液态烃，在丁烷馏除器进料预热器内预热后，进入丁烷馏除器。首先将 C_{4-} 低沸程组分与 C_{4+} 烃类分离，丁烷馏除器的塔顶馏出物在丁烷馏除器冷凝器中部分冷凝，来自丁烷馏除器回流罐的蒸气相送往丙烷馏除器，液相则经由丁烷馏除器回流泵循环回丁烷馏除器。

2. 丙烷馏除器

来自烃类气体干燥器经压缩、干燥后的烃类蒸气和来自丁烷馏除器的塔顶产物 C_{4-} 均进入丙烷馏除器，使 C_{3-} 烃类与 C_{4+} 烃类分离。

此外，向丙烷馏除器加入来自甲醇预热器的纯甲醇进料作为二甲醚的洗涤剂，以除去丙烷馏除器两个进料流股中的残留二甲醚。

丙烷馏除器塔顶产物 C_{3-} 中不含二甲醚，也不含其他任何含氧组分。塔顶产物在丙烷馏除器冷凝器中部分冷凝，离开丙烷馏除器回流的蒸气送往乙烷馏除器；液相则经由丙烷馏除器回流泵循环回塔内。丙烷馏除器的塔底产物在塔底液冷却器中冷却，经由丙烷馏除器塔底液泵送往萃取工段。

3. 乙烷馏除器和 CO_2 的脱除

来自丙烷馏除器的 C_{3-} 烃类馏分在乙烷馏除器进料冷却器中以热联合方式进行再冷却。C_{3-} 馏分使 C_{2-} 循环流股蒸发、过热，然后被 C_3 冷冻剂所冷却。C_{3-} 烃类馏分在乙烷馏除器内分离为 C_{2-} 和 C_{3-}（含有丙烯和丙烷）。

乙烷馏除器塔顶的 C_{2-} 流股，在乙烷馏除器压缩机中压缩后，在乙烷馏除器冷凝器中冷却和部分冷凝（冷却介质为丙烯），并在乙烷馏除器回流罐内分离。大部分冷凝液作为回流，返回乙烷馏除器；小部分冷凝液与蒸气混合，送往 CO_2 脱除流程。

乙烷馏除器的塔底产物，经由乙烷馏除器的塔底液泵送往保护床。保护床会除去可能通过丙烷馏除器的任何残留二甲醚，然后将塔底产物送往 C_3 分离器。

乙烷馏除器的塔顶流股，经由乙烷馏除器进料冷却器、CO_2 洗涤塔顶冷却器和 CO_2 洗涤塔最终加热器，最后送往 CO_2 洗涤塔的塔底脱除 CO_2，为进一步处理轻组分烃类做准备。

4. 己烷馏除器

在己烷馏除器内将 C_{6-} 烃类（循环流股）与 C_{7+} 烃类（汽油产品）分离。己烷馏除器的塔底产物由己烷馏除器的塔底液泵送往汽油空气冷却器，冷却至贮存温度，然后送往界区。

己烷馏除器的塔顶产物，在己烷馏除器冷凝器中完全冷凝，然后送往己烷馏除器回流罐。部分液体经由己烷馏除器回流泵送往己烷馏除器（作为回流）。剩余的液体被分成两个流股，较大的流股送往 C_5/C_6 蒸发器，然后作为 C_5/C_6 循环流股送往反应单元；较小的流股在汽油稳定塔内除去 C_4 组分。在汽油稳定塔内，富含 C_4 的塔顶产物，与 C_5/C_6 蒸发器下游的 C_5/C_6 循环流股进行混合。塔底产物在汽油空气冷却器中冷却，然后与己烷馏除器的塔底产物进行混合，混合物在汽油冷却器中冷却至贮存温度，然后作为汽油产品送往界区。

5. 萃取器

在萃取器工段，冷却后的 C_4（含有甲醇和二甲醚）流股与萃取水进行混合，使 C_4 从丙烷馏除器的塔底产物中分离。

在萃取混合器内，丙烷馏除器的塔底产物 C_4、甲醇、二甲醚，与来自甲醇回收塔已冷却的萃取水（作为溶剂）进行混合。在萃取混合器和分离器的混合器/沉降器内，除去烃类流股中的甲醇和水。

离开分离器顶部的轻质烃，大部分送往 C_4 蒸发器，蒸发后循环回 MTP 反应器用以生产丙烯，少部分轻质烃送往萃取器的底部。在萃取器顶部，加入来自甲醇回收塔的、已冷却的新鲜萃取水（作为溶剂）。在萃取器内，烃类流股中残留的甲醇和二甲醚被转移到水相。离开萃取器底部的水相与离开分离器的水相合并，然后经由丙烷馏除器的塔底液冷却器循环至甲醇回收塔。

萃取器的顶部产物（萃余相）含有 C_4 烃类馏分，且已除去甲醇和二甲醚。该顶部产物与 C_3 分离器的塔底产物丙烷合并，作为 LPG 产品送往界区。

6. C_3 分离器

为获得丙烯，需在 C_3 分离器中进行纯丙烯（质量分数为 99.6%）与副产品丙烷分离。分离器的塔顶产物丙烯在 C_3 分离器冷凝器中冷凝，然后送往 C_3 分离器回流罐。

冷凝后的塔顶产物，部分作为回流，由 C_3 分离器回流泵输送回 C_3 分离器；剩余部分即为本装置的丙烯产品，在丙烯产品冷却器中冷却，然后送往界区。

C_3 分离器的塔底产物丙烷经由 C_3 分离器的塔底液泵送往 LPG 冷却器，冷却至贮存温度，然后与萃取器的顶部产物（C_4）进行混合，所得混合物即为 LPG 产品，送往界区。

第五节　甲醇制烯烃分离技术

一、烯烃分离技术概述

乙烯、丙烯是化学工业的基础原料，传统乙烯、丙烯等低碳烯烃是由石脑油、加氢尾油经蒸汽裂解产生的。随着煤炭或天然气经合成气制甲醇，再由甲醇制低碳烯烃（主要是乙烯和丙烯）技术的不断出现，工艺技术已经成熟，多套百万吨级 MTO 工业装置也已建成并平稳运行。近年来，煤（甲醇）制烯烃（CTO/MTO）所占市场份额日益扩大，以甲醇为原料的 MTO 工艺成为最有希望替代以石脑油为原料生产乙烯、丙烯等低碳烯烃的工艺技术。截至 2019 年 5 月，中国已陆续建成投产或试车成功的 CTO/MTO 工业装置有 23 套，其烯烃产能总计 1331×10^4 t/a。与传统蒸汽裂解工艺不同，MTO 工艺采用催化反应技术，具有较高的反应效率，甲烷、氢气等轻组分及 C_4 以上重组分的含量较低；采用溶剂吸收法代替深冷法进行烯烃分离具有较高的分离效率。

MTO 分离（简称烯烃分离）技术是将 MTO 装置生产的混合产物中的乙烯、丙烯等低碳烯烃以经济、低能耗、最大回收率的方式分离出能够满足下游加工装置进料要求的烯烃产品，最常见的是生产乙烯和丙烯，其核心是脱除杂质和分离流程的设计。MTO 装置包括反应—再生部分和反应气的烯烃分离部分，烯烃分离部分的能耗占整个装置的 2/3。近年来，随着 MTO 工业化生产装置完成工艺技术示范，进入商业化、长周期稳定运行阶段，烯烃分离技术也逐渐进步，通过优化能量利用、降低工艺装置的综合能耗来实现技术升级。

工业规模的 MTO 装置烯烃分离技术包括深冷精馏法、固体吸附法和溶剂吸收法。由于 MTO 装置反应产物与石脑油蒸汽裂解产物组成存在差异，深冷精馏法没有优势；此外，固体吸附法的变压吸附回收乙烯工艺过于复杂。因此，溶剂吸收法得到广泛应用。

目前，世界上甲醇(或煤)制烯烃项目中烯烃分离技术主要包括 Lummus 公司、KBR 公司、惠生工程(中国)有限公司(WISON)、UOP 公司、中国石化工程建设有限公司(简称 SEI)、中石化洛阳工程有限公司(简称 LPEC)等公司的专利技术。

二、烯烃分离工艺原理

1. 原料特点

MTO 反应产物组成与石脑油蒸汽裂解产物组成对比情况见表 4-5-1。从表中可以看出，MTO 工艺反应气有如下特点：(1)乙烯、丙烯含量显著高于石脑油裂解气；(2)含有少量含氧化合物(甲醇、二甲醚等)；(3)氢气和甲烷含量少，有利于乙烯的分离；(4)重组分(C_{5+})含量少；(5)不含 H_2S；(6)炔烃含量少。

表 4-5-1 MTO 工艺与石脑油蒸汽裂解工艺产物组成对比

组成	石脑油蒸汽裂解/% (摩尔分数)	MTO/% (摩尔分数)	组成	石脑油蒸汽裂解/% (摩尔分数)	MTO/% (摩尔分数)
H_2	14.13	1.72	C_3H_4	0.46	0
N_2	0	0.27	$n\text{-}C_4^0$	0.09	0.68
O_2	0	0.01	$i\text{-}C_4^0$	0	0
CO	0.18	0.85	$n\text{-}C_4{=}$	1.20	3.81
CO_2	0.05	0.38	$i\text{-}C_4{=}$	1.03	0
H_2S	0.03	0	顺-丁烯	0.50	0
CH_4	23.68	8.09	反 2-丁烯	0.50	0
C_2H_2	0.45	0	1,3-$C_4{=}$	1.65	0
C_2H_6	6.41	1.64	$n\text{-}C_5^0$	0.50	0.32
C_2H_4	31.69	51.10	$i\text{-}C_5^0$	0	0
C_3H_8	0.23	2.06	$n\text{-}C_5{=}$	0.10	0
C_3H_6	9.44	20.91	$C_5\text{—}C_8$ 非芳烃	0.69	0

烯烃分离最主要的目标是有效脱除杂质(未反应的甲醇、二甲醚、CO_2、CO、NO_x、N_2、O_2 等)，简化分离流程，尽可能不采用深冷分离和冷箱设计。对于未反应的甲醇，一般采用水洗方法脱除；对于二甲醚，可以考虑采用溶剂吸收、精馏、吸附等方法脱除。

2. 工艺原理及流程

烯烃分离技术主要是指从 MTO 装置来的原料气经压缩机增压、净化、分离精制后，分别得到乙烯、丙烯、混合 C_4、混合 C_5、丙烷和燃料气等产品的工艺过程。丙烯制冷系统提供低温冷剂。

1) 原料气压缩系统

原料气压缩系统包括原料气压缩和干燥系统。原料气压缩的目的是通过压缩机对原料气压缩做功，以达到后分离系统所需要的压力；原料气干燥的目的是脱除原料气中的水分，防止在低温系统凝结成冰或固态水合物，堵塞管道和设备，影响正常生产操作。

原料气在压缩过程中，一方面，可以提高原料气的压力，提高分离系统的温度，从而节约低温能量和低温材料；另一方面，升压后会使原料气中的部分水和重质烃冷凝，将部分水分离后可以减少干燥器的负荷，将部分重质烃分离后可以减少后分离系统的负荷。

为了控制压缩机排出温度，减少聚合物的生成量，压缩机一般采用四段或五段压缩，每段压缩升压后冷却，降低压缩机排出温度。四段压缩流程压缩比大于五段压缩，但是由于原料气中二烯烃含量很少，同时循环水和阻聚剂的加入可以进一步降低温度和控制压缩机的聚合，因此聚合问题能够得到很好的控制。压缩机的段间排出温度一般在 90℃ 以下。

2) 原料气净化系统

自上游 MTO 装置来的原料气中含有少量甲醇、二甲醚、乙醇、丙醛和丙酮等含氧化合物以及酸性气体 CO_2，这些含氧化合物和酸性气体必须脱除，否则带入后分离系统会进入乙烯、丙烯等产品中，影响产品质量。原料气净化系统一般设置在压缩系统的二段和三段之间，包括水洗塔和碱洗系统。水洗塔用于脱除原料气中的含氧化合物；碱洗系统用于脱除原料气中的酸性气体。

水洗塔为填料塔，一般选择大通量、低压降、高效率的矩鞍环散装填料。原料气在填料表面与洗涤水接触，将原料气中的含氧化合物脱除掉。含氧化合物溶解在洗涤水中，返回至 MTO 装置进行回炼。

碱洗系统设置在压力较低的压缩机二段和三段之间，属于低压碱洗，可以有效防止重组分冷凝。采用化学吸收法脱除 CO_2，使用低浓度的 NaOH 溶液与 CO_2 反应达到脱除的目的。

碱洗塔为板式塔，浮阀塔盘，分强、中、弱三段碱洗，每一个碱循环段都有一个碱循环回路，碱液从循环段底部泵送到循环段顶部。碱洗塔顶部设置水洗段，有效脱除原料气中夹带的碱液。在碱液存在的条件下，原料气中的不饱和烃会发生聚合，产生黏稠的液体并聚集在系统内，与空气接触易变成黄色，通常称为"黄油"。"黄油"的产生会造成塔盘、管道和设备堵塞，影响系统操作，一般通过控制碱洗系统操作温度、碱浓度和注入"黄油"抑制剂来减少"黄油"的生成。

3) 产品分离和精制系统

净化后的原料气中含有氢气、甲烷、乙烷、乙烯、乙炔、丙烷、丙烯、混合 C_4、C_5 及以上重组分等。为满足下游加工产品的需要，要求对原料气进行分离、精制，以达到生产合格乙烯、丙烯、混合 C_4 和混合 C_5 等产品的目的。

分离系统设置多个精馏塔，利用精馏原理将原料气中的目标组分逐步分离。分离和精制系统包括脱甲烷系统、脱乙烷系统、脱丙烷系统、乙烯精馏系统、丙烯精馏系统、脱丁烷系统和加氢系统等，原料气经过各分离系统逐步分离出目标组分。由于各种 MTO 反应产品气的组分有所不同，各技术供应商的设计理念也有所差异，上述各分离单元按不同顺序配置，因此所选烯烃分离技术在细节上也有许多不同之处，形成了各具特点的分离流程。目前，烯烃分离技术主要借鉴传统乙烯装置的分离流程，按产品分离顺序不同，比较成熟的烯烃分离技术主要有顺序分离流程、前脱乙烷流程、前脱丙烷流程；按照加氢顺序不同，可分为前加氢流程和后加氢流程。

顺序分离流程是按碳原子个数从低到高的顺序用精馏塔分开的分离流程。原料气经压缩和预处理后依次经过脱甲烷塔、脱乙烷塔、脱丙烷塔、乙烯精馏塔、丙烯精馏塔以及脱丁烷塔等，分离得到乙烯、丙烯等产品。该流程的主要特点为先按气体组成和分子量的顺序分离，再进行同碳原子数的烃类分离，技术成熟；缺点为流程较长、分馏塔较多，脱甲烷塔消耗冷量较多，压缩机循环量和流量较大，消耗定额偏高。

前脱乙烷流程是指原料气经压缩和预处理后首先进入脱乙烷塔，塔顶分离出的 C_2 及以下轻组分进入脱甲烷塔，脱甲烷塔顶出来的甲烷、氢气在冷箱中进行分离，脱甲烷塔釜出来的 C_2 馏分在乙烯精馏塔中分离成乙烯和乙烷。脱乙烷塔釜分离出的 C_3 及以上重组分依次进入脱丙烷塔、脱丁烷塔、丙烯精馏塔等，分离成丙烯、丙烷、C_4 馏分和 C_5 以上馏分。该流程的主要特点为 C_3 及以上重组分没有进入脱甲烷塔，从而减轻了冷量消耗和操作负荷；缺点为脱乙烷塔的操作压力比较高，必然造成塔釜温度升高，塔釜温度高达 80~100℃，不饱和重烃及丁二烯等容易聚合结焦，影响操作的连续性。MTO 产品气中重组分含量越高，前脱乙烷流程的缺点越突出。

前脱丙烷流程是指原料气经压缩和预处理后首先进入脱丙烷塔，塔顶分离出的 C_3 及以下轻组分经压缩机升压后依次进入脱甲烷塔、脱乙烷塔、乙烯精馏塔和丙烯精馏塔等，依次分离出甲烷馏分、C_2 馏分、C_3 馏分、乙烯、乙烷、丙烯和丙烷。脱丙烷塔釜出来的 C_4 及以上重组分进入脱丁烷塔等进行后续分离。该流程的主要特点为 C_4 及以上重组分直接进入脱丁烷系统，减轻了脱甲烷塔系统的冷量消耗以及脱乙烷塔的操作负荷，同时降低了原料气压缩机四段压缩负荷。

根据 MTO 装置生产的原料气中 C_2 和 C_3 组分含量高、C_4 以上重组分含量低的特点，从项目建设、生产操作和能耗等方面综合考虑，大多数专利公司选择了前脱丙烷、后加氢的工艺流程。神华包头煤制烯烃示范项目采用了 Lummus 公司的前脱丙烷—后加氢—丙烷洗的烯烃分离技术，以下对各个分离和精制系统进行介绍。

（1）前脱丙烷系统。

前脱丙烷系统设置在原料气压缩机三段和四段之间，作用是将原料气中的 C_3 及以下组分从塔顶分离，C_4 及以上重组分从塔釜分离。

降低前脱丙烷塔的操作压力可以降低系统操作温度，解决塔釜丁二烯聚合结垢堵塞设备的问题。但考虑到在低压操作时，塔顶冷凝温度会相应降低，冷剂量会随之增加，综合聚合问题和冷量使用问题，选择高低压塔脱丙烷工艺流程，既节省了冷剂用量，又解决了丁二烯聚合问题。

为防止冻堵情况的发生，原料气经三段压缩后先进入气相、液相干燥器脱水，再进入高压脱丙烷塔系统进行初步精馏，高压脱丙烷塔的塔顶气通过塔顶冷凝器用丙烯冷剂进行部分冷凝。当MTO装置反应器产生的原料气中乙烯、丙烯含量较高时，必须降低高压脱丙烷塔顶冷凝器丙烯冷剂的温度。丙烯制冷压缩机在设计时考虑了这一调整方案。高压脱丙烷塔顶气相凝液为高压脱丙烷塔提供一部分回流，未冷凝的含有大量C_3组分的气相进入原料气压缩机四段。

高压脱丙烷塔釜物流经冷却水冷却后送至低压脱丙烷塔再次精馏，低压脱丙烷塔的塔顶物流用丙烯冷剂进行全部冷凝，凝液作为高压和低压脱丙烷塔的回流。低压脱丙烷塔釜出来的C_4及以上组分送入脱丁烷塔系统。C_4及以上重组分从脱丙烷系统提前分离出来，可以减少压缩机四段的功耗，同时降低脱甲烷塔和脱乙烷塔的操作负荷。

（2）脱甲烷系统。

经过四段压缩升压的原料气进入脱甲烷系统，由塔顶分离出甲烷、氢气等轻组分，塔釜分离出C_2、C_3等重组分。脱甲烷系统包括前冷（即系统进料预冷）、脱甲烷塔和丙烷洗三个部分。

前冷的作用是使用丙烯冷剂将原料气逐级冷却到-37℃，在气液分离罐分出气相和液相两部分，分别作为脱甲烷塔的两股进料，气相和凝液进入高压脱甲烷塔的适当位置，以降低脱甲烷塔的操作负荷。

脱甲烷塔利用原料气提供再沸热量。含C_2、C_3组分的塔釜物流分成两股物流，一股物流送到脱乙烷塔作为上部进料；另一股物流用于冷却原料气压缩机三段排出罐的气相物流并送往脱乙烷塔，作为脱乙烷塔下部进料。脱甲烷塔顶物流经尾气换热器加热后送到界外燃料气系统。

根据拉乌尔定律，理想溶液在固定温度下，其中每一组分的蒸气压与溶液中各组分的摩尔分数成正比，其比例系数等于各组分在纯态下的蒸气压。将来自丙烯精馏塔釜的丙烷洗物流，利用尾气及不同级别的丙烯冷剂过冷后，注入脱甲烷塔回流线，利用丙烷作为冲洗介质，回收脱甲烷塔顶物料中的乙烯组分，减少了塔顶物流的乙烯损失。此外，由于原料气压缩机采用四段压缩，脱甲烷塔有足够高的压力，可以利用-40℃的丙烯冷剂作为塔顶冷凝器的冷却介质，也能够同时降低塔顶物料中的乙烯损失。

（3）脱乙烷及乙炔加氢系统。

脱甲烷塔釜产品分成两股物流作为脱乙烷塔的进料。脱乙烷系统的作用是将原料气分离出两个馏分，塔顶为乙烯、乙烷及少量轻组分，塔釜为C_3及以上重组分。由于采用前脱丙烷工艺流程，已经脱除了C_4及以上重组分，因此脱乙烷塔釜组分基本为丙烯、丙烷和微量重组分。

脱乙烷塔顶气相物料用丙烯冷剂进行部分冷凝，作为脱乙烷塔的回流。再沸器加热介质为MTO装置的水洗水，以回收反应热量达到节能目的。辅助再沸器利用脱过热的低低压蒸汽加热，在开工初期或水洗水事故情况下使用。

脱乙烷塔顶物料中的乙炔在单床乙炔加氢反应器中选择性加氢脱除。乙炔加氢反应器设置一台备用床，在催化剂需要再生时进行切换使用，保证装置的连续运行。脱乙烷塔顶的物料利用加氢反应器出口的物料进行预热，与一定比例的氢气混合，并进一步利用急冷水加热后通过加氢反应器床层。加氢反应器出口物料通过冷却水及加氢反应器入口物料进行冷却。

在加氢过程中，一小部分乙炔会转化为混合的聚合物"绿油"。"绿油"必须从乙烯精馏塔的进料中彻底清除，防止出现冻堵的问题。"绿油"是通过加氢反应器的出口物料与一股乙烯/乙烷的混合物料充分接触去除。乙烯/乙烷的混合物料来自乙烯精馏塔的侧线。含有"绿油"的液体返回脱乙烷塔。脱除的"绿油"从脱乙烷塔釜送到丙烯精馏系统，最终随丙烷物料进入燃料气系统。"绿油"缓冲罐的气相物流通过乙烯干燥器干燥后进入乙烯精馏塔。乙烯干燥系统设计为单台分子筛干燥器。

加氢反应器中催化剂的再生是利用中压蒸汽与工业风的混合物来完成。为避免蒸汽冷凝，在蒸汽引入反应器床层前，利用来自再生系统的热氮气对催化剂进行升温。而后引蒸汽进入反应器床层，同时引工业风入催化剂床层，并逐渐提高催化剂中氧气的浓度。

(4) 乙烯精馏系统。

加氢反应器脱炔后的 C_2 物流进入乙烯精馏系统，在乙烯精馏塔顶部分离出合格的液相乙烯产品，塔釜乙烷组分送入燃料气管网。

在乙烯精馏塔中，精馏段顶部出现一个甲烷恒浓度区，此区域内塔板对甲烷分离效果明显降低，因此塔顶设计巴氏精馏段以脱除轻组分，而在巴氏精馏段底部采取侧线采出乙烯产品，保证乙烯产品的纯度。即便如此，也要严格控制乙烯精馏塔进料中的甲烷含量，一旦甲烷含量超过巴氏精馏段操作能力，甲烷将随侧线产品采出进入乙烯产品。

由于乙烯精馏塔精馏段回流比较大，而提馏段回流比较小，为尽可能回收乙烯精馏塔内的冷量，设置乙烯精馏塔中间再沸器。

(5) 丙烯精馏系统。

丙烯精馏系统接收脱乙烷塔釜物料，在丙烯精馏塔顶分离出合格的液相丙烯产品，塔釜获得丙烷组分。

由于丙烷和丙烯相对挥发度非常低，因此丙烯精馏塔理论塔板数较多、回流比较大。为降低塔高度，设置上、下双塔丙烯精馏工艺流程。来自脱乙烷塔釜的 C_3 馏分进入上塔，塔顶物流使用循环冷却水冷凝，一部分液相丙烯作为回流返回上塔，一部分作为丙烯产品送出装置。上塔再沸器的热量由 MTO 装置来的急冷水提供，塔釜物料送至下塔。下塔再沸器的热量由 MTO 装置来的水洗水提供，另设一台备用的蒸汽再沸器，利用脱过热的低压蒸汽提供热量。

下塔塔顶气相进入上塔精馏，塔釜抽出的丙烷被分成两股物流：一股丙烷物流被冷却后送到脱甲烷塔作为丙烷冲洗液，在系统内循环利用；而剩余的丙烷经尾气换热器换热后送至界区外的燃料气系统或作为丙烷产品装车。

丙烯产品冷却后经过丙烯产品保护床精制后送出界区。丙烯产品保护床系统设有两台，一台操作，一台备用，用于脱除丙烯产品中的甲醇和其他含氧化合物。丙烯产品中丙炔(MA)、丙二烯(PD)含量极低，在产品质量指标范围内，因此不需要设置加氢反应器进行脱除。

(6) 脱丁烷系统。

脱丁烷系统的作用是将脱丙烷塔釜送来的 C_4 及以上重组分进行分离，在塔顶分出 C_4 产品，塔釜分出混合 C_{5+} 产品。一般来讲，由于 MTO 反应气中 C_5 及以上重组分含量相对较低，因此不再设置脱戊烷塔系统，重组分直接随 C_5 产品一起作为混合 C_{5+} 产品。如果某一项目综合考虑后需要利用 C_5 产品，将设置脱戊烷塔系统分离出 C_5 产品及 C_6 以上重组分。

脱丁烷塔顶物流采用冷却水作为冷却介质，塔釜物流采用脱过热的低压蒸汽作为加热介质。根据脱丁烷塔进料组成特性，脱丁烷塔釜可以在较低温度下操作；又因为进料中丁二烯组分含量低，所以塔釜再沸器结垢程度较轻，阻聚剂的注入可以根据实际操作情况灵活调整。

3. 主要产品及技术指标

1）产品指标

烯烃分离技术主要产品为乙烯、丙烯、混合 C_4、混合 C_{5+} 等，产品指标见表 4-5-2 至表 4-5-5。其中，乙烯满足 GB/T 7715—2014《工业用乙烯》标准，丙烯满足 GB/T 7716—2014《聚合级丙烯》标准。若项目综合评估后，不考虑利用 C_5，则无须设置脱戊烷塔系统分离出混合 C_5 产品。

表 4-5-2 乙烯产品质量指标

组成	规格	组成	规格
乙烯含量/%	≥99.95	甲烷和乙烷含量/(mL/m³)	≤500
C_3 和 C_3 以上含量/(mL/m³)	≤10	一氧化碳含量/(mL/m³)	≤1
二氧化碳含量/(mL/m³)	≤5	氢含量/(mL/m³)	≤5
氧含量/(mL/m³)	≤2	乙炔含量/(mL/m³)	≤3
硫含量/(mg/kg)	≤1	水含量/(mL/m³)	≤5
甲醇含量/(mg/kg)	≤5	二甲醚含量/(mg/kg)	≤1

表 4-5-3 丙烯产品质量指标

组成	规格	组成	规格
丙烯含量/%	≥99.6	烷烃含量	报告
乙烯含量/(mL/m³)	≤20	乙炔含量/(mL/m³)	≤2
甲基乙炔+丙二烯含量/(mL/m³)	≤5	氧含量/(mL/m³)	≤5
一氧化碳含量/(mL/m³)	≤2	二氧化碳含量/(mL/m³)	≤5
丁烯+丁二烯含量/(mL/m³)	≤5	硫含量/(mg/kg)	≤1
甲醇含量/(mg/kg)	≤10	二甲醚含量/(mg/kg)	≤2
水含量/(mg/kg)	≤10		

注：水含量也可以由供需双方协商确定。

表 4-5-4 混合 C_4 产品质量指标

组成	规格
C_3 及以下/%(质量分数)	≤0.5
C_5 及以上/%(质量分数)	≤0.5

表 4-5-5　混合 C_5 产品质量指标

组成	规格
C_4 及以下/%(质量分数)	≤0.5

2) 技术指标

衡量烯烃分离技术的指标包括能耗、投资和产品回收率，尤其是主产品乙烯、丙烯的回收率。但这三个指标通常是相互矛盾的：如果要求产品回收率高，往往意味着较高的能耗和(或)投资。一个较好的烯烃分离技术应该能够同时兼顾三个方面的要求，从而实现生产成本最低。

一般来说，脱甲烷塔顶乙烯损失率不大于 3.5%(摩尔分数)；整个烯烃分离系统内丙烯回收率不小于 99.3%(摩尔分数)。

三、烯烃分离主要工艺技术

世界上首套用于工业化生产的煤制烯烃项目烯烃分离装置位于中国内蒙古自治区包头市，由中国神华煤制油化工有限公司建设和运营，采用的是美国 Lummus 公司的工艺专利技术。在项目运行过程中，通过对 NO_x 去除的工程方案措施、低温热回收的工程应用、脱甲烷塔顶吸收剂的选择、含氧化合物回收的工程设置、酸性气脱除技术工程化、原料的净化分离、换热流程选择优化等方面工程化的研究，开发了世界首套煤基甲醇制低碳烯烃反应产物分离技术，并首次成功应用。目前，投产的、在建的和筹备当中的煤制烯烃项目烯烃分离装置大部分都选择了 Lummus 公司的工艺专利技术，其他的则选择 WISON 公司、KBR 公司的工艺专利技术。

根据不同专利商的研究结果，MTO 的顺序深冷流程和前脱丙烷—中冷丙烷吸收流程的能耗水平基本相当。但是，目前绝大多数专利商都推荐采用中冷油吸收流程，有助于降低投资和运行成本。中冷油吸收流程不需要乙烯压缩机、冷箱等低温设备，大量减少低温钢材用量，从而降低装置投资。此外，最主要的原因是由于 MTO 技术的流化反应形式，会有 NO_x 的生成，NO_x 在 -80℃ 工况下可能会出现结晶析出，尤其在冷箱处易发生堵塞爆聚，因此采用常规的乙烯分离技术有很大的安全风险。为了规避风险，在流程设计上取消深冷分离流程，神华包头煤制烯烃示范项目中烯烃分离采用中冷丙烷吸收流程，装置运行平稳，产品质量合格，各项技术指标达到设计要求，证明中冷丙烷吸收流程在工业化装置中运行是可靠的。

国内外 MTO 装置烯烃分离技术的工艺特点见表 4-5-6。Lummus 公司、WISON 公司、KBR 公司、北京 MAXstone 公司和 SSEC 公司均采用前脱丙烷溶剂吸收分离工艺。

表 4-5-6　国内外 MTO 装置烯烃分离技术的工艺特点

专利商	技术分类	技术名称	技术特点
Lummus	溶剂吸收法	前脱丙烷、丙烷洗	吸收塔与解析塔耦合成一个脱甲烷塔，丙烯损失量更低
WISON	溶剂吸收法	前脱丙烷、预切割和油吸收	采用低压单段乙烯制冷机，洗油作为吸收剂

续表

专利商	技术分类	技术名称	技术特点
KBR	溶剂吸收法	前脱丙烷、混合 C_3 洗	脱甲烷塔顶冷凝器放在脱甲烷塔顶上,吸收流程短,吸收剂的循环流程也较短
北京麦克斯通公司(MAXstone)和中石化上海工程有限公司(SSEC)	溶剂吸收法	前脱丙烷、混合 C_2/C_3 吸收	低压脱丙烷塔顶产品经冷凝后作为吸收剂直接进入脱甲烷塔,取消了乙烯冷冻机
LPEC	深冷分离法	前脱乙烷、深冷丙烷洗	不采用乙烯制冷,丙烷洗回收乙烯
UOP	固体吸收法	前脱乙烷、变压吸附	采用变压吸附回收脱甲烷塔顶气中的乙烯
SEI	溶剂吸收法	前脱乙烷、混合 C_4 洗	为了降低溶剂吸收的循环量,采用两个完全相同的脱甲烷塔

1. Lummus 公司工艺技术

Lummus 公司烯烃分离技术工艺流程为前脱丙烷—后加氢—丙烷洗流程(图 4-5-1)。从图中可以看出,水洗塔和碱洗塔设在原料气压缩机二段排出,碱洗塔为三段碱洗和一段水洗。脱丙烷塔设在压缩机三段出口,分为高、低压脱丙烷,可降低系统结垢程度。吸收塔与解析塔耦合成一个脱甲烷塔,脱甲烷塔采用丙烯制冷,利用丙烯精馏塔釜的丙烷作为吸收剂在脱甲烷塔中吸收 C_2 和 C_3,然后去脱乙烷塔进行进一步分离,吸收剂丙烷在系统内循环使用。脱甲烷塔顶燃料气进入全厂燃料气管网。乙烯精馏塔采用侧线抽出,提高乙烯产品纯度。

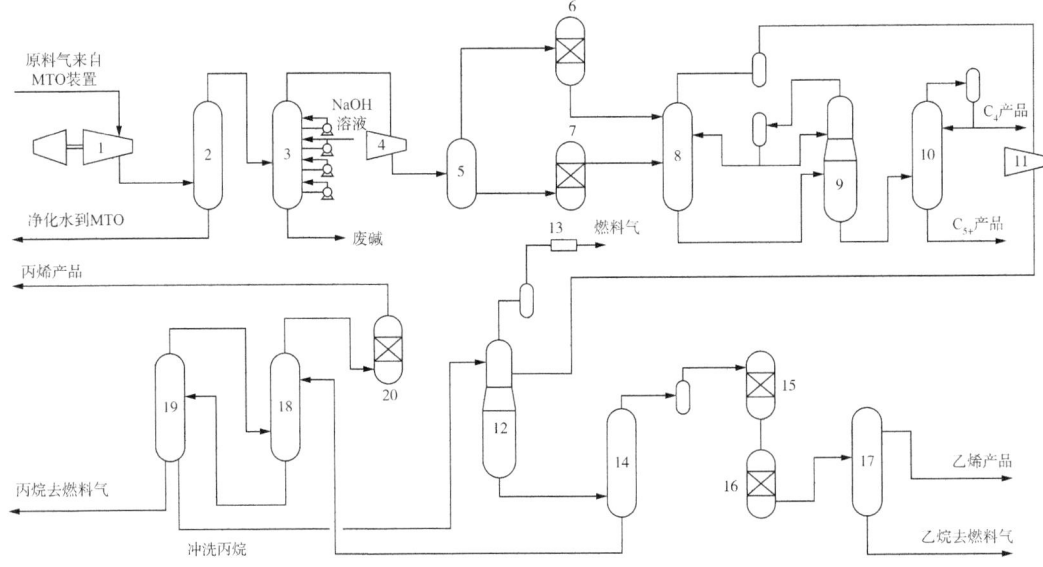

图 4-5-1 Lummus 公司前脱丙烷—后加氢—丙烷洗原则流程图

1—原料气压缩机一段、二段;2—水洗塔;3—碱洗塔;4—原料气压缩机三段;5—气液分离罐;6—原料气干燥器;7—液相干燥器;8—高压脱丙烷塔;9—低压脱丙烷塔;10—脱丁烷塔;11—原料气压缩机四段;12—脱甲烷塔;13—冷箱;14—脱乙烷塔;15—乙炔加氢反应器;16—乙烯干燥器;17—乙烯精馏塔;18—2 号丙烯精馏塔;19—1 号丙烯精馏塔;20—丙烯产品保护床

2. WISON 公司工艺技术

WISON 公司烯烃分离技术工艺流程为前脱丙烷—后加氢—预切割—油吸收流程（图 4-5-2）。从图中可以看出，该流程与 Lummus 公司前脱丙烷—后加氢—丙烷洗工艺流程类似，水洗塔和碱洗塔设在原料气压缩机二段排出，碱洗塔为三段碱洗和一段水洗；脱丙烷塔设在压缩机三段出口，分为高、低压脱丙烷，可降低系统结垢程度；乙烯精馏塔采用侧线抽出，提高乙烯产品纯度。该流程与 Lummus 公司工艺流程的主要区别在于脱甲烷塔（采用油吸收塔）之前设置了预切割塔，先将一部分 C_2 和全部的 C_3 分离出来去脱乙烷塔，氢气、甲烷和一部分 C_2 进入脱甲烷塔进行丙烷吸收，吸收下来的 C_2 和 C_3 返回预切割塔进行分离。吸收剂丙烷同样来自丙烯精馏塔釜，在系统内循环使用。

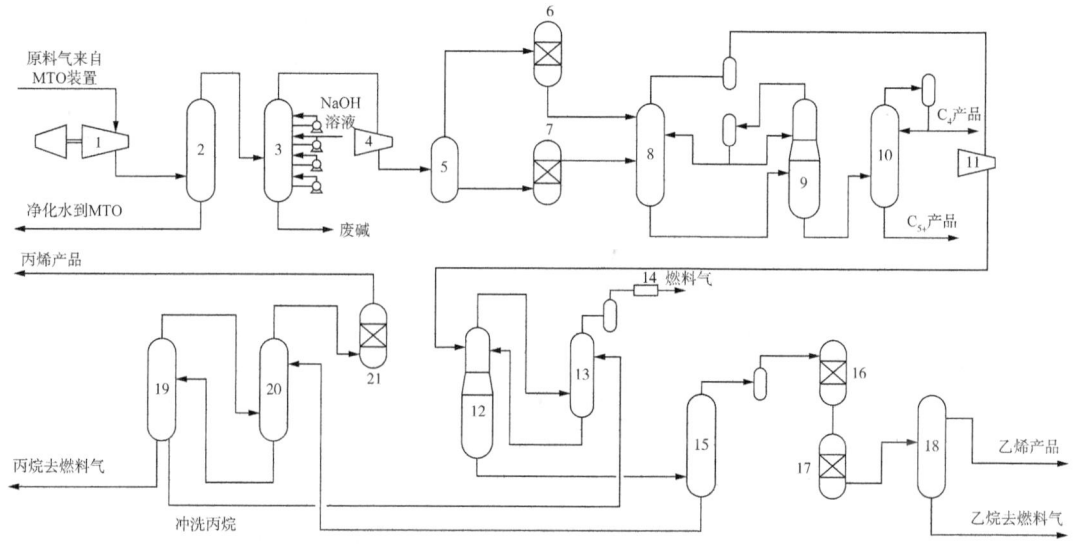

图 4-5-2　WISON 公司前脱丙烷—后加氢—预切割—油吸收原则流程图

1—原料气压缩机一段、二段；2—水洗塔；3—碱洗塔；4—原料气压缩机三段；5—气液分离罐；6—原料气干燥器；7—液相干燥器；8—高压脱丙烷塔；9—低压脱丙烷塔；10—脱丁烷塔；11—原料气压缩机四段；12—预切割塔；13—油吸收塔；14—冷箱；15—脱乙烷塔；16—乙炔加氢反应器；17—乙烯干燥器；18—乙烯精馏塔；19—2 号丙烯精馏塔；20—1 号丙烯精馏塔；21—丙烯产品保护床

3. KBR 公司工艺技术

KBR 公司烯烃分离技术工艺流程为前脱丙烷—后加氢—混合 C_3 洗流程（图 4-5-3）。从图中可以看出，原料气压缩机一段、二段之间设置凝液汽提塔。水洗塔和碱洗塔设在原料气压缩机三段排出，碱洗塔为三段碱洗和一段水洗。脱丙烷塔设在压缩机三段，脱丙烷塔可以是双塔脱丙烷，也可以单塔脱丙烷。吸收塔与解析塔耦合成一个脱甲烷塔，脱甲烷塔顶冷凝器放在脱甲烷塔顶。KBR 公司烯烃分离技术工艺流程与 Lummus 公司工艺流程最主要的区别在于吸收剂的种类和来源不同，混合 C_3 有两股，除了一股来自丙烯精馏塔釜的丙烷（与前相同），另一股来自脱乙烷塔釜富含丙烯和丙烷的 C_3 物料（主要为丙烯）。乙烯精馏塔采用侧线抽出，提高乙烯产品纯度。

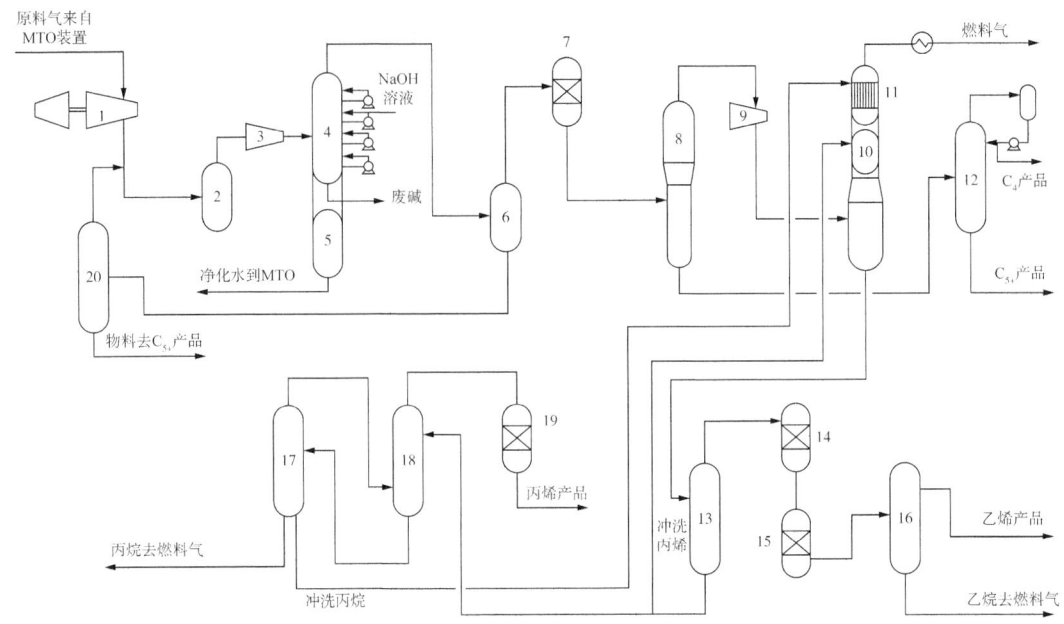

图 4-5-3　KBR 公司前脱丙烷—后加氢—混合 C_3 洗原则流程图

1—原料气压缩机一段；2——段排出气液分离罐；3—原料气压缩机二段、三段；4—碱洗塔；5—水洗塔；
6—干燥器进料气液分离罐；7—气相干燥器；8—高压脱丙烷塔；9—原料气压缩机四段；10—脱甲烷塔；
11—脱甲烷塔冷却器；12—脱丁烷塔；13—脱乙烷塔；14—乙炔加氢反应器；15—乙烯干燥器；16—乙烯精馏塔；
17—1 号丙烯精馏塔；18—2 号丙烯精馏塔；19—丙烯产品保护床；20—凝液汽提塔

对于 Lummus、WISON、KBR 三家公司的烯烃分离技术，Lummus 公司前脱丙烷—后加氢—丙烷洗技术是在神华包头煤制烯烃示范项目中已经采用的流程，可以作为分析的基本流程，其他流程根据各自特点与基本流程进行比较分析。WISON 公司前脱丙烷—后加氢—预切割—油吸收技术与前脱丙烷—后加氢—丙烷洗技术十分相似，该技术由于先将一部分 C_2 和全部 C_3 分离出来，进入脱甲烷塔的物料量减少，可以减少脱甲烷塔吸收剂的用量，相应减少了脱甲烷塔的操作能耗及吸收剂的循环能耗，但是由于多了预切割塔，增加了预切割塔的操作能耗。KBR 公司的前脱丙烷—后加氢—混合 C_3 洗技术与上述两种技术的区别在于采用的吸收剂不同，吸收剂的循环路线不同。混合 C_3 洗技术吸收剂在脱甲烷塔和脱乙烷塔间循环；吸收剂循环路线短，能耗较低，但吸收乙烯时损失的吸收剂以丙烯为主。丙烷洗技术中丙烷作为吸收剂时，吸收剂在脱甲烷塔、脱乙烷塔和丙烯精馏塔间循环；吸收剂循环路线较长，能耗较高，但吸收乙烯过程中损失的吸收剂以丙烷为主。丙烯和乙烯为同系物，丙烯对乙烯的吸收作用比丙烷强，因此混合 C_3 洗的吸收剂用量和循环量均较少，循环工艺路线较短，设备投资和运行成本都较低，能耗也较低。前脱丙烷工艺的脱丙烷塔可采用高压塔和低压塔两塔组合，或单塔脱丙烷。高、低压双塔脱丙烷，理论上可以抑制聚合。但从目前 MTO 产品的组成看，二烯烃和炔烃的含量非常少，聚合现象不明显，可采用单塔脱丙烷。

4. 其他工艺技术

除了以上三种工艺技术应用于烯烃分离过程中，还有一些其他烯烃分离技术，如 LPEC

公司的前脱乙烷—丙烷洗(深冷分离)工艺技术；UOP 公司的前脱乙烷—变压吸附(固体吸收)工艺技术；SEI 公司的前脱乙烷—后加氢—混合 C_4 洗工艺技术；MAXstone 公司和 SSEC 公司的前脱丙烷—混合 C_2/C_3 吸收工艺技术等。其中，SEI 公司的前脱乙烷—后加氢—混合 C_4 洗工艺技术已被应用于中国石化中原石油化工有限责任公司 $60×10^4$t/a MTO 项目(采用的 S-MTO 技术)。

四、烯烃分离技术展望

目前已建的 MTO 工业化示范项目中，烯烃分离装置运行都较为平稳，但是与传统的石脑油蒸汽裂解制乙烯相比，MTO 装置的烯烃分离流程和技术还有较大的改进和优化余地。烯烃分离流程的优化，对于 MTO 装置的节能降耗和技术升级具有重要意义。

以中冷油吸收方式的 MTO 烯烃分离流程基本趋于成熟，较多的专利商提出了各自的中冷分离流程，这些流程各有特色和优缺点，现有分离流程在设备投资、综合能耗、局部单元分离效率等方面仍有较大优化、升级的空间，尤其是综合能耗方面。现有的传统分离技术达到瓶颈，急需新方法、新思路来进行技术革新与升级换代，实现提高能效、降低成本。目标是开发出流程简单、可靠、投资少、能耗低、对进料组成变化适应性强的分离技术。短期内的 MTO 烯烃分离流程发展仍然将以低投资、低能耗、高收率、长运行周期为主，进一步开发副产品深加工综合利用技术为辅，实现综合经济效益最大化。未来 MTO 烯烃分离流程的长期发展仍需不断开发新型高效分离技术，引领技术的变革与升级，进一步提高综合经济效益。

1. 低投资、低能耗、高收率、长运行周期

MTO 烯烃分离流程中设备投资、目标产品收率、综合能耗三者决定了流程的综合经济效益。现有的 MTO 烯烃分离流程所采用的分离技术大都相近，因此不同分离流程的设备投资和目标产品回收率差异不大，但综合能耗存在一定差异。其中，综合能耗在压缩过程(如压比)、操作条件(如温度与压力)、能量匹配(如冷剂、热源合理利用)及局部分离单元结构(如单塔或双塔，冷剂、热源进入位置)等方面仍有较大优化空间。现有 MTO 烯烃分离流程将向低能耗、长运行周期方向发展。全流程模拟、先进控制与优化技术相结合的方式仍是节能创效的有效措施，可实现目标产品经济效益最大化，最大限度回收系统余热，合理匹配蒸汽系统供能以及 MTO 产品气压缩和中冷分离过程用能，并辅以各种先进控制技术，确保工艺参数平稳地运行在最优值附近，延长运行周期，减少产品损失，有效降低物耗、能耗等费用，实现节能降耗。此外，由于 MTO 技术产品气中的氧化物含量较高，导致碱洗塔中的"黄油"产量过大，很容易导致系统堵塞，在技术研发中应将此问题作为攻关内容之一。

2. 副产品深加工利用

MTO 烯烃分离流程的副产品主要有氢气、甲烷、乙烷、丙烷、混合 C_4、C_{5+} 等。由于 MTO 反应大多采用 SAPO-n 系列(如 SAPO-34)催化剂，甲醇转化率在 99% 以上，不同类型 MTO 反应器出口混合气组分差异不大。以 DMTO 产品气组成为例，氢气、甲烷、乙烷含量少，大多直接作为燃料气，丙烷含量低[约 2%(摩尔分数)]，主要作为吸收剂；混合 C_4、C_{5+} 组分含量约为 8%(摩尔分数)，其中混合 C_4 组分以丁烯为主，可利用价值高。由此，越来越多研究开始关注混合 C_4 和 C_{5+} 组分深加工利用技术，目前主要有如下两类：一类是利用混合 C_4 和 C_{5+} 组分深加工来增产乙烯和丙烯（双烯选择性可达 85%～90%），如 Lummus 公司的 OCT（乙烯与 C_4 烯烃发生歧化反应生成丙烯）、UOP 公司的 OCP（C_4 裂解制丙烯和乙烯）、中国石化的 OCC（C_4 裂解制丙烯）、中科院大连化物所的 DMTO-II（C_{4+} 组分裂解联产丙烯和乙烯）等技术；另一类是利用混合 C_4 组分来进一步生产高附加值产品，如丁烯氧化脱氢制丁二烯、异丁烷与丁烯反应生成高辛烷值的 C_8 异构烷烃混合物（作为优异的汽油调和组分）、混合 C_4 生产 2-丙基庚醇、混合 C_4 芳构化生产芳烃、混合 C_4 生产线性 α-烯烃（LAO）等技术。虽然上述技术有的已实现工业应用，但仍有进一步完善的空间（如裂解效率提升）；此外，随着市场需求变化，副产品深加工可以向多元化、高附加值方向发展，追求综合效益最大化。

3. 新型高效分离技术

随着以中冷油吸收方式的 MTO 烯烃分离流程逐渐趋于成熟，现用的分离技术也进入瓶颈。为进一步降低装置能耗、设备投资，提高分离效率，延长操作周期，提高综合经济效益，近年来许多新型高效分离技术相继涌出，尤其在烯烃与烷烃分离方面。现有的常规精馏技术（如乙烯精馏塔、丙烯精馏塔）存在设备尺寸大、塔板数多、能耗高等不足，基于此，近些年来涌现了许多新技术，如萃取精馏技术、膜分离技术、变压/变温吸附分离技术、吸收分离技术等。虽然大多数技术仍不够成熟，离工业化仍有一定距离，但其有较好的发展前景，一旦技术突破且产业化，势必将带来革新，大幅提升综合经济效益。此外，对于脱甲烷塔系统，早期的深冷分离到中冷油吸收分离转化，脱甲烷塔分离技术实现升级，但目前仍存在脱甲烷塔顶吸收剂跑损过多、吸收剂循环回路过长导致能耗增大等问题，有待开发更先进、效果更好的分离技术。

综上，未来煤（甲醇）制烯烃项目烯烃分离技术的选择应综合考虑各个方案的特点，能够兼顾能耗、投资、产品回收率（尤其是乙烯、丙烯回收率）三个主要指标的要求，从而实现生产成本最低、整体效益最大。烯烃分离技术还需适应 MTO 与下游 C_{4+} 综合利用组合工艺的特点，总体优化全系统能耗、投资、运行费用等。

第六节 甲醇制二甲醚

一、二甲醚概述

二甲醚（dimethyl ether，DME），又称木醚、甲醚，为一种结构简单的脂肪醚。特有的理化性能确定了二甲醚在国内外市场上的基础产业地位，可广泛应用于农业、工业和日常生活。未来可大量替代汽车燃油、城市煤气、石油液化气等，市场前景广阔，是国内外优先发展的产业。

1. 二甲醚理化性质

1）物理性质

二甲醚的分子式为 C_2H_6O，结构式为 $CH_3—O—CH_3$，分子量为 46.07，其物理性质见表 4-6-1。

表 4-6-1 二甲醚的物理性质

项目	数据	项目	数据
沸点(101.3kPa)/℃	-24.9	蒸气压(20℃)/MPa	0.53
熔点/℃	-141.5	燃烧热(气态)/(kJ/mol)	1455
闪点(开杯法)/℃	-41.4	生成热(气态)/(kJ/mol)	-185.5
密度(20℃)/(g/mL)	0.661	熔融热/(kJ/kg)	107.3
临界压力/MPa	5.32	-24.8℃蒸发热/(kJ/mol)	467.4
临界温度/℃	128.8	生成自由能/(kJ/mol)	-114.3
临界密度/(g/mL)	0.2174	25℃熵/[J/(mol·K)]	266.8
自燃点/℃	350	蒸气密度(298.16K, 101.3kPa)/(kg/m^3)	1.91753~1.9836
空气中爆炸极限/%(体积分数)	3.45~26.7	25℃介电常数/(F/m)	5.02

二甲醚的沸点低，在水中溶解度较高，当含有5%乙醇时，二甲醚与水几乎以任意比例进行混溶。常温常压条件下，二甲醚的溶解度见表4-6-2。

表 4-6-2 二甲醚的溶解度(25℃)

溶剂	溶解度/%(质量分数)	溶剂	溶解度/%(质量分数)
水(24℃)	35.3	丙酮	11.83
-40℃汽油	64	苯	15.29
0℃汽油	19	氯苯(106kPa)	18.56
25℃汽油	7	乙酸甲酯(93.86kPa)	11.1
四氯化碳	16.33		

此外，二甲醚可与大部分极性或非极性溶剂相溶，易溶于汽油、四氯化碳、苯、丙酮、氯苯和乙酸甲酯等化学品，是一种性能优异的溶剂。在不同压力下，二甲醚在几种典型有机溶剂中的溶解度见表4-6-3。

表 4-6-3 不同压力下二甲醚在有机溶剂中的溶解度(25℃)

四氯化碳		丙酮		苯		氯苯		乙酸甲酯	
压力/mmHg	二甲醚/%(摩尔分数)	压力/mmHg	二甲醚/%(摩尔分数)	压力/mmHg	二甲醚/%(摩尔分数)	压力/mmHg	二甲醚/%(摩尔分数)	压力/mmHg	二甲醚/%(摩尔分数)
11.24	0	229.2	0	93.7	0	11.6	0	213.4	0
237.6	3.00	311.7	1.79	196.9	2.30	120.4	6.21	293.2	1.75
360.1	5.96	403.1	3.78	372.6	6.32	310.5	7.20	440.6	5.08
464.8	8.52	548.2	7.01	503.0	9.32	423.3	9.74	576.0	8.17
612.8	12.17	650.8	9.33	634.8	12.29	550.8	12.78	704.4	11.17
782.4	16.33	762.3	11.83	761.4	15.29	795.3	18.55	812.3	13.65
932.7	19.93	939.1	15.77	913	18.84	957.9	22.14	923.5	16.27
1072.9	23.30	1075.0	18.93	1006.7	21.00	1072.1	24.71	1039.7	19.50

在压力小于101.3kPa的条件下，二甲醚的蒸气压和温度的对应关系见表4-6-4。

表 4-6-4 二甲醚在不同温度下的蒸气压

温度/K	蒸气压/kPa	温度/K	蒸气压/kPa
171.63	0.66	218.01	21.91
177.71	1.13	223.25	29.56
178.21	1.18	228.05	38.33
183.41	1.84	233.13	49.81
194.93	4.68	238.05	63.81
202.49	8.12	241.97	76.21
207.90	11.71	245.48	89.36
213.12	16.31	248.24	100.85

2) 化学性质

二甲醚作为重要的化工原料，可以合成多种化学品。二甲醚与 SO_3 反应可生成硫酸二甲酯，也是重要的烷基化试剂，可广泛应用于农药、医药、香料和染料等精细化工领域，也可用作溶剂；二甲醚可以合成烷基卤化物，作为有机物的溶剂或生产多氯甲烷等的原料；二甲醚与苯胺反应生成 N,N-二甲基苯胺；二甲醚与 CO 进行反应可以生成醋酐、乙酸甲酯，最终得到醋酸；二甲醚还可以合成二甲基硫醚、碳酸二甲酯、乙二醇二甲醚系列醚化物等。

2. 二甲醚产品用途

二甲醚工业应用的大发展与氟氯烷的限制和禁止使用是紧密相关的。20世纪70年代初期，以氟氯烷为主的气雾剂制品迅猛发展，但氟氯烷对大气臭氧层有严重的破坏作用，因而受到禁用和限制。而二甲醚的饱和蒸气压与二氟二氯甲烷(氟里昂-12)相近，同时对环境友好，因而成为氟里昂的理想替代品。目前，气雾剂产品已经成为二甲醚的主要应用市场，年用量为 $(3\sim5)\times10^4$ t。

二甲醚的另一个主要用途是作为制冷剂。二甲醚汽化热大、沸点低、汽化效果好，在蒸发和冷凝特性方面接近氟里昂，目前国内外正在开发二甲醚替代氟里昂在空调、冰箱、食品保鲜等领域的应用研究。同时，二甲醚还可以用来作为发泡剂，使泡沫塑料的孔洞大小均匀，耐压性、柔韧性增强。

燃料是二甲醚产业最有前途的发展方向。二甲醚较液化气十六烷值高，燃烧更完全，排放污染小。作为燃料，目前二甲醚主要用于替代液化气作为民用燃料，替代柴油用作车用燃料、汽轮机燃料以及发电。

此外，二甲醚还可用来合成多种化工产品或参与多种化工产品的合成。

3. 二甲醚包装、贮存及运输

二甲醚与液化气具有相似的物性，GB 12268—2012《危险货物品名表》、GB 6944—2012《危险货物分类和品名编号》、GB 13690—2009《化学品分类和危险性公示 通则》等仍适用于二甲醚。二甲醚输送与储藏系统同液化气，对金属无腐蚀，对运输船只、储槽、管材等的影响与液化气的影响几乎无差别。

二甲醚一般储存在约-25℃的低温贮槽中，所需压力可比液化气略低。二甲醚的蒸发潜热与丙烷相近，有利于降低二甲醚的生产运营成本。

二、二甲醚生产商概况

1. 国外生产商情况

国外大规模生产二甲醚始于1995年，二甲醚生产商主要集中在美国、日本、德国、澳大利亚等国家。截至2014年，二甲醚主要生产商共有10家，其中德国汉堡DEA公司产能最大，达到$6.5×10^4$t/a，荷兰阿克苏-诺贝尔公司和美国杜邦公司产能均为$3.0×10^4$t/a。截至2018年，国外主要二甲醚生产商基本情况见表4-6-5。

表4-6-5 世界主要二甲醚生产商

序号	厂家名称	地点	生产能力/(10^4t/a)	工艺技术
1	DEA公司	德国	6.5	甲醇气相脱水法
2	杜邦公司	美国	3.0	甲醇气相脱水法
3	联合莱茵河煤燃料公司	德国	3.0	甲醇气相脱水法
4	阿克苏-诺贝尔公司	荷兰	3.0	甲醇气相脱水法
5	康盛公司	中国台湾省	1.8	甲醇气相脱水法
6	住友精化公司	日本	1.0	甲醇气相脱水法
7	DEA公司	澳大利亚	1.0	甲醇气相脱水法
8	Hamborsidc公司	英国	1.0	甲醇气相脱水法
9	CSR公司	澳大利亚	1.0	甲醇气相脱水法
10	三井东压化学公司	日本	0.5	甲醇气相脱水法

2. 国内生产商情况

国内从20世纪90年代初开始建设二甲醚生产装置，2002年以前，国内只有广州中山精细化工厂等少数几家生产商生产二甲醚，总产能约为$3.2×10^4$t/a，年产量约为$2×10^4$t，主要工艺为甲醇液相脱水法和甲醇气相脱水法。2002年后，国内二甲醚发展迅速，在扩大装置规模的基础上，生产技术水平有了大幅度的提高，到2005年，国内二甲醚产能已经达到$20×10^4$t/a。同时，国内技术专利商与生产商合作，开展合成气直接合成二甲醚的技术开发和中试装置建设。2005—2008年，我国二甲醚产业发展迅猛，2008年已经成为全球最大的二甲醚生产国家，二甲醚的产能达到$409.65×10^4$t/a，占全球总产能的90%以上；2009年，国内二甲醚产能为$600×10^4$t/a。快速投产导致二甲醚产能在2014年达到约$1100×10^4$t/a，随着国家出台相应政策且天然气的普及，下游燃烧需求收窄，部分地区严格检查混掺气，南方市场严重萎缩，二甲醚产能过剩严重。2016年，二甲醚开启去产能化，但剩余产能利用率依旧较低。2017年起，二甲醚陆续有新增产能，河南心连心化学工业集团股份有限公司两套$20×10^4$t/a、内蒙古盛德源化工有限公司$25×10^4$t/a、山西金达煤化工科技有限公司$5×10^4$t/a 二甲醚装置陆续投产，但部分装置也在陆续拆除。截至2020年底，国内二甲醚产能累计为 739.5×10⁴t/a。

三、二甲醚合成工艺

1. 二甲醚合成工艺发展历程

二甲醚最初是采用甲醇脱水法合成，具体如下：由合成气制取甲醇，得到的甲醇在催化剂的作用下脱水生成二甲醚，受热力学限制。该工艺转化率较低，生产成本高。甲醇脱水合成二甲醚的化学反应方程式如下：

$$2CH_3OH \longrightarrow (CH_3)_2O + H_2O + 23.4 kJ/mol$$

根据原料进料的相态不同，甲醇脱水法生产工艺又分为气相脱水和液相脱水两种工艺。目前，二甲醚的生产工艺已由传统的浓硫酸作用下的液相甲醇脱水法，逐渐升级为气相甲醇脱水法和合成气一步法。

20世纪70年代，由于石油危机爆发，欧美国家首先开展由合成气经二甲醚合成汽油的研发，获得了一系列合成气制取二甲醚的发明专利，但总体而言，CO转化率偏低，二甲醚选择性较差。

20世纪80年代开始，随着大众对氟氯烃破坏臭氧层的持续关注，作为氟氯烃主要替代品，二甲醚的生产工艺得到大力发展。气相甲醇脱水合成二甲醚的两步法工艺，生产出的产品纯度高，易操作，很快成为生产二甲醚的主要工艺，如美国Mobil公司开发的两步法工艺，甲醇转化率为80%，二甲醚选择性达到98%以上。

20世纪90年代初，合成气一步法直接合成二甲醚的工艺技术日趋成熟。1991年，美国ACC公司开发出合成气浆态床一步法合成二甲醚技术，并建有10t/a中试装置；1995年，丹麦托普索公司也开发出一步法工艺技术，并建有50kg/d中试装置。

早期的二甲醚工业生产采用液相甲醇经硫酸脱水制取，腐蚀问题较为严重，环境污染大，因而逐渐被淘汰。目前，二甲醚工业化生产主要采用甲醇气相脱水法，该工艺虽然腐蚀小、无污染，但需要先经过甲醇才能制取二甲醚，从而导致二甲醚生产投资大、能耗高和生产成本高，同时二甲醚价格受甲醇市场影响较大，抗风险能力差。而合成气一步法制二甲醚工艺是由合成气通过催化剂床层直接合成二甲醚，具有工艺流程短、合成气转化率高等优点；但与两步法相比，合成气一步法制二甲醚工艺催化剂寿命短，反应产物分离难度大，关键设备复杂，能耗高，技术不够成熟，并且反应中伴随发生变换反应，产生CO_2，增加了脱碳单元的投资，同时增加了原料消耗，导致生产成本升高，国内外目前尚无较大规模的生产装置建成投产。

2. 二甲醚合成技术路线

二甲醚合成方法主要包括液相甲醇脱水法、气相甲醇脱水法、合成气一步法、CO_2加氢直接合成法和催化蒸馏法等。其中，前三种方法比较成熟，已有工业生产装置，后两种方法仍处于技术研发和工业放大阶段。

1）液相甲醇脱水法制二甲醚

液相甲醇脱水法制二甲醚最初采用硫酸作为催化剂，反应是在液相中进行的。该工艺可生产纯度为99.6%的二甲醚，主要用于对二甲醚纯度要求不高的领域。

(1) 反应机理。

以浓硫酸为催化剂，液相甲醇脱水反应生成二甲醚的化学反应方程式如下：

$$CH_3OH + H_2SO_4 \longrightarrow CH_3HSO_4 + H_2O$$
$$CH_3HSO_4 + CH_3OH \longrightarrow CH_3OCH_3 + H_2SO_4$$

(2) 工艺流程。

液相甲醇脱水法制二甲醚工艺流程如图4-6-1所示。该工艺过程反应温度低，转化率较高(>80%)，选择性较好(>98%)，既可以间歇生产，也可以连续生产，总投资较少，操作简单易行。

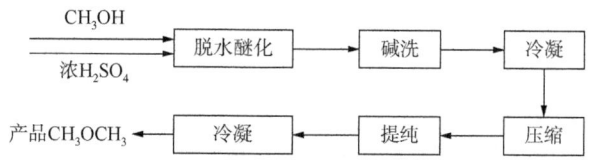

图4-6-1 液相甲醇脱水法制二甲醚工艺流程图

但浓硫酸作为催化剂，使用周期短，对甲醇的炭化作用严重，同时对设备、管线腐蚀也很严重，脱除反应还会产生大量的残酸和废水，污染环境；反应中间体硫酸氢甲酯毒性较大，对人体健康危害大；采用该工艺建成的工业生产装置规模都比较小，市场竞争力较差。以上种种因素限制了该工艺的进一步发展，目前处于逐渐被淘汰的境况。

(3) 典型合成工艺。

① 液相两步法工艺技术。

山东久泰化工科技股份有限公司采用自主开发的液相两步法工艺技术，于2001年9月率先建成了当时全国最大的5000t/a二甲醚生产装置；2003年12月底，建成当时国内最大的3×10⁴t/a二甲醚生产装置；2004年底，二甲醚扩能至5×10⁴t/a；2005年3月，10×10⁴t/a二甲醚装置建成投产，形成二甲醚产能15×10⁴t/a，是当时国内最大的二甲醚生产厂家。

山东久泰化工科技股份有限公司对传统液相法二甲醚合成工艺所使用的硫酸催化剂进行了改进，开发出复合酸催化剂（硫酸/磷酸液体复合酸）及其配套的新工艺，在温度为120~200℃、压力为0~0.05MPa的条件下，采用液—液接触，进行甲醇醚化脱水反应，从而避免了水和复合酸催化剂共沸现象，实现连续生产二甲醚的目的。

采用复合酸催化剂和冷凝分离技术，较传统的硫酸液相工艺，减少了设备腐蚀和设备投资，使反应和脱水能够连续进行，甲醇的总回收率可达到99.5%以上，二甲醚产品纯度可达到99.9%以上，生产成本有所降低。

② 阳离子型液体催化反应法制二甲醚技术。

四川达科特化工公司开发出阳离子型液体催化反应法制二甲醚技术，选用阳离子型液体催化剂，采用"液—液—气"的工艺路线，液相催化剂与液相甲醇接触充分，反应条件温和，反应温度为118~125℃，反应压力为0.05~0.10MPa，甲醇转化率可达到98%以上，二甲醚选择性可达到99.5%，二甲醚易分离提纯。阳离子型液体催化反应法制二甲醚技术工艺流程如图4-6-2所示。

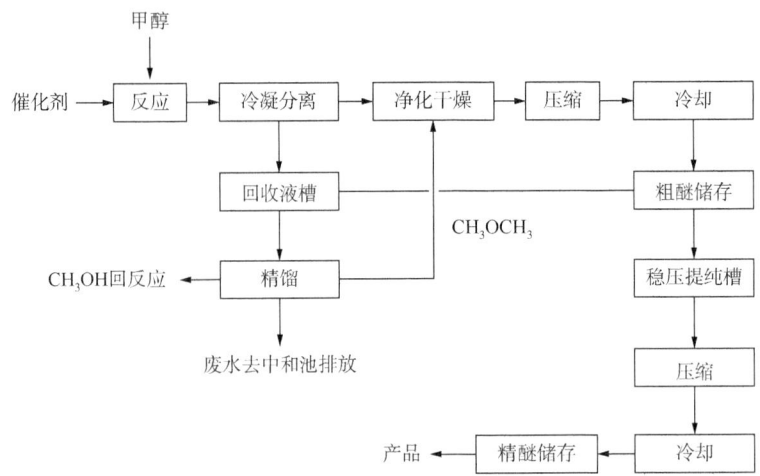

图 4-6-2 阳离子型液体催化反应法制二甲醚技术工艺流程图

该工艺已实现工业化生产，已建成 1000~3000t/a 规模的示范工厂。该工艺的技术特点如下：a. 催化剂和反应产物均为液相，接触充分、彻底，甲醇不需汽化，能耗低，物耗低；b. 催化剂不会失活，不需要再生，催化剂腐蚀性较硫酸低；c. 反应压力和反应温度比气相法低，反应稳定安全；d. 副反应少，不易生成甲醛等副产物。

2）气相甲醇脱水法制二甲醚

气相甲醇脱水法是指甲醇蒸气通过催化剂催化脱水制取二甲醚的工艺。该工艺的特点如下：生产操作简单，仪表自动化程度高，废水、废气排放少，低于国家标准的排放规定。该技术采用分子筛催化剂进行催化，反应操作温度为 200℃，甲醇转化率为 75%~85%，二甲醚选择性≥98%，二甲醚产品纯度≥99.9%（质量分数）。气相甲醇脱水法主要的工艺生产流程包括甲醇加热及蒸发单元、甲醇脱水单元，二甲醚冷却、冷凝及粗醚精馏单元等。目前，气相甲醇脱水法是国内外合成二甲醚的主要生产工艺。

(1) 工艺流程。

气相甲醇脱水法是在传统浓硫酸液相甲醇脱水工艺的基础上发展而来的，其工艺流程如图 4-6-3 所示。

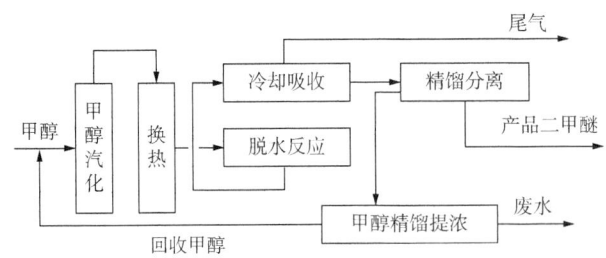

图 4-6-3 气相甲醇脱水法制二甲醚工艺流程图

(2) 催化剂。

国内外技术专利商一直致力于开发新型催化剂和改进原催化剂以提高活性和选择性。催化剂主要成分为氧化铝、沸石、二氧化硅/氧化铝等。催化剂一般呈酸性，选择性高，副反应少，尽可能地避免二甲醚深度脱水生成烯烃等。

1981年，Mobil公司采用H-ZSM-5型分子筛作为催化剂，进行甲醇脱水反应制备二甲醚，在常压、200℃的反应条件下，甲醇转化率达到80%，二甲醚的选择性达到98%以上。

1991年，日本三井公司开发出一种具有特殊表面积和孔体积的γ-Al_2O_3催化剂。该催化剂甲醇转化率可达到74.2%，二甲醚的选择性为99%，可长期保持活性，使用寿命达半年之久。

西南化工研究院开发出CM-3-1分子筛催化剂，在250~380℃反应条件下，产品二甲醚的选择性接近100%，已成功应用于3000t/a的二甲醚工业生产装置。截至2014年，在此基础上开发的CNM-3甲醇脱水催化剂已成功应用于国内40余套二甲醚工业生产装置，甲醇单程转化率在80%以上，二甲醚选择性大于99%，二甲醚产品纯度可达到99.99%，催化剂寿命可达3年。在CNM-3甲醇脱水催化剂的基础上，西南化工研究院进行了改性，催化剂主要成分为γ-Al_2O_3和SiO_2，并含有少量助催化剂，形成TCM-1型二甲醚催化剂，技术指标如下：甲醇转化率≥80.0%；二甲醚选择性≥99.5%；静态吸水率≥60%；径向压碎强度≥110N/cm；磨耗≤5%。2014年，该催化剂已成功应用于$20×10^4$t/a二甲醚工业装置。

(3) 典型合成工艺。

目前，国外气相甲醇脱水法以鲁奇公司的工艺技术最具代表性，单套装置规模达到$100×10^4$t/a以上。近年来，国内西南化工研究院、上海石油化工研究院等技术商相继成功开发气相甲醇脱水法制备二甲醚的催化剂及工艺生产技术。

① 西南化工研究院工艺。

1985年，西南化工研究院开始研究两步法合成二甲醚技术；1997年，列为国家"八五"攻关项目的100t/a甲醇气相脱水制二甲醚中试研究通过验收。1994年建成首套10000t/a工业化装置并投产。西南化工研究院两步法合成二甲醚工艺原料及公用工程消耗情况见表4-6-6。

表4-6-6 西南化工研究院两步法合成二甲醚工艺原料及公用工程消耗

序号	名称	规格	消耗	备注
1	甲醇	符合GB 338—2011《工业用甲醇》一级品	1.40t	
2	催化剂	专用	0.06kg	一次性装填
3	电	380/220V，50Hz	10kW·h	
4	水蒸气	≥1.0MPa	0.7t	
5	仪表空气	0.4~0.6MPa，≤32℃	10m³	
6	循环冷却水	≥0.3MPa，≤32℃	110t	

注：以50kt/a规模计。

目前，该技术经不断完善已达到国际先进水平，其工艺流程如图4-6-4所示。原料甲醇首先进入汽化分离塔除去高沸点物及杂质，气化分离塔压力为0.5~1.0MPa，温度为125~150℃。除去杂质后的甲醇蒸气分段进入多段冷激式反应器，进行脱水。该反应器各段不等分（各段的空间大小不等），反应器空速为$0.5~6.0h^{-1}$，操作压力为0.1~1.5MPa，操作温度为190~380℃。甲醇蒸气分段进入多段冷激式反应器，且从塔顶进入的甲醇蒸气温度高于从中段进入的甲醇蒸气，因此下一段温度较低的甲醇蒸气可以用来冷却上一段脱水反应后温度较高的气体,即以甲醇蒸气作为冷激气体,避免温度升高,有利于提高二甲醚反应的转化率。

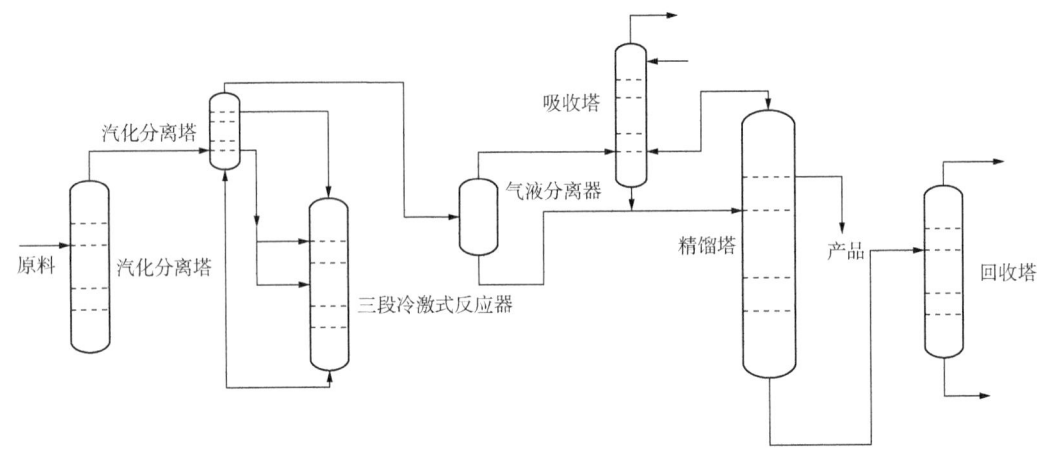

图 4-6-4　西南化工研究院气相甲醇脱水法制二甲醚工艺流程图

该工艺的主要特点如下:a. 反应器采用多段冷激式固定床,既克服了换热式固定床和等温管式固定床反应器尺寸大、催化剂装填容量小的不足,又避免了绝热式固定床反应器温升太高造成副反应增多、甲醇单程转化率偏低的缺点,通过冷热气体在反应器内逆向流动,降低了甲醇蒸气的入口温度和反应器"热点"温度,减小了反应器内的反应温差,提高了反应效率和产品二甲醚的选择性,避免了快速飞温的出现,延长了催化剂的寿命,有利于热能的回收利用;b. 自行开发的甲醇汽化塔和分离工艺流程具有明显节能降耗的作用;c. 以精馏塔釜外排的甲醇水溶液作为尾气洗涤塔的吸收剂,减少了新鲜水的用量,同时降低了外排尾气中的甲醇含量以及整个装置的甲醇单耗。

② 上海石油化工研究院工艺。

上海石油化工研究院自行开发了 D-4 型氧化铝催化剂,并于 1995 年建成一套 2000t/a 气相甲醇脱水法制二甲醚中试放大装置。该装置催化剂使用寿命超过半年,甲醇转化率≥60%,二甲醚选择性≥99%,产品质量达到气雾剂级。图 4-6-5 为上海石油化工研究院气相甲醇脱水法制二甲醚工艺流程图。

甲醇经过预热器预热到沸点,进入汽化器加热汽化,经换热器换热,甲醇温度上升至反应温度,进入反应器催化剂床层进行催化脱水反应,反应产物采用四塔流程进行组分分离,最终获得高纯度的二甲醚产品。

该工艺采用列管式反应器,管内装填催化剂,管间走载热油以移走反应热。反应空速为 $0.8 \sim 1.0 h^{-1}$,反应压力为 0.8MPa(主要是基于后续二甲醚加压精馏动力要求),初始反应温度为 280℃,转化率为 60%~70%,通过提高反应温度以维持稳定的转化率,反应末期温度为 330℃,甲醇转化率为 60%~70%,二甲醚选择性仍可达 99% 以上。

3) 合成气一步法生产二甲醚

合成气一步法生产二甲醚是在合成甲醇技术的基础上发展起来的,与气相甲醇脱水法工艺相比较,具有单程转化率高、工艺流程短、总投资小、综合能耗低等优势。合成气一

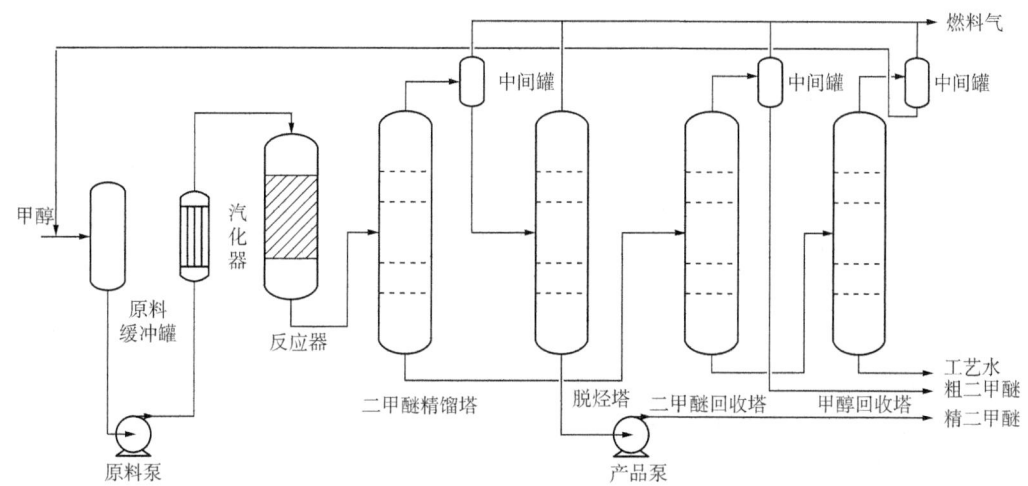

图 4-6-5　上海石油化工研究院气相甲醇脱水法制二甲醚工艺流程图

步法生产二甲醚目前多采用浆态床反应器,浆态床反应器具有结构简单、易于移除反应热和实现等温操作等优点。该工艺直接利用高含量 CO 的煤基合成气,可实现在线卸载催化剂,因此浆态床合成气一步法制取二甲醚前景广阔。该工艺所用的合成气可由重油、煤、天然气及渣油转化制得,对于生产化肥和甲醇的工业生产装置可通过适当改造,即可生产二甲醚,可实现大规模工业生产。

（1）反应机理。

合成气直接合成工艺(合成气一步法)是由煤气化或天然气转化生成合成气后,合成气在反应器内同时发生甲醇合成、甲醇脱水两个反应,反应产物为甲醇与二甲醚的混合物,混合物经蒸馏装置分离得到二甲醚,生成的甲醇则返回合成反应器。

合成气一步法制取二甲醚是在合成气制取甲醇工艺技术的基础上发展而来的,一般采用具有甲醇合成和甲醇脱水组分的双功能催化剂,由合成气经浆态床反应器一步合成二甲醚产品,因此甲醇合成和甲醇脱水两种催化剂的配比对二甲醚的生成速率和选择性有非常大的影响。合成气一步法制取二甲醚的反应机理如下:

甲醇合成反应：
$$CO+2H_2 \longrightarrow CH_3OH+90.4 kJ/mol$$

水煤气变换反应：
$$CO+H_2O \longrightarrow CO_2+H_2+40.9 kJ/mol$$

甲醇脱水反应：
$$2CH_3OH \longrightarrow CH_3OCH_3+H_2O+23.4 kJ/mol$$

依据上述反应机理不难看出,甲醇合成反应和甲醇脱水反应是同时进行的,甲醇一经生成即被转化为二甲醚,从而打破了甲醇合成反应的热力学平衡限制,使 CO 转化率比两步法反应过程中单独甲醇合成反应有了明显提高。

该工艺多采用双功能催化剂,一般由两类催化剂物理混合而成。一类为甲醇合成催化剂,如 Cu-Zn-Al 催化剂等；另一类为甲醇脱水催化剂,如 Al_2O_3、分子筛和沸石等。

与两步法相比,合成气一步法生产二甲醚没有甲醇合成的中间过程,工艺流程简单、投资小、设备少、生产成本低,具有一定市场竞争优势。

(2) 典型合成工艺。

合成气一步法生产二甲醚可分为固定床和浆态床两种反应合成工艺。

① 固定床合成工艺。

固定床合成工艺是将催化剂颗粒装填于列管式(或填料床)反应器中,气相反应物经过催化剂床层与催化剂进行接触发生气固两相化学反应的过程。采用固定床合成工艺可获得较高的 CO 转化率和二甲醚产品选择性。但是,甲醇合成和甲醇脱水属于强放热反应,固定床反应器不利于热量传递,容易导致催化剂床层局部温度过高而使固体催化剂失活。为避免上述情况,生产上一般只能在低转化率、高 H_2/CO 值的条件下进行生产操作,这样未反应的合成气循环量大,增加了设备负荷。此外,固定床反应器在装卸催化剂时需要装置停车,装填要求严格,需要严格控制床层压降。固定床合成工艺的典型代表为丹麦托普索公司工艺,国内中科院大连化物所、中科院兰州化物所、浙江大学和中科院山西煤化所等单位也先后开发了合成气一步法生产二甲醚的催化剂技术,完成了单管扩大试验。

a. 丹麦托普索公司工艺。

脱硫后的天然气加入水蒸气经混合后进入自热转化器。经自热转化后的合成气经冷却、脱除 CO_2 进入二甲醚合成装置。合成部分采用内置级间冷却的多级绝热反应器以获得高的甲醇和二甲醚转化率(图4-6-6)。托普索公司采用该技术建成 50kg/d 二甲醚中试装置,完成了实际运行 1200h,催化剂采用铜基甲醇合成催化剂、甲醇脱水催化剂以及水气变换催化剂物理混合而成。当反应压力为 4.2MPa、反应温度为 240~290℃时,CO 单程转化率达到 60%~70%。

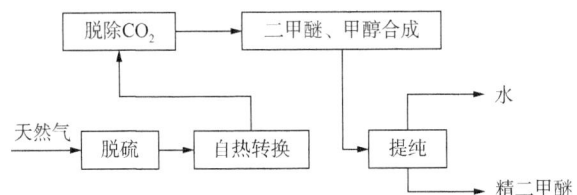

图 4-6-6 托普索公司合成气一步法生产二甲醚工艺流程图

b. 中科院大连化物所工艺。

中科院大连化物所采用双功能催化剂体系,开发出 SD219-Ⅲ型催化剂。中科院大连化物所与兰州化学工业公司化肥厂共同开展合成气一步法制二甲醚小试研究并通过技术鉴定。试验结果表明:CO 的转化率达到 90% 以上,产品二甲醚在含氧有机物中的选择性在 95% 左右。

c. 其他工艺。

中国成达工程有限公司完成 1000t/a 天然气一步法抽取二甲醚的固定床工艺基础设计编制。该工艺采用甲烷蒸汽转化造汽工艺,生产二甲醚和甲醇,副产的甲醇循环返回反应系统,最终产品为二甲醚。

国内外固定床一步法合成二甲醚工艺研发情况见表 4-6-7。

表 4-6-7　国内外固定床一步法合成二甲醚工艺研发情况

项目	托普索公司	浙江大学	清华大学	中科院大连化物所	中科院兰州化物所	中科院山西煤化所
催化剂	Cu 基/γ-Al_2O_3	Cu/Mn/M-γ-Al_2O_3	Cu/Zn/B-γ-Al_2O_3	Cu/Zn/Ce-HZSM-5	Cu/Zn/Zr/Sr-HZSM-5	Cu/Zn/Al(M)复合催化剂
反应温度/℃	210~290	240	250	235	285	280
反应压力/MPa	7~8	6.0	3.0	3.5~4.5	4.0	4.0
空速/h^{-1}	—	1200~1500	1000	1000	1000	3000
H_2/CO 值	2	1.5	2	2	2	2
CO 转化率/%	60~70	>60	—	>75	74~88.5	>75
二甲醚选择性/%	—	—	—	100	97.5~98.5	98
时空收率/kg/($m^3\cdot h$)	—	280	272.5	—	—	315

注：M 为助催化剂金属组分。

② 浆态床合成工艺。

浆态床合成工艺是指催化剂悬浮在溶剂中，通入合成气进行催化反应，由于有惰性溶剂的存在，浆态床反应器具有良好的传热性能，反应近似于在恒温下进行，同时可实现气—液—固三相的充分接触，使反应与传热相互融合，有利于时空收率的提高和反应速率的提升。此外，溶剂热容大，可实现恒温运行，催化剂积炭大大缓解。浆态床反应器属于气—液—固三相流化床反应器的一种，三相流化床还包括滴流床反应器、鼓泡塔反应器等。浆态床反应器的主要特点如下：

a. 床层近乎等温：浆态床反应器选用比热容大、热导率强的惰性溶剂作为热载体，同时通过强制循环形成高度湍流的液态，使反应热迅速分散并被冷却介质带走，使得整个床层接近等温操作，其传热速率和温度分布优于固定床反应器，不会出现局部过热、床层温度分布不均等情况。

b. 原料适应性强：与固定床反应器相比，浆态床反应器的传热性能优异，原料气适应性强，反应物中的 CO 可以在较大范围内进行调整。

c. 反应效率高：与固定床反应器相比，浆态床反应器中采用更为细小颗粒的催化剂，催化剂表面积大、内表面利用率高，催化剂的利用效率远远高于气固相反应，近乎恒温控制的最优温度反应条件，有助于加快反应速率，获得较高的原料气转化率。

d. 操作弹性大：浆态床反应器传热性能好，较固定床反应器床层压降低，质量空速和原料气组成可在较大范围内进行调整，反应器操作弹性大。

e. 能耗低：由于原料气循环气量减少、热效率高、转化率高，因此合成系统能耗低，可节能 25%~30%。

浆态床一步法是当前最新开发的合成二甲醚技术，拥有此技术的技术商主要有美国空气化学品公司、日本 NKK 公司及清华大学等。中科院山西煤化所、华东理工大学、中科院大连化物所和太原理工大学等在浆态床二甲醚合成方面也做了相关研究，取得了一定进展。

a. 美国空气化学品公司工艺。

美国空气化学品公司成功开发了 LPDME™ 工艺技术。该工艺采用浆态床反应器（浆液鼓泡塔反应器),放弃了传统的气相固定床反应器,在美国得克萨斯州建有15t/d的中试装置。该工艺反应系统的操作条件如下:压力为5.0~5.5MPa,温度为250℃,溶剂为惰性矿物油,催化剂装填量为矿物油的5%~25%(质量分数),体积空速为1000~10000h^{-1}。LPDME^{TM}工艺流程如图4-6-7所示。

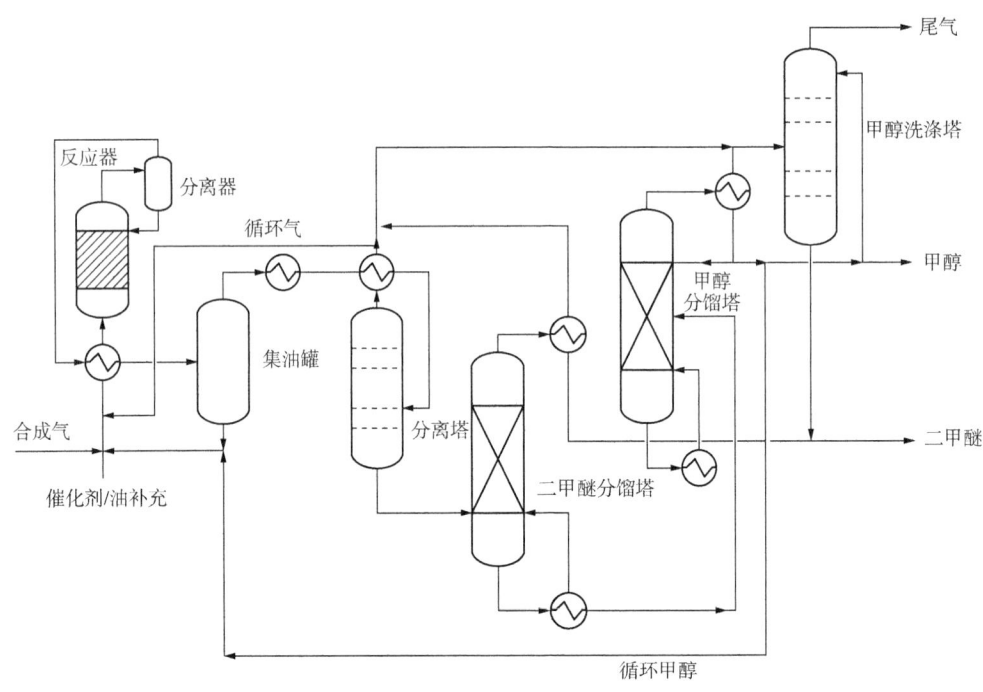

图4-6-7 美国空气化学品公司LPDME^{TM}工艺流程图

新鲜合成气与循环气混合经过预热进入浆态床反应器(反应加入少量水,利用水气变换反应调节反应平衡)进行反应,反应产物经换热冷却后送入集油罐,脱除携带的催化剂和油,罐顶的反应产物经冷却后进入分离塔,在分离塔中,被冷凝的甲醇、二甲醚、水与未反应的合成气进行分离,但有部分二甲醚仍留在气相中。分离塔顶气主要进行循环,少量用作吹扫气。出分离塔的冷凝甲醇、二甲醚、水混合物送入二甲醚分馏塔,在塔顶得到产品二甲醚,冷却后送罐区。二甲醚分馏塔底馏出物作为甲醇分馏塔的进料进行分离,塔顶采出甲醇,塔底馏出物进行再沸循环,少部分塔釜水/甲醇馏出物送往废水处理装置进行处理。出甲醇分馏塔的副产品甲醇一部分用作甲醇洗涤塔洗涤吹扫气,一部分循环回浆态床反应器合成二甲醚,富余甲醇作为副产品外售。

b. 日本NKK公司工艺。

日本NKK公司浆态床一步法生产二甲醚的工艺流程如图4-6-8所示。该工艺以天然气为原料,天然气、氧气和水蒸气通过造气炉(自热反应器)生成合成气(H_2/CO值为1),经过两级冷却降温、压缩升压、脱硫塔精制后,进入浆态床反应器,反应器直径为2m、高度为22m。在压力为5MPa、温度为260℃的反应条件下,合成气转化率达到93%,产品二甲醚选择性为95%,产品纯度达到99.6%。反应产物经三级换热冷却和一级分离,分离罐底流进入脱二氧化碳塔进行脱碳处理;塔顶气相富含二氧化碳,返回造气炉,与原料气一起生成合成气；而塔釜液进入二甲醚精馏塔进行精制，塔顶得到产品二甲醚，塔釜为甲醇和水溶液。

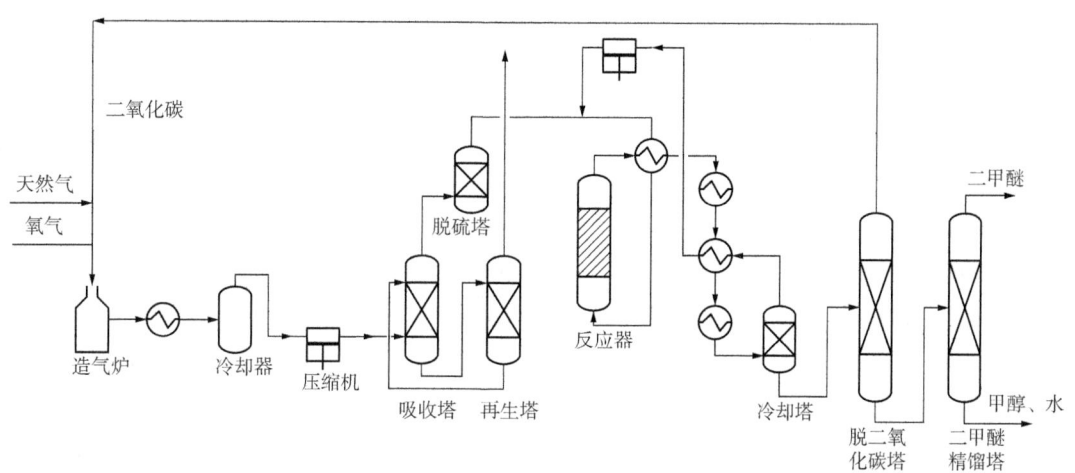

图 4-6-8　日本 NKK 公司浆态床一步法制取二甲醚工艺流程图

c. 清华大学工艺。

1998 年，清华大学开始浆态床一步法二甲醚生产技术的研究。清华大学与重庆英力燃化股份有限公司合作，以重庆地区丰富的天然气为原料，以天然气、水蒸气、CO_2 重整所制得合成气制取二甲醚。2004 年 7 月，建成 3000t/a 燃料级循环浆态床一步法合成二甲醚工业化中试装置。中试试验结果如下：合成反应温度为 250℃，反应压力为 4.5MPa，H_2/CO 值约为 1，CO 单程转化率超过 60%，二甲醚的选择性大于 95%，产品中二甲醚含量达 93% 以上，达到燃料级要求。清华大学浆态床一步法二甲醚生产技术主要工艺流程、工艺单元和浆态床反应器设备与美国空气化学品公司、日本 NKK 公司差别不大，其工艺流程如图 4-6-9 所示。

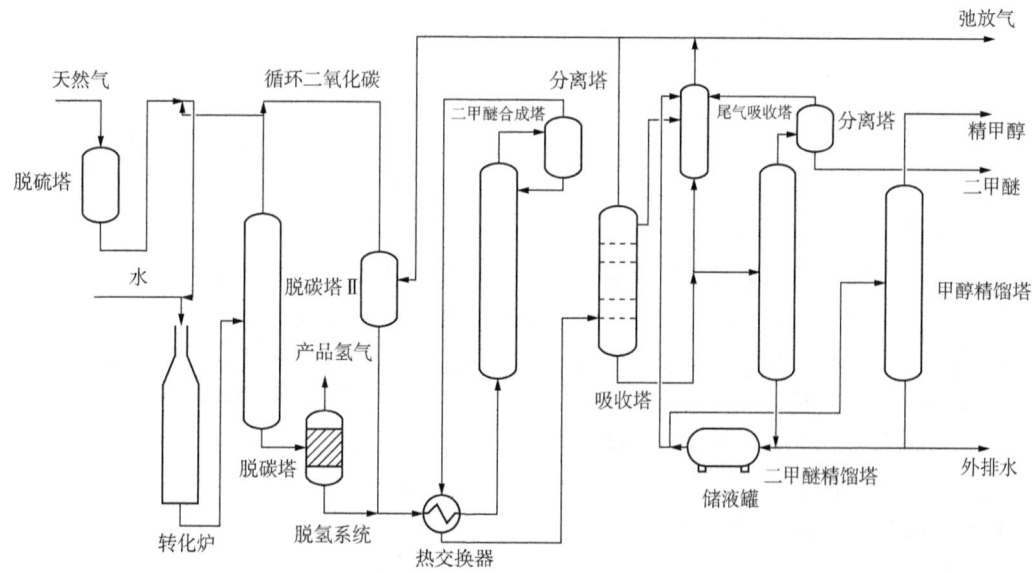

图 4-6-9　清华大学浆态床一步法二甲醚生产工艺流程图

美国空气化学品公司、清华大学、日本 NKK 公司的浆态床一步法制取二甲醚工艺技术的比较情况见表 4-6-8。

表 4-6-8 国内外浆态床一步法合成二甲醚工艺技术情况对比表

项目	日本 NKK 公司	美国空气化学品公司	清华大学
合成气来源	天然气或煤	煤	天然气
H_2/CO 值	1	0.7	1
催化剂	—	$Cu-Zn-Al+\gamma-Al_2O_3$	LP201+TH16
反应温度/℃	250~280	250~280	265
反应压力/MPa	3~7	5~10	4.5
单程转化率/%	55~60	33	63
二甲醚/(二甲醚+甲醇)/%	99.5	30~80	94
进展情况	1989 年，1kg/d 实验室；1995 年，50kg/d 实验装置；1999 年，5t/d 中试示范装置；2003 年，100t/d 验证装置投运	1986 年小试；1991 年 4t/d 中试；1999 年 15t/d 中试	3000t/a 中试

4) CO_2 加氢直接合成二甲醚

近年来，随着工业排放 CO_2 对大气污染的加重，CO_2 加氢制甲醇、二甲醚等含氧化合物的研究越来越受到人们的青睐。CO_2 加氢合成甲醇的反应因受热力平衡的限制，CO_2 转化率很低；而 CO_2 加氢制二甲醚，CO_2 转化率则可以达到 25%~35%。不少国家科研人员正在致力于开发 CO_2 加氢制二甲醚的催化剂和工艺流程。日本 Arokawa 公司采用甲醇合成催化剂与固体酸组成的复合型催化剂，进行 CO_2 加氢制取甲醇和二甲醚，在压力为 3.0MPa、温度为 240℃的反应条件下，CO_2 转化率达到 25%，二甲醚选择性为 55%。国内中科院大连化物所采用新型催化剂进行 CO_2 加氢反应，CO_2 转化率为 31.7%，二甲醚选择性为 50%。中科院兰州化物所在 $Cu-Zn-ZrO_2$/HZSM-5 双功能催化剂上开展了 CO_2 加氢制甲醇、二甲醚反应热力学平衡实验，实验结果表明：CO_2 加氢制二甲醚可以打破 CO_2 加氢制甲醇反应的热力学平衡，明显提高了 CO_2 的转化率，还可抑制水气逆转换反应的发生，这有利于提高二甲醚的选择性。

5) 催化蒸馏法制二甲醚

中科院大连化物所已完成催化蒸馏制备二甲醚中试技术开发，具备了实现工业化的条件。甲醇挥发度介于二甲醚和水之间，而甲醇脱水制二甲醚反应为放热反应，因而特别适合采用催化蒸馏技术，即催化反应过程和蒸馏分离过程在装有催化剂的催化蒸馏塔中同时进行。催化剂装填在催化蒸馏塔中部的反应段，反应产物二甲醚和水从催化蒸馏塔的塔顶和塔釜分别排出，而甲醇则富集在中部反应段，在催化剂的作用下实现高效率转化。采用该工艺，甲醇单程转化率≥95%，二甲醚选择性≥99.98%，二甲醚产品纯度为 99.9%，原料消耗≤1.405t/t，蒸汽消耗为 0.5t/t。

与传统工艺相比，催化蒸馏工艺有如下优点：

(1) 反应控制安全性高。反应温度易于控制，避免了反应器超温和飞温的出现。

(2) 甲醇转化率高，产品二甲醚选择性好。该工艺打破了甲醇脱水反应的化学平衡限制，甲醇转化率接近100%，减少了二甲醚的损失，甲醇单耗低。

(3) 流程短，投资省，综合能耗低。该工艺减少了设备台数，投资为气相甲醇脱水法的60%~70%；热量利用充分，能耗仅为气相甲醇脱水法的40%。

(4) 催化剂寿命长。中试试验结果表明，采用催化蒸馏工艺，催化剂的寿命可达到两年。

第七节 混合碳四组分利用技术

一、混合碳四组分利用技术概述

我国拥有丰富的 C_4 资源，2019年国内 C_4 总产量超过 2800×10^4 t。C_4 资源主要来源于炼油化工装置、乙烯裂解装置、甲醇制烯烃装置等。C_4 是化工合成利用的宝贵原料，C_4 利用技术已经由最初的混合利用作为燃料逐渐转向了分离 C_4 纯组分利用，并逐渐向多元化、精细化、高端化产品的方向发展。在全球石化原料供应形势趋紧、化工产品高端化发展迫在眉睫的背景之下，C_4 深加工技术已逐渐被推向化工产业重点领域。

不同来源的 C_4 原料组成不同，乙烯裂解装置抽余 C_4 和 MTO 装置下游烯烃分离后的 C_4 资源都具有烯烃含量高、烷烃含量低等特点。不同生产装置所产混合 C_4 典型组成见表4-7-1。

表4-7-1 不同生产装置所产混合 C_4 典型组成

序号	组分	MTO装置副产C_4/%（质量分数）	催化裂化副产C_4/%（质量分数）	石油基乙烯副产C_4/%（质量分数）
1	丙烷	0.1	1.5	0.1
2	环丙烷	0.1		
3	丙烯	0.1	0.3	0.3
4	正丁烷	3	9.5	11
5	异丁烷	0.2	33.5	4
6	1-丁烯	26	13.5	25
7	异丁烯	5	15.2	43
8	顺-2-丁烯	25	11.8	7
9	反-2-丁烯	36	14.5	9
10	1,3-丁二烯	0.8	0.1	0.5
11	丁炔	0.2		
12	C_5以上组分	3.5	0.1	

MTO 装置后的副产物混合 C_4 与催化裂化和乙烯裂解装置的副产物混合 C_4 组分差别很大，此部分 C_4 中的 1-丁烯含量非常高，如果提纯出来，可配合 MTO 装置下游聚乙烯及聚丙烯装置实现规模效益，并且使用 1-丁烯共聚合成的高密度聚乙烯（HDPE）和线型低密度聚乙烯（LLDPE）薄膜，其产品寿命、抗撕裂强度、抗冲击强度都得到很大程度的提高。目

前，国内很多企业从混合 C_4 中通过萃取或超精密分离方法提取 1-丁烯，以满足工厂配套聚乙烯装置对共聚单体 1-丁烯的需求。

二、MTBE/1-丁烯联合生产技术

1. MTBE/1-丁烯技术概述

国内的 1-丁烯生产装置多采用混合 C_4 分离方法，很多 1-丁烯生产装置与 MTBE 装置联合建设，其工艺过程如下：混合 C_4 原料经过 MTBE 装置醚化反应后，C_4 原料中异丁烯含量小于 0.1%，联合建设可以使下游 1-丁烯装置设备数量减少，流程缩短。1-丁烯生产工段采用超精密精馏方法，一个塔脱除轻组分，另一个塔脱除重组分。采用此种工艺，流程简单，1-丁烯纯度可达 99.5%。国内外 1-丁烯分离技术对比情况见表 4-7-2。

表 4-7-2 国内外 1-丁烯分离技术对比情况

项目	超精密分离工艺			萃取精馏工艺	
	NPC 法	GPD 法	中国	德国	中国
产品收率/%	86	96	95	96	91
循环水消耗/(t/t)	412	326	475	135	142
电消耗/(kW·h/t)	110	50	90	350	390
蒸汽消耗/(t/t)			5		
燃料消耗/(t/t)					
产品纯度	高	高	聚合级	低	低
环境影响	小	小	小	小	小
技术来源	引进	引进	自有	引进	自有
装置投资	高	高	低	高	低

从表 4-7-2 中可以看出，超精密分离工艺和萃取精馏工艺能耗差别较大。萃取精馏工艺能耗相对超精密分离工艺高，主要用于丁烯水合生产甲乙酮，其工艺特点是分离的丁烯纯度低，如要得到聚合级 1-丁烯，还需要做进一步精馏提纯。超精密精馏工艺生产的 1-丁烯产品纯度高，生产流程简单。国内以 C_4 为原料生产高纯 1-丁烯产品的装置大多采用超精密分离工艺。

2. MTBE/1-丁烯装置工艺流程

MTBE/1-丁烯装置由醚化预反应系统、醚化反应系统、甲醇回收系统、MTBE/脱 C_5 系统和 1-丁烯精馏系统组成。

工艺流程如下：MTO 烯烃分离装置后的混合 C_4 烯烃与甲醇混合后送至预热器进行加热，混合物料在预反应器中脱除原料中携带的金属离子和碱性化合物等杂质，主反应器内异丁烯与甲醇进行醚化反应生成 MTBE。因 C_4 中异丁烯浓度很低，反应放热量小，反应器温升较低，反应器温度容易控制。混合 C_4 进行醚化反应的同时可能会有少量副反应生成物（二甲醚、二聚物、叔丁醇、甲基仲丁基醚等），这些副产物可通过调整适当的反应器温度以减少副反应的发生进行控制。醚化后的物料在催化蒸馏塔中进一步进行醚化反应，提高反应深度，同时催化蒸馏塔将产品 MTBE、C_4、甲醇等产物进行分离，并保证产品 MTBE 中

C_4 含量≤0.5%。催化蒸馏塔底部 MTBE 产品经化验合格后送往罐区。

在甲醇萃取塔中，C_4 和甲醇的混合物为分散相，水把甲醇从 C_4 馏分中萃取出来，萃余液即不含甲醇的未反应 C_4，含有大量丁烯的未反应 C_4 经泵送至脱异丁烷塔脱除异丁烷。萃取液为甲醇水溶液，从甲醇萃取塔底排出。

来自上游 MTBE 装置的未反应 C_4 组分经异丁烷脱除塔冷凝后，大部分物料回流至塔顶，小部分异丁烷出装置，塔釜物料经异丁烷脱除塔釜泵送到 1-丁烯精馏塔。从 1-丁烯精馏塔中分出产品 1-丁烯经冷却后送出装置，塔釜排出重组分。

图 4-7-1 为 MTBE/1-丁烯装置工艺流程图。

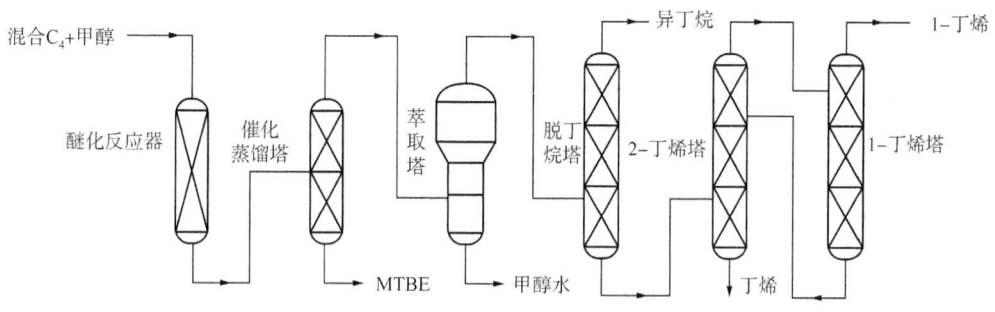

图 4-7-1　MTBE/1-丁烯装置工艺流程图

三、C_4 烯烃转化技术

C_4 烯烃转化主要有 C_4 烯烃裂解和 C_4 烯烃歧化两种技术。C_4 烯烃裂解可以解决化工装置副产的 C_4 烯烃高附加值利用问题，又可增产乙烯、丙烯等高价值产品，成为近年来研究较为活跃的领域；C_4 烯烃歧化技术已开发成功多年，目前有多套装置在运行，其中以乙烯和丁烯为原料歧化生产丙烯的技术研究较为活跃，烯烃歧化工艺在丙烯价格高于乙烯价格、乙烯产量过剩时经济可行。

1. C_4 烯烃裂解技术

依据反应器结构形式和反应特点，可将 C_4 烯烃裂解制丙烯/乙烯技术分为两类：一类是固定床反应工艺，目前国内外较为成熟的、具有代表性的是道达尔公司/UOP 公司的 OCP 工艺、中国石化上海石油化工研究院的 OCC 工艺；另一类是流化床反应工艺，国内外有代表性的是中科院大连化物所的 C_{4+} 催化裂解工艺、Arco 公司的 Super-flex 流化床工艺。

(1) 道达尔公司/UOP 公司 OCP 工艺。

进入 21 世纪，利用 C_4 烯烃增产丙烯/乙烯技术取得重大进展，这些技术各具特色，但很多技术也存在一些缺陷。组合应用这些技术可取长补短，改进工艺性能。

由于石油原料紧缺，部分国家和大型化工企业积极推动 MTO 技术的开发，为进一步增强 MTO 技术的综合竞争力，UOP 公司和道达尔公司合作，利用道达尔公司的烯烃催化热裂解技术(OCP)将 MTO 工艺副产的 C_4 组分裂解为乙烯和丙烯(主要产品是丙烯)，在比利时 Feluy 启动 MTO+OCP 一体化示范项目建设，将单位烯烃(乙烯+丙烯)消耗降低为 2.6t 精甲醇。MTO+OCP 一体化中试装置于 2009 年开车，进料运行平稳，反应器和再生器运行温度稳定，催化剂脱焦也很稳定，再生反应器催化剂的含碳量可由 4%~5%降至 0.2%以下。

该工艺采用固定床反应器，采用沸石分子筛催化剂。以 MTO 分离装置后的 C_4 组分作为原料，在烯烃裂解反应之前先进行选择性加氢，消除原料中的炔烃和二烯烃，防止催化剂过快结焦。反应进料被加热到约 600℃进入固定床烯烃裂解反应器。正常连续运行 48h 后，反应器内的催化剂需要进行烧焦再生，再生周期为 24h。共设置两台烯烃裂解反应器，以满足装置连续运行及床层再生的需求。同时配置相应的反应器催化剂再生系统。该工艺为了实现较高的烯烃转化率，对反应产物进行了循环，循环比（循环量/新鲜进料量）为 3∶1。OCP 工艺最终产品中丙烯/乙烯值可以达到 5，其中 C_4—C_6 烯烃的单程转化率为 45%，总转化率为 90%；C_4—C_8 烯烃的单程转化率为 41%，总转化率为 85%。

(2) 中国石化上海石油化工研究院 OCC 工艺。

中国石化上海石油化工研究院在 2000 年以后开始研发 C_4 烯烃裂解技术，于 2005 年中试评审并完成 8000h 中试验证，其首套工业化装置中原石化 $6×10^4$t/a MTO 项目于 2009 年 11 月成功开车，2010 年完成技术鉴定。该技术为 OCC 固定床工艺，利用混合 C_4 中所含的烯烃，在催化剂作用下裂解为低碳烯烃丙烯和乙烯等高附加值组分，在反应器中发生反应，最终得到乙烯和丙烯产品的比值为 (3~6)∶1。OCC 工艺催化剂不含黏结剂，为全结晶式，催化剂寿命一年，单套装置可设置两个反应器，平均一台反应器的催化剂寿命为六个月，催化剂再生周期大约一周的时间，依据进料中杂质含量的不同，再生周期不同。

图 4-7-2 为 OCC 装置工艺流程图。

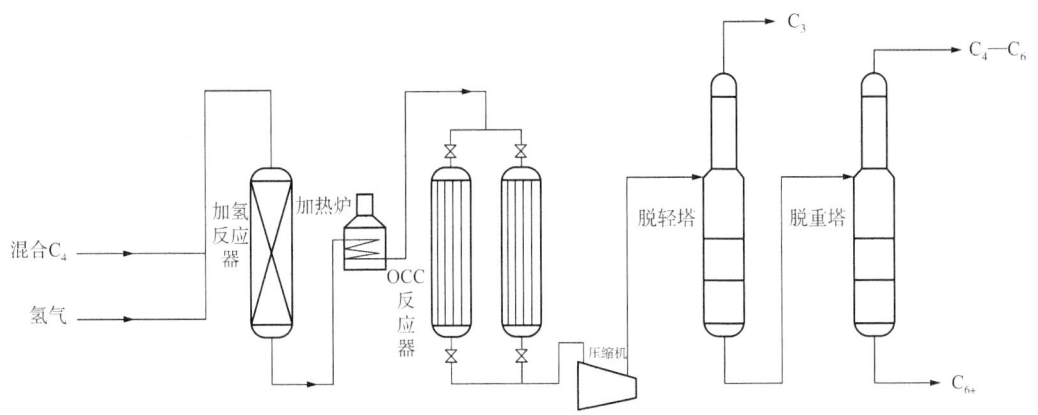

图 4-7-2　OCC 装置工艺流程图

(3) 中科院大连化物所 C_{4+} 催化裂解工艺。

中科院大连化物所 DMTO 技术于 1991 年完成了 1t/d MTO 试验。2004 年，中科院大连化物所、中石化洛阳工程有限公司和陕西新兴煤化工公司三方合作，在陕西化肥集团开始建设年处理甲醇 $1.67×10^4$t 的 DMTO 工业化中试装置，该装置于 2005 年 12 月建成，2006 年 2 月 20 日投料试车成功。2010 年，神华包头煤化工有限公司利用 DMTO 技术建设完成世界首套 MTO 工业化装置，也是我国煤制烯烃国家示范项目，装置规模为每年 $180×10^4$t 甲醇生产 $60×10^4$t 烯烃。

DMTO-Ⅱ技术是在 DMTO 技术基础上耦合 C_4 裂解技术，通过 C_4 组分回炼增产低碳烯烃。反应—再生系统和 C_4 裂解反应器采用相同的催化剂体系，并共用再生器。DMTO-Ⅱ工业化技术大幅提高了乙烯和丙烯的收率,进一步扩大了丙烯/乙烯值的可调范围,降低了单位产品能耗。

DMTO-Ⅲ技术的研发是开发性能更加优越的新一代催化剂,在工程上设计适应新催化剂反应要求的新型反应器和再生器,开展能量优化等技术创新,以确保在DMTO领域的领先优势,同时为实现我国煤炭清洁化利用、推动新型煤化工产业持续发展发挥重要作用。

与前两代技术(DMTO和DMTO-Ⅱ)相比,DMTO-Ⅲ技术的经济性显著提高。在流化床反应器尺寸基本不变的情况下,采用DMTO和DMTO-Ⅱ技术的工业装置甲醇处理量为180×10^4t/a,而采用DMTO-Ⅲ技术甲醇处理量则可提高到300×10^4t/a,烯烃产量从60×10^4t/a增加到115×10^4t/a。DMTO-Ⅲ技术采用新一代催化剂,通过对反应器和工艺过程的创新,不需要设单独的副产C_{4+}组分裂解单元。据测算,DMTO-Ⅲ技术工业装置的单位烯烃成本较DMTO装置下降10%左右,单位烯烃产能的能耗也明显下降。

2. C_4烯烃歧化技术

C_4烯烃歧化技术已经开发成功多年,以丁烯和乙烯为原料歧化生产丙烯的技术研究较为活跃。国际上目前已工业化的烯烃歧化制丙烯工艺只有Lummus公司的OCT工艺;IFP公司的Meta-4低温歧化工艺只是进行到中试阶段;南非萨索公司开发的C_4烯烃歧化工艺和巴斯夫公司烯烃歧化工艺还未实现工业化;中科院大连化物所对丁烯与乙烯歧化制丙烯也进行了研究,但仍处于实验室探索阶段。

1) Lummus公司OCT工艺

OCT工艺采用固定床反应器,原料中的1-丁烯在金属催化剂作用下异构化为2-丁烯,这是一个可逆反应,在金属氧化物作用下与乙烯发生歧化反应生成丙烯。OCT工艺乙烯转化为丙烯的选择性接近99%,将丁烯转化为丙烯的选择性为96%,丁烯总转化率达到88%。

Lummus公司OCT工艺已经被市场接受且被广泛应用于石油及煤化工行业。该技术具有设备台数较少、反应条件温和、工艺流程短、能耗指标先进、催化剂寿命长、"三废"排放少等优点,是一项低投资、高效益生产丙烯的技术。

图4-7-3为OCT装置工艺流程图。

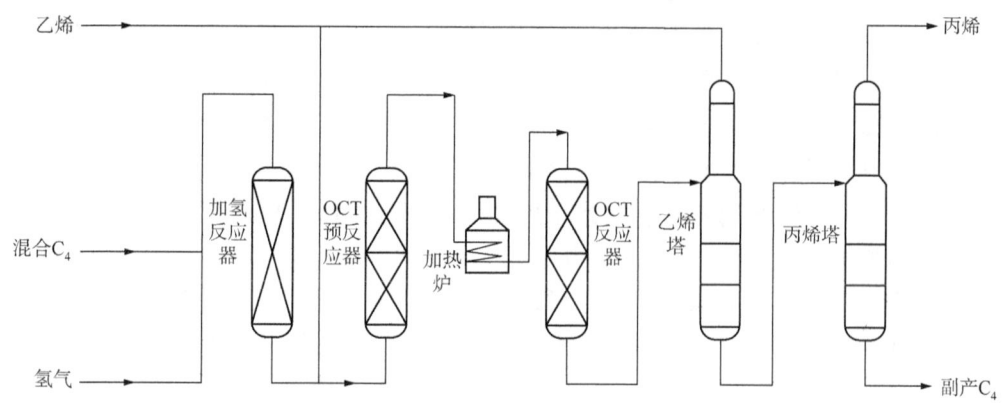

图4-7-3 OCT装置工艺流程图

2）其他利用 C_4 烯烃歧化制丙烯工艺

IFP 公司 Meta-4 工艺采用铼系催化剂，在较低温度下使反应也能进行。反应器可以使用固定床，也可以使用流化床。该工艺将 C_4 烯烃转化为丙烯和聚异丁烯，2-丁烯转化率为 90%，对丙烯的选择性大于 98%，该工艺在我国台湾省有一套中试装置。

巴斯夫公司烯烃歧化工艺与其他工艺的区别是其催化剂为 Re_2O_7/Al_2O_3，外加很少量的乙烯，通过歧化将 2-丁烯转化为丙烯和戊烯，然后戊烯和乙烯生成 1-丁烯和丙烯。该工艺一直在改进，至今还没有工业化。

南非萨索公司工艺催化剂为 $Cs-P-WO_3/SiO_2$，该工艺的最大优点是原料适应性强，可以是纯丁烯，也可以是 F-T 反应产物，还可以是石脑油裂解及气体裂解的抽余液、石蜡脱氢产物。

中科院大连化物所丁烯歧化工艺主要采用钼基催化剂，载体为分子筛，采用固定床反应器。丙烯选择性为 90%～95%，丁烯转化率为 70%～90%，该工艺尚未完全工业化。

四、丁烯氧化制丁二烯技术

1. 丁二烯用途及消费预测

2019 年，我国丁二烯实际消费量为 $185 \times 10^4 t$，主要用于生产合成树脂和合成橡胶。顺丁橡胶是国内丁二烯的最大消费领域，主要用于轮胎、制鞋、胶管和胶带等行业，顺丁橡胶丁二烯消费量约占丁二烯总消费量的 36%。

近年来，我国对丁苯橡胶的需求增长较快，但国内生产供应相对滞后。从国内丁苯橡胶的整体市场情况来看，无论是品种还是数量，均不能满足市场需求，生产丁苯橡胶所需丁二烯消费量约占丁二烯总消费量的 32%。

ABS 树脂是我国丁二烯第三大消费领域，主要用于电子电器、箱包、玩具、汽车等领域，ABS 树脂丁二烯消费量约占丁二烯总消费量的 17%。

SBS 弹性体是我国丁二烯第四大消费领域，主要用于制鞋业、聚合物改性、沥青改性和胶粘剂等方面。SBS 弹性体丁二烯消费量约占丁二烯总消费量的 16%。

其他领域丁二烯消费量约占我国丁二烯总消费量的 2%。

2. 丁烯脱氢产丁二烯技术进展

全世界丁二烯产能的 70% 以上采用乙烯裂解副产 C_4 混合物抽提工艺，其余采用正丁烷、正丁烯或乙醇脱氢工艺。美国丁二烯产品主要通过生产乙烯时得到，此外，一些生产企业通过从西欧、加拿大进口混合 C_4 原料抽提制得丁二烯；日本丁二烯绝大部分直接从乙烯裂解副产 C_4 馏分抽提制得。我国在 20 世纪 60 年代有多套丁烯脱氢生产丁二烯装置，后来随着乙烯工业的发展，从正丁烯生产丁二烯的装置几乎都已停产，2010 年以后由于技术进步，国内采用丁烯脱氢技术生产丁二烯厂家数量增长很快。

世界上运行的正丁烯脱氢生产丁二烯装置位于美国得克萨斯州炼油厂，采用 OXO-DTM 工艺，装置能耗较高，但从战略上和增加生产操作灵活性方面考虑，该套装置一直在运行。

我国 20 世纪 60 年代开始采用磷-钼-铋三元催化剂用于丁烯氧化脱氢生产丁二烯，其主要不足是丁二烯收率低，选择性低，副产物中含氧化合物含量偏高，环境污染严重。

20世纪70年代后,使用锡-磷-锂催化剂。20世纪70年代中期,中科院兰州化物所开发了铁系催化剂,在此基础上锦州炼油厂于1983年进行了工业化评价;同时中国石油兰州石化公司研究院开发了钼系六元催化剂,用于齐鲁石化公司橡胶厂生产。我国丁烯氧化脱氢技术在世界具有领先地位,以正丁烯为原料脱氢氧化,反应器有固定床和流化床两类,典型的单程转化率约为80%,相应的正丁烯原料单耗约为1.2kg(正丁烯)/kg(丁二烯)。

山东华懋新材料有限公司拥有固定床丁烯氧化脱氢制备丁二烯技术,将丁烯、空气和水蒸气按照一定比例加入静态混合器,混合后的原料通过前换热器加热至一定温度,进入恒温固定床反应器氧化脱氢,该固定床反应器内装填有催化剂,反应器催化剂床层恒温控制,混合原料经氧化脱氢反应后,反应产物经废热锅炉进入后换热器换热,换热后的产物进入分离系统进行丁二烯分离,获得丁二烯产品。该丁烯氧化脱氢制备丁二烯的恒温固定床单程转化率约为80%,丁二烯选择性大于95%。该技术可以提高丁烯的转化率和产品收率,降低丁烯和水的消耗量,降低能源的消耗,减少污水排放。国内外各种丁烯氧化脱氢制丁二烯技术对比情况见表4-7-3。

表4-7-3 国内外各种丁烯氧化脱氢制丁二烯技术对比表

项目	齐鲁石化 B-02	齐鲁石化 B-90	锦州石化 H-198	锦州石化 W-201	锦州石化 P-Mo-Bi	齐鲁石化 六元催化剂	美国UOP公司 OXO-D系列
反应器	固定床	固定床	流化床	流化床	流化床	流化床	固定床
丁二烯收率/%	64.2	70~76	61~69	70.4	47.9	56.0	60~63
丁二烯选择性/%	91~93	95.4	87.5	89.5	80	86	92
含氧物产率/%	0.78	—	0.54	0.3	8.48	8.4	0.75
水烯比(物质的量比)	13~16	—	9.5	10	6.0	8.0	15
氧烯比(物质的量比)	0.72	—	0.75	0.85	1.0	0.95	0.55
吨产品丁烯消耗定额/(t/t)	1.18	—	1.25	—	1.68	1.29	1.19
蒸汽消耗/(t/t)	2.15	—	6.40	—	7.55	6.7	8.8
反应器温度/℃	450	400	380	380	450	—	480
反应器直径/m	3.0	3.0	2.6	2.6	2.6	2.6	—
投产年份	1986	1992	1983	1991	1967	1983	1965

五、其他丁烯利用技术

1. 丁烯二聚工艺

丁烯二聚主要生产支链烯烃,经二聚后将丁烯转化为汽油,也可用于生产辛烯磺酸盐等表面活性剂类产品,继而用作油田化学品。此外,辛烯经羰基合成得到增塑剂醇。

丁烯二聚原料可以是异丁烯、1-丁烯、2-丁烯或混合C_4,丁烯二聚生产不同异构体的辛烯。丁烯二聚技术主要有IFP公司开发的Dimersol工艺、Huls公司和UOP公司联合开发的Octol工艺,并可使正丁烯催化二聚为直链度很高的辛烯。

IFP 公司开发了丁烯二聚工艺，可以使乙烯、丙烯或者丁烯通过二聚合成产品 Dimersol G(丙烯二聚或齐聚产物)、Dimersol X(丁烯二聚或丁烯/丙烯二聚体)，以及 Dimersol E。该工艺主要使用流化催化裂化副产烯烃为原料进行齐聚反应生产汽油。Dimersol G 可以使用含 75%丙烯的进料，Dimersol X 则主要使用正丁烯(占进料的 75 %)，Dimersol E 可以使用流化催化裂化生产的乙烯/乙烷和丙烯/丙烷混合气作为进料。截至 2020 年，在全世界范围内大约有 35 个 Dimersol X 生产装置在运转，装置产能为 $(2~9) \times 10^4 t/a$。

Octol 工艺正丁烯转化率超过 90%。该工艺过程简单，副产物少。德国 Marl 公司对该工艺进行了工业论证，并将该技术转让给日本通用石油公司，建有 $4.5 \times 10^4 t/a$ 工业装置。

英国 Kaverner 公司(原 Davy 公司)也开发了 C_4 二聚和三聚技术、高碳烯烃水合技术，并开发辛烯和十二烯等精细化工产品。

2. 丁烯烷基化工艺

正丁烯通过烷基化生产高辛烷值汽油组分。目前，烷基化装置是正丁烯利用的重要途径，抽余 C_4 中大部分 2-丁烯用于汽油烷基化工艺。烷基化油是至今认识到的对环境污染最小的高辛烷值、低雷德蒸气压汽油组分。由于丁烯烷基化产物的调和性能好，原料来源便宜，因此化工厂倾向于利用丁烯进行烷基化。

生产烷基化物有直接烷基化和间接烷基化两条工艺路线。直接烷基化是异丁烷在氢氟酸或固体磷酸催化剂的作用下，与烯烃反应；间接烷基化是异丁烯与丁烯进行齐聚和加氢反应。

传统的异丁烷与丁烯烷基化油产能的扩大受到液体酸催化剂的限制，而固体酸烷基化工艺以 UOP 公司技术为代表，因市场原因至今尚未完全工业推广。国外许多大公司开发或者利用现有的齐聚技术和加氢技术进行改进和组合，形成产品组成与烷基化油相同的间接烷基化新工艺。间接烷基化装置的生产灵活性较强，除生产烷基化油外，也可用于生产辛烯或十二烯等高碳烯烃产品。

国内中国石油兰州石化和中国石化上海石油化工研究院一直从事烷基化油生产和新技术开发。兰州石化丁烯齐聚装置原以轻 C_4 和 2-丁烯含量低于 10%的混合 C_4 为原料，加工能力为 $1.5 \times 10^4 t/a$，采用传统催化剂。随着原料中 2-丁烯含量的上升，催化剂的使用寿命下降很快，当混合 C_4 原料中的 2-丁烯含量为 10%时，催化剂的液体收率仅为 110kg/kg。为解决上述问题，并适应国家清洁汽车行动的要求，兰州石化与上海石油化工研究院共同开发了 2-丁烯齐聚工艺和 T-99 催化剂，并在兰州石化丙烯齐聚装置上应用试验，取得成功。新的烷基化催化剂的开发，促进国内烷基化装置的建设和生产，突破环保瓶颈，使烷基化装置真正成为国内提高汽油辛烷值的重要手段。

3. 正丁烯生产戊醛和 2-甲基丁醛

正丁烯经羰基合成可以生产 C_5 醛类，可以通过氧化反应合成戊酸，或者通过加氢反应合成戊醇或 2-甲基丁醛，戊酸和戊醇的用途更为广泛。C_5 醛类也可以进一步缩合成 C_{10} 醛，进一步加氢后，成为高碳醇癸醇等。C_5 醛类主要作为精细化工原料，如合成香料、特殊增塑剂、农药中间体、合成旋光液晶等，正丁烯羰基化产品在精细化工领域有广泛的应用。

4. 正丁烯生产 1,2-环氧丁烷

正丁烯可生产环氧丁烷，进而生产多元醇，环氧丁烷也可作为生产汽油添加剂、化妆品和离子型表面活性剂的原料中间体。与环氧丙烷相似，环氧丁烷仍采用氯醇法工艺，用次氯酸使 1-丁烯氯醇化，然后环氧化得到环氧丁烷。环氧丁烷主要用作三氯乙烯、四氯乙烯等氯化溶剂的稳定剂。

5. 正丁烯水合生产仲丁醇和甲乙酮

甲乙酮是一种性能优良的溶剂，被广泛应用于涂料、炼油、染料、医药工业、润滑油脱蜡、磁带、印刷油墨等领域。甲乙酮沸点适中，溶解性能好，挥发速度快，稳定、无毒，在酮类溶剂中的重要性仅次于丙酮。它还是一种重要的有机合成原料，用以合成甲乙酮过氧化物，是制备香料、抗氧化剂以及某些催化剂的中间体。

甲乙酮是正丁烯利用的较大"用户"，目前世界上甲乙酮生产工艺全部采用正丁烯水合法，国内最早是由大庆中蓝石化公司引进国外技术，1996 年建成 $1.2×10^4$ t/a 甲乙酮装置。工艺技术特点是，正丁烯在磺酸树脂催化剂作用下，与水直接水合生成仲丁醇，然后仲丁醇脱氢生成甲乙酮。该工艺生产的甲乙酮产品收率高、能耗低。

6. 丁烯生产新型增塑剂醇

2-丙基庚醇(2-PH)是新型增塑剂醇，主要用于生产邻苯二甲酸二庚酯(DPHP)，它与苯酐、偏苯二酸酐、己二酸等多元酸反应合成各种增塑剂。其中，与传统的邻苯二甲酸二辛酯(DOP)相比，DPHP 在加工的 PVC 塑料制品中具有低挥发性和更好的耐热性等性能。此外，2-PH 与环氧乙烷反应可生产烷氧基表面活性剂，即脂肪醇聚氧乙烯基醚，作为合成洗涤剂的活性组分。此外，用丙烯酸 2-丙基庚酯制得的聚合物黏合剂是钢铁结构的良好黏合剂。

世界上生产 2-PH 主要是采用丁烯合成方法。2010 年，神华包头煤化工有限公司建成 $6×10^4$ t/a 2-PH 装置，该装置采用 Dow 化学公司/Davy 公司低压羰基技术。来自煤化工 C_4 原料经预处理分离异丁烯后得到的混合丁烯可直接作为采用铑系催化剂装置的进料，1-丁烯和 2-丁烯可全部得到有效利用，生产高附加值的 2-PH 产品。

7. 正丁烯异构生产异丁烯

异丁烯是 C_4 烃的重要组分之一，是一种重要的有机化工原料，主要用于合成甲基叔丁基醚(MTBE)、丁基橡胶、甲基丙烯酸甲酯(MMA)、聚异丁烯等。异丁烯依据其原料规格可以制备一系列不同的产品，如混合 C_4 的异丁烯可以生产 MTBE、叔丁醇、聚丁烯、二异丁烯等；含量大于 90% 的异丁烯可以生产 MMA、异戊二烯等；含量大于 99% 的异丁烯则可以生产丁基橡胶、聚异丁烯、2,4-二叔丁基甲酚、叔丁胺、特戊酸、甲代烯丙基氯等。由于异丁烯化工利用途径多，从而带动了正丁烯异构化生产异丁烯技术的发展。

正丁烯骨架异构反应生产异丁烯研究始于 20 世纪 70 年代，直到 1991 年 8 月才获工业化。Texas 烯烃公司和 Phillips 石油公司共同开发 SKIP 工艺，并建成 8200t/a 的工业装置。之后美国 Texaco、Mobil、UOP、Shell、Lyondell，英国的 BP 及意大利 Snamprogetti 等公司各自公布了开发成果，并迅速实现工业化。国外公司的研究工作集中于镁碱沸石催化剂，ZSM-35 分子筛是镁碱沸石的一种，可以大幅度降低异构化反应温度。此外，ZSM-35 分子筛由于具有合适的孔道结构，能够有效地抑制二聚副产物的生成，不仅可以提高异丁烯的选择性，催化剂的稳定性也大幅度提高。

第五章 现代煤化工技术关键设备

第一节 煤直接液化反应器

一、煤直接液化反应器种类

煤直接液化反应主要采用全混釜或者平推流反应器,煤浆与溶剂、催化剂在反应器内或者在进入反应器前完全混合,在转化过程中保持与氢气的充分接触,通过这种方式提高转化的效率。同时反应器应该尽可能减少构件的使用,保持结构上的简洁性,确保在满足反应要求的基础上降低复杂度。煤直接液化反应器在发展过程中主要经历了鼓泡床反应器、列管式反应器到强制全返混循环悬浮床反应器的演变(图 5-1-1)。

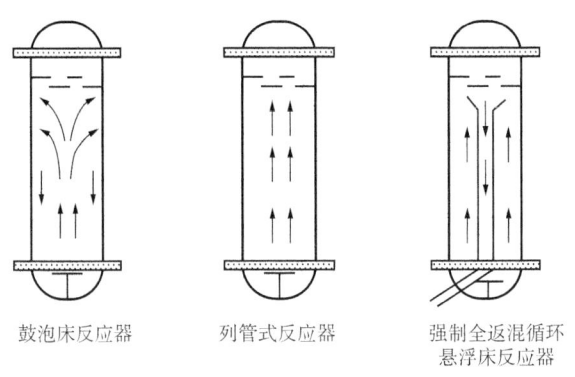

鼓泡床反应器　　列管式反应器　　强制全返混循环悬浮床反应器

图 5-1-1 煤直接液化发展过程中典型反应器示意图

1. 鼓泡床反应器

鼓泡床反应器出现较早,三相鼓泡床反应器在德国开发的煤直接液化新工艺中得以使用,最大的特点为氢气与油煤浆在反应器内形成柱塞流,即平推流,混合程度非常低,在反应器中容易发生物料沉积,影响反应器内反应空间,轻、重组分在反应器内停留时间基本是一致的,难以保持较高的液体收率;如果增大反应器,重组分停留时间增大,使得液体收率提高,但仍需定期从反应器下部排出固体沉积物。

2. 列管式反应器

列管式反应器是在鼓泡床反应器应用上做了一些改进,其与鼓泡床反应器在结构上基本是相同的,只是采用了不同的操作方式,如日本的 NEDOL 工艺。对于列管式反应器,需要将参与反应的各种物质同时添加到其内部。在具体反应过程中,容易保持反应的均匀性和充分性,反应深度也可以灵活调整。但是在反应过程中随着氢气含量的下降,反应的推动力将降低,反应速率也会逐步减小,同时局部的氢气短缺会导致结焦现象。考虑到反应过程中有可能存留于反应器内的生煤、煤灰或者固体颗粒等物料，反应器底部设置排泄装置，以此改善分离的效果，提高分离质量。

3. 强制全返混循环悬浮床反应器

该反应器主要是在鼓泡床反应器的基础上研发出来的，反应器内部结构设置收集循环杯，收集循环杯通过循环泵使得物料在反应器中实现全返混强制循环，物料在反应器中实现悬浮状态，从而促进物料的混合反应，供氢溶剂、氢气与煤浆在反应器内充分混合，从而达到最佳的反应效果，全返混措施在提高反应速率的同时也防止了矿物质沉积。通过内部结构的优化设计，反应器可以实现长周期安全稳定运行，中国神华煤制油化工有限公司鄂尔多斯煤制油分公司 108×10^4 t/a 煤直接液化装置采用的即是强制全返混循环悬浮床反应器。

二、煤直接液化反应器结构

1. 全返混循环悬浮床反应器主要技术参数

大型煤直接液化装置一般采用全返混循环悬浮床反应器，该类反应器是专门为了适应煤直接液化工艺生产装置运行而设计制造的，采用气、液、固三相全返混悬浮床，能够为实际的转化工艺提供必要的支持。煤浆加热后与氢气混合进入反应器，经过环形分布器均匀分配，介质通过分配盘上的泡罩自下向上流动；油煤浆经过加氢反应后从循环杯上的升气管升至循环杯的上部，部分油相通过循环杯中心管返回循环泵，部分油相反应生成物从反应器顶部弯管流出，通过循环泵将循环油再返回反应器底部的扩散器与加热炉来的进料在反应器底部混合。一般将特定的分配盘设置在反应器内部下方位置，通过其中的分布管可以对物料进行分布，该过程实际上是第一次分布的过程；安装在分配盘上的若干泡罩对物料进行第二次分布。由于分布盘设计合理，使反应器的气、液、固物料混合充分，并且保持均匀的通过速率，有效地防止了固体和气体的偏流。此外，受到反应温度均匀性较高的影响，加氢反应高效进行，同时整个过程处于稳定的状态，改善了转化的效果。

全返混循环悬浮床设计参数如下：工作压力为 19.02MPa，工作温度为 455℃，设计压力为 20.36MPa，设计温度为 482℃，工作介质为煤浆、氢气、硫化氢等。需要结合温度、氢分压选择合适的材料：壳体选用 2-1/4Cr1Mo1/4V 钢锻件；壳体内壁堆焊 TP309L，内件选择 TP347S.S，表层堆焊 TP347。全返混循环悬浮床反应器主要技术参数见表 5-1-1。

表 5-1-1　全返混循环悬浮床反应器主要技术参数表

项目	数据
规格	ϕ4812mm×34500mm
设计材质	母材材质为 2-1/4Cr1Mo1/4V；防腐层材质为 E309L+E347；内构件材质为 TP347S.S
设计参数	设计压力为 20.36MPa；设计温度为 482℃
工作参数	操作压力为 19.02MPa/18.85MPa；操作温度为 455℃
工作介质	油煤浆、氢气、硫化氢

全返混循环悬浮床反应器结构如图 5-1-2 所示。

2. 全返混循环悬浮床反应器结构特点

全返混循环悬浮床反应器结构特点如下：

（1）反应器反应温度均匀可控。

与一般的鼓泡床反应器相比，悬浮床反应器一部分液体经循环后再返回反应器入口，使进入反应器的液体流量成倍增加，有助于保持物料分布的均匀性，能够使得各种相态的物质充分接触，同时反应温度也能够达到较高的均一性。

（2）气体产率低。

由于部分液体经循环回反应器入口，因此气、液态物质的流动速度较高，在这种情况下，轻组分气相在反应器内的停留时间短，进一步发生二次裂化的概率小，最终使得气体产率低。

（3）装置处理能力大。

煤直接液化工艺采用鼓泡床反应器时，由于流体动力的限制以及固体颗粒在反应器底部沉积等方面的原因，单个反应器的直径和高度都受到限制，因此单条生产线的规模不能太大。如果使用带强制内循环的反应器，则液体保持了较高的流速，同时气、液、固物料分布均匀性较高，而温度也基本保持一致，由此可以达

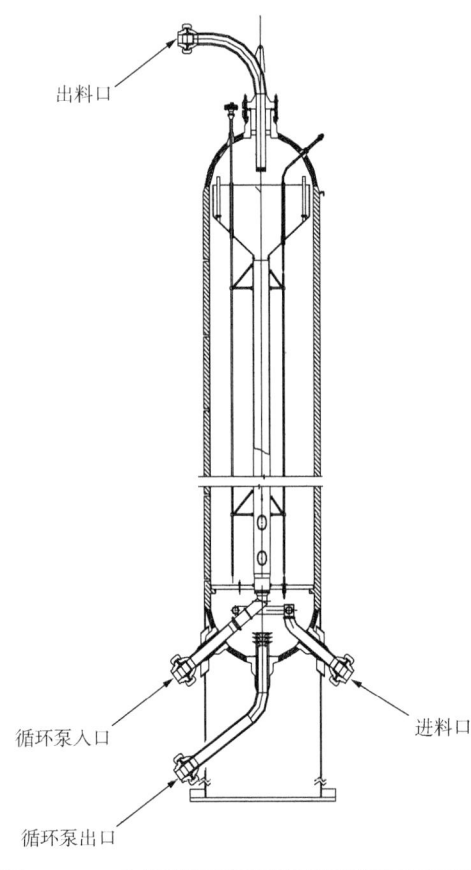

图 5-1-2 全返混循环悬浮床反应器结构示意图

到更高的高径比。采用该种类型反应器时气体滞留少、有效反应体积大，此外由于气、液、固三相接触充分，加速了煤液化反应过程，提高了煤的转化率，对于转化过程产生积极的影响。在相同反应器体积的情况下，带强制内循环的反应器可以有效地提高加工量。

（4）反应温度易于控制。

强制内循环反应器的一个明显优势是温度易于控制，只需要对煤浆加热炉出口温度进行合理设置，即可对反应器的温度进行调整，使其处于最佳的反应条件。通过分配盘等方式能够实现各相物料的均匀分布，同时反应器中不存在"热点"，温度分布同样比较均匀，因此无须使用冷氢。在反应中不采用冷氢具有如下优势：首先是能够提升对于反应热利用的合理性，节约了能源，降低了功耗；其次是反应器复杂度较低，结构更加简单，有助于降低生产成本，从而提升自身的效益。

（5）有效避免固体物沉积。

强制全返混循环悬浮床反应器内气、液、固三相共存，煤中无机物以及煤粉颗粒会发生沉降现象，团聚物一旦沉降严重，将会导致反应器内部介质沉积或结焦。针对反应器内物料的流动状况，采用全返混悬浮床技术通过循环泵增加液相的流速，根据不同的运行阶段以及反应器内部介质分布的特点选择循环泵的流量，保证反应器内均匀反应同时不发生沉积或结焦现象。在具体转化过程中，还需要考虑到发生的其他反应类型，因为在煤直接

液化反应时往往会形成 CO_2，这些气体将会与钙等物质发生化学反应，并出现多种固体颗粒混合物。如果反应器中的钙等物质的含量较高，则必然会形成更多的固体产物。特别是应用鼓泡床反应器时，这些颗粒物聚集在反应器底部，会导致后续的反应过程受到不利影响。而选用带强制内循环的反应器则能够有效地解决上述问题，降低固体颗粒物的沉积，从而为后续的反应过程奠定良好的基础。

3. 全返混循环悬浮床反应器主要内构件

全返混循环悬浮床反应器主要内构件如下：

（1）进料环形分布器：主要实现物料分配，避免处于高速状态下对分配盘形成冲击效果。在实际应用中一般将其设置在分配盘下部，不易形成滞留区，从而避免结焦。

（2）分配盘及泡罩：分配盘材质为 TP347，用螺栓固定在反应器壁凸台上，在分配盘上装配升气管和泡罩，使物料能均匀分布，保证贯穿整个反应器横界面的油和气分布均匀。

（3）扇形杯：也称循环杯，主要与气液分离过程有关，能够使得循环回反应器内的气体量处于最低的水平。

（4）反应器气液出口管：气液出口管下部均匀开有锯齿，这种结构的目的是在操作中在抽出杯与气液出口管下形成一层厚厚的气垫。上部与顶部弯管相连，反应产物中的气体和部分液体沿顶部弯管出反应器。

（5）反应器下降管：一部分液体和没有反应完全的固体煤粉与催化剂在抽出杯通过与抽出杯中心相连的下降管与反应器循环泵的泵抽出口接管相连，再经过循环泵的泵返回口接管重新打回反应器，完成一次返混循环过程。中心管内部设有人孔，可从下部中心管内进入反应器底部的分配盘上面。

（6）反应器入口扩散器：也称入口分布器，是将返回口接管进入反应器处的分配装置，保证气液和煤浆尽可能地均匀分布。

（7）反应器上、下封头接管：上封头有上法兰、密度计接管、温度计接管及压力计接管，与中心管之间用不锈钢支架相连接固定；下封头除了进料口接管、泵抽出口接管、泵返回口接管外，还有下法兰温度计接管及排污口接管，接管中 2-1/4Cr1Mo1/4V 与 18Cr10NiNb 异种钢之间的连接采用 Inconel 焊材进行焊接，下法兰内设有人孔塞。

（8）反应器外壁测温点和核料位计：对于核料位计和热电偶套管，器壁上有测温凸台，上面焊接连接螺栓。设置单支多点核料位计以测量反应器液位。反应器分配盘下部设置一个多点热电偶套管，每个多点热电偶套管内装有热电偶。通过反应器内部温度分布可以判断反应器内部分配情况和可能结焦情况。

（9）反应器试块：为了考核 2-1/4Cr1Mo1/4V 钢长期在高温、高压、临氢条件下操作性能的稳定性，在扩散器上部安装试块，置于反应器内与设备一起运行来进行工业应用考核，以备将来取出进行测试。

（10）反应器裙座及保温层：裙座底部用地脚螺栓与基础相连接，裙座内外喷涂防火涂料。外保温选用复合硅酸盐瓦块，厚度为 175mm，采用披挂式保温结构，以适应反应器高温热膨胀的要求。

三、煤直接液化反应器材料选用

煤直接液化反应器壁与介质直接接触，处于高温、高压、临氢的工况中，操作条件非常苛刻，容易引起高温氢腐蚀、氢脆、硫化氢应力腐蚀开裂、Cr-Mo钢回火脆性、氢致剥离现象等损伤。

煤直接液化反应器选材要求如下：

（1）选材主要考虑与依据。需要结合纳尔逊曲线来选择合适的材料，以保证满足耐腐蚀以及耐高温的要求。首先满足抗硫化氢与氢气共存时的腐蚀要求，确定准确的腐蚀速率；其次满足抗回火脆性性能要求，采用改进型的钢材，同时在工厂制造过程中进行步冷试验测量材料的回火脆性敏感性。

（2）制造反应器的常用材料。Cr-Mo钢属于使用较多的材料。在具体设计中需要考虑到多方面的因素，如有压力以及温度条件等。制造反应器的材料主要有1Cr1/2Mo、1-1/4Cr1/2Mo、2-1/4Cr1Mo、2-1/4Cr1Mo1/4V、3Cr1Mo和3Cr1Mo1/4V等。

煤直接液化反应器母材材质选用2-1/4Cr1Mo1/4V，依据如下：

（1）强度高。对煤液化反应器来说，除了节省钢材、降低造价，还便于运输和吊装，具有十分重要的意义。

（2）抗高温氢腐蚀性能提高。由于钢中添加了钒元素，使Cr-Mo钢晶界析出热稳定性很强的微细V—C化合物，弥散在钢中，从而提高了晶界强度，并且对于高温、高压下氢与碳反应形成甲烷的过程产生了抑制作用，基于这种方式使钢的抗高温氢腐蚀性能大大提高。2-1/4Cr1Mo1/4V钢的抗高温氢腐蚀性能比2-1/4Cr1Mo钢提高了50℃。

（3）抗氢脆性能好，使用裂纹扩展应力强度因子数值来评价钢的抗氢脆性能。试验证明：加钒的Cr-Mo钢的裂纹扩展应力强度因子数值比2-1/4Cr1Mo钢高50%以上。这是由于钒元素的添加在钢中形成弥散V—C化合物，在常温下具有较强的捕捉钢中氢的作用，降低了氢在2-1/4Cr1Mo1/4V钢中缺陷附近与碳反应生成甲烷的趋势。

（4）抗回火脆化能力强。含钒的Cr-Mo钢在钢中形成钒合金后，使钢材具有很强的抗回火脆化能力。通过步冷试验以及长期保持高温后的回火脆化敏感性试验证明，其回火脆化量较小。无论是板材还是焊缝金属，加钒的Cr-Mo钢在步冷试验前后的转变温度增量都不大，由此可以证明不存在显著的脆化现象。

（5）抗氢剥离性能优。固溶于反应器壁中的氢，在停工后随着器壁温度降至常温，母材中氢的过饱和度高于堆焊层的过饱和度，因此母材中氢向堆焊层一侧移动，在两种钢材的晶界层上积聚着高浓度的氢，形成峰值，可能发生剥离。而加钒的Cr-Mo钢中的V—C化合物形成"陷阱"，有捕捉氢的作用，因此氢在移动的过程中，在晶界层上的积聚现象明显减少，不会形成较高的峰值，使堆焊层的剥离现象大大减轻，氢剥离试验也证明加钒的Cr-Mo钢的堆焊层抗氢剥离性能仍很强。

四、煤直接液化反应器发展前景

1. 使用安全性不断提高

多年来，煤直接液化反应器技术进步的核心问题是提高其使用的安全性。安全性也是实际生产中第一考虑的要素。随着科学技术、制造业、冶金业等的进步，煤液化反应器技术有了很大的提高，在设计方面由开始的按"规则设计"逐步发展到以"应力分析为基础的设计"，从而提高了设计的准确性与使用可靠性，最大限度地降低了不利的影响。在使用过程中，通过先进的检测手段和控制系统，使得应用安全性不断提高。

2. 大型化发展趋势明显

目前的生产装置日趋大型化，大型化的设备能够有效地提升生产效率，从而提升经济效益。20世纪60年代，日本研制出的反应器质量约为300t，而到90年代研制出的3Cr1Mo1/4V钢大型加氢反应器质量已经达到1450t。其他国家在加氢反应器的研究中同样存在大型化的趋势，如意大利Nuovo Pignone公司于2003年制造了单台1485t的2-1/4Cr1Mo1/4V钢大型加氢反应器。我国从20世纪80年代开始投入较大的研究精力，同时注重与国外的合作，逐步在加氢反应器生产工艺上取得了突破，掌握了关键的技术。我国在20世纪80年代末期成功研制出锻焊结构热壁加氢反应器，内径仅为1800mm，质量约为220t；到1998年，制造出单台质量约为1000t的加氢反应器；2007年，又制造了两台单台质量达1420t的大型加氢反应器，特别是中国一重集团有限公司在现场为中国神华集团有限公司煤直接液化工程成功组焊，制造出两台单台质量约为2100t的当时世界最重的煤液化反应器，全面地提升了中国大型压力容器设计、制造的实力。

3. 应用推广逐渐拓展

煤直接液化反应器经过百万吨级的工业试验大型化运行，在没有大规模的工业化生产经验的情况下，通过结构优化及再开发，不断提高加工深度，在避免结焦及堵塞方面也进一步趋于成熟。这种具有独特结构特点的反应器，也被逐渐推广到重质油加氢和渣油加氢等诸多工艺当中。

第二节　煤间接液化反应器

一、煤间接液化反应器种类

目前，国内外对于煤间接液化工艺的研究较多，逐步形成了多种成熟的工艺，其中常用的是F-T合成工艺。在具体工艺执行过程中，依赖于特定的反应装置，包括列管式固定床反应器、流化床反应器、浆态床反应器等。

1. 列管式固定床反应器

在列管式固定床反应器运行过程中，需要将专用的催化剂设置在管束中，通过蒸汽的方式将产生的热量扩散到外部环境中。列管式固定床反应器的结构如图5-2-1所示。一般需要对石蜡进行适当冷却，确保进出口温差保持在合理的范围内。由于主要采用热载体间接移热方式，要求反应器有足够的散热面积，便于热量的扩散。此外，考虑到成本等方面因素，排出的反应水可以循环使用。在列管式固定床反应器运行过程中，需要保持合适的反应条件，主要包括压力以及温度条件，二者需要分别处于2~5MPa、210~250℃之间。综合考虑到上述因素，在选择热载体的过程中，需要保证液体的沸点和反应温度基本一致，同时要求热载体具有以下性质：(1)化学稳定性好，不产生沉淀、不腐蚀设备；(2)黏度小，便于输送及在反应器内循环；(3)具有较高的汽化潜热，有利于将合成反应放出的反应热快速移走。工业上采用的热载体一般是压力水（饱和水蒸气），可以对沸点进行调节，即通过调整压力的方式实现，以保持最佳的反应状态。如果F-T合成反应的温度较高，则可

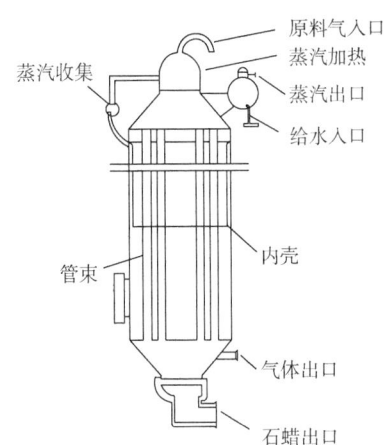

图 5-2-1 列管式固定床反应器结构图

选用有机化合物,如联苯混合物、萘和矿物油等作为热载体。

列管式固定床反应器的优势主要体现在以下几个方面:(1)由于催化剂和合成气可以充分接触,使得反应过程更为充分,提高了原料的使用效率,能够保持较高的生产能力,同时成本较低;(2)可以从反应器的底部位置分离液体油蜡产品,与催化剂之间不会互相混合,保证了产品的质量;(3)反应器顶部床层催化剂吸附合成气中微量硫化物保护下部床层,因此有效降低了硫化物的影响,基本不会导致催化剂活性损失。

但是列管式固定床反应器在应用过程中也存在一定的不足,主要体现在放热量较高导致温度控制难度较大。温度对反应结果和催化剂活性具有显著影响。此外,列管式固定床反应器需要经常对催化剂进行更换。由于载体的导热性一般不佳,床层同样难以保持较高的传热性能,因此在列管式固定床反应器应用过程中需要重点解决温度控制以及传热的问题。一般无法在高温 F-T 合成反应中采用列管式固定床反应器,原因是在较高反应温度下,催化剂会由于结炭而膨胀,从而造成床层堵塞,压降增加,严重时无法运行。此外,列管式固定床反应器一般只能在停车期间更换催化剂,且更换的难度较大,耗时较多,增大了成本。此外,在固定床反应器中的反应转化率会受到传质的影响,如果催化剂颗粒较小,则有助于提高转化率。然而在颗粒过小时,同样会产生诸多不利影响,如增大了床层压降,提高了尾气回收处理的成本。由于床层压降的限制,采用铁基催化剂时,要求催化剂的颗粒粒度保持在 1.5mm 以上,而列管直径不小于 5cm;而对反应活性更好的钴基催化剂,在颗粒尺寸与铁基催化剂尺寸相同的条件下,扩散影响会更加严重,移热更加困难。只是采用降低催化剂粒径的措施难以保证反应器能力达到较高的要求。

2. 流化床反应器

随着流速逐渐增加,流体颗粒间的空隙率逐步增大,由此形成了膨胀床。当流速接近于某个数值时,床层中的固体颗粒处于流化状态,此时即达到临界流化速度,此时的反应器即流化床反应器。流化床反应器能够弥补固定床反应器在催化剂更换以及生产能力等方面的缺陷,主要包括固定流化床反应器(FFB)和循环流化床反应器(CFB)两种类型。

固定流化床反应器具体结构如图 5-2-2 所示。从结构上看,固定流化床反应器中集成了特殊的气体分布器,需要通过其对原料气先进行疏导。冷却水管属于关键部分,以此可以提高换热的效果。多余的催化剂可以直接通过出口传输到旋风分离器中,基于这种方式可以将其分离,并进一步应用到后续的反应过程中,也提升了催化剂的应用效率。固定流化床反应器的应用使得床层内部形成了较大的反应空间,以此能够有效地提升气体转化率,在此基础上可以达到更高的生产能力。然而固定流化床反应器需要在温度控制上达到较高的要求,否则难以取得预期的反应效果。

循环流化床反应器具体结构如图 5-2-3 所示。循环流化床反应器的优势在于反应效率高,传热效率较大,应用比较灵活,降低了对于人员操作的依赖性;在运行过程中无须停炉即可在线进行催化剂装填，稳定性较高。循环流化床反应器在应用中仍然存在一定的缺陷，主要体现在运行控制难度较大，要求操作人员技能比较娴熟，同时使用成本较大，特别是在前期必须付出一定的成本。在循环流化床反应器运行过程中，受到内部结构的影响无法及时将热量排出，容易发生积炭问题，特别是处于高温条件下导致能耗增加。如果催化剂处于高速流化状态，则加剧了对反应器的磨损，可能导致分离器阻塞，或者增大催化剂的使用量，降低了使用效率，最终提高了成本。

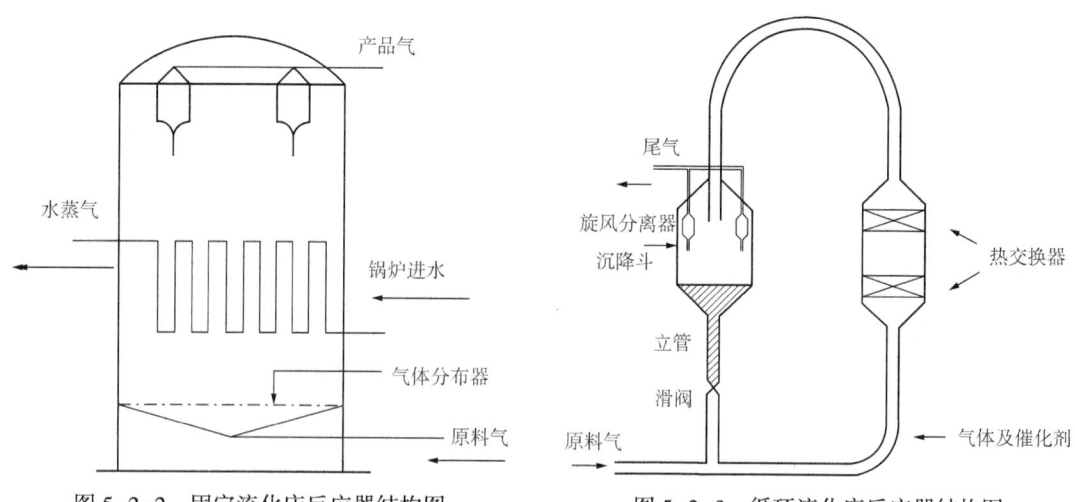

图 5-2-2　固定流化床反应器结构图　　　　图 5-2-3　循环流化床反应器结构图

3. 浆态床反应器

气体以鼓泡形式通过悬浮有固体催化剂颗粒的液体（浆液）层，以实现气—液—固三相反应过程的反应器称为浆态床反应器，反应器中的液相可以是悬浮固体催化剂的载液或者反应物。F-T 合成浆态床反应器实际上是一个典型的气—液—固三相流化床，一般可以应用到石蜡和重质燃料油的生产中。由于浆态床反应器具有良好的传热、传质效果和相间接触充分等优点，逐渐受到广泛的重视和应用，在 F-T 合成液体燃料方面具有良好的应用前景。F-T 合成三相浆态床反应器在结构上包括气液（固）分离器、移热盘管等，在运行过程中需要保持合适的压力和温度条件，在气体预热之后，可以通过反应器底部输入，经液相扩散到悬浮的催化剂颗粒表面移出。产品石蜡经液固分离器排出反应器，液固分离器可以是内置式的，也可以是外置式的，未反应的气体经气—液—固分离装置除去夹带的液滴和细颗粒催化剂后从反应器上部离开反应器，冷却后将烃组分与水进行回收，最终通过改质装置将烃类产物输出。在此过程中，反应器可以继续对未进行反应的气体进行处理，有助于提高合成气的转化率。

图 5-2-4 为浆态床反应器结构图。

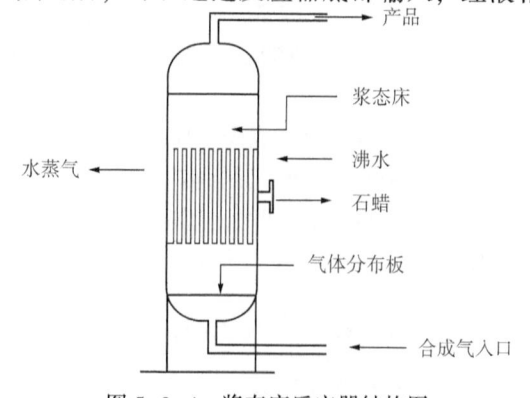

图 5-2-4　浆态床反应器结构图

不同类型煤间接液化反应器的基本特征对比情况见表 5-2-1。

表 5-2-1 不同类型煤间接液化反应器的基本特征比较

项目	列管式固定床反应器	流化床反应器		浆态床反应器
		循环流化床反应器	固定流化床反应器	
热交换速率	慢	中到高	高	高
系统内的热传导	差	好	好	好
反应器直径限制	有,约为8m	无	无	无
高气速下的压降	小	中到高	高	中到高
气相停留时间分布	窄	窄	宽	窄到中
气相的轴向混合	小	小	大	小到中
催化剂的轴向混合	无	小	大	小到中
固相的粒度/mm	1.5~2.5	0.01~0.5	0.003~1	0.1~1
催化剂再生或更换	间歇合成	连续合成	连续合成	连续合成
催化剂的损失	无	2%~4%	由于磨损不可收回	小

从表 5-2-1 中可以看出,相对于其他类型的反应器,浆态床反应器的结构复杂度较低,但是其中存在气—液—固三相反应,特别是受到操作中液相性质的变化容易导致一系列问题,有待于针对这些问题进行更多的研究。相对于循环流化床反应器,固定流化床反应器的使用成本更低,操作难度更小,结构简单,能够有效地提升生产能力,因此在应用中显示出较大的潜力。此外,相对于列管式固定床反应器,浆态床反应器与流化床反应器在移热性能上均具有一定的优势。

从操作条件来看,相对于列管式固定床反应器,浆态床反应器的等温性能更佳,因此在温度较高的条件下仍然能够保持良好的运行状态,不会出现催化剂失活等问题。如果平均转化率较大,则可以对产品选择性进行有效调节,因此在高活性的催化剂条件下往往能够获得更佳的应用效果。但是浆态床反应器中反应物必须穿过床内液层才能接近催化剂表面,在此过程中无法保持较高的传递效率,此外还存在难以解决的液固分离问题,导致其应用受到限制。相对于流化床反应器,浆态床反应器不需要进行水气变换,可以通过低 H_2/CO 值的合成气来完成反应过程,这使其生产流程得以简化,同时降低了成本。

相对于常用的列管式固定床反应器,浆态床反应器在多个方面显示出独特的优势,其使用的催化剂较少,催化剂消耗量较低,单位产品的消耗量降低了大约70%,大幅度降低了在催化剂上的成本。此外,其床层压降较小,在气体压缩上的成本同样不高。因此,浆态床反应器在经济规模上体现出显著的优势,有助于改善经济效益。

二、煤间接液化反应器结构

大型煤间接液化装置 F-T 合成单元一般采用浆态床反应器。图 5-2-5 为典型的浆态床反应器简图,具体包括如下部分:

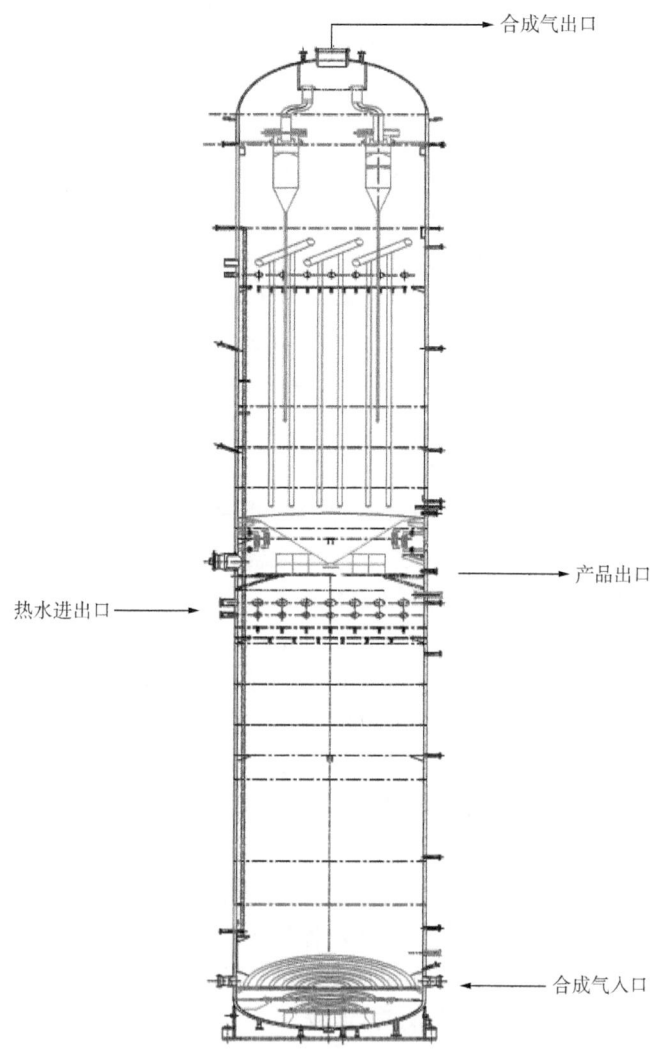

图 5-2-5 典型的浆态床反应器简图

（1）筒体：反应器筒体厚度为 80mm，由 1-1/4Cr1/2MoSi 钢板卷制而成，内部堆焊 0Cr18Ni10Ti。

（2）进料分配器：使反应器内的物料均匀分配，由三层进料分布盘管组成，分为顶部进料分布器、中部进料分布器和底部进料分布器。

（3）旋液分离器：由旋风分离器和料腿组成。

（4）上部内取热列管：由进水集合管、出水集合管和 168 组取热列管组成。

（5）中部过滤器：由 30 组楔形过滤芯组成。

（6）下部内取热列管：由进水集合管、出水集合管和 168 组取热列管组成。

三、煤间接液化反应器选择依据

在具体应用过程中，需要综合多个方面的因素来选择合适的反应器，具体如下：

(1) 快速将反应热移除。对于 F-T 合成反应,在具体反应过程中会释放出较多的热量,而温度变化将会直接影响反应的效果,因此为了有效地控制温度,需要在短时间内排出过剩的热量。对于列管式固定床反应器,由于在反应管中设置催化剂,难以快速将热量移除,对于反应过程产生了不利影响。而对于流化床反应器和浆态床反应器,能够保证合成气原料与催化剂之间的接触,反应过程的温度分布比较均匀,可以达到较高的移热效率,因此反应效果往往更佳。

(2) 催化剂和产品分离。对于列管式固定床反应器,一般可以从底部位置排出形成的液态产品,因此容易实现产品与催化剂的分离。对于流化床反应器,受到上行气流的影响,一些催化剂颗粒将会排出到外部,需要将这些颗粒从气体中进行分离,然后应用到反应器中,才能保持反应器中催化剂的稳定性。浆态床反应器中的催化剂容易受到明显的磨损,并且会有很多的粉末状催化剂混杂在液体产品中,因此需要进行分离。

(3) 催化剂消耗。对于列管式固定床反应器,由于已经在反应管中将催化剂固定,处于顶部位置的催化剂对合成气成分进行吸附之后,能够降低催化剂的损耗,因此间接节约了一定的成本。而对于流化床反应器和浆态床反应器,催化剂缺乏专用的保护层,导致形成的产物与催化剂混杂,受到相互碰撞的影响提高了催化剂磨损的速度,因此往往需要消耗一定量的催化剂,在一定程度上增大了反应的成本。

(4) 目标产品。F-T 合成工艺涉及高温 F-T 合成和低温 F-T 合成两种模式,其中前者包括流化床反应器,一般用于生产烯烃等附加值较高的产品,此类产品的分子量一般不大;后者包括列管式固定床反应器,主要用于生产烃类产品,分子量相对较大。而浆态床反应器生产的主要是石蜡等产品,产品分子量较低。因此,需要结合具体的产物要求来选择特定类型的反应器。

综上,F-T 合成反应器的选择必须全面考虑多方面的因素,不仅仅是成本以及效益,而且涉及生产能力、技术水平、安全性以及环保性等。目前对于浆态床反应器应用的研究较多,致力于解决存在的不足问题,特别是在固液分离问题解决上形成了不同的方案,改进了工艺流程,使其应用效果得到了明显的改善。

第三节 气 化 炉

气化炉适用于大规模加压气化技术,以 GE 水煤浆气化技术、GSP 粉煤气化技术和壳牌粉煤气化技术等为代表。根据项目产品的需要,气化技术一般与激冷流程或废锅流程搭配。无论气化后工艺采用激冷流程还是废锅流程,其主要区别在于气化余热回收利用方式、气化炉结构以及烧嘴等方面。

一、GE 水煤浆气化炉

GE 水煤浆气化炉包括燃烧室和激冷室两部分,燃烧室位于气化炉上部,激冷室位于气化炉下部,其外壳为压力容器,并连成一个整体(图 5-3-1)。燃烧室为一空形圆柱,其上部为球形封头,下部为锥形封头的反应空间,顶部设有气化炉烧嘴。燃烧室采用金属外壳,内衬耐火衬里。随着煤气化反应的进行,通过气化炉烧嘴的水煤浆与氧气发生氧化反应,生产粗合成气，同时形成一部分灰渣，并排到下面的激冷室。气化炉下部的激冷室内设有激冷环，喷出的激冷水在下降管壁上形成降水膜。由于粗合气中夹带熔渣，激冷水避免了熔渣在下降管中的附着。高温合成气和大量的熔融灰渣通过下降管直接与激冷水接触，气体迅速冷却，并形成夹带着饱和蒸汽的粗合成气。熔融灰渣聚冷后，形成粒化渣，渣与气体分离，沉降到激冷室底部，通过锁斗定期排出。粗合成气夹带饱和蒸汽通过上升管在激冷室上部汇集，经除沫挡板后通过激冷气体出口进入炭洗塔进行冷却除尘。通常用于煤制烯烃的 GE 水煤浆气化炉工艺设计条件如下：

（1）工作压力为 6.5MPa，设计压力为 7.15MPa/全真空；

（2）炉膛内工作温度约为 1430℃，设计温度为 1450℃，燃烧室炉壁设计温度为 425℃，激冷室炉壁设计温度同样为 425℃；

（3）燃烧室壳体材质为 14Cr1MoR，激冷室壳体材质为 S31603+14Cr1MoR 复合钢板，其他内件材质为 INCOLOY825。

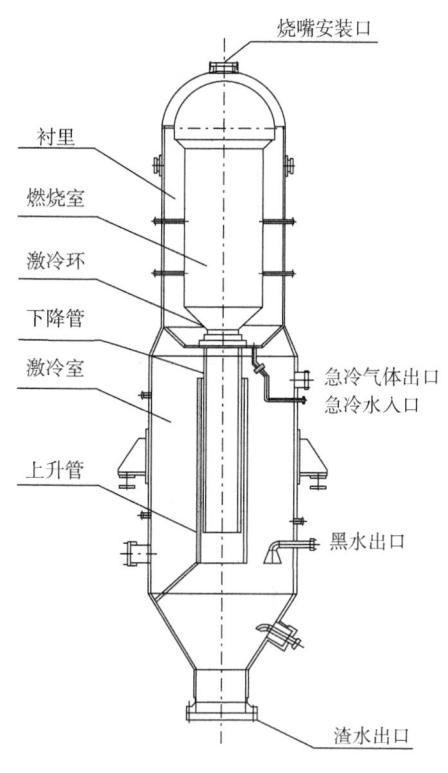

图 5-3-1　GE 水煤浆气化炉示意图

以 1500t/d 投煤量 GE 水煤浆气化炉为例，燃烧室壳体内径约为 3200mm，内衬耐火砖，内衬耐火砖后内径约为 2100mm。激冷室壳体内径约为 3800mm，设备高度约为 21m。采用 TSG 21—2016《固定式压力容器安全技术监察》、GB/T 150—2011《压力容器》进行设计，设备整体采用常规设计。

GE 水煤浆气化炉燃烧室无任何转动机械部件。若反应物中氧煤配比得当，气化反应过程瞬间完成，即可获得合格粗合成气。为了调节控制反应物料的配比，在燃烧室的中下部设有 4 支高温热电偶，呈 90°对称错位布置。同时，在气化炉外壁装有测温热电偶，通过表面温度的变化判断炉内衬里耐火砖的损坏情况。测温系统将整个燃烧室外表面分成若干个区，在炉壁外表面焊上数以千计的螺钉来固定测温导线。通过温度测量可以显示出炉壁外表面上任何一个"热点"温度，从而推测出炉内衬里耐火砖有无损坏情况。激冷室壳体内部通常采用 S31603 不锈钢复合板或堆焊结构，以解决腐蚀问题。气化炉气化效果的好坏直接取决于燃烧室的形状与气化炉烧嘴结构之间的匹配程度，而气化炉的寿命则与炉内耐火衬里材料和结构形式的选择有关。

工艺烧嘴位于 GE 水煤浆气化炉顶部，是气化炉的核心部件。通过烧嘴高速氧气流的动能将水煤浆雾化并与其充分混合，在炉内形成一股有一定长度黑区的稳定火焰，为水煤浆气化创造条件。工艺烧嘴在工艺设计上应满足以下要求：

（1）雾化性能：具有一定浓度和黏度的水煤浆通过工艺烧嘴时，以最佳雾化方式与氧气充分混合。

（2）气化反应：工艺烧嘴应能为气化反应创造良好的条件，能够在较低的氧煤比下使碳元素尽可能转化，提高碳转化率，使得粗煤气中具有较高的有效组分含量，保证气化炉在较高的技术经济指标下运行。

（3）喷射形状：工艺烧嘴的结构尺寸及数量应当与气化炉炉膛衬里的结构尺寸相匹配，获得最佳的喷射射程和雾化角度，水煤浆喷入后的雾化形状应类似于喇叭口形，以避免局部结渣和对耐火衬里造成过度冲刷。

（4）操作弹性：在达到最佳的喷射形状的同时，工艺烧嘴的流通量应具有较大的操作弹性，在较宽的气化炉运行负荷范围（如70%~120%）以及较高的气化炉负荷变化率下，工艺烧嘴应具有稳定的、最佳的气化效果。

（5）炉温需要：烧嘴应适应于气化炉升温（从常温升至气化炉正常运行温度）及气化炉正常操作的需要。

（6）使用寿命和安全性：工艺烧嘴应具有较长的使用寿命和较高的操作安全性，应适应多种工况，如高温、剧烈温变、高压及强烈的腐蚀及冲蚀等。

GE水煤浆气化炉工艺烧嘴示意如图5-3-2所示。烧嘴采用3通道形式，其中，两路用于供氧，一路高压氧气从中心管喷出，另外一路从主氧通道在外环道喷出。水煤浆由内环道流

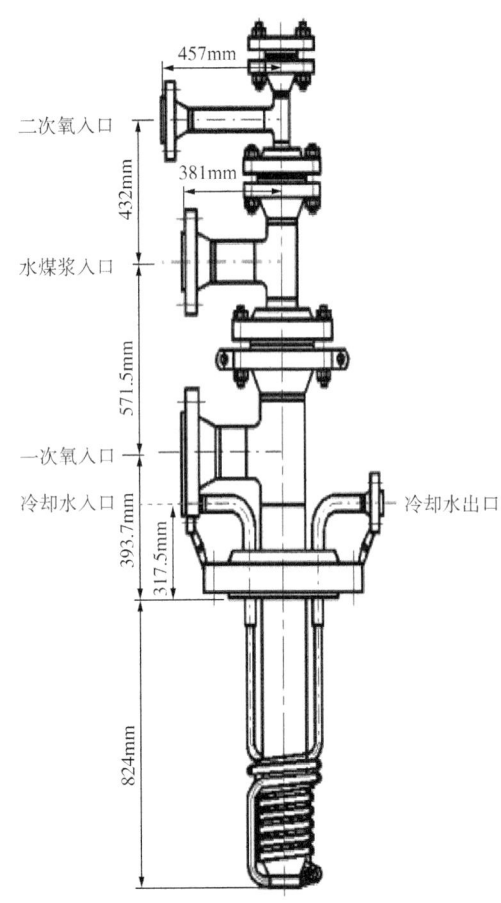

图5-3-2 GE水煤浆气化炉工艺烧嘴示意图

出与中心氧在出烧嘴口前预混合，与外环道喷出的氧气在烧嘴口混合。水煤浆未与中心氧接触前，在环隙通道构成厚达十几毫米的水煤浆膜，其流速约为2m/s。中心氧占总氧量的15%~20%，流速约为80m/s；环隙主氧占总氧量的80%~85%，流速约为120m/s。氧气在烧嘴入口处的压力为气化炉压力的1.2~1.4倍。

工艺烧嘴头部最外侧为水冷夹套，冷却水入口直达夹套，再由缠绕在烧嘴头部的数圈盘管引出，其材质为INCONEL600，头部夹套材料为含量钴高的UMCo50或HAYNES188等镍基合金材质，工艺烧嘴头部煤浆通道上都在主材表面堆焊一层STELLITE 6耐磨层。

GE水煤浆气化炉的耐火衬里使用条件比较苛刻，高压（约为6.5MPa）、高温（约为1450℃），处于具有强还原性的气氛，液体酸性排渣环境。伴随着气—液—固混合物的高速冲刷，开停车阶段温度、压力大幅波动。因此，气化炉耐火材料应满足以下要求：（1）拥有较佳的抗熔渣侵蚀性和渗透性；（2）拥有较佳的热态强度，以抵抗气—液—固混合物在高温下的冲蚀；（3）拥有较佳的高温体积稳定性能，以抵抗在开停车阶段及负荷调整时温度和压力的波动。

GE水煤浆气化炉整体内衬可分为拱顶内衬、筒体内衬和锥底内衬三部分。拱顶位于气

化炉燃烧室最上方,为顶部球形封头部分;筒体位于燃烧室直边部分;锥底位于燃烧室最下端,用于收集灰渣。

(1) 拱顶内衬分为三层,从内向外依次为耐火砖层、铬刚玉浇注料层和可压缩层。拱顶内衬耐火砖层作为耐高温、耐侵蚀和耐冲刷的消耗层,其结构通常采用半球形,一般选用高纯氧化铬材料,通常称为铬铝锆砖或高铬砖,要求该部分衬里材料具有良好的耐高温性能、良好的抗蠕变强度、热震稳定性,并具有良好的高温化学稳定性。每一块耐火砖设有纵横两道镶嵌槽,砌筑成环状后上下左右各块耐火砖镶嵌成一个整体,以确保其砌筑工程的质量。第二层为铬刚玉浇注料层,拱顶设有膨胀缝。第三层为可压缩层,通常选用耐火纤维可压缩料,填充在耐火衬里与气化炉金属内壁之间。

(2) 气化炉筒体内衬分为四层,从内向外依次为耐火砖层、背衬层、保温隔热层和可压缩层。耐火砖层是耐侵蚀、耐高温和耐冲刷的消耗层,通常选用高纯氧化铬材料,一般称为铬铝锆砖或高铬砖,要求该部分衬里材料具有良好的耐高温性能、良好的抗蠕变强度、热震稳定性,并具有良好的高温化学稳定性;背衬层主要用于支撑气化炉内衬里,并且在耐火砖层磨蚀严重的情况下可短时间内起到安全衬里的作用,该层通常采用含铬的刚玉材料,称为铬刚玉砖;保温隔热层要求衬里材料导热系数低、保温隔热效果好,以确保气化炉壳体温度始终处于安全范围内,通常采用氧化铝空心球砖,以减少气化炉内热损失;可压缩层在气化炉温度波动范围内可被压缩或恢复原状,从而减少热膨胀力对壳体的径向冲击,通常选用耐火纤维可压缩料,填充在耐火衬里与气化炉金属内壁之间。

(3) 锥底内衬为圆锥形,分为两层,从内向外依次为耐火砖层和铬刚玉浇注料层。最下端的渣口部位内衬分为三层,从内向外依次为耐火砖层、背衬砖层和铬刚玉浇注料层,其形状为圆柱形。耐火砖从内向外弧长逐步加大,每层耐火砖砌筑完成后在圆周方向形成一个整体。

气化炉内流场分成射流区、回流区和管流区三部分(图5-3-3)。燃烧室中上区域属于射流区,水煤浆和氧气混合物通过气化炉烧嘴高速喷出,由于湍流脉动,周围的流体被射流卷吸带向下游,射流的直径也随之不断扩展,同时速度不断降低,直至到达射流区边界;燃烧室上部周边区域属于回流区,射流和撞击流股都卷吸周边流体,因此在撞击流股和射流区边界出现回流区;燃烧室下部区域属于管流区,位于燃烧室下部,流体沿轴向流速保持不变,形成管流区。在炉膛内,每个区域受到的化学侵蚀、机械磨损和冲蚀作用是不一样的。气化炉筒体上部耐火砖主要受到化学侵蚀及机械冲刷而损毁;筒体下部耐火砖主要受到灰熔渣的侵蚀、渗透而损毁;锥底段耐火砖在强烈的冲刷及熔渣渗透共同作用下,其冲蚀、磨损最为严重。为了减少和控制耐火砖损毁,一般建议采取以下措施:

(1) 提高向火面耐火砖抗侵蚀性能。

通过提高氧化铬的含量,可显著提高耐火砖抗侵蚀、冲刷性能。对于不同材质的耐火砖,通常采用回转抗渣法进行抗熔渣侵蚀、冲刷能力的对比试验,研究表明,对于不同材质的耐火材料抗侵蚀、冲刷性能,氧化铬含量为90%(质量分数)的

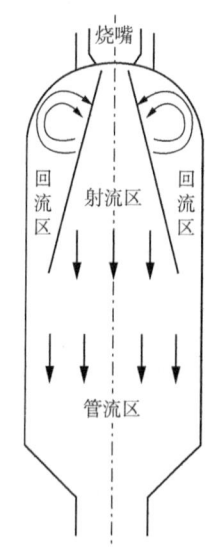

图 5-3-3 气化炉流场示意图

高铬砖最好，氧化铬含量为86%（质量分数）的高铬砖次之，铬刚玉砖又次之，刚玉砖性能优于氧化锆砖。从以上排序可以看出，耐火材料中氧化铬含量的增加对抗熔渣化学侵蚀的能力有显著的提升。因此，在燃烧室内受到比较严重的侵蚀部位或者熔渣中钙铁成分含量较高的气化室内，建议采用高含量氧化铬耐火材料，如选用氧化铬含量为90%（质量分数）的高铬砖。此外，提高耐火砖的密度，使气孔尽量微细化，也是减少化学侵蚀的途径。

(2) 加强气化炉砌筑施工质量控制。

按照气化炉筑炉技术标准和规范要求，在砌筑施工中，其质量控制点应重点关注如下：

① 砌筑施工的环境温度应不低于-5℃。

② 耐火衬里浇注料施工及耐火泥浆调制用水应采用一次水，水温应控制在10~25℃，pH值为7.0~7.5，Cl^-含量应不大于25μg/g。

③ 采用人工抹灰挤压法砌筑耐火砖，保证砌筑过程中灰缝均匀饱满；相互错开内外、上下层耐火砖之间灰缝，须避免出现耐火砖至炉壁间贯通横向连成直线的情况，单环同径炉耐火砖上下两层砖不应有重缝。

④ 严格控制耐火砖间的灰缝，其横向灰缝应不大于1.0mm，竖向灰缝应不大于1.8mm，保温隔热砖灰缝应不大于3mm，耐火砖墙体表面不平度应不大于5mm；耐火砖墙体垂直度应不大于3mm/m，全高应不大于15mm，其同心度为±5mm。

⑤ 拱顶与燃烧室筒体之间留有35~50mm的间隙，用于气化炉温升时耐火衬里整体向上膨胀。

(3) 严格按烘炉曲线升温。

由于耐火衬里中使用的浇注料、耐火砖等材料在温升过程中通常会发生相变、脱水反应、掺和反应，且会受热膨胀，因此在砌筑完成后，应按国家规范中的具体要求进行整体烘炉，以避免耐火衬里出现开裂变形，甚至损坏。

(4) 改善气化炉的工艺操作工况。

对气化炉膛操作温度应进行严格控制，炉膛温度应该尽量控制在比煤灰熔点流动温度高50℃，在耐火砖表面能形成一层熔渣，实现以渣抗渣，保护耐火衬里，并防止在渣口出现结渣。适宜的氧煤比是控制炉温的关键，应避免过氧操作，以降低熔渣对耐火砖的侵蚀。同时，还应对气化炉的负荷进行严格控制，在不影响正常操作的条件下尽量降低操作温度，并降低开停车次数，减少耐火砖在使用过程中受到的热冲蚀。

气化炉工艺烧嘴雾化角度应与炉膛尺寸相匹配。若雾化角度过大，煤浆颗粒会对局部耐火衬里冲损过大；若雾化角度过小，则会导致对耐火砖的冲刷、烧蚀区域下移。良好的工艺烧嘴配置和安装，不仅可以提高碳转化率，还能够大大降低对耐火砖的冲蚀，使耐火砖的使用寿命得到较大的提高。

气化炉中激冷环的作用是使激冷水均匀地沿下降管分布在激冷室内，将1450℃左右的粗合成气冷却到250℃左右。激冷环内为冷却水，激冷环外介质温度在1450℃左右。激冷环要经受熔融灰渣和工艺介质的侵蚀冲蚀，传热过程处于过临界状态，因此激冷环和下降管一般采用耐高温、耐腐蚀的镍基合金INCOLOY825。激冷环组件在气化炉中所处的条件非常严苛，激冷环组件尤其是下降管非常容易损坏，需考虑备品备件。

二、GSP 粉煤气化炉

GSP 粉煤气化炉包括气化室和激冷室(图 5-3-4)。气化室壳体为压力容器,内设水冷壁,外设水冷夹套。水冷壁内层涂敷耐火材料(SiC)。粉煤与氧气/水蒸气进行氧化反应,生产粗合成气,在反应的同时生成灰渣。熔融的高温灰渣在水冷壁冷却凝固,附着在耐火层表面,形成挂渣层。采用以渣抗渣的形式保护水冷壁。挂渣层的形成是一个动态的过程,当炉膛内温度较低时,挂渣层加厚;当炉膛内温度升高时,挂渣层减薄。

在气化炉水冷壁内层有耐火材料及挂渣,对水冷壁形成耐火隔热保护,水冷壁内通入高流量的低压冷却水,以维持水冷壁的金属表面承受较低的温度。水冷壁管材通常采用低合金钢。在水冷壁与承压壳体间通入低温的合成气。承压壳体外部设有水冷夹套,以降低气化室外壁温度。

气化炉下部的激冷室中设有激冷喷头和内衬筒。承压壳体与内衬筒间通入激冷水,自下而上经环隙从内衬筒顶部溢流,在内衬筒壁上形成水膜,以降低壳体金属温度,从而避免承压壳体因温度过高而损坏。

气化室和激冷室间设有排渣单元,合成气经激冷水冷却,并在激冷室下部排出。锥形集渣室设在激冷室的下部,激冷水从集渣室上部以溢流方式排出气化炉。

GSP 粉煤气化炉工艺设计参数如下:(1)工作压力为 4.1MPa,设计压力为 5.8MPa;(2)炉膛内工作温度为 1400~1600℃,壳体设计温度为 300℃;(3)副产 0.5MPa 低压蒸汽;(4)气化炉壳体材料为 Q345R。

以 2000t/d 投煤量 GSP 粉煤气化炉为例,壳体内径约为 3300mm,炉身高度约为 17200mm,气化室筑炉后的内径约为 2460mm,高度约为 4395mm,水冷壁盘管规格为 $\phi 89mm \times 7.5mm$,保温钉规格为 $\phi 10mm \times 15mm$。气化炉壳体材料为 Q345R,盘管材料为 12Cr2Mo1,保温钉采用耐高温不锈钢材料(S31008)。

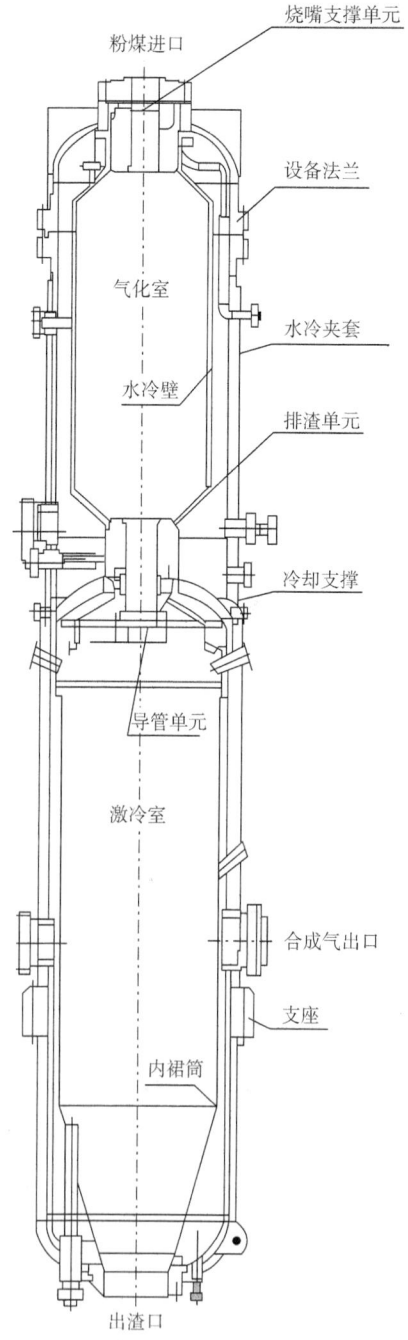

图 5-3-4 GSP 气化炉示意图

GSP 粉煤气化炉可由国内设备制造厂供货,采用 TSG 21—2016《固定式压力容器安全技术监察》、GB/T 150—2011《压力容器》进行设计,设备整体采用常规设计方法,局部采用应力分析法进行设计。

为了便于检修,GSP 粉煤气化炉顶部设置整体设备法兰,因直径大(内径约为 3300mm),法兰密封结构复杂,制造难度较大。该设备法兰密封结构专利商推荐选用 Garloc C 型环形垫

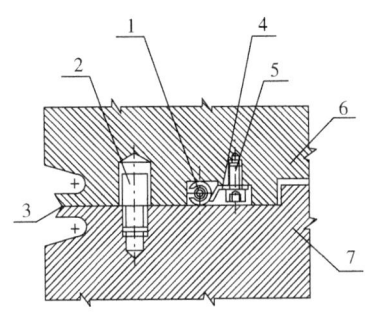

图 5-3-5　Garloc C 型环形垫片密封和
焊唇密封组合结构示意图

1—密封环；2—定心螺栓；3—法兰焊唇；
4—固定夹；5—固定螺钉；6—上法兰；7—下法兰

片密封和焊唇密封组合结构(图 5-3-5)，Garloc C 型环形垫片直接固定在上法兰上，以避免安装过程中对垫片的损坏。正常工作时采用 Garloc C 型环形垫片密封，发生事故时采用焊唇密封。

GSP 粉煤气化炉水冷壁支撑盘结构如图 5-3-6 所示。该部件位于设备中间部位，将设备分割为相互连通的两个室(上部为气化室，下部为激冷室)。气化室产生的粗合成气和熔渣通过水冷壁支持盘中间的开口进入激冷室冷却。支撑盘将气化炉分为上、下两个独立承压室，与气化炉本体隔绝，内部通入冷却水，与气化炉内部保持 0.8MPa 压差。由于水冷壁支撑盘结构比较特殊，通常采用 ANSYS 软件进行有限元分析，对其进行有限元强度计算。

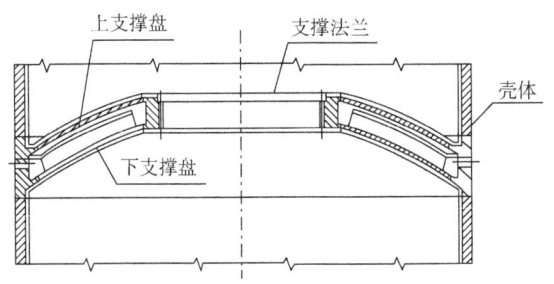

图 5-3-6　GSP 粉煤气化炉水冷壁支撑盘结构简图

GSP 粉煤气化炉煤粉烧嘴包括主烧嘴和点火烧嘴。主烧嘴包括煤粉通道、蒸汽/氧气通道和两个冷却水夹套；点火烧嘴包括氧气通道、燃料气通道和冷却水夹套。点火烧嘴和点火装置与火焰监视器安装在烧嘴的顶部。点火烧嘴的作用是启动气化炉、加热气化炉。一旦主烧嘴出现故障，可以通过点火烧嘴保持运行，并维持气化炉内的压力，同时迅速重启主烧嘴。煤粉由三条煤粉管道提供，并以切线的方式进入氧气/蒸汽环形空间，以确保喷出的煤粉分布均匀。在主烧嘴出口处装有旋风罩，使高速喷出的氧气/蒸汽在烧嘴出口处发生旋转，以确保煤粉颗粒充分燃烧。

联合烧嘴由主烧嘴和带有火焰检测器的点火烧嘴组成，由 7 层同心圆筒组成，由外部向中心依次为冷却水、煤粉通道、冷却水、蒸汽/氧气、冷却水、点火用氧气、点火燃料气。三条煤粉输送管道均布在最外层环形空间内，煤粉在通道内旋转喷出。输送煤粉管线末端与烧嘴端部相切，在烧嘴外形成均匀的煤粉层，与氧气/蒸汽混合后在气化炉膛内高温下进行氧化反应，生成粗合成气。烧嘴端部的热负荷极高，由夹套内循环冷却水冷却。由于受到高温、煤粉冲蚀的影响，烧嘴端部采用耐高温并且耐磨的材料，通常采用镍基合金材料，烧嘴主体材质为奥氏体不锈钢。

GSP 粉煤气化炉工艺流程相对简单、紧凑。气化炉使用寿命较长，由于采用了水冷壁结构，无耐火砖，使用寿命预计长达 20 年；使用联合烧嘴(主烧嘴与点火烧嘴合二为一)，主体寿命预计可达5~10年以上；开停车操作较方便，气化炉从冷备到具备投煤条件与GE水煤浆气化炉相比时间较短，仅需2h左右。气化炉主材质采用低合金钢，设备成本较低。

三、壳牌粉煤气化炉

壳牌粉煤气化炉是包含燃烧、反应、换热、急冷等工艺于一身的复杂的工艺设备（图5-3-7）。

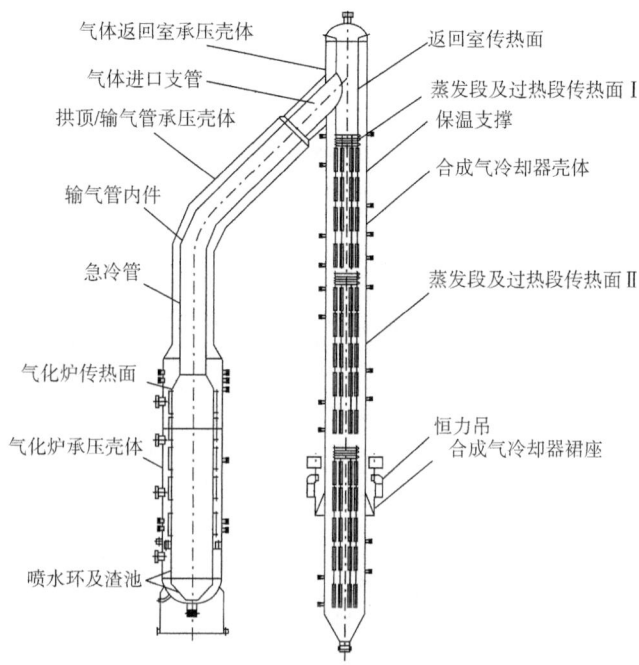

图5-3-7 壳牌粉煤气化炉示意图

壳牌粉煤气化炉工艺设计条件如下：(1)工作压力为4.2MPa，设计压力为5.2MPa；(2)炉膛内工作温度约为1450℃，反应段承压壳体工作温度约为270℃、设计温度为350℃；(3)副产5.0MPa、400℃过热蒸汽。

壳牌粉煤气化炉包含的设备详见表5-3-1。

表5-3-1 壳牌气化炉包含设备一览表

位号	设备名称	台(套)
V01	气化段壳体	1
V02	合成气冷却器壳体	1
V03	输气段壳体	1
V04	渣池	1
E20	气化段中压蒸发器	1
E01	急冷段中压蒸发器	1
E02	输气段中压蒸发器	1
E03A—D	合成气冷却段中压蒸发器	1

续表

位号	设备名称	台（套）
E06	合成气冷却段中压过热器	1
	敲击器	若干
A01A—D	气化炉烧嘴	4
A02	气化炉开工烧嘴	1
A03	气化炉点火烧嘴	1
X05	开工烧嘴插入装置	1
X06	点火烧嘴插入装置	1
	火焰检测器	2
	恒力吊	1

壳牌粉煤气化炉主要部件使用材料详见表5-3-2。

表5-3-2 壳牌粉煤气化炉主要部件使用材料一览表

功能段	位号	部件名称	材料	备注
气化反应段	V01	裙座	14Cr1MoR	
	V01	壳体	14Cr1MoR+龟甲网耐火衬里	
	V01	壳体	14Cr1MoR+ INCOLOY825	
	V01	渣池	INCOLOY825	
		热裙	INCOLOY825	
		挡渣屏	14Cr1MoR+耐火衬里	
	E02	反应段膜式壁	14Cr1MoR+耐火衬里	
急冷段	V01	急冷段壳体	14Cr1MoR+龟甲网耐火衬里	
		急冷区	INCOLOY825	
	E01	急冷管（中压蒸发器）	14Cr1MoR+耐火衬里	
输气管段	V02	输气管段外壳	14Cr1MoR+龟甲网耐火衬里	
	E02	输气管（中压蒸发器）	14Cr1MoR	
气体返回段	V02	气体返回段壳体	14Cr1MoR+龟甲网耐火衬里	
	E03A	气体返回段内件（中压蒸发器）	14Cr1MoR	
合成气冷却段	V02	合成气冷却器	14Cr1MoR+龟甲网耐火衬里	
		壳体	14Cr1MoR+S30403	
	E06	中压蒸汽过热器	S31008	
	E03B	中压蒸发器	14Cr1MoR	
	E03C/D	中压蒸发器	14Cr1MoR	

1. 气化反应段

气化反应段主要由承压壳体、内件渣池、裙座、挡渣屏和反应段膜式壁等组成。承压壳体材料采用14Cr1MoR，内壁采用喷涂耐火衬里，其厚度为40mm，耐火衬里采用龟甲网支撑固定。内件渣池材质为INCOLOY825；热裙材质也同为INCOLOY825；挡渣屏和反应段膜式壁采用铬钼钢管(14Cr1MoR)与翅片相间焊接而成，耐火材料通过膜式壁上焊接的保温钉固定，平均厚度为14mm。在气化炉壳体上焊有多个导向点，以确保整个膜式壁可以自由膨胀。

2. 急冷段

急冷段包括壳体、急冷区和急冷管。急冷段壳体材料为铬钼钢，内衬耐火材料，其结构与气化反应段类似。

急冷区包括两个功能区。一个是湿洗区，经过冷却过滤后的合成气(约200℃)与被送入反应段顶部流出的高温合成气(约1500℃)按照1:1混合，合成气混合后温度降至900℃；另一个是急冷底部清洁区，由高压氮气通过喷管喷扫气化段出口区域积聚的灰渣。急冷区部件全部采用INCOLOY825材质。

急冷管材质为铬钼钢(14Cr1MoR)，其结构为管子—翅片—管子(膜式壁)，合成气通过急冷管进一步冷却。

3. 输气管段

输气管段包括输气管外壳和输气管。输气管壳体材料为铬钼钢(14Cr1MoR)，内衬耐火材料，其结构与气化反应段耐火衬里类似。

输气管由铬钼钢管焊接而成，为膜式壁结构。输气管内采用保温钉固定耐冲蚀的耐火衬里。

4. 气体返回段

气体返回段包括壳体和内件，其材质也为铬钼钢(14Cr1MoR)，内衬耐火材料，结构与气化反应段相同。内件(中压蒸发器)由铬钼钢管与翅片焊接而成，为膜式壁结构。

5. 合成气冷却段

气体冷却段包括壳体、中压蒸汽过热器、一段中压蒸发器和二段中压蒸发器。其中，一段蒸发器包括两个管束。气体冷却段壳体材料为铬钼钢(14Cr1MoR)，内衬耐火材料，采用龟甲网结构，与气化反应段结构类似。由铬钼钢管与翅片相焊制成气体冷却段膜式壁，采用保温钉固定耐火材料。

中压蒸汽过热器材质为镍基合金钢(INCOLOY825)，采用6组不同直径的盘管套制而成，每组盘管由不锈钢管和翅片相焊而成，可上下伸缩自由膨胀。

一段中压蒸发器、二段中压蒸发器结构形式与中压蒸汽过热器类似，材质为铬钼钢(14Cr1MoR)。一段中压蒸发器采用5组不同直径的盘管套制而成，每组盘管由铬钼钢管和翅片相焊而成；二段中压蒸发器采用6组不同直径的盘管套制而成，每组盘管由铬钼钢管和翅片相焊而成。

6. 辅助设备

辅助设备包括敲击器、火焰监测器、恒力吊以及其他构件。

(1) 敲击器。

敲击器的作用是防止粉煤灰在气化炉内聚集，包括振动器和气缸，可从专业厂家成套采购。在气化炉预留管法兰，用于敲击器连接，振动器设有导杆，与中压蒸汽过热器、中压蒸发器以及膜式壁上的连接点相连。每台壳牌粉煤气化炉需安装一定数量的敲击器。为防止反应段与输气管内衬耐火材料脱落,这两个部位未设置敲击器。

(2) 火焰监测器。

火焰监测器的主要作用是从气化炉外部监视点火及炉内燃烧状况,由专业制造厂供货。

(3) 恒力吊。

为了解决工作状态下气化炉热膨胀问题,气化炉气体冷却器采用恒力吊支承,以避免膨胀热应力。恒力吊可从专业厂家成套采购。

(4) 其他构件。

气化炉内件膜式壁分为4段,膜式壁与壳体间存在一定间隙,形成一个环形空间,相邻的两段膜式壁间设有膨胀节,合计设有3个膨胀节,以确保各段膜式壁在高温工作状态下自由膨胀。在中压蒸汽过热器上部与热裙上部设有两个密封隔板,以避免高温粗合成气窜入环形空间导致壳体因超温从而造成损坏。为确保环形空间与粗合成气之间的压力平衡,在急冷段底部板上开设一定数量的圆孔。氮气管线、循环水管线、蒸汽管线等管线均布置在环形空间内。

壳牌粉煤气化炉若采用废锅流程,其单炉生产能力大,日处理煤量可达到3000t。该炉采用干粉进料,适应煤种强,操作温度高,氧耗低,气化效率高。气化炉内部未设耐火砖,内衬维护工作量少,气化炉煤粉烧嘴连续运转周期长,操作稳定,使用寿命长。气化炉熔渣经激冷后形成玻璃状颗粒,性质稳定,环保性能好。该技术在国内外已经得到广泛应用,运行经验丰富。由于壳牌粉煤气化炉结构复杂,制造难度大,设备投资也较高。

第四节 变 换 炉

变换炉是变换装置的核心设备。目前,大型煤化工装置变换炉以轴径向变换炉为主,如神华新疆化工有限公司、神华榆林化工有限公司及神华包头化工有限公司等煤制烯烃装置。此外,也有部分采用等温变换炉,如新疆天业股份有限公司乙二醇装置及山东华鲁恒升公司醇氨装置等。

一、变换炉基本结构

1. 等温变换炉

等温变换炉有相变移热式和可控移热式两种,分别在新疆天业股份有限公司$5×10^4$t/a乙二醇装置及山东华鲁恒升公司$100×10^4$t/a醇氨装置等项目中应用。等温变换炉是利用可控移热和相变移热变换炉取代传统的多段绝热变换炉及段间的换热降温设备,通过变换炉内设置换热管束,管束内走水,管束外催化剂和工艺气直接接触反应(也有与此相反的工艺),利用水汽化时需要吸收大量热能,通过合理布管,将反应热均匀稳定地移出反应器,在保持反应器内热平衡的同时,使床层内温度按照合理的操作曲线进行分布,不仅提高了CO的转化率,加快了反应速率,同时可有效防止催化剂"飞温"现象的发生,使催化剂使用可靠性大大增强、使用寿命大大延长。

(1) 相变移热等温变换炉由加料管、水、汽室、上下管板、中心管、内外套管、径向框、外壳体、催化剂、卸料孔、其他接管及人孔等组成(图5-4-1)。

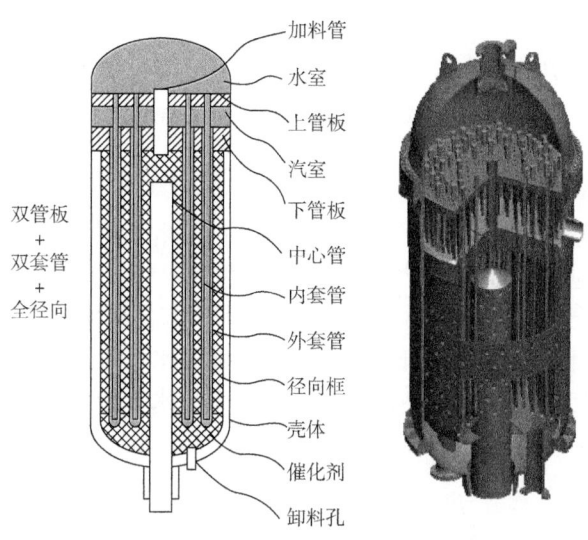

图 5-4-1 相变移热等温变换炉简图

（2）可控移热等温变换炉是在羰化反应器、加氢反应器、F-T 合成反应器、甲醇反应器等基础上开发出的坚固、安全、耐用、移热能力强，无须卸出催化剂即可实现检查、堵漏、检修的可控移热变换炉，其由承压壳体和单独起吊的内件组成，壳体由筒体、上封头、下封头组成，上封头与筒体之间采用法兰连接，法兰之间采用"Ω"密封，上、下封头分别设有气体进口和出口（图 5-4-2）。内件由进水球腔、水移热管束、集水球腔、气体分布筒、密封板、气体集气筒、集气球壳、出气管等部件组成，水移热管束与进出水管之间采用球形联箱结构。内件与外筒可以拆卸，管内走水、管外装填催化剂，下部设有催化剂自卸口。

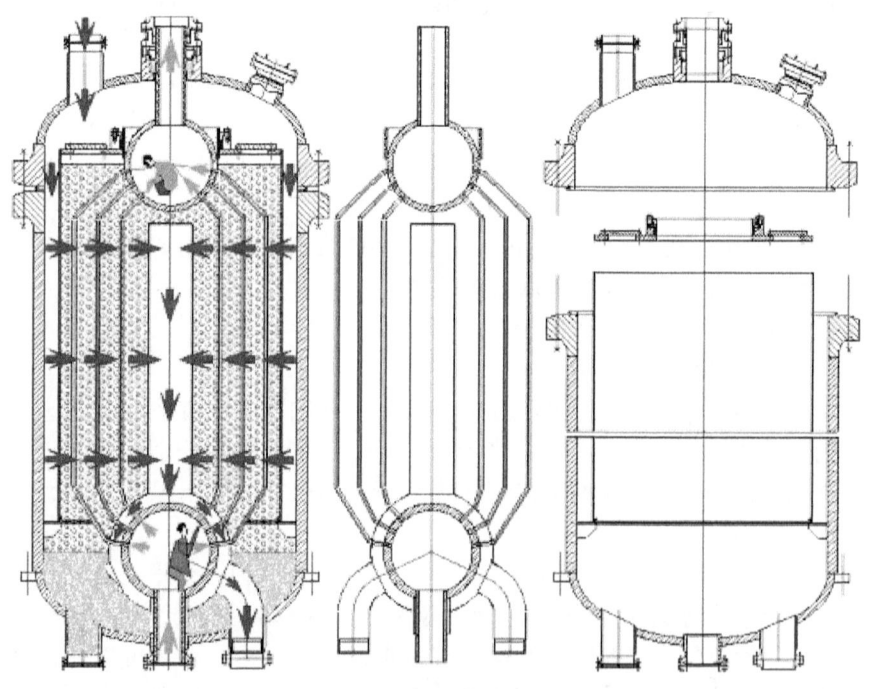

图 5-4-2 可控移热等温变换炉简图

1) 流体走向

相变移热等温变换炉气体是从汽室中进入下管板及外套管，然后和催化剂接触进行反应，合成气最后从中心管移出；水从下部进入内套管，完成换热后从上管板进入加料室汇集后经出水管去汽包。

可控移热等温变换炉流体走向如下：

（1）气体走向：原料气从变换炉上部进入变换炉后由侧面径向分布器由外向内沿径向通过催化剂床层，反应的同时与埋设在催化剂床层内的水管换热，再经内部集气筒收集后，沿进水球腔与集气球壳间的间隙再经出气管由反应器下部出变换炉。

（2）水走向：来自汽包的不饱和水自变换炉下部进水管进入变换炉，再经下部进水球腔分配至各换热管内与反应气体换热，然后通过上部集水球腔汇集后经出水管去汽包，在汽包中分离出蒸汽外送其他工序使用，分离下来的水从汽包下部再次进入可控移热等温变换炉参与下一循环。

2) 结构特点

（1）相变移热等温变换炉的结构特点。

相变移热等温变换炉的结构特点如下：

① 布管方式可实现按反应热平衡布管，疏密不一。变换反应的特点是反应先剧烈后平缓，要实现等温变换，必须在反应初始区多布置换热管，双套管+管板的布管方式能满足这一要求。

② 换热管自由伸缩，焊接接头无温差应力。所有换热管长度一样，管子上端垂直布置，悬挂于管板；管子下端自由伸缩，没有温差应力。

③ 焊接接头数量少，结构可靠。悬挂式双套管结构，每根水管只有集水腔一个接头，角接头数量减少一半；外管与管板接头由其他结构的承受"压力+温度+结构约束"，简化为单一压力因素。

④ 布管效率高，即换热面积与催化剂容积比值最大。这意味着可以布置更多的换热管，换热面积大，同时又满足催化剂容积的需求，满足对于高CO含量气体变换大型化。

⑤ 换热管整根无拼接、无角接，具有较高的可靠性。

⑥ 双管板间若出现泄漏，不易被发现。

⑦ 换热管与管板的连接是换热器设备制造安装的难点，保证需要穿过两块管板的管接头质量及避免管板与换热管之间的泄漏尤为关键。

（2）可控移热等温变换炉的结构特点。

可控移热等温变换炉的结构特点如下：

① 通过逐根换热管自身消除，热应力消除彻底。外围移热管束采用换热管两端R弯来消除应力，内部采用换热管两端弓形弯来消除应力。每组换热管分别对初始硫化、过热蒸汽开车、正常运行以及非正常状态下进行应力分析，确保在任何工况下无应力作用在分水球腔、集水球腔上，应力消除彻底。

② 无须自卸催化剂就可以实现检查、堵漏。所有换热水管为整根无缝钢管，上端与集水球腔连接、下端与分水球腔连接，与分水球腔、集水球腔相连接的进出水总管直径≥500mm。发现换热管与分水球腔、集水球腔焊接点泄漏时，检修人员可以通过进出水总管分别进入分水球腔、集水球腔内部进行检查、施焊、堵漏，无须卸除催化剂。检查、堵漏

后原有的催化剂继续投入使用。

③ 结构合理、承压能力强、安全系数高。进水管、换热管束、出水管均为无缝钢管，分水球腔、集水球腔均为球体，等温变换炉使用的承压部件结构在所有承压部件中承压能力最强，有效规避单管板、绕管式多管板、板式等结构变换炉的缺点，不但造价低，而且运行安全系数高。

④ 承压筒体与内件分开设计制造，便于安装及检修。外筒与内件分开设计、制造，筒体与内件均采用活动连接，内件及移热水管束均可以单独起吊，更换和检修十分便利，特别是在使用过程中，如发现换热管泄漏，可以利用临时停车的机会，在不卸出催化剂的前提下，直接对换热管进行检修。

⑤ 换热管热应力消除效果好，安全系数高。每根换热管均有 R 弯与进（集）水球腔相连，对于 R 弯相对较小的换热管，增设螺旋结构，利用 R 弯及螺旋结构的挠性及非均布布管方式，易于床层形成合理温度曲线，有效延长催化剂使用寿命；无论是镁铝尖晶石还是以 $\gamma\text{-}Al_2O_3$ 为载体的钴钼系催化剂，催化剂温度区间均为 180~500℃，最佳活性温度区间为 280~380℃。

⑥ 变换炉催化剂床层布管采用非均布布管方式，外围布管疏、内部布管密，自外向内形成合理的温度曲线，确保外围催化剂高温反应，内部催化剂完成低温平衡，合理发挥宽温度区间催化剂的特点，有效延长催化剂的使用寿命，确保低消耗前提下完成 CO 高转化的目的。

⑦ 内件材质全部采用耐腐蚀材料，使用安全可靠；内件所有部件（进出水管道、换热管、进水球腔、集水球腔、径向分布器、集气筒、集气球壳、出气管）均采用 304 材质，不仅抗氢腐蚀、抗高温 H_2S 腐蚀，同时对低温时可能出现的酸性腐蚀也有良好的耐受性，使用安全可靠。

⑧ 气体分布均匀。径向分布器及集气筒采用双向补偿，有利于气体分布均匀。

⑨ 采用全径向结构，床层阻力低。采取全径向结构，气体流通截面积大，流速低，通过路径短，径向分布筒、催化剂床层及集气筒阻力之和不大于 0.015MPa。

⑩ 易于大型化。催化剂框为全径向结构，床层阻力低，催化剂框高度不受高径比限制，单台反应器催化剂装填量大于 260m^3，易于大型化。

⑪ 设备法兰较大，虽然便于拆卸，但由于压力较大和温度较高，容易造成泄漏。

⑫ 球形管板加工制造难度大，管板与换热管之间的连接质量需要考虑专业厂商制造。

⑬ 由于内件包括管板、换热管等，均使用不锈钢材质，变换炉成本较高。

2. 轴径向变换炉

轴径向变换炉是针对轴向变换炉轴向床层压降较大而发展起来的新型变换炉。采用轴径向结构，既减少了催化剂用量，减小了变换炉直径，又降低了变换炉的床层压降。为防止灰尘进入变换炉污染变换催化剂，在变换工段入口增设除灰系统，以充分过滤粗煤气中的灰尘。轴径向变换炉的特点是原料气入口管端采用环板结构的气体分布装置，气体通过轴径向内件时由容器壁周围向设备中心管聚集，炉内装填变换催化剂，催化剂由上封头人孔装填、下封头卸料口卸出；粗合成气入口设入口气体分布器；炉内设有外分布器和中心集气管，炉内催化剂与原料气反应而产生所需的变换气，最后从反应器底部出口输出。

1) 流体走向

变换气进入壳体后经催化剂外框与壳体内壁的环隙沿径向和轴向进入床层进行变换反应，反应后的气体通过中心管汇集进入下游。轴径向变换炉的径向气流方式具有流体分布更均匀、床层压降小、催化剂利用率高的特点，因此可采用粒度更小、活性更高的催化剂提高变换反应的效率。此外，轴径向变换炉的气流方式使设备壳体处于冷气氛围，壳体可采用冷壁设计，可有效降低压力容器外壳的投资。

2) 结构特点

轴径向变换炉的结构特点如下：

(1) 轴径向变换炉内筒的侧壁及中心管上开满小孔，在中心管外壁和内筒内壁均铺设丝网，防止催化剂泄漏和进入中心管，有效促进催化剂与合成气的接触。

(2) 气体通过入口气体分布器的均布后，分两个方向由内筒外侧径向和沿轴向向下进入催化剂床层进行变换反应，反应后的气体经由中心管侧壁的小孔汇集到中心管，由气体出口离开变换炉，如此设计有利于温度分布均匀。

(3) 在变换炉内，底部耐火球起到支撑催化剂的作用，催化剂上面的耐火球除了起到固定催化剂以及减缓入口气流和压力的波动对催化剂的冲击作用，还可阻止气体轴向进入催化剂床层，从而使得大部分气体通过内筒侧壁径向穿过催化剂，小部分气体轴向通过催化剂，形成轴径向的气体流向。

(4) 轴径向变换炉的径向气流方式还可冷却壳体，使得壳体可在较低的温度下操作，有利于设备的壳体设计。

(5) 易于大型化。催化剂框为全径向结构，床层阻力低，催化剂框高度不受高径比限制。

(6) 设备制造不受设备法兰泄漏及双管板泄漏等影响，对于大型变换装置使用比较广泛。

(7) 变换炉（包括壳体等）材质多使用碳钢和低合金钢，设备成本相对较低。

二、变换炉设计、材料选择、制造及安装

1. 变换炉设计

等温变换炉和轴径向变换炉接收的合成气成分基本相同，但由于自身结构和催化剂选择存在一定的差异，变换炉的相关设计条件也不尽相同，以神华榆林化工有限公司 $180×10^4 t/a$ 甲醇装置设计规模为例，变换炉具体设计条件见表 5-4-1。

表 5-4-1 变换炉设计条件及材质对比表

项目	可控移热等温变换炉	相变移热等温变换炉	轴径向变换炉
设备设计标准	JB 4732—1995《钢制压力容器——分析设计标准》	JB 4732—1995《钢制压力容器——分析设计标准》	GB/T 150—2011《压力容器》
设备数量/台	2	2	2
操作温度/℃	400	400	420
操作压力/MPa	6.2	6.2	6.2
设计温度/℃	≤450	≤450	480

续表

项目	可控移热等温变换炉	相变移热等温变换炉	轴径向变换炉
设计压力/MPa	6.5	6.5	7.15
设备直径/mm	3800	3400	3100
设备切线到切线的长度/mm	≤9000	12500	10200
壳体材质	15CrMoR，下封头 15CrMoR+S32168	15CrMoR	14Cr1MoR+ 堆焊 347H
内件材质	S32168	管板材质为Q345R+S30403，换热管内管材质为20号钢，外管及其他内件材质为S30408	S32168
备注			大型业绩较多

由于变换炉内温度较高，内部结构复杂，尤其对于管板处换热管与管板的管接头受力较复杂，等温变换炉均要求整个设备按JB 4732—1995《钢制压力容器——分析设计标准》进行设计和制造，以提高设备的设计、制造及验收要求。考虑国内煤化工项目多分布在新疆、内蒙古及陕西等内陆地区，受运输等因素影响，并考虑反应器的重要性等，一般要求设备在厂房内完成，设备直径多考虑控制在4.5m以内；另考虑设计压力和温度较高，按强度计算，若需要直径太大，需要壳体厚度较大，可能会超过标准规定的最大厚度，对于Cr-Mo钢板，标准中给出的钢板最大厚度为150mm。

由于管板计算较复杂，对于等温变换炉，都要求用应力分析进行建模和强度校核，对设计单位的资质和设计人员的要求较高。

2. 变换炉材料选择

变换炉材料的选用应根据变换工况的主要失效形式确定。除了考虑设计压力和设计温度，变换炉的失效形式是腐蚀问题，变换炉内腐蚀有以下几种形式：

（1）氢腐蚀。根据HG/T 20581—2011《钢制化工容器材料选用规定》，化工容器设计温度不小于200℃且与氢气氛相接触时为氢腐蚀环境。

（2）湿H_2S应力腐蚀。湿H_2S应力腐蚀环境必须同时满足HG/T 20581—2011《钢制化工容器材料选用规定》中规定的温度、H_2S分压、液相水和pH值或HCN等要求。

（3）高温H_2+H_2S腐蚀。变换气中的H_2S在高温下起到氧化剂的作用，在金属表面发生反应，生成FeS和H_2。主要影响因素有介质温度和H_2S浓度。

粗煤气分离水分后，进入变换炉内发生反应，放出的大量热可使变换炉出口气体温度升高至300℃左右，等温变换炉主要腐蚀形态有高温氢腐蚀和高温硫化物腐蚀（H_2+H_2S）。变换炉选材原则是对介质操作温度不小于200℃、含有氢气的碳钢及低合金钢管道，应根据管道最高操作温度加20~40℃的裕量以及介质中氢气的分压，按Nelson曲线来选择适当的抗氢钢材。根据变换炉的操作参数，变换炉筒体选用15CrMo或铬含量更高的14CrMo钢等，可抗高温氢腐蚀。在满足高温氢腐蚀的基础上，应根据Couper曲线中高温H_2+H_2S对各种钢材的腐蚀率，选择适当的、经济安全的年腐蚀速率，保证材料的机械强度和使用寿命。对Cr-Mo钢焊接接头做焊后热处理。

变换炉材料选择具体做法如下：

（1）根据设计压力、设计温度和介质，判断属于氢腐蚀环境，壳体材质选用15CrMoR

或 14CrMoR。

（2）考虑粗煤气还含有 H_2S 及 Cl^- 等，与合成气接触的内件尽量选用不锈钢 S32168 或 S30408。

（3）与水介质接触的选用碳钢（如 20 号钢等）。对于轴径向变换炉，为考虑防腐，壳体部分内部堆焊 347H；可控移热等温变换炉下封头使用 15CrMoR+S32168 复合板。

（4）所有接管部分均采用厚壁管式整体补强，使用 15CrMo 或 14CrMo 锻件，对于轴径向变换炉，接管内部也需要堆焊 347H，由于接管直径太小，无法堆焊的接管采用纯不锈钢锻件。

3. 变换炉制造及现场安装

对于等温变换炉和轴径向变换炉，壳体材质均要求使用 Cr-Mo 钢。Cr-Mo 钢具有淬硬倾向大、焊后易出现冷裂纹、长期在高温下使用时在应力集中处可能会产生蠕变失效的特点，因此在其设计和制造时应注意以下问题：

（1）开口与接管。一般容器采用补强圈，补强结构最简便，但由于 Cr-Mo 钢淬硬倾向大，在补强圈和容器壳体连接的角焊缝交界处易出现裂纹，受位置的限制，此处只能用磁粉或渗透方法检测焊缝表面，无法检测内部缺陷，为使用造成了潜在的隐患，因此此处通常使用厚壁接管补强。

（2）附件连接。所有与壳体器壁焊接的附件，要求采用双面全焊透结构，并要求焊完一面后，从另一面清除焊根，经磁粉检测合格后再完成另一面焊接，并对焊缝进行超声和磁粉检测。

（3）裙座与下封头的连接。裙座与下封头的连接处应与其同材质（为 Cr-Mo 钢），且长度不能小于 500mm，也同样不能选用与器壁角接或搭接连接结构，而应采用对接结构，且在裙座上端还应采用热箱结构，以降低连接处由于过大的温度梯度而引起的温差应力。图 5-4-3 为变换炉下封头与裙座的连接结构图。

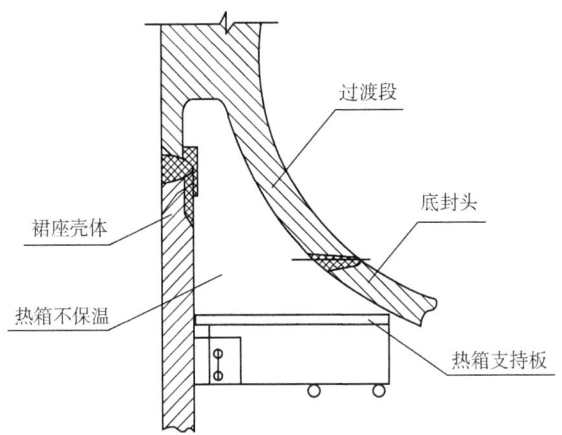

图 5-4-3 变换炉下封头与裙座的连接结构图

（4）保温支撑。变换炉属于高温、高压用 Cr-Mo 钢容器，为避免保温支撑连接板与壳体角焊缝连接处产生裂纹，影响变换炉的安全使用，通常采用一种鼠笼式保温支撑结构。它是从顶部人孔颈部的连接环上，沿周向往下拉若干条纵向薄钢带，并于下端固定，然后在各段高度上设置支撑圈与纵向钢带固定，作为保温支撑圈使用。

变换炉壳体选用 Cr-Mo 钢材质，该材质属于依靠热处理来改善钢材性能的钢种，因此正确选择热处理规范，严格执行热处理工艺，对于变换炉是至关重要的。无论是等温变换炉还是轴径向变换炉，壳体壁厚都要在 100mm 以上，除了要做好预热、焊接过程中加热、焊后的消氢热处理，还要做好最终的整体焊后热处理，其不仅是消除残余应力，更是改善材料力学性能的重要手段。变换炉的所有 A 类、B 类焊接接头在焊接后及热处理后都要求做 100%射线检测，并要求在射线检测后进行 100%超声波复测。其他焊缝进行 100%磁粉检测，对于 A 类、B 类、D 类接头，在焊后热处理后还需要进行硬度检测，硬度须控制在标准允许范围内。

变换炉由于重量较重，设备规格较大，一般都被认定为现场的大件吊装设备，变换炉现场安装就位后，再进行内件的安装和外部附塔管线的安装，最后再根据进度计划进行催化剂的装填工作。

第五节 大型绕管式换热器

大型绕管换热器属于管壳式换热器，是大型低温甲醇洗工艺装置的核心设备之一，不但传热性能好，具有较强的装置变负荷适应性，而且运行可靠，确保了装置的长期稳定运行。近年来，用于大型低温甲醇洗装置的绕管式换热器总体运行良好，保证了净化合成气的质量。

一、绕管式换热器结构特点

绕管式换热器是林德公司研制的一种新型管壳式换热器，已成功应用于低温甲醇洗工艺装置。该换热器最初作为林德公司的专利设备，只能在林德公司的低温甲醇洗装置上使用。国内设备制造厂和科研单位经过几十年技术研发，在绕管式换热器设计、制造和运行方面积累了大量宝贵的经验，国产绕管式换热器已被广泛应用于煤化工、石油化工等行业。作为一种紧凑、高效的管壳式换热器，大型绕管式换热器的管束由换热管以一定的螺旋角度缠绕加工而成。换热管多采用不锈钢材质，直径通常采用 15mm、18mm、19mm、25mm 等规格，换热管厚度为 1~3mm。根据结构特点，绕管式换热器可分为单股流绕管式换热器和多股流绕管式换热器（图 5-5-1 和图 5-5-2）。绕管式换热器具有以下特性：

（1）采用缠绕换热管，实用、结构紧凑，无热膨胀问题。

（2）适用于管、壳程高压物流换热，一般管程可采用单股或多股物流，壳程多采用单股物流，可同时实现多台普通管壳式换热器的功能。

（3）换热效率高，适用于大负荷物流换热。

（4）管、壳程内部清洗比较困难，一般适用于管、壳程介质清洁的工况。

绕管式换热器的外形尺寸主要取决于绕管管束的结构尺寸，中心管在制造中起支承作用，应具有足够的强度和刚度。管束由多层螺旋缠绕的换热管组成，每层换热管缠绕方向相反，采用隔条隔开。在设计绕管管束时同一层换热管使用相同长度的管子绕制，在同一管程的流道上管子应布置均匀。在管程多股物流时，每个通道应有相同的管长，并根据工艺要求选择各通道管子的长度,从而增加了调整各股物流传热面积的适应性和灵活性。

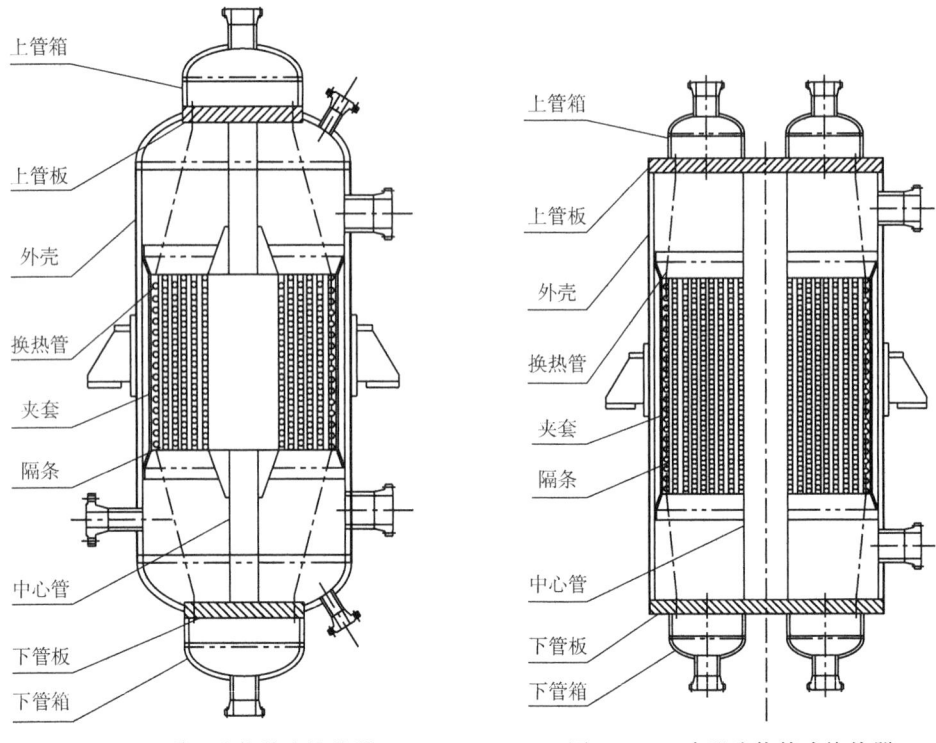

图 5-5-1　单股流绕管式换热器　　　　图 5-5-2　多股流绕管式换热器

二、绕管式换热器设计参数

某煤化工项目(A 项目)采用林德公司低温甲醇洗工艺技术,分为两个系列并列运行,每个系列设有五台绕管式换热器。另一煤化工项目(B 项目)采用鲁奇公司低温甲醇洗工艺技术,同样分为两个系列并列运行,每个系列设有两台绕管式换热器。

1. A 项目绕管式换热器设计参数

A 项目原料气冷却器 I 和原料气冷却器 II 设计参数见表 5-5-1。

表 5-5-1　A 项目原料气冷却器 I 和原料气冷却器 II 设计参数表

序号	项目		原料气冷却器 I	原料气冷却器 II
1	壳程	介质	变换气	变换气
		工作压力/MPa	5.5	5.5
		工作温度/℃	-13.8~37.8	-13.8~37.8
		设计压力/MPa	6.7	6.7
		设计温度/℃	-70~80	-70~80

续表

序号	项目		原料气冷却器Ⅰ	原料气冷却器Ⅱ
2	管程Ⅰ	介质	CO_2产品气	尾气
		工作压力/MPa	0.18	0.1
		工作温度/℃	-51.4~30.8	-30.6~52.4
		设计压力/MPa	0.6	0.4
		设计温度/℃	-70~80	-70~80
3	管程Ⅱ	介质	合成气	
		工作压力/MPa	5.4	
		工作温度/℃	-28.3~30.8	
		设计压力/MPa	6.7	
		设计温度/℃	-70~80	

原料气冷却器Ⅰ为多股流绕管式换热器，其结构形式如图5-5-2所示。换热面积为1880m²，直径约为2570mm，管板间距约为7630mm，换热管材质为S32168，壳体和管板材质为S30408，立式，采用耳式支座支撑。

原料气冷却器Ⅱ为单股流绕管式换热器，其结构形式如图5-5-1所示，换热面积为3491m²，直径约为2700mm，管板间距约为8900mm，换热管材质为S30403，壳体和管板材质均为S30408，立式，采用耳式支座支撑。

A项目循环甲醇冷却器、甲醇换热器Ⅰ和甲醇换热器Ⅱ设计参数见表5-5-2。

表5-5-2 A项目循环甲醇冷却器、甲醇换热器Ⅰ和甲醇换热器Ⅱ设计参数表

序号	项目		循环甲醇冷却器	甲醇换热器Ⅰ	甲醇换热器Ⅱ
1	壳程	介质	富甲醇	富甲醇	富甲醇
		工作压力/MPa	0.47	0.44	1.5
		工作温度/℃	-43.8~-29.2	-29~-26.5	-34.9~1
		设计压力/MPa	0.6	0.5	3.8
		设计温度/℃	-60~80	-50~50	-55~50
2	管程Ⅰ	介质	富甲醇	富甲醇	贫甲醇
		工作压力/MPa	5.9	5.7	6.4
		工作温度/℃	-33.8~-17.1	-23.3~-16	-28.9~8.2
		设计压力/MPa	7.1	7.0	7.5
		设计温度/℃	-60~50	-50~50	-55~50
3	管程Ⅱ	介质	富甲醇	富甲醇	
		工作压力/MPa	5.8	5.4	
		工作温度/℃	-33.7~-20.3	-23.3~-20	
		设计压力/MPa	7.5	6.7	
		设计温度/℃	-60~50℃	-50~50	

循环甲醇冷却器为多股流绕管式换热器,其结构形式如图 5-5-2 所示。换热面积为 2593m^2,直径约为 2600mm,管板间距约为 8620mm,壳体、管板和换热管材质均为 S30408,立式,采用耳式支座支撑。

甲醇换热器 I 为多股流绕管式换热器,其结构形式如图 5-5-2 所示。换热面积约为 1610m^2,直径约为 1700mm,管板间距约为 8190mm,壳体、管板和换热管材质均为 S30408,立式,采用耳式支座支撑。

甲醇换热器 II 为单股流绕管式换热器,其结构形式如图 5-5-1 所示,换热面积约为 2715m^2,直径约为 1700mm,管板间距约为 12500mm,换热管材质为 S30403,壳体和管板材质均为 S30408,立式,采用耳式支座支撑。

上述 A 项目 5 台绕管式换热器中,循环甲醇冷却器、甲醇换热器 I 和甲醇换热器 II 的管程介质压力均较高,工作压力均在 5.0MPa 以上;壳程均为低压介质,工作压力不高于 1.6MPa。原料气冷却器 I 的管程为高压介质(合成气)和低压介质(CO_2 产品气),原料气冷却器 II 的管程为低压介质(尾气);原料气冷却器 I 和原料气冷却器 II 的壳程均为高压介质(变换气)。林德公司低温甲醇洗变换气冷却工艺流程如图 5-5-3 所示。

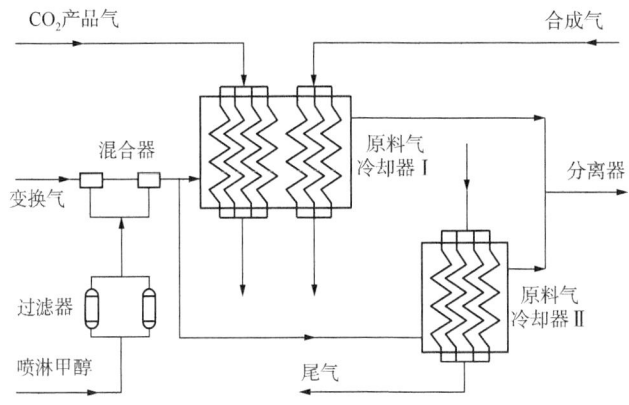

图 5-5-3 林德公司低温甲醇洗变换气冷却工艺流程图

为了防止来自变换装置的变换气(压力为 5.5MPa,温度为 40℃)中的水分结冰和发生水合反应,应在变换气与低温甲醇洗循环气混合气体中喷入甲醇,约占总气量 75% 的气体进入原料气冷却器 I 的壳程,被管程的 CO_2 产品气和合成气冷却;其余部分气体进入原料气冷却器 II 的壳程,被管程的尾气冷却。冷却后的变换气汇合后进入分离器。

在设计阶段,对原料气换热器 II 进行工艺优化,将绕管式换热器的管、壳程介质互换,即高压介质变换气走管程,低压介质尾气走壳程。绕管式换热器优化设计后,换热面积减至 2624m^2,直径变为 2800mm,且壳程压力较低,其壁厚减薄,减少设备投资约 50%。原料气冷却器 II 管、壳程介质互换后变换气冷却工艺流程如图 5-5-4 所示。

2. B 项目绕管式换热器设计参数

B 项目原料气冷却器 I 和原料气冷却器 II 设计参数见表 5-5-3。

原料气冷却器 I 为多股流绕管式换热器,其结构形式如图 5-5-2 所示。换热面积为 796m^2,直径约为 1900mm,管板间距约为 4832mm,壳体、管板和换热管材质均为 S31603,立式,采用耳式支座支撑。

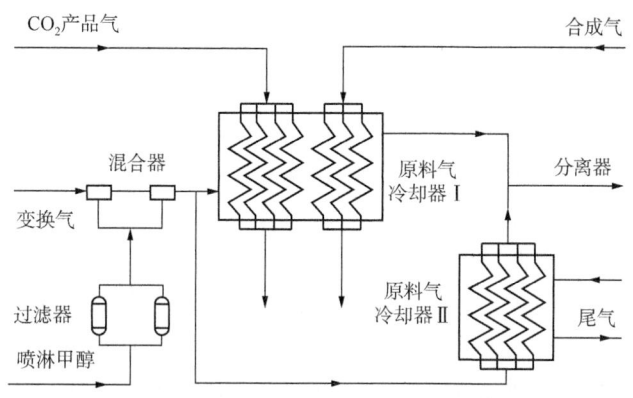

图 5-5-4 原料气冷却器Ⅱ管、壳程介质互换后变换气冷却工艺流程图

表 5-5-3 B 项目原料气冷却器Ⅰ和原料气冷却器Ⅱ设计参数表

序号	项目		原料气冷却器Ⅰ	原料气冷却器Ⅱ
1	壳程	介质	变换气	变换气
		工作压力/MPa	5.586	5.556
		工作温度/℃	15.5~40.2	-10.5~16
		设计压力/MPa	6.7	6.7
		设计温度/℃	-16.5~80	-40~80
2	管程Ⅰ	介质	净化气	净化气
		工作压力/MPa	5.396	5.421
		工作温度/℃	2~30	-25.7~2
		设计压力/MPa	6.7	6.7
		设计温度/℃	-40~80	-60~80
3	管程Ⅱ	介质	CO_2产品气	CO_2产品气
		工作压力/MPa	0.32	0.35
		工作温度/℃	2~30	-50.6~2
		设计压力/MPa	0.4	0.4
		设计温度/℃	-60~80	-60~80

原料气冷却器Ⅱ为多股流绕管式换热器,其结构形式如图 5-5-2 所示,换热面积为 730 m^2,直径约为 1800mm,管板间距为 4480mm,壳体、管板和换热管材质均为 S30403,立式,采用耳式支座支撑。

三、绕管式换热器设计、制造和运行质量控制要点

1. 绕管式换热器设计

绕管式换热器作为一种新型高效的热交换器,在国内外均没有相应的设计、制造、检验专用国家标准。壳体、管箱、管板等主要受压部件主要依据 TSG 21—2016《固定式压力容

器安全技术监察规程》、GB/T 150—2011《压力容器》、GB/T 151—2014《热交换器》等标准进行设计，主要采用SW6软件进行计算；管板采用应力分析法进行设计。由于绕管式换热器专业性较强，且结构复杂，设备设计、制造难度较大，国内仅有少数几家设备制造企业和研究单位具备大型绕管式换热器设计和制造能力。

不同于一般管壳式换热器，绕管式换热器在设计、制造过程中应确保中心管和管板具有足够的强度和刚度。作为绕管式换热器管束的骨架，中心管的外径由换热管的最小弯曲半径决定。在管束绕制过程中，中心管承受管束自身重量和绕管机的拉力等载荷，应避免出现管束的挠曲和变形等问题。否则，所绕出的管束不圆度超标，呈多角形，将严重影响流体流动的均匀性，导致传热效果降低、压力损失增大，从而影响绕管式换热器的综合性能。因此，中心管的力学模型应根据绕管机的转速、拉力和对管束的支承情况来确定，应满足中心管强度和刚度的要求，其挠度应控制在合理的范围内，以确保管束外形不会出现严重的偏差。

绕管式换热器的管板受力状态介于固定管板式换热器和U形管换热器之间，由于绕管管束具有一定的弹性，可以吸收壳体一定的热膨胀力和约束力，同时对管板起到一定的支承作用。热膨胀时，绕管管束对管板的支承和约束能力与整个管束的刚度有关。而在绕管式换热器计算过程中，一般不考虑管束的支承和约束作用，设计是安全的，其计算结果偏于保守。

B项目原料气冷却器Ⅰ管板采用应力分析法进行设计，其下管板应力总体分布如图5-5-5所示，下管板布管区及周边应力分布如图5-5-6所示，应力评定见表5-5-4。

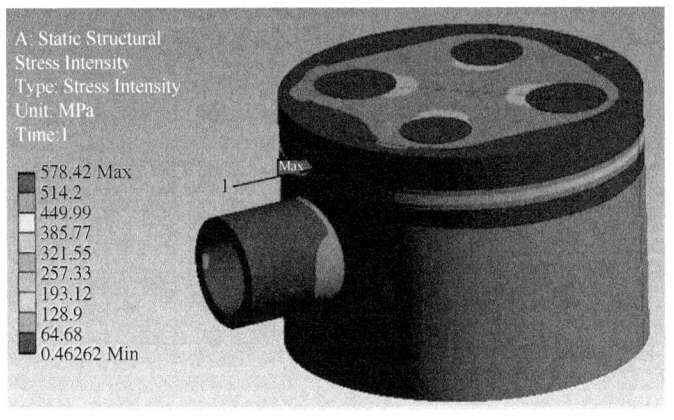

图5-5-5　B项目原料气冷却器Ⅰ下管板应力总体分布云图

表5-5-4　B项目原料气冷却器Ⅰ应力评定表

位置	应力强度及其组合	应力强度计算值/MPa	应力强度许用值/MPa	评定结果
1	一次局部薄膜应力强度	73.85	$1.5S_m = 175.5$	合格
1	一次+二次应力强度	312.01	$3S_m = 351$	合格
2	一次局部薄膜应力强度	14.35	$1.5S_m = 175.5$	合格
2	一次+二次应力强度	179.79	$3S_m = 351$	合格
3	一次总体薄膜应力	8.78	$S_m = 117$	合格
3	最大弯曲应力	103.5	$1.5S_m = 175.5$	合格

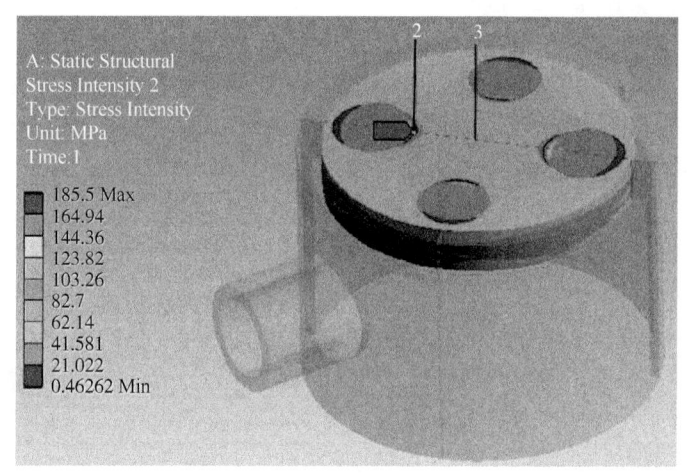

图 5-5-6　B 项目原料气冷却器 I 下管板布管区及周边应力分布云图

2. 绕管式换热器制造

绕管式换热器制造过程是该设备质量保证的关键环节之一，主要包括以下几个方面：

(1) 换热管束绕制。

换热管束绕制是绕管式换热器制造过程中的关键一步，应满足以下要求：

① 相邻换热管之间轴向管间距和内外圈管间距要保持一致，以避免造成流体偏流，从而影响传热性能。

② 在穿管板前换热管要经过若干次折弯，换热管绕制、折弯过程中要自然圆滑，避免出现棱角，造成内应力过大，影响传热效果；隔条用于固定换热管，要采用相同的规格，以确保缠绕角保持一致；对于不同管程的换热管，应确保引导至对应管板区。

(2) 换热管与管板连接。

绕管式换热器换热管与管板连接形式通常采用"强度焊+贴胀"结构，且贴胀应采用液压胀，推荐采用先焊后胀的施工顺序。管板孔的内边缘应倒角，以免划伤换热管。在换热管与管板焊接时，应满足下列要求：

① 换热管端部长度至少为管板厚度的两倍，且管孔内均应彻底清洁，去除杂物和油污。

② 管接头焊接前应进行定位轻胀，将换热管固定在管孔中，以确保换热管与管孔对中及换热管伸出管板长度。

③ 焊接采用惰性气体保护焊，最好采用自动氩弧焊；管接头焊缝应进行外观检查和100%渗入(PT)检测，待焊缝检查合格后再进行胀接。为了确保管接头质量，应严格控制从离开管板端面(焊缝处)15mm 部位开始进行贴胀。

④ 贴胀完毕后要检查胀度，并控制在 1.5%～3% 范围内。

(3) 穿管束。

绕管式换热器壳体应具有足够的强度和刚度，其最小壁厚应满足 GB/T 151—2014《热交换器》的有关规定。壳体的椭圆度和直线度应满足 GB/T 150—2011《压力容器》和

GB/T 151—2014《热交换器》的相关要求。

由于大型绕管式换热器管束重量大，在穿管束时，需要防止壳体变形，特别对于管程压力高、壳程压力低的绕管式换热器，按照强度计算，壳体壁厚较薄，为了防止穿管束时壳体变形，换热器标准限定了壳体的最小壁厚，以确保其具有足够的刚度。由于绕管式换热器一般不设置滑道，穿管束时阻力大，因此管束前端一般需增设小的支撑装置，以减小穿管束的阻力。

3. 绕管式换热器运行

A 项目和 B 项目两套低温甲醇洗装置自投产以来总体运行良好。A 项目低温甲醇洗装置自 2010 年 6 月开车至 2022 年底，低温甲醇洗装置（两个系列）的最高负荷达到 110%。从实际运行情况来看，低温甲醇洗装置变换气冷却系统运行正常。喷淋甲醇流量满足设计要求，原料气冷却器Ⅱ管程变换气进出口压差约为 20kPa（最高时可达 35kPa），原料气冷却器Ⅰ和原料气冷却器Ⅱ进出口介质的工艺参数达到设计值，设备运行正常，满足工艺设计要求。在该装置投入运行初期，曾发生两次贫甲醇泵联锁停车事故，造成甲醇喷淋中断。贫甲醇泵第一次停车时，变换气未及时切断，在 7min 内启动备用泵，甲醇喷淋恢复正常，在此期间内，原料气冷却器Ⅱ管程变换气的进出口最高压差达到 35kPa。第二次停车时，低温甲醇洗系统的变换气及时切断，排放至火炬系统放空。

为了确保低温甲醇洗装置稳定运行，A 项目在以下几个方面进行了改进：

(1) 若出现贫甲醇泵突然停车，操作上应及时切断本系统的变换气，并及时排至火炬系统放空，以避免变换气中的饱和水蒸气在绕管换热器管束中结冰，堵塞管束，冻坏换热器。

(2) 为确保设备运行安全，应设置喷淋甲醇的低流量联锁停车。

(3) 在装置试运行初期，由于上游气化装置未设置粗煤气过滤器，在气化粗煤气中夹带较多细小粉煤灰，该部分粉煤灰与变换催化剂粉尘在洗氨塔中洗涤不彻底，带入低温甲醇洗装置，细小颗粒附着在绕管管束表面，导致绕管式换热器传热效率降低，影响换热效果。对于大型绕管管束，由于结构复杂，一旦结垢，清洗十分困难。在气化装置后期改造中增设粗煤气过滤器，大大减少了粗煤气中的煤灰带入低温甲醇洗装置。

第六节　甲醇合成塔

甲醇合成塔是甲醇合成装置的关键核心设备，其性能将直接影响甲醇合成过程的效率、能耗，同时也会影响项目的投资以及甲醇合成装置长期稳定运行。

一、甲醇合成塔工艺性能和结构设计要求

Davy 公司、鲁奇公司、托普索公司甲醇合成技术均采用低压法（5~10MPa），其工艺流程类似，主要区别在于甲醇合成塔结构、催化剂以及反应热回收利用方式不同。为了确保甲醇合成装置长期稳定、高效运行，甲醇合成塔工艺性能和结构设计应满足如下要求：

(1) 结构简单，易于制造、安装和维护，运行可靠。

(2) 能保证气体均匀地通过催化剂床层，气体处理量大，阻力小，甲醇单程转化率高，

循环比低,确保甲醇产量高。

(3) 充分利用甲醇合成塔内部空间,多装催化剂,容积利用系数高,且便于催化剂装卸。

(4) 合理控制反应温度,有效移除反应热,提高反应效率,延长催化剂使用寿命。

(5) 满足各种操作工况,操作稳定、调节方便。

(6) 设备尺寸应充分考虑运输条件的限制,以降低甲醇合成塔的制造成本。

二、甲醇合成塔对比分析

1. Davy 公司甲醇合成塔

Davy 公司甲醇合成系统采用串并联流程方式。以内蒙古某煤化工项目 180×10^4 t/a 煤制甲醇装置为例,该装置采用 Davy 公司工艺,设有两台甲醇合成塔,其结构形式完全相同。甲醇合成塔采用管束作为冷却换热元件,换热管内走冷却水移走甲醇合成反应热,产生中压饱和蒸汽。从甲醇合成塔中心到壳体同心布置气体分布器、换热管束和气体收集器。催化剂布置在换热管外,从塔顶部人孔填装,管束底部填装惰性瓷球用于支撑催化剂,更换催化剂时,从塔底部人孔卸出。冷却系统包括甲醇合成塔内的管束、汽包、上升管和下降管,采用蒸汽动力自循环,不需要外部动力。该甲醇合成塔由专利商指定的设备供应商制造,在专利商指导下在项目现场填装催化剂和安装气体分布器。

Davy 公司甲醇合成塔工艺设计参数如下:最大操作温度为 317℃(壳程)/240℃(管程);最大操作压力为 7.61MPa(壳程)/3.35MPa(管程);设计压力为 8.9MPa(壳程)/-0.1~4.0MPa(管程);设计温度为 330℃(壳程)/260℃(管程);介质为变换合成气和甲醇蒸气(壳程)/蒸汽和水(管程);设备直径约为 3.8m,筒体切线长度约为 14m,结构形式为立式,采用中间裙座支撑。

Davy 公司甲醇合成塔壳程合成气入口设置在底部(为了提高甲醇合成塔运行稳定性,提高反应效率,改进为上、下同时进气),在筒体上圆周方向设置 4 个气体出口,冷却水入口设置 4 个,位于塔底部,对应地设置 4 个水/蒸汽出口,位于塔顶部。该设备内件包括管束、气体分布器、气体收集器、催化剂框、开工喷射器以及热电偶等,其结构形式如图 5-6-1 所示。

由于催化剂填装在甲醇合成塔壳程,因此便于装卸。Davy 公司甲醇合成塔副产 1.8~2.3MPa 饱和蒸汽,且压力稳定,便于蒸汽的回收利用。该甲醇合成塔换热管采用碳钢或 Cr-Mo 钢,壳体采用 Cr-Mo 钢,设备材料及制造成本相对较低。

与其他技术相比,Davy 公司甲醇合成塔单程甲醇转化率偏低,循环比偏大。该甲醇合成塔因内件复杂,设备制造难度大,而且水压试验后液体不易排净。

从内蒙古某煤化工项目实际运行情况来看,由于 Davy 公司合成塔壳体和内件采用 Cr-Mo 钢和碳钢,存在结蜡现象;甲醇合成塔催化剂上部床层局部"热点"易出现超温现象,

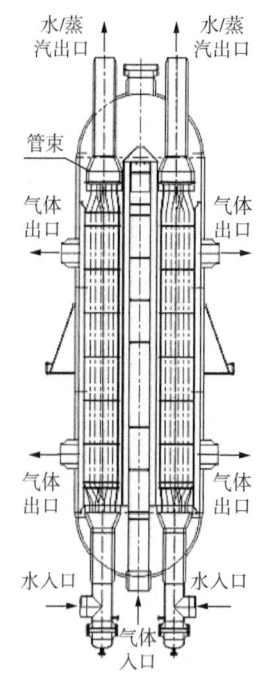

图 5-6-1 Davy 公司甲醇合成塔示意图

两台甲醇合成塔温度最高时可分别达 303℃ 和 299℃，甲醇合成系统曾出现过因床层超温而导致联锁停车。经过分析论证，首次工业化的甲醇合成塔换热面积设置偏小，未能及时带走反应热，造成反应器局部超温。而催化剂床层局部超温，导致副反应增多，结蜡更加严重。为了稳定生产，采用了以下措施：

（1）控制合成塔汽包压力至 1.6MPa，低于设计值，从而降低床层热点温度；
（2）降低原料气入塔温度，控制床层内部反应热，可降低床层温度；
（3）调整新鲜合成气的组分，降低氢碳比，从而控制反应热；
（4）调整合成塔"热点"温度联锁温度设定值，由设计值 290℃ 提高到 295℃。

针对运行存在的问题，Davy 公司在新疆某煤化工项目甲醇合成塔的设计上进行了以下三个方面的改进：

（1）增大甲醇合成塔内换热面积，增加换热管数量；
（2）原料气采用甲醇合成塔上、下同时均匀进气；
（3）甲醇合成塔顶部增设排气口。

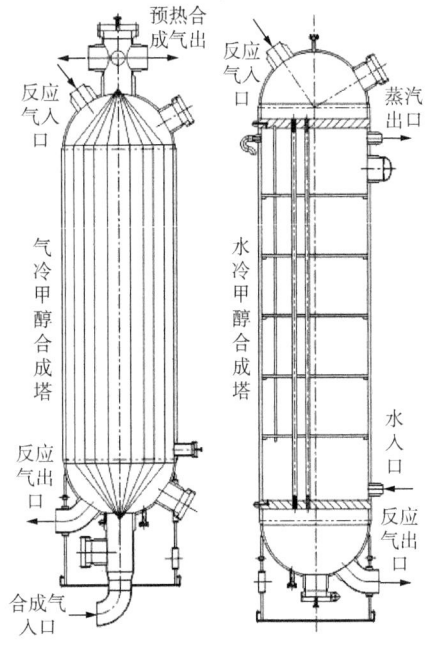

图 5-6-2 鲁奇公司甲醇合成塔示意图

2. 鲁奇公司甲醇合成塔

鲁奇公司甲醇合成塔如图 5-6-2 所示。

鲁奇公司甲醇合成工艺采用串联流程，两台水冷塔并联后与一台气冷塔串联，采用专利商指定的催化剂。由于水冷塔出口温度较高（260℃），使得甲醇合成反应能够较快进行，换热管外沸水较快地带走反应热，有利于甲醇合成反应进行。其余的甲醇转化发生在气冷塔中。因此，气冷塔和水冷塔的配置显著提高了反应的单程转化率，降低了循环比，节省了循环气压缩机的功率。

鲁奇公司甲醇合成工艺反应接近等温度曲线，反应床层温度变化较小，易于操作，副反应少，结蜡现象少，从催化剂初期至末期甲醇产量基本稳定。由于水冷塔操作温度较高，其副产蒸汽的压力比 Davy 公司工艺高，有利于蒸汽的利用。

水冷塔采用管壳式反应器结构，催化剂装在换热管内，床层阻力大，正常操作条件下压降大约为 0.3MPa。以宁夏某 167×10^4t/a 煤制甲醇项目为例，设置两台水冷塔，塔径约为 4.1m；配备一台气冷塔，塔径约为 4.3m，单系列生产能力大，适合于大规模甲醇合成装置。由于水冷塔催化剂装在换热管内，气冷塔催化剂装在壳程，因此便于催化剂装卸。从某煤化工项目甲醇装置运行情况来看，气冷塔内甲醇实际转化率还不理想，需要进一步改进。

由于气冷塔结构比较复杂，其壳体采用 Cr-Mo 钢，内件为不锈钢；水冷塔壳体材料为 Cr-Mo 钢，换热管材质为双向钢，管板材质为 Cr-Mo 钢+堆焊双向钢，且管板厚，管板加工难度大，设备制造成本较高。截至目前，鲁奇公司 60×10^4t/a 及以上甲醇合成技术在国内应用业绩较 Davy 公司工艺少。

3. 托普索公司甲醇合成塔

托普索公司甲醇合成塔如图 5-6-3 所示。

以 180×10⁴t/a 煤制甲醇项目为例,托普索公司采用三台并联甲醇合成塔工艺,采用专利商指定的催化剂。由于该甲醇合成塔出口温度较高(261℃),在催化剂作用下,甲醇合成反应能够较快进行。依据某煤化工项目实际运行情况,甲醇合成塔出口甲醇浓度为 17.14%,高于设计要求(14.63%),循环比为 1.8~1.9,满足设计要求(1.77~2.26),因此,托普索公司甲醇合成塔中甲醇单程转化率高,循环比低,节省了循环气压缩机的功率。

托普索公司甲醇合成塔结构与鲁奇公司水冷塔类似,采用管壳式反应器结构,采用应力分析法进行设计,减少了设备的重量,催化剂装在换热管内,床层阻力较大,正常操作情况下压降约为 0.3MPa。

在甲醇合成塔上管板上设置了一层绝热催化剂床层,减小了合成塔尺寸,且催化剂装满换热管,有效地利用了换热管长度。托普索公司甲醇合成反应接近等温度曲线,床层温度变化较小,易于操作,副反应少,结蜡现象少,从催化剂初期至末期甲醇产量基本稳定。由于甲醇合成塔操作温度较高,副产中压蒸汽压力比 Davy 公司工艺高,有利于蒸汽的利用。

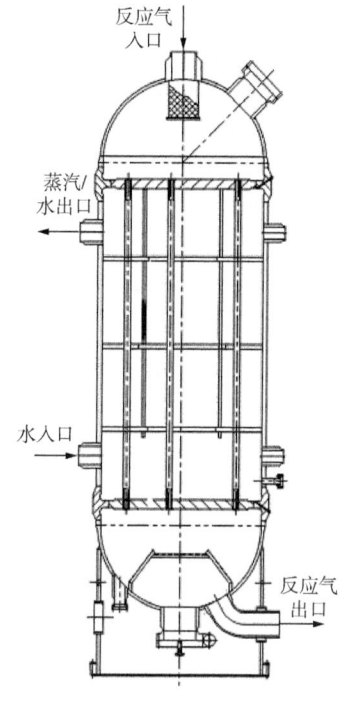

图 5-6-3 托普索公司甲醇合成塔示意图

托普索公司甲醇合成塔壳体材质为碳钢,管程材质为 Cr-Mo 钢,换热管材质为双向钢,管板材质为 Cr-Mo 钢+堆焊双向钢,管板加工难度大,设备制造成本较高。截至 2021 年底,托普索公司 60×10⁴t/a 及以上煤制甲醇技术在国内应用业绩不多。

第七节 甲醇制烯烃及甲醇制丙烯反应器

一、甲醇制烯烃及甲醇制丙烯反应器基本结构

1. 甲醇制烯烃反应器

甲醇转化为乙烯、丙烯等烯烃类产物的反应属强放热反应,催化剂容易结焦和失活,对反应器结构形式要求较苛刻。甲醇制烯烃(MTO)反应器分为固定床式和流化床式,固定床反应器对催化剂晶粒要求较高。Keil 等对固定床反应器和流化床反应器进行对比分析,得出流化床反应器的传质效果好、传热效率高,温度分布均匀,催化剂可连续再生,因此建议 MTO 反应采用流化床反应器。目前,MTO 流化床反应器形式主要有快速流化床反应器和密相流化床反应器两种。传统催化裂化装置一般采用快速流化床型设计,反应实际在反应器下部发生,此部分由进料分布器、催化剂流化床和出口提升器组成;反应器上部主要

是气相与催化剂的分离区。夹带催化剂的产品气在反应器提升器出口完成初级预分离后，进入多级旋风分离器和外置的三级分离器来完成气固分离。分离出来的催化剂继续通过再循环滑阀自反应器上部循环回反应器下部，以保证反应器下部的催化剂层密度，反应温度通过催化剂冷却器控制。

1) 中科院大连化物所DMTO反应器

DMTO反应器是中科院大连化物所开发的DMTO工艺采用的反应器，神华包头化工有限公司及神华榆林化工有限公司180×10⁴t/a MTO装置等均采用DMTO反应器。DMTO反应器属于上行式密相流化床反应器，其介质流向如下：经过预热的MTO级甲醇原料经过进料分布器后进入反应器，与反应器中催化剂接触发生反应生成烯烃。携带催化剂的气体在设备内的稀相段经过反应器内的一、二级旋风分离器后，实现反应气与催化剂颗粒的分离。反应器内密相床的床层催化剂密度大，容易沉积，催化剂在反应器中停留时间较长、平均焦炭含量较高，有利于提高乙烯和丙烯的选择性。DMTO反应器通过合理的稀、密相段的高度及直径分配，保证旋风分离器的入口催化剂浓度在一定范围内，减少催化剂流失。

DMTO反应器采用大、小筒结构，体积较大，分密相段和稀相段。反应器主要内件包括进料分布器、两级旋风分离器及催化剂分配器、内取热器等；外部附件包括侧面设置的外取热器以及反应器下部的待生剂汽提段。

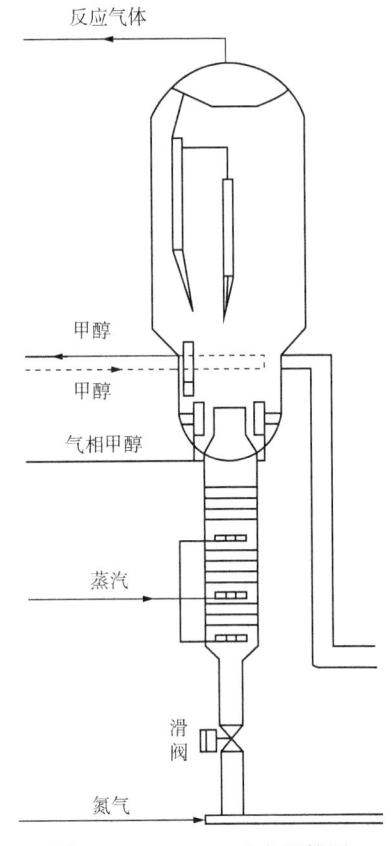

图 5-7-1 DMTO反应器简图

图 5-7-1 为 DMTO 反应器简图。

2) 神华SHMTO反应器

SHMTO反应器是神华集团自主研发的SHMTO工艺所采用的反应器。第一套采用SHMTO工艺的神华新疆化工有限公司68×10⁴t/a煤基新材料项目于2016年10月在新疆乌鲁木齐投产成功，SHMTO反应器运行情况良好。

SHMTO反应器为流化床反应器，其底部设网状格栅，可有效改善反应器催化剂床层内的气固接触效果。反应器内设一、二级旋风分离器，用于回收反应器携带的催化剂细粉。反应器设置两台反应器外取热器，发生中压饱和蒸汽，取走反应器内的过剩热量。待生催化剂经过汽提后进入再生器烧焦再生。再生器采用湍流床，设置两台外取热器取走再生器内的过剩热量。再生器设置一台再生器冷循环外取热器，再生催化剂通过冷循环外取热器降温后返回反应器，从而降低进入反应器的催化剂温度，避免催化剂温度过高导致的副反应，提高低碳烯烃选择性。反应器、再生器采用同轴布置，反应器在下，再生器在上。通过调整反应器和再生器的位置及器内压力，使再生器中的再生催化剂在重力作用下流入反应器，降低再生器的磨损率和跑损率。由于再生器体积大，操作时重量较大，叠放在反应器上封头上，需要对局部结构进行专门设计。

SHMTO 反应器及再生器结构如图 5-7-2 所示。

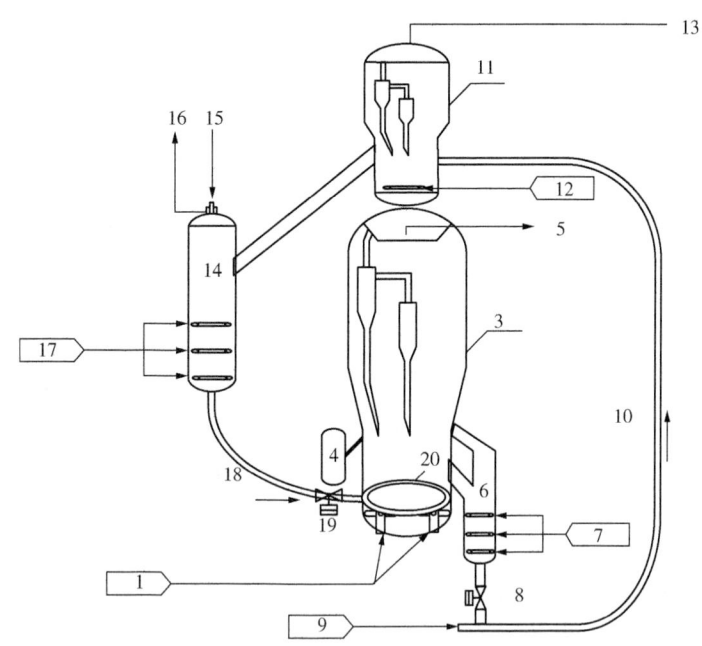

图 5-7-2　SHMTO 反应器及再生器结构简图
1—甲醇导入口；2—甲醇进料分布器；3—反应器；4—反应器外取热器；
5—产品气出口；6—待生剂汽提器；7—待生剂汽提蒸汽入口；8—待生滑阀；
9—待生剂输送蒸汽入口；10—待生剂输送管；11—再生器；12—烧焦主风入口；
13—再生烟气出口；14—再生剂冷却器；15—锅炉给水入口；16—蒸汽出口；
17—再生剂汽提蒸汽入口；18—再生剂输送管；19—再生剂滑阀；20—再生剂分布器

3) UOP 公司和 Norsk Hydro 公司 MTO 反应器

UOP 公司和 Norsk Hydro 公司共同开发 MTO 反应器。该反应器为快速流化床反应器，包括最下方的快速流化床、中间的稀相管及最上方的沉降区，三个区域也分别称为反应段、过渡段和分离段。甲醇原料在稀释气体的存在下经下部的分布器进入反应段，与密相床催化剂接触并将部分原料转化为以烯烃为主的反应气，随后进入过渡段并在其中实现原料的完全转化。在过渡段，产品气流的表观气速逐渐增大。携带催化剂的产品气出过渡段后进入气固分离器，催化剂和产品气在分离器实现初步分离，分离出的催化剂进入上催化剂床，携带少量催化剂的产品气进入分离段。在分离段，旋风分离器将剩余的催化剂细粉从产品气体中分离出来并返回上催化剂床，脱除催化剂的产品气出反应器。在该快速流化床反应器中，密相的催化剂分布于两处，一是反应段，二是分离段的下部（即上催化剂床）。分离段分离出的催化剂在上催化剂床聚集，一部分经汽提后进入再生器，烧炭再生后返回反应段上部，实现催化剂的循环使用；另一部分经待生立管返回密相床层。待生立管上设置催化剂冷却器，以降低待生剂返回密相床层的温度。该反应器通过调节再生剂和由上催化剂床经立管返回密相床层待生剂两者的比例，来控制反应段催化剂的平均积炭含量并最终影响产品气组成。催化剂可以采用完全再生的方式，烧焦条件易于控制。与传统鼓泡流化床

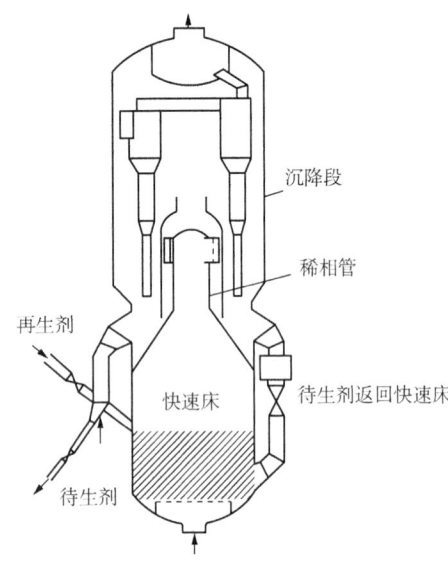

图 5-7-3 UOP 公司和 Norsk Hydro 公司 MTO 反应器简图

反应器相比,采用快速流化床反应器可以降低反应器的尺寸、减少催化剂的藏量。

图 5-7-3 为 UOP 公司和 Norsk Hydro 公司 MTO 反应器简图。

2. 甲醇制丙烯反应器

甲醇制丙烯(MTP)反应器是合成丙烯的关键设备之一,其操作性能的好坏直接影响到原料气和动力的消耗以及其他设备性能的发挥。以神华宁煤 MTP 装置为例,该工艺采用的固定床反应器分 6 个床层进料,分液相、气相或冷和热两路进料,虽然可以调节 MTP 反应温度,但因反应进料后存在汽化不完全的现象,加剧了催化剂的结焦。同时液体接触到催化剂表面会在表面急剧汽化,使催化剂相变加剧降低催化剂的强度,从而降低催化剂的转化率,导致催化剂失去活性。基于以上原因,在进料以前应对液体进行充分雾化,使进入 MTP 反应器的液相物料不存在液滴,从而保证催化剂的性能不被破坏,使其达到最大的转化率。鲁奇公司大型 MTP 反应装置主要由 3 个绝热固定床反应器组成,其中 2 个在线生产,1 个在线再生,这样可保证生产的连续性和催化剂活性。每个反应器内分布多个催化剂床层,各床层布置若干急冷喷嘴,定量注入冷的甲醇、水和二甲醚物流来控制床层温度,达到稳定反应条件、获得最大丙烯收率的目的。MTP 反应压力接近常压,反应温度为 450~480℃。MTP 反应器床层为水平布置,催化剂分 5~6 层布置,每层高 500~1000mm,床层距离约为 2m。每一个催化剂床层又分为许多蜂窝状的单元,每一个催化剂床层上部均有原料的分配器将原料分配到每一个单元;每一个催化剂床层下部对应一个急冷喷嘴,经由一个环行分布器将急冷介质均匀分布到急冷喷嘴,由急冷喷嘴喷出急冷介质将反应热吸收,使之在离上一个催化剂床层 0.5m 后就可以达到第二个催化剂床层入口所需要的均衡反应温度。

MTP 反应器主要由上下封头、上下筒体、裙座、外部接管、人孔、内部 6 个催化剂床层及支撑件等组成。图 5-7-4 为 MTP 反应器及级间塔盘简图。

二、设备设计、材料选择、制造及安装

1. 甲醇制烯烃反应器

MTO 反应器设计压力一般较低,设备直径较大,按 GB/T 150—2011《压力容器》进行常规设计,壳体和接管连接部分使用局部应力分析。

反应器内部反应温度较高,能达到 500~600℃,若直接选用钢材,一般需要选 Cr-Mo 钢或者耐高温的不锈钢及镍基合金,Cr-Mo 钢相对于不锈钢或镍基合金材料成本会有所降低,但该材料焊接性能较差,需要预热、层间加热、焊后消氢处理和焊后热处理等,制造及安装成本较高;且 MTO 反应器直径均较大,对于国内多数煤化工项目,项目场地都在新

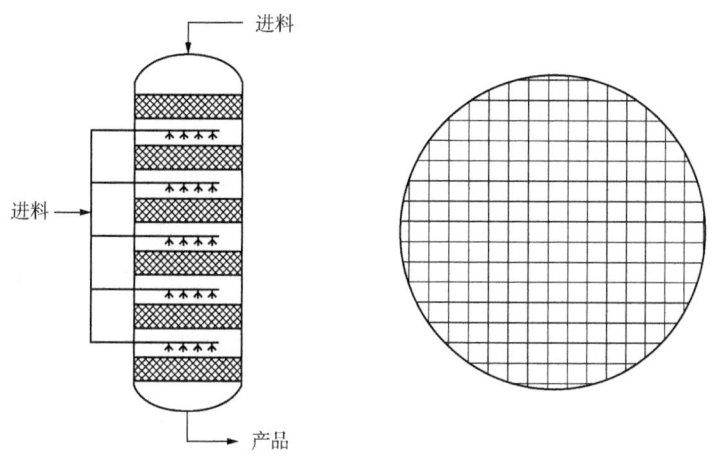

图 5-7-4 MTP 反应器及级间塔盘简图

疆、内蒙古等内陆城市，受交通运输影响，均需要现场制造，设备焊接品质很难得到保证。为避免选用以上材料，节约投资，反应器及其他类似设备均采用隔热衬里结构，内部一般使用无龟甲网单层或多层隔热耐磨衬里，容器外部使用价格较低、容易制造和安装的普通碳素钢 Q245R 材质，只是在反应器的内件或需要伸到内部的接管上使用不锈钢或 15CrMoR 材质，稀相旋风分离系统内件采用 0Cr18Ni10Ti（即 S32168 材质）。

各工艺商的 MTO 反应器直径均很大，有的达到 13m，属超限设备，应现场制造和安装。因内部需要做隔热耐磨衬里，内部分布器及催化剂支撑等结构非常复杂，且都需要现场安装，根据神华新疆化工有限公司 MTO 装置建设经验，反应器和再生器没有进行现场耐压强度试验，按 GB/T 150—2011《压力容器》要求，设计单位应提出在确保容器安全运行的前提下免除耐压试验应采取的安全措施，主要包括以下几个方面：

（1）提高对压力容器材料的要求（化学成分、力学性能和检验要求）。

（2）提高结构设计要求，尽量采用全焊透的焊接接头，避免严重的几何不连续。

（3）焊接接头无损检测比例均提高为 100%，所有 A 类、B 类焊缝需要进行 100% 射线（RT）检测，其他 C 类、D 类及 E 类焊缝进行 100% 磁粉（MT）检测或渗透（PT）检测，按 NB/T 47013—2015《承压设备无损检测》相关要求检测合格。

对于神华集团自主研发 SHMTO 技术的 MTO 反应器，反应器上封头由于叠加再生器等原因，局部厚度超过按 GB/T 150—2011《压力容器》规定的热处理厚度，现场需要对焊接完接管的上封头进行局部热处理。由于项目现场条件恶劣，至少需要考虑以下几个方面：

（1）如何保证大型薄壁椭圆封头的变形，需要做大量的支撑。

（2）如何保证热处理区域能均匀受热，还要保证没有热处理区域和热处理区域不能有过大的温度梯度，需要做好保温工作。

（3）由于热处理区域较大，若使用常用的电加热，还需要保证现场用电负荷满足要求。

（4）反应器现场安装时，施工环境较复杂，还要保证现场施工及其他人员的安全。

MTO 反应器在现场大件厂房或具备施工的场地上分几段成型，再分别运至现场，分段吊装，并在空中完成筒体间的对接焊缝焊接和无损检测等工作，在反应器上封头完成焊接后，外壳焊接的同时进行内衬工作，全部完成后再按图纸要求进行相关气密试验等。反应器外壳安装完毕后，再进行内件的安装（包括料腿和分配器等，以及外部梯子平台、附塔管线及其他保温的安装），最后再根据试车的进度计划进行催化剂的装填。

2. 甲醇制丙烯反应器

神华宁煤 MTP 反应器设计压力约为 0.23MPa，设计温度达 480℃，属于高温、低压压力容器，反应器内径近 12m，切线到切线的距离约为 18m，使用裙座支撑，设备总高约 32m。设备直径远远超出当地运输极限，需要考虑分片或分段运至现场进行组装。

对于设备材质的选择，考虑反应气体介质的腐蚀性且和介质直接接触，并考虑温度较高等原因，反应器筒体包括封头部分使用 S32168 不锈钢材质；对于裙座与封头连接部分，为保证焊接性能，裙座上部按标准需设置一段 500~800mm 的 S32168 不锈钢壳体。考虑装置现场环境温度较低、反应器充满介质后重量较大以及反应器在装置中的重要性，裙座下段使用 16MnDR 低温材质，反应器内件全部采用 S32168 材质。单台反应器不锈钢质量达 520 多吨。

反应器的介质具有易燃易爆性，按 TSG 21—2016《固定式压力容器安全技术监察规程》属第一组介质，设备类型为反应器，考虑设备的重要性，反应器所有 A 类、B 类焊缝均要求 100%射线（RT）检测，其他焊缝进行 100%磁粉（MT）检测或 100%渗透（PT）检测，按 NB/T 47013—2015《承压设备无损检测》相关要求检测合格。

设备现场制造尽量安排在大厂房进行焊接，由于设备使用不锈钢材质，按标准需要对现场进行洁净处理，以便不会对不锈钢焊缝及材质产生污染。反应器无损检测合格及设备强度试验和气密试验后，需要对反应器内部进行酸洗钝化，以保证钝化膜能更有效地防腐。

MTP 反应器在大件吊装现场安装后，再进行内件的安装（包括 6 个填料支撑件的安装和外部梯子平台、附塔管线及其他保温的安装），最后再根据业主进度需要进行填料和催化剂的装填。

第八节 乙二醇反应器

随着煤制乙二醇装置的不断发展，装置的规模、产能越来越大，装置的核心设备——反应器也逐渐大型化。羰化反应器和加氢反应器是乙二醇装置的核心设备，其设计、选材、各部位结构形式的确定直接影响反应器的平稳运行，进而影响装置的稳定运行。

国内已运行乙二醇装置单系列羰化反应器和加氢反应器的反应能力多为 5×10^4 t/a，本节介绍的羰化反应器和加氢反应器为反应能力为 10×10^4 t/a、结构形式为立式列管式的反应器。

一、羰化反应器和加氢反应器相关参数

羰化反应器和加氢反应器均属于大型、超限的反应容器。

羰化反应器重 400 多吨，设备直径达 6m，设备总高 18m。羰化反应器管程和壳程设计压力为低压，约为 0.7MPa；管程和壳程设计温度约为 260℃。壳程介质为锅炉水，管程介质为 CO 等反应物料。

加氢反应器重 550 多吨，设备直径达 5m，设备总高 21.5m。加氢反应器管程和壳程设计压力为中压，约为 3MPa；管程和壳程设计温度约为 270℃。壳程介质为锅炉水，管程介质为 H_2 等反应物料。

二、羰化反应器和加氢反应器各部件材料选择

根据反应器管程和壳程的介质含有 H_2 和 CO，中温、中低压及设备直径大的特性，在确保设备本质安全、材料满足工艺介质操作条件、耐腐蚀性等各方面要求的前提下，考虑经济性、可加工性、原材料易获取性等方面因素进行选材。

壳程筒体可选材料为 Q345R、S30408 等。

对于管程筒体、封头，管程介质含有 H_2 和 CO，按照纳尔逊曲线，可采用 S30403 + Q345R 复合板材质。

对于管板，羰化反应器的管板锻件直径达 6.2m 以上，加氢反应器的管板锻件直径达 5.5m 以上。综合考虑，羰化反应器和加氢反应器的管板采用 16MnⅣ 锻堆焊 S30403。管板基材采用整体锻件，锻件级别按 NB/T 47008—2017《承压设备用碳素钢和合金钢锻件》中的最高级别Ⅳ级锻件，并要求对锻件进行相应的材料和力学性能复验。

列管可选材质为 S30403 和 S22053。

壳程膨胀节可选材质为 S30408。

三、羰化反应器和加氢反应器设计计算

羰化反应器和加氢反应器的设计主要采用 GB/T 150—2011《压力容器》和 JB 4732—1995《钢制压力容器——分析设计标准》等标准规范。

由于反应器的公称直径已超出 GB/T 151—2014《热交换器》限定的范围，反应器采用 ANSYS 有限元分析计算软件进行建模并分析计算。通过对管程、壳程的压力、温度组合而成的多种工况进行模拟计算，对于管程、壳程的变形不协调产生的高应力部位，利用 ANSYS 应力线性化的工具，对所定义的危险截面的应力沿厚度方向进行线性化，得出各种应力分量，然后按照 JB 4732—1995《钢制压力容器——分析设计标准》对其进行评判；对于列管对管板的支撑约束进行简化为杆单元，并进行建模计算，核算管板的应力分布、列管与管板结合部位的应力分布，对高应力部位进行评估，确保设备的安全性。

虽然羰化反应器和加氢反应器设备超出 GB/T 151—2014《热交换器》规定的适用范围，但 GB/T 151—2014《热交换器》中有些结构和制造的规定对羰化反应器和加氢反应器设备的设计、制造是有用的，因此羰化反应器和加氢反应器设备的设计标准中将 GB/T 151—2014《热交换器》列为参照性标准。

四、羰化反应器和加氢反应器结构设计

本节所介绍羰化反应器和加氢反应器实际为大型列管式固定管板换热器，总体结构如图 5-8-1 所示。反应器各部位的结构形式是否合理将直接影响整个装置的安全、平稳、长周期运行和装置的生产效益。

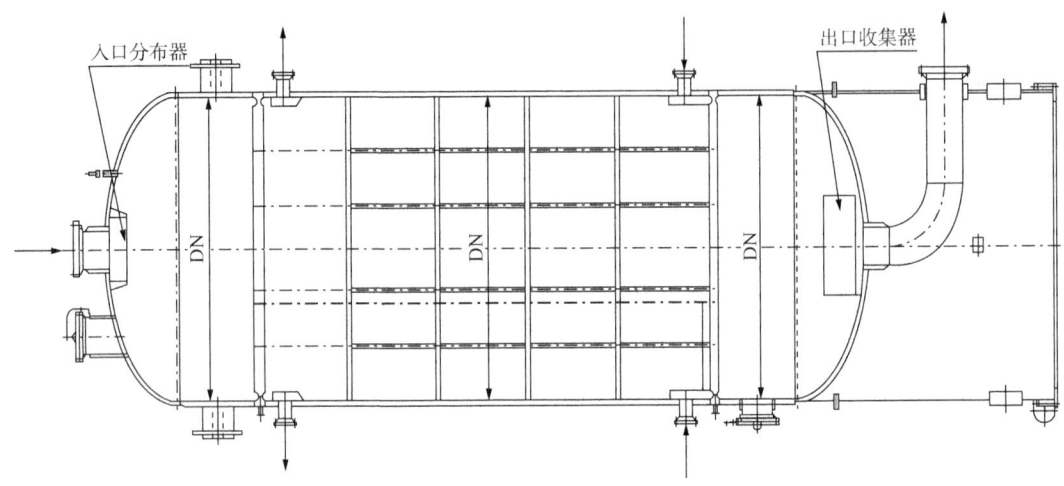

图 5-8-1　羰化反应器和加氢反应器总体结构图

1. 加氢反应器管板结构设计

反应器的管板作为管束的一部分,其与管程、壳程筒体连接的结构形式选择尤为重要,GB/T 151—2014《热交换器》推荐的常用管板与管程、壳程筒体连接形式如图 5-8-2 所示。

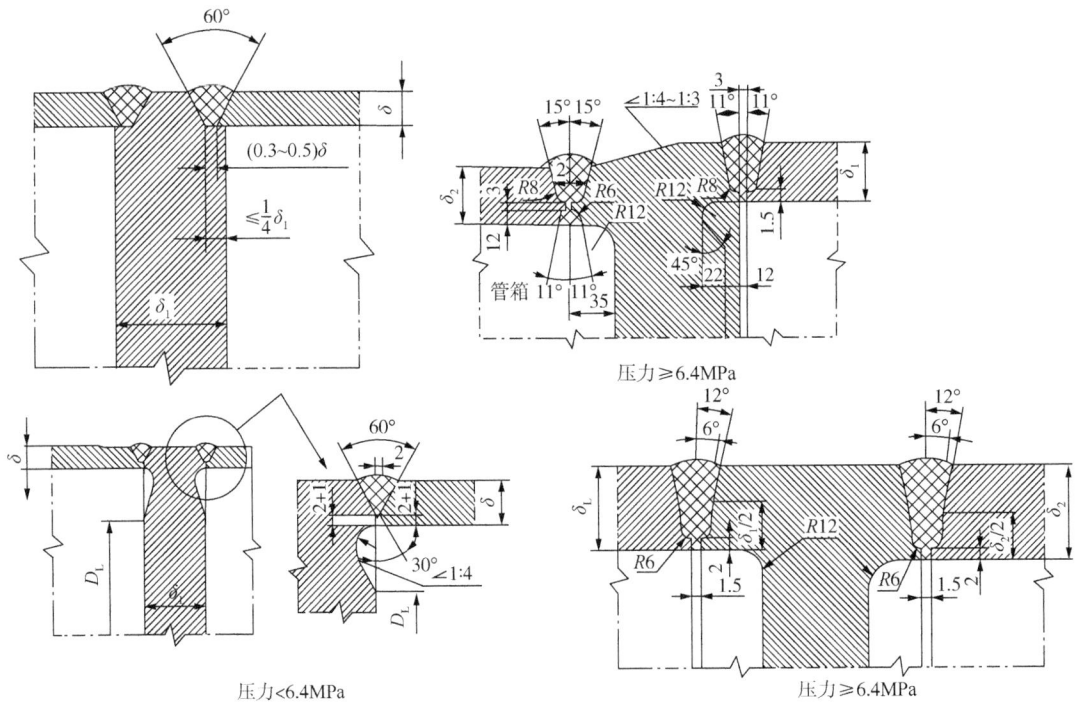

图 5-8-2　GB/T 151—2014《热交换器》推荐的管板与管程、壳程筒体连接形式(单位:mm)

经分析设计计算,并结合已运行装置的成功经验,设计羰化反应器、加氢反应器管板与管程、壳程筒体连接采用如图 5-8-3 所示形式。

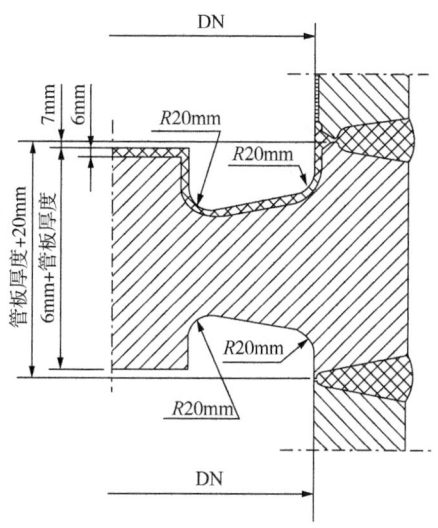

图 5-8-3 反应器管板与管程、壳程筒体连接形式

该结构的特点是在管板与壳体连接部位的内侧开应力释放槽,不仅能够满足设备的强度要求,同时增加了管板与壳体连接节点的柔度,起到了降低管板所产生的应力的效果。

反应器管板上、下两端适当留出翻边,是为了使得管程壳体和壳程壳体与管板的连接能够形成对接结构,从而有利于达到全焊透的目的。

2. 羰化反应器和加氢反应器布管

羰化反应器和加氢反应器直径较大,换热管内的反应为放热催化反应,若反应热量不能及时移走,换热管内温度会进一步升高,导致换热管内飞温,进而使得催化剂活性降低,甚至结焦、寿命降低等。如何将换热管内反应后产生的反应热量快速通过壳程介质撤热,并尽可能地使反应器床层温度在轴向和径向均匀分布,该问题将尤为重要。

以往设计类似反应器的 CFD 数值模拟分析结果表明,反应器的布管形式、壳程折流板形式等均会对壳程流体的流动及传热的径向均匀性产生影响。由于设备直径大,在中心位置的换热效果较差,如果在设备的中心不布管或少布管,将极大地浪费加氢反应器宝贵的反应空间。为此,通过在管板布管区域设计强化传热的流体入射通道,流体进入壳程后快速流动进入壳程中心位置,促使壳程介质在反应器壳程内径向快速、均匀分布,有效提高壳程传热的径向均匀性。羰化反应器和加氢反应器最终确定的布管形式如图 5-8-4 所示。

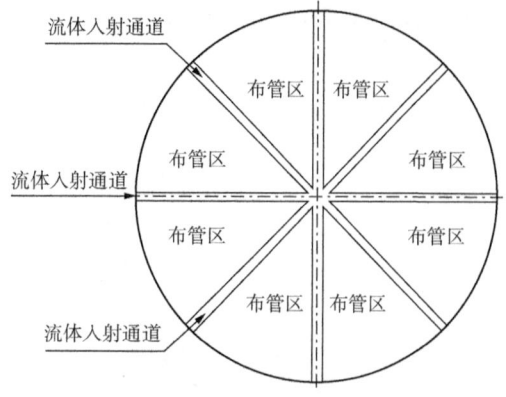

图 5-8-4 羰化反应器和加氢反应器布管图

3. 羰化反应器和加氢反应器管束支撑形式

反应器的作用与换热器不同,不仅需要传热、传质,还需要满足相应的能量平衡。反应器管束的支撑形式直接影响其床层温度在轴向、径向的分布,同时影响整个反应系统的压降、反应速率、催化剂选择性、产品的时空收率、装置的安全平稳运行等。

换热器的管束支撑结构一般与其在装置中的位置及作用有非常大的关系,GB/T 151—2014《热交换器》中的折流板为圆形开孔平板,通过适当切割,在满足换热管的支撑要求条件下,促使流体在换热器壳程内部实现折流,从而达到强化传热的目的。但折流板形式的管束支撑,壳程流体呈横向流动,流体在折流的过程中来回穿越管束,管子受到卡门旋涡激振和紊流抖振的影响,可能激发管束有声振动或无声振动,如果管束振动剧烈到一定程度,将导致管子疲劳破坏或管子撞击折流板孔边而被切断。流体在壳程受到折流板的阻挡,来回折流,壳程流体压降相对较高。更为重要的是,折流板结构不能满足同截面温度场均匀一致的要求。

在很多大型石化装置中,固定床列管式反应器壳程的介质流动较多地采用平行于换热管的轴向流动(纵流式),其管束的支撑多采用杆栅支撑形式或多孔支持板形式。

轴向流动(纵流式)管束支撑形式有以下特点:

(1)轴向流动(纵流式)主导了壳程流体的流动,大大削弱了由流体横向流动产生的卡门旋涡,从源头上减轻了管束的振动;

(2)流体在通过换热管与支撑间的不规则间隙时,形成贴壁射流作用,能在一定程度上强化壳程传热;

(3)壳程流体流动均匀性较好,壳程压降相对较小;

(4)壳程抗结垢性能得以提升;

(5)格栅支撑结构的刚性较好,重量轻,一般采用不锈钢材质,使用寿命较长;

(6)结构较为复杂,制造加工难度高,成本较高。

几种轴向流动(纵流式)管束支撑结构介绍如下:

(1)折流杆支撑结构。

20世纪70年代,美国菲利浦石油公司为了解决传统折流板换热器中管子与折流板的切割破坏和流体诱导振动问题而开发设计出折流杆换热器(图5-8-5)。这种换热器的支撑结构是将折流板改为杆式支撑,传热性能较弓形折流板换热器高,且压降低。折流杆换热器制造、安装较为复杂,其布管形式一般为正方形布管。

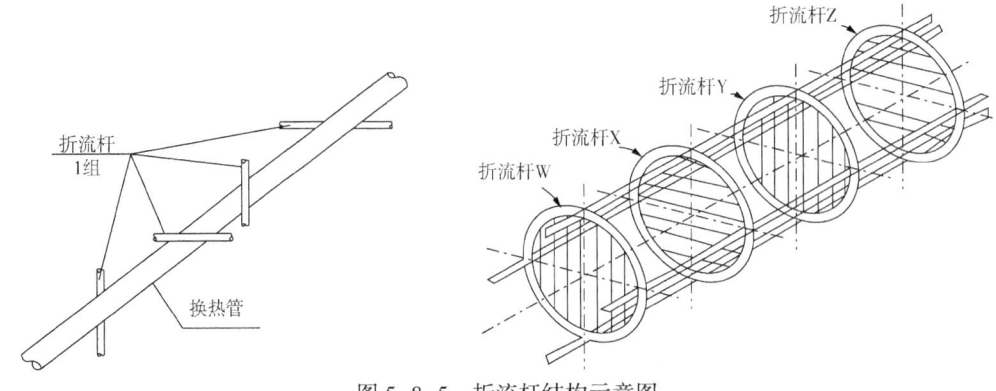

图5-8-5 折流杆结构示意图

(2) 整圆形折流板支撑结构。

随着技术的进步，换热器管束支撑形式不断进步，越来越多的壳程强化传热式管束支撑形式被开发出来。图 5-8-6 为整圆形折流板结构示意图，其强化传热的主要机理是射流，射出的流体速度很大，直接冲刷管壁，一方面，减薄管壁边界层，减小热阻；另一方面，可阻止污垢的形成。

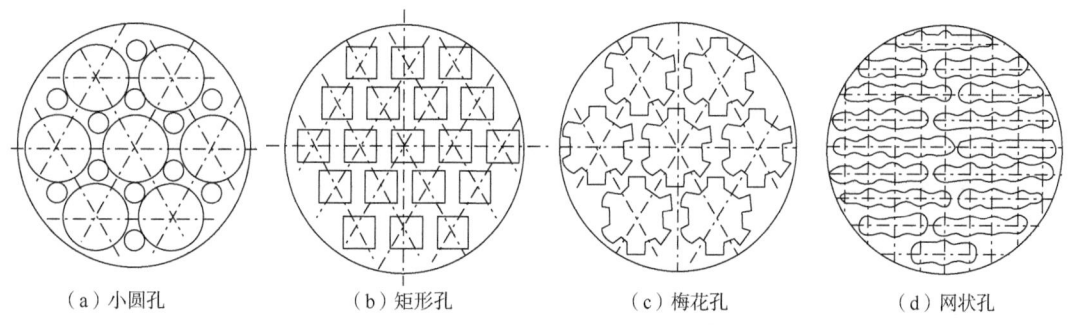

（a）小圆孔　　　　（b）矩形孔　　　　（c）梅花孔　　　　（d）网状孔

图 5-8-6　整圆形折流板结构示意图

(3) 折流栅支撑结构。

折流栅支撑结构采用扁钢作为格栅条，在格栅条两两相交处加工出一定的切口，套合在一起并点焊固定，换热管被格栅条固定在中间（图 5-8-7）。折流栅支撑结构具有刚性好、重量轻等特点。

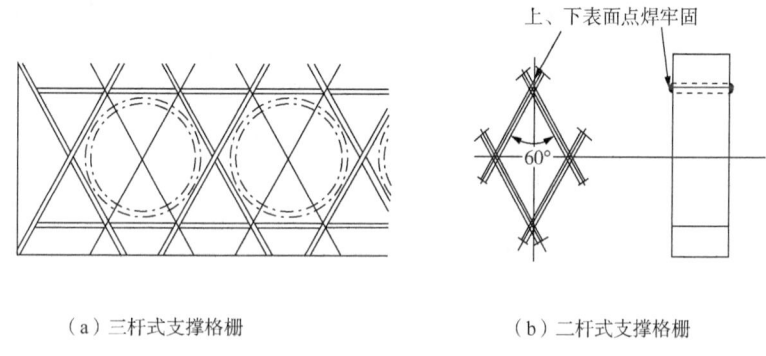

（a）三杆式支撑格栅　　　　　　　（b）二杆式支撑格栅

图 5-8-7　折流栅支撑结构示意图

五、羰化反应器和加氢反应器制造

羰化反应器直径达 6m、加氢反应器直径达 5m，加上设备外部附属件，反应器设备属于运输超限设备，设备需在项目现场完成最终的组装、试压、交付。为保证设备制造质量，所有的设备部件能在制造厂组装完成的，尽可能全部在制造厂组装完成，将现场需进行的制造加工工作量降至最低，反应器制造分段如图 5-8-8 所示。

反应器在制造过程中主要难点如下：

(1) 控制大直径管板的堆焊变形。

(2) 控制壳程筒体的内径、椭圆度及直线度以保证换热管管束的顺利穿入。

(3) 通过管束零部件的成型控制以及管束骨架的刚性控制以保证换热管的顺利穿入。

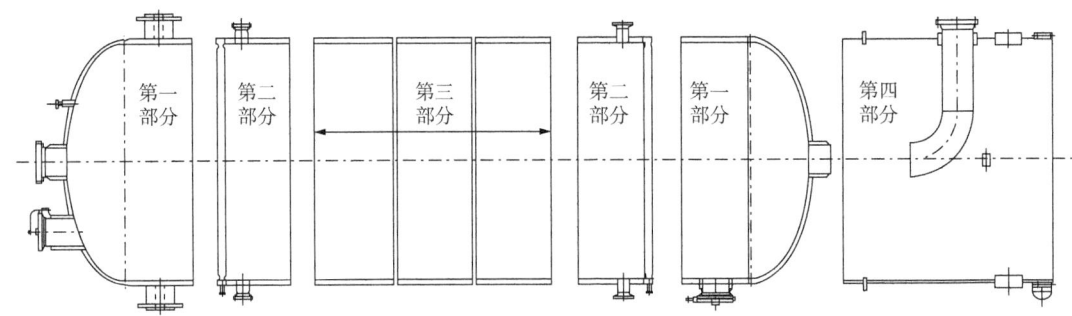

图 5-8-8　反应器制造分段图

（4）控制大直径管板与筒体的焊接变形。

（5）控制换热管与管板的连接质量。

对反应器制造难点的应对措施如下：

（1）管板直径较大，为确保管板加工后的质量，管板预留加工裕量，并采用一定的反变形法控制堆焊过程中管板的变形量，堆焊采取两块管板背靠背的方式。管板堆焊前进行整体预热后，在变位胎上进行带极堆焊，堆焊时严格控制线能量和层间温度，减小焊接变形。

过渡层堆焊完成后进行热处理。管板堆焊前后进行相应的超声波、渗透、磁粉检测以确保堆焊质量。

管板进行校平后，按图纸要求进行精加工；以刻度线为基准加工堆焊面，再以堆焊面为基准加工管板其余尺寸满足图纸要求。加工时，严格控制切削量，以不大于 0.5mm/r 为宜，减小加工应力造成的变形。精加工后，管板置于平台上进行时效处理。

使用数控钻床钻孔，保证孔桥精度，并用专用铰刀对换热管孔进行铰孔，保证管孔的精度和光洁度。钻孔应从管板壳程侧向管板管箱侧施钻，以便减少钻孔引起的管板变形。按图纸尺寸要求倒管孔坡口。

（2）在筒体端口焊接定位块，通过定位块调整错变量，严格控制一节筒节与另一节筒节组对时的错变量，用焊接检验尺测量错变量满足要求。

通过经纬仪、红外激光线等测量筒体直线度，并实时进行调整；采用红外测距仪测量组对后筒体同一断面上最大内径与最小内径之差。

环向焊接接头间隙、错变量及直线度调整合格后用拉筋板在组对处点焊固定。

（3）管束折流栅的加工采用工装定位，该工装专为羰化反应器、加氢反应器制作，以保证折流栅间隙、平整度、管孔、孔桥等满足换热管的穿管要求。

因管束重量较大、管孔较多、折流栅强度弱等原因，管束的安装采取将筒体与一块管板连接后先竖向放置，按顺序安装拉杆、定距管、折流栅。为保证管束强度，在管板不同的位置预先安装一部分换热管，然后再将筒体、管束等横向放置，最终完成所有换热管的穿管。

（4）为控制大直径管板与筒体的焊接变形，焊前制定严格的焊接工艺。只有培训后考试合格的焊工才能对该产品进行施焊；焊工必须认真熟悉将要施焊部分的焊接工艺，并严格执行；焊接必须按焊接工艺规定进行施焊，整个产品的施焊过程中，严格控制层间温度；

施焊前按工艺要求进行相应的预热处理；焊材按要求进行烘干和保温，不得使用生锈或油污焊条。

（5）换热管与管板的焊接，在正式焊接前制定严格的焊接工艺，制备产品焊接模拟试板，模拟试板上换热管的排布方式与被检测的反应器换热管排布方式一致。每块管板采用多人、多个位置同时施焊。参与焊接管头的每一位焊工/每一台自动焊机均在模拟试板上焊接并检测合格；焊接工艺变化、自动焊焊材变化、设备故障等变动，均需重新在模拟试板上焊接并检测合格。

换热管与管板的连接接头采用两道焊，第二道焊缝与第一道焊缝的起弧位置错开 180°。第一道焊缝焊接完成后，对连接接头进行泄漏试验；第二道焊缝焊接完成后，对连接接头再次进行泄漏试验。

换热管与管板的连接接头取总数量的 0.5% 进行射线检测，AB-Ⅱ级为合格，取样位置随机抽取，涵盖管板的中心、边缘等。

换热管与管板焊接完成后，设备壳程进行氦渗漏试验，以检查管头连接的可靠性。

羰化反应器、加氢反应器需局部热处理，为保证热处理温度及热处理质量，在设备制造现场搭建热处理炉以满足热处理的要求。热处理的加热时间及温度严格按热处理工艺进行。

羰化反应器、加氢反应器的焊缝按图纸要求进行相应的射线、超声、磁粉、渗透等检测。反应器的水压试验在鞍座上卧置进行。水压试验压力按图纸要求，试压用水温度不低于 15℃，水中 Cl^- 含量不超过 25mg/L。试验时反应器内部的气体应当排净并充满液体，试验过程中应保持反应器观察表面的干燥。水压试验完成后放净积水，内部吹干。

六、羰化反应器和加氢反应器安装

羰化反应器吊装质量 450 多吨，加氢反应器吊装质量 550 多吨。反应器在制造之初，经充分的论证后，要求反应器在现场制造用的鞍座需满足设备制造、试压、顶升装车等全部要求。反应器在制造场地完成全部组焊、检验、试验工作后，经顶升后装车转运至安装就位现场安装。

由于羰化反应器及加氢反应器顶部有集水用的环管及反应器壳程出口进环管的支管，支管与环管的组件与设备本体分别进行安装。羰化反应器本体采用 QUY650 型 650t 吊车主吊，280t 履带吊溜尾；加氢反应器本体采用 QUY650 型 650t 吊车主吊，400t 履带吊溜尾。

羰化反应器和加氢反应器本体就位后，再进行环管组件的吊装及安装工作。安装完成后，环管组件与壳程一起进行试压。

第六章 现代煤化工技术关键仪表

第一节 煤化工行业仪表及控制系统选择

煤化工行业仪表选型与传统的石油化工行业仪表选型相比具有较大的互通性,但也有一些自身特点。煤化工以煤为原料生产化工品,决定了煤化工行业在仪表选型及控制系统选择上的特点。以煤为原料生产烯烃产品的联合装置为例,仪表选型的特殊性更多地体现在上游工序,即煤气化、酸性气体脱除(低温甲醇洗)、合成气制甲醇、甲醇制烯烃(MTO),自 MTO 工序以后,则与传统的石油化工类似装置基本相同。

在煤气化装置中,由于煤的组分更复杂,除了与大多数化石能源同样具备的碳、氢元素,往往含有更多的硫、磷、砷、铅、铍等微量元素,而煤中氢元素含量较少,为得到后续产品,又需要进行加氢。因此,在煤化工联合装置中,仪表选型依据装置的不同需要考虑的方面也呈多样性。此外,高温高压、氢腐蚀、深冷、固体颗粒冲刷、振动等工况,都是仪表选型需要考虑的地方。

一、仪表选择

气化炉燃烧室的反应温度是气化装置最重要的控制指标之一。由于原料为煤,煤在高温氧化后,需要将煤渣及时排出,在气化工艺中,煤渣通常是以液态形式排出的,这就需要燃烧室温度大于煤渣灰熔点流动温度。但过高的燃烧温度又会影响炉膛内耐火砖的寿命,因此必须对燃烧室的温度进行严格控制。由于燃烧室内为高温、高压且有腐蚀性气体存在的环境,因此热电偶保护套管的材质选择是需要考虑的重点。保护套管的材质应在高温、高压下有良好的强韧性,并可耐受腐蚀性气体的侵蚀,其稳定的工作温度宜在 1600℃ 以上。热电偶的形式可为 R(S)型和 B 型。R 型和 S 型热电偶具有近乎相同的特征,稳定工作温度为 1300℃,短期工作温度为 1600℃;B 型热电偶稳定工作温度为 1600℃,短期工作温度为 1800℃,可根据需要进行选择。B 型热电偶的一个明显优势在于不需要补偿导线。

除了燃烧室温度,气化炉表面温度也需要加以监测。这是因为气化炉是通过耐火砖将高温、高压环境与气化炉壳体隔绝开的,但随着炉渣的冲蚀,耐火砖逐渐变薄,有时甚至会出现脱落,此时燃烧室内的高温、高压将直接作用于炉体,产生极大的安全风险。气化炉内衬的耐火砖脱落是随机的,因此应该对气化炉表面每一点都进行监测。但气化炉表面积大,用普通形式的热电偶测量显然不现实,因此通常采用表面热电偶(感温电缆)对气化炉表面进行温度测量。将气化炉表面分为多个温度区域,各分区内分别布置表面热电偶编号监测,一旦发生某处局部温度升高,可以方便地通过编号确定温度异常的位置。值得注意的是,由于工作环境恶劣,表面热电偶会有误报的情况发生,但不能因此而忽视报警信号，否则很有可能导致重大安全事故。

在后续的加氢工段，合成气温度、压力较高，特别是气体中微量元素的存在，尤其是磷、砷等，在高温、高压下会极大地加剧氢腐蚀现象的发生。气化装置中，氢腐蚀主要以氢渗、氢脆的形式出现，影响最大的多为与合成气接触的压力/差压变送器的膜片。氢原子粒径小，很容易在高温、高压下钻入膜片的金属原子晶格间隙，在间隙中驻留或与碳原子结合形成 CH_4 等大分子气体，扩大晶格间隙，甚至钻透膜片进入其后的导压硅油，形成气泡，造成膜片鼓包，损坏压力/差压变送器。基于以往的工程经验，对于富氢工况，膜片镀金的方式可以比较有效地解决氢腐蚀的问题。仪表选型上，应关注镀金的形式与镀金层厚度，用以克服合成气中可能存在的固体微粒对镀层的冲刷与磨损。

气化装置中另一个值得关注的仪表是测量气化炉出口合成气气体组分的分析仪。常见的气体全组分分析大多采用色谱分析仪。由于合成气高温、高压，含有杂质，使用气相色谱分析仪时，要特别注意取样预处理系统的设计，如不能有效地将合成气温度和压力降低，同时除去其中所含杂质以及因降温、降压所带来的凝结水，分析仪将很难测出准确的结果，甚至有可能造成分析仪损坏。色谱分析仪的另外一个问题是，随着检测组分的增加，色谱分析仪的输出时间变长，测量分析时间在某些情况下将以 min 为单位，测量的实时性显著降低。为解决以上问题，一些工厂采用了质谱分析仪与拉曼光波分析仪等新型仪表，取得了不错的效果。相较于色谱分析仪，质谱分析仪具有如下优点：

（1）单台质谱分析仪就可以完成 CO、CO_2、H_2、CH_4 和 O_2 的实时监测分析，同时实现全组分分析，包括对 N_2、H_2S、Ar、COS 等的测量。

（2）合成气中的水含量对质谱分析仪不会造成影响，这样可以保证分析仪的连续测量，保证工艺正常操作。

（3）质谱分析仪的相对精度可达 0.01%，而色谱分析仪精度通常为 1%。

（4）质谱分析仪可以在保持分析速度的同时，对多流路进行分析，最多可接 32 流路，对各流路的组分分析速度均不超过 0.3s，更符合实际生产监控需要。

（5）质谱分析仪不需要载气及参比气，无多阀组的问题，分析小屋所涉及的公用工程复杂性也会降低，包括供电、载气输送等一系列问题，相对于色谱分析仪配置的相关复杂的标气、载气等相关管路，质谱分析仪的相关管路少，极大地降低了维护量及维护成本。

（6）通常情况下，质谱分析仪仅需 3 个月进行 1 次标定，条件良好的情况下，6 个月标定 1 次也可满足需要。

拉曼光波分析仪与质谱分析仪类似，其能够同时接入的流路相对较少，通常为 4~8 通道，也不能通过简单增加模块来增加被测组分，但其价格较质谱分析仪低一些，因此在组分测定需求明确、流路检测不多的情况下，拉曼光波分析仪也有很好的适应性。

二、控制系统选择

煤化工多采用中大型的联合装置，其内含的控制系统大体上包括 DCS、SIS、GDS、CCS 系统。相较于传统的石油化工，煤化工在控制手段上没有太多不同，因此在控制系统的选择上需要考虑的因素也大致相同。

由于煤化工装置空气环境中或多或少存在微量的腐蚀性气体，虽然控制系统基本都放置于室内，工作环境良好，但也有部分位置卡件表面、电缆接线接点处发生轻微腐蚀的现象，因此如果投资允许，建议尽量对卡件的防腐性做出要求，如达到 ANSI/ISA S71.04 G3 等级。

主流的 DCS 系统大体可分为两种类型，一种是基于服务器构架的非对等网型；另一种是操作站可直读控制器的对等网型。通常认为，基于服务器类型的控制系统，存在风险集中(如服务器故障)的风险，但随着技术发展，服务器的可靠性已大大提高，在服务器冗余配置后，因服务器故障导致控制系统瘫痪的风险已大大降低。服务器型 DCS 也进行了一些升级优化，某些厂商的产品可以允许一个网段内一定数量的操作站对控制器进行直接访问。因此，没有必要把网络架构作为衡量 DCS 系统可靠性的指标，并就此做出 DCS 选择。

同样，由于煤化工装置较多，自动化水平较高，使得煤化工企业的控制系统规模也较大。在进行方案规划时，要特别注意控制一个网段中的节点量，不能按照厂商宣称的最大带载能力进行规划，裕量宜偏保守。网段的划分也应注意交换机的带载能力，同一交换机下网络节点过多，会极大地增加网络广播风暴的风险。

SIS 系统对 DCS 系统应采用单向通信，除非极特殊的原因，否则不应允许 DCS 系统向 SIS 系统写入数据。三重冗余与四重冗余结构的不同，并不影响 SIS 系统的安全性。但各家 SIS 系统的反应时间并不相同，在有特殊要求的场合，应特别加以注意。

第二节 煤化工行业关键仪表及控制

一、气化炉温度控制

远传的温度信号检测一般选用铠装热电偶(K)或热电阻(三线制 PT100)。就地温度指示采用抽芯式、万向型双金属温度计。温度仪表均配带温度计套管，材质不低于工艺或设备材质。

1. 气化炉炉膛热电偶

气化炉炉膛热电偶用于测量升温、正常运行和降温阶段的反应区温度。热电偶组件必须能够承受气化炉内的恶劣工况，它们通常提供的温度读数近似于气化炉耐火表面温度。气化炉炉膛热电偶对于了解气化炉工作条件和性能起着重要的作用，其选用应注意以下几点：

(1) 气化炉炉膛热电偶选用铂铑 13-铂(R 型)热电偶带变送器。设置两个量程范围，低温段量程范围设为 0~1000℃，高温段量程范围设为 800~1500℃。

(2) 气化炉炉膛热电偶保护套管采用气孔率低、高强度、高硬度、热导性好、耐磨损、耐腐蚀、抗氧化的套管。内外套管之间充填高温密封物和黏合剂，提高套管在温度、压力骤变时的性能，以及耐腐蚀、抗冲刷能力。

(3) 保护管的末端从耐火墙缩回 0.5in(12.5mm)。通常的做法是测量热电偶组件所需的长度并选择适合的热电偶长度。

(4) 测温芯体的长度可在一定范围内调节,以实现前端始终在最佳位置。热电偶可随炉墙的变化而移动,避免弯曲应力和扭曲变形,保持中心位置。

(5) 热电偶法兰处采用耐高温、高压、高强度密封材料,防止热电偶套管断裂后炉内压力外泄,或采用耐压密封接线方式,耐压等级同气化炉。热电偶自带阻漏装置,阻止进入内保护管的高压腐蚀介质进一步泄漏,保证安全生产。

(6) 热电偶元件应三重冗余,以便当其中的一个或多个元件从热面耐火材料上退回时热电偶还可以工作。

(7) 信号的传输线路必须通风,以避免合成气泄漏到控制室中。

(8) 热电偶的安装。

① 安装前,建议对热电偶组件进行压力测试,以确保所有配件均无泄漏。可以用一根钢管制成一个简单的测试罐,一端与热电偶法兰配合,并配有合适的配件用于氮气瓶和压力表的连接。热电偶组件应在比正常气化器工作压力高 0.7MPa 的压力下进行泄漏检查。

② 在气化炉预热过程中或在启动前(和进料喷射器安装之前),应使用手持式高温计测量耐火温度以验证热电偶读数。

③ 密封组件安装。

a. 将热电偶和热电偶套管进行连接,连接时应先安装锁紧卡套,再将热电偶和热电偶连接管进行连接,将热电偶的长度调整至测量长度,并将锁紧卡套紧固防止热电偶长度再发生变化。

b. 热电偶长度调整好后按照以下顺序安装其他附件:(a)套入铝垫片;(b)套入安装接头并紧固;(c)套入一个瓷管;(d)套入火山灰一个(小头朝内、大头朝外);(e)套入瓷管两个;(f)套入销子;(g)套入压紧螺栓并将其压紧。

c. 在放好瓷管火山灰进行紧固时,应将热电偶放置于热电偶口内,并对角带上螺栓后对压紧螺帽进行紧固,以确保紧固到位,防止因火山灰未紧固到位发生回火事故。

d. 在压紧螺帽紧固好以后不可再用扳手拧转接头或调整热电偶的长度,防止热电偶丝因绞线造成损坏。

④ 如果在气化炉处于低压状态下进行泄漏检查时发现热电偶有少量合成气泄漏,则应检查法兰和热电偶密封组件。首先检查法兰的密封性,如法兰无泄漏,检查热电偶密封组件是否有泄漏,如有泄漏,在安全条件具备的情况下维护密封组件,维护后仍旧泄漏或不具备安全条件,则需停炉,更换热电偶。维护密封组件时应注意不要损坏或折断电缆,从而导致热电偶无法使用。建议在最终组装期间进行泄漏测试以减少上述情况发生的可能性。

(9) 热电偶的更换。

气化炉停车后,考虑到耐火材料与压力容器的减压效应和热胀冷缩问题,气化炉的泄压和置换过程是缓慢进行的,应在炉子压力基本降到大气压力并且完全置换后,趁熔融的炉渣尚未完全凝固下来,把温度计从炉内抽出来。若炉渣已凝固,热电偶陶瓷套管已经拔不出来,只能拔出后部的金属部分,陶瓷套管一般用专用工具打入炉内。安装新的热电偶时,将组装好的热电偶放在专用的支架上,支架放在带轮的小车上,使热电偶刚好对准气化炉热电偶设备接管正中。向炉内缓慢推进热电偶,约每 5min 行进 10mm,使热电偶避免遭受热冲击而损坏,具体步骤如下:

① 维修热电偶之前,必须对气化炉进行减压,取下进料口,并进行适当的抽吸。

② 将信号电缆拆除,然后将固定热电偶的大法兰螺栓拆除,将热电偶抽出。

③ 如果保护管状况良好,没有杂物和裂纹,则只需更换热电偶元件。应重新测量保护管,以确保热电偶元件正确安装。

④ 如果保护管的状况不佳,则需要更换。拆除保护管后,检查热套管孔是否有耐火材料移位和阻塞物。

⑤ 组装高温热电偶,首先确定高温热电偶的插入长度,确认好炉体内壁到热电偶法兰面的距离,然后将热电偶的长度调整到合适长度(比实际测量距离短 0.5cm),装上高温热电偶,在组装过程中严格按照组装要求进行,密封组件的安装顺序必须严格执行安装要求,组装时要防止热电偶丝损坏,紧固过程中要保证密封组件足够压紧,组装完成后用万用表进行测量,确保热电偶完好。

⑥ 组装完成后,清理小法兰的安装面及八角密封圈,紧固小法兰后将热电偶插入安装孔内,紧固大法兰。

⑦ 待大法兰螺栓紧固后,在将小法兰螺栓紧固一遍,确保密封性,将高温热电偶电缆连接好,核对测量值是否准确。

⑧ 更换完成。

⑨ 保存所有故障的热电偶零件进行分析,记录故障时间和更换日期。

⑩ 供应商应提供完整的安装和维护说明以及热电偶组件和备件套件。

(10) 热电偶备品备件。建议为每个气化炉购买两套完整的热电偶组件。例如,如果气化炉有 4 个热电偶(第一套),则应安装 4 个额外的热电偶组件(第二套)。

2. 气化炉表面热电偶

气化炉耐火砖在高温时会溶蚀,由于热气体和熔渣的冲刷,耐火砖会不断磨损减薄甚至脱落,造成炽热气体通过砖缝侵入气化炉壁,造成气化炉壁表面壳体温度升高,使受压的气化炉金属外壳强度降低,许用应力下降。检测炉壁表面温度是判断炉内反应对炉砖是否冲刷均匀及炉砖的损坏程度的重要方法。

气化炉安装表面热电偶的作用主要有两点:(1)对局部异常升温做出过温报警,以便及时处理,避免"炉毁人亡"重大事故的发生;(2)通过检测炉壁表面温度,推知耐火砖的变薄程度,确定更换耐火砖的时间。

对于气化炉表面温度的检测,应能检测出每一块耐火砖的工作情况,在炉子的筒体部分每隔 200mm 要设检测点,拱顶部分为 150mm,按工艺或设备的要求设置。一般采用分区测量平均温度或最高温度的方法,首先通过远传式测温元件,在控制室找出表面温度异常的区域,然后用手持式测温仪表,找出准确的温度异常位置。

气化炉表面温度测量主要采用连续热电偶、热敏电阻、低熔点盐系统等形式。

(1) 连续热电偶。

连续热电偶的结构与普通矿物绝缘电缆相似,但内部两根导体是一对不同材料的热电偶导体,导体间用具有负温度系数(NTC)的特殊绝缘材料分隔开。

与常规热电偶不同,两根热电偶丝不需焊接在一起,甚至不需要相互接触,而是通过隔离它们的特殊绝缘材料形成热电偶。在沿连续热电偶电缆长度上,若某点的温度超过电缆其余部分各点上的温度，在此点处热电偶两导体间具有负温度系数特性的绝缘材料的电阻将减小，从而形成一个"临时热点"。若在另一时刻，电缆上又出现一个温度更高的点，则该点处的电阻小于"临时热点"处的电阻，在该点处形成"新的临时热点"，"临时热点"总是对应电缆上温度最高的点。

连续热电偶检测系统与电阻型检测系统不同。电阻型检测系统是通过测量两导体间的电阻值来推断温度的，由于两导体端间的电阻值取决于整个敏感电缆上的平均温度，因此其不能测得"热点"的实际温度。而连续热电偶检测系统测量的是热电偶产生的电压（热电势），而不是绝缘材料的电阻值。负温度系数特性的绝缘材料电阻值随温度升高而急剧下降，仅仅是使两导体间的电气连接情况发生变化，在受热点形成热电偶的"临时热点"，由于并不测量电阻的实际数值，因此其大小并无特殊意义。在连续热电偶上，电阻值最低的点被认为是温度最高的点，在此点产生的热电势最大。

连续热电偶可以看作多个热电偶并联。普通热电偶的端电阻非常小，因此多个热电偶并联时其输出电压对应于各"热点"的平均温度；而连续热电偶的端电阻大，且温度最高点处的端电阻远远小于其余部分的端电阻，因此其输出电压总是近似对应于电缆感受到的最高温度。采用高输入阻抗的检测仪表与连续热电偶相连对连续热电偶而言几乎相当于无负载，因此绝缘电阻的变化对仪表的指示稳定性没有什么影响。

连续热电偶不需要外部供电，它是本质安全型的，可在危险区域内使用。连续热电偶的热电特性曲线相似于 E 型或 K 型热电偶，其基本上是线性的，可与大多数常用的模拟仪表、数字仪表、记录仪、数据采集装置等兼容。

连续热电偶检测系统的优点是能连续指示沿电缆长度上的最高温度，采用特殊的方法可以确定"热点"所在位置，其易于调校，可以互换，可以设定超温报警限和温升速率报警限，是一种较理想的表面温度检测系统。在温度低于 230℃ 的场合下，连续热电偶可连续工作多年；在温度高于 230℃ 的场合下工作，连续热电偶的寿命稍短且响应变慢。

（2）热敏电阻。

热敏电阻电路通常由 4600mm、6100mm 和 15200mm 三种规格的元件串联组成总长度为 18.3~27.4m 的热敏电阻。原则上，每个元件都充当数千个并联电阻。"热点"显著降低了元件热响应区的电阻，根据并联电阻的原理，这会降低总电路的有效电阻。整个回路的电阻值取决于最小的电阻值（即温度最高的"热点"值）。当整个回路电阻低于设定数值时，相关仪表电路发出报警。

热敏电阻系统非常可靠，其灵敏性比较高，可以检测回路上大范围温度的小变化，也可检测回路上小范围温度的大变化；但其不能确定"热点"的温度，也不能指出"热点"位置所在。热敏电阻系统的主要缺点是当反应器壳体的工作温度高于 200℃ 时，灵敏度较低。此外，由于埋在陶瓷垫珠间的两根导体的间距误差，从一个"热点"位置到另一个"热点"位置可能会有 ±14℃ 的误差。一般报警温度与操作温度之间必须有 100℃ 的温差。

对于关键部分，最好采用冗余布置的方式，这样即使一个回路由于机械损坏等意外情况出现故障，也能保证运行安全。

（3）低熔点盐系统。

在低熔点盐系统中，两根导体之间用一种具有明确熔点的低熔点盐充填，测温电缆相当于一组并联的开关。在低于熔点的温度下,相当于开关断开,当沿电缆长度上的温度超过低熔点盐的熔点时,盐被熔化,相当于开关接通,发出报警。低熔点盐的熔点对应于报警温度,它是不可调整的。

低熔点盐系统较为简单且价格较低,但在报警前无任何指示信息,因此也就不可能采取措施设法避免报警发生。在低熔点盐系统作用后一般必须更换测温电缆,因此其不能进行模拟报警试验。

在使用低熔点盐系统时,最好同时使用两种不同熔点的测温电缆,熔点较低的用于预报警,熔点较高的用于报警。

低熔点盐系统的主要缺点是无法监视温度或高温温度变化率。

二、氧煤比控制与测量

氧煤比是指氧气和水煤浆的体积比,氧煤比控制是煤气化控制系统的核心。以下分别基于 Shell 干煤粉加压气化技术和水煤浆加压气化技术对氧煤比的控制与测量进行介绍。

1. 粉煤气化炉

1) Shell 气化炉反应原理

煤气化的原理就是煤和氧气在加压条件下进入高温气化炉,在极为短暂的时间内完成升温、挥发分脱除、裂解、燃烧及转化等一系列物理和化学过程,气化产物是以氢气和一氧化碳为主的煤气。生成的一氧化碳和氢气称为有效气体,有效气体的生成反应均为吸热反应,所需要的热量须通过碳和氧气生成二氧化碳来提供。若气化炉的控制温度偏高,则合成气中一氧化碳含量增加,气化效率降低,废热锅炉也容易发生积灰现象等;若控制温度偏低,灰渣中的残炭量高,渣口排渣不畅,甚至发生堵渣现象,影响正常生产。因此,Shell 粉煤气化炉炉膛内的温度控制尤为重要,而这主要通过氧煤比的控制来实现。

2) Shell 粉煤气化炉氧煤比控制

对于 Shell 粉煤煤气化炉,通常所指负荷实际上为氧负荷,即一定氧气流量对应一定的气化炉负荷。手动输入所要的氧气流量,即氧负荷设定值。该设定值经过一个斜波发生器,氧气流量以一定的速率变化,变化后的氧气流量与气化炉实际压力存在一定的对应关系,手动输入的氧气流量设定值必须在气化炉压力所对应的氧气流量最大值和最小值之间。

Shell 粉煤气化炉在一定负荷下,氧气流量保持不变。可通过氧煤比的调整来串级控制进入气化炉内的煤粉量,从而控制气化反应的深度和合适的炉膛温度。

2. 水煤浆气化炉

1) 水煤浆气化炉反应原理

从空气分离装置来的纯氧和高压煤浆泵送来的浓度在 58% ~ 65%(质量分数)之间的煤浆,在一定的安全联锁条件下,经工艺烧嘴进入气化炉,在压力为 6.5MPa、温度为 1350℃ 左右的条件下进行气化反应,生成以一氧化碳和氢气为主要成分的粗合成气。粗合成气经洗涤塔洗涤后送往后续变换工段。

氧煤比是气化炉操作的重要参数,对碳转化率的影响十分明显,提高氧煤比可使碳转化率明显上升(图 6-2-1)。

氧煤比增加,将有较多的煤发生燃烧反应,放热量增大,气化炉温度升高,为吸热的气化反应提供更多的热量,对气化反应有利。因此,随着氧煤比的增加,碳转化率、冷煤气效率及产气量上升,但是随着氧煤比的进一步增加,碳转化率增加不大,同时由于过量的氧气进入气化炉,部分碳将完全燃烧,生成二氧化碳,或不完全燃烧生成的一氧化碳又进一步氧化成二氧化碳,从而使煤气中的无用组分增加,使冷煤气效率、产气率下降。而且随着氧煤比的增加,氧耗明显上升,而煤耗下降。一般认为氧碳原子比在1.0左右比较合适。对过程操作来说,控制合适的氧煤比是气化操作最主要的要求。

2) 水煤浆气化炉氧煤比控制

以下结合某煤气化项目的具体组态内容(图6-2-2),介绍氧煤比在项目中的设计与应用。

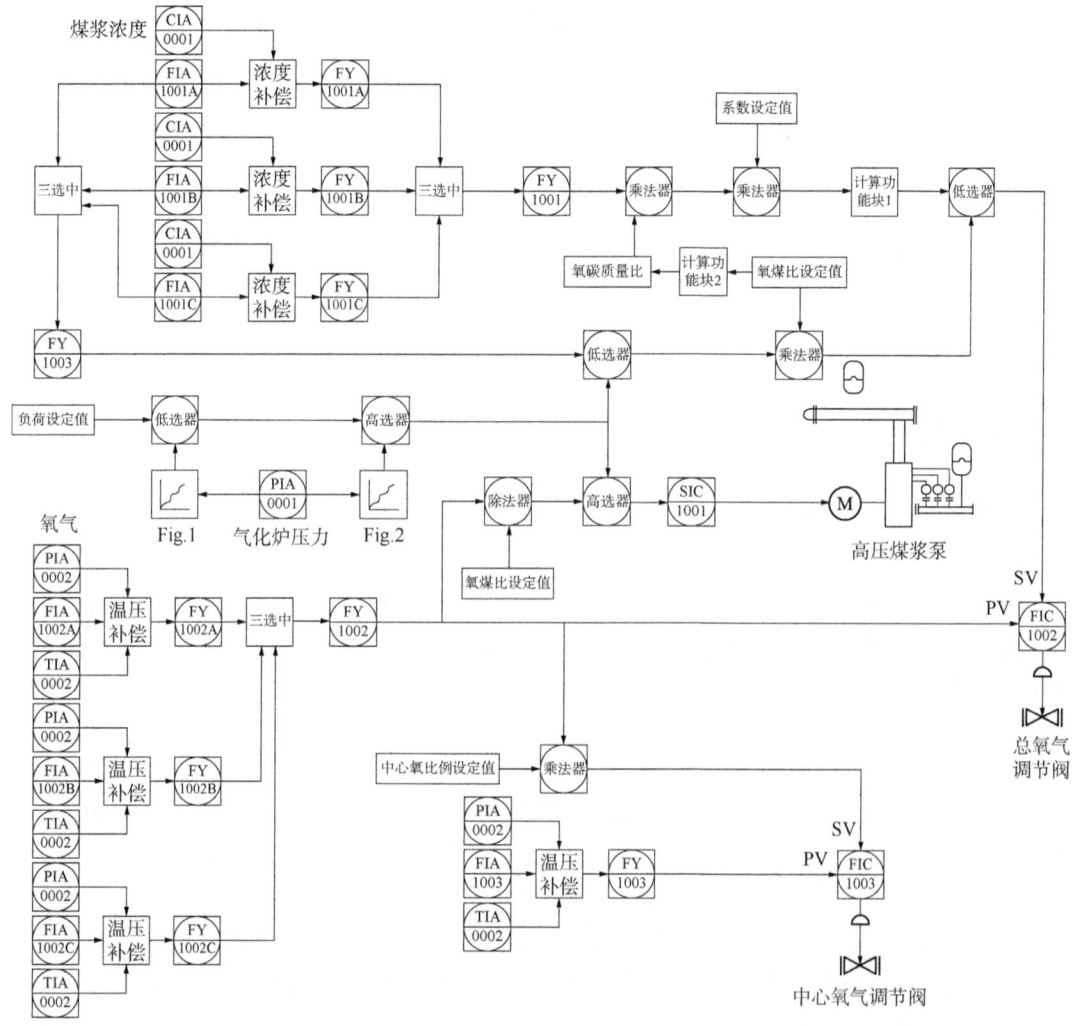

图6-2-1 氧煤比与碳转化率的关系

图6-2-2 氧煤比控制回路

水煤浆和氧气经三流喷嘴喷入炉内进行有控制的不完全燃烧,产生氢气、一氧化碳、二氧化碳、甲烷及其他气体。气化的目的是要尽量提高合成气中氢气和一氧化碳的含量,这就必须控制氧煤比,使氧煤比较低。但氧煤比较低时,气化炉的炉温较低,煤渣的流动性差,易堵塞气化炉的排渣口及下降管,不利于气化炉长期连续运转。氧煤比较高时,炉温高,炉内耐火砖加快熔蚀,气化炉的运行寿命受到影响。因此,生产中必须根据煤种、氧气纯度和气化炉情况选择合适的氧煤比。在操作站 CRT 上设定氧煤比和生产负荷量等数值,可自动控制水煤浆和氧气流量。在开车和运行初期,可分别用手动控制,也可分别对煤浆和氧气自动控制回路进行单独控制。

气化炉氧煤比控制系统包括:

(1) 总氧量的控制。

三组总氧气流量 A、B、C 分别经过温压补偿,再进行三取中运算后的流量值即是总氧气调节阀的实测值 PV 的输入值;三组煤浆流量 A、B、C 一路经过三取中运算后,与气化炉负荷设定值共同进入低选器,选择低的煤浆流量值,再经过乘法器,根据氧煤比设定值计算出对应的氧气流量值;三组煤浆流量 A、B、C 的另一路先分别进行煤浆浓度补偿计算后得出煤浆质量流量,三取中后进入乘法器,根据氧碳质量比计算出对应的氧气质量流量值,再经过乘法器,根据系数设定值计算出氧气的最大质量流量,经过换算得出允许氧气的最大体积流量,此流量与第一路的氧气流量值共同进入低选器,选择低的氧气流量,作为氧气总调节阀的设定值 SV,从而实现总氧量的自动控制。

(2) 煤浆量的控制。

总氧气流量三取中后的氧气流量值经过除法器后,转换为煤浆流量值,此煤浆流量值与气化炉负荷设定值共同进入高选器,高选器选择高的煤浆流量值作为高压煤浆泵转速控制功能块的输入值,调整高压煤浆泵电动机。

(3) 中心氧气量的控制。

中心氧气流量调节阀的实测值 PV 是中心氧气流量经过温压补偿运算后的值,设定值 SV 是总氧气流量三取中后的值经过乘法器,根据中心氧气流量比例设定值运算出的氧气流量值,进而实现中心氧气流量的自动控制。

(4) 气化炉负荷设定值的控制。

不同气化炉压力对应下的煤浆流量都有一高限值和低限值,气化炉压力经过函数运算功能块得出的高限值与负荷设定值进入低选器,气化炉压力经过函数运算得出的低限值与负荷设定值进入高选器,使气化炉负荷设定值不超出正常的范围。

(5) 不同工况的控制。

如果煤浆流量发生变化,通过氧煤比自动控制,根据实测的煤浆流量计算出氧气流量,经 PID 调节来控制氧气自调阀动作;如果氧气流量发生变化,通过氧煤比自动控制,计算出相应的煤浆流量,经 PID 调节来控制高压煤浆泵电动机转速,使煤浆流量按氧煤比变化。

当气化炉提负荷时,气化炉负荷设定值提高,被高压煤浆泵的高选器选中,先提高煤浆量,然后通过氧煤比控制回路,使氧气量也随之提高;当气化炉降负荷时,气化炉负荷设定值降低,被低选器选中,首先降氧气流量,然后通过氧气流量去高压煤浆泵的回路控制,使煤浆流量也降下来。

当煤浆浓度发生异常时,根据测量得来的煤浆浓度与煤浆流量测得实际入炉煤量,入炉煤量经计算转换为所对应的入炉最大氧量,当前煤量对应的最大氧量低于根据氧煤比所得出的氧气流量时,被低选器选中,氧气量随之下降,这样就保证了实际入炉的煤量与氧量在一个安全的范围内,避免因煤浆浓度下降导致气化炉过氧引发的危险。

三、锁渣阀选型

目前,在国内煤化工工业中,Texaco 煤气化、Shell 煤气化、喷嘴对置式气化、鲁奇煤气化、灰熔聚煤气化等技术较为常见。上述几项煤气化技术涉及煤气化后的渣质排放,在气化炉激冷室或渣质机下,安装三个锁渣阀(也称锁斗阀),其中两个安装在锁斗进口,另一个安装在渣池上。锁渣阀中的介质为黑水、煤浆、氮气、固体粉和颗粒混合物,通常来说,锁渣阀的结构为开关式金属硬密封球阀,包括阀体、球体、阀座、阀盖、密封部件和阀门配件,用于控制炉中的排渣。

以水煤浆气化装置为例,水煤浆气化工艺排渣过程如图 6-2-3 所示。水煤浆气化炉内的压力一般在 2.7~8.5MPa 之间,通过将物料的压力降至常压,气化炉内的灰渣排到渣池中。当锁渣阀 2 打开、锁渣阀 3 关闭时,锁斗与气化炉相通,压力相等。这样,气化炉内的黑水进入锁料斗。对应地,当锁渣阀 2 关闭、锁渣阀 3 打开时,锁料斗与渣池处于连通等压状态,此时,将锁斗内的黑水排入渣池。

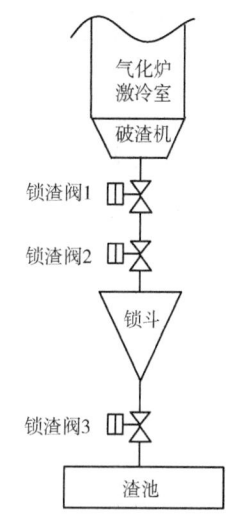

图 6-2-3 水煤浆气化工艺排渣系统工艺流程图

考虑到锁渣阀特殊、恶劣的工作条件,需要承受阀体、阀座、密封面等转动部件因高压、高温物料而引起的侵蚀和磨损,因此要求阀门有较高的耐磨性,这就有必要对球体和阀座进行硬化处理。同时,由于煤粉输送的周期为 30min,锁渣阀存在高频次开关的特性。为满足以上苛刻工况,需对锁渣阀从结构设计、材料选择、耐磨面处理、制造工艺等方面进行深入的研究,提出合适的设计方案。

锁渣阀的结构形式多样,从连接方式上可分为中分式结构、两段式和三段式结构;又可分为单阀座和双阀座等。

与普通球阀相比,锁渣阀选型时应注意以下几点:

(1) 根据煤化工气化装置的使用工况,锁渣阀一般为开关式球阀。锁渣阀适用于 PN16MPa 至 PN100MPa 的各种管路上,用于切断或接通管路中的介质。阀门口径应根据流体的非阻塞流状态来确定,阀门使用寿命应在压力和温度下运行十万次循环操作。

(2) 锁渣阀的驱动方式为气动驱动或液动驱动,以及电动驱动或手动。

(3) 锁渣阀根据需要可以采用法兰连接、对焊连接等。

(4) 由于介质中含有腐蚀性的物质,需要对球体及阀座进行硬化处理。硬化可采用多种方法,包括超音速喷涂、镍基合金喷涂、表面硬化或高强度陶瓷材料。球体和阀座的硬度通常可以在 HRC60 以上。进料口和出料口均可采用碳化钨抗磨合金。

(5) 按照煤化工气化装置的工艺要求,锁渣阀须双向密封,介质双向流动,在下游压力为大气压的最大工作压差时，阀门泄漏的要求是 ANSI B16.104 V 级。

（6）由于装置的特殊性，锁渣阀要求快速打开和快速关断，开关时间要求比较高。

（7）由于煤粉具有较强的吸附性，粘在球体表面会造成卡阻，因此球体及阀座在开关过程最好具有自清洁功能，尽量防止球体和阀座间颗粒的沉积和黏附，确保阀门动作顺畅连续。

（8）基于锁渣阀的操作情况复杂、环境较差的因素考虑，所选的电气附件(如电磁阀、加速器、行程开关、阀位变送器等)必须满足防爆和防护要求，一般需达到 Exd Ⅱ CT 4 以上的防爆等级，IP65 以上的防护等级。

四、锁渣阀发展

最早将硬密封球阀用作锁渣阀的是 Neles 公司，早期 Neles 公司的金属硬密封球阀是单阀座、固定球、硬密封气动球阀，采用一组用波纹管状弹簧加载的浮动金属密封座。如果波纹管状弹簧加载力过大，可能会发生塑性变形，降低弹簧弹性力，使阀座与球面之间没有足够的密封力，导致密封面关不严、密封面损坏的情况。后期改进采用固定球、双阀座、阀杆与阀球一体化设计、金属硬密封，采用刮削式自清洁设计，阀座采用环形弹簧加载，球体表面、阀座和弹簧表面喷焊，阀体和阀球内腔增加内衬等方式提高使用寿命。

德国 Perrin 公司的锁渣阀结构为单阀座、固定球，阀球、阀杆与球体连接部位的断面为方形，金属硬密封，阀座采用若干个柱形弹簧，设计时可选冲洗水，阀门在每次开关过程中，在阀门腔体与密封座之间采用外部高压水冲洗，由于阀球与阀杆不是一体化设计，可能造成不正常的冲刷和磨损，球体表面的涂层与阀座容易被冲蚀和脱落。

德国 Argus 公司的锁渣阀结构为固定球、双阀座，门杆和阀杆的两体式以花样销键相连，采用刮刀边缘结构设计，碟状弹簧或柱状弹簧，在阀体的两侧均设置吹扫口。

美国 Mogas 公司的锁渣阀为单向浮动球阀，两体式阀球与阀杆，固定下阀座，可移动上阀座，下阀座密封，球体表面喷涂碳化钨，硬度在 70HRC 以上，阀座是司太立合金堆焊，阀体的通道衬有耐磨的合金套管。该锁渣阀优点是可靠的密封性能；不足是执行动作时扭矩大，浮动球阀的阀球、阀杆连接处存在间隙，长时间或频繁动作后，会造成间隙变大，甚至有打滑、滑脱的隐患。

由于进口锁渣阀存在价格较贵且制造周期长、零配件供应不及时、后期维护不方便等弊端，在引进至我国后，经技术消化吸收及改进，已经逐步随着市场需求国产化。目前，已经有部分国内阀门制造企业生产的锁渣阀可以替代进口锁渣阀，通常采用全通径设计，增加保护衬套，阀球和阀杆一体化设计，独特的阀座弹簧结构，阀座自清洁结构，对阀球、阀座等进行硬化处理等方式，得到了良好的应用业绩。

第三节 合成气制甲醇和甲醇制烯烃装置的控制系统与仪表选型

一、合成气制甲醇装置的控制系统与仪表选型

甲醇装置以上游合成气为原料生产 MTO 级甲醇，主要包括合成气净化及压缩、甲醇合

成、MTO 级甲醇精馏、氢回收（膜分离）、PSA 制氢、蒸汽过热炉等工艺单元。

1. 控制系统

为了提高甲醇联合装置自动化水平、降低劳动强度、降低生产成本，实现生产安全、稳定、长期高效运行，保证人员和生产设备的安全、增强环境保护能力，根据工艺装置的布置、生产规模、流程特点、产品质量、操作要求以及监控规模，本着"技术先进、经济合理、运行可靠、操作方便"的原则，并结合国内外同类型装置的自动化水平，根据生产运行的实际需求和控制系统的发展、使用现状，选用系统操作稳定、工作安全可靠、组态灵活方便、技术资源丰富的分散控制系统（DCS）作为生产装置和辅助生产装置的仪表控制系统。装置安全保护使用独立设置的具有冗余容错功能的安全仪表系统（SIS）。

合成气压缩机采用压缩机组综合控制系统（CCS）对压缩机进行集中监控。CCS 系统采用 MODBUS RTU 协议与 DCS 控制器进行通信，通信连接应在现场机柜间内完成，接口采用冗余方式。

可燃、有毒气体监测系统（GDS）独立于装置的 DCS 系统，其显示操作站、开关面板及附属设备均集中在中央控制室内。

煤气化制甲醇装置的过程控制层一般包括 DCS 系统、SIS 系统、仪表设备管理系统（AMS）、GDS 系统、CCS 系统。

1）主要控制回路

（1）合成回路合成气分配比例控制。

净化后的合成气在压缩机加压后分别进入第一甲醇合成塔和第二甲醇合成塔，其比例可通过循环压缩机入口的流量进行调节。

（2）甲醇合成塔进口温度。

通过调节合成回路中间换热器副线调节阀来调节甲醇合成塔入口温度来达到调节合成塔床层温度的目的。

（3）合成汽包控制系统。

该复杂控制回路用于在大范围内控制汽包的液位。该回路考虑了产汽率的波动，特别适合于负荷波动较大的工况。该控制把锅炉给水流量、蒸汽流量与液位控制结合在一起，通过三冲量控制系统来实现。三冲量控制系统的主要控制参数为汽包液位，采用蒸汽流量和锅炉给水流量为副参数进行辅助调节。在蒸汽产量发生变化时，及时调节给水流量，可维持汽包液位的相对稳定。由于操作范围大，锅炉给水流量控制采用分程控制。

2）主要联锁

甲醇装置采用紧急停车系统，通过切断部分或全部装置到安全位置来阻止可以证明对人身有害或对装置有损害的工艺条件出现。

一般来说，当工艺参数接近跳车设定点时会发出声光报警，这将会给操作人员留有足够的时间来纠正条件，避免跳车。如果正常运行条件的偏离足以触发跳车系统，则自动执行动作来排除危险条件所造成的危险，允许后续的安全、控制性的停车或再开车。

一些不能直接触发跳车，但是必须停车的其他因素为仪表空气中断、冷却水中断、火灾和爆炸、锅炉给水中断。

紧急停车要避免的主要危险是合成塔汽包干锅以及锅炉给水泄漏到合成塔催化剂中。

甲醇装置主要的安全联锁是甲醇合成单元的停车。合成单元跳车需要执行以下动作：隔离合成气和循环氢；关闭合成气压缩机排放阀；隔离催化剂还原用的合成气、氧化空气以及到氢回收装置的合成弛放气；关闭到合成单元的原料气和去燃料气的闪蒸气；净化系统和合成单元泄压。净化系统和甲醇合成塔通过两套跳车系统来保护其不受高温危害。超高温跳车触发合成单元跳车，由 DCS 系统控制泄压。若温度继续上涨，则超高高温度跳车触发单元紧急跳车，通过跳车阀泄压。合成气/循环气压缩机仅在必要的情况下为了保护设备时跳车，若合成气/循环气压缩机跳车，则合成单元也跳车。

2. 仪表选型

本着技术先进、安全可靠、维修方便和经济合理的原则，根据各工艺装置及系统单元的生产规模、流程特点，在符合国家和行业标准规范的前提下，选择精度适当、售后服务和技术支持良好的现场仪表。

采用 SIS 系统的检测单元和执行单元的现场仪表均独立设置，原则上不与监视和控制系统的现场仪表共用。现场仪表的供电由 SIS 系统提供。用于联锁的信号优先选用模拟信号的变送器。

高温、高压、高差压、特殊工艺介质检测、控制仪表，如高压、高温及高差压调节阀，高压紧急放空阀、高压气缸式切断阀、高压电动阀、高压浮筒液位计、雷达液位计、高压多点柔性热电偶、高压玻璃板液位计、高温、高压大尺寸磁浮子液位计、特殊流量计（如楔式流量计、靶式流量计、质量流量计等）等，选用进口产品。

对引进工艺包装置的仪表选型，原则上应和主装置的选型一致，同时遵照专利商的要求选用，除满足工艺要求以外，还应符合国家有关强制执行标准。

按照电气爆炸危险区域划分图，根据装置有易燃易爆介质的特征，在危险区内的仪表选用防水、防尘型，电子仪表选用本质安全型（无本质安全型的则选用隔爆型），控制室内相应回路采用隔离式安全栅，并用本安电缆连接现场仪表和控制室的安全栅。

除就地控制、指示或特殊仪表以外，现场变送器采用智能型仪表。控制阀及开关阀一般采用气动执行机构。

具体仪表选型如下：

（1）温度仪表。

远传的温度信号检测一般选用铠装热电偶（K 型）或热电阻（三线制 PT100）。就地温度指示采用抽芯式、万向型双金属温度计。温度仪表均配带温度计套管，材质不低于工艺或设备材质。

（2）压力仪表。

一般情况下，采用压力（差压）变送器。此外，根据介质黏堵、腐蚀等情况，选用远传式隔膜压力（差压）变送器。根据环境温度和介质温度选择毛细管填充液。压力表原则上选用波登管压力表，另根据介质情况可选用隔膜压力表，泵出口选用耐振压力表。量程超过 6.9MPa 的压力表，设有泄压安全措施。差压变送器成套带不锈钢三阀组（涉氧仪表按规范选材）。

（3）流量仪表。

流量测量原则上选用节流装置+差压变送器（流量）；大口径的流量测量选用节能型、

直管段要求低的仪表；非关键场所，选用远传金属管转子流量计；水流量测量选用电磁流量计；关键场合的蒸汽和气体要进行温压补偿。

(4) 液位仪表。

液位测量一般选用差压变送器或双法兰液位变送器、导波雷达液位计、外浮筒液位计等；就地指示用磁翻板液位计。

(5) 分析仪表。

① 在线分析仪。

在线分析仪（工业色谱仪、微量水分分析仪、氧气分析仪等）包括取样单元、前级预处理单元、后级预处理单元、分析器单元、回收或放空单元、带微处理器信息处理单元等。现场操作环境能满足分析仪的安装和使用要求时，可选用直接安装式的分析仪或者带现场分析盘柜的分析仪；现场操作环境不能满足分析仪的安装和使用要求时，需要在现场设置分析小屋。

② 分析小屋。

在线分析仪连同分析小屋及其内部采样及返回管线、放空排污管线、电源开关箱、气源管线、载气、标准气及防爆通风设施等由分析小屋厂家成套集成。分析小屋和分析仪前置预处理箱的取样气废气应接入低压火炬管网。

(6) 阀门。

调节阀通常选用气动薄膜或气缸执行机构操作，根据工艺需要，选用球阀、角阀、蝶阀、直通阀等。优先选用等百分比特性阀门，线性或近似等百分比特性阀门也可采用。

(7) 可燃、毒性气体报警器。

在工艺装置和储运设施区域内可能泄漏或聚集可燃、有毒气体的地方，分别设置可燃、有毒气体传感器。

二、甲醇制烯烃装置的控制系统与仪表选型

1. 控制系统

甲醇制烯烃（MTO）装置是煤制烯烃的核心装置，是实现传统煤化工和石油化工有机结合的关键。通常，MTO 装置设置 DCS 系统、SIS 系统、主风 CCS 系统和 GDS 系统。

(1) DCS 系统。MTO 装置的核心控制系统是 DCS 系统。在 MTO 装置现场仪表机柜间内设置 DCS 系统的控制站系统柜、继电器柜、安全栅柜、网络柜等，DCS 系统接收 MTO 装置的温度、压力、液位、流量、各种阀门的动作状态、机泵运行状态等信号，将这些信号传递到位于中央控制室（CCR）中的 DCS 系统操作站上，工艺操作人员可以利用 DCS 系统操作站将控制指令传送到 MTO 装置现场。在 CCR 的仪表机柜间内设置 DCS 系统网络柜，MTO 装置现场仪表机柜间内 DCS 系统的网络设备与中央控制室内的 DCS 系统网络设备通过不同路径的冗余光纤相连接，实现 MTO 装置的工艺信息集中管理、分散控制，保证 MTO 装置长期稳定运行。DCS 系统完成 MTO 装置的基本过程控制（如基本 PID、串级、均匀、分程、选择、前馈控制等）、操作、监视、管理，同时还可完成顺序控制、复杂控制等功能。DCS 系统通过 RS485 通信接口接收来自本装置的 SIS、CCS、GDS 等系统的各种信息，

通过与 DCS 系统相连接的 OPC 接口，将本装置的各种信息单向输送到全厂信息管理系统（MES）。

（2）SIS 系统。SIS 系统负责 MTO 装置的联锁保护，保证本装置的生产安全。根据保护层分析（LOPA），将含有 SIL1 以上的联锁回路纳入 SIS 系统。SIS 系统独立于 DCS 系统，且必须取得 TUV AK6 或 SIL3 级认证，必须是"故障安全型"。在 MTO 装置现场仪表机柜间内设置 SIS 系统的控制站系统柜、继电器柜、安全栅柜及网络柜等辅助机柜。在中央控制室内设置一台 SIS 操作站，这台 SIS 系统的操作站用于显示 MTO 装置的联锁逻辑图及逻辑运行状态，通常逻辑"0"用绿色表示，逻辑"1"用红色表示。在中央控制室的机柜室内设置 SIS 系统的远程控制站或远程 I/O 扩展机架。在中央控制室内的操作室，设置 SIS 系统辅助操作台（AOS），用于本装置或主要设备的紧急停车及重要的声光报警。在辅助操作台上设置必要的紧急停车按钮（开关）、维护旁路开关或其他联锁旁路允许开关、灯屏等，辅助操作台上的开关、按钮、灯屏等通过硬接线与中央控制室的机柜室内 SIS 系统远程控制站或远程 I/O 扩展机架相连接。现场机柜室内的 SIS 系统控制站与中央控制室机柜间内的 SIS I/O 扩展机架通过不同路径的冗余光纤连接。

（3）CCS 系统。CCS 系统可对 MTO 装置的主风机组及备用风机进行防喘振控制、负荷控制及安全联锁保护等。CCS 系统须取得 TUV AK6 及 SIL3 级认证，且必须有专用的压缩机组控制软件。CCS 系统检测主风机组的运行状态参数，如主风机组的转速、轴位移、轴振动、键相、轴承温度等，CCS 系统的网络架构与 SIS 系统的网络架构相同。

（4）GDS 系统。GDS 控制器采用以微处理器为基础的电子产品，与 DCS 系统分开独立设置。在 MTO 装置可能泄漏或积聚可燃气体、有毒气体的地方，设置可燃、有毒气体浓度检测器，将这些信号传递到 GDS 系统。GDS 系统的所有可燃、有毒气体检测报警及报警控制器的运行状态信息通过 RS485 通信接口通信到 DCS 系统，可燃气体的第二级报警信号和报警控制器的故障信号通过 RS485 通信接口接入 MTO 装置的火灾报警控制系统中。

MTO 装置仪表控制系统网络架构如图 6-3-1 所示。

关于 MTO 装置的关键仪表控制，主要通过关键的仪表控制回路和关键的安全仪表功能联锁保护回路。

（1）MTO 装置关键的仪表控制回路。

MTO 装置关键的仪表控制回路是在 DCS 系统中实现的，主要如下：

① 反应温度控制。

通过控制反应器外取热器滑阀开度，调节外取热器从反应器内部取走的热量，以达到控制反应温度的目的。

② 反应器密相段藏量控制。

通过控制待生滑阀开度，控制反应器密相段藏量。

③ 再生器和反应器差压控制。

通过控制再生三旋双动滑阀开度，控制反应器和再生器差压。

④ 再生温度控制。

通过控制再生器外取热器滑阀开度，调节外取热器从再生器取走的热量，以达到控制再生温度的目的。

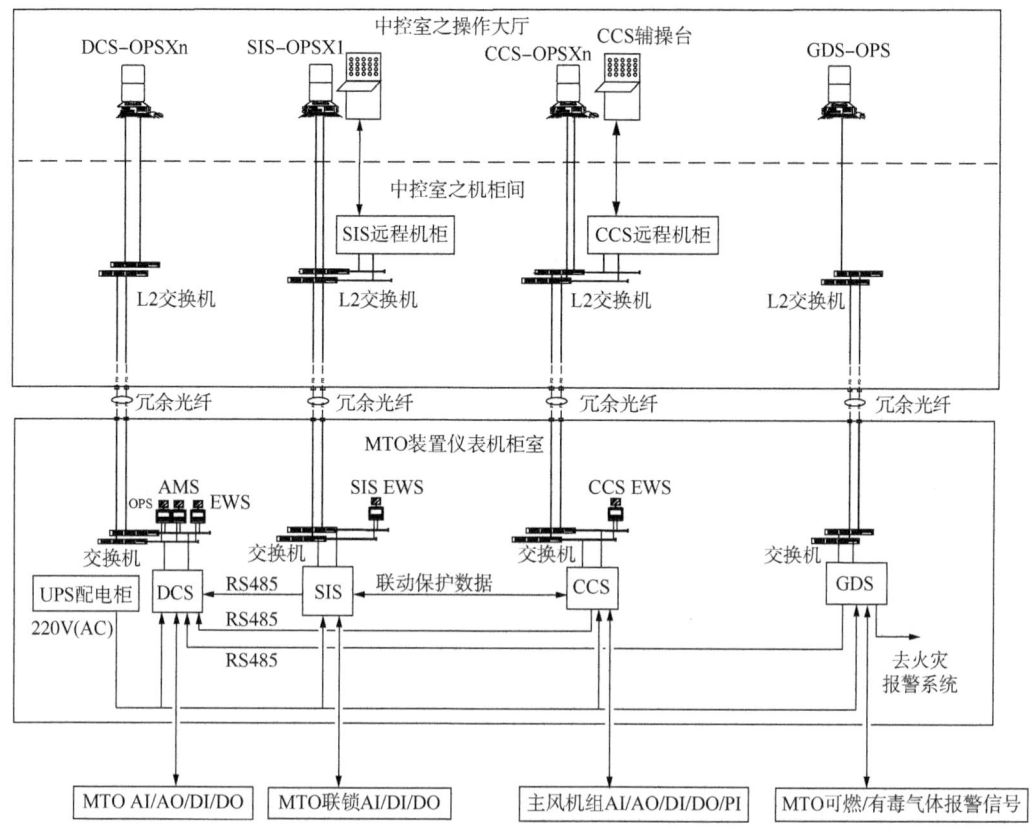

图 6-3-1　MTO 装置仪表控制系统网络架构示意图

⑤ 甲醇进料流量控制。

甲醇进料总量由进入甲醇/蒸汽换热器的甲醇线上调节阀控制。

⑥ 甲醇进反应器温度控制。

甲醇进反应器温度与蒸汽/甲醇过热器蒸汽流量构成串级控制（图 6-3-2）。

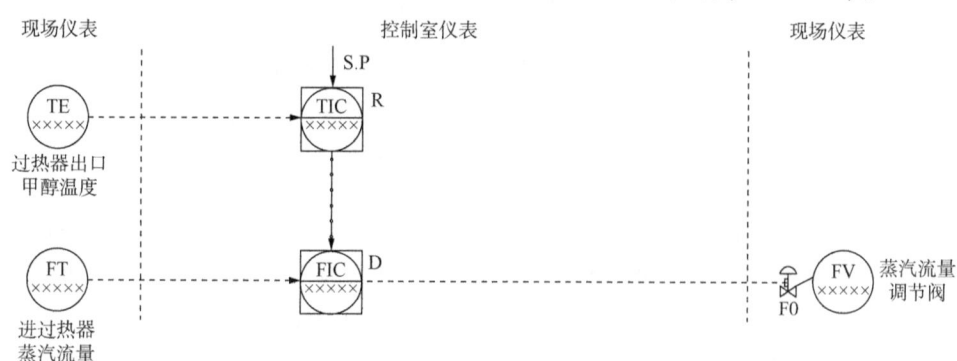

图 6-3-2　甲醇进反应器温度控制原理图

构成串级控制回路的还包括：水洗塔顶温度与水洗水返塔流量构成串级控制；水洗塔底液位与水洗塔底油流量构成串级控制；汽提塔底液位与净化水流量构成串级控制；汽提

塔顶汽提气流量与汽提塔再沸器低压过热蒸汽流量构成串级控制；加热炉出口温度和加热炉燃料量构成温度—流量串级控制。

⑦ 汽提塔顶压力控制。

汽提塔顶压力通过分程控制汽提气旁路调节阀和污水汽提塔顶凝液罐出口调节阀来调节。

⑧ 汽包液位控制。

再生器外取热器汽包、反应器外取热器汽包、反应气—中压蒸汽发生器的液位、蒸汽流量和给水流量构成三冲量控制，典型汽包液位三冲量控制原理如图 6-3-3 所示。

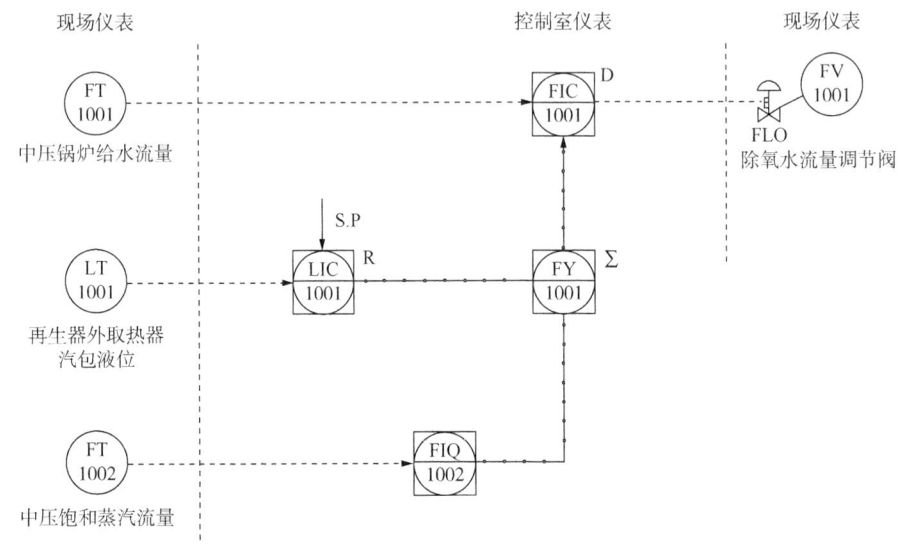

图 6-3-3　再生器外取热器汽包液位三冲量控制原理图

图 6-3-3 中各仪表示值关系如下：

$$FY1001 = C \times FIQ1002.PV \div FT1002_{max} \times 100\% + LIC1001.OP - 50\% \quad (6-3-1)$$

$$C = FT1002_{max} \div FT1001_{max} \quad (6-3-2)$$

式中　$FT1001_{max}$——中压给水锅炉流量测量变送器的量程，t/h；

　　　$FT1002_{max}$——中压蒸汽流量测量变送器的量程，t/h；

　　　$FIQ1002.PV$——中压饱和蒸汽流量测量值，t/h；

　　　$LIC1001.OP$——汽包液位调节器的输出值，%；

　　　$FY1001$——DCS 系统内部加法器，其"零点"与"量程"与 $FIC1001.PV$（$FIC1001$ 调节器测量值，t/h）的"零点"与"量程"相同。当 $FIC1001$ 处于非"串级"状态时，$LIC1001.OP = FIC1001.PV \div FT1001_{max} \times 100\% - C \times FIQ1002.PV \div FT1002_{max} \times 100\% + 50\%$，使得三冲量控制系统在投入"串级"运行时不产生波动。

（2）MTO 装置关键的安全仪表功能联锁保护回路。

MTO 装置关键的安全仪表功能联锁保护回路是在 MTO 装置 SIS 系统中实现的，主要如下：

① 切断进料。

启动条件：反应温度低低超限；反应压力高高超限（三取二）；反应器与再生器切断；切断进料紧急停车按钮。

联锁内容：切断甲醇进料切断阀；切断汽化甲醇进料切断阀；切断汽化甲醇蒸汽调节阀；切断甲醇—汽提气换热器管程切断阀；打开污水汽提塔顶空冷器入口切断阀。

② 切断反应器与再生器。

启动条件：反应器与再生器压差超限；切断两器紧急停车按钮。

联锁内容：切断进料联锁；关闭待生滑阀；关闭再生滑阀。

③ 主风机安全联锁系统。

启动条件：主风流量低低（三取二）；主风机、备用主风机轴位移超限、轴振动超限、润滑油压低低等引起停机；切断主风紧急停车按钮。

联锁内容：关闭待生滑阀；关闭再生滑阀；切除再生器外取热器；关闭主风阻尼单向阀。

2. 仪表选型

MTO装置的特点是反应器与再生器部分的产品气和烟气均为气相、流速较快，且含有大量催化剂；急冷水中含催化剂也较多，但流速低；水洗水中含有杂油和少量催化剂。

MTO装置仪表选型需要考虑反应器、再生器部分和急冷水洗部分含催化剂的工况，对再生部分含催化剂介质的压力、差压采用净化压缩空气反吹测量；对反应部分含催化剂介质的压力、差压采用氮气反吹测量；反应—再生部分含催化剂介质的温度选用防内漏铠装耐磨热电偶测量；对于急冷水洗部分含催化剂介质的压力、差压测量，选用带毛细管的法兰型压力变送器或差压变送器，对此部分的流量测量选用楔式流量计加双法兰差压变送器，同时为此部分的压力或差压变送器毛细管法兰配置冲洗水系统；含催化剂介质的调节阀选用偏心旋转阀，并根据具体工况对阀芯和阀座做硬化处理。

现场电动仪表以智能型电子式仪表为主，其防护等级不低于IP65。所有安装在危险区域内的电动仪表，应根据具体情况，分别采用本安型仪表或隔爆型仪表，防爆等级分别要求不低于ExdⅡCT5和ExiaⅡCT5；MTO装置的防爆仪表选型以本安型仪表为主，并配隔离式安全栅，个别无本安型的仪表应选用隔爆型仪表。所有现场电动仪表的远传连续信号（AI/AO），均要求为4~20mA（DC）+HART；远传温度信号的温度测量仪表分别采用分度号为Pt100的热电阻和分度号为K型的热电偶。

MTO装置关键仪表选型原则如下：

（1）温度测量仪表。

就地指示仪表选用万向型双金属温度计，配带外套管。双金属温度计与外套管间采用螺纹连接，连接螺纹为M27mm×2mm。双金属温度计刻度盘直径一般选用100mm。双金属温度计本体保护管材质一般采用316，规格为ϕ10mm×1mm；外套管为整体钻孔式锥形，材质为316，但不应低于相应设备或管道材质。

测温元件一般选用单支铠装热电偶，反应器、再生器及有催化剂场合选用耐磨铠装热电偶；在满足应用精度要求的前提下，一般采用IEC标准、分度号为K型的热电偶；对被测温度低且精度要求高的场合，选用Pt100热电阻，IEC标准，三线制。普通测温元件采用绝缘型、防内漏式铠装芯结构，铠套外径为6mm。保护管材质应满足工艺要求，不应低于相应设备或管道材质。无特殊要求的普通保护管材质采用316。普通保护管为整体钻孔式锥形。

MTO装置的辅助燃烧室内虽然没有催化剂，但由于开工时短期最高操作温度可能超过1200℃，并且流速高（可达50m/s），有轻微振动，测温热电偶比较容易损坏。一般情况下，辅助燃烧室测温热电偶采用耐高温耐磨热电偶。

（2）压力测量仪表。

对于就地指示，一般场合选用弹簧管压力表，测量元件的材质最低要求为316；泵、压缩机出口及其他有振动的场合，选用耐振压力表。

压力信号远传选用智能压力变送器，加热炉的炉膛负压采用智能型差压变送器，此差压变送器需要安装在仪表保护箱内。

（3）流量仪表。

一般流量测量选用孔板节流装置，配智能差压变送器。节流装置采用ISO 5167—2003或GB/T 2624—2006《用安装在圆形截面管道中的差压装置测量满管流体流量》计算、制造和验收。

对于中压过热蒸汽场合，采用流量喷嘴；对于含固体颗粒介质的急冷水流量测量，选用楔式流量计；管径小于40mm流量测量或流量变化范围较大且精度要求不高时，可选用金属管转子流量计；大管径水流量测量使用管道式电磁流量计。

（4）物位测量仪表。

就地液位指示优先选用磁翻板液位计；对于界面测量，高压低密度、高温（温度超过150℃）等介质，选用透射式玻璃板液位计。玻璃板液位计采用制造厂的标准长度（500mm、800mm、1100mm、1400mm、1700mm）。对更大的测量范围，采用两个或两个以上的液位计；急冷水洗塔等含污油液位就地指示选用黏稠介质液位计。

远传液位测量优先选用双法兰液位差压变送器，当双法兰液位差压变送器不能满足要求时，选择用外浮筒液位变送器、雷达液位计等。

（5）控制阀。

调节阀由薄膜或气缸执行机构驱动，一般采用直通或角形阀体，优先选用等百分比特性、线性特性或近似等百分比特性阀门，也可采用偏心旋转阀；DN200mm及以下的调节阀优先选用单座Globe调节阀；DN250mm及以上口径或低差压情况，采用蝶阀或偏心旋转阀，但当介质是蒸汽时不采用蝶阀。对于介质中含有固体粉末或黏度较大的情况，采用偏心旋转阀。

联锁保护用切断阀选用气动两位式双闸板闸阀或蝶阀，配单电控电磁阀和接近式开关；阀体材料应符合工艺介质要求，连接法兰规格应与管道专业管路标准级别相适应；阀体材料一般参照管道等级规定来确定，最低选用铸钢，在气源故障时，应保证阀门处于"故障安全"位置，必要时在阀门附近设置贮气罐。

所有调节阀、切断阀均采用法兰连接，避免采用法兰对夹式或螺纹连接方式。

（6）变送器。

压力、差压、流量、液位变送器采用智能变送器，采用HART协议。输出信号为4~

20mA(DC)标准信号叠加 HART 协议通信信号。

(7) 可燃、有毒气体检测仪表。

可燃气体检测器探头一般选用催化燃烧式；有毒气体检测器探头一般采用电化学型。可燃、有毒气体检测器应带现场声光报警功能。可燃、有毒气体检测变送仪表选用隔爆型，24V(DC)电源，输出信号为 4~20mA 信号叠加 HART 协议信号，三线制。

(8) 在线分析仪。

再生器出口和再生三旋出口氧含量检测选用磁氧式在线分析仪；再生三旋出口烟气一氧化碳、二氧化碳检测选用红外线烟气在线分析仪；在水洗塔油气出口管线设置全馏分色谱分析仪；开工用加热炉和一氧化碳余热锅炉氧含量检测选用氧化锆分析仪；急冷水和水洗水的 pH 值检测选用带自清洗功能的在线 pH 值分析仪；设置烟气排放连续监测系统(CEMS)用于在线监测烟气排放参数，并根据需要传送至当地环保部门。

第七章 我国现代煤化工产业特点、政策与展望

第一节 我国现代煤化工产业特点及相关政策

一、我国现代煤化工产业特点

我国煤炭资源相对丰富，采用创新技术适度发展现代煤化工产业，对于保障石化产业安全、促进石化原料多元化具有重要作用。自20世纪末以来，我国在现代煤化工的核心技术、专用催化剂、关键设备等方面实现了重大突破。煤直接液化、大型煤气化、合成气费托合成、甲醇制烯烃、煤制乙二醇等工艺路线的核心技术与关键设备均已掌握并拥有自主知识产权，同时成功开发了一批具有自主知识产权的大型反应器设备、大型空气分离设备和压缩机设备以及特殊泵类、阀门等现代煤化工专用关键设备，技术水平已居世界领先地位，煤制油、煤制天然气、煤制烯烃、煤制乙二醇基本实现产业化，煤制芳烃工业试验取得进展，成功搭建了煤炭向石油化工产品转化的桥梁。总之，经过近20多年的发展，我国现代煤化工已经取得举世瞩目的成就和长足进步，为能源化工和国民经济的发展起到了积极的补充和推动作用。

1. 产业优势

我国现代煤化工产业优势如下：

（1）总体规模处于世界前列。

截至2019年，我国共建成煤制油装置9套，年产量745.6×10^{4}t；煤制气装置4套，年产量43.2×10^{8}m^3；煤（甲醇）制烯烃装置32套，年产量1277.3×10^{4}t；煤制乙二醇装置24套，年产量313.5×10^{4}t，较大幅度地降低了国内市场烯烃、乙二醇的对外依存度。我国已建成全球最大的现代煤化工企业群，现代煤化工技术与相关装备、产业规模和从业人员等方面均居世界前列。

（2）生产运行和环保水平不断提高。

通过优化工艺技术和提升管理水平，基本实现了安全、稳定、长周期、高负荷运行，煤耗、水耗不断下降，"三废"处理和环保水平不断提高。高难度污水处理技术、高效酚氨回收、含酚废水、高盐水处理技术逐步完善；粉煤气化工艺污水"近零排放"路线基本成熟；"十三五"期间建成的现代煤化工项目执行了最严格的大气污染物排放标准，部分项目率先执行了超低排放；西部地区项目执行污水"近零排放"，废渣综合利用率逐步提高。

采用具有国内自主知识产权技术建成的 $400×10^4$ t/a 煤间接液化示范项目、百万吨级煤直接液化示范项目和数十套煤制烯烃（MTO）、煤制乙二醇等项目实现了安全稳定长周期运行，物耗、能耗、水耗和"三废"排放量不断降低，产品差异化水平有所提升。

现代煤化工项目工艺过程中煤中的硫元素回收效率可达到 99.9% 以上，排放的工艺废气中 CO_2 浓度高（87%~99%），有利于捕集与封存，如神华煤直接液化项目配套建设了全亚洲第一个全流程的 $10×10^4$ t/a CCS 示范项目，已注入 CO_2 超过 $30×10^4$ t。

（3）部分现代煤化工技术已处于国际先进或领先水平。

经过长期的技术攻关，我国已建立了较完备的现代煤化工工程体系，关键装备已实现国产化，总体技术装备水平达到国际领先。例如，大型煤气化技术已经处于国际水平，煤直接液化、高温费托合成技术处于国际先进水平，煤制烯烃、低温费托合成、煤制乙二醇、煤制芳烃等技术处于国际领先水平，煤直接液化等技术属于国际首创。

（4）自主技术装备水平大幅提高。

我国现代煤化工产业关键技术和重大装备自主化水平进一步提升，整体达到世界先进水平，装备自主化率已超过 85%。油品、烯烃生产等自主成套工艺技术在工程中广泛应用。多喷嘴对置式水煤浆气化、粉煤加压气化、水煤浆水冷壁等自主气化技术装备约 100 台实现了工业运行。大型空气分离装置、大型工艺压缩机组，适用于苛刻条件的泵、阀等关键设备和控制系统实现了自主化。

（5）培养了一批骨干企业和人才队伍。

现代煤化工行业内的相关龙头企业成为推动产业发展的重要力量；行业内部建成了一批国家级现代煤化工技术研发中心与创新中心；一批具有国际先进水平的工程设计和装备制造企业成为现代煤化工工程设计与装备制造的重要支撑力量；现代煤化工产业从业人员超过 10 万人，并已逐步建立起有效的人才培养机制，基本形成了专业全面、结构合理的人才队伍。

（6）促进了资源地区经济转型发展。

截至 2019 年，我国现代煤化工产业累计投资 5500 亿元左右，年销售额约 1800 亿元，带动了传统煤化工、装备制造等产业升级和转型发展，直接创造约 10 万个就业岗位，间接提供几十万人的就业，为所在地的经济发展提供了相应的税收支持；带动了相关产业装备制造、基础设施配套建设和相关服务业的发展，推动地区资源优势向产业经济优势转变。

2. 存在问题

作为国内的新兴产业，现代煤化工目前仍处于产业化的初期发展阶段，加上近些年的快速发展，难免存在一些需要解决的问题，具体如下：

（1）生产工艺和环保技术有待完善。

部分现代煤化工示范项目由于设计和装置可靠性等问题，未能实现长周期、满负荷运行。系统优化集成不够，主体化工装置与环保设施之间、各单元化工装置之间匹配度不够，从而增加了投资和资源消耗，也影响了总体运行效果。自主甲烷化技术尚未在大型工程上应用，大型低温甲醇洗仍依赖引进技术，部分关键装备、材料仍依赖进口。示范项目的产品结构单一，产业链有待延伸。少数企业相关环保技术发展相对滞后，处理成本高，低位热能综合利用水平有待提高。

（2）部分产品品质需进一步提升，产品低端化比较普遍。

煤基乙二醇的聚酯级产品品质尚存在一些问题。一是聚酯长纤维的原料仅可使用较低比例煤基乙二醇与油基乙二醇掺混，生产短纤维可允许掺混煤基乙二醇比例较高；二是以煤基乙二醇生产的瓶级聚酯仅可应用于矿泉水瓶等不充压瓶，而不能用于碳酸饮料瓶等充压瓶；三是高端聚酯和出口聚酯产品仍不使用煤基乙二醇。

由于现有项目的主要产品多为比较普通的低端或初级产品，而高端化、精细化、差异化、专用化的下游产品开发不足，造成现代煤化工产业的比较优势不明显，总体竞争力还不强。

（3）单位产品水耗、碳排放较高。

由于现代煤化工工艺中调氢（通过 CO 变换来调节 H_2 和 CO 的比例）反应的不可缺失，导致项目与石油化工相比单位产品耗水与碳排放均较多，企业还将面临碳交易方面的较大挑战。

（4）环保压力愈加严格，"三废"综合利用水平有待进一步提升。

现代煤化工企业主要分布在生态环境脆弱的西部地区，产业发展与地区生态环境保护的矛盾突出。随着国家环保要求越来越严格，环保问题愈加突出，成为制约产业发展的重要因素。废水治理方面，高浓度含盐废水治理的技术问题还没有从根本上加以解决。此外，还面临 VOCs 收费的压力。

现代煤化工生产过程中产生的气化、锅炉灰渣量较大，因企业多布局于内蒙古、西北地区，受区域经济发展水平、所在地人口较少等因素所限，煤化工灰渣资源化利用的市场较小、数量有限，大多数仍只能堆存或填埋处置，而渣场填埋速度远超预期。煤化工灰渣综合利用成为影响企业生产的新问题。

（5）部分企业经济效益受国际市场油气价格波动的影响较大。

国内现代煤化工项目大多建于高油气价、低煤价时期（油价高于 80 美元/bbl，内蒙古与西北地区煤价低于 300 元/t），而投产时却迎来了低油气价、高煤价（国际油价 50~60 美元/bbl，内蒙古与西北地区煤价约 400 元/t）。国内天然气门站价格自 2015 年后连续下调，煤制天然气入管网价格相应降低，企业生产运营艰难。煤（甲醇）制烯烃的成本和盈利水平差异较大，随着油价和烯烃价格走低，盈利能力大幅下滑；随着国内煤制乙二醇项目的纷纷投产，同质竞争愈加剧烈，乙二醇市场价格明显下移，煤制乙二醇开工率大幅下降，企业亏损面扩大。

（6）企业运营管理水平有待提高。

近些年新进入的煤化工企业大多衍生于煤炭、电力、传统化工等领域，少数企业对技术密集、流程较长、工艺复杂的现代煤化工产业深入研究不够，建设、运营管理可借鉴的经验有限，对油气和石化产品市场规律把握不足，投产后的示范项目效果与预期存在差距，总体风险控制水平有待提高。

（7）产业支撑体系有待健全。

符合现代煤化工产业特点的设计理念和体系有待建立，技术装备的定型化、标准化、系列化有待提高，现代煤化工工程设计、建设、产品、安全、环保等标准规范需加快修订进度,以支撑产业健康发展。

二、我国现代煤化工产业相关政策

适度发展现代煤化工产业,既是国家能源战略技术储备和产能储备的需要,也是推进煤炭清洁高效利用和保障国家能源安全的重要举措。

1.《能源生产和消费革命战略(2016—2030)》

2016年12月,国家发改委、国家能源局发布了《能源生产和消费革命战略(2016—2030)》。通知中指出,推进能源生产和消费革命,有利于增强能源安全保障能力、提升经济发展质量和效益、增加基本公共服务供给、积极主动应对全球气候变化、全面推进生态文明建设,对于全面建成小康社会和加快建设现代化国家具有重要现实意义和深远战略意义。必须牢固树立和贯彻落实新发展理念,适应把握引领经济发展新常态,坚持以推进供给侧结构性改革为主线,把推进能源革命作为能源发展的国策,筑牢能源安全基石,推动能源文明消费、多元供给、科技创新、深化改革、加强合作,实现能源生产和消费方式根本性转变。

文件中提到,煤炭是我国主体能源和重要工业原料,支撑了我国经济社会快速发展,还将长期发挥重要作用。实现煤炭转型发展是我国能源转型发展的立足点和首要任务。还指出,按照严格的节水、节能和环保要求,结合生态环境和水资源承载能力,适度推进煤炭向深加工方向转变,探索清洁高效的现代煤化工发展新途径,适时开展现代煤化工基地规划布局,提高石油替代应急保障能力。

此外,文件中关于现代煤化工还有如下描述,"做好节水环保高转化率煤化工技术示范""增强替代能源能力储备。增强煤制油、煤制气等煤基燃料技术研发能力"。

2.《中共中央 国务院关于新时代推进西部大开发形成新格局的指导意见》

2020年5月17日,《中共中央 国务院关于新时代推进西部大开发形成新格局的指导意见》颁布,该指导意见的"(四)优化能源供需结构"中提出"积极推进煤炭分级分质梯级利用,稳步开展煤制油、煤制气、煤制烯烃等升级示范";在"(十六)加快推进西部地区绿色发展"中,提出"实施国家节水行动以及能源消耗总量和强度双控制度,全面推动重点领域节能减排。大力发展循环经济,推进资源循环利用基地建设和园区循环化改造,鼓励探索低碳转型路径";在"(三十二)产业政策"中,提出"凡有条件在西部地区就地加工转化的能源、资源开发利用项目,支持在当地优先布局建设并优先审批核准"。

3.《2020年能源工作指导意见》

2020年6月22日,国家能源局发布《2020年能源工作指导意见》,在该指导意见的"三、多措并举,增强油气安全保障能力"中,提出"增强油气替代能力。有序推进国家规划内的内蒙古、新疆、陕西、贵州等地区煤制油气示范项目建设,做好相关项目前期工作"。

4. 能源发展"十三五"规划

2016年12月26日,国家发改委和国家能源局发布《能源发展"十三五"规划》(发改能源〔2016〕2744号),在该规划的"第二章 指导方针和目标"的"二、基本原则"中,提出"筑牢底线,安全发展。树立底线思维,增强危机意识,坚持国家总体安全观,牢牢把握能源安全主动权。增强国内油气供给保障能力，推进重点领域石油减量替代，加快发展石油替代产业，加强煤制油气等战略技术储备……确保国家能源安全"。在"三、多元发展，推动能源供给革命"部分，提出"煤炭深加工。按照国家能源战略技术储备和产能储备示范工程的定位，合理控制发展节奏，强化技术创新和市场风险评估，严格落实环保准入条件，有序发展煤炭深加工，稳妥推进煤制燃料、煤制烯烃等升级示范，增强项目竞争力和抗风险能力。严格执行能效、环保、节水和装备自主化等标准，积极探索煤炭深加工与炼油、石化、电力等产业有机融合的创新发展模式，力争实现长期稳定高水平运行。'十三五'期间，煤制油、煤制天然气生产能力达到1300万吨和170亿立方米左右"。

5.《现代煤化工产业创新发展布局方案》

2017年3月22日，国家发改委和工业和信息化部联合发布了《现代煤化工产业创新发展布局方案》(发改产业〔2017〕553号)，在该方案的"二、基本原则"中，提出"坚持科学布局，促进集约发展。依托现有现代煤化工优势企业，实施挖潜改造。选择在煤水资源相对丰富、环境容量较好的地区，规划建设现代煤化工产业示范区。结合资源型城市转型发展，因地制宜延伸现代煤化工产业链"。同时，还提出"坚持综合治理，促进绿色发展。积极采用现代煤化工绿色创新技术，提升本质安全水平和安全保障能力，推动现代煤化工产业安全发展。加强全过程控制管理，降低三废排放强度，提升三废资源化利用水平。开展二氧化碳减排等技术应用示范，推动末端治理向综合治理转变，提高产业清洁低碳发展水平"。

在"三、重点任务"的"(一)深入开展产业技术升级示范"中，提出"主动适应产业发展新趋势和市场新要求，突破部分环节关键技术瓶颈，提升系统集成优化水平，推动产业技术升级。重点开展煤制烯烃、煤制油升级示范，提升资源利用、环境保护水平；有序开展煤制天然气、煤制乙二醇产业化示范，逐步完善工艺技术装备及系统配置；稳步开展煤制芳烃工程化示范，加快推进科研成果转化应用"。"三、重点任务"中的"产业技术升级示范重点项目"见表7-1-1。

表7-1-1 现代煤化工产业技术升级示范重点

类别	升级示范重点
煤制油	直接液化、费托合成、煤油共炼等
煤制天然气	大型化碎煤加压气化、大型化环保型固定床熔渣气化、气流床气化、甲烷化成套工艺等
煤制烯烃	新一代甲醇制烯烃、合成气一步法制烯烃等
煤制芳烃	甲醇制芳烃、煤分质利用联产制芳烃等
煤制乙二醇	合成气制草酸酯、草酸酯加氢、合成气一步法制乙二醇等
环保	难降解废水高效处理、高含盐废水处理处置、结晶盐综合利用等

在"(二)加快推进关联产业融合发展"中，提出"按照循环经济理念，采取煤化电热一体化、多联产方式，大力推动现代煤化工与煤炭开采、电力、石油化工、化纤、盐化工、冶金建材等产业融合发展，延伸产业链，壮大产业集群，提高资源转化效率和产业竞争力"。

在"(三)实施优势企业挖潜改造"中，提出"深入开展行业对标管理，重点抓好具有发展潜力的优势企业填平补齐、挖潜改造，加强技术创新，优化资源配置，提高安全环保水平……提升资源综合利用水平，进一步提高烯烃收率，降低能耗、水耗和污染物排放，实施煤制烯烃升级改造工程，促进产业规模化、高端化、精细化发展"。

在"（四）规划布局现代煤化工产业示范区"中，提出"以石油化工产品能力补充为重点，规划布局内蒙古鄂尔多斯、陕西榆林、宁夏宁东、新疆准东4个现代煤化工产业示范区，推动产业集聚发展，逐步形成世界一流的现代煤化工产业示范区。每个示范区'十三五'期间新增煤炭转化量总量须控制在2000万吨以内（不含煤制油、煤制气等煤制燃料）"。

在"（六）稳步推进产业国际合作"中，提出"结合实施'一带一路'建设战略，充分发挥我国煤化工技术、装备、工程和人才优势，深化与沿线煤炭资源国务实合作，积极利用境外煤炭资源和环境容量等有利条件，采取境外煤炭开采转化一体化、境内外上下游一体化、境外重大工程技术装备总承包等方式，加快产业'走出去'步伐，稳步推进产业全球布局，努力打造具有控制力的煤化工产业链和价值链，缓解国内资源环境压力"。

在"（七）大力提升技术装备成套能力"中，提出"依托骨干企业、科研院所技术装备研发基础，完善'基础科研、研发平台、装备制造、示范工程'四位一体的创新体系，结合示范工程和产业示范区建设，推动煤化工成套技术装备自主创新""煤炭气化领域，重点突破8.7兆帕大型水煤浆气化、4.0兆帕以上固定床加压气化和熔渣气化、大型干煤粉气化、大型空分装置及稀有气体提取、干法除尘、气化炉废锅等技术装备；净化合成领域，重点突破大型低温甲醇洗、大型合成气压缩机、防爆电机、大型低压甲醇合成等技术装备；能量利用和废水处理领域，重点突破合成气燃气轮机、合成反应热高效利用、低位能有效利用、智能空气冷却器、密闭式循环冷却系统、含盐废水处理、结晶盐综合利用、废水制浆等技术装备"。

在"（八）积极探索二氧化碳减排途径"中，提出"加强产业发展与二氧化碳减排潜力统筹协调，大力推广煤化电热一体化技术，尝试提高现代煤化工项目二氧化碳过程捕集的比重，降低捕获成本。认真总结二氧化碳在资源开发领域的应用经验，深入开展二氧化碳驱油驱气示范。利用内蒙古、陕西、宁夏、新疆等地荒漠化土地资源丰富、光照时间长、强度高的优势，结合产业示范区建设，探索开展二氧化碳微藻转化、发酵制取丁二酸等应用示范及综合利用"。

在"四、保障措施"中提出如下要求：

在"（一）严格项目建设要求"中，提出"新建现代煤化工项目必须符合土地利用总体规划，及所在地区能耗总量和强度控制指标要求，满足城市规划、土地利用、安全环保、节能、节水等标准和规范要求。项目选址及污染控制措施应满足《现代煤化工建设项目环境准入条件（试行）》的相关要求，严格控制二氧化硫、氮氧化物、细颗粒物、挥发性有机物及其他有毒有害大气污染物排放，固体废弃物和高含盐废水做到无害化处理及资源化利用。单系列制烯烃装置年生产能力在50万吨及以上，整体能效高于44%，单位烯烃产品综合能耗低于2.8吨标煤（按《煤制烯烃单位产品能源消耗限额》（GB 30180）方法计算）、耗新鲜水小于16吨。煤制乙二醇装置年生产能力在20万吨及以上，单位乙二醇产品综合能耗低于2.4吨标煤、耗新鲜水小于10吨。煤制油、煤制气等煤制燃料项目建设要求参照《煤炭深加工产业示范'十三五'规划》执行"。

"现代煤化工产业示范区优先毗邻大型煤炭基地一体化建设,充分考虑水功能区划和污染物限排总量,布局在水资源获取能力较强、生态环境容量较好、二氧化碳减排潜力较大、远离生态红线控制区和集中式居民区的区域,煤炭基地资源量应保障煤化工产业示范区经济运行周期的需要。示范区供热、污水处理设施、固体废物处理处置及资源化设施、安全及环境风险防控设施等公用工程及辅助设施应统筹建设,二氧化碳转化方案和利用水平与相关技术产业化进展相适应。示范区应符合城乡规划,并须制定总体发展规划和安全、环保、消防等专项规划,依法开展示范区总体发展规划环境影响评价和水资源论证。"

"现代煤化工产业示范区应开展智慧园区建设,采用云计算、大数据、物联网、地理信息系统等信息技术,提升信息化应用水平。"

在"(二)规范审批管理程序"中,提出"新建煤制烯烃、煤制芳烃项目必须列入《现代煤化工产业创新发展布局方案》,必须符合《现代煤化工建设项目环境准入条件(试行)》要求。煤化工项目业主可自主开展前期工作……按照国务院关于简政放权的精神和《政府核准的投资项目目录》的要求,将列入《现代煤化工产业创新发展布局方案》的新建煤制烯烃、煤制芳烃项目(不包括煤制油、煤制气等煤制燃料项目),下放省级政府核准"。

在"(三)推动资源合理配置"中,提出"统筹兼顾煤炭工业可持续发展以及相关产业对煤炭的需求,加强煤炭综合开发利用工作……施行严格的用水定额标准,不断降低水资源消耗强度,提高利用效率。利用国家资金,支持现代煤化工重大技术装备研发和产业化。结合输配电价改革试点,推动现代煤化工企业与发电企业直接交易,支持符合条件的现代煤化工企业开展区域电网试点和增量配电业务"。

在"(四)强化安全环保监管"中,提出"加快修订完善安全防护、污染物排放、水资源保护等标准,重点从源头控制、过程监管上研究现代煤化工产业污染控制方式,进一步提高现代煤化工项目在安全、环保、水资源保护方面的准入门槛,引导企业优化生产工艺、强化设备选型选材、提高设计标准和施工质量、强化运行管理、规范治理设施。严格安全、环保、水资源保护行政许可程序,切实执行安全、环保设施'三同时'及排污许可制度。加强城市建设与产业发展的规划衔接,切实落实安全生产和环境保护所需的防护距离"。

"要求企业按照排污许可证要求,建立自行监测、信息公开、记录台账及定期报告制度,确保长期稳定按证排污。"

在"(五)完善产业组织结构"中,提出"按照园区化、大型化、多联产发展模式,引导现代煤化工与煤炭、电力、石油化工等行业联合布局,打造具有较强竞争力的产业链和产业集群……积极发展混合所有制经济,推动国有企业与非公企业合资合作,支持民营、外资企业进入现代煤化工领域,增强产业发展活力"。

6.《现代煤化工建设项目环境准入条件(试行)》

2015年12月22日,国家环境保护部发布了《现代煤化工建设项目环境准入条件(试行)》[简称准入条件(试行)]的通知,通知中明确将该环境准入条件(试行)作为现代煤化工建设项目开展环境影响评价工作的依据。

准入条件(试行)中指出,"适度发展现代煤化工对实现煤炭高效清洁利用具有重要意义""按照'环境优先、合理布局、环保示范、源头控制、风险可控'的原则,特制定本环境准入条件"。

在准入条件(试行)的"二、规划布局"中,提出"现代煤化工项目应布局在优化开发区和重点开发区,优先选择在水资源相对丰富、环境容量较好的地区布局,并符合环境保护规划。已无环境容量的地区发展现代煤化工项目,必须先期开展经济结构调整、煤炭消费等量或减量替代等措施腾出环境容量,并采用先进工艺技术和污染控制技术最大限度减少污染物的排放。京津冀、长三角、珠三角和缺水地区严格控制新建现代煤化工项目"。

在"三、项目选址"中,提出"(一)现代煤化工项目应在产业园区布设,并符合园区规划及规划环评要求。项目应与居民区或城市规划的居住用地保持一定缓冲距离"。

在"四、污染防治和环境影响"中,提出"(一)严格限制将加工工艺、污染防治技术或综合利用技术尚不成熟的高含铝、砷、氟、油及其他稀有元素的煤种作为原料煤和燃料煤""(四)……在具备纳污水体的区域建设现代煤化工项目,废水(包括含盐废水)排放应满足相关污染物排放标准要求,并确保地表水体满足下游用水功能要求;在缺乏纳污水体的区域建设现代煤化工项目,应对高含盐废水采取有效处置措施,不得污染地下水、大气、土壤等"。

"(五)……确需建设自备热电站的,应符合国家及地方的相关控制要求。设备动静密封点、有机液体储存和装卸、污水收集暂存和处理系统、备煤、储煤等环节应采取措施有效控制挥发性有机物(VOCs)、恶臭物质及有毒有害污染物的逸散与排放。非正常排放的废气应送专有设备或火炬等设施处理,严禁直接排放。在煤化工行业污染物排放标准出台前,加热炉烟气、酸性气回收装置尾气以及 VOCs 等应根据项目生产产品的种类暂按《石油炼制工业污染物排放标准》(GB 31570)或《石油化学工业污染物排放标准》(GB 31571)相关要求进行控制。按照国家及地方规定设置防护距离,建设煤气化装置的,还应满足《煤制气业卫生防护距离》(GB/T 17222)要求。"

"(六)按照'减量化、资源化、无害化'原则对固体废物优先进行处理处置。危险废物立足于项目或园区就近安全处置。项目配套建设的危险废物贮存场所和一般工业固体废物贮存、处置场所应符合《危险废物贮存污染控制标准》(GB 18597)、《一般工业固体废物贮存、处置场污染控制标准》(GB 18599)及其他地方标准要求。废水处理产生的无法资源化利用的盐泥暂按危险废物进行管理;作为副产品外售的应满足适用的产品质量标准要求,并确保作为产品使用时不产生环境问题。"

"(九)加强环境监测。现代煤化工企业和涉及现代煤化工项目的园区应建立覆盖常规污染物、特征污染物的环境监测体系,并与当地环境保护部门联网。按照《企业事业单位环境信息公开办法》相关规定向社会公开环境信息。"

7.《煤炭产业政策》(修订稿)

2013 年 2 月 4 日,国家发改委发布了《煤炭产业政策》(修订稿),并向社会征求意见。在该征求意见的"修订稿"中,"第十四条"提出"在水资源有保障、煤炭资源富集、土地和环境承载能力较强的地区,有序发展煤炭深加工,限制在煤炭供给不足和水资源匮乏地区发展煤炭深加工,禁止在环境容量不足地区发展煤炭深加工。煤炭深加工项目应符合相关产业政策、发展规划等要求。国家对特殊和稀缺煤种实行保护性开发,规范开发建设、生产管理和加工利用;限制高硫、高灰煤炭资源开发"。"第二十一条"提出"鼓励大型煤炭企业参与电力、冶金、化工、建材、交通运输企业联营"。

8.《产业结构调整指导目录》(2019 年本)

2019 年 10 月 30 日，国家发改委发布第 29 号令，即《产业结构调整指导目录》(2019 年本)，自 2020 年 1 月 1 日起施行。

在该目录的"第一类 鼓励类"项目中，与现代煤化工内容相关的有如下内容：

"十一、石化化工"中，"1、高标准油品生产技术开发与应用，煤经甲醇制对二甲苯""4、15 万吨/年及以上直接氧化法环氧丙烷、20 万吨/年及以上共氧化法环氧丙烷、万吨级己二腈生产装置，万吨级脂肪族异氰酸酯生产技术开发与应用""10、聚异丁烯、乙烯-辛烯共聚物、茂金属聚乙烯等特种聚烯烃，高碳 α 烯烃等关键原料的开发与生产；高吸水性树脂、导电性树脂和可降解聚合物的开发与生产"。

"十四、机械"中，"27、40 万吨级(聚丙烯等)挤压造粒机组，50 万吨级合成气、氨、氧压机等关键设备""55、大气污染治理装备；VOCs 吸附回收装置；VOCs 焚烧装置"。

"十九、轻工"中，"4、新型塑料建材(高气密性节能塑料窗、大口径排水排污管道、抗冲击改性聚氯乙烯管、地源热泵系统用聚乙烯管、非开挖用塑料管材、复合塑料管材、塑料检查井)；防渗土工膜；塑木复合材料和分子量≥200 万的超高分子量聚乙烯管材及板材生产"。

"二十、纺织"中，"1、聚对苯二甲酸丙二醇酯(PTT)、聚萘二甲酸乙二醇酯(PEN)、聚对苯二甲酸丁二醇酯(PBT)、聚丁二酸丁二酯(PBS)、聚对苯二甲酸环己烷二甲醇酯(PCT)等新型举止和纤维的开发、生产与应用""2、采用绿色、环保工艺与装备生产、聚乳酸纤维(PLA)"。

"四十三、环境保护与资源节约综合利用"中，"13、持久性有机污染物类产品的替代品开发与应用""14、废弃持久性有机污染物类产品处置技术开发与应用""15、'三废'综合利用与治理技术、装备和工程""18、废水零排放、重复用水技术应用""19、高效、低能耗污水处理与再生技术开发""22、节能、节水、节材环保及资源综合利用等技术开发、应用及设备制造；为用户提供节能、环保、资源综合利用咨询、设计、评估、检测、审计、认证、诊断、融资、改造、运行管理等服务""35、碳捕集、利用与封存技术装备""45、余热回收利用先进工艺技术与设备"。

在该目录的"第二类 限制类"项目中，与现代煤化工相关的有如下内容："四、石化化工"中，"2、新建 13 万吨/年以下丙烯腈、100 万吨/年以下精对苯二甲酸、20 万吨/年以下乙二醇、20 万吨/年以下苯乙烯(干气制乙苯工艺除外)、10 万吨/年以下己内酰胺、乙烯法醋酸、30 万吨/年以下羰基合成法醋酸、天然气制甲醇(CO_2 含量 20%以上的天然气除外)、100 万吨/年以下煤制甲醇生产装置、氯醇法环氧丙烷和皂化法环氧丙烷生产装置""3、新建 7 万吨/年以下聚丙烯、20 万吨/年以下聚乙烯、10 万吨/年以下聚苯乙烯、20 万吨/年以下丙烯腈-丁二烯-苯乙烯共聚物(ABS)、生产装置"。

9.《政府核准的投资项目目录(2016 年本)》

2016 年 12 月 12 日，国务院发布《政府核准的投资项目目录(2016 年本)》(国发〔2016〕72 号)，其中与现代煤化工相关的内容如下：

在"二、能源"中规定，"煤制燃料：年产超过 20 亿立方米的煤制天然气项目、年产超过 100 万吨的煤制油项目，由国务院投资主管部门核准"。

在"五、原材料"中规定,"煤化工:新建煤制烯烃、新建煤制对二甲苯(PX)项目,由省级政府按照国家批准的相关规划核准。新建年产超过$100×10^4$t的煤制甲醇项目,由省级政府核准。其余项目禁止建设"。

10.《市场准入负面清单(2020年版)》

2020年12月10日,国家发改委和商务部联合发布了《市场准入负面清单(2020年版)》(发改体改规〔2020〕1880号)。该负面清单中与现代煤化工相关的内容见表7-1-2。

表7-1-2 《市场准入负面清单(2020年版)》(与现代煤化工相关内容摘录)

项目号	禁止或许可事项	事项编码	禁止或许可准入措施描述	主管部门	地方性许可措施
一、禁止准入类					
2	国家产业政策明令淘汰和限制的产品、技术、工艺、设备及行为	100002	《产业结构调整指导目录》中的淘汰类项目,禁止投资;限制类项目,禁止新建		
二、许可准入类					
(三)制造业					
22	未获得许可,不得从事特定化学品的生产经营及项目建设,不得从事金属冶炼项目建设	203005	新建、改建、扩建危险化学品生产、储存的建设项目以及伴有危险化学品产生的化工建设项目(包括危险化学品长输管道建设项目)安全设施设计审查	应急部	
			新建、改建、扩建危险化学品生产、储存的建设项目以及伴有危险化学品产生的化工建设项目(包括危险化学品长输管道建设项目)安全条件审查	应急部	
			危险化学品(另有规定的除外)安全生产许可证核发	应急部	
22	未获得许可,不得从事特定化学品的生产经营及项目建设,不得从事金属冶炼项目建设	203005	危险化学品经营、安全使用许可证核发;危险化学品进出口环境管理登记证核发;剧毒化学品购买许可	应急部、生态环境部、公安部	
(六)批发和零售业					
39	未获得许可、配额或资质,不得从事农产品、原油等特定商品、技术、服务的经营、流通贸易和进出口(含过境)	206001	成品油零售经营资格审批	商务部	

续表

项目号	禁止或许可事项	事项编码	禁止或许可准入措施描述	主管部门	地方性许可措施
(十九)《政府核准的投资项目目录(2016年本)》明确实行核准制的项目(专门针对外商投资和境外投资的除外)					
106	未获得许可,不得投资建设特定能源项目	221002	煤制燃料:年产超过$20\times10^8m^3$的煤制天然气项目、年产超过100×10^4t的煤制油项目,由国务院投资主管部门核准		
			液化石油气接收、存储设施(不含油气田、炼油厂的配套项目):由地方政府核准		
109	未获得许可,不得投资建设特定原材料项目	221005	煤化工:新建煤制烯烃、新建煤制对二甲苯(PX)项目,由省级政府按照国家批准的相关规划核准。新建年产超过100×10^4t的煤制甲醇项目,由省级政府核准。其余项目禁止建设		

第二节 我国现代煤化工发展展望

一、我国能源生产和消费领域所面临的形势

基于现代煤化工[包括煤制油、煤制天然气、煤制(甲醇)烯烃、煤制乙二醇等煤制化学品]与传统化石能源的可替代性,现代煤化工不仅包括部分替代以石油为原料生产的燃料油、燃料气产品,还包括部分替代以石油为原料生产的烯烃及其下游衍生化学品、乙二醇等化工产品,因此现代煤化工产业从广义上来说,仍然属于国民经济发展所需的能源领域和范畴,并必然与国家能源发展形势及未来发展战略息息相关。

习近平总书记提出的"四个革命、一个合作"的能源安全新战略,为新时代中国能源发展指明了方向,开辟了中国特色能源发展新道路。我国的能源发展工作将以此为基本遵循,深入推进国内的新时代社会主义现代化建设,促进经济发展的新旧动能转换,着眼于保障能源安全和应对气候变化两大目标任务,为全面建设社会主义现代化国家提供坚强的能源保障。

《中共中央关于制定国民经济和社会发展第十四个五年规划和二〇三五年远景目标的建议》中提出,"十四五"时期经济社会发展主要目标之一为生态文明建设实现新进步。国土空间开发保护格局得到优化,生产生活方式绿色转型成效显著,能源资源配置更加合理、利用效率大幅提高,主要污染物排放总量持续减少,生态环境持续改善,生态安全屏障更加牢固,城乡人居环境明显改善。建议中还提出,要持续改善环境质量。重视新污染物治理。全面实行排污许可制,推进排污权、用能权、用水权、碳排放权市场化交易。完善环境保护、节能减排约束性指标管理。

2020年12月召开的中央经济工作会议要求要做好碳达峰、碳中和工作。我国二氧化碳

排放力争 2030 年前达到峰值，力争 2060 年前实现碳中和。要抓紧制订 2030 年前碳排放达峰行动方案，支持有条件的地方率先达峰。要加快调整优化产业结构、能源结构，推动煤炭消费尽早达峰，大力发展新能源，加快建设全国用能权、碳排放权交易市场，完善能源消费双控制度。要继续打好污染防治攻坚战，实现减污降碳协同效应。要开展大规模国土绿化行动，提升生态系统碳汇能力。

1. 国内能源发展及预期

从目前情况看，中国成为世界上最大的能源生产消费国和能源利用效率提升最快的国家。新时代能源政策理念之一为把清洁低碳作为能源发展的主导方向，推动能源绿色生产和消费，优化能源生产布局和消费结构，加快提高清洁能源和非化石能源消费比重，大幅降低二氧化碳排放强度和污染物排放水平，加快能源绿色低碳转型，建设美丽中国。

自 2012 年以来，我国能源供应保障能力不断增强，基本形成了煤、油、气、电、核、新能源和可再生能源多轮驱动的能源生产体系，具体数据见表 7-2-1。

表 7-2-1　能源相关数据摘录

项目	2019 年	同比增长/%	世界排名	备注
能源消费总量/10^8 t 标准煤	48.6	3.3	1	
原煤消费量/10^8 t	39.7	1.0	1	
原油产量/10^8 t	2.1		5	对外依存度为 72.6%
原油消费量/10^8 t	6.96	6.8	2	
天然气产量/10^8 m^3	1762		5	对外依存度为 43.9%
天然气消费量/10^8 m^3	3067	9.4		
天然气主干管道/10^4 km	8.7		4	
石油主干管道/10^4 km	5.5			
330kV 以上输电线路/10^4 km	30.2		1	

2012—2019 年我国能源生产情况如图 7-2-1 所示。

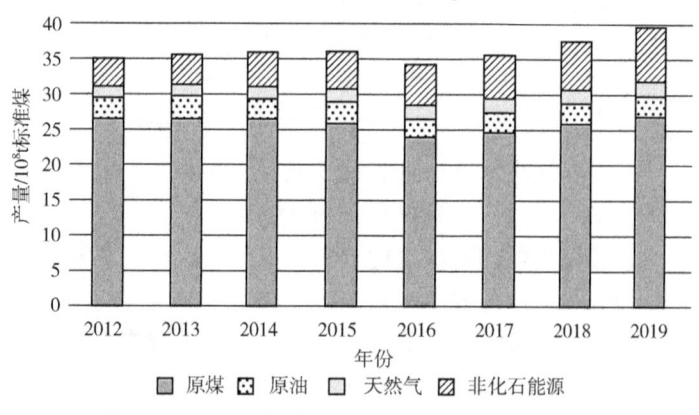

图 7-2-1　中国能源生产情况（2012—2019 年）
（数据来源：国家统计局）

近年来，我国能源发展取得历史性成就，能源利用效率显著提高。2012年以来单位国内生产总值能耗累计降低24.4%，相当于减少能源消费$12.7×10^8$t标准煤。2012—2019年，以能源消费年均2.8%的增长支撑了国民经济年均7%的增长。新能源汽车快速发展，2019年新增量和保有量分别达120万辆和380万辆，占全球总量一半以上。截至2019年底，全国电动汽车充电基础设施达120万处，建成世界最大规模充电网络。

能源绿色发展对碳排放强度下降起到重要作用，2019年碳排放强度比2005年下降48.1%，超过了2020年碳排放强度比2005年下降40%~45%的目标，扭转了二氧化碳排放快速增长的局面。

在可再生能源领域，光伏产业已成为具有国际竞争力的优势产业。可再生能源电力利用率显著提升，2019年，全国平均风电利用率达96%，光伏发电利用率达98%，提前一年实现新能源利用率95%以上的目标，主要流域水能利用率达96%。

在化石能源清洁高效开发利用方面，发电在煤炭消费用途中的占比进一步提升。煤制油气、低阶煤分质利用等煤炭深加工产业化示范取得积极进展。煤电装机占总发电装机比重从2012年的65.7%下降至2019年的52%，煤电机组发电效率、污染物排放控制达到世界先进水平。

在发展氢能方面，国内将加大力度开展煤炭清洁高效利用与新型节能技术、可再生能源与氢能技术等方面研究，加速发展绿氢制取、储运和应用等氢能产业链技术装备，促进氢能燃料电池技术链、氢燃料电池汽车产业链发展。支持能源各环节各场景储能应用，着力推进储能与可再生能源互补发展。

2012—2019年我国能源消费情况如图7-2-2所示。

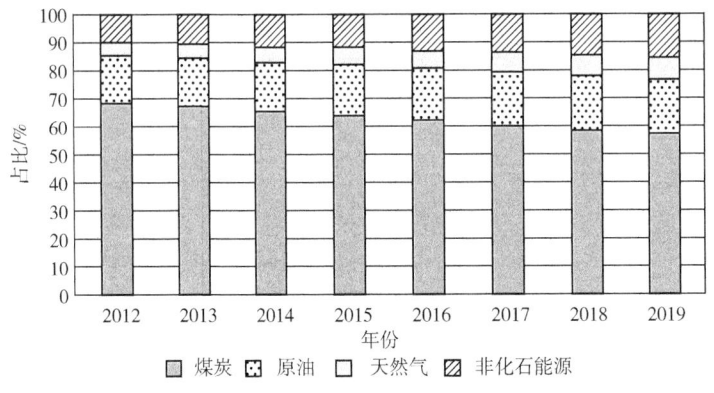

图7-2-2 中国能源消费结构（2012—2019年）

（数据来源：国家统计局）

2. 国内风电、光伏及电池领域迅猛发展

2019年全球陆上风电平均度电成本为0.36元/(kW·h)，全球固定式海上风电平均度电成本为0.81元/(kW·h)。2019年，我国陆上风电的初投资成本为7700元/kW，平均度电成本为0.38元/(kW·h)。我国固定式海上风电的初投资成本约为16800元/kW，平均度电成本约为0.91元/(kW·h)。随着风电、太阳能发电规模化发展和技术进步，发电成本显著下降，将取代化石能源发电成为主导电源。预计2022年左右，我国光伏发电、陆上风电将进入平价时代,2025 年,光伏和陆上风电度电成本将降至 0.3 元/(kW·h)左右。2035 年和 2050 年,风电度电成本将分别降至 0.23 元/(kW·h)和 0.2 元/(kW·h),光伏发电度电成本将分别降至 0.13 元/(kW·h)和 0.1 元/(kW·h),经济性将远超化石能源发电。

2019 年,甘肃、青海的新能源发电装机作为省内第一大电源继续保持领先,宁夏、河北、西藏、内蒙古、新疆、黑龙江、吉林等 19 个省份的新能源发电装机成为第二大电源。2019 年,我国新能源发电量为 $6302×10^8$ kW·h,同比增长 16%,占全国发电量的 8.6%,同比提高 0.8 个百分点。

截至 2019 年,在电池转换效率方面,晶硅电池达到 26.7%,薄膜电池(CIGS)达到 23.35%;在电池组件转换效率方面,晶硅电池达到 24.4%,薄膜电池(CIGS)达到 19.2%。根据彭博社统计,至 2019 年全球固定式光伏电站的度电成本下降至 0.375 元/(kW·h)。2019 年,我国光伏电站的初投资约为 4200 元/kW(其中光伏组件成本约为 1900 元/kW),度电成本约为 0.41 元/(kW·h)。

3. 世界上多个国家设定碳中和与退煤时间

1)多国设定碳中和目标时间

目前,世界上已有 30 多个国家以政策宣誓或法律规定等不同方式设定了各自的碳中和目标时间(图 7-2-3)。

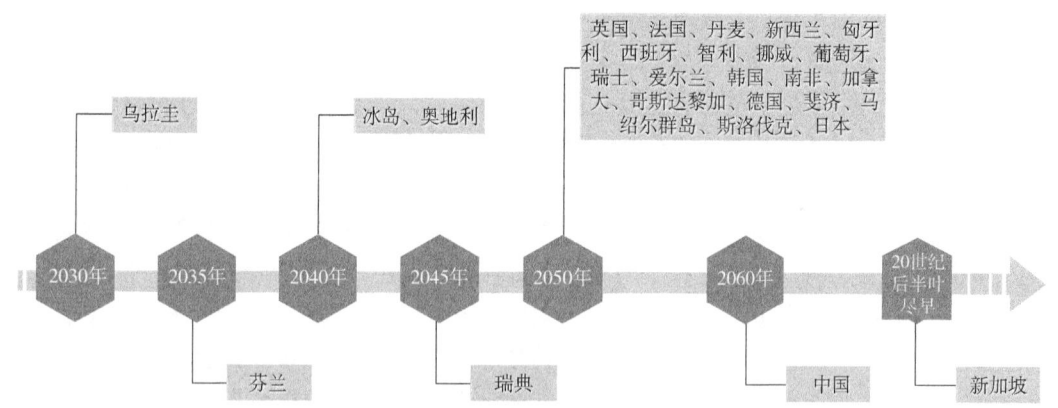

图 7-2-3 世界相关国家设定的碳中和目标时间图

2)欧洲各国退煤时间表

2020 年上半年,葡萄牙、西班牙、德国的燃煤发电量分别下降了 95%、58%、39%;荷兰、奥地利和法国的燃煤发电量下降幅度均超过 50%;另有瑞典和奥地利于 3 月分别关闭了各自最后一家燃煤电厂。

图 7-2-4 为世界相关国家设定的退煤时间图。

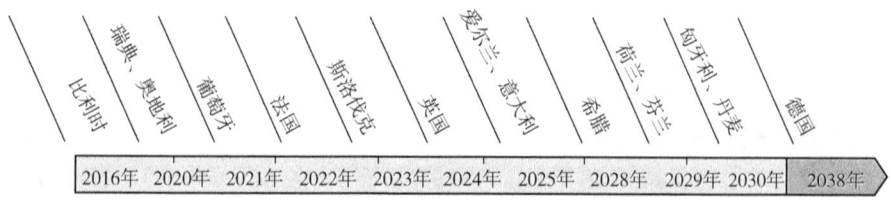

图 7-2-4 世界相关国家设定的退煤时间图

二、现代煤化工发展的挑战与机遇

1. 产业发展与资源、环境矛盾加剧

现代煤化工项目需要煤炭资源和水资源保障，同时需要环境承受较大的"三废"排放量。国内煤炭资源主要分布在水资源相对匮乏和生态比较脆弱的中西部地区，在这些地方发展煤化工产业能够发挥资源优势，但水资源、环境容量等因素制约严重。

随着新环保法以及大气污染、水污染、土壤污染等专项行动计划的实施，现代煤化工产业的污染控制要求将更加严格，现代煤化工项目获得用水、用能、环境指标的难度加大。

我国已承诺力争2030年前二氧化碳排放达到峰值，努力争取2060年前实现碳中和。因此，现代煤化工产业面临的碳减排压力也将是巨大的，碳排放将是产业未来发展的制约因素之一。2020年11月5日，生态环境部发布了"关于公开征求《全国碳排放权交易管理办法（试行）》（征求意见稿）和《全国碳排放权登记交易结算管理办法（试行）》（征求意见稿）意见的通知"，未来我国政府将通过企业间碳排放的交易，帮助、支持在碳排放方面的优势企业降低成本，同时督促劣势企业改进提高并增加劣势企业的运行成本，最终实现优胜劣汰。

2. 能源化工市场竞争加剧，产品同质化问题显现

近年来，高煤价、低油价、低气价以及化工产品价格走低，使现代煤化工的经济性受到严重挑战。现代煤化工产业既是原料价格的接受者，也是煤化工产品价格的接受者，处于两头受挤的艰难状态。

国际油气市场供需趋于宽松，尤其是新冠疫情暴发以来，国际市场油气价格低位运行，中东、北美低成本的低价油气、烯烃等产品加快出口。国内经济进入相对较低速度增长的新常态，大宗能源化工产品需求增速放缓，市场竞争日益激烈，同时，大型石化项目和轻烃化工，如近年丙烷脱氢项目的相继投产以及乙烷裂解项目发展提速，也对现代煤化工的市场空间判断有所影响，这都进一步增加了现代煤化工产业未来发展的不确定性。

中长期中低油价的认识，深刻影响着现代煤化工项目决策。如果国际油价中长期在30~50美元/bbl区间运行，现代煤化工企业将承受巨大的效益与持续生存压力。国内现代煤化工要在市场竞争中获得一席之地，必须积极采用多种有效的组合改进升级措施，持续提升竞争力。现代煤化工产业起步较晚、研发时间不长，加上投入资源有限，部分核心装备技术还不能完全掌握，导致煤化工的中间产品雷同现象比较严重。产品链延伸不够，低附加值产品较多，如MTO下游基本都是聚乙烯、聚丙烯产品，且居于低端产品范围，产业竞争力不强。若不走差异化的发展道路，现代煤化工企业间只能用低端产品打价格战，使本已严重过剩的产品竞争更趋恶化。

3. 先进能源技术竞争日益激烈

新一轮科技革命和产业变革正在孕育兴起，发达国家出台了一系列能源技术创新战略计划，非常规油气、电动汽车、可再生能源、氢能技术等技术进步十分迅速，如若率先实现重大革命性突破，对现代煤化工产业发展将带来直接的影响。

4. 清洁燃料替代传统燃料加快

我国清洁燃料需求将保持持续增长，国Ⅵ标准车用燃油（汽、柴油）已于2019年1月1日全面推广，船用燃料油升级步伐加快，天然气车、船快速发展，散煤以及高硫煤、石油

焦等劣质燃料逐步退出市场，工业窑炉、采暖锅炉"煤改气"积极推进，现代煤化工产业可在燃料结构调整中发挥自身优势，起到比较重要的作用。

5. 现代煤化工领域自主创新更加活跃

我国现代煤化工领域自主创新步伐加快，新一代的煤气化、液化、合成等关键技术不断涌现，合成气一步法制烯烃、热解—气化一体化等革命性技术研究取得重要突破，将为产业注入持续发展动力。

6. 部分企业缺乏专业化人才

主要由煤炭、电力行业衍生而来的现代煤化工企业，都不同程度地存在缺乏相关专业方面的技术力量和人才的窘境，这必然限制了在技术研发和自主知识产权方面的进展，同时在管理、运营、销售等方面也需要有经验积累的过程，这都需要引起高度重视并逐渐化解。

7. 新型城镇化建设，消费需求升级

随着人均国民收入超过 10000 美元，跨入中等发达国家门槛，国内将进一步推进新型城镇化建设，"十四五"期间，中国城镇化率将提升至 65%，居民可支配收入增速快于 GDP 增长，国民的消费需求将进一步升级，对煤化工下游产品既是挑战也是机遇。如能通过技术创新、产品创新，生产满足市场产品升级要求的化工产品，以及满足环保要求的可降解塑料产品，将进一步拓展现代煤化工产品的下游产品市场空间。

三、国内现代煤化工企业努力方向与产业展望

经过多年努力，国内的现代煤化工产业已经取得了全面突破和提升，但仍然存在一些问题和不足，如系统集成水平和污染控制技术有待提升，行业标准和市场体系有待完善。针对存在的问题，迫切需要加强科学规划、做好产业布局、提高质量效益，化解资源环境矛盾，实现煤炭清洁转化，培育经济新增长点，进一步提升部分技术应用示范的成熟性、部分技术和装备的可靠性，逐步建成行业标准完善、技术路线完整、产品种类齐全的现代煤化工产业体系，推动产业安全、绿色、创新发展。

我国的现代煤化工发展全面贯彻党的二十大精神，深入贯彻落实"四个革命、一个合作"能源发展的战略思想，以增强能源自主保障能力和推动煤炭清洁高效利用为导向，以国家能源战略技术储备和产能储备为重点，加强现代煤化工技术与装备的自主创新，强化生态环境保护，努力降低新建项目投资和在役企业的运行成本，不断增强产业竞争力和抗风险能力，将现代煤化工产业培育成为我国现代能源体系的重要组成部分。

1. 坚持预防为主，提升治理水平

通过优选工艺和环保技术，提升产业环保水平。严格控制煤炭深加工项目的原料煤选择，限制低水平、小规模的落后工艺技术，避免因工艺技术选择不当或工艺与煤种不匹配而造成环保问题。强化清污分流、污污分治、深度处理、分质回用的污水处置方案，优选推广工艺成熟的污水处理集成技术，避免因水处理工艺不合理而造成污染。

2. 加强风险防范，完善应急措施

强化环境风险防范措施，加强环境监测。根据相关标准设置事故水池，对事故废水进行有效收集和妥善处理，禁止直接外排。制定有效的地下水和地表水监控和应急措施，强

化企业的主体责任。建立覆盖常规污染物、特征污染物的环境监测体系，加强非正常排放工况污染物监测。

3. 产品的差异化和高端化是现代煤化工产业高质量发展的重要途径

我国的资源禀赋决定了国内现代煤化工即便在国际市场较低油价和新能源迅猛崛起的背景下仍具有其相应的市场发展空间。如现代煤化工行业内的"优等生"煤制烯烃的下游产品与石化行业面临着类似的情况，即高端产品缺乏、低端产品过剩，进口石化产品多是化工新材料和专用化学品，这部分进口产品的市场虽客观存在，但却需要我们去"虎口夺食"，只能靠自身的研发创新实力，否则只能是"与虎谋皮""望洋兴叹"！

目前，国内的现代煤化工企业多为非化工行业出身，在石化、化工产品的开发方面一般都起步较晚、积累较少，新产品的研发能力尚有待提升。因此，行业内的现代煤化工企业应借鉴石化行业在产品研发创新方面的经验，尽早搭建新产品研发创新平台，努力吸引、聚集高端研发人才，通过自己艰苦卓绝的努力走出一条有自身特色的向高端产品攀升之路。

在微观上，要稳步推进企业技术升级，降低物料消耗，针对已运行项目，开展评价标定工作，标定整体装置的物耗、能耗、水耗以及"三废"排放等主要指标，如在役装置的能源转化效率和二氧化硫、氮氧化物及二氧化碳排放强度。掌握运行经验并总结查找分析存在的问题，探索优化操作和技术升级改造的可行性。依据标定报告的建议，规范装置工艺运行参数，稳步推进技术级，降低物料消耗，降低在役装置的运行成本，提高企业经济效益。

4. 与传统行业优势互补，协调发展

将现代煤化工作为我国油品、天然气和石化原料供应多元化的重要来源，同时发挥工艺技术和产品质量优势，发挥与传统石油加工的协同作用，推进形成与炼油、石化和天然气产业互为补充、协调发展的格局。

5. 依靠技术创新，推动现代煤化工产业升级

技术创新仍然是中国现代煤化工产业高质量发展的生命力所在和活力源泉，落实创新驱动发展战略，将自主创新作为现代煤化工可持续发展的第一动力，瞄准产业重大需求，强化原始创新、集成创新和引进消化吸收再创新，推动新工艺、新技术、新产品，系统优化集成、关键装备、环境保护等自主创新成果的全方位升级示范，牢牢掌握未来发展的主动权。

构建以企业为主体、市场为导向、产学研相结合的技术创新体系，聚焦技术和产业短板，加大技术和模式创新，加快产学研用协调共进，打通科技创新与产业发展的通道。加快技术装备自主化、国产化，鼓励依托重大示范项目，开发、应用能源化工科技装备首台（套），建立容错机制。促进人才资源要素向产业集聚，加强骨干企业和技术管理队伍的培育储备，加快补齐产业标准体系短板，更加注重保护知识产权，提升对产业发展的支撑能力。加强与煤炭、电力、石化等产业的融合发展，延伸产业链，加快集约化、园区化、基地化建设，推进产品联产化、高值化，形成煤化电热冷多联产、上下游一体化运营，推动现代煤化工产业升级，增强产业创新力和市场竞争力，实现高质量、可持续发展。

6. 坚持绿色发展理念，做好"三废"和 CO_2 的减排及利用

将资源和环境承载力作为行业内企业发展的前提，努力实现企业与行业的绿色发展。绿色发展已经成为科技革命和产业结构优化升级的主要方向，也是我国现代煤化工产业高质量发展的根本要求。由于资源性和能源性的属性，国内现代煤化工产业的"三废"排放量在国民经济各工业领域中是比较靠前的。

虽然现代煤化工绿色发展还面临着诸多挑战，但在各级政府日益严格的环保政策约束与推动下，近年来我国环保技术和装备水平快速提高，如高浓盐水的浓缩、分离、蒸发、结晶均已实现，高浓盐水结晶盐的分质利用、玻璃体固化等技术正在开展技术攻关，煤化工固体废物综合利用的相关技术研发也在全面展开，因此随着技术的进步和突破，目前存在的环保问题是可以较好解决的。

现代煤化工产生的 CO_2 量大、纯度高、易收集，可以作为很好的工业和民用原料。但现有的 CO_2 应用领域有限，用量都太小，远不能消化如此大量的 CO_2。面对国家对碳减排的要求，煤化工企业务必要积极参与研究 CO_2 利用技术的研发，探索 CO_2 的产业化应用，争取从根本上解决 CO_2 的利用问题。

CO_2 是一种重要的工业气体，可以被广泛地用于制造碳酸饮料、烟丝膨化处理、金属保护焊接、合成有机化合物、灭火、制冷，也可用于强化石油开采(Enhanced Oil Recovery，EOR)和强化煤层气开采(Enhanced Coal-bed Methane Recovery，BCBM)。碳捕集、利用与封存(CO_2 Capture, Utilization and Storage，CCUS)是一项新兴的、具有大规模减排潜力的技术，有望实现化石能源使用的 CO_2 近零排放，被认为是进行温室气体深度减排最重要的技术路径之一。开展 CCUS 技术的研发和储备，将为中国未来温室气体减排提供一种重要的战略性技术选择，一直受到政府、企业和学术界的广泛关注。正在实施的"十三五"期间国家重点研发计划以及准备部署启动的面向 2030 年的重大工程计划，也将 CCUS 技术研发与示范列为重要内容，国内也成立了中国 CCUS 产业技术创新战略联盟。

在世界范围内，CO_2 注气驱油技术(CCUS)已成为产量规模居第一位的强化采油技术；在气驱技术体系中，CO_2 驱油技术因其可在驱油利用的同时实现碳封存，兼具经济和环境效益而倍受工业界青睐。CO_2 驱油技术在国外已有 60 多年的连续发展历史，技术成熟度与配套程度较高，凸显出规模有效碳封存效果。

美国在利用 CO_2 驱油的同时已经封存 CO_2 约 $10×10^8$ t。CO_2 驱油技术因其封存规模大的特点，在各类 CCUS 技术中脱颖而出，尤其得到了能源界的重视。CO_2 驱油成为 CCUS 的主要技术发展方向。国内的 CO_2 驱油与封存技术目前仍处于工业试验阶段，CO_2 驱油与封存项目累计实施近 300 个井组，涵盖了多种油藏和气源类型，个别示范项目取得了良好的国际影响。国内大力开展 CO_2 驱油与封存技术推广"只欠东风"，发展 CO_2 驱油与封存技术是提高低渗透油藏采收率的现实需要，又契合国家低碳发展战略。从机理上，CO_2 驱具有增产石油和碳减排的双重功能。相关的技术性评价认为，中国混相条件较好的技术可行 CO_2 驱潜力约为 $70×10^8$ t，CO_2 驱年产油量有望达千万吨规模，相应的年减排 CO_2 量有望超过碳减排形势判断，CO_2 驱在中国基本具备大规模推广的现实条件。CO_2 驱既是大幅度提高低渗透油藏采收率的有效手段，也是碳排放企业规模碳减排工作的重要抓手。现代煤化工行业及业内企业应把握全国碳排放权交易市场建设和碳税征收准备战略机遇期，通盘筹谋并加快

CO_2 驱油技术工业化应用进程，为国家绿色低碳发展做出贡献。

此外，国内多家研究机构利用现代煤化工企业产生的高浓度 CO_2 重整生产化学品的新技术"初见端倪"，如 CO_2 制甲醇、CO_2 一步法制烯烃、CO_2 一步法制乙二醇已取得一定成果，即将进行中试和工业化试验，可能是未来温室气体综合利用的潜在技术。

总之，现代煤化工副产的大量高浓度 CO_2，从资源角度来看，也是被放错位置、尚在等待被归位利用的重要资源，通过不断技术创新、引入创新性技术，现代煤化工副产的 CO_2 将很快转变成为降低碳排放、促进现代煤化工发展的新的驱动力，依靠跨行业的联合与技术创新一定能够最终化解碳排放这个现代煤化工发展路上的巨大障碍。

7. 探索与石化、化工等行业耦合、集成，提升智能化水平

探索煤化工与高耗能工业及新能源耦合发展，包括与 PVC、冶铁、建材等高耗能工业耦合，逐步淘汰落后产能，与风电、太阳能等新能源工业耦合，探索优势互补新模式等。加快企业智能化基础设施的投入及企业智能化工作的推进，提高现代煤化工企业的整体智能化水平。

总之，国内的现代煤化工企业要立足我国能源资源国情和产业发展实际，牢固树立新发展理念，坚持创新驱动和稳妥示范，推动现代煤化工产业高质量发展，落实国家能源战略技术产能储备，加大创新攻关提高效率水平，统筹产业示范与经济社会、生态环境实现协同发展，使现代煤化工产业成为"清洁低碳、安全高效"能源体系的重要组成部分。

我国现代煤化工产业已具备一定规模，关键技术实现整体突破，但任何一个产业从起步到完善都需要时间去实践并不断改进和完善。随着科研的投入、产业化升级示范的进一步推进以及与毗邻行业的技术耦合与集成，与 CCUS 技术等先进技术结合，现代煤化工技术有望不断突破并较快地克服目前面临的困难。现代煤化工作为我国应对石油安全问题的重要战略技术支撑，将不断向绿色、高效、低碳、集约方向发展，成为我国未来低碳经济和应对气候变化的重要组成部分。

尽管进入 21 世纪以来，国内现代煤化工技术有了长足的发展和技术、装备等方面的较大突破，但目前现代煤化工行业内所采用的主流技术基本上还是以几十年前的传统煤化工为基础的技术，如 $180×10^4$ t/a 及以上规模的大甲醇技术，其合成气单程转化率最高也就是百分之十几，而当前的反应催化剂技术、材料技术等已经远不是几十年前的水平，如果能够将甲醇反应的转化率提高到一个新的水平，或许能够带来相关新的较大的技术性突破！因此，以一斑而窥全豹，相信技术创新一定是现代煤化工生存与发展的根本动力与生命源泉！

参考文献

[1] 张立宽. 现代煤化工是煤炭清洁高效利用的重要途径[N]. 中国矿业报, 2019-11-11(6).

[2] 陈乐. 新型煤化工产业发展规划研究[D]. 北京：中国矿业大学(北京), 2015.

[3] 柯体竹. 世界煤化工产业发展现状及趋势[J]. 中国石油和化工经济分析, 2011(12): 28-29.

[4] 徐振刚. 我国现代煤化工跨越发展二十年[J]. 洁净煤技术, 2015, 21(1): 1-5.

[5] 卫小芳, 王建国, 丁云杰. 煤炭清洁高效转化技术进展及发展趋势[J]. 中国科学院院刊, 2019, 34(4): 409-416.

[6] 徐振刚. 中国现代煤化工近25年发展回顾·反思·展望[J]. 煤炭科学技术, 2020, 48(8): 1-25.

[7] 张鸿宇, 周丽, 张希良. 我国现代煤化工产业现状及政策综述[J]. 现代化工, 2018, 38(5): 1-5.

[8] 张玉卓. 神华现代煤制油化工工程建设与运营实践[J]. 煤炭学报, 2011, 36(2): 179-184.

[9] 李显. 神华煤直接液化动力学及机理研究[D]. 大连：大连理工大学, 2008.

[10] 陈菊枝, 洪献春. 煤炭气化技术[J]. 化学工程与装备, 2011(4): 110-111.

[11] 王文善. 从CO变换工艺技术的历史演变看等温变换的历史性贡献[J]. 化肥工业, 2013(6): 24-27.

[12] 赵鹏飞, 李水弟, 王立志. 低温甲醇洗技术及其在煤化工中的应用[J]. 化工进展, 2012, 31(11): 2442-2448.

[13] 李庆勋, 刘晓彤, 刘克峰, 等. 大规模工业制氢工艺技术及其经济性比较[J]. 天然气化工(C1化学与化工), 2015, 40(1): 78-82.

[14] 王永锋, 张雷. 氢气提纯工艺及技术选择[J]. 化工设计, 2015, 25(2): 14-17.

[15] 达琴琴, 孙轶琼. 国内外硫回收技术及工程化设计要点[J]. 煤化工, 2016, 44(3): 40-43.

[16] 王和杰. 基于Claus技术的燃烧炉硫回收工艺研究[J]. 中国石油和化工标准与质量, 2013, 33(19): 20.

[17] 李代红, 王洪波. 合成气制乙二醇市场及技术进展[J]. 现代化工, 2017, 37(1): 5-10.

[18] 吴秀章. 煤制低碳烯烃工艺与工程[M]. 北京：化学工业出版社, 2014.

[19] 公磊, 吴秀章, 卢卫民, 等. 煤基高温费托合成技术进展[J]. 化工进展, 2016, 35(S1): 122-129.

[20] 瞿勇. 合成气制低碳醇技术进展及前景分析[J]. 石油化工, 2005, 34(z1): 301-303.

[21] 门秀杰, 崔德春, 于广欣, 等. 合成气制低碳醇技术在中国的研究进展及探讨[J]. 现代化工, 2013, 33(12): 21-23.

[22] 李衡哲. 丁辛醇合成工艺技术选择及评价[J]. 化工管理, 2016(16): 221-223.

[23] 谭平华, 肖春妹, 熊国炎, 等. 乙烯羰基化合成研究进展[J]. 现代化工, 2011, 31(9): 28-31.

[24] 黄格省, 胡杰, 李锦山, 等. 我国煤制烯烃技术发展现状与趋势分析[J]. 化工进展, 2020, 39(10): 3966-3974.

[25] 朱伟平, 李飞, 薛云鹏, 等. 甲醇制芳烃技术研究进展[J]. 现代化工, 2014, 34(7): 36-40.

[26] 王银斌, 臧甲忠, 于海斌. 甲醇制汽油技术进展及相关问题探讨[J]. 煤化工, 2011, 39(3): 16-19.

[27] 滕加伟, 任丽萍, 赵国良, 等. 甲醇制丙烯技术进展[J]. 石油化工, 2014(43): 202-205.

[28] 陈鹏, 古共伟. 甲醇制二甲醚技术[J]. 应用化工, 2006, 35(z1): 355-366.

[29] 张兴山, 李亚弟. 煤制烯烃混合碳四的利用探讨[J]. 化工管理, 2017(3): 141+143.

[30] 陈鹏. 中国煤炭性质、分类和利用[M]. 北京: 化学工业出版社, 2001.

[31] 钟蕴英, 关梦嫔, 崔开仁, 等. 煤化学[M]. 徐州: 中国矿业大学出版社, 1989.

[32] 吴春来. 煤炭直接液化[M]. 北京: 化学工业出版社, 2010.

[33] 于遵宏, 王辅臣. 煤炭气化技术[M]. 北京: 化学工业出版社, 2010.

[34] 张玉卓. 煤洁净转化工程[M]. 北京: 煤炭工业出版社, 2011.

[35] 张玉卓. 神华集团的煤炭洁净转化战略[J]. 中国煤炭, 2004(4): 5-7.

[36] 高晋生, 张德祥. 煤液化技术[M]. 北京: 化学工业出版社, 2005.

[37] 史士东. 煤加氢液化工程学基础[M]. 北京: 化学工业出版社, 2012.

[38] 桑磊, 舒歌平. 煤直接液化性能的影响因素浅析[J]. 化工进展, 2018, 37(10): 3788-3798.

[39] 任相坤, 房鼎业, 金嘉璐, 等. 煤直接液化技术开发新进展[J]. 化工进展, 2010, 29(2): 198-204.

[40] 李克建, 吴秀章, 舒歌平. 煤直接液化技术在中国的发展[J]. 洁净煤技术, 2014, 20(2): 39-43.

[41] 舒歌平. 神华煤直接液化工艺开发历程及其意义[J]. 神华科技, 2009, 7(1): 78-82.

[42] 吴秀章, 舒歌平, 李克健, 等. 煤炭直接液化工艺与工程[M]. 北京: 科学出版社, 2015.

[43] 胡发亭, 王学云, 毛学锋, 等. 煤直接液化制油技术研究现状及展望[J]. 洁净煤技术, 2020, 26(1): 99-109.

[44] 张继明, 舒歌平. 神华煤直接液化示范工程最新进展[J]. 中国煤炭, 2010, 36(8):

11-14.

[45] 张玉卓. 中国神华煤直接液化技术新进展[J]. 中国科技产业, 2006(2): 32-35.

[46] 李小强, 韩来喜. 沸腾床加氢工艺在煤直接液化项目中的应用及优化[J]. 煤化工, 2015, 43(6): 5-9.

[47] 白雪梅. 煤液化柴油调和及发动机试验研究[J]. 煤炭转化, 2017, 40(3): 44-51.

[48] 程时富, 张元新, 常鸿雁, 等. 煤直接液化残渣的萃取和利用研究[J]. 煤炭转化, 2015, 38(4): 38-42.

[49] 李克健, 程时富, 蔺华林, 等. 神华煤直接液化技术研发进展[J]. 洁净煤技术, 2015, 21(1): 50-55.

[50] 王相龙, 李怡招, 宿新泰. 煤直接液化残渣衍生碳材料的研究进展[J]. 现代化工, 2020, 40(11): 20-24.

[51] 魏江波. 煤制油废水零排放实践与探索[J]. 工业用水与废水, 2011, 42(5): 70-75.

[52] 吴秀章. 现代煤制油化工生产废水零排放的探索与实践[J]. 现代化工, 2015, 35(4): 10-16.

[53] 吴秀章, 崔永君. 神华10万t/a CO_2盐水层封存研究[J]. 石油学报(石油加工), 2010, 26(z1): 236-239.

[54] 吴秀章. 中国二氧化碳捕集与地质封存首次规模化探索[M]. 北京: 科学出版社, 2013.

[55] 贺永德. 现代煤化工技术手册[M]. 2版. 北京: 化学工业出版社, 2011.

[56] 汪寿建. 现代煤气化技术发展趋势及应用综述[J]. 化工进展, 2016, 35(3): 653-664.

[57] 黄戒介, 房倚天, 王洋. 现代煤气化技术的开发与进展[J]. 燃料化学学报, 2002, 30(5): 385-391.

[58] 孟磊, 周敏, 王芬. 煤催化气化催化剂研究进展[J]. 煤气与热力, 2010, 30(4): 60-64.

[59] 张济宇, 陈彦, 林驹. 催化气化工业化进程展望[J]. 煤炭转化, 2010, 33(4): 90-97.

[60] 毛燕东, 李克忠, 孙志强, 等. 小型流化床燃煤自供热煤催化气化特性研究?[J]. 高校化学工程学报, 2013(5): 798-804.

[61] 王辅臣, 于广锁, 龚欣, 等. 大型煤气化技术的研究与发展[J]. 化工进展, 2009, 28(2): 173-180.

[62] 于广锁, 牛苗任, 王亦飞, 等. 气流床煤气化的技术现状和发展趋势[J]. 现代化工, 2004, 24(5): 23-26.

[63] 高聚忠. 煤气化技术的应用与发展[J]. 洁净煤技术, 2013, 19(1): 65-71.

[64] 谢克昌, 房鼎业. 甲醇工艺学[M]. 北京: 化学工业出版社, 2010.

[65] Łaniecki M, Małecka-Grycz M, Domka F. Water-gas shift reaction over sulfided molybdenum catalysts: Ⅰ. Alumina, titania and zirconia-supported catalysts[J]. Applied Catalysis A: General, 2000, 196(2): 293-303.

[66] Baier T, Kolb G. Temperature control of the water gas shift reaction in microstructured reactors [J]. Chemical Engineering Science, 2007, 62(17): 4602-4611.

[67] Hou P, Meeker D, Wise H. Kinetic studies with a sulfur-tolerant water gas shift catalyst [J]. Journal of Catalysis, 1983, 80(2): 280-285.

[68] Mohamed M M, Salama T M, Othman A I, et al. Low temperature water-gas shift reaction on cerium containing mordenites prepared by different methods [J]. Applied Catalysis A: General, 2005, 279(1-2): 23-33.

[69] Abrol S, Hilton C M. Modeling, simulation and advanced control of methanol production from variable synthesis gas feed [J]. Computers & Chemical Engineering, 2012 (40): 117-131.

[70] Basińska A. Catalytic activity of Ru/Fe_2O_3, obtained by adsorption of ruthenium on iron oxide supports [J]. Reaction Kinetics and Catalysis Letters, 1997, 60(1): 49-56.

[71] Andreeva D, Idakiev V, Tabakova T, et al. Low-temperature water-gas shift reaction over Au/CeO_2 catalysts [J]. Catalysis Today, 2002, 72(1-2): 51-57.

[72] 李速延, 周晓奇. CO变换催化剂的研究进展[J]. 煤化工, 2007, 35(2): 31-34.

[73] 杨金玲. Co-Mo-K/Al_2O_3-MgO-n催化剂上的水煤气变换反应研究[D]. 大连: 大连理工大学, 2014.

[74] 李云锋, 于元章, 王龙江, 等. 一氧化碳变换催化剂的应用与发展[J]. 广东化工, 2009, 36(10): 88-90.

[75] 裴盈, 江志斌. B113-2/B205-1型一氧化碳变换催化剂应用总结[J]. 大氮肥, 2001, 24(6): 377-381.

[76] Wambeke A, Jalowiecki L, Kasztelan S, et al. The active site for isoprene hydrogenation on MoS_2 γ-Al_2O_3 catalysts [J]. Journal of Catalysis, 1988, 109(2): 320-328.

[77] 赵钰琼, 董跃, 张永发. CO催化变换制氢宽温耐硫及新型变换催化剂研究的进展[J]. 山西能源与节能, 2009(6): 69-73.

[78] Rossetti I, Buchneva O, Biffi C, et al. Effect of sulphur poisoning on perovskite catalysts prepared by flame-pyrolysis [J]. Applied Catalysis B: Environmental, 2009, 89(3-4): 383-390.

[79] 谢永军, 栗玉霞. 甲醇催化剂中毒原因分析与改进[J]. 西部煤化工, 2006(1): 31.

[80] Menegazzo F, Canton P, Pinna F, et al. Bimetallic Pd-Au catalysts for benzaldehyde hydrogenation: Effects of preparation and of sulfur poisoning [J]. Catalysis Communications, 2008, 9(14): 2353-2356.

[81] Menon P G. Deactivation and poisoning of catalysts [J]. Applied Catalysis, 1986, 21(2): 389-390.

[82] Baturina O A, Gould B D, Garsany Y, et al. Insights on the SO poisoning of PtCo/VC and Pt/VC fuel cell catalysts [J]. Electrochimica Acta, 2010, 55(22): 6676-6686.

[83] Liu Z T, Zhou J L, Zhang B J. Poisoning of iron catalyst by COS in syngas for Fischer-Tropsch synthesis [J]. Journal of Molecular Catalysis, 1994, 94(2): 255-261.

[84] Williams R H, Larson E D. A comparison of direct and indirect liquefaction technologies for making fluid fuels from coal[J]. Energy for Sustainable Development, 2003, 7(4): 103-129.

[85] 陈莉. 煤气化配套一氧化碳变换工艺技术的选择[J]. 大氮肥, 2013, 36(3): 150-157.

[86] 李正西, 秦旭东, 宋洪强, 等. 聚乙二醇二甲醚在甲醇生产中的应用[J]. 石油化工设计, 2008, 25(2): 51-54.

[87] 赵鹏飞. 低温甲醇洗技术及其在煤化工中的应用[J]. 石化技术, 2017, 24(5): 4.

[88] 张靖, 路意. 煤制甲醇项目净化工艺分析[J]. 化工设计通讯, 2020, 46(2): 19, 28.

[89] 刘辉, 王辛龙, 杨秀山. 热钾碱法脱碳与NHD脱碳系统运行总结与对比[J]. 中氮肥, 2019(2): 36-40.

[90] 梅安华, 汪寿建, 林棣生. 小合成氨厂工艺技术与设计手册(上册)[M]. 北京: 化学工业出版社, 1995.

[91] Koyun T, Kunduz M, Oztop H F, et al. Comparison of purification processes of natural gas obtained from three different regions in the world[J]. Journal of Natural Gas Chemistry, 2012, 21(1): 61-68.

[92] 赵士全, 黄虎. 低温甲醇洗设备硫化氢腐蚀及分析[J]. 西部煤化工, 2010(2): 21-24.

[93] 樊志伟. 低温甲醇洗出口H_2S含量超标原因及对策[J]. 氮肥技术, 2009, 30(5): 41-43.

[94] 訾文礼, 王美丽, 刘新波. 低温甲醇洗脱硫脱碳工艺原始开车过程中H_2S超标的处理[J]. 河南化工, 2010, 27(7): 46-49.

[95] 张海军, 赵晋, 王强. 低温甲醇洗装置冷量优化措施[J]. 大氮肥, 2006, 29(5): 313-315.

[96] 王显炎. 大型煤气化配套低温甲醇洗的优势[J]. 化工设计, 2008, 18(5): 8-12.

[97] 王峰. 低温甲醇洗装置洗涤甲醇消耗偏高的原因及对策[J]. 化肥工业, 2010, 37(2): 59-62.

[98] 张成祥, 王群. 低温甲醇洗溶液循环量调节经验总结[J]. 中氮肥, 2008(4): 32-33.

[99] 刘志云, 何洁. 低温甲醇洗甲醇再生塔的除垢研究[J]. 化肥工业, 2002, 29(2): 54-55.

[100] 管英富, 王键, 伍毅, 等. 大型煤制氢变压吸附技术应用进展[J]. 天然气化工(C1化学与化工), 2017, 42(6): 129-132.

[101] 尹忠辉. 煤及天然气两种制氢路线的比较[J]. 石油化工技术与经济, 2009, 25(3): 60-62.

[102] 吴同舫, 李志祥. 大型煤化工项目常见煤气化技术性能对比[J]. 中氮肥, 2006, 3: 11-15.

[103] 刘文, 尹晓晖, 李克海. 水煤浆气化制氢的气化压力选择[J]. 洁净煤技术, 2016,

22(5)：89-94.

[104] 文春梅．一氧化碳变换工艺及催化剂分析[J]．化肥工业，2017，44(3)：47-48.

[105] 周明灿，李繁荣，陈延林，等．壳牌煤气化生产合成氨之变换装置水气比及工艺流程设计探讨[J]．化肥设计，2012，50(1)：16-19.

[106] 纵秋云．Shell 粉煤气化制氨流程中催化剂的分段研究[C]//全国中氮情报协作组第22次技术交流会论文集，2004.

[107] 纵秋云．高浓度 CO 变换催化剂装填量的动力学计算及问题探讨[J]．化肥设计，2006，44(5)：18-20.

[108] 吝子东．变压吸附法净化氢气[J]．舰船防化，2003(4)：6-10.

[109] 余浩．高压煤气化制氢变压吸附流程的比较[J]．石化技术，2016，23(2)：83-84.

[110] 刘小群，江宏富，姚文锐．硫化氢脱除技术研究进展[J]．安徽化工，2004，30(5)：33-37.

[111] 周士义，刘磊，李杰．硫回收工艺研究[J]．气体净化，2009，9(2)：6-7.

[112] Goar B G. Sulfur recovery technology[R]. American Institute of Chemical Engineers, New York, 1986.

[113] 王慧，侯春健，张晓芹．提高总硫回收率的硫磺回收工艺[J]．化学工业与工程技术，2006，27(3)：53-57

[114] 唐昭峥，毛兴民，罗守坤，等．国外硫磺回收和尾气处理技术进展综述[J]．齐鲁石油化工，1996，24(4)：302-311.

[115] 张义玲，达建文．富氧硫回收工艺新进展[J]．大氮肥，2007，30(6)：381-383.

[116] 宋安太，郝天臻．硫回收装置采用富氧技术的研究与应用[J]．石油炼制与化工，2004，35(2)：22-25.

[117] 李志平．炼厂硫回收装置技术选择浅析[J]．当代化工，2007，36(5)：457-461

[118] Peterman L G, Staebel R J. Process for controlling temperature of a Claus sulfur unit thermal reactor：US4543245[P]. 1985-09-24.

[119] Peterman L G, Staebel R J. System for temperature control of a Claus sulfur unit thermal reactor：US04438069[P]. 1984-03-20.

[120] 李菁菁．硫回收及尾气处理[J]．炼油设计，1999，29(8)：36-42.

[121] 徐广华，刘雨晴．克劳斯硫回收工艺中的富氧技术[J]．化工进展，2002，21(8)：572-575.

[122] 张义玲，李文波，毛兴民，等．硫磺回收及尾气处理技术新进展[J]．河南化工，2000，6：3-6.

[123] Stevens D K, Buckhannan W H. Enhanced process configurations for the CBA process[J]. Sulphur, 1993, 225：37-48.

[124] 张义玲，李文波，唐昭峥．硫回收技术进展评述[J]．炼油与化工，2003，14(1)：9-12.

[125] 颜廷昭，徐荣．低温克劳斯硫回收及尾气处理技术进展[J]．天然气与石油，2002，20(2)：40-43.

[126] 仝明，陈昕. Lo-Cat 硫回收工艺及其评价[J]. 石油化工环境保护，2000(1)：29-33.

[127] Dalrymple D A, Trofe T W, Evans J M. An overview of liquid redox sulfur recovery [J]. Chem. Eng. Prog. (United States), 1989, 85(3).

[128] Goar. Superclaus sulfur recovery process[J]. Oil & Gas Journal, 1988, 86(42): 68-71.

[129] 顾约伦. 以环境可持续性为目标的硫回收工艺[J]. 高桥石化，2008，23 (4)：56.

[130] Chute A E. Sulfur recovery from low H_2S gases[J]. Chem. Eng. Prog, 1982, 78(10): 61-65.

[131] Kettner R, Liermann N. MODOP, ein neues Verfahren zur Emissionsminderung von Clausanlagen[J]. Erdöl, Erdgas, Kohle, 1987, 103(2): 520-524.

[132] 刘泼. 硫回收及尾气处理工艺综述[J]. 硫磷设计与粉体工程，2007(6)：9-12.

[133] 韩科，刘春辉. 新排放标准下的硫磺回收尾气处理技术选择[J]. 现代化工，2017，37(9)：159-163.

[134] 孟强. 40 万吨/年合成气制乙二醇工艺分析及优化[D]. 青岛：中国石油大学(华东)，2017.

[135] 梁艳文，赵其文，李伟. 合成气合成乙二醇技术进展[J]. 广州化工，2014，13：21-23.

[136] 高占笙. 合成气一步制乙二醇[J]. 石油化工，1993，22 (2)：137-141.

[137] 葛庆杰. 第六章合成气化学[J]. 工业催化，2016，24(3)：82-104.

[138] 冯申. 两种煤制乙二醇工艺的技术经济比选[J]. 广东化工，2020，47(21)：65-66.

[139] Tahara S, Fujii K, Nishihira K, et al. Process for continuously preparing ethylene glycol: US4453026A[P]. 1987-04-29.

[140] 孟宪申. 一碳化学的发展趋势[J]. 化工技术经济，1996(2)：1-4.

[141] Bartley W J. Process for the preparation of ethylene glycol[R]. 1986.

[142] 李学强，郑化安，张生军，等. 国内煤制乙二醇现状及发展建议[J]. 洁净煤技术，2014，6：92-96.

[143] 周张锋，李兆基，潘鹏斌，等. 煤制乙二醇技术进展[J]. 化工进展，2010，29(11)：2003-2009.

[144] 王奎. 煤制乙二醇工艺技术及工艺流程简述[J]. 广东化工，2017，44(17)：240-241.

[145] 宋高鹏. 共沸精馏分离乙二醇-丙二醇-丁二醇物系的研究[D]. 天津：天津大学，2006.

[146] 李春利，段丛，王雪菲，等. 萃取精馏分离乙二醇和 1，2-丁二醇的方法：CN110357763[P]. 2019-10-22.

[147] 戴传波，潘高峰，刘艳杰，等. 一种共沸精馏与萃取耦合技术分离乙二醇和 1，2-丁二醇混合物的新方法：CN103772148[P]. 2014-05-07.

[148] 高鑫，李鑫钢，李洪，等. 乙二醇和 1，2-丁二醇的反应精馏分离精制新方法、工艺及装置：CN105541551[P]. 2016-02-04.

[149] 叶智刚. 合成气制乙二醇的偶联反应过程和机理分析[J]. 云南化工，2018，45

[150] 宋若钧，张秀辉，贺德华，等．一氧化碳气相催化氧化偶合制草酸酯的研究Ⅱ、载体效应[J]．天然气化工（C1化学与化工），1987，2：14-19.

[151] 中国科学院福建物质结构研究所．CO气相偶联合成草酸二甲酯用催化剂及其制备方法：CN105289589A[P]．2016-02-03.

[152] 赵铁均，顾雄毅，戴迎春，等．基于纳米碳纤维为载体的催化剂以及制备草酸酯的方法[J]．高科技纤维与应用，2005，30(1)：55.

[153] 王宏伟，逄彬，王天来，等．载体和助剂对CO气相合成草酸二甲酯的影响[J]．化工科技，2010，18(5)：24-26.

[154] Xu Z N，Sun J，Lin C S，et al. High-performance and long-lived Pd nanocatalyst directed by shape effect for CO oxidative coupling to dimethyl oxalate[J]. ACS Catalysis，2013，3(2)：118-122.

[155] 铁锴，卫国宾，张利军，等．合成气制乙二醇工艺研究进展[J]．石化技术，2020，27(7)：10-13.

[156] Zhu Y Y，Wang S R，Zhu L J，et al. The influence of copper particle dispersion in Cu/SiO$_2$ catalysts on the hydrogenation synthesis of ethylene glycol[J]. Catalysis Letters，2010，135(3)：275-281.

[157] 杨亚玲，张博，李伟，等．焙烧温度对草酸二甲酯加氢制乙二醇催化剂Cu/SiO$_2$的影响[J]．工业催化，2010，18(6)：28-31.

[158] Zheng X，Lin H，Zheng J，et al. Lanthanum oxide-modified Cu/SiO$_2$ as a high-performance catalyst for chemoselective hydrogenation of dimethyl oxalate to ethylene glycol[J]. ACS Catalysis，2013，3(12)：2738-2749.

[159] Zhu J，Ye Y，Tang Y，et al. Efficient hydrogenation of dimethyl oxalate to ethylene glycol via nickel stabilized copper catalysts[J]. RSC Advances，2016，6(112)：111415-111420.

[160] 周伟，李世虎．合成气经草酸二甲酯制乙二醇的技术进展[J]．安徽化工，2013，39(4)：67-68.

[161] 常成．合成气制乙二醇市场及技术进展[J]．中国化工贸易，2017，9(18)：8.

[162] 郑宁来．草酸酯法煤制乙二醇技术工业化[J]．合成技术及应用，2015(2)：9.

[163] 刘华伟，孔渝华，陈伟健，等．WHB煤制聚合级乙二醇新技术[J]．化肥工业，2014(6)：81-85.

[164] 刘兴然，唐飞，赵先治，等．合成气制乙二醇生产工艺技术比较及经济性分析[J]．化工设计，2018，28(1)：19-23.

[165] 陈嵩嵩，张国帅，霍锋，等．煤基大宗化学品市场及产业发展趋势[J]．化工进展，2020，39(12)：5009-5020.

[166] 李忠，谢克昌．煤基醇醚燃料[M]．北京：化学工业出版社，2011.

[167] 彭建喜．煤气化制甲醇技术[M]．北京：化学工业出版社，2010.

[168] 黄凤林．碳一化工[M]．北京：中国石化出版社，2015.

[169] 宋维端,肖任坚,房鼎业.甲醇工学[M].北京:化学工业出版社,1991.

[170] 李芮,李万林,武海梅,等.煤基甲醇合成工艺技术选择及生产效率影响因素浅析[J].中氮肥,2020(6):49-54.

[171] 钟贻烈,李琼玖.托普索天然气大型甲醇厂工艺技术的选择[J].化肥设计,2004,42(2):18-24.

[172] 张小军,丁彩丽,王学军.卡萨利甲醇合成装置试车问题分析及解决措施[J].化肥工业,2012,39(5):66-70.

[173] 楼韧,冯再南,姚泽龙,等.国内外大型甲醇技术的对比[J].天然气化工,2011,36(4):46-52.

[174] 孙晋东.大型煤制烯烃项目甲醇合成工艺比选[J].煤炭加工与综合利用,2018(4):1-6.

[175] 谢定中.180万t/a甲醇合成系统设计思考[J].化肥设计,2016,54(2):24-26.

[176] 钱伯章.我国甲醇生产技术开发进展[J].精细化工原料及中间体,2012(7):34-37.

[177] 仇冬,刘金辉,黄金钱.甲醇合成催化剂技术的发展与展望[J].化学工业与工程技术,2005,26(3):37-40.

[178] 储伟,吴玉塘,罗仕忠,等.低温甲醇液相合成催化剂及工艺的研究进展[J].化学进展,2001,13(2):128-134.

[179] 程建光,陆丽萍,张雷.甲醇双塔精馏与三塔精馏的比较[J].化工设计通讯,2009,35(3):30-33.

[180] 褚立志.甲醇三塔精馏工艺[J].河北化工,2010,33(6):50-52.

[181] 乔洁,顾朝晖.三塔、四塔、五塔甲醇精馏工艺技术对比分析[J].氮肥与合成气,2020,48(9):1-3.

[182] Steynberg A P, Dry M E. Fischer-Tropsch technology[M]. Elsevier Science & Technology Books, 2004.

[183] 张结喜.煤间接液化技术的现状及工业应用前景[J].化学工业与工程技术,2006,27(1):56-60.

[184] 周从文,林泉.费托合成技术应用现状与进展[J].神华科技,2010,8(4):93-96.

[185] 马文平,刘全生,赵玉龙,等.费托合成反应机理的研究进展[J].内蒙古工业大学学报:自然科学版,1999,18(2):121-127.

[186] 辛采芬,黄止而,张慧芳.CO在F-T合成用铁催化剂上吸附和解离的研究[J].燃料化学学报,1990,18(3):273-277.

[187] 高琳,徐元源,李永旺.工业Fe-Mn催化剂上费托合成反应动力学的研究[J].燃料化学学报,2009,37(6):717-721.

[188] 滕波涛,常杰,万海军,等.F-T合成校正综合动力学模型[J].催化学报,2007,28(8):687-695.

[189] 陈建刚,相宏伟,李永旺,等.费托法合成液体燃料关键技术研究进展[J].化工学报,2003,54(4):516-523.

[190] 孙启文.煤炭间接液化[M].北京:化学工业出版社,2012.

[191] 郭树才. 煤化工工艺学[M]. 北京：化学工业出版社, 1991.

[192] 吴春来. 南非SASOL的煤炭间接液化技术[J]. 煤化工, 2003, 31(2): 3-6.

[193] 孙予罕, 陈建刚, 王俊刚, 等. 费托合成钴基催化剂的研究进展[J]. 催化学报, 2010, 31(8): 919-927.

[194] 罗伟, 徐振刚, 王乃继, 等. 浆态床费托合成技术研究进展[J]. 煤化工, 2008, 36(5): 17-20.

[195] 石勇. 费托合成反应器的进展[J]. 化工技术与开发, 2008, 37(5): 31-38.

[196] 舒歌平. 煤炭液化技术[M]. 北京：煤炭工业出版社, 2003.

[197] 姚强. 洁净煤技术[M]. 北京：化学工业出版社, 2005.

[198] 吕毅军, 张志新, 周敬来. Raney Fe催化剂上的浆态相F-T反应研究[J]. 天然气化工, 1997, 22(4): 18-22.

[199] 钱卫, 黄于益, 张庆伟, 等. 煤制天然气(SNG)技术现状[J]. 洁净煤技术, 2011, 17(1): 27-32.

[200] 朱瑞春, 公维恒, 范少锋. 煤制天然气工艺技术研究[J]. 洁净煤技术, 2011, 17(6): 81-85.

[201] 汪家铭, 蔡洁. 煤制天然气技术发展概况与市场前景[J]. 天然气化工, 2010, 35(1): 64-70.

[202] 张鹏程. 美国《油气杂志》2021年终盘点：全球石油产量和油气储量[J]. 世界石油工业, 2022, 29(1): 76.

[203] 黎江峰, 吴巧生, 薛双娇, 等. 中美天然气安全比较：基于非常规天然气开发视角[J]. 理论月刊, 2020, 7: 82-89.

[204] Kopyscinski J, Schildhauer T J, Biollaz S M A. Production of synthetic natural gas (SNG) from coal and dry biomass-A technology review from 1950 to 2009[J]. Fuel, 2010, 89(8): 1763-1783.

[205] 王震, 孔盈皓, 李梦祎. 新形势下中国天然气安全态势研究[J]. 天然气与石油, 2023, 41(1): 1-7.

[206] 袁涌天, 尹燕华, 周旭, 等. CO、CO_2及其共存体系的甲烷化反应[J]. 化工进展, 2014, 33(Z1): 173-180.

[207] Gao J, Wang Y, Ping Y, et al. A thermodynamic analysis of methanation reactions of carbon oxides for the production of synthetic natural gas[J]. RSC Advances, 2012, 2(6): 2358-2368.

[208] 赵亮, 陈允捷. 国外甲烷化技术发展现状[J]. 化工进展, 2012, 31(S1): 176-178.

[209] Nikoo M K, Amin N A S. Thermodynamic analysis of carbon dioxide reforming of methane in view of solid carbon formation[J]. Fuel Processing Technology, 2011, 92(3): 678-691.

[210] 李安学, 李春启, 左玉帮, 等. 合成气甲烷化工艺技术研究进展[J]. 化工进展, 2015, 34(11): 3898-3905.

[211] 于广锁, 于建国, 尹德胜, 等. 甲烷化反应体系研究综述[J]. 化肥设计, 1998(2):

14-16.

[212] Lo J M H, Ziegler T. Density functional theory and kinetic studies of methanation on iron surface[J]. The Journal of Physical Chemistry C, 2007, 111(29): 11012-11025.

[213] 李茂华, 杨博, 鹿毅, 等. 煤制天然气甲烷化催化剂及机理的研究进展[J]. 工业催化, 2014, 22(1): 10-24.

[214] Mori T, Masuda H, Imai H, et al. Kinetics, isotope effects, and mechanism for the hydrogenation of carbon monoxide on supported nickel catalysts[J]. The Journal of Physical Chemistry, 1982, 86(14): 2753-2760.

[215] McCarty J G, Wise H. Hydrogenation of surface carbon on alumina-supported nickel[J]. Journal of Catalysis, 1979, 57(3): 406-416.

[216] 伏义路, 李锡青, 徐小云. 镍基催化剂上变换—甲烷化反应机理的研究[J]. 催化学报, 1985, 6(4): 306-311.

[217] Darensbourg D J, Ovalles C, Bauch C G. Mechanistic aspects of catalytic carbon dioxide methanation[J]. Reviews in Inorg Chem, 1987, 7: 315-339.

[218] 贾媛. 我国煤制天然气项目水风险评估及对策建议[J]. 煤炭经济研究, 2020, 40(9): 58-65.

[219] Nahas N C. Exxon catalytic coal gasification process: Fundamentals to flowsheets[J]. Fuel, 1983, 62(2): 239-241.

[220] 苗兴旺, 吴枫, 张数义. 煤制天然气技术发展现状[J]. 氮肥技术, 2010, 31(1): 6-8.

[221] 张成. CO 与 CO_2 甲烷化反应研究进展[J]. 化工进展, 2007, 26(9): 1269-1273.

[222] 侯侠, 张伟伟. 煤化工科普知识[M]. 北京: 中国石化出版社, 2013.

[223] 惠德健. 对美国大平原厂煤制天然气项目建设与运行情况的借鉴与思考[J]. 中国石油和化工, 2014(10): 60-64.

[224] 胡大成, 高加俭, 贾春苗, 等. 甲烷化催化剂及反应机理的研究进展[J]. 过程工程学报, 2011, 11(5): 880-893.

[225] 忻仕河. 美国大平原气化工程[J]. 煤质技术, 2015(2): 1-5.

[226] 冯亮杰. 我国发展煤制天然气项目的分析探讨[J]. 化学工程, 2011, 39(8): 86-89.

[227] 李振宇, 黄格省, 乔明. 我国煤制天然气技术发展现状与经济性分析[J]. 国际石油经济, 2013, 21(12): 65-71.

[228] Subramani V, Gangwal S K. A review of recent literature to search for an efficient catalytic process for the conversion of syngas to ethanol[J]. Energy & Fuels, 2008, 22(2): 814-839.

[229] Freeman C M, Catlow C R A, Thomas J M, et al. Computing the location and energetics of organic molecules in microporous adsorbents and catalysts: a hybrid approach applied to i-sometric butenes in a model zeolite[J]. Chemical Physics Letters, 1991, 186(2-3): 137-142.

[230] Hedrick S A, Chuang S S C, Pant A, et al. Activity and selectivity of Group Ⅷ, alkali-promoted Mn-Ni, and Mo-based catalysts for C_{2+} oxygenate synthesis from the CO hydrogenation and $CO/H_2/C_2H_4$ reactions[J]. Catalysis Today, 2000, 55(3): 247-257.

[231] 白云龙, 王志, 王建昕. 分层当量比混合气抑制缸内直喷汽油机爆震的模拟[J]. 内燃机学报, 2010, 28(5): 393-398.

[232] 葛庆杰, 徐恒泳, 李文钊. 煤层气经合成气制液体燃料的关键技术[J]. 化工进展, 2009, 28(6): 917-921.

[233] 史欣坪. 合成气制低碳醇氮掺杂碳纳米管负载铜铁催化剂的促进效应研究[D]. 厦门: 厦门大学, 2017.

[234] 李德宝, 马玉刚, 齐会杰, 等. CO加氢合成低碳混合醇催化体系研究新进展[J]. 化学进展, 2004, 16(4): 584-592.

[235] Chianelli R R. Catalysts for liquid transportation fuels from petroleum, coal, residual oil, and biomass[J]. Fuel and Energy Abstracts, 1995, 4(36): 269.

[236] Huang W, Yin L, Wang C. Modified copper-cobalt-chromium oxide catalysts for CO_2 hydrogenation to mixed alcohols (C_1-C_6)[J]. Energy Conversion and Management, 1995, 36(6-9): 589-592.

[237] 袁浩然, 陈新德, 陈勇, 等. 合成气合成低碳醇热力学及试验研究[J]. 农业工程学报, 2011, 27(12): 297-301.

[238] 李丹. 合成气制低碳混合醇催化剂的研发[D]. 厦门: 厦门大学, 2017.

[239] Gupta M, Smith M L, Spivey J J. Heterogeneous catalytic conversion of dry syngas to ethanol and higher alcohols on Cu-based catalysts[J]. ACS Catalysis, 2011, 1(6): 641-656.

[240] Heracleous E, Liakakou E T, Lappas A A, et al. Investigation of K-promoted Cu-Zn-Al, Cu-X-Al and Cu-Zn-X (X= Cr, Mn) catalysts for carbon monoxide hydrogenation to higher alcohols[J]. Applied Catalysis A: General, 2013, 455: 145-154.

[241] 李文怀, 马玉刚, 张侃, 等. 煤基合成气合成低碳醇进展[J]. 煤化工, 2003, 31(5): 12-15.

[242] 中国科学院山西煤炭化学研究所. 一种合成气制低碳混合醇催化剂及其制法和应用: CN200410092427.5[P]. 2005-09-07.

[243] 中国科学院山西煤炭化学研究所. 一种合成低碳混合醇的镍铜基氧化物催化剂: CN98118954.7[P]. 2002-05-22.

[244] 士丽敏, 储伟, 刘增超. 合成气制低碳醇用催化剂的研究进展[J]. 化工进展, 2011, 30(1): 162-166.

[245] Tronconi E, Ferlazzo N, Forzatti P, et al. Synthesis of alcohols from carbon oxides and hydrogen. 4. Lumped kinetics for the higher alcohol synthesis over azinc-chromium-potassium oxide catalyst[J]. Industrial & Engineering Chemistry Research, 1987, 26(10): 2122-2129.

[246] Epling W S, Hoflund G B, Minahan D M. Reaction and surface characterization study of higher alcohol synthesis catalysts: Ⅶ. Cs- and Pd-promoted 1:1 Zn/Cr spinel[J].

Journal of Catalysis, 1998, 175(2): 175-184.

[247] Tan L, Yang G, Yoneyama Y, et al. Iso-butanol direct synthesis from syngas over the alkali metals modified Cr/ZnO catalysts[J]. Applied Catalysis A: General, 2015, 505: 141-149.

[248] Jiang T, Niu Y, Zhong B. Synthesis of higher alcohols from syngas over Zn-Cr-K catalyst in supercritical fluids[J]. Fuel Processing Technology, 2001, 73(3): 175-183.

[249] 黄学庆, 徐明霞, 李学福, 等. 合成气制低碳混合醇催化剂研究进展[J]. 石油与天然气化工, 2001, 30(4): 167-168.

[250] Sun J, Cai Q, Wan Y, et al. Promotional effects of cesium promoter on higher alcohol synthesis from syngas over cesium-promoted Cu/ZnO/Al_2O_3 catalysts[J]. ACS Catalysis, 2016, 6(9): 5771-5785.

[251] Mahdavi V, Peyrovi M H. Synthesis of C_1-C_6 alcohols over copper/cobalt catalysts: investigation of the influence of preparative procedures on the activity and selectivity of Cu-Co_2O_3/ZnO, Al_2O_3 catalyst[J]. Catalysis Communications, 2006, 7(8): 542-549.

[252] Kinkade N E. Alcohols from carbon monoxide and hydrogen using an alkali-molybdenum sulfide catalyst: EP 0149255 and 0149256[P]. 1985.

[253] 史雪敏, 杨绪壮, 白凤华, 等. 合成气制低碳醇钼基催化剂助剂的研究进展[J]. 化工进展, 2010, 29(12): 2291-2297.

[254] Iranmahboob J, Hill D O, Toghiani H. K_2CO_3/Co-MoS_2/clay catalyst for synthesis of alcohol: influence of potassium and cobalt[J]. Applied Catalysis A: General, 2002, 231(1-2): 99-108.

[255] Claure M T, Chai S H, Dai S, et al. Tuning of higher alcohol selectivity and productivity in CO hydrogenation reactions over K/MoS_2 domains supported on mesoporous activated carbon and mixed MgAl oxide[J]. Journal of Catalysis, 2015, 324: 88-97.

[256] Mahdavi V, Peyrovi M H, Islami M, et al. Synthesis of higher alcohols from syngas over Cu-Co_2O_3/ZnO, Al_2O_3 catalyst[J]. Applied Catalysis A: General, 2005, 281(1-2): 259-265.

[257] Yang Q, Liu G, Liu Y. Perovskite-type oxides as the catalyst precursors for preparing supported metallic nanocatalysts: a review[J]. Industrial & Engineering Chemistry Research, 2018, 57(1): 1-17.

[258] 士丽敏, 储伟, 邓思玉. La 促进 CuCo 催化剂上合成气转化制低碳醇的研究[J]. 燃料化学学报, 2012, 40(4): 436-440.

[259] 徐慧远, 储伟, 周俊. CO 加氢合成低碳醇用 CuCo/SiO_2 催化剂的反应性能研究[J]. 工业催化, 2008, 16(10): 105.

[260] Wang J, Chernavskii P A, Wang Y, et al. Influence of the support and promotion on the structure and catalytic performance of copper-cobalt catalysts for carbon monoxide hydrogenation[J]. Fuel, 2013, 103: 1111-1122.

[261] Lin M, Fang K, Li D, et al. CO hydrogenation to mixed alcohols over co-precipitated Cu-

Fe catalysts[J]. Catalysis Communications, 2008, 9(9): 1869-1873.

[262] 中国科学院山西煤炭化学研究所. 一种改性的纳米金属碳化物催化剂及制备和应用: CN200810055535.3[P]. 2009-03-11.

[263] 郭海军, 李清林, 张海荣, 等. 凹凸棒石负载 Cu-Fe-Co 基催化剂组合体系用于 CO 加氢制备低碳醇[J]. 燃料化学学报, 2019, 47(11): 1346-1356.

[264] 张伟, 罗洪原, 周焕文, 等. CO 加氢合成 C_2 含氧化合物 Rh-Sm/SiO_2 催化剂的研究[J]. 催化学报, 1999, 20(3): 259-262.

[265] 江大好, 丁云杰, 潘振栋, 等. 浸渍溶剂对 Rh-Mn-Li/SiO_2 催化剂 CO 加氢性能的影响[J]. 天然气化工: C1 化学与化工, 2007, 32(5): 5-8.

[266] Yu J, Mao D, Ding D, et al. New insights into the effects of Mn and Li on the mechanistic pathway for CO hydrogenation on Rh-Mn-Li/SiO_2 catalysts[J]. Journal of Molecular Catalysis A: Chemical, 2016, 423: 151-159.

[267] Xu X D, Doesburg E B M, Scholten J J F. Synthesis of higher alcohols from syngas-recently patented catalysts and tentative ideas on the mechanism[J]. Catalysis Today, 1987, 2(1): 125-170.

[268] 唐星星, 钱胜涛, 肖二飞, 等. CO 加氢合成低碳混合醇催化剂研究进展[J]. 广东化工, 2010, 37(11): 87-88.

[269] Xiao H, Bao Z H, Qi X Z, et al. Advances in bifunctional catalysis for higher alcohol synthesis from syngas[J]. Chinese Journal of Catalysis, 2013, 34(1): 116-129.

[270] Smith K J, Herman R G, Klier K. Kinetic modelling of higher alcohol synthesis over alkali-promoted Cu/ZnO and MoS_2 catalysts[J]. Chemical Engineering Science, 1990, 45(8): 2639-2646.

[271] Park T Y, Nam I S, Kim Y G. Kinetic analysis of mixed alcohol synthesis from syngas over K/MoS_2 catalyst[J]. Industrial & Engineering Chemistry Research, 1997, 36(12): 5246-5257.

[272] 应卫勇, 曹海发, 房鼎业. 碳一化工主要产品生产技术[M]. 北京: 化学工业出版社, 2004.

[273] Schneider M, Kochloefl K, Bock O. Catalyst for the synthesis of methanol and alcohol mixtures containing higher alcohols and method of making the catalyst: US4598061[P]. 1985-01-26.

[274] 殷玉圣, 赵丰刚, 张皓. 合成气合成低碳醇 Cu 系催化剂的研究[J]. 化学反应工程与工艺, 2000, 16(4): 344-349.

[275] 肖海成, 李文怀, 张侃, 等. 合成气制备低碳混合醇工业单管中试[J]. 石油化工, 2005, 34(z1): 166-168.

[276] Sugier A, Freund E. Process for manufacturing alcohols, particularly linear saturated primary alcohols, from synthesis gas: US4122110[P]. 1978-10-24.

[277] 仲科. 合成气制低碳混合醇中试成功[N]. 中国化工报, 2011-01-13(2).

[278] 林国栋, 刘志铭, 梁雪莲, 等. 碳纳米管的研制和催化应用的研究进展[J]. 厦门大

学学报(自然科学版),2011,50(2):354-364.

[279] 黄利宏.合成气催化转化制低碳醇用新型催化剂研究[D].成都:四川大学,2006.

[280] 皮金林,张广平.低碳混合醇技术和中小型氨厂产品转向[J].氮肥设计,1994(1):44-47.

[281] 李仕超,孔艳.丁辛醇工艺技术进展及选择[J].四川化工,2009,12(3):20-24.

[282] 王建龙.丁辛醇装置工艺技术分析[J].江西化工,2015(5):21-22.

[283] 李雅丽.丁辛醇生产技术进展及市场分析[J].石油化工技术与经济,2008,24(3):28-32.

[284] 邓德胜.丁辛醇生产技术及发展[J].化工科技市场,2003,26(1):10-14.

[285] 刘军.丁辛醇生产技术现状及其发展趋势[J].川化,2007(3):9-11.

[286] 孟晖.三丙市场需求强劲前景看好——丙醛、丙醇、丙酸生产与市场分析[J].中国石油和化工,2004,7:28-30.

[287] 周庆伟.丙烯直接水合制备异丙醇工艺的研究[D].大连:大连理工大学,2015.

[288] 王彩彬.丙烯直接水合制异丙醇——日本德山曹达法[J].石油化工,1977(1):10-12.

[289] 刘春杰,刘成.异丙醇及其生产技术比较[J].石油科技论坛,2011,30(6):56-57.

[290] Neier W, Wollner J. Use cation catalyst for IPA[J]. Hydrocarbon Processing, 1972, 51(11):113-116.

[291] 崔小明.丙醛的生产应用及市场前景[J].化工中间体,2003(Z2):14-16.

[292] 殷元骐.羰基合成化学[M].北京:化学工业出版社,1996.

[293] Pruett R L, Smith J A. Low-pressure system for producing normal aldehydes by hydroformylation of α-olefins[J]. The Journal of Organic Chemistry, 1969, 34(2):327-330.

[294] 刘光启,马连湘,刘杰.化学工业物性数据手册(有机卷)[M].北京:化学工业出版社,2002.

[295] 中国石油化工股份有限公司,南化集团研究院.用于丙醛气相加氢制丙醇的催化剂及其制备方法:CN103506125A[P].2014-01-15.

[296] 淄博诺奥化工有限公司.铜锌催化剂下丙醛加氢制备正丙醇的生产工艺:CN200810014135.8[P].2010-02-17.

[297] 南京荣欣化工有限公司.一种铜锌催化剂及其制备方法和用途:CN201310298341.7[P].2013-07-16.

[298] 王维晓.VAH型气相醛加氢催化剂在正丙醇装置上的工业应用[J].化工管理,2018,26:139-140.

[299] 上海华谊丙烯酸有限公司.一种甘油加氢制备正丙醇的方法:CN200710041506.7[P].2007-10-17.

[300] 朱伟平,岳国,薛云鹏,等.甲醇制烯烃用催化剂研究进展[J].化学工业,2010,28(2):20-26.

[301] 邢爱华,岳国,朱伟平,等.甲醇制烯烃典型技术最新研究进展(Ⅰ)——催化剂开

发进展[J]. 现代化工, 2010, 30(9): 18-24.

[302] 邢爱华, 岳国, 朱伟平, 等. 甲醇制烯烃典型技术最新研究进展(Ⅱ)——工艺开发进展[J]. 现代化工, 2010, 30(10): 18-25.

[303] Kaeding W W, Butter S A. Production of chemicals from methanol: Ⅰ. Low molecular weight olefins[J]. Journal of Catalysis, 1980, 61(1): 155-164.

[304] McIntosh R J, Seddon D. The properties of magnesium and zinc oxide treated ZSM-5 catalysts for onversion of methanol into olefin-rich products[J]. Applied Catalysis, 1983, 6(3): 307-314.

[305] Inui T, Matsuda H, Yamase O, et al. Highly selective synthesis of light olefins from methanol on a novel Fe-silicate[J]. Journal of Catalysis, 1986, 98(2): 491-501.

[306] Bjørgen M, Svelle S, Joensen F, et al. Conversion of methanol to hydrocarbons over zeolite H-ZSM-5: On the origin of the olefinic species[J]. Journal of Catalysis, 2007, 249(2): 195-207.

[307] Kladis C, Bhargava S K, Akolekar D B. Interaction of probe molecules with active sites on cobalt, copper and zinc-exchanged SAPO-18 solid acid catalysts[J]. Journal of Molecular Catalysis A: Chemical, 2003, 203(1-2): 193-202.

[308] Hocevar S, Batista J, Kaucic V. Acidity and catalytic activity of MeAPSO-44 (Me = Co, Mn, Cr, Zn, Mg), SAPO-44, AIPO4-5, and AIPO4-14 molecular sieves in methanol dehydration[J]. Journal of Catalysis, 1993, 139(2): 351-361.

[309] Liu Z, Sun C, Wang G, et al. New progress in R&D of lower olefin synthesis[J]. Fuel Processing Technology, 2000, 62(2-3): 161-172.

[310] Wu X, Abraha M G, Anthony R G. Methanol conversion on SAPO-34: reaction condition for fixed-bed reactor[J]. Applied Catalysis A: General, 2004, 260(1): 63-69.

[311] Wilson S, Barger P. The characteristics of SAPO-34 which influence the conversion of methanol to light olefins[J]. Microporous and Mesoporous Materials, 1999, 29(1-2): 117-126.

[312] Stöcker M. Methanol-to-hydrocarbons: catalytic materials and their behavior[J]. Microporous and Mesoporous Materials, 1999, 29(1-2): 3-48.

[313] van Niekerk M J, Fletcher J C Q, O'Connor C T. Effect of catalyst modification on the conversion of methanol to light olefins over SAPO-34[J]. Applied Catalysis A: General, 1996, 138(1): 135-145.

[314] Tan J, Liu Z, Bao X, et al. Crystallization and Si incorporation mechanisms of SAPO-34[J]. Microporous and Mesoporous Materials, 2002, 53(1-3): 97-108.

[315] Mees F D P, Der Voort P V, Cool P, et al. Controlled reduction of the acid site density of SAPO-34 molecular sieve by means of silanation and disilanation[J]. The Journal of Physical Chemistry B, 2003, 107(14): 3161-3167.

[316] Dubois D R, Obrzut D L, Liu J, et al. Conversion of methanol to olefins over cobalt-, manganese- and nickel-incorporated SAPO-34 molecular sieves[J]. Fuel Processing Tech-

nology, 2003, 83(1-3): 203-218.

[317] Haw J F, Song W, Marcus D M, et al. The mechanism of methanol to hydrocarbon catalysis[J]. Accounts of Chemical Research, 2003, 36(5): 317-326.

[318] Wang W, Hunger M. Reactivity of surface alkoxy species on acidic zeolite catalysts [J]. Accounts of Chemical Research, 2008, 41(8): 895-904.

[319] Hereijgers B P C, Bleken F, Nilsen M H, et al. Product shape selectivity dominates the Methanol-to-Olefins (MTO) reaction over H-SAPO-34 catalysts[J]. Journal of Catalysis, 2009, 264(1): 77-87.

[320] Kumita Y, Gascon J, Stavitski E, et al. Shape selective methanol to olefins over highly thermostable DDR catalysts [J]. Applied Catalysis A: General, 2011, 391(1-2): 234-243.

[321] Aguayo A T, Gayubo A G, Vivanco R, et al. Role of acidity and microporous structure in alternative catalysts for the transformation of methanol into olefins[J]. Applied Catalysis A: General, 2005, 283(1-2): 197-207.

[322] Blaszkowski S R, van Santen R A. Theoretical study of C-C bond formation in the methanol-to-gasoline process[J]. Journal of the American Chemical Society, 1997, 119(21): 5020-5027.

[323] Wang C M, Wang Y D, Xie Z K. Insights into the reaction mechanism of methanol-to-olefins conversion in HSAPO-34 from first principles: Are olefins themselves the dominating hydrocarbon pool species? [J]. Journal of Catalysis, 2013, 301: 8-19.

[324] Olah G A, Doggweiler H, Felberg J D, et al. Onium Ylide chemistry. 1. Bifunctional acid-base-catalyzed conversion of heterosubstituted methanes into ethylene and derived hydrocarbons. The onium ylide mechanism of the $C_1 \rightarrow C_2$ conversion[J]. Journal of the American Chemical Society, 1984, 106(7): 2143-2149.

[325] Lesthaeghe D, Van Speybroeck V, Marin G B, et al. Understanding the failure of direct C-C coupling in the zeolite-catalyzed methanol-to-olefin process[J]. Angewandte Chemie, 2006, 118(11): 1746-1751.

[326] Olah G A, Klopman G, Schlosberg R H. Super acids. III. Protonation of alkanes and intermediacy of alkanonium ions, pentacoordinated carbon cations of CH_5^+ type. Hydrogen exchange, protolytic cleavage, hydrogen abstraction; polycondensation of methane, ethane, 2, 2-dimethylpropane and 2, 2, 3, 3-tetramethylbutane in FSO_3H-SbF_5[J]. Journal of the American Chemical Society, 1969, 91(12): 3261-3268.

[327] Kim S J, Jang H G, Lee J K, et al. Direct observation of hexamethylbenzenium radical cations generated during zeolite methanol-to-olefin catalysis: an ESR study[J]. Chemical Communications, 2011, 47(33): 9498-9500.

[328] Song W, Marcus D M, Fu H, et al. An oft-studied reaction that may never have been: Direct catalytic conversion of methanol or dimethyl ether to hydrocarbons on the solid acids HZSM-5 or HSAPO-34[J]. Journal of the American Chemical Society, 2002, 124(15):

3844-3845.

[329] Hunter R, Hutchings G J. LiAl(OPr^i)$_4$ as a model compound for the conjugate base of the zeolite catalyst H-ZSM-5 and its reaction with various methylating agents[J]. Journal of the Chemical Society, Chemical Communications, 1985, 13: 886-887.

[330] Lesthaeghe D, Horre A, Waroquier M, et al. Theoretical insights on methylbenzene side-chain growth in ZSM-5 zeolites for methanol-to-olefin conversion[J]. Chemistry-A European Journal, 2009, 15(41): 10803-10808.

[331] Munson E J, Kheir A A, Lazo N D, et al. In situ solid-state NMR study of methanol-to-gasoline chemistry in zeolite HZSM-5[J]. The Journal of Physical Chemistry, 1992, 96(19): 7740-7746.

[332] Chang C D. Mechanism of hydrocarbon formation from methanol[J]. Studies in Surface Science and Catalysis, 1988, 36: 127-143.

[333] Salvador P, Kladnig W. Surface reactivity of zeolites type HY and Na-Y with methanol[J]. Journal of the Chemical Society, Faraday Transactions 1: Physical Chemistry in Condensed Phases, 1977, 73: 1153-1168.

[334] Yamazaki H, Shima H, Imai H, et al. Evidence for a "Carbene-like" intermediate during the reaction of methoxy species with light alkenes on H-ZSM-5[J]. Angewandte Chemie International Edition 2011, 50 (8), 1853-1856.

[335] Ono Y, Mori T. Mechanism of methanol conversion into hydrocarbons over ZSM-5 zeolite[J]. Journal of the Chemical Society, Faraday Transactions 1: Physical Chemistry in Condensed Phases, 1981, 77(9): 2209-2221.

[336] Dahl I M, Kolboe S. On the reaction mechanism for propene formation in the MTO reaction over SAPO-34[J]. Catalysis Letters, 1993, 20(3): 329-336.

[337] Li J, Wei Y, Chen J, et al. Observation of heptamethylbenzenium cation over SAPO-type molecular sieve DNL-6 under real MTO conversion conditions[J]. Journal of the American Chemical Society, 2012, 134(2): 836-839.

[338] Xu S, Zheng A, Wei Y, et al. Direct observation of cyclic carbenium ions and their role in the catalytic cycle of the methanol-to-olefin reaction over chabazite zeolites[J]. Angewandte Chemie International Edition, 2013, 52(44): 11564-11568.

[339] Song W, Nicholas J B, Haw J F. Acid-base chemistry of a carbenium ion in a zeolite under equilibrium conditions: Verification of a theoretical explanation of carbenium ionstability[J]. Journal of the American Chemical Society, 2001, 123(1): 121-129.

[340] Svelle S, Joensen F, Nerlov J, et al. Conversion of methanol into hydrocarbons over zeolite H-ZSM-5: Ethene formation is mechanistically separated from the formation of higher alkenes[J]. Journal of the American Chemical Society, 2006, 128(46): 14770-14771.

[341] Jiang Y, Hunger M, Wang W. On the reactivity of surface methoxy species in acidic zeolites[J]. Journal of the American Chemical Society, 2006, 128(35): 11679-11692.

[342] Dahl I M, Kolboe S. On the reaction mechanism for hydrocarbon formation from methanol o-

ver SAPO-34：Ⅰ. Isotopic labeling studies of the co-reaction of ethene and methanol [J]. Journal of Catalysis, 1994, 149(2)：458-464.

[343] 徐蕾. 甲醇制低碳烯烃产业发展概述及建议[J]. 上海化工, 2006, 31(10)：41-45.

[344] 陈腊山. MTO/MTP技术的研发现状及应用前景[J]. 化肥设计, 2008, 46(1)：3-6.

[345] Zeng D, Yang J, Wang J, et al. Solid-state NMR studies of methanol-to-aromatics reaction over silver exchanged HZSM-5 zeolite[J]. Microporous and Mesoporous Materials, 2007, 98(1-3)：214-219.

[346] 高美莹. 甲醇制烯烃的MTO工艺与市场前景[J]. 广东化工, 2009, 36(8)：121-122.

[347] 陈香生, 刘昱, 陈俊武. 煤基甲醇制烯烃(MTO)工艺生产低碳烯烃的工程技术及投资分析[J]. 煤化工, 2005, 33(5)：6-11.

[348] 张惠明. 甲醇制低碳烯烃工艺技术新进展[J]. 化学反应工程与工艺, 2008, 24(2)：178-182.

[349] 埃克森化学专利公司. 用含要求碳质沉积的分子筛催化剂使含氧物转化成烯烃的方法：CN1261294A[P]. 2000-07-26.

[350] ExxonMobil Chemical Company. Catalyst fludization in oxygenate to olefin reaction systems：US0124838A1[P]. 2005.

[351] 张世杰, 吴秀章, 刘勇, 等. 甲醇制烯烃工艺及工业化最新进展[J]. 现代化工, 2017, 37(8)：1-6.

[352] 刘中民, 齐越. 甲醇制取低碳烯烃(DMTO)技术的研究开发及工业性试验[J]. 中国科学院院刊, 2006, 21(5)：406-408.

[353] 姜瑞文, 张西国, 王娟华. 中国石化甲醇制低碳烯烃(S-MTO)工艺与开车特点[J]. 炼油技术与工程, 2014, 44(9)：6-8.

[354] 姜瑞文. 中国石化S-MTO技术开发与工业化应用[J]. 齐鲁石油化工, 2013, 41(3)：176-179.

[355] Chen J Q, Bozzano A, Glover B, et al. Recent advancements in ethylene and propylene production using the UOP/Hydro MTO process[J]. Catalysis Today, 2005, 106(1-4)：103-107.

[356] UOP LLC. Fast-Fluidized bed reactor for MTO Process：US6166282A[P]. 2000-12-16.

[357] 中国石油化工股份有限公司. 甲醇制烯烃工艺中提高烯烃收率的方法：CN102190548A[P]. 2011-09-21.

[358] 神华集团有限责任公司. 甲醇转化为低碳烯烃的装置及方法：CN102659498A[P]. 2012-05-14.

[359] Keil F J. Methanol-to-hydrocarbons：process technology[J]. Microporous & Mesoporous Materials, 1999, 29：49-66.

[360] Chang C D, Jacob S M, Silvestri A J. Conversion of liquid alcohols and ethers with a fluid mass of ZSM-5 type catalyst：US4138440A[P]. 1979-02-06.

[361] Chu C C. Aromatization reactions with zeolites containing phosphorus oxide：US4590321A

[P]. 1986-05-20.
[362] 邹琥,吴巍,蒽雷,等.甲醇制芳烃研究进展[J].石油学报(石油加工),2013,29(3):539-547.
[363] 骞伟中,魏飞,魏彤,等.一种连续芳构化与催化剂再生的装置及其方法:CN101244969[P].2012-05-23.
[364] 孙爱明.甲醇催化转化制芳烃反应研究[D].武汉:华中科技大学,2011.
[365] Freeman D, Wells R P K, Hutchings G J. Conversion of methanol to hydrocarbons over Ga_2O_3/H-ZSM-5 and Ga_2O_3/WO_3 catalysts[J]. Journal of Catalysis, 2002, 205(2): 358-365.
[366] vanden Berg J P, Wolthuizen J P. JHC van Hooff in Proceedings 5th International Zeolite Conference (Naples)[J]. Heyden, London, 1980: 649.
[367] Froment G F, Dehertog W J H, Marchi A J. Zeolite catalysis in the conversion of methanol into olefins[J]. A Review of the Literature Catalysis, 1992, 9: 1-64.
[368] Chang C D, Hellring S D, Pearson J A. On the existence and role of free radicals in methanol conversion to hydrocarbons over HZSM-5: I. Inhibition by NO[J]. Journal of Catalysis, 1989, 115(1): 282-285.
[369] 张贵泉,白婷,屈文婷,等.甲醇芳构化的研究Ⅰ.反应热力学分析[J].石油化工,2013,42(2):141-145.
[370] 刘于英,原靖鑫,王芙蓉,等.不同硅铝比HZSM-5甲醇制汽油性能比较[J].山西化工,2011,31(6):9-10.
[371] 倪友明.分级孔道和金属改性ZSM-5分子筛制备、表征及催化甲醇制烃研究[D].武汉:华中科技大学,2011.
[372] 项楠,金熙俊.甲醇制芳烃反应的研究进展[J].当代化工,2015(1):125-127.
[373] Olson D H, Kokotailo G T, Lawton S L, et al. Crystal structure and structure-related properties of ZSM-5[J]. The Journal of Physical Chemistry, 1981, 85(15): 2238-2243.
[374] 徐如人.分子筛与多孔材料化学[M].北京:科学出版社,2004.
[375] 乔健,滕加伟,肖景娴,等.不同硅铝比HZSM-5分子筛的甲醇制芳烃性能[J].化学反应工程与工艺,2013,29(2):147-151.
[376] 田涛,骞伟中,王北星.Ag/ZSM-5催化剂上二甲醚芳构化过程[J].化工进展,2010,29(z1):470-473.
[377] 邢爱华,孙琦.甲醇制芳烃催化剂开发进展[J].现代化工,2013,33(3):29-32.
[378] Ono Y, Adachi H, Senoda Y. Selective conversion of methanol into aromatic hydrocarbons over zinc-exchanged ZSM-5 zeolites[J]. Journal of the Chemical Society, Faraday Transactions 1: Physical Chemistry in Condensed Phases, 1988, 84(4): 1091-1099.
[379] Inoue Y, Nakashiro K, Ono Y. Selective conversion of methanol into aromatic hydrocarbons over silver-exchanged ZSM-5 zeolites[J]. Microporous materials, 1995, 4(5): 379-383.

[380] 高晓峰. ZSM-5 分子筛的改性及催化甲醇制芳烃的研究[D]. 太原：太原理工大学，2015.

[381] 王金英，李文怀，胡津仙. ZnHZSM-5 上甲醇芳构化反应的研究[J]. 燃料化学学报，2009，37(5)：607-612.

[382] 王锦业，王定珠，卢学栋. 阳离子改性 HZSM-5 沸石上低碳醇反应历程的 TPSR-MS 研究[J]. 催化学报，1993，14(5)：392-397.

[383] 王锦业，王定珠，卢学栋，等. 阳离子改性 HZSM-5 沸石上低碳醇转化为芳烃[J]. 催化学报，1993(3)：234-238.

[384] Zaidi H A, Pant K K. Catalytic conversion of methanol to gasoline range hydrocarbons[J]. Catalysis Today, 2004, 96(3): 155-160.

[385] 李文怀，张庆庚，胡津仙，等. 甲醇转化制芳烃工艺及催化剂和催化剂制备方法：CN1880288A[P]. 2006-12-20.

[386] 郭强胜，毛东森，劳嫣萍，等. 氟改性对纳米 HZSM-5 分子筛催化甲醇制丙烯的影响[J]. 催化学报，2009，30(12)：1248-1254.

[387] Vennestrøm P N R, Grill M, Kustova M, et al. Hierarchical ZSM-5 prepared by guanidinium base treatment: Understanding microstructural characteristics and impact on MTG and NH_3-SCR catalytic reactions[J]. Catalysis Today, 2011, 168(1): 71-79.

[388] Groen J C, Moulijn J A, Pérez-Ramírez J. Desilication: on the controlledgeneration of mesoporosity in MFI zeolites[J]. Journal of Materials Chemistry, 2006, 16(22): 2121-2131.

[389] 慕学超. 甲醇催化转化制芳烃催化剂的研究[D]. 上海：华东理工大学，2014.

[390] 骞伟中，库松，汤效平，等. 一种甲醇和/或二甲苯转化制取芳烃的催化剂及其制备方法与应用：CN2011102198901[P]. 2016-02-24.

[391] Mentzel U V, Højholt K T, Holm M S, et al. Conversion of methanol to hydrocarbons over conventional and mesoporous H-ZSM-5 and H-Ga-MFI: Major differences in deactivation behavior[J]. Applied Catalysis A: General, 2012, 417: 290-297.

[392] Sexton B A, HughesA E, Bibby D M. An XPS study of distribution on ZSM-5[J]. Journal of Catalysis, 1988, 109(1): 126-131.

[393] 张宝珠. 甲醇转化制芳烃(MTA)反应的研究[D]. 大连：大连理工大学，2013.

[394] Chang C D, Silvestri A J, Smith R L. Production of gasoline hydrocarbons: US3928483[P]. 1975-12-23.

[395] 李文怀，张庆庚，胡津仙，等. 一种甲醇一步法制取烃类产品的工艺：CN1923770A[P]. 2007-03-07.

[396] 林秀英，滕加伟，李斌，等. 甲醇转化制备芳烃的方法：CN102372535B[P]. 2014-05-28.

[397] 邵长丽. 甲醇制芳烃技术研究与工业化示范进展[J]. 广州化工，2016，44(1)：41-43.

[398] Chang C D, Grover S S. Conversion of methanol to gasoline components: US03931349A

[P]. 1976-01-06.

[399] Chu Y F, Chester A W. Aromatics production[R]. 1987.

[400] 赖先熔, 黎园, 陈仕萍, 等. 甲醇制芳烃技术的发展现状[J]. 石化技术与应用, 2014, 32(1): 80-85.

[401] 黄晓凡, 汤效平, 崔宇, 等. 由煤炭制取芳烃技术进展[J]. 当代化工, 2020, 49(11): 2615-2620.

[402] 代成义, 陈中顺, 杜康, 等. 甲醇制芳烃催化剂及相关工艺研究进展[J]. 化工进展, 2020, 39(12): 5029-5041.

[403] 顾其威. 甲醇合成汽油的开发研究[J]. 化学工程, 1984(3): 18-24.

[404] 钱伯章. 甲醇制汽油技术的国内外进展分析[J]. 乙醛醋酸化工, 2014(1): 12-17.

[405] Chang C D, Chu T W. Carbene intermediates in methanol conversion to hydrocarbons. Reply to Van Hooff[J]. Journal of Catalysis, 1983, 79(1): 244-245.

[406] Zhao R, Babani S, Gao F, et al. The mechanism of transport of the multitargeted antifolate (MTA) and its cross-resistance pattern in cells with markedly impaired transport of methotrexate[J]. Clinical Cancer Research An Official Journal of the American Association for Cancer Research, 2000, 6(9): 3687-3695.

[407] Olah G A. Higher coordinate (hypercarbon containing) carbocations and their role in electrophilic reactions of hydrocarbons[J]. Pure and Applied Chemistry, 1981, 53(1): 201-207.

[408] Han S, Martenak D J, Palermo R E, et al. Direct partial oxidation of methane over ZSM-5 catalyst: metals effects on higher hydrocarbonformation[J]. Journal of Catalysis, 1994, 148(1): 134-137.

[409] Jackson J E, Bertsch F M. Conversion of methanol to gasoline: new mechanism for formation of the first carbon-carbonbond[J]. Journal of the American Chemical Society, 1990, 112(25): 9085-9092.

[410] Dessau R M, LaPierre R B. On the mechanism of methanol conversion to hydrocarbons over HZSM-5[J]. Journal of Catalysis, 1982, 78(1): 136-141.

[411] Kagi D. Mechanism of conversion of methanol over ZSM-5 catalyst[J]. Journal of Catalysis, 1981, 69(1): 242-243.

[412] Chang C D. Reply to Kagi: mechanism of conversion of methanol over ZSM-5 catalyst[J]. Journal of Catalysis, 1981, 69(1).

[413] Tajima N, Tsuneda T, Toyama F, et al. A new mechanism for the first carbon-carbon bond formation in the MTG process: a theoretical study[J]. Journal of the American Chemical Society, 1998, 120(32): 8222-8229.

[414] 邢爱华, 林泉, 朱伟平, 等. 甲醇制烯烃反应机理研究进展[J]. 天然气化工, 2011, 36(1): 59-65.

[415] Goguen P W, Xu T, Barich D H, et al. Pulse-quench catalytic reactor studies reveal a carbon-pool mechanism in methanol-to-gasoline chemistry on zeolite HZSM-5[J]. Journal

of the American Chemical Society,1998,120(11):2650-2651.

[416] Chang C D. Hydrocarbons from methanol[J]. Catalysis Reviews Science and Engineering,1983,25(1):1-118.

[417] Chen N Y, Reagan W J. Evidence of autocatalysis in methanol to hydrocarbon reactions over zeolite catalysts[J]. Journal of Catalysis,1979,59(1):123-129.

[418] 郝栩,杜明仙,胡惠民,等. 甲醇制汽油反应及动力学研究[J]. 燃料化学学报,1995,23(1):28-35.

[419] 唐宏青. 甲醇制汽油工艺技术(上)[J]. 化工催化剂及甲醇技术,2008(3):11-15.

[420] 王毅. 流化床甲醇制汽油工艺基础及中试研究[D]. 北京:中国矿业大学(北京),2013.

[421] 李大尚,黄一民,白玉祥,等. 甲醇制汽油技术:CN101104813[P]. 2008-01-16.

[422] 刘于英,原丰贞,赵霄鹏. 甲醇制汽油工艺概述[J]. 山西化工,2009,29(4):43-44.

[423] 张间璜. 甲醇制烃[M]. 北京:化学工业出版社,1986.

[424] 齐云飞,张国良,乔庆东,等. 流化床甲醇制汽油的研究进展[J]. 当代化工,2014(9):1798-1801.

[425] 王宗义. 国外甲醇制汽油的发展概况[J]. 天然气化工(C1化学与化工),1988(6):1-7.

[426] 陈佩文. 甲醇制汽油技术进展及其经济性[J]. 煤炭加工与综合利用,2014(8):11-13.

[427] 赵建宁,王峰,刘素丽. Lurgi甲醇制丙烯技术工业应用研究[J]. 山东化工,2017,46(23):83-85.

[428] 虞贤波. 移动床甲醇制丙烯反应工艺的研究[D]. 杭州:浙江大学,2011.

[429] 朱杰,崔宇,陈元君,等. 甲醇制烯烃过程研究进展[J]. 化工学报,2010,61(7):1674-1684.

[430] 刘方斌. 鲁奇MTP技术为何花落神华[N]. 中国化工报,2006-08-04.

[431] 胡思,张卿,夏至等. 甲醇制丙烯技术应用进展[J]. 化工进展,2012(S1):139-144.

[432] 何海军,韩金兰,王乃计,等. Lurgi MTP工艺的技术经济分析[J]. 煤质技术,2006(3):45-47.

[433] 王峰,张伟,雍晓静,等. Lurgi甲醇制丙烯技术的工业应用[J]. 石油炼制与化工,2014(3):46-50.

[434] 姚本镇,徐泽辉. 甲醇制丙烯的技术进展及经济分析[J]. 石油化工技术与经济,2010,26(2):7-11.

[435] 吴德荣,何琨. MTO与MTP工艺技术和工业应用的进展[J]. 石油化工,2015,44(1):1-10.

[436] 姜雪. 甲醇制烯烃技术先进性研究[J]. 宁夏工程技术,2013,12(4):356-359.

[437] 陈昇,何萌,曹新波,等. 甲醇制烯烃分离流程现状及发展[J]. 中国特种设备安全,

2019, 35(9): 14-19.
[438] 亚化咨询. 中国煤制烯烃年度报告 2018[R]. 2019.
[439] 张东明. 甲醇制烯烃装置分离流程述评[J]. 化学工业, 2012, 30(6): 12-17.
[440] 李建隆, 娄晓燕, 刘颖, 等. MTO 产品分离工艺的模拟与优化[J]. 计算机与应用化学, 2013, 30(5): 527-530.
[441] 吴秀章. 煤制低碳烯烃工业示范工程最新进展[J]. 化工进展, 2014, 33(4): 787-794.
[442] 王皓, 王建国. MTO 烯烃分离回收技术与烯烃转化技术[J]. 煤化工, 2011, 39(2): 5-8.
[443] 赵良, 程广伟, 高文刚, 等. 甲醇制烯烃下游烯烃分离技术的简介、对比及发展方向[J]. 河南科技, 2013(16): 25-26.
[444] 祝佳. MTO 分离新工艺技术研究[J]. 广东化工, 2011, 38(11): 222-223.
[445] 李立新, 倪进方, 李延生. 甲醇制烯烃分离技术进展及评述[J]. 化工进展, 2008(9): 1332-1335.
[446] 刘中民. 甲醇制烯烃[M]. 北京: 科学出版社, 2015.
[447] 白雪松. 二甲醚技术进展及发展前景[J]. 化工技术经济, 2004, 22(2): 12-20.
[448] Semelsberger T A, Borup R L, Greene H L. Dimethyl ether (DME) as an alternative fuel[J]. Journal of Power Sources, 2006, 156(2): 497-511.
[449] 全国煤化工信息站. 产能扩张过快的二甲醚产业分析[J]. 煤化工, 2009(2): 31.
[450] 李晨佳, 常俊石. 二甲醚生产工艺及其催化剂研究进展[J]. 工业催化, 2009, 17(10): 12-17.
[451] 于开录, 刘昌俊, 张月萍. 二甲醚的制备与下游产品开发研究进展[J]. 天然气与石油, 2000, 18(4): 20-24.
[452] 杨学萍, 刘殿华, 杨为民. 甲醇气相脱水制二甲醚过程热力学分析[J]. 化学反应工程与工艺, 2008, 24(6): 535-540.
[453] 陈进, 兰治淮, 刘鸿逵, 等. 二甲醚生产新工艺——阳离子型液体催化反应法生产二甲醚[J]. 化工科技市场, 2006(10): 33-34.
[454] 解峰, 黎汉生, 赵学良, 等. 甲醇在活性 Al_2O_3 催化剂表面的吸附与脱水反应[J]. 催化学报, 2004, 25(5): 403-408.
[455] Manara G, Notari B, Fattore V. Catalyst for the preparation of dimethyl ether: US4177167[P]. 1977-12-20.
[456] 房鼎业, 薛从军, 林荆, 等. 甲醇在 CM-3-1 催化剂上脱水生成二甲醚的本征动力学[J]. 燃料化学学报, 1997, 25(3): 271-276.
[457] 林荆, 王小勤, 李淑芳, 等. CM-3-1 催化剂上甲醇脱水生成二甲醚的动力学研究 I. 本征动力学[J]. 天然气化工, 1996(5): 28-32.
[458] 林荆, 谢光全, 卢永祥, 等. 由甲醇生产二甲醚的方法: CN95113028.5[P]. 1995-10-13.
[459] 崔世纯, 胡力智, 朱冬茂, 等. 甲醇气相催化脱水制二甲醚工艺[J]. 石油化工,

1999, 28(1): 43-45.

[460] 刘中民, 孙新德, 朱书魁, 等. 一种由甲醇经脱水反应生产二甲醚的方法: CN200710064235.7[P]. 2007-03-07.

[461] 房鼎业, 丁百全. 气液固三相床中合成甲醇与二甲醚[J]. 化工进展, 2003, 22(3): 233-238.

[462] 樊金串. 浆态床一步法合成二甲醚催化剂的完全液相制备基础及性能优化研究[D]. 太原: 太原理工大学, 2003.

[463] 齐薇. DMTO装置副产物C_4综合利用工艺的选择与应用[J]. 合成树脂及塑料, 2017, 34(2): 98-102.

[464] 张变玲, 徐瑞芳, 张世刚, 等. 碳四市场及下游综合利用技术前景分析[J]. 广州化工, 2016, 44(17): 42-46.

[465] 杨英, 肖立桢. 丁烯氧化脱氢制丁二烯技术进展及经济性分析[J]. 石油化工技术与经济, 2016, 32(4): 14-18.

[466] 吴秀章, 舒歌平. 强制内循环反应器在煤直接液化工艺中的应用[J]. 炼油技术与工程, 2009, 39(8): 31-35.

[467] 吴秀章, 舒歌平, 李克健, 等. 煤炭直接液化工艺与工程[M]. 北京: 科学出版社, 2015.

[468] 李飞, 朱伟平, 任相坤. 煤直接液化反应器发展概况[J]. 煤质技术, 2007(4): 46-48.

[469] 汪建新, 陈晓娟, 王昌. 煤化工技术及装备[M]. 北京: 化学工业出版社, 2015.

[470] 舒歌平, 史士东, 李克健. 煤炭液化技术[M]. 北京: 煤炭工业出版社, 2003.

[471] 班庆普. 基于F-T合成的浆态床反应器热流场模拟及优化[D]. 太原: 太原理工大学, 2016.

[472] 郑泉杰, 林亚森, 王明锋, 等. GE水煤浆气化炉的结构设计特点分析[J]. 大氮肥, 2009, 32(3): 153-157.

[473] 臧庆安, 张洪涛. GSP气化炉技术工业化应用[J]. 神华科技, 2012(5): 70-73.

[474] 周留霞. Shell气化炉的结构特点及操作维修[J]. 煤化工, 2008, 36(4): 38-41.

[475] 李世玉. 压力容器设计工程师培训教程[M]. 北京: 新华出版社, 2005.

[476] 王非. 化工压力容器设计选材[M]. 北京: 化学工业出版社, 2013.

[477] 李建国. 压力容器设计的力学基础及其标准应用[M]. 北京: 机械工业出版社, 2004.

[478] 陈永东, 张贤安. 煤化工大型缠绕管式换热器的设计与制造[J]. 压力容器, 2015(1): 36-44.

[479] 阚红元. 绕管式换热器的设计[J]. 大氮肥, 2008(3): 145-148.

[480] 余建良. 低温甲醇洗缠绕管式换热器的优化设计及应用[J]. 化肥设计, 2011, 49(2): 23-25.

[481] 冯元琦. 甲醇工学[M]. 北京: 化学工业出版社, 1991.

[482] 李雪冰, 闫国富. 甲醇合成塔床层超温原因分析[J]. 化工设计通讯, 2011, 37(4):

69-72.

[483] 徐烨琨. 折流杆列管式反应器壳程流体流动与传热的 CFD 模拟研究[D]. 天津：天津大学，2014.

[484] 臧霞静，赵石军. EO/EG 装置中大型换热器的国产化研制开发[J]. 化工设备与管道，2011，48(6)：18-20.

[485] 赵景玉，黄英，赵石军. 大型管壳式换热器的设计与制造[J]. 压力容器，2015(3)：36-44.

[486] 蒋夫花. 大型轴流管壳式换热器中的深度换热[D]. 广州：华南理工大学，2011.

[487] 康丽媛. 折流杆换热器的设计[J]. 科技传播，2012(12)：132.

[488] 刘欢. 煤气化的氧煤比控制[J]. 广州化工，2014，42(19)：160-162.

[489] 周夏，邹宇，王彦海. 锁渣阀在水煤浆加压气化装置上的应用与国产化[J]. 煤化工，2008(2)：31-34.

[490] 张英英，张佳辉，温智慧. 中分式锁渣阀（锁斗阀）的结构设计与研究[J]. 石油和化工设备，2020，23(10)：31-34.

[491] 叶建中. 锁渣阀的设计与应用[J]. 阀门，2008(3)：1-4.

[492] 刘欢. GE 水煤浆气化锁斗顺序控制及锁渣阀选型[J]. 石油化工自动化，2015，51(5)：27-31.

[493] 冯智云. 水煤浆加压气化装置用锁渣阀的设计及工艺要求[J]. 内燃机与配件，2018(9)：28-29.

[494] 周夏，张克锋. 国产化锁渣阀在气流床煤汽化装置上的应用[J]. 通用机械，2008(4)：64-67.

[495] 王楠，李忠虎. 甲醇制烯烃装置控制系统分析[J]. 内蒙古石油化工，2016，42(Z2)：54-56.

[496] 郭伟，何源. MTO 装置与 FCC 装置技术对比[J]. 神华科技，2016，14(2)：71-73.

[497] 李鹏，刘健，马涛. 浅析 MTO 装置温度仪表的设计选型[J]. 仪器仪表用户，2017，24(5)：36-38.

[498] 顾宗勤. 中国现代煤化工产业进展[J]. 煤炭加工与综合利用，2016(4)：1-4.

[499] 谢克昌. "十四五"现代煤化工发展的几点思考[N]. 中国能源报，2020-09-07(16).

[500] 韩红梅，朱彬彬，龚华俊，等. 现代煤化工行业"十三五"回顾和"十四五"发展展望（一）[J]. 化学工业，2020，38(4)：27-30.

[501] 王强，俞珠峰，步学朋，等. 中国现代煤化工产业发展竞争力探讨[J]. 煤炭工程，2017，49(z1)：81-84.

[502] 中国石油和化学工业联合会信息与市场部. 2019 年中国石油和化学工业经济运行报告[J]. 中国石油和化工，2020(3)：66-73.

[503] 阮立军. 新形势下煤炭行业发展现代煤化工的思路[J]. 煤炭加工与综合利用，2017(4)：6-14.

[504] 周志英. 新形势下现代煤化工发展现状及对策建议[J]. 煤炭加工与综合利用，2020(3)：31-34.

[505] 王明华, 蒋文化, 韩一杰. 现代煤化工发展现状及问题分析[J]. 化工进展, 2017, 36(8): 2882-2887.

[506] 阮立军. 中国现代煤化工"十三五"期间煤控进展及未来展望[J]. 中国能源, 2019, 41(9): 29-32.

[507] 仲平, 彭斯震, 贾莉, 等. 中国碳捕集、利用与封存技术研发与示范[J]. 中国人口·资源与环境, 2011, 21(12): 41-45.

[508] 秦积舜, 李永亮, 吴德斌, 等. CCUS全球进展与中国对策建议[J]. 油气地质与采收率, 2020, 27(1): 20-28.

[509] 李士伦, 孙雷, 郭平, 等. 再论我国发展注气提高采收率技术[J]. 天然气工业, 2006, 26(12): 30-34.

[510] Li Y, Yang Y. Exploration and practice of green low-cost development in old oilfields [J]. Petroleum Geology and Recovery Efficiency, 2019, 26(2): 1-6.

[511] Li S L, Tang Y, Hou C X. Present situation and development trend of CO_2 injection enhanced oil recovery technology[J]. Reservoir Evaluation and Development, 2019, 9(3): 1-8.

[512] 张蕾. CO_2-EOR 技术在美国的应用[J]. 大庆石油地质与开发, 2011, 30(6): 153-158.

[513] Winslow D. Industry experience with CO_2 for enhanced oil recovery[C]//Workshop on California Opportunities for CCUS/EOR, 2012.

[514] Qin J S, Han H S, Liu X L. Application and enlightenment of carbon dioxide flooding in the United States of America[J]. Petroleum Exploration and Development, 2015, 42(2): 209-216.

[515] 杨芊, 杨帅, 张绍强. 煤炭深加工产业"十四五"发展思路浅析[J]. 中国煤炭, 2020, 46(3): 67-73.